# Die Lehre

von den

# Kegelschnitten im Altertum.

# Die Lehre

von den

# Kegelschnitten im Altertum

von

Dr. **H. G. Zeuthen**

Prof. der Mathematik an der Universität zu Kopenhagen

Mitgliede d. kön. dän. Akademie der Wissenschaften

Deutsche Ausgabe

unter Mitwirkung des Verfassers besorgt

von

Dr. **R. v. Fischer-Benzon**

**Mit 80 in den Text eingedruckten Holzstichen**

**Kopenhagen**

Verlag von Andr. Fred. Höst & Sohn

Königliche Hof-Buchhandlung

Buchhändler d. kön. dän. Akademie der Wissenschaften

1886

**Druck**

von der Kön. Hof-Buchdruckerei von Bianco Luno (F. Dreyer)

**Papier**

aus der Papierfabrik von Drewsen & Sönner

**Holzstiche**

aus dem Xylographischen Atelier von Rosenstand

in

**Kopenhagen.**

# Inhalt.

## Anhänge.

# Vorrede.

> Ce qui manque aux Mathématiques grecques, ce sont moins les méthodes (les grand géomètres en possédaient assez pour l'ordre des travaux qu'ils poursuivaient) que des formules propres à l'exposition des méthodes.
>
> Paul Tannery, Bulletin des sciences math. März 1885.

In der Zeit vom sechsten bis zum zweiten Jahrhundert v. Chr. wurde der Grund zu der mathematischen Wissenschaft von den griechischen Mathematikern gelegt. Die wichtigste Bedingung dafür, dafs dieser Grundbau eine Wissenschaft tragen konnte, deren Wahrheiten erst dann ihre rechte Bedeutung erhalten, wenn sie durch vollständige Beweise sicher gestellt werden, bestand darin, dafs er selbst die genannte Eigenschaft hatte. Jeder weifs, dafs dies in hohem Mafse für die griechische Geometrie zutraf, welche sich sowohl gegen Einwendungen wie gegen Fehlschlüsse durch die Entwicklung einer strengen Darstellungsform sicherte, die geradezu das Ziel verfolgte, die aufgestellten Wahrheiten unanfechtbar zu machen.

Dieses Ziel wird jedoch in den Schriften der Alten so ausschliefslich verfolgt, dafs es nur auf Kosten der Übersichtlichkeit erreicht wird. Der Leser erfährt, was geschehen soll, was wahr ist und weshalb es richtig ist; aber in welcher Absicht etwas geschieht oder etwas untersucht wird, das läfst sich in jedem Falle nur lange nachher beurteilen, wenn man die Folgen sieht.

Mitteilungen über die benutzten Entdeckungswege fehlen ganz, wenn man die alle mathematische Forschung umfassende analytische Methode ausnimmt. Der Darstellungsform der Alten, welche in logischer Hinsicht so vollkommen war, fehlten deshalb die Eigenschaften, welche dieselbe zu einem bequemen Mittel hätten machen können, den reichen Inhalt der griechischen Geometrie — geschweige die Arbeitsweise derselben — auf spätere Geschlechter zu übertragen. Im Schlufsabschnitte dieses Buches wird gezeigt werden, dafs trotz des Eifers, mit dem die Mathematiker der Renaissancezeit sich auf das Studium der Schriften des Altertums geworfen hatten, dennoch während der ganzen neueren Zeit neue Einflüsse von Seiten der griechischen Geometrie sich noch geltend machen konnten, und im Verlauf der Darstellung wird sich zeigen, dafs Chasles' bekannter Nachweis, Euklid habe einige von den kürzlich wiederentdeckten Eigenschaften projektivischer Punktreihen gekannt, noch weiter dahin ausgedehnt werden mufs, dafs man im Altertum die Anwendung einiger solcher Reihen auf die Lehre von den Kegelschnitten gekannt habe. Dafs so die antike Geometrie trotz der aufserordentlichen Entwicklung der modernen Mathematik stets auf neue Weise ihre Bedeutung hat aufrecht erhalten können, beweist nicht nur, wie grofs der Wert ihres Inhaltes ist, sondern zeigt auch, wie grofs die Hindernisse waren, die sich einer Verbreitung dieses Inhaltes entgegenstellten. Diese Hindernisse liegen nicht allein in dem Verlust wichtiger Schriften, sondern auch in den berührten schwachen Seiten der Form, in der die überlieferten Schriften abgefafst sind.

In unserer Zeit, wo die Mathematiker durch die Aneignung des reichen Materials, welches neuere Zeiten gebracht haben und täglich bringen, so stark in Anspruch genommen werden, fahren dieselben Ursachen fort ihre Wirkung auszuüben, und selbst der, welcher sich einige Bekanntschaft mit den Schriften der Alten erworben hat, wird kaum geneigt sein, die in diesen gewonnenen Resultate genügend hoch zu würdigen. Denn ohne Kenntnis von dem gegenseitigen Zusammenhange, in dem sie entstanden sind, gewinnt man leicht die Vorstellung, dafs dieser lose und zufällig sei, und dafs die Alten deshalb nicht die Bekanntschaft mit der Bedeutung und Brauchbarkeit der Resultate besafsen, welche denselben erst ihren vollen Wert verleiht.

Die Beschwerden jedoch, welche die antike Darstellungsform darbieten kann, müfsten eigentlich zu einer gerade entgegengesetzten Ansicht führen. Denn die Schwierigkeiten, welche der Leser zu überwinden hat, und welche zum Teil davon herrühren, dafs jene Zeit nicht über die Darstellungsmittel verfügte, welche die Gegenwart benutzen kann, müssen auch auf den Verfasser hemmend und hindernd gewirkt haben. Wenn nun Apollonius in einem so ausgedehnten Werke wie in seinen Kegelschnitten diese Schwierigkeiten in dem Mafse überwindet, dafs er die erstrebte Unanfechtbarkeit ebenso vollständig erreicht wie Euklid in seinen Elementen, so zeugt dies durchaus für eine grofse Herrschaft über den behandelten Stoff. Er mufs mit der Bedeutung jedes einzelnen Satzes vertraut gewesen sein, um den rechten Platz für denselben im Lehrgebäude finden zu können, und er mufs, namentlich in den ersten systematischen Büchern, um die für dieses Gebäude passendsten Sätze finden zu können, mehrere von diesen gekannt haben, zwischen denen er wählen konnte.

Dafs man die Sätze und Konstruktionen, welche man kannte, wirklich anzuwenden verstand, geht auch hervor aus Apollonius' Vorreden und aus den Berichten des späteren Altertums über Aufgaben, die man in Behandlung nahm. Es wird sich zeigen, dafs die Geometrie bei den Alten nicht blofs ihrer selbst wegen entwickelt wurde, sondern dafs sie zugleich als Organ für die allgemeine Gröfsenlehre diente, ähnlich wie die Algebra jetzt, und dafs in dieser Beziehung die Lehre von den Kegelschnitten über die elementaren Untersuchungen hinausführte. Diese Lehre, welche überdies mit einer Vollständigkeit entwickelt worden ist, die der Behandlung anderer Kurven nicht zuteil wurde, kann also ihre Stellung in der Wissenschaft auch neben modernen Untersuchungen behaupten. Sie verdient deshalb, dafs man sie selbst kennen lerne und sich nicht damit begnüge ihre Resultate zu sehen, welche die Mathematik der Gegenwart in anderen Verbindungen kennt.

Hierfür genügt eine blofs historische Darstellung nicht; deshalb habe ich in gegenwärtiger Schrift versucht eine geometrische Wiederherstellung des Inhaltes und des Zusammenhangs der antiken Lehre von den Kegelschnitten zu geben und zu begründen.

Eine solche mufste sich vorzugsweise an Apollonius' sieben Bücher über diesen Gegenstand (von acht Büchern sind uns sieben erhalten) anschliefsen. Jedoch würde eine unmittelbare Wiedergabe dieser Bücher sowie der Abschnitte aus Euklids Elementen, welche besondere Anwendung in denselben finden, und der Schriften von Archimedes und Apollonius, welche sich auf denselben Gegenstand beziehen, nicht genügend gewesen sein: ich mufste vielmehr alles dasjenige, was durch die ausschliefsliche Rücksichtnahme der Alten auf logische Vollständigkeit verdeckt wird, hervorsuchen und durch Benutzung moderner Darstellungsmittel ans Licht ziehen[1]). Namentlich

[1]) Ein ähnliches Ziel verfolgt Housels Auseinandersetzung über das Werk des Apollonius (Liouville's Journal, Bd. 23). Diese ist jedoch teils zu kurzgefafst für meine Zwecke, teils hält sie sich so ausschliefslich an Apollonius' Schrift, dafs man die Verbindung dieser mit der vorhergehenden geometrischen Litteratur nicht erkennen kann. Endlich enthält diese Arbeit trotz ihrer Verdienste einige Mifsverständnisse, die gelegentlich Erwähnung finden werden und nicht ohne Bedeutung sind für die ganze Auffassung des griechischen Hauptwerks über Kegelschnitte.

mufste ich die Übereinstimmungen aufsuchen, welche zwischen den Hülfsmitteln, die in den verschiedenen Beweisen benutzt werden, existieren, und auf den Wert, den diese Hülfsmittel und die aufgestellten Sätze in der Hand der Alten hatten, mufste ich durch das schliefsen, wozu die Alten sie benutzten. Die vorgefundenen logischen Anwendungen mufsten mir dabei eine Vorstellung davon geben, wie dieselben Hülfsmittel haben angewandt werden können, um die verschiedenen aufgestellten Sätze zu finden. Wenn nun auch die so gefundenen Entdeckungswege niemals zu so allgemein zugänglichen Methoden, wie die Gegenwart sie kennt, zusammengestellt gewesen sind, so darf man doch mit Bestimmtheit annehmen, dafs eine mündliche Tradition vom Lehrer zum Schüler und praktische Übung in den Anwendungen sie zu etwas mehr als dem Eigentum einzelner hervorragender Männer gemacht hat. Dieselben Wege haben sich dann auch bei der weiteren Anwendung der in den erhaltenen Schriften aufgestellten Resultate benutzen lassen. Dadurch, dafs ich diesen Wegen nachspürte und über den geometrischen Gebrauch, der sich überhaupt von den gewonnenen Resultaten machen läfst, nachdachte, habe ich Mittel gewonnen um über die Beschaffenheit der Anwendungen urteilen zu können, von denen die Alten in ihren Vorreden sprechen, sowie über die Untersuchungen, welche zum Teil den Inhalt solcher verlorenen Schriften ausmachten, über welche Pappus in einer viel späteren Zeit Mitteilungen macht [1]). Selbstverständlich habe ich umgekehrt

[1]) Da ich, wie sich ergeben wird, zu der Annahme gelangt bin, dafs die Untersuchungen sich auch auf Gegenstände erstreckt haben müssen, von denen in den oft etwas zufälligen Mitteilungen, die uns erhalten sind, nichts berichtet wird, so habe ich mir auch die etwas delikate Frage gestellt, welche nicht erwähnten Untersuchungen man denn imstande gewesen sei auszuführen. Einer Beantwortung dieser Frage habe ich mich nicht ganz entziehen können; denn ich würde mich sonst der Gefahr aussetzen, dafs man zu wenig oder zu viel in meine

nicht versäumt die Winke zu benutzen, welche von Pappus sowie von Proklus und Eutokius oder anderswo in zufälligen Mitteilungen für das Verständnis der Alten gegeben werden, und welche teilweise Auszüge aus Schriftstellern sind, die den Alten näher standen als die genannten Berichterstatter.

Dafs nun das erforderliche Material für eine solche Arbeit einem Mathematiker hat zugänglich sein können, das verdanke ich teils den Philologen, welche neue Ausgaben von Archimedes und Pappus mit guten lateinischen Übersetzungen zu der Ausgabe des Apollonius von Halleys kundiger Hand hinzugefügt haben, teils den Männern, welche in der neuesten Zeit die mathematischen Überlieferungen in einem bis dahin unbekannten Umfange ans Licht gezogen und historisch und chronologisch beleuchtet haben. Es liegt mir namentlich daran hier in der Vorrede Cantor, den Führer unter den letzteren, zu nennen und den Nutzen hervorzuheben, den mir seine *Vorlesungen über Geschichte der Mathematik* gewährt haben, da ich wegen meines von dem seinen verschiedenen Ausgangspunktes an mehreren Stellen genötigt bin, mich seinen Ansichten polemisch gegenüber zu stellen.

Obgleich ich wesentliche Anregungen empfangen habe von Hankel, *Zur Geschichte der Mathematik im Altertum und Mittelalter*, wodurch mir zuerst Interesse für den Gedankengang[1]) der griechischen Mathematiker eingeflöfst wurde, von

erwähnte Annahme hineinlegte. Deshalb habe ich es beispielsweise gewagt, meine auf aufserordentlich wenige historische Daten gestützte Vermutung über Eratosthenes' Mittelgröfsen mit aufzunehmen, die für mich selbst zunächst eine Probe dafür darstellte, ob ich mich so in die Arbeitsweise der Alten hineinversetzt hätte, dafs ich sie selbständig anwenden konnte; den Leser aber bitte ich, sein Urteil über den historischen Wert dieser Vermutung nicht auf solche Hypothesen übertragen zu wollen, deren Wahrscheinlichkeit ich vollständiger begründe.

[1]) Als Schüler von Chasles interessierte ich mich schon lange für die im Altertum erreichten Resultate.

Bretschneider, *Die Geometrie und die Geometer vor Euklid*, und von Allmanns in Hermathena publicierten Untersuchungen, *Greek Geometry from Thales to Euklid*, so beziehen sich diese zunächst doch nur auf die Voraussetzungen für die griechische Lehre von den Kegelschnitten [1]). Gröfsere direkte Bedeutung für meine Bearbeitung dieser Lehre aber haben die zahlreichen kleinen Schriften von Paul Tannery gehabt, nicht nur durch die vielen in denselben enthaltenen historischen Angaben, sondern auch durch die bedeutenden Beiträge, welche er zum Verständnis der Entwicklung der griechischen Mathematik geliefert hat. Diese haben mir, wie sich ergeben wird, oft zur Führung gedient. Endlich ist es mir von grofsem Nutzen gewesen nicht nur von Heibergs Schriften Einsicht zu nehmen, sondern auch Gelegenheit zu haben mit diesem gründlichen Kenner der Ausdrucksweise und des Gedankenganges der alten Geometer mündlich zu verhandeln. In sprachlicher Hinsicht habe ich mich immer seiner Meinung gefügt, und wo ich seine historisch-geometrische Auffassung nicht habe teilen können, da haben seine Gründe mir die schwachen Seiten gezeigt, welche die von mir aufgestellte Begründung noch hatte.

---

[1]) Da Maximilien Marie in seiner *Histoire des Sciences Mathématiques et Physiques* ebenso wie ich das Studium der überlieferten Schriften der grofsen mathematischen Schriftsteller selbst zum Ausgangspunkt nimmt, so durfte ich erwarten, dafs zwischen meiner Arbeit und der seinen sich Berührungspunkte finden würden. Dafs dies nur in geringem Mafse der Fall ist, beruht teils darauf, dafs Marie in die Schriftsteller des Altertums, namentlich in Apollonius, weniger tief eingedrungen ist als in die mathematischen Schriften der neueren Zeit, teils darauf, dafs er fast gar keine Rücksicht auf die zahlreichen historischen Ergebnisse genommen hat, welche wir der neueren Forschung verdanken. Die letzten Teile des angeführten umfangreichen Werkes sind mir aber nützlich gewesen bei der Untersuchung des Einflusses, den die antike Geometrie auf die der neueren Zeit ausgeübt hat.

Dieses Buch ist aus dem Dänischen übersetzt. Das Original wurde der Königlich dänischen Gesellschaft der Wissenschaften am 31sten Oktober 1884 vorgelegt und im 3ten Bande der Schriften der Gesellschaft, 6te Reihe, naturwissenschafliche und mathematische Abteilung, abgedruckt. Die Gesellschaft hat die Holzstiche bereitwilligst zur Benutzung in dieser deutschen Ausgabe hergegeben, in der einige kleine Zusätze im 12ten und 19ten, sowie einige Verbesserungen im 20sten und 22sten Abschnitt gemacht sind. Dafs die Übersetzung überall so genau meine eigenen Gedanken wiedergiebt, dafür schulde ich Dr. v. Fischer-Benzon herzlichen Dank, der — ebenso wie Herr Chr. Höst, der Verleger des Buches — grofse Verdienste hat um die Verbreitung der Schriften dänischer Mathematiker in solchen Kreisen in denen meine Muttersprache nicht verstanden wird.

Kjøbenhavn, den 28sten Mai 1886.

**H. G. Zeuthen.**

## Erster Abschnitt.

### Voraussetzungen und Hülfsmittel; Proportionen und geometrische Algebra.

---

Die antike Lehre von den Kegelschnitten, welche von Apollonius[1]) in vollständigem Zusammenhange entwickelt ist, ist ausschliefslich auf solchen Voraussetzungen aufgebaut, welche sich in Euklids Elementen finden, also im wesentlichen auf ganz denselben, welche auch der jetzigen elementaren Geometrie angehören. Jeder, der mit dieser vertraut ist und demnächst das festhält, was er nach und nach während des Lesens lernt, wird also jedes einzelne Argument verstehen können, dessen sich Apollonius bedient. Aber um sich vollständig in den ganzen Gedankengang hinein zu versetzen und den Plan zu erfassen, dem der Verfasser folgt, hat man zu beachten, dafs unter den Voraussetzungen, welche auch wir kennen, einige sind, welche er sowohl wie seine Vorgänger weit häufiger gebraucht haben als wir, und mit denen er und seine antiken Leser deshalb auch viel vertrauter gewesen sind.

Welches diese sind, und wie grofs das Bedürfnis der griechischen Geometer für dieselben gewesen ist, versteht man leicht, wenn man beachtet, welche besonderen Hülfsmittel eben in dem erwähnten Werke zur Benutzung beim Studium der Kegelschnitte eingeführt werden. Dies sind, wenn auch

---

[1]) Euklid lebte etwa 300 v. Chr., Archimedes 287—212, Apollonius etwa 200. Wo nicht ausdrücklich das Gegenteil bemerkt ist, gebe ich die Jahrszahlen an nach Cantor, Vorlesungen über die Geschichte der Mathematik, Bd. I. Leipzig, 1880.

der Begriff Koordinatensystem nicht aufgestellt wird, dieselben, welche wir benutzen, nämlich rechtwinklige und schiefwinklige Koordinaten, welche die Griechen überdies — eben auf Grund der geometrischen Form für ihre Anwendung — mit gröfserer Freiheit anzuwenden verstanden, als es im 17ten und 18ten Jahrhundert der Fall war. Die Koordinaten gebrauchen wir aber in Verbindung mit der Algebra, welche die Griechen nicht kannten. Wir haben also zu untersuchen, was bei ihnen beim Gebrauche der Koordinaten wie auch bei anderen Untersuchungen, wo man sich jetzt gewöhnlich der Algebra bedient, an Stelle der Algebra tritt.

Zuerst läfst sich nun ein Hülfsmittel anführen, welches man auch jetzt bei geometrischen Untersuchungen auf ganz dieselbe Weise wie die Griechen, wenn auch in geringerem Umfange und nur wenig innerhalb der eigentlichen analytischen Geometrie anwendet, nämlich Proportionen, eingeführt durch ähnliche Figuren.

Man hat bisweilen geltend machen wollen, dafs die Proportionen der Alten eine von den unsrigen abweichende Bedeutung dadurch hätten, dafs diese letzteren Gleichungen sind, während die der Alten in einer gewissen Verbindung zwischen Verhältnissen bestehen, welche allerdings, wenn die Glieder der Verhältnisse kommensurabel sind, zu einer Gleichung wird, sonst aber durch eine eigentümliche Definition im fünften Buche Euklids bestimmt wird. Diese Definition, welche aussagt, dafs $a$ in demselben Verhältnis zu $b$ steht wie $c$ zu $d$, sobald alle ganzen Zahlen $M$ und $N$, welche $M.a \gtreqless N.b$ machen, auch $M.c \gtreqless N.d$ machen, ist indessen nichts anderes als eine allgemeingültige Definition von der Gleichheit der Verhältnisse und fällt sehr nahe zusammen mit derjenigen, welche Weierstrass in unseren Tagen anwendet, um den Wert irrationaler Gröfsen zu definieren. Dafs hier, wenn auch Euklid die Verhältnisse nicht gleich nennt, in der That die Gleichheit definiert wird, geht daraus hervor, dafs einer der ersten Sätze, welcher auf Grundlage dieser Definition bewiesen wird, der ist, dafs wenn $a:b::c:d$ — wo wir uns vorläufig des Zeichens bedienen, welches man bei der modernen Art antike Proportionen zu schreiben an Stelle des Gleichheitszeichens gesetzt hat — und gleichzeitig $c:d::e:f$, auch $a:b::e:f$ ist.[1])

Die Sache liegt also in Wirklichkeit so, daſs während man in der modernen elementaren Algebra gewöhnlich das Gleichheitszeichen gebraucht ohne eine auch für inkommensurable Gröſsen geltende Erklärung von dem zu geben, was die Werte der Verhältnisse sind, welche man gleich setzt, man im Altertum, ohne das Gleichheitszeichen oder das Wort Gleichheit zu benutzen, eine solche bestimmt definierte Bedeutung in die aufgestellte Verbindung zwischen Verhältnissen hineinlegte, daſs diese Verbindung eben die ist, welche wir Gleichheit nennen.[2]) Mit der Definition der Gleichheit von Verhältnissen war die entsprechende der Ungleichheit verbunden.

Auf solche Weise waren diese Definitionen von der Gröſse eines Verhältnisses in seinen Verbindungen mit anderen dieselben, welche die allgemeine Gröſse charakterisieren, die der jetzigen Algebra zu Grunde liegt und kontinuierlich alle Werte annimmt, nicht bloſs solche, welche in einem rationalen Verhältnis zu einer gewissen Einheit stehen. Die darauf gebaute

---

[1]) Von den Grundzügen der Euklidischen Proportionslehre findet sich eine sehr hübsche ausführlichere Darstellung in einem Bruchstück über Euklid am Schlusse von Hankel, Zur Geschichte der Mathematik im Altertum und Mittelalter, Leipzig 1874.

[2]) Maximilien Marie scheint in „Histoire des Sciences Mathématiques et Physiques“, T. I. S. 5 einen Unterschied darin zu finden, daſs in einer modernen Proportion $\frac{a}{b} = \frac{c}{d}$ zwischen vier Strecken $a$, $b$, $c$, $d$ diese Gröſsen die Zahlenwerte (Maſszahlen) der Strecken oder ihre Verhältnisse zu einer bestimmten Einheit bezeichnen. Das wird dann eine verwickeltere Relation, die man, wenn die Einheit $e$ genannt wird, $\frac{a}{e}:\frac{b}{e} = \frac{c}{e}:\frac{d}{e}$ würde schreiben können, und für die die Alten auch einen Ausdruck hätten finden können. Für die geometrische Untersuchung ist dieselbe nicht so bequem wie die, in welche keine Einheit eingeführt ist, was man ja heutigen Tages auch bei allgemeinen Untersuchungen unterläſst. Im übrigen ist, wie bald berührt werden wird, Grund zu der Annahme vorhanden, daſs Proportionalität zwischen Zahlenwerten benutzt worden ist, bevor man die Euklidischen Definitionen aufstellte.

Proportionslehre enthielt Sätze, welche es ermöglichten die wichtigsten algebraischen Operationen mit dieser Gröfse auszuführen. Namentlich besafs man in der Zusammensetzung von Verhältnissen ein Mittel zur faktischen Ausführung der algebraischen Multiplikation von beliebigen solchen Gröfsen. In einer stetigen Proportion wie

$$\frac{a_0}{a_1} = \frac{a_1}{a_2} = \frac{a_2}{a_3} = \dots\dots \frac{a_{n-1}}{a_n}$$

wird $\frac{a_n}{a_0} = \left(\frac{a_1}{a_0}\right)^n$ und wird in Wirklichkeit wie eine Potenz benutzt, während umgekehrt $\frac{a_1}{a_0} = \sqrt[n]{\frac{a_n}{a_0}}$ ist. Man kannte sogar die Summation der auf diesem Wege gebildeten geometrischen Reihe [1]). Durch Benutzung umgekehrter Verhältnisse konnte man auch Divisionen ausführen. Da man durch diese Mittel Verhältnisse zu dem machen kann, was wir gleichnamig nennen, so liefsen sich auch Additionen und Subtraktionen ausführen.

Auf diese Weise hat man einen Apparat, mit Hülfe dessen man die Zusammensetzung algebraischer Gröfsen ausdrücken kann. Aber für den praktischen Gebrauch ist die Ausdrucksweise in Worten äufserst beschwerlich. Selbst wenn man die Operationen in einer Zeichensprache darstellt, fallen die Übelstände nicht ganz fort. Sie hängen nämlich damit zusammen, dafs, wenn die Proportionslehre auch in ihren Sätzen faktisch Resultate der elementaren Rechenoperationen ausdrückt, sie dies doch nicht der Form nach thut. Der Satzbau der Proportionslehre hat und mufs eine künstlichere Form haben als eine Sammlung von einfachen Rechenregeln, welche den bekannten Rechenregeln für ganze Zahlen parallel laufen.

Will man sich nun aber klar machen, wie die Griechen diesen Apparat nicht nur bei der Darstellung und dem strengen Beweise gefundener Sätze, sondern auch bei der Entdeckung

---

1) Vergl. Euklid IX, 35. Das 9. Buch ist allerdings eins von den arithmetischen Büchern, wo die behandelten Gröfsen ganze Zahlen sind. Der Satz hat hier seinen Platz erhalten als Hülfssatz für den arithmetischen Satz 36; aber der Beweis des Satzes selbst ist allgemeingültig.

der Sätze selbst haben benutzen können, so weist, wie wir nun sehen werden, eben seine Künstlichkeit auf die Erklärung hin[1]).

Geometrische wie alle möglichen konkreten Gröfsen durch Zahlen darzustellen und mit diesen Zahlen zu rechnen ist ebenso alt wie die Einführung von Mafs und Rechnen, und Verhältnisse und Proportionen müssen, wenn auch in rudimentären Formen, ebenso alt sein wie die erste Auffassung von ähnlichen Figuren, also wahrscheinlich so alt wie die Geometrie überhaupt; denn man wird kaum darauf verfallen sein mit seinen eigenen kleinen Figuren zu operieren ohne sich dieselben im Gröfseren auf die ihnen ähnlichen Figuren angewandt zu denken, welche sich beim Landmessen und in der Baukunst darboten[2]).

Als jedoch Pythagoras (580—500) oder vielleicht einer seiner nächsten Schüler entdeckte, dafs nicht alle Gröfsen derselben Art kommensurabel sind, wurde der unmittelbaren Anwendung von Zahlen und daran geknüpften Proportionen in der Geometrie, welche Anspruch auf Stringenz sollte erheben dürfen, ein Halt geboten. Indem man dann versuchte sich durch rein geometrische Operationen zu helfen, ergab sich als nützliche Folge die weitere Entwicklung dieser letzteren. Die Lehre von Rechnungsarten und Zahlenverhältnissen entwickelte sich wohl gleichzeitig, aber als wissenschaftlich wurde dieselbe nur in ihrer Anwendung auf Verhältnisse zwischen rationalen Gröfsen anerkannt, so wie sie in den arithmetischen Büchern Euklids (VII—IX) auftritt. Indessen konnte es nicht fehlen, dafs man praktisch Zahlen und Proportionen auch auf die Geometrie anwandte, wenn auch mit dem Bewufstsein, dafs man, um die gewonnenen Resultate anerkannt zu sehen, dieselben hinterher auf einem anderen Wege beweisen müsse.

---

[1]) Bei dieser Erklärung wie bei vielem anderen vom Inhalt dieses Abschnittes schliefse ich mich einer ebenso scharfsinnigen wie geistvollen Abhandlung an von P. Tannery, *De la solution géométrique des problèmes du second degré avant Euclide* (Mémoires de la Société de Bordeaux, 2me série, t. IV).

[2]) Vergl. die Bemerkungen von Dr. Allmann, S. 172 der Hermathena, Vol. III, Nr. V.

Als endlich — wie allgemeinn angenommen wird — Eudoxus von Knidus (408—355) die neue und allgemeingültige Grundlage für die Proportionslehre fand, welche wir angegeben haben, und welche Euklid in seine Geometrie aufgenommen und auf die Lehre von den ähnlichen Figuren angewandt hat, hat man notwendigerweise einsehen müssen, dafs diese neue Proportionslehre vollständig mit der alten übereinstimmte, oder richtiger, die alte arithmetische hat Schritt für Schritt als Wegweiser bei Entwicklung der neuen gedient. Wenn auch Euklid es nicht für richtig gehalten hat die arithmetische Proportionslehre im 7ten bis 9ten Buch auf den allgemeingültigen Beweisen des 5ten aufzubauen, sondern die alten arithmetischen Beweise beibehalten hat, so wird es doch durch die Übereinstimmung in den Benennungen und Sätzen vollkommen deutlich, dafs man die Verbindung erkannte. Hieraus folgt aber, dafs die Alten auch während der Anwendung des Satzapparates der Proportionslehre — ebenso wie wir, wenn wir unsere algebraischen Operationen durch Proportionen ausdrücken — imstande waren den Gedanken an die Rechenoperationen, welche den Sätzen praktisch zu Grunde liegen, als persönliche Anleitung zu benutzen.

Trotzdem ist für die jetzige Auffassung eine Anwendung von Proportionen, die sich einigermafsen bewältigen läfst, untrennbar vom Gebrauch einer Zeichensprache, die ihre Verbindungen und die Umformungen, welche bekannten Sätzen zufolge möglich sind, deutlich hervortreten und sich dem Gedächtnisse fest einprägen läfst. Das Altertum hatte allerdings keine Zeichensprache, aber ein Hülfsmittel zur Veranschaulichung dieser sowie anderer Operationen besafs man in der geometrischen Darstellung und Behandlung allgemeiner Gröfsen und der mit ihnen vorzunehmenden Operationen.

Dieses Verfahren beruht darauf, dafs man in einer Figur eine Strecke (oder, was man ferner daneben gebrauchte, eine Fläche) abtrug, welche allerdings unmittelbar eine durchaus bestimmte Gröfse hat, aber doch innerhalb gewisser Grenzen eine vollkommen allgemeine Gröfse darstellen kann; die geometrischen Sätze, welche angewandt werden, können nämlich keine anderen Resultate geben als diejenigen, welche in den ausdrücklich angenommenen Voraussetzungen niedergelegt sind, und die Resultate werden also unabhängig von der zufälligen Gröfse, welche eingeführte Strecken (oder Flächen) in der gezeichneten Figur erhalten haben[1]). In der Anwendung dieses Hülfsmittels konnte man fortfahren, unabhängig von der Entdeckung irrationaler Gröfsen. Diese Entdeckung, welche die Benutzung der arithmetischen Hülfsmittel hemmte, mufste eben dadurch besonders günstig für die Entwicklung jenes geometrischen Hülfsmittels werden.

In dieser Weise entwickelte sich eine geometrische Algebra, wie man sie nennen kann, da dieselbe als Algebra teils allgemeine Gröfsen, irrationale sowohl wie rationale, behandelt, teils andere Mittel als die gewöhnliche Sprache benutzt um ihr Verfahren anschaulich zu machen und dem Gedächtnisse einzuprägen. Diese geometrische Algebra hatte zu Euklids Zeiten eine solche Entwicklung erreicht, dafs sie dieselben Aufgaben bewältigen konnte wie unsere Algebra, solange diese nicht über die Behandlung von Ausdrücken zweiten Grades hinausgeht, ein Gebiet, welches sie auch, wie sich eben zeigen wird, in ihrer Anwendung auf die Lehre von den Kegelschnitten ausgefüllt hat. Eine solche Anwendung entspricht der Anwendung unserer Algebra in der analytischen Geometrie.

---

[1]) Dieses Hülfsmittel steht an wissenschaftlichem Umfang sowie an praktischer Anwendbarkeit auf algebraische Untersuchungen weit über einem entsprechenden arithmetischen Hülfsmittel bei Diophantus, der oft allgemeine Rechenoperationen durch Einführung bestimmer statt beliebiger Zahlen darstellt. Da die eingeführten Zahlen rational sind, haben die Operationen mit denselben für die Alten nur Operationen mit rationalen Gröfsen dargestellt, und wenn die Rechnungen ausgeführt werden, verdeckt das Resultat die Operationen, welche es eben zu erläutern galt, und welche man bei Diophantus neben den Rechnungsresultaten im Gedächtnis behalten mufs. Wenn dagegen ein Produkt durch ein Rechteck dargestellt wird, dessen Seiten die Faktoren sind, so bleibt die Entstehungsart eben so klar, als wenn wir ein Produkt $a.b$ schreiben.

Ein Vorbehalt mufs hier jedoch gemacht werden, insofern, als man im Altertum keine negativen Gröfsen oder ein irgendwie entsprechendes Hülfsmittel kannte. Man mufste deshalb das, was wir in einer gemeinsamen algebraischen Entwicklung vereinigen können, in verschiedene Sätze mit den zugehörigen Beweisen zerlegen, oder wenigstens verschiedene Figuren zu demselben Satze und Beweise herstellen. Da es indessen unter solchen Umständen im wesentlichen derselbe Satz ist, der überall bewiesen werden soll, so bot die Behandlung der verschiedenen Fälle nicht mehr Veranlassung zu wirklichen Schwierigkeiten, als die zusammenfassende Behandlung geboten haben würde. Nur eine beschwerliche Weitläufigkeit der Darstellung wurde die Folge.

Was im übrigen die Leichtigkeit betrifft, mit der das Hülfsmittel gebraucht wurde, so glaube ich, nachdem ich zum Teil selbst Versuche angestellt habe, dafs es für den daran Gewöhnten nicht hinter unserer Algebra zurückstand, sobald nach der persönlichen Arbeit und mündlichen Darstellung, während der man auf die Figur zeigen kann, gefragt wird. Dagegen war es als Mittel der schriftlichen Mitteilung beschwerlich anzuwenden und stand in dieser Beziehung weit hinter unserer Algebra zurück, deren Formeln ebenso leicht zu lesen wie zu schreiben sind. In der schriftlichen Darstellung wurde nämlich nicht nur eine Zeichnung der Figur verlangt, sondern auch eine Beschreibung derselben und ein beständiges Hinweisen vom Text auf die Figur.

Da wir gerade die Proportionslehre berührt haben, so wollen wir unsere genauere Beschreibung der geometrischen Algebra mit der Bemerkung beginnen, dafs die verschiedenen Sätze über die einfachsten Umformungen einer Proportion eben so anschaulich werden, wenn die Glieder der beiden Verhältnisse entweder von vornherein — was bei den Anwendungen gewöhnlich der Fall ist — Stücke von zwei geraden Linien sind oder als solche dargestellt werden, so dafs man auf diese zeigen kann, als wenn dieselben in unserer Zeichensprache dargestellt werden. Solche Veranschaulichungen der proportionalen Gröfsen durch gerade Linien finden sich durchgehends im fünften Buch Euklids, wo dieselben wohl nur dann einen direkten Nutzen gewähren, wenn von einer Addition oder Subtraktion oder Multiplikation mit einer ganzen Zahl die Rede ist, aber wo sie überall die Bedeutung erhalten, dafs jede einzelne Gröfse der Anschauung und dem Gedächtnis eingeprägt wird, so wie wir es machen, wenn wir sie durch einzelne Buchstaben darstellen, deren Verbindungen in den Gleichungen zu suchen sind. Selbst die ganzen Zahlen im 7ten bis 9ten Buch werden auf solche Weise veranschaulicht.

Dasselbe Anschauungsmittel läfst sich überhaupt anwenden, wo von Additionen und Subtraktionen die Rede ist. Sind die Gröfsen, welche addiert oder subtrahiert werden sollen, nicht Strecken, sondern z. B. ganze Zahlen oder Flächen, so werden diese durch Strecken dargestellt, wenn nötig nach einer Umformung (beispielsweise werden Flächen in Dreiecke oder Parallelogramme von derselben Höhe verwandelt, die sich dann durch ihre Grundlinien darstellen lassen), und die Strecken werden neben einander auf derselben Geraden oder auf einander abgetragen; das ist selbsverständlich, wenn die Operation wirklich geometrisch ausgeführt werden soll. Wenn dagegen nur von einer theoretischen Untersuchung die Rede ist, oder wenn in einer Analysis einige der Linien unbekannt sind, so gewährt diese Darstellung einen ähnlichen Nutzen wie die Darstellung eines in Worten ausgedrückten algebraischen Ausdrucks oder einer Gleichung in der Zeichensprache der Algebra uns gewährt.

Die Gleichung[1])

$$\alpha x + \beta y + \gamma z + \ldots . = d$$

würde sich, wenn $\alpha$, $\beta$, $\gamma \ldots$ als Verhältnisse zwischen vorgelegten geraden Linien, aber $x$, $y$, $z \ldots d$ selbst als gerade Linien dargestellt werden, von den Alten dadurch darstellen

[1]) Wenn wir Gleichungen in unserer algebraischen Sprache ausdrücken, welche bei den Alten in Worten und an einer Figur dargestellt sind, so werden wir durch kleine griechische Buchstaben Verhältnisse bezeichnen, durch kleine lateinische Strecken, durch grofse lateinische Flächen und durch grofse griechische Volumina.

lassen, dafs auf einer Geraden neben einander Stücke abgetragen würden, die in den Verhältnissen $\alpha$, $\beta$, $\gamma$ ... zu $x$, $y$, $z$ ... stehen. Der Abstand zwischen dem Anfangspunkt und dem Punkt, den man durch successives Abtragen der Stücke erreicht, wird dann $d$ sein. Auf ähnliche Weise kann man verfahren, wenn andere Vorzeichen in der Gleichung vorkommen. Ebenso wie wir bei der jetzt gebräuchlichen Darstellung im Gedächtnis behalten müssen, was jeder einzelne von unseren Buchstaben bedeutet, ebenso mufsten die Alten behalten, was das für Stücke waren, die man abgetragen hatte; dann aber hatten die Alten ebenso wie wir eine Darstellung der Gleichung. Bei den Alten kann die notwendige Gedächtnisarbeit bisweilen dadurch etwas unterstützt worden sein, dafs die Hülfsfigur in direkte konstruktive Verbindung mit der Hauptfigur gebracht wurde; oft dagegen, und so häufig bei Archimedes, ist sie daneben gezeichnet.

Mit Hülfe einer solchen Darstellung werden Gleichungen ersten Grades auf Wegen gelöst, welche viel mit unserer algebraischen Behandlung gemeinsam haben. Doch ist die unbekannte Gröfse mit einem unbekannten Punkt vertauscht, der nicht durch seinen Abstand von einem im voraus gewählten Anfangspunkt bestimmt wird, sondern dessen Abstände von gegebenen Punkten ohne Unterschied benutzt werden. Die Umformungen der Gleichung werden oft durch Einführung neuer bekannter Punkte dargestellt. Beispiele für diese Operationen finden sich in der Schrift des Archimedes über das Gleichgewicht ebener Figuren II, nach der wir im 20sten Abschnitt eine Lösung einer Gleichung wiedergeben, sowie in seiner Schrift über schwimmende Körper II[1]).

Das hier beschriebene Hülfsmittel würde indessen nicht sonderlich weit gereicht haben, wenn man sich damit begnügt hätte auf diese Weise die eine Dimension der geraden Linie zu benutzen. Es hat seine Hauptbedeutung dadurch erhalten, dafs man um Produkte darzustellen in den Flächen ein Mittel besafs, welches teils in der Anwendung viel bequemer

---

[1]) Man vergl. das historische Werk von Maximilien Marie, I, S. 117—127.

war als zusammengesetzte Verhältnisse, teils es ermöglichte aus der mannigfaltigen Art, wie Flächen sich in der Ebene umlegen lassen, ja aus den eigentlichen planimetrischen Sätzen Nutzen zu ziehen.

Wenn wir sagen, dafs eine Fläche, vorläufig die eines Rechtecks, ein Produkt darstellte, nämlich das der beiden Seiten, so müssen wir uns allerdings beeilen hinzuzufügen, dafs wir damit meinen, dafs es in den Untersuchungen der Alten dieselbe Rolle spielte wie ein Produkt von zwei allgemeinen Zahlen in den unsrigen. Für die Alten indessen, welche nur Produkte aus ganzen oder wenigstens rationalen Zahlen anerkannten, konnte es nur zur Darstellung eines Produktes dienen, wenn die Seiten ein gemeinschaftliches Mafs hatten, welches als Einheit genommen werden konnte. Dafs es im letzteren Falle wirklich benutzt wurde um Zahlenprodukte darzustellen, geht unter anderem hervor aus Namen wie ebene Zahlen, d. h. solche, welche aus zwei Faktoren zusammengesetzt sind, und quadratische Zahlen, und daraus, dafs zwei Zahlen ähnlich heifsen, wenn sie sich wie zwei Quadratzahlen verhalten, weil sie sich dann durch ähnliche Rechtecke mit kommensurablen Seiten darstellen lassen. Dafs die allgemeingültige Verbindung zwischen zwei Gröfsen, welche durch das Rechteck mit diesen Gröfsen als Seiten dargestellt wird, ganz übereinstimmt mit der bereits erwähnten — aber später erfundenen — Bildung von Produkten, welche auf Euklids (Eudoxus') Proportionslehre gegründet wurde, sieht man aus Satz 23 im sechsten Buche Euklids, der aussagt, dafs zwei Parallelogramme mit demselben Winkel im zusammengesetzten Verhältnis der Seiten stehen.

Nach diesen Bemerkungen können wir ohne mifsverstanden zu werden im Folgenden durh $a.b$ das Rechteck mit den Seiten $a$ und $b$ bezeichnen und durch $a^2$ das Quadrat mit der Seite $a$. Diese Bedeutung mufs aber in der That festgehalten werden, und ich werde oft Grund haben daran zu erinnern, dafs mit Figuren operiert wird. Ich mufs das thun, nicht nur mit Rücksicht auf die Gefahr der Versuchung, den Alten Erleichterungen modernen Ursprungs zuzuschreiben. Die Gefahr hierfür dürfte von geringerer Bedeutung sein, weil die Verbindung zwischen Rechteck und Produkt, wie oben bemerkt, den Alten nicht fremd war, wenn dieselbe auch nicht in allgemeingültigen Beweisen anerkannt wurde. Es ist gerade so grofse Gefahr dafür vorhanden, dafs man, wenn man vergifst, dafs die Alten mit Figuren operierten, die damit verbundenen eigentümlichen Erleichterungen übersieht, welche die Alten ihrerseits vor uns voraus haben konnten.

Die hierher gehörenden Operationen sind so einfach, dafs sie unmittelbar verstanden werden, wo man bei den Beweisen der Alten auf sie stöfst, und bedürfen insofern keiner Erklärung. Hier kommt es uns aber darauf an klar zu legen, dafs sie eine wirkliche Methode bildeten, die vor Euklids Zeit entwickelt sein mufs, und welche die Alten mit so grofser Fertigkeit anwendeten, dafs die Einübung derselben sicher mit zu einer guten mathematischen Ausbildung gehört haben mufs. Um das nachzuweisen müssen wir das erste uns bekannte Auftreten dieser Operationen untersuchen, nämlich in Euklids zweitem Buch, das durch und durch auf dieser Methode aufgebaut ist.

Die 10 ersten Sätze im zweiten Buche Euklids lassen sich folgendermafsen schreiben:

1. $a(b + c + d + \ldots) = ab + ac + ad + \ldots,$
2. $(a + b)^2 = (a + b)a + (a + b)b,$
3. $(a + b)a = a^2 + ab,$
4. $(a + b)^2 = a^2 + b^2 + 2ab,$
5. $(a - b)b + (\frac{1}{2}a - b)^2 = (\frac{1}{2}a)^2$ oder
   $(a - b)b + (b - \frac{1}{2}a)^2 = (\frac{1}{2}a)^2,$
6. $(a + b)b + (\frac{1}{2}a)^2 = (\frac{1}{2}a + b)^2$ oder
   $b(b - a) + (\frac{1}{2}a)^2 = (b - \frac{1}{2}a)^2,$
7. $a^2 + b^2 = 2ab + (a - b)^2,$
8. $4ab + (a - b)^2 = (a + b)^2,$
9. $(a - b)^2 + b^2 = 2(\frac{1}{2}a)^2 + 2(\frac{1}{2}a - b)^2$ oder
   $(a - b)^2 + b^2 = 2(\frac{1}{2}a)^2 + 2(b - \frac{1}{2}a)^2,$
10. $b^2 + (a + b)^2 = 2(\frac{1}{2}a)^2 + 2(\frac{1}{2}a + b)^2$ oder
    $(b - a)^2 + b^2 = 2(\frac{1}{2}a)^2 + 2(b - \frac{1}{2}a)^2.$

Diese algebraischen Darstellungen lassen sich übrigens etwas verändern durch Änderung der Bedeutung der Bezeichnungen, welche wir den Abständen zwischen den Punkten einer Linie geben.

Unsere erste Gleichung ist nur ein Ausdruck dafür, dafs ein Rechteck durch Parallelen zu der einen Seite (der Höhe) in neue Rechtecke geteilt wird, deren Grundlinien zusammen die des gegebenen ausmachen. Die Sätze 2 und 3 sind solche specielle Fälle von 1, in welchen ein Rechteck mit einem Quadrat vertauscht ist. Die Gleichung 4 mufs aufgefafst werden als Ausdruck für die in Fig. 1 dargestellte Zerlegung eines Quadrates mit der Seite $a+b$. Die Gleichungen 5 und 6, von deren weiterer Bedeutung wir bald reden werden, drücken auf

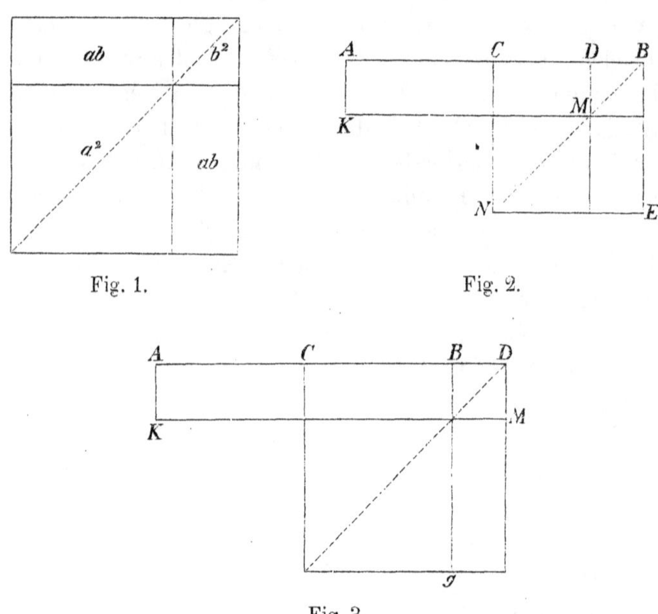


Fig. 1. Fig. 2.

Fig. 3.

dieselbe Weise die auf 4 gegründeten Eigenschaften bei den Figuren 2 und 3 aus, wo $C$ die Mitte der Strecke $AB$, die wir gleich $a$ gesetzt haben, ist, während $DB$ oder $AD$ $b$ genannt ist, und auf ähnliche Weise drücken 7 und 8 Sätze aus, deren Richtigkeit unmittelbar an den Figuren hervortritt, deren Eigenschaften sie darstellen.

Das in diesen Sätzen angewandte Verfahren läfst sich im allgemeinen benutzen um den geometrischen Satz zu beweisen, welcher dem algebraischen entspricht, dafs mehrgliedrige Gröfsen multipliciert werden, indem man alle Glieder der einen mit allen Gliedern der anderen Gröfse multipliciert. Die beiden letzten Identitäten 9 und 10 lassen sich entweder auf dieselbe Weise oder aus den vorhergehenden Sätzen ableiten, aber Euklid zieht es vor, den schon im ersten Buche bewiesenen Pythagoreischen Lehrsatz zu benutzen.

Da sich für die entwickelten Sätze, wie wir sehen werden, bestimmte Anwendungen nachweisen lassen, und da die entsprechenden algebraischen Sätze zum Teil auch in unsern Lehrbüchern der Algebra ausdrücklich hervorgehoben werden, so bietet der Umstand, dafs Euklid nur diese nennt, keineswegs Veranlassung zu dem Glauben, dafs dies die einzigen Anwendungen sind, welche er und seine Vorgänger von dem benutzten Verfahren machen konnten. Man kann im Gegenteil sagen, dafs die Anwendungen zahlreich genug sind um Anleitung zu geben dasselbe Verfahren überall anzuwenden, wo es anwendbar ist.

Aufser der hier benutzten Multiplikation mehrgliedriger Gröfsen, verbunden mit einer Vereinigung durch Addition und Subtraktion, trifft man bereits im ersten Buche Euklids die geometrische Operation, welche der Division eines Produktes von zwei Gröfsen durch eine dritte entspricht. Diese besteht darin, die aus den beiden ersten gebildete Fläche an die dritte anzulegen (παραβάλλειν), d. h. dasselbe in ein Rechteck mit der dritten als Seite zu verwandeln. Dadurch wird man auch in den Stand gesetzt, die Summe oder Differenz solcher Rechtecke, welche keine Seite gemeinschaftlich haben, zu einem einzigen Rechteck zu vereinigen.

Radicierung oder Lösung rein quadratischer Gleichungen haben wir in der Aufgabe ein Rechteck in ein Quadrat zu verwandeln, wozu Euklid (II, 14) unsere Konstruktion der mittleren Proportionale benutzt; da er aber noch nicht zur Proportionslehre gelangt ist, so beweist er die Richtigkeit der

Konstruktion durch den pythagoreischen Lehrsatz. Sein Beweis, der am nächsten der algebraischen Umformung

$$x^2 = ab = \left(\frac{a+b}{2}\right)^2 - \left(\frac{a-b}{2}\right)^2$$

entspricht, ist im übrigen auf den vorhergehenden Satz 5 gestützt, hätte sich aber ebenso leicht auf den Satz 6 gründen lassen. Ob man den einen oder den anderen zu benutzen hat, beruht darauf, ob man — beim Beweise oder der Herleitung, denn die Konstruktion ist dieselbe — damit beginnt eine der Strecken $a$ und $b$ entweder auf der anderen oder auf der Verlängerung der anderen abzutragen[1]).

Um demnächst zu erfahren, wie weit die Bekanntschaft der Alten mit gemischten quadratischen Gleichungen und deren Lösung oder Reduktion auf rein quadratische Gleichungen sich erstreckte, wird es zweckmäfsig sein zu prüfen, welche Gestalt die quadratische Gleichung in der Sprache der geometrischen Algebra annehmen mufste, und welche Hülfsmittel diese demnächst darbot um die Lösung zu finden.

Wir wollen zuerst die Gleichung

$$x^2 + ax = b^2, \qquad (1)$$

betrachten, wo wir uns denken, dafs das konstante Glied, welches jedenfalls eine Fläche darstellen mufs, in ein Quadrat verwandelt ist, eine Verwandlung, welche, wenn die Fläche erst

[1]) Wenn Euklid statt 5 den Satz 6 benutzt und den Beweis für diesen Hülfssatz in den Beweis für die Konstruktion hineingezogen hätte, so würde diese Begründung vollkommen übereinstimmen mit einer Herleitung derselben Konstruktion, welche sich bei dem indischen Mathetiker Baudhâyana findet (vergl. Cantor, Vorlesungen S. 545). Ich bin deshalb mit Cantor vollkommen darin einig, diese Herleitung für übereinstimmend mit der griechischen Geometrie zu halten, während Hankel durchgehends geneigt ist die Anwendungen von Flächenoperationen für der indischen Geometrie eigentümlich und der griechischen fremd zu betrachten. Diese Auffassung wird widerlegt werden durch unsere Darlegung der Rolle, welche Flächenoperationen sowohl in der elementaren Geometrie der Griechen wie in ihrer Lehre von den Kegelschnitten gespielt haben, wenn dieselben auch an beiden Orten in das strenge Gewand griechischer Darstellungskunst gekleidet sind.

zu einem Rechteck gemacht ist, durch den eben erwähnten Satz II, 14 vorgenommen wird. Dieses Quadrat soll gleich der Summe aus dem Rechteck $ax$ mit der gegebenen Seite $a$ und der unbekannten Seite $x$ und aus dem Quadrat über dieser letzteren Seite sein. Die Aufgabe besteht also darin, an eine gegebene Linie $AB = a$ ein Rechteck $(AM)$ von gegebener Gröfse $b^2$ anzulegen, so dafs ein Quadrat $(BM) = x^2$ übrig bleibt. Diese Aufgabe ist sogar ihrem Wortlaute nach als specieller Fall miteinbegriffen in Eukl. VI, 29, wo nur das Rechteck vertauscht ist mit einem Parallelogramm mit gegebenem Winkel, das überschiefsende Quadrat mit einem Parallelogramm (παραλληλόγραμμον ὑπερβάλλον) von gegebener Form.

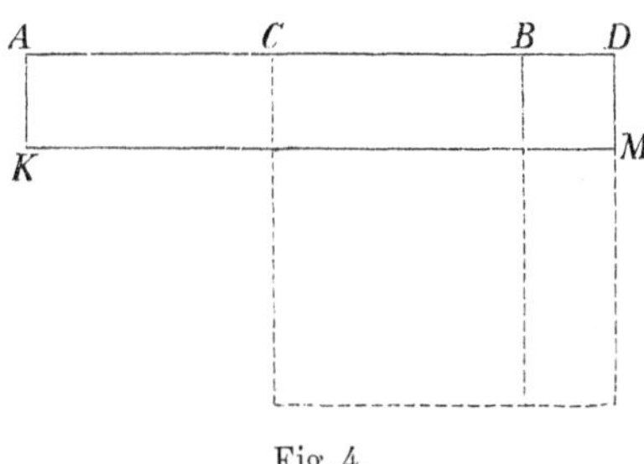

Fig. 4.

Wenn wir uns nun an die Lösung der gestellten Aufgabe machen, so setzen wir von den früher erwähnten Sätzen den Satz 4 und die dazu gehörende Fig. 1 als bekannt voraus. Indem wir dann, um eine Analysis von derselben Art zu bekommen, wie die Alten sie benutzten[1]), damit beginnen uns

[1]) Euklid bedient sich in den Elementen und Apollonius fast überall in seiner Lehre von den Kegelschnitten der synthetischen Darstellungsart, welche darin besteht, zuerst den Satz oder die Aufgabe, welche bewiesen oder gelöst werden sollen, anzugeben, im letzteren Falle demnächst die Lösung folgen zu lassen, und endlich in beiden Fällen zuletzt den Beweis für den aufgestellten Satz oder die Lösung zu geben. Auf diesem Wege erfahren wir, dafs dasjenige, was ausgesagt ist, wahr ist, aber nicht wie man darauf gekommen ist es zu sagen. Etwas mehr erfährt man unmittelbar, wenn die Alten auch die Analysis einer Aufgabe mitteilen, welche darin besteht sich dieselbe gelöst zu denken und aus dieser Voraussetzung solche neue Verbindungen abzuleiten, welche zur wirklichen Lösung dienen können. Dasselbe kann man in der Regel dadurch erreichen, dafs man selbst aus der vorliegenden synthetischen Darstellung durch Umkehrung aller Operationen die Analysis bildet, welche in jedem Falle angewandt sein konnte und in vielen Fällen von den

die Aufgabe in Fig. 4 gelöst zu denken, so liegt es nahe, demnächst durch Umformung der Figur zu versuchen ein Quadrat von bekannter Gröſse zu bilden. Das läſst sich erreichen, wenn

---

Alten wirklich angewandt worden ist. In Betreff der Theoreme gilt etwas ähnliches, da das, was sie aussagen, in der Regel als Antwort auf eine Frage, also als Lösung einer gewissen Aufgabe betrachtet werden kann.

Bei Hankel, Zur Geschichte der Mathematik u. s. w. S. 137 ff. findet sich eine sehr hübsche und durch Beispiele erläuterte Schilderung der Analysis und Synthesis der Alten. Ich will hier ein Beispiel aus der neueren Mathematik anführen, welches vielleicht am deutlichsten die rein logische Ausbeute der beiden Operationen zeigen wird, daſs nämlich die Analysis zu allen den Lösungen führt, die eine Aufgabe überhaupt haben kann, so daſs man dagegen gesichert wird irgend eine zu vergessen, während man durch einen synthetischen Beweis sich der Richtigkeit der Lösungen versichert, zu denen man gelangt. Das Beispiel ist die Behandlung einer beliebigen Aufgabe in der Weise, daſs man sie auf eine Gleichung bringt, diese löst und die Lösungen einer Probe unterwirft. Der oder den Unbekannten eine Bezeichnung zu geben und dieselben in eine oder mehrere Gleichungen einzuführen ist dasselbe, als wenn man sich diese befriedigt, also die Aufgabe gelöst denkt. Diese Operation, in Verbindung mit der Lösung der Gleichungen, macht eine Analysis aus; das Probieren der Wurzeln ist der synthetische Beweis für die Richtigkeit der gefundenen Lösungen. Diese Probe läſst sich entbehren, wenn in der Analysis keine Operationen gebraucht sind, welche sich nicht umkehren lassen, dagegen nicht, wenn man durch Potenzieren ein Wurzelzeichen fortgeschafft hat, welches nach der Voraussetzung mit einem gewissen Vorzeichen genommen war. Auf diese Weise würden die Alten in vielen Fällen ihre Synthesis haben entbehren können, nachdem sie die Analysis aufgestellt hatten, wenn sie bestimmte Regeln dafür gehabt hätten, welche von ihren Operationen umkehrbar waren. In Ermanglung dessen versicherten sie sich in der Regel durch eine Synthesis, welche in einer durchgeführten Umkehrung der einzelnen Operationen der Analysis bestand, daſs die aufgestellten Lösungen richtig waren. Wo sie die Analysis unterlieſsen, erhielt man dagegen keinen Beweis dafür, daſs nicht andere Lösungen möglich waren.

Die Worte Analysis und Synthesis werden in der Folge stets nur in ihren einfachen antiken Bedeutungen gebraucht werden, und die Adjektive analytisch und synthetisch in Übereinstimmung hiermit. Nur wenn wir von „der analytischen Geometrie“ sprechen, verstehen wir darunter im besonderen die Cartesische, wenn nicht ausdrücklich etwas anderes bemerkt ist.

man das Rechteck $(KB)$ in zwei Hälften teilt und darauf in Übereinstimmung mit Fig. 1 die eine Hälfte $(KC)$ so umlegt, daſs die ganze gegebene Fläche

$$(KD) = 2 \cdot \tfrac{1}{2}ax + x^2 = b^2$$

zu einem „Gnomon“ wird, welcher in Verbindung mit dem bekannten Quadrat $(\frac{1}{2}a)^2$ ein Quadrat von dem bekannten Inhalt $b^2 + (\frac{1}{2}a)^2$ ausmacht. Die Seite desselben $CD = x + \frac{1}{2}a$ wird demnächst durch den pythagoreischen Lehrsatz bestimmt, und dadurch ist die Aufgabe gelöst, denn nun läſst sich der Punkt $D$ konstruieren. $x = BD$ wird dann auch gefunden sein.

Abgesehen von dem Unterschiede zwischen der geometrischen und algebraischen Darstellungsform haben wir hier genau dasselbe ausgeführt, als wenn wir jetzt die aufgestellte Gleichung dadurch lösen, daſs wir auf beiden Seiten des Gleichheitszeichens $(\frac{1}{2}a)^2$ addieren. Und gleichzeitig zeigt es sich, daſs unsere Analysis vollkommen zu der Synthesis paſst, welche wir mit Beziehung auf die verallgemeinerte Aufgabe bei Eukl. VI, 29 finden.

Daſs man nun auch ohne diese auf Euklids (oder Eudoxus') Proportionslehre gegründete Verallgemeinerung, und wahrscheinlich früher, genau dieselbe Lösung auf die von uns behandelte speciellere Aufgabe angewandt hat, geht daraus hervor, daſs Satz 6 des zweiten Buches eine vollständige Andeutung zu derselben Lösung giebt, wie dies sowohl die mit Fig. 4 ganz übereinstimmende Fig. 3 als auch unsere algebraische Darstellung desselben (wenn man $b$ mit $x$ vertauscht) zeigen.

Fig. 3 oder 4 zeigen ferner unmittelbar, daſs dieselbe Aufgabe auch in der Form gestellt sein kann, zwei Strecken $AD$ und $BD$ zu bestimmen, deren Differenz $a$ und Rechteck $b^2$ gegeben sind. Das bemerkt Euklid auch ausdrücklich Data 84. Die Strecke $AD$ würde Wurzel der Gleichung

$$x^2 - ax = b^2 \qquad (2)$$

sein, was wir auch durch unsere zweite algebraische Darstellung des Satzes 6 angedeutet haben. Eben deshalb braucht Euklid nicht die geometrische Aufgabe, welche die unmittelbare Übersetzung dieser Gleichung sein würde, besonders zu behandeln; denn jede Frage, welche von dieser Gleichung abhängig ist, läſst sich in Abhängigkeit von der sorgfältig behandelten Gleichung $x^2 + ax = b^2$ bringen. Da negative Gröſsen unbekannt waren, so erhielt jede von diesen Gleichungen nur eine Wurzel.

Auf ganz ähnliche Weise ist die Gleichung

$$ax - x^2 = b^2 \qquad (3)$$

bei Euklid behandelt. Diese muſs geometrisch folgendermaſsen ausgedrückt werden: an eine gegebene Strecke $a$ ein Rechteck von gegebenem Inhalt $b^2$ so anzulegen, daſs die fehlende Figur ein Quadrat wird. Diese Aufgabe, deren Lösung aus Euklid II, 5 (vergl. Fig. 2, wo dann $AB = a$, $(KD) = b^2$ und $BD = x$) hervorgeht, findet sich verallgemeinert in VI, 28, so daſs das Rechteck mit einem Parallelogramm mit gegebenem Winkel vertauscht wird, das Quadrat mit einem fehlenden Parallelogramm (παραλληλόγραμμον ἐλλεῖπον) von gegebener Form. Die Lösung ist auch hier in anderer Sprache dieselbe wie die der jetzigen Algebra, indem sie darin besteht durch Subtraktion beider Seiten der Gleichung von $\left(\frac{a}{2}\right)^2$ ein Quadrat über der $CD = \frac{a}{2} - x$ mit bekanntem Inhalt $\left(\frac{a}{2}\right)^2 - b^2$ zu bilden.

Der Lösung, welche in VI, 28 vollständig ausgeführt wird, wird in VI, 27 eine Bedingung für die Möglichkeit vorausgeschickt, welche für den hier behandelten Fall darauf hinauslaufen würde, daſs die Fläche $b^2$ nicht gröſser als $\left(\frac{a}{2}\right)^2$ sein darf.

Indem Euklid im Beweise für die Unmöglichkeit, daſs $b^2 > \left(\frac{a}{2}\right)^2$, einmal $x < AC$ (Fig. 2), und dann $x > AC$ (was sich an Fig. 2 dadurch darstellen lieſse, daſs man $x = AD$ setzt, wodurch das Rechteck mit gegebenem Inhalt die Grundlinie $BD$ erhalten würde) zu nehmen versucht, giebt er zu erkennen, daſs er sehr wohl weiſs, daſs der Aufgabe, welche durch die Gleichung ausgedrückt wird, ebensowohl genügt wird durch $x = AD$ wie durch $x = BD$. Wenn er nichtsdestoweniger VI, 28 nur éine Lösung angiebt, so muſs das entweder darauf beruhen, daſs er meint, die gestellte Aufgabe enthalte nur die Forderung ein Rechteck anzulegen, welches der gestellten Bedingung genügt, nicht aber alle solche Rechtecke zu finden, oder darauf, dafs dasjenige, welches Euklid finden will, eben das Rechteck $AM$ ist, welches an $AB$ angelegt wird, und dies bleibt dasselbe, einerlei ob es an diese Linie mit der gröfseren Seite längs $AD$ oder mit der kleineren längs $DB$ gelegt wird, wenn auch das fehlende Quadrat verschieden wird[1]).

Diese letztere Erklärung erscheint namentlich natürlich, wenn man beachtet, dafs Euklid sowohl in Satz 85 der Data wie im Hülfssatz zu den Elementen X, 18 die eben beschriebene Flächenanlegung zur Bestimmung von Strecken benutzt, von denen die Summe sowohl wie der Inhalt des daraus gebildeten Rechtecks gegeben ist. Diese symmetrische Aufgabe hat nur éine Lösung, und dafs Euklid auch nicht von mehr als éiner Auflösung in der mit dieser Aufgabe wesentlich identischen Flächenanlegung spricht, ist eigentlich nicht auffälliger, als wenn ein Schriftsteller der Gegenwart den Gleichungen

$$x + y = a,$$
$$xy = b^2$$

nur die Lösungen

$$x = \frac{a + \sqrt{a^2 - b^2}}{2}, \quad y = \frac{a - \sqrt{a^2 - b^2}}{2}$$

beilegt, im Vertrauen darauf, dafs die Symmetrie zu augenfällig ist, als dafs es nötig sein sollte ausdrücklich hervorzuheben, dafs die beiden Werte sich auch vertauschen lassen[2]).

Jedenfalls ist es unrichtig aus dem Umstande, dafs bei Euklid eine ausdrückliche Erwähnung der einen Wurzel einer quadratischen Gleichung in dem Falle fehlt, wo dieselbe wirklich zwei (d. h. zwei positive) hat, und aus einem entsprechenden Mangel bei Diophantus zu schliefsen, dafs den Alten überhaupt der Sinn fehlte für die Bedeutung einer Untersuchung darüber, wie viele Lösungen eine Aufgabe haben könnte[3]).

---

[1]) Vergl. Buch X, 43 ff., worin Euklid sagt, dafs es nur einen Punkt giebt, welcher eine Strecke auf eine gegebene Weise teilt, aber im Beweise ausdrücklich bemerkt, dafs er den zweiten Punkt ausschliefst, der die Strecke in dieselben beiden Abschnitte teilt.

[2]) Man vergleiche die citierte Arbeit von Tannery.

[3]) Hankel hebt diesen Mangel a. a. O. S. 162 in sehr starken Ausdrücken hervor.

Dafs dies nicht der Fall gewesen ist, geht deutlich aus der Art und Weise hervor, wie Apollonius in der Vorrede zum vierten Buch über die Kegelschnitte[1]) den Diorismus (Abgrenzung) einer Aufgabe bespricht. Dieser besteht nach dem Wortlaut des Namens vor allem in einer Angabe der Grenzen, innerhalb deren eine Aufgabe überhaupt möglich ist — und eine solche giebt Euklid, wie wir gesehen haben, für die quadratische Gleichung in VI, 27 —; aber die Ausdrücke des Apollonius zeigen, dafs der Diorismus zugleich den Zweck hat die Grenzen anzugeben, innerhalb deren eine Aufgabe eine gröfsere oder geringere Anzahl Lösungen haben kann, und dann zu sagen, wie viele sich in jedem einzelnen Fall ergeben.

In genauester Übereinstimmung hiermit steht aufser vielem anderen Apollonius' eigene Anwendung der Flächenanlegung oder der quadratischen Gleichungen in der durch das Arabische erhaltenen Schrift über den Verhältnisschnitt[2]). Der Inhalt dieser Schrift, den wir im 15ten Abschnitt genauer besprechen werden, besteht in einer Behandlung der geometrischen Aufgabe: durch einen Punkt eine gerade Linie zu ziehen, welche auf zwei gegebenen Geraden von gegebenen Punkten an Stücke abschneidet, welche in einem gegebenen Verhältnis stehen. Diese Aufgabe wird gelöst durch Zurückführung auf Flächenanlegung, welche bis auf den Unterschied, der zwischen unserer und der geometrischen Algebra besteht, mit einer modernen algebraischen Behandlung und Zurückführung auf eine Gleichung zweiten Grades übereinstimmt. Die Aufgabe ist allerdings in so viele Fälle geteilt, dafs die Wurzeln, welche brauchbar sind, jedesmal engen Grenzbedingungen unterworfen sind; aber sofern zwei Lösungen innerhalb dieser Grenzen vorkommen können, versäumt Apollonius nicht es anzuführen. Dies geschieht überdies in einer Form, welche eine vollkommene Vertrautheit mit der Thatsache verrät, dafs der Grenzfall, wo die Gleichung (3)

---

[1]) Man vergl. unseren Anhang 1.

[2]) Lateinisch herausgegeben von Halley (De sectione rationis etc.).

nur éine Lösung hat, den Übergang zwischen solchen bildet, wo zwei oder wo gar keine vorhanden sind.

Bei Betrachtung der im sechsten Buch wirklich ausgeführten Flächenanlegungen haben wir gesehen, dafs das, was die Sätze 5 und 6 des zweiten Buchs angeben, eben dieselben Umformungen sind, in denen die Ausführung der Flächenanlegung in der von uns dargestellten Form besteht, oder dafs sie die Lösung der geometrischen Algebra von den Gleichungen

$$x^2 \pm ax \pm B = 0$$

angeben, wo $B$ eine Fläche bedeutet, die in einer solchen Form gegeben ist, dafs sie sich in ein Quadrat verwandeln läfst. Dafs Euklid es bis zum sechsten Buch aufschiebt eben diese Aufgaben ausdrücklich zu stellen und zu lösen, hat seinen natürlichen Grund darin, dafs er dort erst mit Hülfe der Proportionslehre denselben die Erweiterung geben kann, von der wir hier abgesehen haben, deren algebraische Bedeutung wir aber bald genauer untersuchen werden.

Wenn nun also die Ausführung der Flächenanlegung im zweiten Buch auch nur in Form von Sätzen gegeben wird, so bezeugt das Vorkommen an dieser Stelle doch, dafs dieselbe unabhängig von der neuen Proportionslehre ist und sicher vor dieser bekannt war. Das wird vollkommen bestätigt durch den bei Proklus[1]) aufbewahrten Bericht des Eudemus, dafs man die Flächenanlegung den Pythagoreern verdanke.

Lange vor Euklids Zeit kannte man also die Lösung der gemischten quadratischen Gleichung, wie sie hier dargestellt ist, und hat dieselbe, wie sich aus der ausdrücklichen Hervorhebung dieses Gegenstandes ergiebt, mit Fleifs behandelt. Die Frage wird also demnächst sein, bis zu welchem Umfange man hieraus Nutzen zu ziehen verstand. Die meisten Autoren scheinen geneigt diesen Umfang ziemlich eng zu begrenzen; sie nennen Euklids Lösungen geometrisch und scheinen damit auch ausdrücken zu wollen, dafs er dieselben nur wie ein in vielen Fällen nützliches Hülfsmittel innerhalb der Geometrie

---

[1]) Friedleins Ausgabe von Proklus' Kommentar zum Euklid, S. 419.

selbst angewendet habe, während sie die numerische Lösung der Zeit nach nur bis zu den ersten Schriftstellern zurückführen, bei denen sie ausdrückliche Beispiele für solche gefunden haben[1]. Die Auffassung, die ich hier festhalten werde, besteht dagegen darin, dafs die geometrische Darstellung für die Griechen die Darstellung allgemeiner Gröfsen war, und unter diesen auch speciell derjenigen, welche sich durch Zahlen oder Zahlenverhältnisse darstellen lassen, oder der rationalen Gröfsen, dafs deshalb die geometrische Lösung von Gleichungen zweiten Grades für sie die allgemeine Lösung darstellte, die im besonderen die numerische mit enthalten mufste. Der Grund, weshalb man der Flächenanlegung eine so grofse Bedeutung beilegte, würde dann der sein, dafs diese den alten Griechen das gewährte, was die Lösung der Gleichungen zweiten Grades uns gewährt. In diesen Anschauungen stimme ich, soviel ich sehe, vollkommen mit Tannery überein, aus dessen Schrift ich auch mehrere meiner Argumente für das hohe Alter der Bekanntschaft mit der numerischen Lösung der quadratischen Gleichungen entnehme.

Als einen Grund für die Annahme, dafs man nicht ausschliefslich die geometrischen Anwendungen vor Augen hatte, mufs ich zuerst den Umstand berühren, dafs die von Euklid mitgeteilte Lösung, wie ich gezeigt habe, ganz mit unserer algebraischen übereinstimmt, aber an geometrischer Einfachheit hinter den Verfahrungsarten zurücksteht, deren man sich jetzt gewöhnlich zur geometrischen Konstruktion der Wurzeln einer Gleichung zweiten Grades bedient. Hätte man eine solche gewünscht, so würde man zu den Zeiten Euklids, wo die Konstruktionslehre so hoch entwickelt war, sicherlich verstanden haben Lösungen von Aufgaben, mit denen man sich so lange beschäftigt hatte, auf eine möglichst grofse geometrische Einfachheit zu bringen.

Die besten Argumente mufs man indessen in den auf-

---

[1] Auf diesem Wege gelangt Cantor am weitesten rückwärts, indem er (Vorlesungen, S. 341) eine numerische Lösung einer quadratischen Gleichung bei Heron (etwa 100 v. Chr.) nachgewiesen hat.

bewahrten Anwendungen der Lösungen suchen. Die am vollständigsten durchgeführte Behandlung solcher Anwendungen hat man in der eben angeführten kleinen Schrift des Apollonius über den Verhältnisschnitt. Hier wie an vielen anderen Orten sind freilich die Aufgaben, welche auf Flächenanlegung zurückgeführt werden, von vornherein geometrisch; aber wir haben bereits ausgesprochen, dafs die ganze Behandlungsweise in dieser Schrift sehr nahe mit einer algebraischen Behandlung derselben Aufgabe übereinsimmt. Es wird so systematisch zu Werke gegangen, dafs es deutlich wird, dafs Flächenanlegung für die Alten kein Hülfsmittel war, welches sich wohl oft aber doch ziemlich zufällig in der Geometrie anwenden läfst, sondern dafs es eine Form der Bestimmung war, der man principmäfsig zueilt, wo sich Aufgaben überhaupt durch Gleichungen zweiten Grades lösen lassen.

Was nun Lösungen numerischer Gleichungen betrifft, so durfte man, selbst wenn es überhaupt bei Euklid Gebrauch gewesen wäre Beispiele zu geben, nicht erwarten, solche im zweiten oder sechsten Buch zu finden. Ein Zahlenbeispiel würde — wenn die Wurzeln nicht als negativ oder imaginär ganz aufserhalb des Auffassungsbereichs der Griechen lagen — entweder zu rationalen oder zu irrationalen Wurzeln führen. Im ersteren Falle würde ein solches Zahlenbeispiel als irreführend zu betrachten sein, da es leicht die falsche Vorstellung erwecken würde, dafs die gefundene Lösung nur auf das engere Gebiet der rationalen Gröfsen anwendbar sei; es müfste jedenfalls in das 7te—9te Buch verwiesen werden, dessen Behandlung dieses engeren Gebietes indessen durch und durch von einer zu theoretischen Beschaffenheit ist, als dafs man berechtigt sein könnte daselbst Beispiele für praktisch durchgeführte Rechnungen zu erwarten.

Wird die Lösung dagegen irrational, so ist dieselbe nach dem Zahlenbegriff der Alten nicht mehr numerisch, sondern eine solche, für welche die geometrische Darstellung als unentbehrlich betrachtet wurde. Die Untersuchungen darüber, ob dies eintritt oder nicht, sind in das 10te Buch Euklids verwiesen, welches also durch seine blofse Existenz bezeugt, dafs man die

Lehre von der Lösung quadratischer Gleichungen auf numerische Aufgaben angewandt hat. Im besonderen kann auf den Satz 18 verwiesen werden, der sich ausdrücklich an unsere Gleichung (3) (II, 5; VI, 28) oder noch unmittelbarer an die anschliefst, worin $b$ mit $\frac{b}{2}$ vertauscht ist, also

$$ax - x^2 = \frac{b^2}{4}.$$

Dieser Satz spricht aus, dafs die notwendige und ausreichende Bedingung dafür, dafs man mittels dieser Gleichung $a$ in kommensurable Abschnitte teilt, die ist, dafs die Seite des Quadrats, welches die Differenz zwischen $a^2$ und $b^2$ ist, oder $\sqrt{a^2 - b^2}$, mit $a$ kommensurabel ist. Wir finden mit anderen Worten die Bedingung, unter welcher, wenn $a$ als in Zahlen gegeben (oder als Einheit) angenommen wird, das Verhältnis der Teile zur Einheit sich durch Zahlen ausdrücken läfst, oder die Wurzeln rational sind. Der Beweis stützt sich auf den Satz II, 5, also auf die geometrische Lösung der Gleichung.

Da nun die Frage nach Rationalität oder Irrationalität nur Bedeutung hat, wenn man von kommensurablen Gröfsen oder solchen, welche sich durch Zahlen darstellen lassen, ausgeht und dann untersucht, ob man auch zu kommensurablen Gröfsen gelangt, und ob die Lösung sich also auch nach der Auffassung der Alten numerisch durchführen läfst, so liegt hier ein ganz bestimmter Beweis dafür vor, dafs die Alten ihre Lösung der quadratischen Gleichungen auch auf numerische Aufgaben anwendeten.

An diese Begründung schliefst sich eine neue und bedeutungsvolle Anwendung von Euklids 10tem Buche an. Dieses enthält eine Reihe von Sätzen darüber, dafs verschiedene — in der geometrischen Form der Alten dargestellte — Ausdrücke, in denen mehrfach Quadratwurzeln vorkommen, irrational sind. Aus diesen Sätzen darf man gewifs schliefsen, dafs man die Gleichungen, welche zu diesen Ausdrücken führen, gekannt und behandelt hat. Dafs man versucht hat dieselben numerisch (d. h. rational) in den Fällen zu lösen, wo dies möglich gewesen ist, geht aus dem Nachweise der Unmöglichkeit solcher Lösungen hervor. Die Beweise dafür, dafs etwas unmöglich ist, sind bekanntlich nicht leicht zu führen, und die Aufstellung so vieler hierher gehöriger Sätze zeugt also von einer sehr eingehenden Beschäftigung.

Tannery hat in der citierten kleinen Schrift gezeigt, dafs die Gleichungen höheren Grades, deren Wurzeln Euklid im 10ten Buch mit Beziehung auf ihre Irrationalität untersucht, Gleichungen zweiten Grades in $x^2$ und $x^4$ waren. Indem er das 10te Buch in seinem Beweise für die frühere Bekanntschaft auch mit der numerischen Lösung quadratischer Gleichungen benutzt, hat er also dargethan, dafs man zu und vor Euklids Zeit nicht nur eben diese Gleichungen behandelt hat, sondern die Behandlung auch auf solche ausgedehnt hat, die sich auf diese zurückführen lassen. Die Umformungen irrationaler Gröfsen, welche Euklid in den Beweisen benutzt, stimmen zum Teil überein mit unserer Verwandlung doppelt irrationaler Gröfsen in einfach irrationale.

Wenn wir auf diese Weise sehen, dafs Euklids Elementen eine ältere Bekanntschaft mit der numerischen Lösung quadratischer Gleichungen, so wie sicher auch mit der numerischen Behandlung anderer mehr elementarer Aufgaben, zu Grunde lag, so wird uns die ganze Bedeutung des zweiten Buches wesentlich klarer. Es wurde vorausgesetzt, dafs solche es lesen würden, die sich vorher oder gleichzeitig praktische Bekanntschaft mit derartigen Rechenregeln erworben hatten, und es sollte diese durch die stringenten Beweise ergänzen, deren Allgemeingültigkeit sie nicht nur auf numerische Aufgaben anwendbar machte, sondern auch auf die geometrischen Untersuchungen, mit denen Euklid sich in der Folge beschäftigen wollte. So sind die Beweise [5 und 6] für die Lösungen der quadratischen Gleichungen neben den Beweisen für Sätze angeführt, die solche algebraische Formeln ausdrücken, wie man sie auch in unseren Schulen auswendig lernt, nämlich der Ausdruck für $(a+b)^2$ [in 4], für $(a-b)^2$ [in 7] und für $(a+b)(a-b)$ [in 8]. Die geometrische Bedeutung dieser verschiedenen Sätze zeigt sich sofort durch ihre Anwendung auf die Aufgabe des goldenen Schnitts [11]; auf die Relation zwischen den Seiten eines Dreiecks und der Projektion der einen auf die andere [12—13], welche sicherlich auch schon vorher zur numerischen Ausführung geometrischer Berechnungen angewandt worden ist; ferner auf die Verwandlung eines Rechtecks in ein Quadrat [14] oder auf das geometrische Ausziehen der Quadratwurzel, das ein Hauptglied in der geometrischen Anwendung der quadratischen Gleichungen ist, aber keine entsprechende arithmetische Bedeutung hat. Dafs dies zuletzt kommt, stimmt also durchaus mit unserer Auffassung dieses Buches.

Während die drei ersten Sätze nur einleitend sind, müssen wir indessen noch zur Aufrechterhaltung unserer Auffassung den fehlenden Sätzen 9—10, für welche man gegenwärtig keinen sonderlichen Gebrauch zu haben scheint, eine bestimmte Bedeutung anweisen können. Dieselben stammen aus einer Zeit, wo das numerische Ausziehen der Quadratwurzel gröfsere Schwierigkeiten bereitete als jetzt, und wo man deshalb Wert darauf legte ein besonderes Mittel zu besitzen um eine Reihe Näherungswerte von $\sqrt{2}$ zu berechnen. Ein solches Mittel bietet sich in einem Satze, der sich, wie Cantor[1]) bemerkt hat, bei einem arithmetischen Schriftsteller des späteren Altertums, Theon von Smyrna, findet, der aber, wie Tannery[2]) gezeigt hat, bereits vor Platos Zeit bekannt gewesen zu sein scheint. Es ist — was ich anderswo nicht bemerkt gefunden habe — der exakte und allgemeingültige Beweis für diesen Satz, welchen Euklid in den Sätzen 9 und 10 des zweiten Buchs in derjenigen Form giebt, welche derselbe an dieser Stelle annehmen mufste. Euklid begründet also auch hier eine Rechenregel, die bei den Lesern als bekannt vorausgesetzt werden konnte.

Bei dem Nachweise dieser Bedeutung der Sätze 9 und 10 wollen wir lieber statt der Umformungen, durch welche wir früher den beiden Euklidischen Sätzen so nahe wie möglich zu kommen gesucht haben, von den zugehörigen Figuren selbst ausgehen. Ist $C$ (Fig. 5 a und b) die Mitte der Linie $AB$, $D$

---

1) Vorlesungen S. 369.

2) Revue philosophique, t. XI, S. 291.

ein anderer Punkt derselben (Satz 9) oder ihrer Verlängerung (Satz 10), so ist[1])

$$AD^2 + DB^2 = 2AC^2 + 2CD^2 \text{ oder}$$
$$AD^2 - 2AC^2 = 2CD^2 - DB^2.$$

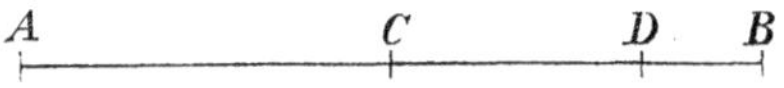

A C D B

Fig. 5 a.

A C B D

Fig. 5 b.

Setzt man (Fig. 5a) $CD = x$, $DB = y$, so wird $AD = 2x + y$, $AC = x + y$. Man sieht also, wenn $x$ und $y$ mit Zahlen vertauscht werden, dafs man aus einer Lösung $(x, y)$ der einen der beiden Gleichungen

$$2x^2 - y^2 = \pm 1$$

eine der anderen in höheren Zahlen ableiten kann, nämlich $(x + y,\ 2x + y)$. Dasselbe Resultat läfst sich aus Satz 10 (Fig. 5b) ableiten, wenn man demselben folgende Form giebt:

$$AD^2 - 2CD^2 = 2AC^2 - BD^2.$$ [2])

---

[1]) Der Satz gilt wie bekannt auch, wenn $D$ nicht auf der Linie liegt.

[2]) In Übereinstimmung hiermit habe ich in Tidsskrift for Mathematik 1879 eine Erklärung der Archimedischen Näherungsbrüche für $\sqrt{3}$, welche Näherungsbrüche aber nicht successive Näherungsbrüche eines Kettenbruchs sind, durch eine auf Euklid II, 5 gegründete Behandlung der Gleichungen

$$x^2 - 3y^2 = 1,$$
$$3y^2 - x^2 = 2$$

versucht. Da Tannery denselben Gedanken, unabhängig von meiner Arbeit, weitergeführt hat, und da Weissenborn eine andere derartige Lösung derselben Rätsel bei Archimedes gefunden hat, welche sich auch auf andere antike Wurzelausziehungen erstreckt, so will ich mit Beziehung auf eine Unklarheit, die mir Günther zuschreibt (Die quadratischen Irrationalitäten der Alten S. 90), nur bemerken, dafs diese auf einem Mifsverstehen meines dänisch geschriebenen Artikels beruht.

Wir haben gesehen, dafs die Bekanntschaft mit Gleichungen des zweiten Grades, welche bereits vor Euklids Zeit vorhanden war und welche namentlich in seinem zweiten Buche Ausdruck fand, nicht oberflächlich und zufällig, sondern mit einer vollständigen Kenntnis dessen verbunden war, wozu sich diese Gleichungen in der Geometrie und bei numerischen Rechnungen gebrauchen liefsen. Euklid und seine Vorgänger in der Abfassung von Elementen haben also die Sätze dieses Buches aufgestellt und bewiesen in dem vollen Bewufstsein, dafs sie auf dieselbe Weise benutzt werden konnten, wie es über ein Jahrtausend später von arabischen Schriftstellern, die sich eben auf Euklid stützen, geschah, entweder im Anschlufs an uns unbekannte Überlieferungen, oder mit einem richtigen Blick für das, wozu Euklids Sätze überhaupt nützlich sind[1]).

Nachdem wir so mit der wirklichen Bedeutung der antiken geometrisch-algebraischen Lösung der quadratischen Gleichungen ins Reine gekommen sind, wollen wir uns dem sechsten Buche Euklids zuwenden und die algebraische Bedeutung der in diesem enthaltenen Verallgemeinerungen der Flächenanlegung untersuchen. Hierbei ist es vollkommen gleichgültig, ob Rechtecke und Quadrate mit Parallelogrammen von gleichen Winkeln vertauscht werden. Wir wollen deshalb hiervon absehen und uns dauernd an rechte Winkel halten, wodurch die Erweiterung darauf beschränkt wird, dafs bei der Anlegung der gegebenen Fläche $B$ als Rechteck an die gegebene Linie $a$ das fehlende oder überschiefsende Rechteck statt ein Quadrat zu werden einem gegebenen Rechteck ähnlich sein soll.

Unsere Erklärung der Bedeutung dieses Verfahrens läfst sich am leichtesten an die bereits benutzten Figuren 4 oder 3 und 2 anschliefsen. Das Quadrat über $BD$ wird mit einem Rechteck vertauscht, welches einem anderen mit den gegebenen Seiten $c$ und $d$, von denen $c$ als die der $BD$ homologe angenommen werden mag, ähnlich ist. Das überschiefsende oder fehlende Rechteck wird dann, wenn wir wie früher die un-

[1]) Diese Anwendungen sind dargestellt bei Matthiessen, Grundzüge der antiken und modernen Algebra der litteralen Gleichungen, S. 293—311.

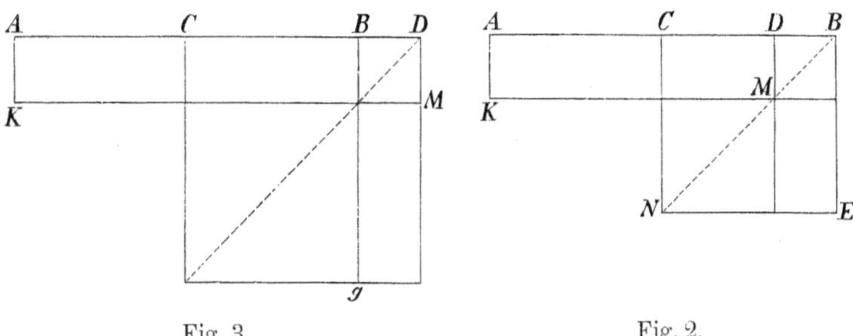

Fig. 3. Fig. 2.

bekannte Höhe $AK$ des angelegten Rechtecks $x$ nennen, den Inhalt $\frac{x^2}{d^2} \cdot cd = \frac{c}{d} x^2$ haben. Die durch die beiden Flächenanlegungen gelösten Gleichungen sind also folgende:

$$ax \pm \frac{c}{d} x^2 = B. \tag{4}$$

Durch Kombination der Proportionslehre mit den früheren unmittelbaren Flächenoperationen hat das quadratische Glied der quadratischen Gleichung also jetzt einen Koefficienten erhalten. Dieser Koefficient ist überdies eingeführt ohne dafs es sonderlich schwieriger geworden wäre die geometrische Darstellung festzuhalten, da die Forderung der Ähnlichkeit mit einem Rechteck (Parallelogramm), welches man über der Seite $\frac{a}{2}$ zu zeichnen begonnen hat, durch die beiden Rechtecken gemeinsame Diagonale (Fig. 3 und 2) veranschaulicht oder dem Gedächtnis eingeprägt wird.

Die algebraische Lösung der Gleichung (4), welche man für das obere Vorzeichen durch eine unmittelbare Übersetzung von Euklid VI, 29 erhält, ist

$$\frac{c}{d} x = \sqrt{\left(\frac{a}{2}\right)^2 + \frac{c}{d} B} - \frac{a}{2},$$

indem der auf ähnliche Figuren ausgedehnte pythagoreische Lehrsatz auf Rechtecke von der Form angewandt wird, welche das überschiefsende Rechteck haben soll, so dafs das Rechteck der Hypotenuse über der Seite $CD = \frac{a}{2} + \frac{c}{d} x$ und das der einen Kathete über $CB = \frac{a}{2}$ gezeichnet ist, während das letztere den Inhalt $B$ hat und folglich die der $c$ homologe Seite gleich $\sqrt{\frac{c}{d}B}$ haben mufs; dann erhält man

$$\left(\frac{a}{2} + \frac{c}{d}x\right)^2 = \left(\frac{a}{2}\right)^2 + \frac{c}{d}B.$$

Auf ähnliche Weise ist

$$\frac{c}{d}x = \frac{a}{2} - \sqrt{\left(\frac{a}{2}\right)^2 - \frac{c}{d}B}$$

die nächstliegende algebraische Übersetzung von Euklids Lösung (VI, 28) der Gleichung (4), wenn man das untere Vorzeichen benutzt. Was über die geringe Bedeutung des Umstandes gesagt wurde, dafs Euklid formell nur eine der beiden Lösungen giebt, bleibt auch für die hier vorgenommene Erweiterung gültig, da die Strecke $AB$ bei beiden Lösungen in dieselben beiden Abschnitte geteilt wird. Die Erweiterung der Gleichung (2) (S. 18) ist in der hier von (1) gegebenen mit einbegriffen.

Hier liegt also eine streng bewiesene Lösung der quadratischen Gleichung mit drei Koefficienten vor. Wenn sich gezeigt hat, dafs man bereits früher die numerische Auflösung numerischer Gleichungen mit dem quadratischen Gliede $x^2$ gekannt hat, so ist anzunehmen, dafs man auch früher verstanden habe Gleichungen von der Form

$$ax^2 \pm ax \pm B = 0$$

hierauf zurückzuführen (z. B. durch Multiplikation mit $a$, wo dann $ax$ als Unbekannte betrachtet wurde); aber auf eine allgemeingültige, d. h. auch für irrationale Werte von $x$ gültige Weise hat man — auf Grund der drei Faktoren in $ax^2$ — diese Gleichungen durch die geometrische Algebra mit zwei Dimensionen nicht darstellen können ohne die Proportionslehre des Eudoxus zu benutzen.

Apollonius verwendet in seiner Lehre von den Kegelschnitten dieselben Hülfsmittel, aber in etwas abweichender Form, zur Darstellung derselben Gleichungen. Er zeichnet nämlich das Rechteck, welchem das überschiefsende oder fehlende ähnlich sein soll, über der Strecke $a$ selbst — oder denkt es sich über dieser Strecke gezeichnet — wodurch $c = a$ wird. Indem ferner die Gröfsen, welche wir hier $x$ und $\sqrt{B}$ genannt haben, Abscisse und Ordinate eines beweglichen Punktes einer Ellipse oder Hyperbel sind, die auf einen Durchmesser und die Tangente in dessen Endpunkt als Koordinatenaxen bezogen sind, so wollen wir die Bezeichnungen $\sqrt{B}$, $a$ und $d$ mit $y$, $p$ und $a$ vertauschen, wo $a$ und $p$ den Durchmesser und den dazu gehörigen Parameter bezeichnen[1]). Die Gleichungen (4) werden dann (in umgekehrter Ordnung) zu

$$y^2 = px \mp \frac{p}{a}x^2, \tag{5}$$

welche durch Fig. 6 und 7 dargestellt werden, in denen sich zugleich die Bedeutung von $x = AC$ und $y = CD$ im Verhältnis zum Kegelschnitt zeigt. Das Quadrat über $CD$ soll gleich dem Rechteck $(AF)$ sein, welches an $AE = p$ angelegt ist, so dafs das fehlende (Fig. 6) oder überschiefsende (Fig. 7) Rechteck dem aus $p$ und $AB = a$ gebildeten ähnlich ist. Das wird dadurch erreicht, dafs die Diagonale $EF$ durch $B$ geht. Das Rechteck $EF$ ist also gleich $\frac{p}{a}x^2$, während Rechteck $(CE) = px$, wodurch $y^2 = px \mp \frac{p}{a}x^2$.

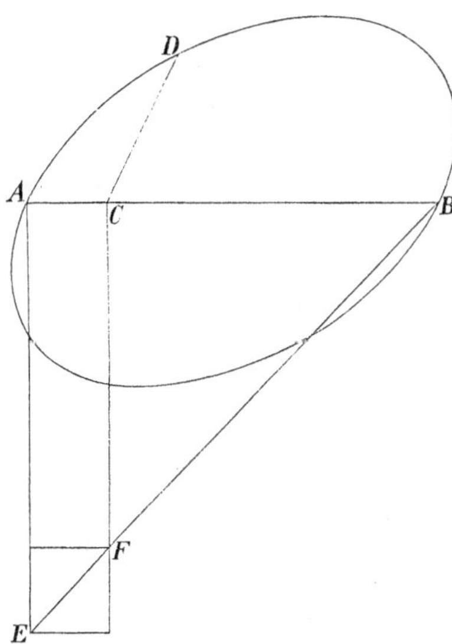

Fig. 6.

Diese Relation drückt Apollonius teils in Worten aus, teils durch die unter rechten Winkeln hinzugefügte Hülfsfigur. Diese letztere geometrische Darstellung erweist sich in doppelter Hinsicht als

[1]) Da die griechischen Geometer gewöhnlich die ganzen Durchmesser, Axen und Parameter betrachten, so ist es bequemer diese selbst, anstatt wie es gewöhnlich in der analytischen Geometrie geschieht, ihre Hälften durch einzelne Buchstaben zu bezeichnen.

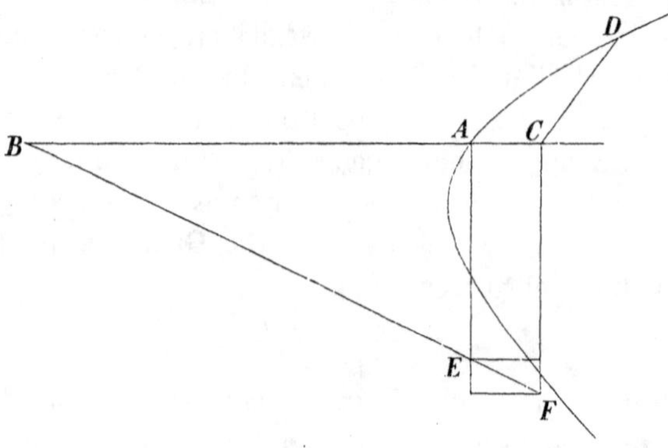


Fig. 7.

nützlich. Einmal läfst dieselbe sich unmittelbar auf geometrische Konstruktionen anwenden, namentlich zur Bestimmung so vieler Punkte der Kurve, wie man will, da die Relation $y^2 =$ Rechteck $(AF)$ bedeutet, dafs $y$ die mittlere Proportionale ist zwischen $x$ und der zugehörigen bis an die feste Hülfslinie $BE$ gezogenen rechtwinkligen Ordinate $Y = CF$ (welche in dem rechtwinkl̈igen Koordinatensystem die Gleichung $Y = p \mp \frac{p}{a}x$ hat). Zweitens hat sie für theoretische Untersuchungen eine ähnliche Bedeutung wie die algebraische Darstellung durch eine kurze und übersichtliche Formel, nämlich die, die Definition zu veranschaulichen und dadurch dem Gedächtnis einzuprägen. Diese letztere Bestimmung tritt dadurch zu Tage, dafs Apollonius fortfährt die Hülfsfigur auch da zu zeichnen, wo dieselbe nicht unmittelbar benutzt wird, oder wo die daran geknüpften Konstruktionen unter bekannte Nebenkonstruktionen gehören würden, welche die griechischen Schriftsteller sonst nicht anzugeben pflegen. Ein anderes Zeichen dafür, dafs dieses geometrische Hülfsmittel wirklich eine ähnliche Bestimmung hat wie die Anwendung der Algebra, und dafs dasselbe wie die algebraische Formel eine gewisse Unabhängigkeit von der geometrischen Untersuchung, auf welche es eben angewendet werden soll, besitzt, ist man vielleicht berechtigt in dem Umstande zu erblicken, dafs die Hülfsfigur unter rechten Winkeln gezeichnet ist und nicht — was am nächsten liegen würde, wenn man nur einige Hülfslinien für die vorliegende geometrische Figur zeichnen wollte — unter demselben Winkel, welchen die Ordinaten mit der Abscissenaxe bilden. Faktisch ist dieses Verfahren in jedem Falle ein Ausdruck dafür, dafs für alle Gröfsen dieses Winkels dieselbe Relation zwischen Abscissen und Ordinaten stattfindet.

Ein Beispiel für die Anwendung der Hülfsfigur des Apollonius als Konstruktionsmittel findet sich im 32sten Satze seines ersten Buchs und wird in unserem dritten Abschnitt (Fig. 15) genauer dargestellt werden; ein sehr hübsches Beispiel für die Anwendung derselben als eines geometrisch-algebraischen Operationsmittels findet sich im 15ten Satze desselben Buch und wird in unserem vierten Abschnitt (Fig. 17) eine genauere Darstellung finden.

Man wird sich nun eine Vorstellung davon machen können, in wie hohem Grade sich die antike geometrische Algebra für die Untersuchung von Kegelschnitten eignet. Ein grofser Teil der wichtigsten Eigenschaften derselben ergiebt sich nämlich aus einer analytisch-geometrischen Untersuchung, wenn man den Kegelschnitt auf verschiedene Koordinatensysteme bezieht. So finden z. B. die wichtigsten Eigenschaften mit Beziehung auf konjugierte Durchmesser ihren Ausdruck dadurch, dafs es unendlich viele Koordinatensysteme giebt, für welche die Gleichung eines Kegelschnitts die oben benutzten Formen (5) annimmt. Wenn man nun durch Betrachtung des Kegelschnitts in seiner Lage auf dem Kegel für denselben eine Gleichung in einem bequem gewählten Koordinatensystem abgeleitet hat, z. B. die auf eine Axe bezogene Scheitelgleichung, so geschieht der Übergang zu neuen Koordinatensystemen durch lineare Substitutionen in die zuerst gefundene Gleichung zweiten Grades. Die hierzu dienenden algebraischen Operationen zweiten Grades sind eben diejenigen, mit deren geometrischer Form die Griechen, wie wir aus dem zweiten Buche Euklids sehen, sehr vertraut waren. In den Gleichungen werden die Substitutionskoefficienten und die Koefficienten der Glieder vom zweiten Grade nämlich nicht durch Strecken ausgedrückt, denn dadurch würden die Gleichungen in den durch Strecken dargestellten Gröſsen von höherem als dem zweiten Grade werden, sondern durch Verhältnisse, und diese Verhältnisse werden in der Regel unter ebenso leicht übersehbaren Formen wie in (5) eingeführt. Zugleich wird alles darauf angelegt so viele Glieder wie möglich zu vereinigen, so daſs die Gleichungen für die Kurven sehr oft nur ausdrücken, daſs, wie in den durch Fig. 6 und 7 dargestellten Gleichungen (5), zwei veränderliche Flächen gleich groſs sind, oder auch daſs eine veränderliche Fläche einen konstanten Wert behält.

In den Auflösungen der Gleichungen zweiten Grades hat man ferner ein Mittel zur Bestimmung von Durchschnittspunkten mit geraden Linien gehabt, und in dem zu den Gleichungen zweiten Grades gehörenden Diorismus (Eukl. VI, 27) die Bedingung für Berührung und dadurch ein Mittel zur Bestimmung von Tangenten. Unter welchen besonderen Formen dieses Mittel angewandt und die erwähnten Transformationen der Koordinaten vorgenommen wurden, wird sich aus dem Folgenden ergeben.

Die Gleichungen für die Kegelschnitte sind stets als Gleichungen ersten Grades zwischen Flächen aufzufassen. Würde man einem griechischen Mathematiker gegenüber statt dieser überall die entsprechenden Produkte von Strecken einsetzen wollen, so würde er dies sicher als ein Zeichen dafür ansehen, daſs man nicht wisse, daſs nicht alle Gröſsen von gleicher Art ein gemeinschaftliches Maſs haben; wo sie aber ein solches haben, wo also die Gröſsen, welche multipliciert werden, sich durch rationale Zahlen darstellen lassen, würde er nach unserer Meinung diese Vertauschung selbst kennen und zu benutzen wissen. Zugleich folgt hieraus, daſs er wahrscheinlich auch p r a k t i s c h dasselbe gethan hat, wenn die Rationalität nicht stattfand, und wenn es sich nur um ein angenähertes Resultat handelte; aber das gehörte dann nicht mehr in das Gebiet der exakten Geometrie.

Die Verbindung mit der geometrischen Algebra erklärt auch, weshalb im Altertum nur die Lehre von den Kegelschnitten vollständig entwickelt wurde, während Untersuchungen über Kurven höherer Ordnung mehr vereinzelt geblieben sind.

Bei der Darstellung dieser genügte es nicht wie bei den Kegelschnitten die Konstanten durch Verhältnisse auszudrücken um die Gleichung in einer übersichtlichen und bequemen geometrischen Form dargestellt zu erhalten. Eine Kurve dritter Ordnung konnte man allerdings noch durch eine Relation zwischen Rauminhalten[1]) darstellen, aber mit diesen läfst sich nicht so unmittelbar operieren wie mit Flächen. Wurde die Kurve von noch höherer Ordnung, so hatte man zur Darstellung der in ihrer Gleichung vorkommenden Produkte von mehr als drei variablen Gröfsen kein anderes Mittel als die, in diesem Falle ziemlich unhandlichen, zusammengesetzten Verhältnisse.

Hierfür hat man Beispiele in Pappus' Darstellungen[2]) geometrischer Örter für Punkte, deren Abstände von zwei Systemen gerader Linien Produkte bilden, welche in einem gegebenen Verhältnis stehen. Diesen Örtern, deren Darstellung Pappus als eine Erweiterung einer im Altertum wohl bekannten Bestimmung der Kegelschnitte anführt ohne damit irgendwelche genauere Untersuchung zu verbinden, begegnen wir wieder in Descartes' Geometrie, wo sie eben zeigen, in welcher Richtung man die Überlegenheit seiner analytischen über die alte Geometrie zu suchen habe.

Um der Rolle willen, welche die geometrische Algebra in der antiken Lehre von den Kegelschnitten spielt, ist es mit Rücksicht auf meine diesbezüglichen Untersuchungen für mich von Wichtigkeit gewesen mir eine solche persönliche Fertigkeit in der geometrischen Form für elementare algebraische Operationen zu erwerben, dafs der Gedanke an moderne Darstellungsmittel nicht mein Urteil darüber beeinflussen konnte, welche Umformungen oder Darstellungsarten mehr oder minder naheliegend seien. Zur Einübung einer solchen Fertigkeit gewährt

[1]) Dafs diese Darstellung, über welche später mehr folgen wird, auch auf numerische Untersuchungen angewendet wurde, sieht man aus den Benennungen körperliche und kubische Zahlen, und daraus, dafs die Bezeichnung ähnlich auch auf Zahlen angewandt wurde, die sich wie Kubikzahlen verhielten.

[2]) Pappi Alexandrini Collectio, ed. Hultsch, Berolini 1878, S. 640. — Pappus lebte etwa 300 n. Chr.

Apollonius Lehre von den Kegelschnitten selbst ein gutes Hülfsmittel. Es geschieht nämlich oft, daſs Apollonius in seinen Beweisen ganz kleine Sprünge derselben Art macht, wie wenn ein analytisch-geometrischer Schriftsteller eine leichte Zwischenrechnung dem Leser selbst überläſst. Übersetzen wir die Darstellung des Apollonius in die Sprache unserer Algebra, so ist in vielen Fällen gerade eine solche Zwischenrechnung ausgelassen, und diese Sprünge sind deshalb, indem sie die im übrigen breite Darstellung abkürzen, vielmehr eine Erleichterung für den modernen Leser. Da nun die Alten in den geometrisch-algebraischen Operationen ein wohl bekanntes Hülfsmittel besaſsen, welches auf dem in der Lehre von den Kegelschnitten behandelten Gebiet unserer Buchstabenrechnung äquivalent war, so liegt die Annahme nahe, daſs es die Meinung des Apollonius war, seine Leser würden mit Hülfe dieser geometrischen Algebra leicht selbst die Behauptungen verificieren können, welche wir gegenwärtig durch eine leichte Buchstabenrechnung verificieren. Hätte er dagegen gemeint, daſs die Richtigkeit durch Anwendung bestimmter Kunstgriffe oder durch Zurückführung auf bestimmte Sätze in Euklids Elementen dargethan werden müſste, so wie Pappus es in den Hülfssätzen macht, welche er an die meisten von diesen Stellen bei Apollonius anschlieſst, so würde er wahrscheinlich ausdrückliche Erläuterungen hierfür gegeben haben. Denn er war berechtigt gewisse Forderungen an die Fertigkeit, aber nicht an die Erfindungskraft seiner Leser zu stellen.

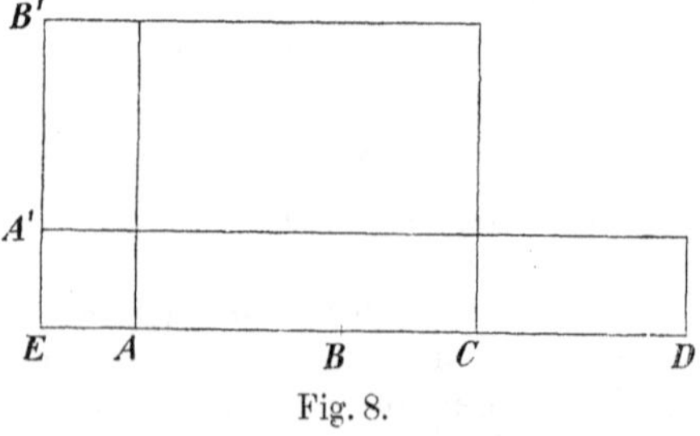

Fig. 8.

Wenn also z. B Apollonius im Beweise für den 24sten Satz des dritten Buchs ohne irgendwelchen besonderen Beweis darauf baut, daſs, wenn wie in Fig. 8 $AB = CD$, folgende Relation zwischen den aus den Abschnitten der geraden Linie gebildeten Rechtecken stattfindet:

$$EC.EB = AC.AB + ED.EA,$$

so erscheint es mir am wahrscheinlichsten, daſs er die Richtigkeit hiervon dadurch erkannt hat, daſs er die betreffenden Rechtecke zeichnete, wie in Fig. 8, wo $EA' = EA$ und $EB' = EB$, worauf die Richtigkeit des Satzes daraus hervorgeht, daſs die über $CD$ und $A'B'$ gezeichneten Rechtecke gleich groſs sind, oder — was für den in solchen Operationen hinreichend Geübten ausreichend gewesen ist — dadurch, daſs er sie sich gezeichnet dachte. Er hat sich eher dieselben Operationen angewandt gedacht, welche Euklid im zweiten Buch gebraucht, als daſs er sich die angeführte Behauptung so bewiesen gedacht hat wie von Pappus geschehen ist in dem hierzu gehörigen 4ten Lemma durch Einführung des gemeinsamen Mittelpunkts von $AD$ und $BC$ und eine an diesen Mittelpunkt geknüpfte Anwendung des sechsten Satzes im zweiten Buche Euklids.

Auf ähnliche Weise halte ich es im wesentlichen für einen Ausfluſs der Pedanterie späterer Zeiten, wenn Pappus auch in einer groſsen Menge von den übrigen Hülfssätzen zu der Lehre von den Kegelschnitten die Behauptungen des Apollonius auf Sätze und nicht auf Operationen zurückführt. Der Beweis des Eutokius[1]) für das 6te Lemma zum 3ten Buch dürfte deshalb auch der eigenen Anschauungsweise des Apollonius näher liegen als der Beweis, welchen Pappus anführt. Jedenfalls sind die geometrisch-algebraischen Operationen, welche die Alten kannten, faktisch das leichteste Mittel gewesen diese Behauptungen zu verificieren, und man ist deshalb berechtigt dieselben zur Übung in diesen Operationen zu gebrauchen[2]).

---

1) Apollonii Pergaei conicorum libri VIII, ed. Halley, Oxoniæ 1710, S. 188. — Eutokius lebte etwa 500 n. Chr. (Tannery in Bulletin des Sciences mathématiques 1884, S. 322).

2) Will man zur Erlangung gröſserer Übung etwas schwierigere Beispiele haben, so kann ich hierfür empfehlen die Sätze 124 und 125 im 7ten Buch des Pappus durch die geometrische Algebra zn beweisen.

## Zweiter Abschnitt.

### Planimetrische Definition der Kegelschnitte; Form dieser Definition bei Archimedes.

---

Die erste und nächstliegende Erzeugung der Kegelschnitte war bei den Griechen diejenige, welche unmittelbar in ihrem gemeinschaftlichen Namen liegt, nämlich durch ebene Schnitte an Kreiskegeln, und die drei Hauptarten von Kegelschnitten wurden definiert durch die bestimmten Kegel, an welchen, und durch die Art, auf welche sie hervorgebracht wurden. In dieser Hinsicht verfuhr man jedoch verschieden zu verschiedenen Zeiten. Die älteren Geometer definierten die drei verschiedenen Kegelschnitte (Ellipse, Parabel, Hyperbel) nach der verschiedenen Beschaffenheit der Kegel und nannten sie Schnitte an spitzwinkligen, rechtwinkligen oder stumpfwinkligen Kegeln, indem sie sich die Schnitte senkrecht auf einer Erzeugenden eines Umdrehungskegels dachten, und diese definitionsmäfsige Unterscheidung zwischen den drei Kegelschnitten wurde beibehalten, nachdem man entdeckt hatte, dafs jeder derselben auch durch Schnitte an einem anderen, als dem in seiner Definiton genannten Kreiskegel, hergestellt werden konnte. Hierin lag nichts Unnatürliches; denn nicht nur trägt man immer Bedenken etwas an überlieferten Definitionen zu verändern, an welche sich bereits durchgeführte Systeme von Sätzen, Bestimmungen von Konstanten u. s. w. knüpfen, sondern es liegt auch nahe und ist logisch vollkommen gerechtfertigt den Apparat, welcher für die Definitionen benutzt wird, so weit zu beschränken, als es geschehen kann ohne die dadurch definierten Begriffe selbst einzuengen, und dann erst in den Sätzen zu zeigen, dafs die definierten Begriffe unter allgemeineren Umständen auftreten können. So findet man es ja durchaus natürlich, wenn in modernen Lehrbüchern der analytischen Geometrie die Kegelschnitte durch einfache Eigenschaften oder durch einfache Gleichungen definiert werden und erst hinterher bewiesen wird, dafs die Kurven, welche durch die allgemeine Gleichung zweiten Grades bestimmt werden, keine anderen sind als diejenigen, welche man bereits durch die einfacheren Gleichungen erhalten hat.

Wie es aber auch Lehrbücher der analytischen Geometrie giebt, welche das hier vergleichsweise erwähnte elementare Verfahren aufgegeben haben und gerade umgekehrt damit beginnen den allgemeinen Begriff aufzustellen: „Kurven zweiter Ordnung, definiert durch die allgemeine Gleichung zweiten Grades“, und die einzelnen Kurvenarten durch Relationen zwischen den Konstanten dieser allgemeinen Gleichung zu definieren, so mufste auch, als man mit der Betrachtung anders bestimmter Schnitte an Kegeln als den in den alten Definitionen vorausgesetzten vertraut geworden war, die Zeit kommen, wo ein Geometer wie Apollonius den Gedanken fafste die allgemeine Bestimmungsmethode zum Ausgangspunkt zu nehmen und Ellipse, Parabel und Hyperbel durch die allgemeinste Art, wie sie an beliebigen Kreiskegeln hervorgebracht werden, zu definieren. Wenn auch, wie wir sehen werden, dieser Schritt in wissenschaftlicher Beziehung — ich meine in Beziehung auf die Kenntnis der dazu nötigen Sätze — gut vorbereitet war, so sieht man doch aus dem ersten Buche von Apollonius' Kegelschnitten, dafs derselbe in systematischer Beziehung nicht geringe Schwierigkeiten darbot: man erfährt nämlich erst am Schlusse dieses ersten Buches, in welches bereits die Entwicklung von nicht wenigen planimetrischen Eigenschaften aufgenommen werden mufs, dafs die Schnitte an den verschiedenen Kegeln identisch sind, und dafs alle sich auf Umdrehungskegel legen lassen.

Die hier gegebene Darstellung des Verhältnisses zwischen Apollonius und seinen Vorgängern mit Beziehung auf die Erzeugung von Kurven durch Schnitte an Kegeln stimmt nicht vollständig mit den durch Eutokius aufbewahrten Äufserungen[1]) des Geminus überein. Es heifst nämlich am Schlusse des Referats des Eutokius, nachdem er auseinandergesetzt hat wie

---

[1]) Man sehe Halley's Ausgabe der Kegelschnitte des Apollonius S. 9. Cantor verlegt die Wirksamkeit des Geminus bis vor das Jahr 77 v. Chr.

die Alten die Kurven durch senkrecht auf einer Erzeugenden stehende Schnitte hervorbrachten: „Aber später sah Apollonius von Pergä im allgemeinen, dafs alle Schnitte sich an jedem Kegel finden, gerade oder schief, je nach der verschiedenen Neigung der Ebene gegen den Kegel". Diese Äufserung, nach welcher Apollonius also der erste Entdecker der Thatsache gewesen sein soll, dafs andere Schnitte als die senkrecht zu einer Erzeugenden gelegten dieselben Eigenschaften haben wie diese, und welche noch Cantor dahin bringt dies mit grofsem Nachdruck geltend zu machen, steht indessen vollständig in Widerspruch damit, dafs Archimedes im Anfange der Schrift über Konoide und Sphäroide[1]) ausdrücklich als etwas Bekanntes ausspricht, dafs alle Schnitte an einem Kegel, welche alle Erzeugenden treffen, Ellipsen (oder Kreise) sind, und damit, dafs ein Ausspruch ähnlichen Sinnes bereits in Euklids Phänomenen[2]) vorkommt. Es läfst sich nämlich nicht denken, dafs dieses auf eine andere Art gefunden ist als durch eine Betrachtung, welche gleichzeitig gezeigt hat, dafs die durch die ältere Bestimmung bekannten hyperbolischen und parabolischen Schnitte sich auf eine ebenso allgemeine Art erzeugen lassen wie die elliptischen, welche Archimedes nennt, weil er von denselben besonderen Gebrauch macht. Hierin wird man bestärkt werden durch die weiteren Untersuchungen, welche Archimedes an die verschiedenen elliptischen Schnitte anschliefst, und die wir demnächst erwähnen werden.

Dieser Widerspruch findet eben seine beste Erklärung durch unsere Annahme. Alle Zeugen stimmen darin überein, dafs Apollonius den Kegelschnitten die neuen Namen Ellipse, Parabel und Hyperbel gegeben habe. Zur Einführung solcher neuen Namen gab es Veranlassung genug, wenn Apollonius die vererbte definitionsmäfsige Grundlage verliefs, an welche sich die alten, noch von Archimedes benutzten

---

[1]) Archimedis opera omnia, ed. Heiberg, Lipsiae 1880, I S. 288.

[2]) Auf diese Stelle hat Heiberg, welcher früher in der Zeitschr. f. Math. u. Phys., hist. Abth. XXV, 2 die Stellen zusammengestellt hatte, an denen Archimedes die Kegelschnitte erwähnt, in „Litterargeschichtliche Studien über Euklid" S. 88 aufmerksam gemacht.

Namen knüpften. Die in solcher Weise vorgenommene Änderung an Benennungen und Ausgangspunkt — die nicht mit irgendwelcher besonderen Entdeckung von Apollonius' Seite verbunden zu sein brauchte — konnte leicht die Veranlassung zu Mifsverständnissen für spätere Leser sein, welche die Elemente der Lehre von den Kegelschnitten bei Apollonius lernten und sich später mit Archimedes' weiter gehenden Untersuchungen über einzelne hierher gehörige Fragen beschäftigten. Solchen Mifsverständnissen mufsten dann die späteren Schriftsteller vorzubeugen suchen. Hierzu dienen verschiedene Äufserungen bei Pappus[1]), und dasselbe ist offenbar bereits die Hauptabsicht des Geminus mit den citierten Worten gewesen.

Wenn nun diese so weit gehen, dafs sie dem Apollonius die Entdeckung zuschreiben, „dafs alle Schnitte an jedem Kegel, gerade oder schief, vorkommen“, so ist diese Form des Ausdrucks — welche jedenfalls unzutreffend ist, da sie zu dem Glauben verführen könnte, dafs jede Hyperbel als Schnitt an jedem Kegel hervorgebracht werden könnte — möglicherweise allein dem Referat des Eutokius zu verdanken. Indessen kann sie auch einer Unachtsamkeit bei Geminus zuzuschreiben sein, der so lange nach Apollonius gelebt hat, dafs er selbst diesen als Hauptquelle für die Lehre von den Kegelschnitten benutzt haben musste, und sich deshalb nicht vollständig darüber klar geworden ist, wie weit sich das Wissen der älteren Schriftsteller erstreckte, wenn sein Hauptzweck doch nur der gewesen ist, ihre Ausdrucksweise zu erklären, und nicht der, zu zeigen,

---

[1]) Pappus' Bericht über die acht Bücher des Apollonius über die Kegelschnitte ist als Anhang 2 dieser Arbeit abgedruckt. Man wird bemerken, dafs Pappus nichts davon sagt, dafs Apollonius entdeckt haben solle, dafs, wie er sagt, „an jeder Art dieser Kegel diese drei Linien je nach der Art, wie sie geschnitten werden, vorkommen“. Wenn nämlich Hultsch in seiner Übersetzung — in der ich auf Dr. Heibergs Rat eine Änderung vorgenommen habe — Pappus sagen läfst, dafs Aristäus dies nicht bemerkt habe, so mag das auf einem Mifsverständnis beruhen. Jedenfalls können Euklid und Archimedes recht wohl etwas gewufst haben, was Aristäus vielleicht nicht wufste.

wie weit Apollonius über sie hinaus gelangt ist. Wäre dies letztere der Fall gewesen, so würde er nicht bei dem Umstande stehen geblieben sein, dafs Apollonius zeigt, dafs alle drei Arten von Kegelschnitten an jedem Kegel vorkommen, sondern er würde den Auseinandersetzungen des Apollonius in dieser Sache ihren vollen Umfang gelassen haben, indem er dessen Nachweis anführte, dafs — mit Ausnahme einzelner Grenzfälle — alle Schnitte an Kreiskegeln, auch diejenigen, welche nicht senkrecht auf der Symmetrieebene stehen, Ellipsen, Parabeln und Hyperbeln sind.

Auf ganz ähnliche Weise knüpfen sich die Bemerkungen späterer Schriftsteller über einen anderen vermeintlichen Fortschritt in der Lehre von den Kegelschnitten, welcher dem Apollonius zu verdanken sein sollte und der nunmehr Erwähnung finden wird, ausschliefslich an Veränderung dieselbe von Benennungen und enthalten nicht die Nachweise von dem geringeren Wissen der älteren Schriftsteller, welche man daraus hat ableiten wollen.

Die stereometrische Bestimmung der Kegelschnitte wurde von allen griechischen Schriftstellern, deren Arbeiten uns bekannt sind, zur Ableitung einer einzelnen planimetrischen Haupteigenschaft (σύμπτωμα)[1]) benutzt, welche darauf ihrer weiteren Untersuchung zu Grunde gelegt wurde, und welche wir also berechtigt sind als die planimetrische Definition der Kegelschnitte zu betrachten; es liegt deshalb keine Veranlassung vor zu glauben, dafs die älteren Schriftsteller, deren Arbeiten verloren sind, anders verfahren seien. Im Gegenteil deutet alles, so bereits die planimetrische Anwendung der Parabel, welche dem Menächmus zugeschrieben wird, darauf hin, dafs diese planimetrische Grundeigenschaft von jeher, solange die Kegelschnitte untersucht worden sind, dieselbe gewesen ist, welche wir bei Archimedes und Apollonius finden, nämlich diejenige, welche algebraisch durch die

---

[1]) Tannery bemerkt mit Recht, dafs die Bestimmung der Kurven durch diese Haupteigenschaft ihrer Gleichung in der analytischen Geometrie entspricht (Bulletin des Sciences mathématiques, 1883, S. 278).

Gleichung ausgedrückt werden würde, durch welche die Kegelschnitte in einem rechtwinkligen Koordinatensystem dargestellt werden, wenn eine Axe zur Abscissenaxe genommen wird. Wir werden sehen, dafs die formellen Abweichungen, mit welchen diese Grundeigenschaft in der geometrischen Darstellung der Griechen auftritt, nicht gröfser sind als diejenigen, welche man jetzt erhält, wenn man verschiedene Punkte der Axe zu Anfangspunkten macht. Wenn Pappus dennoch ausdrücklich die Form hervorgehoben hat, in der die Bestimmung bei Apollonius auftritt, so ist das, wie eben berührt, sicherlich nur auf Grund der damit in Verbindung stehenden neuen Namen geschehen.

Eine gerade entgegengesetzte Auffassung wird indessen auch in diesem Punkte von Cantor geltend gemacht. Diese Auffassung wird ebenso wie desselben Verfassers eben zuvor erwähnte auf Geminus gestützte Behauptung durch unsere nachfolgende Darstellung von Stellen bei Archimedes widerlegt werden; aber schon hier halten wir es für richtig, eine Prüfung von Cantors eigenen Gründen voranzuschicken[1]).

Die Bemerkungen des Pappus, auf welche ich oben hindeutete, sind im Anfange unseres Anhang 2 wiedergegeben. Ich kann nicht einsehen, dafs in denselben anderes oder mehr liegt, als was ich oben angegeben habe. Cantor dagegen hat nicht nur wie mehrere andere Schriftsteller[2]) darin einen Be-

---

[1]) Doch werde ich nicht bei denjenigen von diesen verweilen, welche sich auf die Stellung beziehen, welche Flächenanlegungen in den Elementen einnehmen; denn ich habe im ersten Abschnitt gezeigt, dafs diese Konstruktionen eine hinlänglich grofse Bedeutung aufserhalb der Lehre von den Kegelschnitten hatten um Euklid zu gestatten, in den Elementen keine besondere Rücksicht auf ihre Anwendungen auf diese Lehre zu nehmen. Welcher Verfasser einer elementaren Algebra denkt im besonderen an die Gleichung der Ellipse und Hyperbel, wenn er die verschiedenen Formen einer Gleichung zweiten Grades mit einer Unbekannten diskutiert?

[2]) Doch nicht alle. So wird meine Auffassung geteilt von Arneth und von Bretschneider in seinem hübschen Versuche, des Menächmus Ableitung der Eigenschaften der Kegelschnitte wiederzugeben (Die Geometrie und die Geometer vor Euklid).

weis dafür gesehen, dafs die Darstellung der Kegelschnitte, welche wir in Betreff der Ellipse und Hyperbel bereits im vorigen Abschnitt berührt haben, ein wesentlicher Fortschritt sei, welcher dem Apollonius zu verdanken ist, sondern er geht S. 252 so weit zu behaupten, dafs Euklid die Parabel, Ellipse und Hyperbel nicht als Kurven in der Ebene gekannt habe, oder dafs sie jedenfalls nicht als solche in den euklidischen Büchern über Kegelschnitte hätten vorkommen können.

Indem ich mich nun anschicke diese Aussprüche Cantors zu widerlegen, will ich doch vorerst bemerken, dafs die wirkliche geometrische Bedeutung der darin enthaltenen Behauptungen mir lange dunkel gewesen ist. Eine Auffassung derselben, welche ich jetzt als ein Mifsverständnis anerkenne, will ich berühren wegen der Untersuchungen, zu denen sie mir Veranlassung gegeben hat. Ich fafste Cantors Behauptung, dafs Euklid die Kurven nicht als „Kurven in der Ebene" kannte, so auf, als ob er und seine Vorgänger während des Studiums ihrer Eigenschaften nicht irgendwelche planimetrische Grundeigenschaft derselben gekannt haben sollten, oder doch nicht verstanden hätten eine solche weiteren Untersuchungen zu Grunde zu legen, dagegen aber die Kurven nur als Kurven im Raume aufgefafst hätten, während deren Untersuchung man beständig zu ihrer Betrachtung auf dem Kegel selbst habe zurückkehren müssen.

Auf diesem Wege hätte die Lehre von den Kegelschnitten nicht auf den hohen Standpunkt gebracht werden können, auf dem sie sich vor Apollonius befand, wenn die griechischen Geometer nicht ziemlich weit in der stereometrische Untersuchungsmethode gekommen gewesen wären, welche sonst erst von Desargues und Pascal angewandt und mit voller Konsequenz von Poncelet entwickelt ist. Ich wurde deshalb zu einer doppelten Untersuchung veranlafst, teils zu einer geometrischen Prüfung, ob die vor Apollonius bekannten Eigenschaften, z. B. diejenige, welche in der Asymptotengleichung der Hyperbel ausgedrückt wird, auf eine für die Griechen einigermafsen natürliche Weise aus der Betrachtung der Kurven auf dem Kegel selbst hervorgehen, teils zu einer Durchforschung der auf uns gekommenen Literatur, ob in dieser eine Spur einer solchen stereometrischen Untersuchungsmethode erhalten sein sollte. Dadurch fand ich auf der einen Seite, daſs die fragliche Ableitung geometrische Voraussetzungen fordern würde, welche man im übrigen keinen Grund hat den Griechen zuzuschreiben, auf der anderen, daſs die Behandlungsarten, welche man als Spuren einer anderen stereometrischen Untersuchung der Kegelschnitte annehmen könnte als diejenige ist, welche zu derselben planimetrischen Darstellung führt, welche sich bei Apollonius[1]) findet, viel zu selten vorkommen, um auf einen irgendwie ausgedehnten Gebrauch eines solchen Verfahrens zn deuten. Die stereometrische Untersuchung — und diese zunächst nur in der einfacheren Gestalt, welche sie annimmt, wenn eine Ellipse als ein Cylinderschnitt, also als Parallelprojektion eines Kreises, auftritt — kann höchstens in einzelnen Fällen als heuristisches Mittel angewandt worden sein, so von Archimedes bei der Bestimmung des Flächeninhalts einer Ellipse, oder von dem, der zuerst gefunden hat, daſs parallele Sehnen einer Ellipse von éiner Geraden halbiert werden. Direkt ist aber durchaus gar nichts hierüber aufbewahrt worden. Dies ist übrigens hinsichtlich des letzten Beispiels natürlich genug, da man sich doch anderer Mittel bedienen muſste um den Satz auf die Parabel und Hyperbel auszudehnen.

Mit Berufung auf die hier erwähnte Untersuchung — auf die ich wegen ihrer negativen Ausbeute nicht weiter eingehen will — glaube ich festhalten zu können, daſs die Griechen das Studium der Kegelschnitte auf dem Kegel selbst nicht sonderlich weiter verfolgt haben als bis zur Ableitung einer einzelnen planimetrischen Grundeigenschaft für jeden Kegelschnitt. Durch diese Behauptung gerate ich noch nicht in Widerspruch mit Cantor, falls er mit seiner Äuſserung, daſs Euklid die Parabel,

---

[1]) Mann kann nicht sagen, daſs es bei Apollonius auf diesem Wege bewiesen ist, daſs die Kegelschnitte auf konjugierte Durchmesser durch dieselben Gleichungen bezogen werden wie auf die Axen. Sein Beweis dafür, daſs die auf diese beiden Arten bestimmten Kegelschnitte identisch sind, ist nämlich planimetrisch.

Ellipse und Hyperbel[1]) nicht als Kurven in der Ebene kannte, nur meint, dafs er nicht die an die antiken Flächenanlegungen sich knüpfenden geometrischen Örter kannte, deren Bestimmung von Apollonius der planimetrischen Untersuchung der Kegelschnitte zu Grunde gelegt wird, dafs deshalb Euklid vermutlich sich selbst nicht nach der Beschaffenheit dieser Örter gefragt und jedenfalls nicht gewufst habe, dafs es dieselben Kurven seien wie die, welche er selbst unter dem Namen „Schnitte an rechtwinkligen, spitzwinkligen und stumpfwinkligen Kegeln“ untersuchte.

Ist dies, wie ich annehme, Cantors Meinung gewesen, so kann er immer noch mit mir darin übereinstimmen, dafs man sich auch vor Apollonius damit begnügt habe, durch Betrachtung von Schnitten am Kegel selbst eine einzelne planimetrische Haupteigenschaft abzuleiten und diese einer ferneren Untersuchung derselben zu Grunde zu legen. Nur mufs er dann meinen, dafs diese eine andere als die von Apollonius benutzte gewesen sei. Doch bleibt der Eifer, mit dem er dies verficht, unverständlich, da er gleichzeitig durchaus keine Andeutung darüber giebt, welches dann die frühere Bestimmung gewesen ist oder gewesen sein kann, und wie wenig oder viel sie von der abweicht, welche sich bei Apollonius findet. Es handelt sich eben um die Grundlage für Apollonius' Lehre von den Kegelschnitten, um die Gleichung, aus der er alle übrigen ableitete. Der Leser, der darüber aufgeklärt wird, dafs Apollonius diese Grundlage geschaffen hat, und der nicht nähere Aufklärung darüber erhält, wie hoch die Entwicklung der Lehre von den Kegelschnitten vor Apollonius gestanden habe, wird durch Cantors Behauptungen den Eindruck empfangen, dafs dieses mächtige Lehrgebäude, welches nicht weit hinter der Lehre von den Kegelschnitten zurückstand, welche wir am Anfange unseres Jahrhunderts besafsen, mit Ausnahme zerstreuter Beobachtungen

[1]) Cantor scheint an dieser Stelle mit eben den Worten Parabel, Ellipse und Hyperbel unmittelbar die verschiedenen Arten von Flächenanlegung zu bezeichnen.

aus früherer Zeit das Werk eines einzelnes Mannes sei[1]). Der hingegen, der aus den Schriften des Archimedes und den Vorreden des Apollonius weifs, wie ausgedehnt vor Apollonius die Bekanntschaft namentlich mit den in dessen drei ersten Büchern behandelten allgemeinen Eigenschaften der Kegelschnitte war, und dafs die eigenen bedeutenden Fortschritte des Apollonius sich zum grofsen Teil an glückliche Erweiterungen der Entdeckungen von Vorgängern knüpfen, fühlt sich getäuscht diese in der Luft schweben zu sehen und nur zu erfahren, dafs Apollonius dieselben, nachdem sie gemacht waren, auf Grundlage der bei den Flächenanlegungen benutzten Bestimmungen zusammenstellte.

In den Schriften des Archimedes, wo die Grundlage der Lehre von den Kegelschnitten kaum von der auch von Euklid benutzten abweicht, mufs man Antwort auf die hier erhobenen Fragen suchen. Wenn Cantors Behauptungen irgendwelche wesentliche Bedeutung für die Kenntnis der griechischen Lehre von den Kegelschnitten und deren Entwicklung haben sollten, so mufste man wesentliche Unterschiede[2]) nach Beschaffenheit und Anwendbarkeit zwischen der von Archimedes und der von Apollonius benutzten Grundlage nachweisen können. Einen solchen Uuterschied habe ich nicht finden können. Apollonius versteht allerdings, wie jeder bedeutende Schriftsteller, aus der besonderen Art Vorteil zu ziehen, wie er die in allem Wesentlichen gemeinsame Grundlage ausdrückt; aber es ist durchaus kein Grund vorhanden, die, in jedem Falle äufserst geringe, formelle Änderung als einen geometrischen Fortschritt zu betrachten. Die historische Bedeutung derselben liegt aus-

---

[1]) Eine Äufserung in Cantors Vorlesungen etc. S. 271 unten, deutet darauf hin, dafs dieses seine eigene Meinung sei.

[2]) Auch Heiberg, welcher die gründliche Bekanntschaft mit den Kegelschnitten, welche man vor Apollonius hatte, ans Licht gezogen hat, aber sich doch in der hier verhandelten Sache an Cantor anschliefst (Litterargesch. Studien ü. Euklid, S. 88), giebt keinerlei Aufklärung darüber, welche geometrische Bedeutung die geringe Abweichung in der Form der Darstellung der Kegelschnitte bei Archimedes und Apollonius gehabt haben soll.

schliefslich darin — und das ist auch das einzige, was Pappus anführt — dafs sie in Verbindung mit den neuen Namen steht, welche in Gebrauch kamen, als Apollonius die ererbten stereometrischen Definitionen, an welche sich die alten Namen knüpften, aufgab.

In Übereinstimmung mit den Versprechungen, welche ich im Vorhergehenden gegeben habe, will ich nun dazu übergehen Archimedes' Schriften zu betrachten. Ich mufs nachweisen, wie man vor Apollonius — nicht nur die ebenen Schnitte, welche durch gerade Kegel auf die alte definitionsmäfsige Weise gelegt waren, sondern überhaupt — Schnitte behandelte, deren Ebenen senkrecht auf der Symmetrieebene[1]) eines beliebigen Kreiskegels stehen, und ich mufs die sich bei Archimedes findenden Angaben über die planimetrischen Haupteigenschaften, welche zu und vor seiner Zeit bei Untersuchungen der Kegelschnitte zu Grunde gelegt wurden, ans Licht ziehen. Dadurch erreichen wir gleichzeitig, dafs wir unmittelbarer zu diesen Eigenschaften gelangen als im ersten Buch des Apollonius, dessen Inhalt im folgenden Abschnitt dargestellt werden wird. Bei Apollonius sind dieselben nämlich aus systematischen Rücksichten in andere Sätze mit aufgenommen, namentlich in die allgemeineren Sätze über konjugierte Durchmesser. Bei Archimedes dagegen, wo die Form dieser Sätze an Einfachheit und Brauchbarkeit keineswegs hinter der von Apollonius benutzten zurücksteht, werden die Grundeigenschaften, auf denen er seine eigenen Untersuchungen aufbaut, als bekannt vorausgesetzt und treten deshalb unabhängig von allen systematischen Rücksichten auf.

Wir können die Ellipse und die Hyperbel zusammen besprechen. Beide werden auf eine Axe mit zwei festen Punkten

---

[1]) Archimedes spricht diese Einschränkung nicht aus, indem er im Anfange der Schrift über Konoide und Sphäroide sagt, dafs Schnitte, welche alle Erzeugenden eines Kegels treffen, Ellipsen sind; aber im Verlaufe der citierten Arbeit findet er jedenfalls nur Gelegenheit Schnitte zu behandeln, welche entweder auf der Symmetrieebene des Kreiskegels oder auf einem anderen Hauptschnitt der Kegelfläche senkrecht stehen.

$A$ und $A_1$ bezogen. Auf dieser wird in einem Punkte, dessen Abstände von den festen Punkten $x$ und $x_1$ heifsen mögen, eine senkrechte Ordinate $y$ errichtet, deren Endpunkt ein Punkt der gesuchten Kurve ist. Denken wir uns einen neuen Punkt derselben auf gleiche Weise durch $x'$, $x'_1$ und $y'$ bestimmt, so sind Ellipse und Hyperbel durch die Gleichung

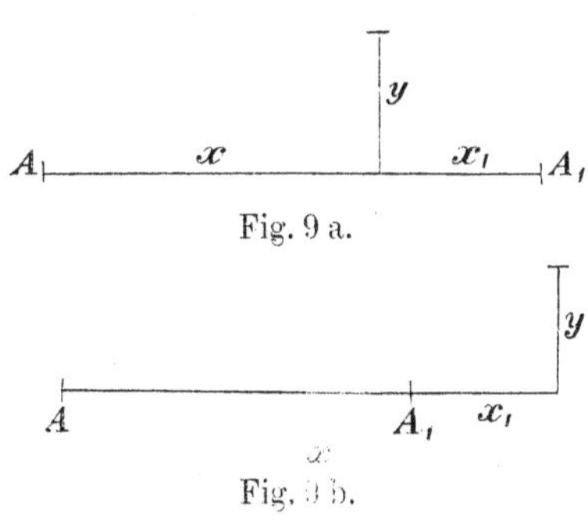

Fig. 9 a.
Fig. 9 b.

$$\frac{y^2}{x \,.\, x_1} = \frac{y'^2}{x' \,.\, x'_1} \qquad (1)$$

bestimmt, so dafs man die erste oder zweite von diesen Kurven erhält, je nachdem die Ordinate in einem Punkte der Linie $AA_1$ oder in einem Punkte ihrer Verlängerung errichtet wird. Doch ist bei Archimedes keine Rede davon mehr als einen Hyperbelast zu betrachten. Wie die Relation, welche wir hier kurz durch die Gleichung (1) wiedergegeben haben, geometrisch bei Archimedes ausgedrückt ist, wird vollständig aus unserem vorhergehenden Abschnitt hervorgehen.

Ohne irgend etwas an Archimedes' Gedanken zu verändern können wir demselben in unserer Sprache einen noch einfacheren Ausdruck geben, indem wir die Gleichung (1) in der Form

$$\frac{y^2}{x \,.\, x_1} = \text{constans} \qquad (2)$$

schreiben, woraus wir sehen, dafs seine Darstellung den Vorteil bietet, dafs man der Konstanten einen Ausdruck geben kann, welcher sich nach den Bedürfnissen der gerade vorliegenden Aufgabe richtet[1]).

---

[1]) Ein Verzeichnis der Stellen, an denen Archimedes die hier angeführte Haupteigenschaft benutzt, findet sich bei Heiberg, die Kenntnisse des Archimedes über die Kegelschnitte (Zeitschrift f. Math. u. Phys., hist. Abt. XXV, 2).

Welchen Beweis Archimedes dafür voraussetzt, dafs alle möglichen Schnitte senkrecht auf der Symmetrieebene eines beliebigen Kreiskegels, die nicht von speciellerer Art sind, die Eigenschaft haben, durch welche hier Ellipsen und Hyperbeln charakterisiert sind, geht aus der Lösung der Aufgaben 7 und 8 in seiner Schrift über Konoide und Sphäroide hervor. Diese Aufgaben — denen in 9 eine entsprechende besondere Behandlung des Grenzfalls folgt, wo der Kegel mit einem Cylinder vertauscht wird — bestehen nämlich darin „einen Kegel zu finden, der durch eine gegebene Ellipse geht und einen gegebenen Punkt in der Ebene zur Spitze hat, welche senkrecht auf der Ebene der Ellipse in einer ihrer Axen errichtet wird". Da die Kegelfläche, welche im allgemeinen schief wird, durch die Ellipse und die Spitze vollkommen bestimmt ist, so kommt es nur darauf an die Grundfläche, d. h. einen Kreisschnitt zu finden, und diesen sucht Archimedes auch in Wirklichkeit. Es zeigt sich also nicht nur, dafs Archimedes die Erzeugung der Kegelschnitte durch senkrecht zur Symmetrieebene eines schiefen Kreiskegels geführte Schnitte kennt, wenn er sich auch des vorliegenden Zwecks halber nur an elliptische Schnitte hält, sondern es ist auch der Beweis, welchen er für die Richtigkeit seiner Lösung der gestellten Aufgabe führt, in Wirklichkeit ein Beweis für eben diese Erzeugung. Den Gedankengang dieses Beweises wollen wir in verkürzter Gestalt wiedergeben, indem wir für den Augenblick von einem für seine besondere Aufgabe notwendigen Durchgangsgliede absehen, nämlich der Betrachtung von Schnitten senkrecht zur Symmetrieaxe der Kegelfläche.

Archimedes benutzt folgenden Hülfssatz[1]), der sich leicht mittels ähnlicher Dreiecke beweisen läfst und den er als bekannt voraussetzt: wenn man (Fig. 10) von einem beliebigen Punkte $P$ gerade Linien parallel mit gegebenen Richtungen zieht, welche zwei feste Linien $MN$ und $M_1N_1$ schneiden, so ist das Verhältnis

[1]) In Heibergs Ausgabe, I, 328, 9—10 wird dieser Hülfssatz in seiner allgemeinen Form benutzt, an anderen Stellen in den Beweisen speciellere Formen desselben.

$\frac{PM \, . \, PM_1}{PN \, . \, PN_1}$ konstant. Sind nun die festen Linien die Erzeugenden eines Kreiskegels, welche in der Symmetrieebene liegen, und sind die Linien $MM_1$ die Spuren von Ebenen, die der kreisförmigen Grundfläche parallel gezogen sind, in dieser Ebene, so wird $MP \, . \, PM_1 = y^2$, wo $y$ der Abstand zwischen $P$ und den Punkten der Kegelfläche ist, deren Projektion auf die Symmetrieebene $P$ ist. Man erhält dann

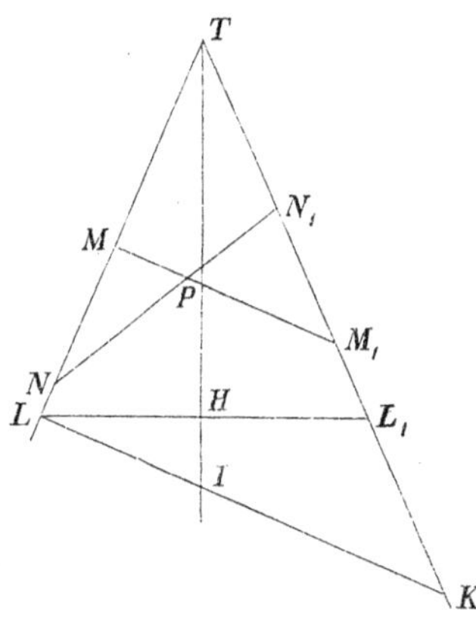

Fig. 10.

$$\frac{y^2}{NP \, . \, PN_1} = \text{constans.}$$

Betrachtet man nun verschiedene Punkte $P$ auf der Linie $NN_1$, so ergiebt sich, dafs alle Punkte des Schnittes, in welchem der Kegel durch die in $NN_1$ projicierte Ebene geschnitten wird, die durch Gleichung (2) ausgedrückte Grundeigenschaft haben.

In der vorliegenden Figur, ebenso wie in Archimedes' Figuren, wird der Schnitt $NN_1$ allerdings eine Ellipse, aber derselbe Beweis läfst sich auch auf hyperbolische Schnitte anwenden, wenn man nur eine der Seitenlinien verlängert. Dafs nun Archimedes und seine Zeitgenossen dies gewufst haben, hat man keinen Grund zu bezweifeln, da man auch bei der alten definitionsmäfsigen Darstellung hyperbolischer Schnitte nicht wohl ohne eine solche Verlängerung darauf verfallen sein konnte, bei der planimetrischen Bestimmung der Hyperbel, d. h. eines Hyperbel a s t e s, nicht nur dessen eigenen Scheitelpunkt, sondern auch, wie wir an den Gleichungen (1) und (2) gesehen haben, den zweiten Scheitelpunkt der vollständigen Kurve zu benutzen. Aus dem Schweigen des Archimedes darf man keinen entgegengesetzten Schlufs ziehen, da er hier wie überall nur das aus der Lehre von den Kegelschnitten mitnimmt, wofür er gerade Verwendung hat.

Eine Bestätigung dafür, dafs ich hierdurch den Geometern jener Zeit kein zu grofses Wissen beigelegt habe, erhält man, wenn man beachtet, welche Vertrautheit mit hierher gehörigen Sätzen und Aufgaben nicht nur Archimedes selbst an den Tag legt, sondern auch bei seinen Lesern voraussetzt. Ein wichtiges Beispiel hierfür hat man in der allgemeinen Form des Hülfssatzes, den wir ausdrücklich aufgestellt haben, den aber Archimedes ohne ihn aufzustellen oder zu beweisen in einer eben so allgemeinen Form anwendet. Ein anderes Beispiel für die Voraussetzungen, welche er auf diesem Gebiete ohne besondere Begründung meint machen zu dürfen, kommt im Verlaufe der Lösungen der erwähnten Aufgaben vor, welche Archimedes sich stellt. Diese selbst in Verbindung mit dem Umstande, dafs er um sie vollständig zu lösen auch Schnitte betrachten mufs, welche senkrecht auf einem anderen Hauptschnitt der Kegelfläche stehen, zeigen seine eigene Vertrautheit mit dem Stoff und den Methoden, welche er anwendet.

Diese legt er auch an den Tag, wenn er gleich nachher eben dasselbe Verfahren zur Untersuchung ebener Schnitte an Umdrehungsflächen zweiter Ordnung anwendet, indem er dann nur statt des von uns angeführten Hülfssatzes den gleichfalls im voraus bekannten allgemeineren Satz anwendet, wo die beiden festen geraden Linien $TL$ und $TK$ mit einem Kegelschnitt vertauscht sind, also den Satz, den wir jetzt den Newtonschen nennen, von dem aber Newton offen eingesteht, dafs er ihn von den Alten habe. Im Folgenden wollen wir ihn den Potenzsatz nennen um den irreführenden Namen zu vermeiden.

Indessen wollen wir diese Untersuchungen bis zu einem späteren Abschnitt (dem 19ten) verschieben, wo wir zusammenfassend darüber berichten, was man über die Bekanntschaft der Alten mit Kegelflächen und Umdrehungsflächen zweiter Ordnung weifs. Für den Augenblick glauben wir genug gesagt zu haben um die Unrichtigkeit der Ansicht nachzuweisen, dafs die Kenntnis der Schnitte an Kegelflächen auf die Schnitte senkrecht auf den Erzeugenden eines geraden Kegels beschränkt gewesen sei während der ganzen Zeit, wo man noch die mit dieser Erzeugungsart verbundenen Namen und damit wahrscheinlich auch die daran geknüpften Definitionen und Konstantenbestimmungen benutzte. Welche Vorteile es bewirken konnten, dafs diese Definitionen und Konstantenbestimmungen so lange aufbewahrt wurden, wird im 21sten Abschnitt untersucht werden.

Ich habe berührt, dafs die durch Gleichung (1) oder (2) ausgedrückte Archimedische Darstellung von Ellipse und Hyperbel den Vorteil darbietet, dafs die Konstantenbestimmung sich nach dem Bedürfnis jeder Aufgabe einrichten läfst. So kann man, wenn es sich um ein Segment, begrenzt von einer zu einer Axe senkrechten Sehne, handelt, in (1) $x'$, $x'_1$ und $y'$ die Werte annehmen lassen, welche zu den Endpunkten der Sehne gehören. Das thut Archimedes auch bei seiner Untersuchung von Segmenten begrenzt von Ebenen, die senkrecht auf der Axe in Umdrehungshyperboloiden und Umdrehungsellipsoiden stehen. Für die Ellipse ist es im allgemeinen das nächstliegende, $x' = x_1$, also gleich der einen Halbaxe $\frac{a}{2}$ zu nehmen, wodurch $y'$ gleich der anderen $\frac{b}{2}$, und die Konstante $\frac{b^2}{a^2}$ wird. Hiervon macht Archimedes z. B. Gebrauch in der Auflösung von Aufgabe 9 im Buche über Konoide und Sphäroide.

Da die Konstante der Gleichung (2) zufolge (1) als ein Verhältnis zwischen Flächen oder ein zusammengesetztes Streckenverhältnis bestimmt wird, und da die Griechen, wenn sie weiter solche Verhältnisse anwenden sollten, dieselben mit einfachen linearen Verhältnissen vertauschten, so darf man annehmen, dafs Archimedes und diejenigen seiner Vorgänger, welche die Kegelschnitte auf dieselbe Weise wie er darstellten, dasselbe überall da gethan haben, wo sich eine Veranlassung dazu bot. Wenn sie dann zugleich als das eine Glied des Verhältnisses die Axe $AA_1$ nahmen, oder sich den konstanten Wert von $\frac{y^2}{x \cdot x}$ als $\frac{p}{AA_1}$ bestimmt dachten, so war das Vorderglied $p$ des Verhältnisses eben der Parameter $p$. Ob nun Archimedes gerade so verfahren ist, ob er also den Parameter der

Ellipse und Hyperbel gekannt hat oder nicht, kann man schlechterdings nicht wissen, denn er benutzt denselben zwar nirgendwo, aber er hat auch nirgends Verwendung dafür.

Die Frage selbst, wie weit Archimedes — und mit ihm Euklid und seine übrigen Vorgänger — den Parameter der Kegelschnitte gekannt haben, hat im übrigen an und für sich durchaus kein wissenschaftliches Interesse; denn da es jedenfalls ersichtlich ist, daſs er die Mittel besaſs sich andere Hülfsgröſsen zu schaffen, welche sich wesentlich auf dieselbe Weise gebrauchen lieſsen, so ist es gleichgültig, ob er gerade den Parameter benutzte. Die Frage kann nur Bedeutung erhalten, falls sie ein historisches Mittel abgeben würde andere, bedeutungsvollere Fragen zu lösen. In diesem Zusammenhange haben wir dieselbe hervorgezogen, teils aus Rücksicht auf einen historischen Versuch über die frühere Entwicklung der Lehre von den Kegelschnitten, den wir im 21sten Abschnitt geben werden, teils weil man möglicherweise den Gebrauch des Parameters als einen der Vorzüge an der Darstellung der Kegelschnitte bei Apollonius bezeichnen könnte, die man zu einer wissenschaftlichen Bedeutung hat erheben wollen.

Unabhängig davon, ob Apollonius' Vorgänger den Parameter benutzt haben oder nicht, und obwohl Archimedes in der Regel seine Bestimmung der Kegelschnitte nicht an die bei Flächenanlegung gebrauchten Kunstausdrücke anschlieſst, ist der praktische geometrische Gebrauch der Flächenanlegung ebenso genau mit dieser letzteren Bestimmung, die vermutlich auch diejenige Euklids ist, verbunden gewesen wie mit der des Apollonius. Archimedes stellte die Ellipse und Hyperbel dar durch $\frac{y^2}{x \cdot x_1} = \varkappa$, wo $\varkappa$ eine Konstante bedeutet, und $x_1 \pm x = a$, und aus der Art, wie Euklid in seinen Data 84 und 85 die Lösung der Gleichungen $x_1 \pm x = a$, $x_1 x = B$ auf Flächenanlegung zurückführt, können wir — falls es überhaupt nötig ist — schlieſsen, daſs man vollkommen genau wuſste, daſs die angeführte Bestimmung mit der Bestimmung

$$\frac{y^2}{ax \mp x^2} = \varkappa$$

zusammenfiel, wo der Nenner nach dem Sprachgebrauch der Alten als eine Fläche darzustellen sein würde, welche so an $a$ angelegt ist, dafs ein Quadrat fehlt oder übrig bleibt. Diese Darstellungsform nebst zugehörigen Figuren kommt sogar ausdrücklich an einer Stelle bei Archimedes vor, wo von der in die Gleichung der Hyperbel eingeführten Gröfse $ax + x^2$ gesagt wird, dafs sie so an $a$ angelegt sei, dafs ein Quadrat übrig bleibt „ὑπερβάλλον εἴδει τετραγώνῳ“ [1]). Der wirkliche Gebrauch der Flächenanlegung besteht indessen nicht in diesen Ausdrücken und den zugehörigen Figuren, sondern in der Lösung von Aufgaben mittels Gleichungen zweiten Grades, unter welchen die einfachste hierhergehörige darin besteht, Ordinaten von gegebener Länge für einen Kegelschnitt zu bestimmen. Dazu führt (zufolge der angeführten Stellen der Data) die Darstellung Archimedes' und Euklids ebenso unmittelbar und bequem wie die des Apollonius, und es würde sehr unzutreffend sein anzunehmen, dafs man systematisch sollte vermieden haben ein zu den Zeiten Euklids so wohl bekanntes Hülfsmittel auf die Kegelschnitte anzuwenden.

Ferner ist zu beachten, dafs sogar die geometrische Darstellung, durch welche Apollonius seine Bestimmung von Punkten eines Kegelschnitts wirklich praktisch durchführte, und die wir im ersten Abschnitt bei den Figuren 6 und 7 erwähnt haben, eben so nahe liegt, wenn man von der Archimedischen Form der Definition ausgeht, als wenn man die Apollonische zu Grunde legt, die aus den für die Lehre von der Flächenanlegung eigentümlichen Kunstausdrücken zusammengesetzt ist. Unsere Gleichung (2) giebt nämlich $y$ als mittlere Proportionale zwischen $x$ und der mit einer Konstanten multiplicierten $x_1$, und diese letztere Gröfze läfst sich ganz natürlich als die der Abscisse $x$ entsprechende Ordinate $Y$ für eine durch den anderen Scheitelpunkt gehende gerade Linie darstellen. Ob man nun — und es liegt kein besonderer Grund vor das anzunehmen — vor

---

[1]) Ausgabe von Heiberg, I, S. 420, 14—15.

Apollonius eben dieselbe Hülfslinie angewandt hat wie er, oder ob man die wohlbekannten Konstruktionen etwas anders ausgeführt hat, ist unwesentlich.

Der Einfachheit wegen haben wir hier gar keine Rücksicht auf die Parabel genommen. Hinsichtlich dieser finden wir bei Archimedes keine solchen Aufklärungen über ihre Betrachtung auf den Kegelflächen selbst wie es mit der Ellipse der Fall war, aber verschiedene über ihre planimetrischen Eigenschaften. Eben deshalb vermögen aber die Archimedischen Angaben über die Parabel und die über die Ellipse und Hyperbel sich gegenseitig zu ergänzen.

Die planimetrische Definition der Parabel stimmt vollkommen überein mit der für die Ellipse und Hyperbel, indem sie sich ausdrücken läfst durch die Gleichung

$$\frac{y^2}{y'^2} = \frac{x}{x'}, \tag{3}$$

wo $x$ und $y$, $x'$ und $y'$ rechtwinklige Koordinaten für zwei Punkte der Kurve sind, oder durch

$$\frac{y^2}{x} = \text{eine konstante Strecke}, \tag{4}$$

welche wir $p$ nennen wollen. Dieser Parameter tritt bei Archimedes [Über Konoide und Sphäroide 3 und an anderen Orten] ausdrücklich auf als das doppelte des „Stückes bis zur Axe", eine Bezeichnung, welche herrührt von der Erzeugung der Parabel als Schnitt senkrecht auf einer Erzeugenden eines rechtwinkligen Umdrehungskegels. Der halbe Parameter wird hier nämlich das Stück von der Axe der Parabel — welche Archimedes ihren Durchmesser nennt — welches zischen dem Scheitelpunkt und der Axe des Kegels abgeschnitten wird.

Heiberg[1]) hat aus dieser Bezeichnung schliefsen wollen, dafs Archimedes für die Parabel nur die hier erwähnte stereometrische Erzeugung gekannt habe. Der Beweis ist indessen unzureichend. Der Name, welchen Archimedes nach altem Brauch dem Parameter giebt, beweist nämlich nicht mehr

---

[1]) Zeitschrift f. Math. u. Phys., hist. Abt. XXV, S. 51.

als die Bezeichnung einer Parabel und Ellipse durch „Schnitt an einem rechtwinkligen Kegel“ und „Schnitt an einem spitzwinkligen Kegel“, und Archimedes liefs sich an dem Gebrauche des letzteren dieser Namen durch den Umstand nicht hindern, dafs er, wie wir gesehen haben — und wie gerade Heiberg hervorgehoben hat —, mit elliptischen Schnitten vertraut war, die auf andere Art als die, an welche dieser Name sich knüpfte, hervorgebracht waren. Am natürlichsten wird nach unserer Meinung auch Archimedes' Benennung des Parameters auf die im Anfang dieses Abschnitts gegebene Art erklärt, nämlich dadurch, dafs die Kegelschnitte in den damals gebräuchlichen Kompendien (von Aristäus und Euklid) definitionsmäfsig als Schnitte senkrecht auf einer Erzeugenden hervorgebracht wurden; denn an diese Erzeugungsart mufsten sich auch die Benennungen der zugehörigen Gröfsen, wie des Parameters, naturgemäfs knüpfen. Die Benennung des Parameters giebt also keinerlei Anhalt dafür, dafs man nicht auch andere Lagen parabolischer Schnitte kannte. Da nun die Bestimmung parabolischer Schnitte senkrecht zur Symmetrieebene an beliebigen Kreiskegeln keine Schwierigkeiten bietet, welche nicht bereits überwunden sind entweder durch Betrachtung der entsprechenden elliptischen Schnitte oder solcher parabolischer Schnitte, welche auf definitionsmäfsige Weise hervorgebracht werden, so liegt durchaus kein Grund vor zu bezweifeln, dafs man zur Zeit des Archimedes parabolische Schnitte mit derselben Freiheit hervorbrachte, mit der man nachweislich die elliptischen herstellte. In dieser Auffassung werden wir noch mehr bestärkt, wenn wir sehen, dafs Archimedes (Über Konoide und Sphäroide, 11) einen ähnlichen Satz wie den über parabolische Schnitte an Kegeln, nämlich den, dafs ebene Schnitte parallel der Axe eines Umdrehungsparaboloids Parabeln ergeben, welche der Meridiankurve kongruent sind, für so einfach hält, dafs er es den Lesern selbst überläfst den Beweis zu finden.

Ehe wir nun, nachdem wir die Darstellung der von den Griechen benutzten planimetrischen Fundamentalsätze auf das gestützt haben, was sich bei Archimedes findet, dazu übergehen die weitere Entwicklung auf Apollonius aufzubauen, wird es am besten sein, hier noch einige Worte über das hinzuzufügen, was ferner zu den Zeiten des Archimedes, so weit es sich aus seinen Schriften nachweisen läſst, vollkommen bekannt gewesen ist. Daſs dies ziemlich bedeutend war, wird sofort daraus hervorgehen, daſs es die Lehre von konjugierten Durchmessern miteinbegriff, darunter die Sätze, deren Übertragung in die Algebra die Gleichungen der Kegelschnitte bezogen auf konjugierte Durchmesser liefern würde, nebst dem oben erwähnten Potenzsatze — doch hinsichtlich der Hyperbel nur innerhalb der Begrenzung, welche davon herrührte, daſs man nur einen Ast betrachtete[1]).

Wie man vor Apollonius' Zeit zu Sätzen von so allgemeiner Natur, wie diese sind, gelangen konnte, wird verständlich werden, wenn wir im Folgenden kennen lernen, wie Apollonius dieselben Sätze zum Teil in vollständigerer Gestalt entwickelt. Da hierbei teilweise von Operationen Gebrauch gemacht werden wird, welche sich am nächsten als Transformationen der Koordinaten auffassen und betrachten lassen, so wollen wir doch auch hier einige Beispiele für solche Transformationen bei Archimedes anführen.

Dieselben kommen in der Schrift über die Quadratur der Parabel (4 und 5) vor und haben den Zweck, der Darstellung der Parabel eine für die Quadrierung eines Segments bequeme Form zu geben. Ist $AC$ (Fig. 11) eine feste Sehne

---

[1]) In der öfter citierten Arbeit im Bd. XXV d. Zeitschrift f. Math. u. Phys., hist. Abt., giebt Heiberg sorgfältige Ermittelungen über das, was Archimedes aus der Lehre von den Kegelschnitten als bekannt voraussetzt, und über seine eigenen Erweiterungen dieser Lehre, sowie über die Stellen in Archimedes' Schriften, an denen alles dies sich findet. Nur scheint Heiberg übersehen zu haben, daſs Archimedes die Gleichung für Ellipse und Hyperbel, bezogen auf ein willkürliches Paar konjugierter Durchmesser, kennt. Diese findet sich auf die Ellipse angewandt in Nr. 28 und auf die Hyperbel in Nr. 26 des Buches über Konoide und Sphäroide.

der Parabel, $BD$ der zugehörige Durchmesser, $E$ ein beweglicher Punkt und $KE$ eine Parallele zu $AC$, so giebt die ursprüngliche

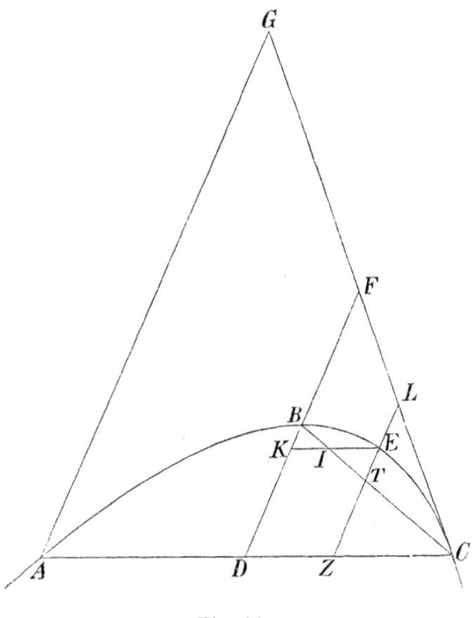


Fig: 11.

Darstellung der Parabel, bezogen auf den Durchmesser $BD$, in Verbindung mit bekannten Sätzen über Proportionen, daſs

$$\frac{BC}{BI} = \frac{BD}{BK} = \frac{CD^2}{EK^2} = \frac{BC^2}{BT^2},$$

woraus folgt, daſs $BT$ die mitlere Proportionale zwischen $BC$ und $BI$ ist, folglich

$$\frac{\mathbf{AD}}{\mathbf{DZ}} = \frac{DC}{DZ} = \frac{BC}{BT} = \frac{BT}{BI} = \frac{CT}{TI} = \frac{\mathbf{ZT}}{\mathbf{TE}},$$

oder daſs $ZE$, welche wir als Ordinate von $E$ in einem neuen Koordinatensystem betrachten, von der festen Linie $BC$ nach demselben Verhältnis geteilt wird, wie die Abscisse $AZ$ von dem festen Punkte $D$. Nach dieser Auffassung ist die Gleichung der Kurve in dem neuen Koordinatensystem, welches aus dem ursprünglichen durch Verlegung des Anfangspunktes und Vertauschung der beiden Axenrichtungen gebildet ist, durch eine

Proportion dargestellt, und die Bestimmung der analytischen Geometrie mittels Konstanten ist — wie in der früher erwähnten Darstellung der Ellipse und Hyperbel durch Apollonius — durch einen festen Punkt $D$ und eine feste Hülfslinie $CB$ ersetzt.

Die fernere Umformung, welche an Satz 5 vorgenommen wird, besteht nur in einer Vertauschung des Punktes $D$ und der Hülfslinie $CB$ mit einer neuen Hülfslinie, nämlich der Tangente $CF$ in $C$. Da, wie es ersichtlich auch zu Archimedes' Zeit bekannt gewesen ist, $B$ die Mitte von $DF$ ist, so wird $ZT = TL$, und der Kurvenpunkt $E$ wird die Ordinate $ZL$, welche an die Hülfslinie gezogen wird, nach demselben Verhältniss teilen, wie $Z$ die Sehne $AC$ teilt. Bezeichnen wir, wenn $A$ als Anfangspunkt betrachtet und $AC = a$ gesetzt wird, die $x$ entsprechende Ordinate an diese Hülfslinie mit $y_1$ $(= a(a-x))$, so wird die Gleichung der Parabel nunmehr

$$\frac{y}{y_1} = \frac{x}{a}.$$

Dafs diese moderne Darstellung wirklich ein korrektes Bild von dem giebt, was Archimedes mit der Umformung der Darstellung der Parabel beabsichtigt, geht aus dem Gebrauch hervor, den er weiterhin davon macht, und der im 20sten Abschnitt dargestellt werden wird.

Bei Apollonius werden wir in der Regel nicht wie hier die Gleichungen der Kegelschnitte als Proportionen dargestellt finden, sondern als Gleichungen ersten Grades zwischen Flächen, wodurch auch die Durchführung der Transformationen der Koordinaten mittels der geometrischen Algebra der jetzt gebräuchlichen Transformation näher gebracht werden wird. Die Umwandlung der hier erwähnten Darstellung mittels Proportionen in diese Form wird etwas verschieden je nach der Art, wie die Proportionen geschrieben werden. Dieselben können z. B. werden (Fig. 11):

$$EZ.ZD = ET.ZA$$

und

$$EZ.ZC = EL.ZA,$$

woraus ersichtlich ist, dafs beide Darstellungen als speciell in einem Theorem einbegriffen betrachtet werden können, von dem wir im siebenten und achten Abschnitt zeigen werden, dafs es bereits dem Aristäus und Euklid in einer Form bekannt war, welche freilich unvollständig aber sicher allgemein genug war um den vorliegenden Fall zu umfassen, nämlich in dem Theorem von dem sogenannten „Ort zu vier Geraden“ (ὁ ἐπὶ τέσσαρας γραμμὰς τόπος). Die erste der beiden Gleichungen drückt nämlich die Gleichheit der beiden Rechtecke aus, welche von den Abständen des beweglichen Punktes $E$, in den an der Figur gezeigten Richtungen genommen, von den Linien $AC$, $BD$, $CB$ und dem durch $A$ gezogenen Durchmesser $AG$ gebildet werden, und die zweite drückt die Gleichheit der Rechtecke aus, welche von den Abständen von $AC$, dem Durchmesser durch $C$, der Tangente $CG$ und dem Durchmesser $AG$ gebildet werden. Doch kann man nicht behaupten, dafs Archimedes diesen Umstand ausdrücklich beachtet hat[1]).

Die Absicht, die wir in diesem Abschnitt mit der Betrachtung der Stellen bei Archimedes verfolgten, welche die Lehre von den Kegelschnitten betreffen, war die, auf das richtige Verständnis der zusammenhängenden Lehre von den Kegelschnitten vorzubereiten, welche wir nur bei Apollonius haben. Wir haben besonders solche Stellen angeführt, in denen sich einige Abweichungen in der Behandlungsart der beiden Schriftsteller zeigen. Damit glauben wir vorläufig nachgewiesen zu haben, dafs die Abweichungen hinsichtlich der fundamentalen Sätze so gering sind, dafs man in Wirklichkeit Apollonius als den Hauptrepräsentanten der griechischen Lehre von den Kegelschnitten betrachten und in seinen Beweisen dem Gedankengange nachspüren darf, der auch vor seiner Zeit zu den aufgestellten Sätzen geführt hat. Denn das würde man nicht können, wenn die von Apollonius benutzte planimetrische Grundlage und damit die darauf gebauten Beweise wirklich ganz neu gewesen wären. Auf der anderen Seite werden die Abweichungen, welche sich in der weiteren Durchführung der Untersuchungen finden, dazu beitragen, dafs man vermeidet, Eigentümlichkeiten bei Apollonius als zur antiken Lehre von

---

[1]) Am Schlusse des 4ten Abschnittes finden sich weitere Angaben über einige Sätze bei Archimedes, die sich nicht bei Apollonius finden.

den Kegelschnitten überhaupt zugehörig zu betrachten. Wenn übrigens, wie in dem eben angeführten Beispiel, Archimedes vorzugsweise die Proportionslehre bei Untersuchungen anwendet, bei denen Apollonius die mit unserer Algebra näher verwandten Flächenoperationen vorzieht, so bin ich am meisten geneigt zu glauben, dafs vielmehr Archimedes es ist, welcher seine persönlichen Eigentümlichkeiten an den Tag legt, als der sich an die alexandrinischen Vorgänger genauer anschliefsende Apollonius. Für diese Annahme spricht der Umstand, dafs der im zweiten Buche Euklids vorkommende Gebrauch der Flächenoperationen bedeutend älter ist als die euklidische Proportionslehre und also den Geometern, welche der Lehre von den Kegelschnitten die erste Entwicklung gegeben haben, in gröfserem Umfange zu Gebote gestanden hat.

---

## Dritter Abschnitt.

### Apollonius' erstes Buch über die Kegelschnitte.

---

Descartes ist wohl kaum der einzige, der den Eindruck empfangen hat[1]), dafs „schon die Reihenfolge der Sätze bei den Alten zur Genüge zeigt, dafs sie keine wirkliche Methode besafsen sie alle zu finden, sondern dafs sie nur diejenigen sammelten, welche ihnen zufällig einfielen". Es ist wohl möglich, dafs für die Hervorrufung einer solchen Auffassung, namentlich was die Lehre von den Kegelschnitten betrifft, das erste Buch des Apollonius, welches die Grundzüge dieser Lehre enthält, nicht eben wenig beigetragen haben kann[2]). Das Buch beginnt nämlich mit der Betrachtung von Kegelschnitten auf dem Kegel selbst; darauf werden verschiedene planimetrische

---

[1]) Geometrie, herausgegeben von van Schooten, S. 7.

[2]) Descartes kann vielleicht sogar geglaubt haben sich auf den Anfang von Apollonius' eigener Vorrede zu stützen (vergl. Anhang 1).

Untersuchungen über Tangenten, konjugierte Durchmesser u. s. w. vorgenommen, und am Schlusse des Buches kehrt man wieder zu der stereometrischen Betrachtung zurück, die wiederum in den folgenden Büchern verlassen wird.

Wer genauer zusieht, wird indessen gerade das Gegenteil eines planlosen Zusammenhäufens von Sätzen entdecken. Von Anfang bis Ende wird ein bestimmtes Ziel verfolgt. Es werden die Sätze mitgenommen, welche notwendig sind um dies Ziel zu erreichen, und die Untersuchungen, deren man bedurfte um diesen Sätzen eine so minutiöse Begründung zu geben, wie die Alten sie verlangten. Dadurch werden Resultate gewonnen, welche sowohl an und für sich als auch als Grundlage für die weiter gehenden planimetrischen Untersuchungen der folgenden Bücher bedeutungsvoll sind; aber für den Augenblick dienen sie als Mittel um vollständig zu begründen, dafs die Ellipsen, Parabeln und Hyperbeln, welche man durch Betrachtung aller möglichen Schnitte an allen Kreiskegeln erhält, identisch mit denen sind, welche man als Schnitte an Umdrehungskegeln erhält.

Das wollen wir zeigen, indem wir einen vorläufigen Überblick über den Inhalt des Buches und den Zusammenhang zwischen seinen verschiedenen Teilen geben.

Nach Definitionen, die sich auf Kreiskegel und Kegelschnitte beziehen, und nach einigen Sätzen [1—3] über die Lage gerader Linien mit Beziehung auf Kegel und über Schnitte durch die Spitze werden [in den Sätzen 4 und 5] die beiden Reihen von Kreisschnitten an einem schiefen Kegel dargestellt. In 6 wird gezeigt, dafs alle Sehnen des Kegels, welche einer Linie in der Ebene der kreisförmigen Grundfläche parallel sind, von einer gewissen Ebene halbiert werden. Diese Ebene geht durch die Axe des Kegels — unter Axe die Linie verstanden, welche den Scheitel mit dem Mittelpunkt der Grundfläche verbindet —, und ihre Spur in der Ebene der Grundfläche steht auf der Linie senkrecht. In 7 wird dies benutzt um zu beweisen, dafs eine gewisse Reihe paralleler Sehnen in einem beliebigen ebenen Schnitt eines Kegels von der Durchschnittslinie der Schnittebene mit einer gewissen durch die Axe gelegten

Ebene halbiert wird. Es wird ausdrücklich bemerkt, dafs der gefundene Durchmesser nur dann senkrecht auf den entsprechenden Sehnen steht, entweder wenn der Kegel gerade ist, oder wenn die Ebene durch die Axe die Symmetrieebene ist, während derselbe in anderen Fällen schiefe Winkel mit den Sehnen bildet. Es beruht also, wie auch von Housel[1]) gezeigt ist, auf einem Mifsverständnis, wenn Chasles, dessen Hauptuntersuchungen in der alten Geometrie auf einen anderen Punkt gerichtet waren, und die verschiedenen Schriftsteller, welche Chasles blind gefolgt sind, meinen, dafs Apollonius sich nur mit dem erwähnten Ausnahmefalle, in welchem die Winkel rechte waren, beschäftigte. Wir haben gesehen, dafs man diese einfacheren Fälle auch zur Zeit des Archimedes kannte.

Nach einigen vorbereitenden Sätzen [8—10) geht Apollonius dann dazu über, die Gleichungen für die ebenen Schnitte — ausgedrückt durch Worte und Figuren auf die im ersten Abschnitt angegebene Weise — abzuleiten, indem er den gefundenen Durchmesser zur Abscissenaxe, und die Hälften der von demselben halbierten Sehnen zu Ordinaten nimmt. Der Anfangspunkt ist einer von den Durchschnittspunkten dieses Durchmessers mit der Kegelfläche. Derselbe ist $Z$ genannt in unseren Figuren 12 und 13, welche nur das darstellen, was in der durch die Axe gelegten Ebene, die den Durchmesser enthält, liegt; $AB$ und $AC$ sind Seitenlinien des Kegels, $BC$ die Durchschnittslinie mit der Grundfläche.

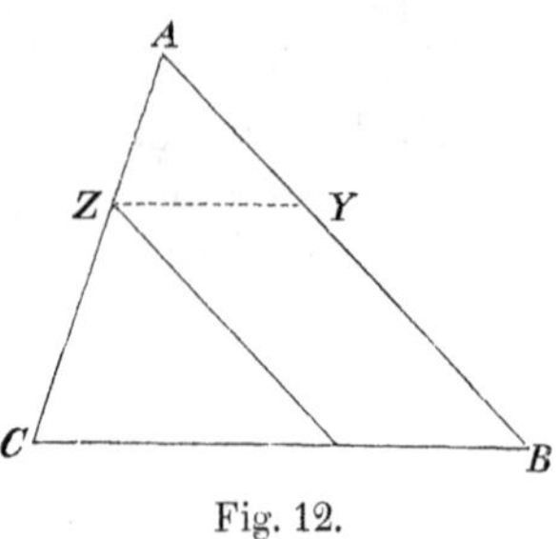

Fig. 12.

Ist nun, wie in Fig. 12, der Durchmesser parallel der Seitenlinie $AB$, so erhält der Schnitt die Gleichung

$$y^2 = px, \text{ worin } p = AZ \cdot \frac{BC^2}{AB \cdot AC}. \tag{1}$$

Die Kurve heifst dann eine Parabel [Satz 11].

[1]) Liouvilles Journal, 2. Reihe, T. III, S. 155.

Wenn zweitens, wie in Fig. 13, der Durchmesser die Verlängerung der Erzeugenden $AB$ in $T$ schneidet, so erhält der Schnitt die Gleichung

$$\left.\begin{aligned} y^2 &= px + \frac{p}{a} x^2, \\ \text{wo} \qquad ZT &= a \quad \text{und} \quad \frac{p}{a} = \frac{CD \cdot DB}{AD^2}, \end{aligned}\right\} \tag{2}$$

wenn $AD$ der $ZT$ parallel gezogen ist. Die Kurve heifst dann eine Hyperbel [12].

Wenn endlich der Durchmesser die Erzeugende $AB$ selbst in $T$ schneidet, so erhält man die Gleichung

$$y^2 = px - \frac{p}{a} x^2, \tag{3}$$

wo $a$ und $p$ ebenso wie bei der Hyperbel bestimmt werden. In diesem Falle heifst die Kurve eine Ellipse [13].

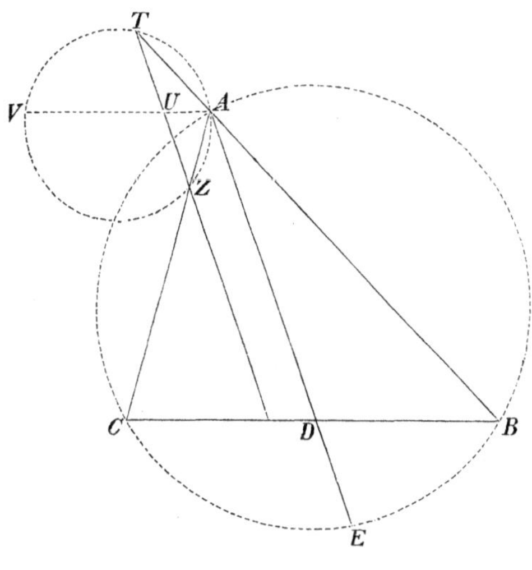


Fig. 13.

Apollonius leitet diese Sätze — Gleichungen in unserer Sprache — mit Hülfe ähnlicher Dreiecke ab, etwa so, wie man es noch heutigen Tags thun könnte. Es ist übrigens zu beachten, dafs die Gleichungen der Ellipse und Hyperbel mit den dazu gehörigen Konstantenbestimmungen fast unmittelbar aus dem Hülfssatz (vergl. den vorhergehenden Abschnitt S. 51) hervorgehen, welchen Archimedes auf den specielleren Fall anwandte, dafs der Schnitt senkrecht zur Symmetrieebene (also auch senkrecht zur Ebene der Figur) geführt war.

Zu der ersten Abteilung des ersten Buches wollen wir noch die Sätze 14—16 rechnen, wodurch wir zur Übereinstimmung mit der Einteilung gelangen, welche Apollonius selbst angiebt, indem er vor Satz 17 eine neue Reihe von Definitionen einführt. In Satz 14 wird gezeigt, dafs die beiden Äste desselben hyperbolischen Schnitts, welche durch Erweiterung der Kegelfläche über ihren Scheitel hinaus erhalten werden (*τομαὶ ἀντικείμεναι*), kongruent sind. In 15 wird gezeigt, dafs die Gleichung für eine Ellipse dieselbe Form behält, wenn man den Durchmesser und die Sehnen mit dem Durchmesser und den Sehnen vertauscht, welche den gegebenen Sehnen und dem gegebenen Durchmesser beziehungsweise parallel sind, und in 16, dafs auch bei der Hyperbel eine durch den Mittelpunkt (die Mitte des Durchmessers) parallel den Sehnen gezogene Linie („der zweite Durchmesser" der Kurve) die dem gegebenen („ersten") Durchmesser parallelen Sehnen halbiert. Hier sehen wir zum ersten Male einen Satz aufgestellt, in welchem die von den beiden Hyperbelästen gebildete Kurve als ein Ganzes behandelt wird, eine Auffassung, welche vorläufig für die Zusammenstellung der Eigenschaften der Ellipse und Hyperbel bedeutungsvoll ist, und von der Apollonius später noch wichtigere Anwendungen macht, wenn er auch in seiner Benennung fortfährt die beiden zusammengehörigen Äste als zwei verschiedene Kurven zu betrachten. Das, was er eine Hyperbel nennt, ist stets nur ein Hyperbelast.

Eine Ellipse, Parabel oder Hyperbel ist hier planimetrisch bestimmt als eine Kurve, welche in einem System von Parallelkoordinaten mit einem beliebigen Winkel zwischen den Axen durch die Gleichung (3), (1) oder (2) dargestellt wird. Abgesehen von der Bestimmung der Lage dieser Kurven scheinen dieselben also von drei Konstanten abzuhängen, nämlich jenem Winkel, $p$ und $a$. Nun wufste Apollonius[1]) aber aus der Lehre von den konjugierten Durchmessern, welche, wie im vorhergehenden Abschnitt erwähnt, bekannt war, dafs die vor seiner Zeit untersuchten Kurven, welche Schnitte an geraden Kegeln sind und durch Gleichungen derselben Form für rechtwinklige Koordinaten bestimmt werden, unendlich viele Paare konjugierter Durchmesser haben, und dafs sie mit deren Hülfe auch auf unendlich viele Arten durch Gleichungen derselben Form für schiefwinklige Koordinaten dargestellt werden können. Wenn er also nur eine Abhandlung schriebe, wobei er die vorhin erwähnte Lehre von den konjugierten Durchmessern als bekannt voraussetzen dürfte, und eine genauere Bestimmung der beliebigen Schnitte an schiefen Kegeln geben wollte, deren Gleichungen er nun gefunden hat, so würde er sofort die erwähnte Lehre benutzen können um nachzuweisen, dafs auch umgekehrt die durch die gefundenen Gleichungen bestimmten Kurven immer unter die früher untersuchten gehören. Er schreibt indessen keine Abhandlung sondern ein Lehrbuch, wobei er nichts über die Kurven als bekannt voraussetzen darf. Er mufs deshalb, bevor er das endliche Ziel des ersten Buchs erreichen kann, von den gefundenen Gleichungen ausgehen und auf Grundlage dieser die Lehre von den konjugierten Durchmessern aufbauen, welche wahrscheinlich im voraus etwa ebenso ausgeführt gewesen ist, aber auf Grundlage derselben Gleichungen in rechtwinkligen Koordinaten. Nur dadurch kann er zeigen, dafs die dargestellten Kurven immer ein rechtwinkliges Paar konjugierter Durchmesser („Axen") haben, und dafs sie sich deshalb immer auf Umdrehungskegel legen lassen. Bei der Entwicklung der Lehre von den konjugierten Durchmessern werden indessen Tangentenbestimmungen und andere Hülfsuntersuchungen benutzt, und so findet der folgende Inhalt des ersten Buchs, den wir nun besprechen wollen, seine Erklärung.

---

[1]) Wir reden hier unter der Voraussetzung, dafs Apollonius der erste gewesen ist, der alle möglichen Schnitte an Kreiskegeln untersucht hat. Sollte dies nicht der Fall gewesen sein, so würde ihm dadurch nur die Aufführung des hier geschilderten systematischen Baues erleichtert worden sein.

Auf die oben erwähnten neuen Definitionen folgt eine Reihe von Sätzen [17—31], welche wir nicht genauer wiederzugeben brauchen. Die meisten derselben enthalten nämlich nur solche Angaben über die Lage gerader Linien in Beziehung auf die Kurven und dadurch indirekt über die Richtung von deren Konkavität, welche sich unmittelbar aus einer Figur entnehmen lassen, und deren nähere Begründung, wenn sie auf solche Weise einmal gefunden waren, nachher keine Schwierigkeit geboten haben kann. Dieselben würden nur einen neuen Beweis für die Sorgfalt abgeben, welche die Griechen auf eine vollständige Beweisführung verwandten. Die übrigen Sätze, namentlich 20 und 21, enthalten nur die Umwandlung der Darstellung der Kegelschnitte in die Form, mit der unsere Leser schon bei Gelegenheit unserer Erwähnung des Archimedes bekannt geworden sind, wenn wir uns auch damals vorzugsweise an rechtwinklige Koordinaten hielten.

In 32—40 folgen demnächst Bestimmungen von Tangenten. Die Tangente im Endpunkte des Durchmessers, welcher zur Abscissenaxe genommen ist und den wir den Durchmesser nennen können, da er und der ihm konjugierte Durchmesser die einzigen bis jetzt bekannten sind, ist den Ordinaten parallel [32]. Die Tangente in einem Punkte der Parabel, welcher nicht auf dem Durchmesser liegt, wird dadurch bestimmt, daſs der Anfangspunkt die Mitte zwischen den Punkten wird, in denen Tangente und Ordinate desselben Kurvenpunktes den Durchmesser schneiden. 33 enthält den Satz, daſs die so bestimmte Linie Tangente ist, und 35 den umgekehrten, daſs eine Tangente immer diese Eigenschaft hat. Bei der Ellipse und Hyperbel, welche zusammen behandelt werden, wird dieselbe Bestimmung dadurch vorgenommen, daſs der Durchmesser von Tangente und Ordinate desselben Kurvenpunktes harmonisch[1]) geteilt wird [34 und 36]. Für diese Bestimmung folgen in 37—40 andere Ausdrücke, welche wir am Schlusse dieses Abschnitts genauer auseinandersetzen werden. Mittels dieser wird nicht nur für die Ellipse, sondern auch für die Hyperbel die durch die Proportion

[1]) Doch braucht Apollonius diesen Ausdruck nicht.

$$\frac{p}{a} = \frac{b^2}{a^2}$$

bestimmte Gröfse $b$ benutzt, welche auf dem konjugierten Durchmesser so abgetragen wird, dafs ihre Mitte auf den Mittelpunkt der Kurve fällt. Die so begrenzte Strecke betrachtet Apollonius in Folge der eben erwähnten neuen Definitionen, welche er erst an dieser Stelle benutzt, als die Länge des konjugierten Durchmessers, der die Kurve nicht schneidet. Er wendet also dasselbe Mittel an, welches jetzt benutzt wird, um Gleichartigkeit der Sätze zustande zu bringen. Die Einführung dieser Hülfsgröfse $b$ setzt Apollonius in den Stand, nicht nur für die Ellipse — wo er das im Grunde schon früher im Beweise für 15 gethan hat — sondern [in 41] auch für die Hyperbel der Darstellung der Kurve eine Form zu geben, welche algebraisch durch die Mittelpunktsgleichung, bezogen auf zwei Durchmesser, ausgedrückt werden würde.

Die Bestimmungen der Tangenten werden ferner benutzt um [in Satz 42—51] zu zeigen, dafs jede Parallele zu dem gegebenen Durchmesser der Parabel und jede Linie durch den Mittelpunkt der Ellipse oder Hyperbel ganz dieselben Eigenschaften hat, entweder wie der gegebene Durchmesser, indem die zugehörigen Sehnen dann der Tangente in seinem Schnittpunkte (seinen Schnittpunkten) mit der Kurve parallel sind, oder, wenn er die Kurve, die dann eine Hyperbel ist, nicht schneidet, wie der ursprüngliche zweite Durchmesser.

42—45 enthalten einige hierzu dienende vorbereitende Umformungen der Darstellung der Kurven. In 46—48 wird bewiesen, dafs der neue Durchmesser die zugehörigen Sehnen halbiert, und in 49—51 wird gezeigt, dafs die Kurven, wenn sie auf die neuen Durchmesser und deren Sehnen bezogen werden, auf ganz dieselbe Weise dargestellt werden wie damals, als sie auf die ursprünglichen bezogen waren, nämlich durch die Eigenschaften, welche wir durch die Gleichungen (1), (2) und (3) ausgedrückt haben. Im folgenden Abschnitt werden wir uns genauer mit den Operationen beschäftigen, durch welche dies erreicht wird. Hier begnügen wir uns mit dem Resultat und wollen nur noch hinzufügen, dafs der dem neuen Durchmesser entsprechende Wert $p'$ des Parameters — welchen Namen wir der von Apollonius auf andere Weise bezeichneten Konstanten geben wollen, obgleich dieselbe nur für rechtwinklige Koordinaten der eigentliche Parameter ist — auf folgende für alle Kegelschnitte gleichartige Weise bestimmt wird.

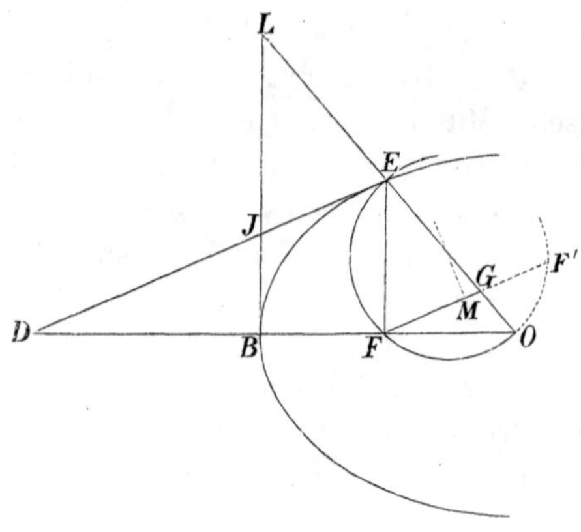


Fig. 14.

Es sei $B$ (Fig. 14) der ursprüngliche Anfangspunkt, $E$ der neue, $J$ der Schnittpunkt der Tangenten in diesen Punkten, $D$ und $L$ die Punkte, in denen diese Tangenten die durch $B$ und $E$ gezogenen Durchmesser schneiden; dann ist

$$p' = 2\frac{EJ}{EL} \cdot ED.$$

Dafs Apollonius drei Sätze für diese Transformation benutzt, beruht darauf, dafs er erst die Parabel behandelt, dann den Fall, wo $B$ und $E$ auf derselben Ellipse oder demselben Hyperbelast liegen, und endlich den, wo sie auf verschiedenen Hyperbelästen liegen.

Nun ist Apollonius endlich so weit gekommen, dafs er zu dem Nachweise übergehen kann, dafs die durch die Gleichungen (1), (2) und (3) dargestellten Schnitte an schiefen Kegeln dieselben Kurven sind, welche auf dieselbe Weise durch rechtwinklige Koordinaten dargestellt und durch Schnitte an Umdrehungskegeln hervorgebracht werden können. Er hält sich sogar für so gut vorbereitet, dafs er um das letztere zu beweisen sich unmittelbar die Aufgabe [52—55] stellt: eine Parabel, Hyperbel oder Ellipse „zu finden“, wenn die Lage des Anfangspunktes und des Durchmessers, die zugehörige Ordinatenrichtung samt der Länge des Parameters und für Ellipse und Hyperbel zugleich die Länge des Durchmessers gegeben sind, also mit anderen Worten, wenn die Kurve durch ihre Gleichung gegeben ist. Aus der Lösung ist nämlich ersichtlich, dafs eine solche Kurve „zu finden“ bedeutet, dieselbe als Schnitt eines Umdrehungskegels zu bestimmen. In Wirklichkeit zeigt sich indessen, dafs diese für jede von den drei Kurven einzeln gestellte Aufgabe aus zwei Aufgaben besteht, die jede für sich gelöst werden. Apollonius beginnt nämlich mit der Annahme, dafs die Ordinaten rechte Winkel mit dem Durchmesser bilden, und löst die Aufgabe für diesen Fall, bei dem er allerdings nicht in der Lage ist von den vorhergehenden planimetrischen Untersuchungen Gebrauch zu machen. Demnächst zeigt er, wie andere Fälle sich auf diesen zurückführen lassen, da man stets einen Durchmesser konstruieren kann, der auf den zugehörigen Ordinaten senkrecht steht. Wenn dieses wichtige Faktum auch nicht in Form eines Theorems oder eines besonderen Problems aufgestellt ist, so geht die Bedeutung, die er demselben beilegt, aus der Sorgfalt hervor, mit der er diese Bestimmung einer Axe vorbereitet hat.

Diese letztere Bestimmung, mit der wir hier beginnen wollen, stützt sich auf die oben (Fig. 14) mitgeteilte Bestimmung des Parameters $p'$, welcher zu dem Durchmesser durch den Punkt $E$ gehört. Dieser Durchmesser und der zugehörige Parameter $p'$ werden nun als gegeben betrachtet, während der Durchmesser durch $B$ eine Axe sein und also auf der Tangente in $B$ senkrecht stehen soll. Wir wollen hinsichtlich der Ellipse, um uns an die vorliegende Figur halten zu können, die Analysis wiedergeben, welche der von Apollonius synthetisch dargestellten Lösung [54] entspricht, und die Ordinate $EF$ von $E$ an die Axe $OB$ ziehen, sowie $FG$ parallel der Tangente $DE$. Dann wird

$$p' = 2\frac{EJ}{EL}\cdot ED = \frac{FG}{GE}\cdot\frac{FG}{GO}\cdot a',$$

wo wir den Halbmesser $OE = \frac{a'}{2}$ gesetzt haben. Um die Axe $OB$ zu bestimmen kommt es also nur darauf an auf dem Halbkreise über $OE$ als Durchmesser einen solchen Punkt $F$ zu bestimmen, dafs $\frac{FG^2}{GE \cdot GO}$ den gegebenen Wert $\frac{p'}{a'}$ erhält.

Apollonius sagt, dafs man dies thun soll. Wenn er nicht sagt auf welche Weise man es thun soll, so mufs der Grund dafür der sein, dafs er es für so einfach hält, dafs ein genauerer Hinweis, der überdies die Darstellung weitläufig machen würde, überflüssig wäre. Eine Lösung dieser Nebenaufgabe liefse sich dadurch finden, dafs man sich $FG$ bis zum zweiten Schnittpunkt $F'$ mit dem Kreise verlängert denkt. Dann wird nämlich $\frac{FG^2}{EG \cdot GO} = \frac{FG}{GF'}$. Die Sehne $FF'$ soll also in einer gegebenen Richtung so gezogen werden, dafs sie von dem Durchmesser $EO$ nach dem gegebenen Verhältnis $\frac{p'}{a'}$ geteilt wird. Da die Mitte $M$ der Sehne auf einem anderen bekannten Durchmesser liegen mufs und das Verhältnis $\frac{FG}{MG} = \frac{2p'}{p' - a'}$ auch bekannt wird, so läfst diese Aufgabe sich leicht lösen. Dafs Apollonius wirklich so verfahren ist, wird dadurch wahrscheinlich, dafs er am Schlusse des zweiten Buches eine ähnliche Aufgabe auf ähnliche Weise gelöst hat. (Vergl. Ende des 5ten Abschnitts, Fig. 24).

Es ist leicht ersichtlich, dafs Apollonius' Lösung mit derjenigen übereinstimmt, welche man findet, wenn man auf einander senkrechte Sehnen sucht, welche einen Punkt der Kurve mit den Endpunkten des gegebenen Durchmessers verbinden; nur würde man dann diesen ganzen Durchmesser und nicht seine Hälfte zum Durchmesser des Hülfskreises nehmen.

Die Aufgabe wird ganz auf dieselbe Weise für die Hyperbel gelöst [53]. Für die Parabel wird sie, wenn wir dieselben Bezeichnungen wie in Fig. 14[1]) benutzen, wo dann die Durchmesser durch $B$ und $E$ mit Parallelen zu vertauschen sind,

---

[1]) Vergleiche im Folgenden Fig. 21.

dadurch gelöst, dafs die Senkrechte auf $ED$ in $D$ den Durchmesser durch $E$ in einem solchen Punkte $H$ schneiden mufs, dafs $EH = \frac{p'}{2}$. Der Punkt $D$ und dadurch die Axe $DB$ lassen sich dann leicht bestimmen.

Was demnächst Apollonius' Bestimmung eines durch einen gegebenen Kegelschnitt gelegten Umdrehungskegels betrifft, wenn die Axe und ihr zugehöriger Parameter $p$ gefunden sind, so wird diese für die Parabel leicht aus dem durch (1) gegebenen Ausdruck für $p$ gewonnen. In solchem Falle mufs man, wenn $ZY$ parallel $CB$ gezogen ist, $AZ = AY$ haben — was nicht der Fall ist in Fig. 12, die im übrigen anzuwenden ist —, und man erhält dann $ZY^2 = p \, . \, AZ$. Wählt man also $AZ$ beliebig — doch, wie Apollonius ausdrücklich bemerkt, gröfser als $\frac{p}{4}$ — so ist Dreieck $AZY$ vollkommen bestimmt.

Die Lösung, welche Apollonius für dieselbe Aufgabe betreffs der Ellipse und Hyperbel giebt, läfst sich an die Bestimmung des Parameters in den Formeln (2) und (3) sowie an Fig. 13, in der wir aus dieser Veranlassung die punktierten Linien hinzugefügt haben, anschliefsen. Von disen ist $AU$ parallel $BC$. Man hat zufolge (2) und des oft erwähnten Archimedischen Hülfsatzes (S. 51)

$$\frac{p}{a} = \frac{CD \, . \, DB}{AD^2} = \frac{UA^2}{ZU \, . \, UT}.$$

Soll nun der Kegel ein Umdrehungskegel sein, so mufs man — was in Fig. 13 nicht der Fall ist[1]) — $AB = AC$ haben,

---

[1]) Der Grund, weshalb wir dessenungeachtet diese Figur beibehalten, ist der, dafs dadurch teils der Anschlufs an die im voraus entwickelte Lehre von Schnitten an beliebigen Kreiskegeln deutlicher wird, teils die Figur zeigt, dafs dieselbe Lösung sich auch anwenden lassen würde, wenn die Aufgabe die allgemeinere wäre: durch einen gegebenen Kegelschnitt einen schiefen Kreiskegel zu legen, der einem gegebenen ähnlich ist. Indem dann nämlich aufser $\angle TAZ$ auch $\angle TAV = \angle ABC$ gegeben ist, wird dadurch der Punkt $V$ vollkommen bestimmt. Auf diesen Umstand, der hier, wo es eben darauf ankommt einen geraden Kegel zu erhalten, ohne Bedeutung ist, werden wir durch eine Bemerkung in unserer Besprechung von Apollonius' sechstem Buche zurückkommen. Man vergl. den 17[ten] Abschnitt.

und die Linie $AU$ halbiert dann den Nebenwinkel vom Scheitelwinkel $CAB$ des Kegels. Läfst man die Gröfse, über welche man auch in diesem Falle frei darf disponieren können, den Scheitelwinkel des Kegels sein, so mufs der Scheitel $A$ des Kegels auf einem durch diesen Winkel bestimmten Kreise über der Axe $TZ$ des Kegelschnitts als Sehne liegen, und zwar mufs er auf dem einen oder anderen der beiden Bogen $ZT$ liegen, je nachdem die Kurve eine Ellipse oder eine Hyperbel sein soll. Die Linie $AU$ mufs die Mitte $V$ des Bogens treffen, welcher in beiden Fällen aufserhalb des Kegels fällt. Der Punkt $V$ ist dann bestimmt, und wenn man aus dem soeben gefundenen Ausdruck für $\frac{p}{a}$ den Wert $\frac{UA}{VU}$ ableitet, so läfst die durch den Punkt $V$ gehende Linie $VUA$ und dadurch der Scheitel $A$ des gesuchten Kegels sich leicht bestimmen.

Auf diese Weise löst Apollonius seine Aufgabe, doch ohne hier zu sagen, dafs man durch Einführung des Kreises $ZAT$ dem Scheitelwinkel des Kegels eine gegebene Gröfse beilegt. Dagegen versäumt er nicht anzuführen, dafs es bei der Konstruktion der Hyperbel notwendig ist den Kreis über $TZ$ so zu wählen, dafs das Verhältnis zwischen dem Abstand des Punktes $V$ von $TZ$ und der Höhe des Kreisabschnitts $TAZ$ nicht gröfser als $\frac{a}{p}$ ist. Die ganze Behandlung ist, wie sich später zeigt, ein dem Bedürfnis des Augenblicks angepafster Auszug aus einer selbständigen Behandlung der Aufgabe: durch einen gegebenen Kegelschnitt einen Umdrehungskegel zu legen, der einem gegebenen ähnlich ist; erst im 6ten Buch findet Apollonius Gelegenheit diese Aufgabe vollständig in der Form zu behandeln, welche die Alten bei Konstruktionsaufgaben und deren Lösungen zu beobachten pflegten.

Housel, der dem Apollonius keinen bestimmten Plan hinsichtlich der Abfassung des ersten Buches beizulegen scheint und deshalb den hier besprochenen Lösungen der Aufgaben 52—55 nicht dieselbe Bedeutung zuschreibt wie wir, betrachtet diese Aufgaben nur als Umkehrungen derjenigen am Anfange des Buches, wo es darauf ankam die Beschaffenheit gegebener Schnitte an gegebenen Kegeln zu finden[1]). Hiernach sollte es also nur die Absicht des Apollonius gewesen sein Kegel, gerade oder schiefe, zu finden, welche durch gegebene Kegelschnitte gehen. Für eine solche Auffassung spricht vielleicht der Umstand, dafs Apollonius die Aufgabe so formuliert, wie wir erwähnt haben: eine Parabel, Hyperbel oder Ellipse zu finden, wenn u. s. w. Denn da er ursprünglich in 11—13 diese Namen so eingeführt hat, dafs dieselben sich mit gleichem Rechte auf Schnitte an schiefen und an geraden Kegeln anwenden lassen, und da die Identität dieser Schnitte erst aus der Art hervorgeht, wie er die Aufgaben 52—55 löst, so bedeuten die gestellten Aufgaben dem Wortlaute nach nur: „irgend einen Kreiskegel durch die durch ihre Gleichung bestimmte Kurve zu legen“.

Hätte Apollonius nun wirklich nichts anderes beabsichtigt, so erscheint es mir am wahrscheinlichsten, dafs er die umgekehrten Aufgaben gleich nach den direkten gelöst haben würde, und dazu würde ihn eine vereinigte Anwendung der stereometrischen Betrachtungsweise im Anfange des Buches und solcher Operationen wie die sind, welche wirklich zur Auflösung der Aufgaben 52—55 in den speciellen Fällen, wo das gegebene Koordinatensystem rechtwinklig ist, angewendet werden, befähigt haben. Was er aber auch beabsichtigt haben mag, so steht

---

[1]) Liouville's Journal, 2. Reihe, T. III, S. 160. Housel hat in jedem Falle Apollonius mifsverstanden, wenn er sagt, dafs derselbe diese Kurven auf einen Kegel legt, der ein gerader wird, wenn die Axen rechtwinklig sind; er legt dieselben nämlich in allen Fällen auf einen geraden Kegel. Die Bemerkung, dafs die hier gelösten umgekehrten Aufgaben im Grunde dieselben sind wie die direkten, deutet auch auf eine oberflächliche Betrachtung der mitgeteilten Lösungen. Housels abweichende Auffassung kann sich also nur auf die etwas unklare Form stützen, in der Apollonius die Aufgaben stellt. In den folgenden Zeilen erwähnt Housel allerdings, dafs Apollonius „die Form der Kurven durch Betrachtung der rechtwinkligen Axen zu präcisieren sucht“; aber er scheint vollständig zu übersehen, dafs schon hier eine exakte Bestimmung derselben und dadurch ein exakter Beweis für ihre Existenz gegeben wird. Nach einer Äufserung von Housel S. 163 bei Besprechung des zweiten Buchs würde dieser Beweis erst im 7ten Buche gegeben sein.

doch fest, dafs er nicht nur die Aufgaben auf eine Weise löst, welche allein durch die vorhergehende planimetrische Entwicklung ermöglicht wird, sondern auch dafs es ihm faktisch gelungen ist zu beweisen, dafs es an schiefen Kegeln keine anderen Schnitte giebt als an geraden und dafs alle Kegelschnitte Axen haben. Selbst wenn ich also darin Unrecht haben sollte, dafs die Notwendigkeit diese letzten Beweise zu fordern dem Apollonius während der ganzen Abfassung des ersten Buchs vollkommen klar vor Augen gestanden habe, so ist doch einmal die Aufeinanderfolge der Sätze in diesem Buche erklärt, und zweitens die erwähnte notwendige Forderung faktisch erfüllt. Dafs dies letztere, das überdies so ganz mit der Stringenz der Alten übereinstimmt, nur auf einem Zufall beruhen sollte, halte ich indessen für unannehmbar.

Indem wir also nachgewiesen haben, dafs Apollonius in seinem ersten Buche einen Stoff, der zum grofsen Teil im voraus bekannt war, nach einem klaren und bestimmten Plan geordnet hat, so ist es offenbar vollkommen unrichtig mit Descartes aus dieser Ordnung schliefsen zu wollen, dafs dieser Stoff, welcher die wesentlichste Grundlage für die in den folgenden Büchern weiter entwickelte Lehre von den Kegelschnitten in sich begreift, einem glücklichen Ausgang planlosen Forschens zu verdanken, und nicht auf bestimmte Methoden gestützt gewesen sei. Im Gegenteil, wenn man diesen Plan genau ins Auge fafst, so zeigt es sich, dafs Apollonius nicht nur im einzelnen gesehen hat, wie der eine Satz aus dem anderen folgte, sondern dafs er auch ein offenes Auge für den inneren Zusammenhang zwischen den Hülfsmitteln gehabt hat, welche in den verschiedenen Beweisen benutzt werden. Diese Hülfsmittel sind dadurch für ihn Methoden gewesen, welche er auch bei anderen Untersuchungen gebrauchen konnte, und wir werden sehen, dafs er davon auch Gebrauch macht. Zum grofsen Teil sind es wahrscheinlich dieselben Methoden gewesen, welche seine Vorgänger zur Ableitung der vor seiner Zeit bekannt gewesenen Resultate benutzt haben, und welche sie zum Teil gleichzeitig entwickelten, während sie sie in solcher Weise anwandten. Abgesehen von der alle mathematische Untersuchung umfassenden analytischen Methode und der Darstellung solcher hierher gehörigen allgemeinen Hülfsmittel wie die sind, welche sich in Euklids Data finden, scheinen die Griechen indessen nicht den bedeutungsvollen Schritt gethan zu haben diese Methoden und die Regeln für ihre Anwendung ausdrücklich aufzustellen. Man wird sich also durch den häufigen Gebrauch diese Regeln angeeignet haben. Wir dagegen können um so viel leichter die wichtigsten der angewandten Methoden herausfinden und hervorheben, als dieselben unter diejenigen gehören, welche später in der analytischen Geometrie bestimmt formuliert worden sind.

Was zuerst in die Augen fällt, und was wir nicht nur bei Apollonius antreffen, sondern auch bei Archimedes gefunden haben, ist der Gebrauch von Koordinaten. Wir haben gesehen, dafs diese ganz wie heutigen Tages zur Bestimmung von Punkten gebraucht wurden, und dafs eine Kurve durch solche, geometrisch ausgedrückte Eigenschaften aller ihrer Punkte dargestellt wird, welche nach unserer Darstellung im ersten Abschnitt für die Griechen dasselbe waren, wie Gleichungen für uns.

Ferner zeigte sich bei unserem Überblick über das erste Buch des Apollonius, dafs er, um die Beschaffenheit einer gewissen Kurve, nämlich eines Schnitts an einem schiefen Kegel, zu finden, die Gleichung derselben in einem gewissen Koordinatensystem (im allgemeinen in einem schiefwinkligen) suchte, und darauf, indem er aus der gefundenen Gleichung diejenige ableitete, welche dieselbe Kurve in einem anderen (rechtwinkligen) Koordinatensystem darstellte, zur Kenntnis gelangte, dafs dieselbe unter im voraus bekannte Kurvenarten gehörte. Endlich haben wir erwähnt, dafs die für eine Kurve gefundene Gleichung direkt benutzt wird um ihre Tangenten zu bestimmen und neue Eigenschaften abzuleiten. Bei diesen Untersuchungen wurde von einem beliebigen Durchmesser und dem zu ihm gehörigen Sehnensystem ausgegangen; aber es steht der Annahme nichts im Wege, dafs man früher eine der Axen der Kurve auf dieselbe Weise benutzt habe. Eine solche Annahme stimmt damit, dafs Apollonius in seiner

Vorrede ausdrücklich nur den Anspruch erhebt, in den ersten Büchern früher bekannte Dinge vollständiger und allgemeiner zu behandeln[1]).

Alles hier angeführte stimmt vollkommen mit den Methoden der Gegenwart überein. Der Unterschied macht sich erst geltend bei der Behandlung von Einzelheiten, welche jetzt durch algebraische Umformungen erfolgt, während die Alten auf geometrische Operationen angewiesen waren. Ein Teil von diesen gehört indessen unter die im ersten Abschnitt besprochene geometrische Algebra, wodurch der Gedankengang, der sich durch die geometrischen Operationen hindurchzieht, oft derselbe wird wie der, welchen wir in der Zeichensprache der Algebra ausdrücken. Deshalb werden wir auch in der folgenden Auseinandersetzung über die Beweisführung in Apollonius' erstem Buche, die wir bei unserem Überblick über dessen Inhalt nicht mitnehmen konnten oder die wir anzudeuten uns begnügen mufsten, von dieser Zeichensprache zur Abkürzung der Darstellung durchgehends Gebrauch machen.

Wir wollen damit beginnen zu zeigen, wie Apollonius die in unserem ersten Abschnitt bei den Figuren 6 und 7 erwähnte geometrische Darstellung der Gleichungen der Kegelschnitte, die wir zusammenfassend folgendermafsen schreiben können

$$y^2 = px + ax^2 = x(p + ax) = xY, \tag{4}$$

worin $Y = p + ax$ die unter rechtem Winkel errichtete Ordinate der Hülfslinie $BE$ bedeutet, zur Bestimmung des Durchschnitts der Kurve mit einer gegebenen, durch den Anfangspunkt gehenden Linie verwendet. Nimmt man an, dafs diese gegebene gerade Linie durch den Punkt $(x_1, y_1)$ geht, und nennt man ihre zur Abscisse $x$ gehörige Ordinate $y'$, so erhält man $\frac{y'}{x} = \frac{y_1}{x_1}$, und folglich $\frac{y'^2}{x} = \frac{y_1^2}{x_1^2} \cdot x$, welcher Ausdruck gleich $Y'$ gesetzt wird. Wird nun ein Punkt $(x, Y')$ in das rechtwinklige Hülfskoordinatensystem eingeführt, so wird derselbe eine gerade Linie, welche durch den Anfangspunkt geht, durchlaufen. Da, für dasselbe $x$, aus $Y = Y'$ sich $y = y'$ ergiebt, so erhält der

[1]) Vergl. Anhang 1.

Schnittpunkt dieser Linie mit der ersten Hülfslinie dieselbe Abscisse wie der gesuchte Schnittpunkt. Dieser wird dann so bestimmt, wie Fig. 15 für die Ellipse zeigt, wo $G$ der gegebene Punkt $(x_1, y_1)$ ist, $CH = \frac{CG^2}{AC}$ abgetragen ist, und die Bezeichnungen im übrigen dieselben sind wie an Fig. 6. Die

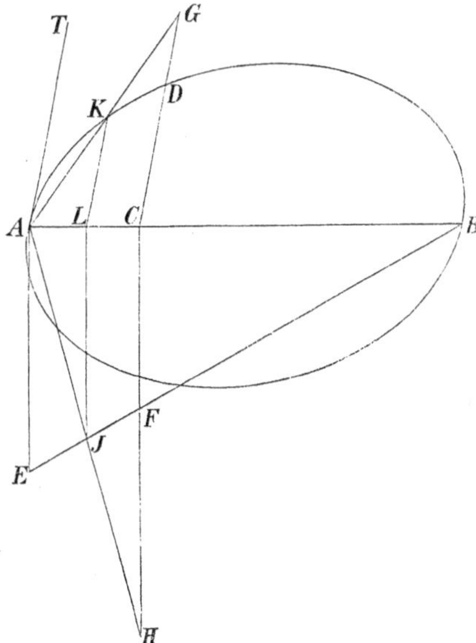


Fig. 15.

Hülfslinien sind dann $BE$ und $AH$, deren Durchschnittspunkt $J$ mit Hülfe der Ordinaten $JL$ und $LK$ den gesuchten Punkt $K$ bestimmt, in dem der Kegelschnitt die Linie $AG$ schneidet.

Die Abscisse des Schnittpunktes $K$ ist also wie in der analytischen Geometrie als der Wert von $x$ bestimmt, für welchen der Kegelschnitt und die gegebene Gerade dieselbe Ordinate erhalten. Nur ist die mittels Division durch $x$ erhaltene Gleichung ersten Grades graphisch durch die beiden Hülfslinien gelöst.

Die hier gegebene Bestimmung des Schnittpunktes zwischen dem Kegelschnitt und einem durch den Anfangspunkt gehenden

Geraden wird [in 32] benutzt um zu beweisen, dafs die Tangente im Endpunkte eines Durchmessers, der als Anfangspunkt genommen ist, den zum Durchmesser gehörigen Sehnen parallel ist. Es ist allerdings früher [in 17] bewiesen, dafs diese Parallele, $AT$ in Fig. 15, nur den Anfangspunkt mit der Kurve gemeinsam hat und im übrigen aufserhalb derselben liegt; aber daraus folgt nicht mit Notwendigkeit, dafs dieselbe eine Tangente ist, denn es liefse sich ja auch denken, dafs die Kurve eine Spitze habe. Deshalb beweist Apollonius [in 32], dafs keine Gerade zwischen $AT$ und die Kurve fallen kann. Der Versuch eine solche $AG$ zu ziehen erweist sich nämlich dadurch als unmöglich, dafs man auf dieser den Punkt $K$ bestimmen kann, welcher nicht aufserhalb der Kurve liegt.

Ganz anders verfährt Apollonius [in 33—36] bei Bestimmung der Tangente in einem Punkte $(x, y)$, welcher nicht auf dem Durchmesser liegt, wobei man zu beachten hat, dafs es noch nicht bewiesen ist, dafs durch jeden Punkt der Kurve ein Durchmesser mit denselben Eigenschaften wie der gegebene geht. Bezeichnet man die laufenden Koordinaten der Tangente in $(x, y)$ mit $x'$ und $y'$, so wird die Tangente dadurch bestimmt, dafs man für alle anderen Punkte der Tangente als eben den Berührungspunkt haben mufs:

$$\frac{y'^2}{x' + \frac{a}{p} x'^2} > \frac{y^2}{x + \frac{a}{p} x^2}.$$

Für die Parabel, wo $a = 0$, läfst sich leicht beweisen, dafs diese Bedingung von der Linie erfüllt wird, welche den Durchmesser in demselben Abstand $x$ vom Anfangspunkt wie die Ordinate des Punktes schneidet, aber auf der entgegengesetzten Seite. Für diese Linie erhält man nämlich

$$\frac{y'^2}{(x+x')^2} = \frac{y^2}{4x^2},$$

aber

$$\frac{y'^2}{4xx'} > \frac{y'^2}{(x+x')^2},$$

da

$$xx' < \left(\frac{x+x'}{2}\right)^2,$$

mithin

$$\frac{y'^2}{x'} > \frac{y^2}{x}.$$

Dafs $xx' < \left(\frac{x + x'}{2}\right)^2$, oder dafs ein Rechteck, dessen Seiten eine gegebene Summe haben, seinen gröfsten Wert erhält, wenn die Seiten gleich grofs sind, ist bei Euklid VI, 27 bewiesen, wo, wie wir im ersten Abschnitt gesehen haben, die Bedingung für die Lösbarkeit der Gleichung $ax - x^2 = b^2$ angegeben wird.

Durch Benutzung eines besonderen Kunstgriffs wird Apollonius in den Stand gesetzt diesen Satz auch zur Bestimmung der Tangente in einem Punkte $D$ einer Ellipse oder Hyperbel

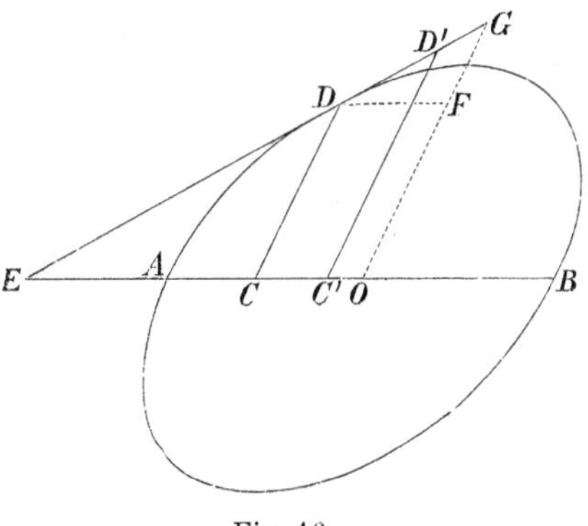


Fig. 16.

anzuwenden. Die aufgestellte Bedingung läfst sich mit den Bezeichnungen, welche Fig. 16 enthält, ausdrücken durch

$$\frac{C'D'^2}{AC' . C'B} > \frac{CD^2}{AC . CB},$$

oder

$$\frac{EC'^2}{AC' . C'B} > \frac{EC^2}{AC . CB}.$$

Nun weifs man, wenn 4 Punkte $A$, $B$, $C$, $D$ einer Geraden von einem Punkte $P$ auf eine der $PD$ parallele Gerade projiciert werden und $A_1$, $B_1$, $C_1$ die Projektionen von $A$, $B$, $C$ sind, dafs dann

$$\frac{AC . BD}{BC . AD} = \frac{A_1C_1}{B_1C_1}.$$

Darf man annehmen, dafs Apollonius diesen speciellen Fall des Satzes von der Unveränderlichkeit des anharmonischen

Verhältnisses durch Projektion gekannt habe, so wird der Gedankengang in seinem etwas weitläufigen Beweise einfach genug. Er wird dann folgendermafsen überlegt haben. Wenn in Fig. 16 die Punkte $A$, $B$, $C$, $C'$ von einem Punkte $P$ auf eine der $PE$ parallele Gerade in den Punkten $A_1$, $B_1$, $C_1$, $C'_1$ projiciert werden, so ergiebt die aufgestellte Relation, die sich auf die Form

$$\frac{AC.EC'}{AC'.EC} > \frac{C'B.EC}{CB.EC'}$$

bringen läfst, dafs

$$A_1C_1.C_1B_1 > A_1C'_1.C'_1B_1.$$

Der Punkt $C_1$ wird nach dem eben citierten Satze bei Euklid dieser Bedingung für ein Maximum genügen, wenn $C_1$ die Mitte von $A_1B_1$ ist, also wenn $A_1C_1 = C_1B_1$. Ein wiederholter Gebrauch des Hülfssatzes über Projektion giebt dann, dafs

$$\frac{AC.EB}{CB.EA} = \frac{A_1C_1}{C_1B_1} = 1,$$

oder dafs $C$ und $E$ einander harmonisch zugeordnet sind mit Beziehung auf $A$ und $B$.

Apollonius nimmt [Satz 34] $D$ zum Projektionscentrum und projiciert auf eine durch $A$ zur $DE$ gezogene Parallele. Abgesehen von der synthetischen Form weicht sein Beweis dafür, dafs die auf die angegebene Weise bestimmte Linie $ED$ wirklich eine Tangente ist, von der hier mitgeteilten analytischen Ableitung desselben nur dadurch ab, dafs er nicht den Hülfssatz über Projektion citiert, sondern dessen zweimalige Anwendung mit Hülfe ähnlicher Dreiecke beweist, und diese Beweise einen Teil seiner eigenen Beweisführung ausmachen läfst[1]). Die Entstehung des ziemlich weitläufigen Beweises läfst sich leicht durch die Annahme erklären, dafs der Verfasser desselben selbst den erwähnten Hülfssatz gekannt hat, diesen aber nicht bei seinen Lesern als bekannt hat voraussetzen dürfen.

---

[1]) Das habe ich genauer nachgewiesen durch ein Referat des Beweises in Tidsskrift for Mathematik, 1882, S. 98. Housels Wiedergabe des Beweises (Liouville, 2. Reihe, T. III, S. 158) hat fast garnichts mit Apollonius' eigener Beweisführung gemein.

Für die Richtigkeit dieser Annahme spricht das, was wir sonst über die Kenntnis desselben Hülfssatzes im Altertum wissen. Derselbe kommt ebensowohl wie der — nach der modernen Auffassung unendlich ferner Punkte — allgemeinere Satz über die Unveränderlichkeit des anharmonischen Verhältnisses durch Projektion unter den Hülfssätzen des Pappus zu Euklids Büchern über die Porismen[1]) vor, und es läfst sich kaum bezweifeln, dafs er unter der einen oder andern Form in diesem Werke zu finden gewesen ist[2]). Dann ist es ganz natürlich anzunehmen, dafs Apollonius den benutzten Hülfssatz aus den Porismen gekannt hat; aber da er dieses Werk nicht direkt benutzt, so ist sein angeführter Beweis entstanden. Im übrigen kann dieser Beweis oder doch der Grundgedanke desselben auch direkt Euklid angehören und in seinen Büchern über die Kegelschnitte dargestellt gewesen sein.

Apollonius formt [in 37—40] die Bestimmung der Tangente um mit Hülfe der jetzt gebräuchlichen Umformungen der Relation zwischen vier harmonischen Punkten, die sich leicht durch das im zweiten Buch der Elemente benutzte Verfahren ausführen lassen. Ist also $O$ der Mittelpunkt, so findet er (Fig. 16), dafs

$$OC \,.\, OE = OA^2 = \left(\frac{a}{2}\right)^2, \tag{I}$$

woraus man ferner durch Subtraktion von $OC^2$ findet:

$$OC \,.\, CE = AC \,.\, CB, \tag{II}$$

also zufolge der Gleichung der Kurve, dafs

$$CD^2 = \frac{p}{a} : OC \,.\, CE, \tag{III}$$

---

1) 11ter Hülfssatz, Pappus, Buch VII, 137.

2) Es ist allerdings etwas schwierig aus den Hülfssätzen des Pappus auf das zu schliefsen, was sich in dem Werk. zu dem sie gehören, findet; denn Pappus fügt sie ja eben hinzu, weil er ihre Beweise im Werke vermifst. Aus den Kommentaren des Pappus zu Schriften, die wir kennen, kann man indessen schliefsen, dafs auch sonst in der Regel Pappus' Sätze selbst im Hauptwerke benutzt sind, indem sie entweder in derselben oder in einer anderen Form als bekannt betrachtet, oder etwas anders als bei Pappus bewiesen werden.

eine Relation, deren Anwendung bei der Transformation von Koordinaten wir bald kennen lernen werden.

Zieht man ferner den den Ordinaten parallelen Durchmesser, dessen Länge $b$ — für die Hyperbel durch Definition — bestimmt ist durch

$$\frac{p}{a} = \frac{b^2}{a^2},$$

und schneidet dieser (Fig. 16) die Tangente $ED$ in $G$ und die der $AB$ parallele Gerade $DF$ in $F$, so läſst sich die Gleichung (III) durch Benutzung ähnlicher Dreiecke folgendermaſsen umformen:

$$\frac{b^2}{a^2} = \frac{p}{a} = \frac{CD^2}{OC.CE} = \frac{OF.OG}{OC.OE} = \frac{OF.FG}{OC^2}, \qquad \text{(IV)}$$

und hieraus erhält man, da $OC = FD$, teils unmittelbar

$$FD^2 = \frac{a}{p}.OF.FG, \qquad \text{(III b)}$$

teils durch Benutzung von (I)

$$OF.OG = \left(\frac{b}{2}\right)^2. \qquad \text{(I b)}$$

Für die Ellipse folgen diese letzten Gleichungen eigentlich unmittelbar aus den entsprechenden (I) und (III), da Apollonius bereits früher [in 16] die Vertauschung des Durchmessers der Ellipse mit dem konjugierten gezeigt hat. Für die Hyperbel dagegen haben dieselben gröſsere Bedeutung und werden im zweiten Buche beim Studium konjugierter Hyperbeln benutzt.

Noch bleibt uns übrig klar zu legen, wie Apollonius den Satz ableitet, daſs die Kegelschnitte unendlich viele Durchmesser mit denselben Eigenschaften wie die ursprünglich gegebenen haben. Das erreicht er durch Umwandlungen der geometrischen Form der Gleichungen für die Kurven und durch den Übergang zu neuen Koordinatensystemen. Die hierher gehörigen Operationen haben indessen eine so weitreichende Bedeutung in der antiken Lehre von den Kegelschnitten, daſs sie zusammengefaſst im nächsten Abschnitt behandelt werden müssen; in diesem werden dann auch andere noch nicht erwähnte Beweise, die sich im ersten Buch des Apollonius finden und deren Kenntnis von Bedeutung ist, ihre Darstellung finden.

# Vierter Abschnitt.

## Umformung der Gleichungen der Kegelschnitte; Transformation der Koordinaten.

---

Wir haben gesehen (S. 32), dafs Apollonius die Kegelschnitte durch die Gleichung

$$y^2 = px + ax^2$$

darstellte, wo $x$ und $y$ Parallelkoordinaten sind; nur war diese Gleichung für Apollonius eine Gleichung ersten Grades zwischen den Flächen des Quadrates $y^2$, des Rechtecks $px$ und des Rechtecks $ax \,.\, x$, oder noch einfacher zwischen dem Quadrat $y^2$ und dem Rechteck $x(p + ax)$. Die Konstanten waren durch die Figur selbst gegeben, namentlich durch eine Hülfslinie, deren rechtwinklige Ordinate die Höhe $p + ax$ des Rechtecks wurde. Wir haben ferner erwähnt, dafs Apollonius zu dieser Form der Gleichung nicht nur durch Beziehung auf ein einzelnes, durch die stereometrische Bestimmung gegebenes Koordinatensystem gelangte, sondern auch durch Übergang zu neuen, in denen die eine Axe ein Durchmesser, die andere die Tangente in dessen Endpunkt war. Teils bei diesem Übergange, teils bei anderen Gelegenheiten treffen wir auf Darstellungen der Kegelschnitte durch andere Gleichungen ersten Grades zwischen Flächen, die sich leicht aus solchen zusammensetzen lassen, welche $x^2$, $xy$, $y^2$, $x$, $y$ proportional sind, wenn $x$ und $y$ Koordinaten eines Parallelkoordinatensystems sind. Die Betrachtung der durch eine solche Zusammensetzung gegebenen Verbindung mit der analytisch-geometrischen Gleichung in einem Parallelkoordinatensystem kann für uns nützlich sein, um dadurch auf uns bekannten Wegen den richtigen Blick für die Anwendbarkeit mancher Darstellungen der Alten und für die Verbindung derselben unter einander zu erhalten; aber die antiken Darstellungen weichen von unseren entsprechenden insofern wesentlich ab, als die Griechen nicht so sehr darauf ausgingen, die feste Figur so einfach wie möglich zu machen, sondern vielmehr darauf, die Gleichungen — welche sie in Worten ausdrücken mufsten — einfach zu gestalten. Deshalb suchten sie durch Einführung fester Hülfslinien und durch Vertauschung der Linien, welche durch den beweglichen Punkt parallel den Koordinatenaxen gezogen wurden, mit neuen Koordinatenrichtungen teils alle Koefficienten der Glieder in die durch die Glieder bestimmten Flächen selbst hineinzuziehen, teils den Flächen solche Formen zu geben, dafs sie sich zusammenziehen liefsen, so dafs die Anzahl der Glieder in den Gleichungen verringert wurde. Beides war, wie wir gesehen haben, in der soeben erwähnten ursprünglichen Darstellung des Apollonius durch eine Hülfslinie erreicht worden, und dasselbe Hülfsmittel der Vereinfachung fanden wir in Archimedes' Darstellungen der Parabel (S. 60) benutzt, wo die Gleichung die Form einer Proportion hatte. Bei Apollonius war die Hülfslinie dadurch, dafs sie in einem besonderen rechtwinkligen Koordinatensystem dargestellt wurde, als ein Mittel bezeichnet, welches dem vorliegenden schiefwinkligen Koordinatensystem fremd war, und zur Darstellung der einzelnen bestimmten Kurven in demselben dienen sollte. Indessen ist das nicht überall der Fall. An anderen Orten könnte vielmehr Veranlassung gegeben sein, den ganzen Apparat von festen Linien als ein komplicierteres Koordinatensystem zu betrachten. Will man aber auch in diesem Falle der Übersichtlichkeit wegen versuchen die Kurve als auf ein einfaches Koordinatensystem bezogen zu betrachten, während man die übrigen festen Linien an Stelle der Konstanten in den modernen Gleichungen treten läfst, so kann man etwas zweifelhaft sein, welche der benutzten festen Linien man als Koordinatenaxen betrachten soll, oder ob man sich möglicherweise da, wo die Alten Koordinatenrichtungen, welche nichtgezeichneten geraden Linien parallel sind, eingeführt haben, ganz neue Axen mit diesen Richtungen eingeführt denken soll. Wenn sich auf diese Weise die Bestimmungsmethode der Alten ungefähr gleich leicht durch Beziehung auf zwei verschiedene Parallelkoordinatensysteme ausdrücken läfst, so wird dadurch unser Übergang zwischen diesen beiden Systeme überflüssig gemacht, oder richtiger, derselbe wird ersetzt durch die Änderungen in der geometrischen Darstellung der Konstanten, welche zu einer solchen Bestimmungsweise geführt haben.

Wir haben vorläufig ein äufserst einfaches Beispiel für diese Unbestimmtheit des gebrauchten Parallelkoordinatensystems in Archimedes' Bestimmungen einer Ellipse oder Hyperbel, bei deren Wiedergabe (im zweiten Abschnitt) wir anstatt einer Abscisse die Bezeichnungen $x$ und $x'$ für Abscissen gebraucht haben, die von beiden Scheitelpunkten aus gerechnet waren. Der eine von diesen ist nämlich nicht mit mehr Recht Anfangspunkt als der andere, und die Darstellung läfst sich ungefähr ebenso leicht auf einen beliebigen Punkt der Axe, z. B. den Mittelpunkt, als Anfangspunkt beziehen.

In Apollonius' Darstellung ist dagegen dem einen Endpunkt des Durchmessers eine so bestimmte Rolle zuerteilt, dafs dieser im besonderen als Anfangspunkt betrachtet werden kann. Wir finden deshalb auch bei ihm eine Verlegung des Anfangspunktes, nämlich in Satz 15, wo der gegebene Durchmesser und die dazu gehörigen Ordinaten einer Ellipse mit dem konjugierten Durchmesser und den dazu gehörigen Ordinaten vertauscht werden. Ohne wesentlich von Apollonius' Betrachtungsweise abzuweichen können wir nämlich diese Vertauschung als eine Verlegung des Anfangspunktes, ohne Drehung, bezeichnen, erst vom Endpunkt des gegebenen Durchmessers nach dem Mittelpunkt, und dann nach dem Endpunkte des konjugierten Durchmessers. Apollonius' Ausführung dieser Operationen ist für uns von Interesse, teils weil sie im allgemeinen ein gutes Beispiel für die mit unseren algebraischen Operationen nahe verwandten antiken Flächenoperationen abgiebt, teils weil sie die Anwendung der bei Apollonius unter rechten Winkeln gezeichneten Hülfsfiguren als Mittel zur Darstellung und Veranschaulichung der Operationen zeigt, welche man jetzt durch die Zeichensprache der Algebra darstellt und veranschaulicht.

Ist (Fig. 17) $AB = a$ der gegebene Durchmesser, $AN = p$ der zugehörige Parameter, so wird die Ordinate $y = XH$ bestimmt durch $y^2 = (AO)$. Ist $DE = b$ der konjugierte Durchmesser und also $C$ der Mittelpunkt, so wird $\left(\frac{b}{2}\right)^2 = (AP) = (UR)$.

Da aber zugleich $(OU) = (OR)$ und $(XU) = (UY) = (NS)$, so wird $\left(\frac{b}{2}\right)^2 - y^2 = (OP)$. Nun ist $\left(\frac{b}{2}\right)^2 - y^2 = ET.TD$, folglich $(OP) = ET.TD$. Setzt man ferner $TH = OS = y'$, so wird $y'^2 = \frac{OS}{PS} \cdot (OP) = \frac{a}{p}(OP) = \frac{a}{p} \cdot ET.TD$. Errichtet man nun in $D$ senkrecht auf $DE$ einen Parameter $q = DZ$, der so bestimmt ist, dafs $\frac{q}{b} = \frac{a}{p}$, und zeichnet man die zugehörige Hülfslinie $EZ$, so wird das Quadrat über $y'$ dem

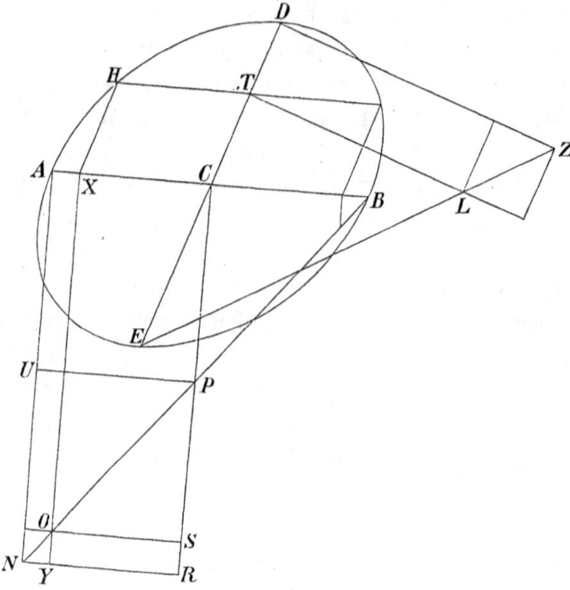


Fig. 17.

Rechteck $(DL)$ gleich. Die geometrisch ausgedrückte Gleichung für die Kurve in dem neuen Koordinatensystem erhält also ganz dieselbe Form wie in dem gegebenen System.

Die doppelte Darstellung durch Figur und einen Text, von dem aus man in jedem Augenblick die genannten Punkte, Linien und Rechtecke in der Figur aufsuchen mufs, kann allerdings niemals so einfach zu lesen sein wie die algebraische Darstellung; aber für den, der entweder selbst in Gedanken die Operationen allein an der Figur durchführt oder der einer mündlichen Darstellung folgt, bei der fortwährend auf die Figur gezeigt wird, und der überdies in diesen Flächenoperationen eben solche Übung hat wie wir in der Buchstabenrechnung, steht das hier benutzte Anschauungsmittel keineswegs vor dem zurück, welches uns zu Gebote steht.

Als Durchgangsglied treffen wir hier auf eine Relation $\left(\frac{b}{2}\right)^2 - y^2 = (OP)$, die sich als Mittelpunktsgleichung für die Ellipse auffassen läfst. Der Übergang zu einer solchen wird indessen später [in 41] sowohl für die Ellipse wie für die Hyperbel vorgenommen, und die dadurch entstehende Gleichung

$$\pm\left(\left(\frac{a}{2}\right)^2 - x^2\right) = \frac{a}{p} \cdot y^2 \qquad (1)$$

wird dann in einer etwas anderen Form ausgedrückt, indem die durch die drei Glieder ausgedrückten Flächen mit solchen vertauscht werden, die diesen proportional sind. Es wird dann ausgesprochen — und das Ausgesprochene wird durch Figuren erläutert — dafs die Differenz zwischen zwei ähnlichen Parallelogrammen über den Strecken $\frac{a}{2}$ und $x$ einem Parallelogramm über $y$ gleich sei, das dieselben Winkel hat, in dem aber das Verhältnis zwischen der anderen Seite und $y$ zusammengesetzt ist aus $\frac{a}{p}$ und dem Seitenverhältnis eines der ersten Parallelogramme.

Indem Apollonius weiter die Parallelogramme mit Dreiecken vertauscht und diese auf zweckmäfsige Weise anbringt, wird er [in 43] zu einer Darstellung der Ellipse und Hyperbel geführt, welche nicht nur — ihrer unmittelbaren Bestimmung gemäfs — einen leichten Übergang von dem gegebenen Durchmesser und den dazu gehörigen Ordinaten zu neuen gestattet, sondern auch grofse Bedeutung für die Folge gewinnt. Es sei (Fig. 18) $ACB$ der gegebene Durchmesser und $CE$ ein neuer Durchmesser, welcher die Kurve in $E$ schneidet; ferner sei $H$ ein beliebiger Kurvenpunkt, der durch die Ordinate $y = KH$ und die Abscisse $x = CK$ auf den gegebenen Durchmesser bezogen ist.

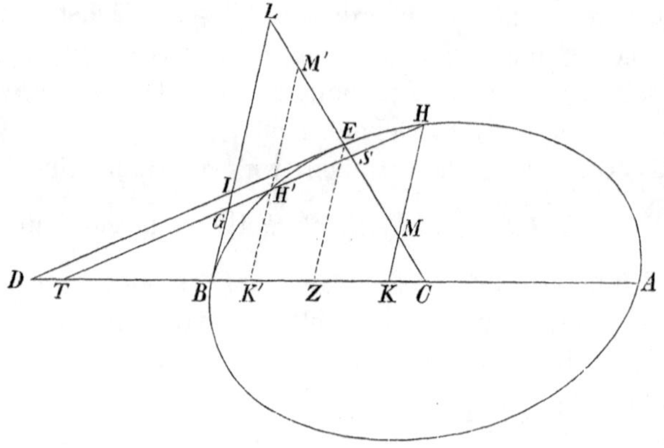


Fig. 18.

Dann folgt aus (1) (und wir dehnen das durch das doppelte Vorzeichen auch auf die Hyperbel aus):

$$\pm(\triangle\, CBL - \triangle\, CKM) = \triangle\, HKT, \tag{2}$$

wenn nur

$$\frac{KT}{KH} = \frac{a}{p} \cdot \frac{BL}{CB} = \frac{2BL}{p}. \tag{3}$$

Das letztere erreicht Apollonius dadurch, dafs er $HT$ der Tangente in $E$ parallel sein läfst. Diese ist nämlich [37], wie wir schon am Schlusse des vorigen Abschnittes (vergl. Gleichung (III)) erwähnt haben, bestimmt durch

$$\frac{ZE^2}{CZ\,.\,ZD} = \frac{p}{a},$$

woraus folgt, dafs

$$\frac{ZD}{ZE} = \frac{a}{p} \cdot \frac{ZE}{CZ} = \frac{a}{p} \cdot \frac{BL}{CB}.$$

Die Bestimmung der Richtung von $HT$ durch die Tangente in $E$ bietet den Vorteil, dafs sie eindeutig ist, während die Bestimmung durch Gleichung (3) gestattet $KT$ nach beiden Seiten von $K$ aus abzutragen und also zwei Richtungen für die Linie $HT$ giebt, die sich bei der ferneren Anwendung nicht als gleich zweckmäfsig erweisen. Es ist möglich, dafs Apollonius, der nicht, wie wir jetzt, Eindeutigkeit durch den Gebrauch von Vorzeichen erreichen konnte, eben um der mit der Zweideutigkeit verbundenen Verwirrung zu entgehen die Benutzung der Tangente vorgezogen hat, obgleich auch das wieder mit verschiedenen Unbequemlichkeiten verbunden war. Zunächst hat er nämlich deswegen bereits im ersten Buche die schon erwähnten Sätze über die Tangente, die an einen Punkt $E$ aufserhalb des gegebenen Durchmessers gezogen ist, ableiten müssen, die sonst später sich von selbst ergeben hätten. Ferner bringt der von ihm eingeschlagene Weg den grofsen Übelstand mit sich, dafs er erst im dritten Buch dazu gelangen kann dem durch Gleichung (2) ausgedrückten Satze den vollen Umfang zu geben. In dem geführten Beweise wird nämlich vorausgesetzt, dafs beide Durchmesser $CB$ und $CE$ die Kurve schneiden. Darüber kommt er, was den einen betrifft, wohl anfangs hinweg [in 45], indem er $CB$ den konjugierten Durchmesser des gegebenen sein läfst, und dann für die Hyperbel die früher erwähnte „Länge" eines Durchmessers, der die Kurve nicht schneidet, benutzt. Dagegen fehlt ihm, wenn der andere Durchmesser $CE$ die Kurve nicht schneidet, die Tangente, der die Linien $HT$ parallel sein sollen. Er kann also erst seinen Satz vervollständigen, nachdem er im zweiten Buche die sogenannten konjugierten Hyperbeln untersucht hat, welche dieselben konjugierten Durchmesser haben, und welche, wenn sie auf ein Paar von diesen bezogen werden, mit Ausnahme eines Vorzeichens dieselbe Gleichung erhalten. Wenn die Kurve in der untersuchten Figur eine Hyperbel ist, und der Durchmesser $CE$ diese nicht schneidet, so werden die Linien $HT$ bestimmt als Parallelen zu der Tangente, welche an die konjugierte Hyperbel in ihrem Durchschnittspunkt mit dem Durchmesser $CE$ gezogen ist.

Da Apollonius sich so wirklich, wenn auch erst nach und nach und auf einem Umwege, zu dem allgemeinsten Satze erhebt oder die allgemeinste Gleichung für die Kurven findet, so will ich diese hier gleich angeben. Bei ihrer Ableitung könnte man statt der Gleichung (1) die Gleichung

$$\pm\left(\left(\frac{a}{2}\right)^2 \pm x^2\right) = \frac{a}{p} \cdot y^2 \tag{1 b}$$

benutzen. Diese wird, wenn man an beiden Stellen das obere Vorzeichen nimmt, auf den Fall anwendbar, wo $CB$ mit einem Durchmesser, der die Kurve nicht schneidet, vertauscht wird, auf dem man aber die sogenannte Länge $CB = \frac{a}{2}$ abträgt, während $p$ eine andere Konstante bedeutet. Bestimmt man dann die Richtung der Linie $HT$ durch die Gleichung (3), so erhält man:

$$\pm(\triangle CBL \pm \triangle CKM) = \triangle HKT, \tag{2 b}$$

wo man die Vorzeichen wie in (1 b), also auf wohlbekannte Art zu wählen hat. Wählt man nun jedesmal von den beiden durch (3) für $HT$ bestimmten Richtungen diejenige, welche der Tangente im Schnittpunkt der Linie $CE$ mit der Kurve oder mit der konjugierten Hyperbel parallel ist, so erhält man die von Apollonius gegebene Bestimmung ihrer Richtung.

Die Vorteile, welche diese Form der Gleichung für eine Ellipse oder Hyperbel darbietet, sieht man am leichtesten durch eine Umformung, die Apollonius allerdings nicht ausdrücklich aufstellt — und das konnte er auch nicht in allen Fällen thun, weil ihm der Begriff „Fläche eines uneigentlichen Vierecks" fehlte — die aber gerade den Umstand hervorhebt, den er überall praktisch anwendet. Während der Bewegung des Punktes $H$ auf der Kurve ändern sich die Dreiecke $CKM$ und $HKT$, während $CBL$ konstant bleibt. Die Summe oder Differenz der beiden ersten Dreiecke wird in jedem einzelnen der in Formel (2 b) betrachteten Fälle gleich dem Flächeninhalt des eigentlichen oder uneigentlichen[1]) Vierecks $HMCT$ sein. Diese Fläche bleibt also konstant $(= \pm CBL)$.

Zwei von den Seiten dieses Vierecks sind feste Durchmesser, der gegebene $CB$ und der neue $CE$. Die dem ersteren

---

[1]) Dieser Inhalt ist wie bekannt gleich der Differenz der beiden Dreiecke, welche auf ein Paar Scheitelwinkel fallen.

gegenüberliegende Seite $HM$ fällt auf eine von ihm halbierte Sehne, die dem letzteren gegenüberliegende Seite $HT$ hat eine bestimmte Richtung. Aus der symmetrischen Art, auf welche die beiden Durchmesser und die beiden Reihen von Parallelen in der gefundenen Gleichung der Kurve vorkommen, wird man dann eine Relation ableiten können, durch welche die Kurve auf den neuen Durchmesser $CE$ auf dieselbe Weise bezogen wird, wie sie ursprünglich auf den gegebenen Durchmesser $CB$ bezogen war. Diese Ableitung, bei der es nur nötig war Rücksicht auf die Fälle zu nehmen, wo sowohl $CB$ wie $CE$ die Kurve schneiden, hat Apollonius folgendermaſsen vorgenommen [1stes Buch, 50]:

Dreieck $CBL$ (Fig. 18) ist gleich dem Dreieck $CDE$[1]), und man hat also zufolge unserer Umformung von (2)

$$\triangle CDE = \triangle CBL = HMCT.$$

Die Subtraktion des Dreiecks $CTS$ giebt demnächst

$$\triangle CDE - \triangle CTS = \pm \triangle SHM,$$

---

[1]) Das läſst sich darthun, indem man in der Relation $HMCT = CBL$ den Punkt $H$ auf $E$ fallen läſst; Apollonius aber führt es ohne Beweis an. Ein solcher, der sich darauf stützt, daſs $\frac{CZ}{CB} = \frac{CB}{CD}$, findet sich dagegen später, nämlich im 1sten Satz des dritten Buches, wo der Satz benutzt wird um ferner zu zeigen, daſs $\triangle BDI = \triangle LEI$. Wenn man dann nicht — und wir finden keine ausreichende Veranlassung es zu thun — einen von Eutokius angeführten Beweis für einen früheren Satz im 1sten Buch [43], der genau mit demselben Beweise wie im 3ten Buch [1] für die Gleichheit der Dreiecke $CBL$ und $CDE$ beginnt, für echt ansehen will, so liegt die Annahme nahe, daſs Apollonius im 1sten Buch [50] auf diese Gleichheit in Wirklichkeit dadurch schlieſst, daſs er denselben allgemeinen Satz, den er gerade im Begriff ist auf andere Weise zu verwerten, auf den Grenzfall anwendet; denn einzig auf diese Weise läſst sich die Gleichheit der Dreiecke unmittelbar erkennen. In solchem Falle nimmt er sich hier eine Freiheit, welche sich die griechischen Schriftsteller sonst in den aufgestellten Beweisen aus Gründen der Vorsicht nicht erlaubten, wie man namentlich an vielen Stellen bei Archimedes sehen kann. Daſs man aus dieser Vorsicht nicht schlieſsen darf, daſs sie selbst auch nicht die Verbindung zwischen dem Grenzfall und dem allgemeinen Fall sahen, geht daraus hervor, daſs sie in der Regel gleichartige Beweise auf beide anwendeten.

worin $+$ der Ellipse, $-$ der Hyperbel entspricht. Da diese Gleichung von derselben Form ist wie die Gleichung (2), von der wir ausgingen, und nur die Durchmesser vertauscht sind, so kann man einen zu dem neuen Durchmesser gehörenden Parameter $p'$ derartig bestimmen, dafs man weiter zurück zu einer Gleichung von der Form (1), aus welcher Gleichung (2) abgeleitet war, geht, und dann gelangt man durch Verlegung des Anfangspunkts nach dem Endpunkt $E$ des Durchmessers zu Gleichungen von ganz derselben Art wie die sind, durch welche Ellipse und Hyperbel ursprünglich auf den gegebenen Durchmesser und die zugehörigen Ordinaten bezogen wurden ((3) und (2) des vorhergehenden Abschnittes). Diese Bestimmung von $p'$ findet man dadurch, dafs man in der Gleichung (3), mittels der man die Richtung der zum neuen Durchmesser $CE$ gehörigen Ordinaten $HTS$ (Fig. 18) bestimmte, und welche sich der Figur zufolge auf die Form $p = 2\frac{BI}{BD}\cdot BL$ bringen läfst, alle Bestimmungen vertauscht, welche zu den beiden Durchmessern gehören. Dann erhält man $p' = 2\cdot\frac{EI}{EL}\cdot ED$, und das ist eben die im vorigen Abschnitt erwähnte und angewandte, von Apollonius gegebene Bestimmung von $p'$.

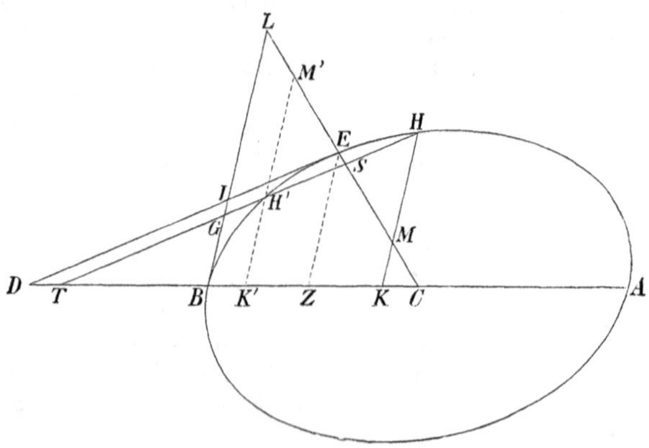


Fig. 18.

Da wir so für den neuen Durchmesser und die zugehörigen Ordinaten zu derselben Darstellungsform zurückgekehrt sind wie für den ursprünglich gegebenen, so müssen alle bis jetzt gewonnenen Resultate, welche ursprünglich auf dieser planimetrischen Darstellung der Kurven aufgebaut wurden, auch auf den neuen Durchmesser anwendbar sein. Wenn also Apollonius nicht in der Entwicklung selbst die neuen Ordinaten als der im voraus bestimmten Tangente in $E$ parallel bestimmt hätte, so würde er, wie bereits angedeutet, diesen Umstand haben benutzen können um hinterher diese Tangente zu bestimmen. Die neue Gleichung zeigt, dafs der neue Durchmesser $CE$ die Sehnen in der neuen Ordinatenrichtung halbiert. Auch dies letztere hat Apollonius indessen, bevor er [in 50] zu der eigentlichen Umformung gelangt, bewiesen [nämlich in 47], indem er dafür unmittelbar den in (2) ausgedrückten Hauptsatz verwendet.

Wir werden uns bei der Wiedergabe dieses Beweises an die Ellipse halten um dauernd Fig. 18 benutzen zu können, mit der der Leser bereits vertraut ist, und die unmittelbar die Bedeutungen der neuen Bezeichnungen $H'$, $K'$, $M'$ zeigt. Gleichung (2) giebt

$$\triangle\, HKT = \triangle\, CBL - \triangle\, CKM = \text{Trapez } (BM)$$
$$\triangle\, H'K'T = \text{Trapez } (BM').$$

Durch Subtraktion erhält man

$$\text{Trapez } (K'H) = \text{Trapez } (K'M),$$

und durch Subtraktion des Fünfecks $K'H'SMK$ ergiebt sich, dafs

$$\triangle\, SHM = \triangle\, SH'M',$$

oder dafs $S$ die Mitte von $HH'$ ist.

Es liegt kein Grund vor, besonders bei den Sätzen [44, 48, 51] zu verweilen, in denen Apollonius darthut, dafs dasselbe, was für eine Ellipse oder einen einzelnen Hyperbelast bewiesen ist, auch auf die aus zwei Hyperbelästen zusammengesetzte Kurve anwendbar ist, wenn die Punkte, welche wir $B$ und $E$ genannt haben, jeder auf einen von diesen Ästen fallen. Es ist wie früher bemerkt von sehr grofsem Interesse, dafs Apollonius auf diese Verallgemeinerung verfallen ist, aber bei ihrer

Ausführung, für welche die Symmetrie der Äste verwandt wird, ist keinerlei Schwierigkeit zu überwinden gewesen.

Mittels der nun gewonnenen Bestimmung der festen Richtung der Seite $HT$ in dem Viereck $HMCT$ (Fig. 18), welches zufolge unserer Umformung des in Gleichung (2) enthaltenen Satzes konstant bleibt, während $H$ sich auf einer Ellipse oder Hyperbel bewegt, läſst dieser Satz sich folgendermaſsen ausdrücken: Das Viereck $HMCT$ (Fig. 19), dessen beide

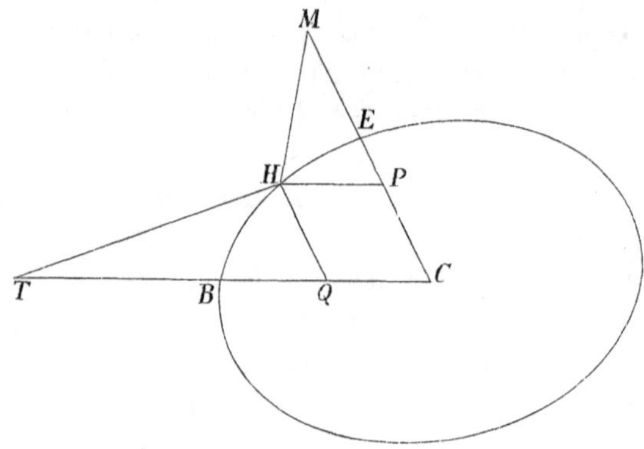


Fig. 19.

Seiten $CM$ und $CT$ auf feste Durchmesser einer Ellipse oder Hyperbel fallen, während die ihnen gegenüberliegenden Seiten $HT$ und $HM$ auf die von einem beweglichen Kurvenpunkt $H$ ausgehenden Sehnen, welche von diesen beiden Durchmessern halbiert werden, oder auf die Verlängerungen dieser Sehnen fallen, hat einen konstanten Flächeninhalt. Diesen Satz, der nur dann unbedingt ausgesprochen werden kann, wenn die Benutzung uneigentlicher Vierecke vorausgesetzt wird, und der erst im dritten Buche für alle Arten von Durchmessern bewiesen wird, wollen wir den Apollonischen Flächensatz nennen.

Die Umkehrung dieses Satzes ist folgende: Wenn ein Viereck $HMCT$, dessen Seiten $CM$ und $CT$ auf feste

Linien fallen, während die beiden anderen in gegebenen Richtungen von einem beweglichen Punkt $H$ aus gezogen sind, einen konstanten Inhalt hat, so ist der geometrische Ort für $H$ eine Ellipse oder Hyperbel.

Diese Umkehrung spricht Apollonius nirgends aus, wie er denn überhaupt keine Sätze des Inhalts ausspricht, dafs der eine oder andere Ort ein Kegelschnitt sei. Wenn er aber in der ersten Vorrede äufsert, dafs die Sätze des dritten Buchs sich zur Bestimmung geometrischer Örter benutzen lassen, so darf man mit Sicherheit annehmen, dafs der hier erwähnte, wenn auch nicht ganz in der hier angeführten Gestalt, zu diesen gehört habe, und dafs er also die genannte Umkehrung gekannt habe. Indirekt hat dieselbe jedenfalls zu seiner Verfügung gestanden, sobald es ihm gelungen war eine vorgelegte Bestimmung des einen oder anderen geometrischen Orts auf die hier aufgestellte Form zu bringen; denn dasselbe Verfahren, welches oben angewandt wurde um die Kurve, wenn $CB$ der gegebene Durchmesser war, auf $CE$ und Ordinaten, die der $HT$ parallel sind, zu beziehen, wird sich in allen Fällen anwenden lassen und in allen Fällen die Form der Gleichungen geben, durch welche die Kurven von Anfang an charakterisiert sind.

Um die wichtige Rolle ganz zu verstehen, welche die erhaltene Gleichung: Viereck $HMCT$ = const. bei Apollonius zu spielen bestimmt ist, kann man dieselbe mit entsprechenden Formen der Gleichung in gewöhnlichen Koordinaten vergleichen. Denkt man sich die beiden festen Durchmesser zu Koordinatenaxen genommen, so lassen sich $HM$ und $HT$ als schiefe zu diesen gehörige Koordinaten betrachten. Vertauscht man diese mit gewöhnlichen Parallelkoordinaten, indem man $HP = x$ und $HQ = y$ parallel den Axen zieht, so erhält man (Fig. 19)

$$HMCT = HMP + HPCQ + HQT,$$

also
$$\alpha x^2 + \beta xy + \gamma y^2 = K, \tag{4}$$

wo $\alpha$, $\beta$, $\gamma$ und $K$ Konstanten sind, die für andere Figuren negative Vorzeichen bekommen können.

Wäre umgekehrt eine Gleichung (4) vom ersten Grade zwischen den Flächen $x^2$, $xy$ und $y^2$ gegeben, wo $x$ und $y$

Parallelkoordinaten, *HP* und *HQ*, bezeichnen, so würde es vollständig dem Verfahren entsprechen, welches wir nunmehr bei Apollonius kennen gelernt haben, die Richtungen von *HM* und *HT* so zu bestimmen, dafs $\alpha x^2$, $\beta xy$, $\gamma y^2$ den Flächen *HMP*, *HPCQ* und *HQT* proportional werden, und dadurch wird die Gleichung in die im Flächensatze gegebene Darstellung der Kegelschnitte umgewandelt.

Da nun der Übergang vom Apollonischen Flächensatz zu der Gleichung (4), ebenso wie der umgekehrte, so einfach ist, da ferner, wie wir gesehen haben, Apollonius von der im Flächensatz gegebenen Darstellung eines Kegelschnitts, ebenso wie die analytische Geometrie von der in Gleichung (4) enthaltenen, zur Darstellung desselben in dem durch die Axen gebildeten rechtwinkligen Koordinatensystem übergehen kann, so ist ersichtlich, dafs in den Anwendungen die eine Darstellungsart ganz an die Stelle der anderen treten kann, so dafs Apollonius, wenn auch unter einer verschiedenen Form, durch die erstere ganz dasselbe erreichen kann, wie die analytische Geometrie durch die letztere. Hinsichtlich der Leichtigkeit der hierzu dienenden Operationen bietet jede der beiden Darstellungsformen ihre besonderen Vorteile; denn wenn man beim Flächensatz ein etwas komplicierteres Koordinatensystem benutzt, so gelangt man dafür zu einer bedeutend einfacheren Gleichung. Dafs Apollonius nun wirklich dauernd den Flächensatz in Übereinstimmung mit diesen Bemerkungen benutzt, welche wir hier an dessen Anwendung im ersten Buch geknüpft haben, das wird im Folgenden, namentlich durch sein drittes Buch, bestätigt werden.

In gewissen Beziehungen führt der Flächensatz noch weiter als zu einer Darstellung der Kegelschnitte, welche der in einem Koordinatensystem mit zwei beliebigen Durchmessern als Axen äquivalent ist. Dafs Mittel zum Übergange zu einem Koordinatensystem mit einem neuen Anfangspunkt vorhanden sind, folgt nämlich daraus, dafs ein solcher Übergang, wie bereits bemerkt wurde, sich allein mit Hülfe der bei Euklid benutzten Flächenverwandlungen bewerkstelligen läfst; direkter aber wird er dadurch erreicht, dafs man sich die konstante Fläche des der Form nach veränderlichen Vierecks $HMCT$ (Fig. 19) durch die Koordinaten eines Parallelkoordinatensystems ausgedrückt denkt, dessen Axen den Geraden $HM$ und $HT$, die ja in Wirklichkeit ganz beliebige Richtungen erhalten können, parallel sind.

Auf diese letztere Art erhält Apollonius auch wirklich im 3ten Buche Satz 3 und einigen der folgenden eine Darstellung der Kurven, die in gewissen Beziehungen ihren Gleichungen in einem beliebigen Koordinatensystem mit dem Anfangspunkt auf der Kurve selbst entspricht. Es seien $AB$ und $FE$ (Fig. 20) die beiden festen Durchmesser, und $HM$, $H'M'$ Sehnenabschnitte, welche zum ersten, $HT$ und $H'T'$ Sehnenabschnitte, welche zum zweiten Durchmesser gehören. Dann ist nach dem Apollonischen Flächensatz

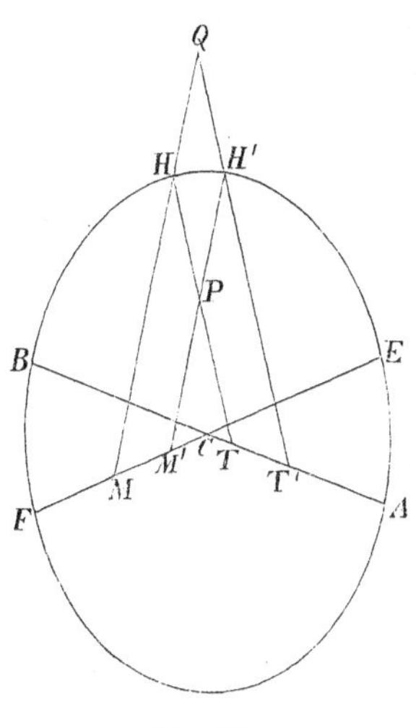

Fig. 20.

$$HMCT = H'M'CT',$$

woraus man durch Subtraktion von $PM'CT$ erhält:

$$HMM'P = H'PTT', \qquad (5)$$

und hieraus durch Addition des Parallelogramms $(PQ)$:

$$QMM'H' = QHTT'. \qquad (6)$$

Durch die eine oder andere von diesen Gleichungen läfst sich der Punkt $H'$, wenn $H$ festliegt, allerdings beständig so auffassen, als ob er auf die beiden Durchmesser unter etwas veränderter Form bezogen sei, aber diese Gleichungen lassen sich auch so auffassen, als ob er auf die Koordinatenaxen $HM$ und $HT$ bezogen sei, die durch einen beliebigen Punkt $H$ der Kurve gehen und beliebig gegebene Richtungen haben können. Die beiden gleich grofsen Flächen lassen sich nämlich leicht durch die Koordinaten $HP$ und $HQ$ ausdrücken.

Eine andere Umformung des Flächensatzes findet sich in dem unmittelbar vorhergehenden Satz 2 des dritten Buchs. Wir können dieselbe am leichtesten an Fig. 18 anschliefsen, welche, da $\triangle H'K'T$ = Trapez $(BM')$, durch Subtraktion von Trapez $(BH')$

$$\triangle GBT = \text{Trapez } (LH') \qquad (5)$$

ergiebt, eine Gleichung, welche unter Beachtung der Regel für uneigentliche Vierecke auch auf den Punkt $H$ anwendbar ist. Der bewegliche Punkt $H'$ (oder $H$) läſst sich hier so betrachten, als ob er durch Koordinatenlinien von gegebener Richtung auf die Koordinatenaxen $BL$ und $CE$ bezogen sei, von denen die eine eine Tangente ist und die andere ein Durchmesser, der nicht durch den Berührungspunkt geht.

Indessen lassen sich nicht wie beim Flächensatze diese letzten Darstellungen ganz mit den entsprechenden Gleichungen der analytischen Geometrie zusammenstellen. Halten wir die Betrachtung zweier Linien als Koordinatenaxen fest, so müssen die übrigen festen Linien, auf welche die Kurve bezogen wurde, als Stellvertreter ihrer Konstanten aufgefaſst werden. Diese sind auch hier so gewählt, daſs sie die Gleichungen, welche auf die Gleichheit von zwei veränderlichen Flächen reduciert werden, in hohem Grade vereinfachen; aber wir können hier nicht wie für den Flächensatz bei Apollonius die Kenntnis der Mittel nachweisen, welche zur Bestimmung dieser Stellvertreter erforderlich sein würden, wenn die Konstanten der entsprechenden analytisch-geometrischen Gleichungen gegeben wären, und durch welche sich der Übergang von den Gleichungen zu den entsprechenden geometrischen Darstellungen bewerkstelligen lieſse. Wir können deshalb hier nicht sagen, daſs es für Apollonius bei der Bestimmung eines geometrischen Ortes genügt haben würde zu finden, daſs derselbe sich durch Beziehung auf ein Parallelkoordinatensystem durch eine solche Gleichung zwischen Flächen darstellen lieſse, deren analytisch-geometrischer Ausdruck

$$\alpha x^2 + \beta xy + \gamma y^2 + dx + ey = 0$$

sein würde; denn um zu behaupten, daſs Apollonius diese Gleichung in die Darstellungsform habe umwandeln können, welche wir soeben damit zusammengestellt haben, müſsten wir etwas darüber wissen, wie er in diesem Falle den Mittelpunkt bestimmen konnte; darüber aber finden wir an dieser Stelle nichts.

Die Hülfsmittel, welche wir hier kennen gelernt haben, stehen also mit Rücksicht auf die Bestimmung der Kegelschnitte als geometrischer Örter noch hinter der analytischen Geometrie zurück; aber der Inhalt des dritten Buchs und Apollonius' eigene Angaben über das, wozu es sich benutzen läſst, werden, wie wir sehen werden, diesem Mangel abhelfen.

Der Einfachheit wegen haben wir hier garnicht die Parabel berücksichtigt, auf welche doch offenbar alle Sätze anwendbar sein müssen, in denen nur nicht der Mittelpunkt vorkommt. Diese Sätze sind in der Regel einfacher als die über die Ellipse und Hyperbel, und gehen deshalb bei Apollonius gewöhnlich diesen voraus. Das gilt z. B. von dem durch Gleichung (2) ausgedrückten Hauptsatz, dem man, um ihn auf die Parabel zu übertragen, die oben (S. 96) benutzte Form „$\triangle HKT = \text{Trapez}\,(BM)$" (Fig. 18) geben muſs, wobei indessen das Trapez in ein Parallelogramm übergeht. Der Beweis wird [1stes Buch 42] folgendermaſsen geführt (Fig. 21): $BK$ sei der gegebene

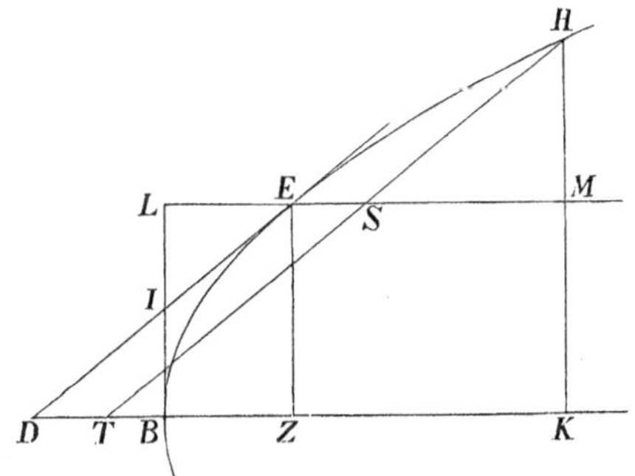


Fig. 21.

Durchmesser, $EM$ ein anderer Durchmesser, $HK$ und $HT$ Parallelen zu den Tangenten $BL$ und $ED$. Dann ist

$$\frac{\triangle HKT}{\triangle EZD} = \frac{KH^2}{ZE^2} = \frac{BK}{BZ} = \frac{(BM)}{(BE)}.$$

Da nun $DZ = 2BZ$, so ist $\triangle EZD = (BE)$. Also wird auch $\triangle HKT = (BM)$.

Aus dieser Gleichung folgt wiederum, da $\triangle IBD = \triangle ILE$, dafs $\triangle HMS = (DS)$ und dadurch, wie für die Ellipse und die Hyperbel, der Übergang zu der Gleichung, durch welche die Parabel auf den Durchmesser $EM$ und dessen Ordinaten bezogen wird [46]. Der Beweis dafür, dafs dieser Durchmesser seine Sehnen halbiert, wird ganz ebenso wie für die Ellipse und die Hyperbel geführt [49].

Ebenso wie für Ellipsen und Hyperbeln findet sich auch hier der im vorigen Abschnitt angegebene und benutzte Ausdruck für den zum Durchmesser $EM$ gehörenden Parameter $p'$. Statt diesen abzuleiten wollen wir die gefundene Gleichung $\triangle HMS = (DS)$ benutzen um eine von Archimedes benutzte Relation zwischen $p'$ und dem zu dem Durchmsser $BK$, der der Einfachheit wegen die Axe sein möge, gehörenden Parameter $p$ zu entwickeln. Setzen wir $ES = x'$ und $SH = y'$, so lässt sich die angeführte Gleichung folgendermafsen schreiben:

$$y'^2 = \frac{2SH^2}{SM.MH} . EZ . x';$$

hieraus erhält man durch Benutzung ähnlicher Dreiecke und dadurch, dafs $DZ = 2BZ$,

$$p' = 2\frac{SH^2}{SM.MH} . EZ = \frac{SH^2}{MH^2} . 2 . \frac{MH}{SM} . EZ$$

$$= \frac{SH^2}{MH^2} \cdot \frac{EZ^2}{BZ} = \frac{SH^2}{MH^2} \cdot p,$$

oder
$$\frac{p'}{p} = \frac{SH^2}{MH^2}.$$

Archimedes sagt in dem Buche über Konoide und Sphäroide [3], dafs dies Resultat in Schriften über die Kegelschnitte bewiesen sei. Er wendet es demnächst an um zu beweisen, dafs in derselben Parabel solche einbeschriebene Dreiecke $EHH'$, deren Spitze $E$ auf dem zur Grundlinie $HH'$ ($= 2HS$ in Fig. 21) gehörenden Durchmesser liegt, gleich grofs sind, wenn die vom Durchmesser abgeschnittenen Stücke $ES$ ($= x'$) es sind. Der Beweis läfst sich folgendermafsen etwas frei wiedergeben:

$$\triangle EHH' = x'y' \cdot \frac{MH}{SH} = x'y' \sqrt{\frac{p}{p'}} = x' \sqrt{\frac{p y'^2}{p'}} = x' \sqrt{p x'};$$

der letzte Ausdruck enthält nur $x'$ und $p$.

In den beiden eben angeführten Sätzen des dritten Buchs [2 und 3] ist die Parabel, welche übrigens besondere Figuren erhält, unmittelbar in Apollonius' Beweisführung miteinbegriffen, und er spricht die Sätze über Kegelschnitte im allgemeinen aus.

---

# Fünfter Abschnitt.

## Apollonius' zweites Buch.

Durch unser ausführliches Verweilen bei dem ersten Buch von Apollonius' Kegelschnitten haben wir viel für das Verständnis dieses Hauptwerkes und damit für das Verständnis der ganzen antiken Lehre von den Kegelschnitten gewonnen. Nicht nur enthält das erste Buch, wie zu erwarten war, eine Grundlage, auf der im Folgenden weiter gebaut wird, sondern die Untersuchungen des ersten Buchs haben um ihr Ziel zu erreichen sich so weit ausdehnen müssen, dafs die Hauptschwierigkeiten bei der Einführung besonderer Theorien, wie der der konjugierten Durchmesser, bereits hier überwunden sind, und dafs sich reichlich Gelegenheit geboten hat die Hülfsmittel kennen zu lernen, welche es teils den Vorgängern des Apollonius, teils ihm selbst möglich gemacht haben die grofsen Resultate zu erreichen, welche wir nach und nach kennen lernen werden.

Das werden wir nun zunächst bestätigt sehen durch Betrachtung des zweiten und dritten Buchs, welche, wie teilweise auch das vierte, nichts als eine — wie Apollonius sagt — „vollständigere und allgemeinere“ Darstellung früher bekannter Dinge enthalten. Das zweite Buch enthält nämlich zum grofsen Teil solche Sätze und Aufgaben über konjugierte Durchmesser, welche keine eigentlichen Schwierigkeiten verursachen konnten, sobald die Hauptsätze des ersten Buchs einmal gefunden waren, und das dritte Buch enthält, aufser einem elementar-geometrischen Anhang über Brennpunkte, einige Sätze (unter diesen das schon bei Archimedes erwähnte sogenannte „Newtonsche Theorem") von so allgemeiner Natur, dafs man schwer würde begreifen können, wie dieselben ohne die Hülfsmittel der Gegenwart erreicht werden konnten, wenn uns nicht das Studium der Koordinatenmethode der Alten und im besonderen das des Apollonischen Flächensatzes schon gezeigt hätte, dafs auch die Alten Mittel zur Ableitung solcher allgemeinen Sätze besafsen, welche nicht an einzelne bestimmte Linien in der Ebene des Kegelschnittes gebunden sind.

Im zweiten Buch ist die Lehre von den konjugierten Durchmessern mit der Lehre von den Asymptoten und konjugierten Hyperbeln verbunden. Wir müssen also vor allem die Hauptsätze betrachten, auf welche sich die Einführung und Wichtigkeit dieser Begriffe, von denen der letzte bereits am Schlusse des ersten Buchs definiert ist, gründet.

Die Asymptoten einer Hyperbel werden zuerst im Verhältnis zu einem beliebigen Durchmesser $AC$ (Fig. 22) als vom Mittelpunkt ausgehende Linien bestimmt, welche auf der Tangente im Endpunkte $C$ des Durchmessers zu beiden Seiten dieses Punktes die Stücke $BC = CD = \frac{b}{2}$ abschneiden, wo wir mit $b$ die im ersten Buch definierte Länge $(\sqrt{p.a})$ des der $BD$ parallelen Durchmessers bezeichnen. Es wird gezeigt [2tes Buch 1], dafs die so bestimmten Linien $AB$ und $AD$ die Kurve nicht schneiden können, und demnächst [in 2], dafs sich durch den Mittelpunkt $A$ keine geraden Linien legen lassen, welche näher an die Hyperbel fallen ohne sie zu schneiden. Da die Asymptoten hierdurch auf eine vom Durchmesser $AC$ unabhängige Weise vollkommen bestimmt worden sind, nämlich als die durch den Mittelpunkt gezogenen Linien, welche der Hyperbel am nächsten liegen ohne sie zu schneiden, so erhält man dieselben Asymptoten, einerlei von welchem Durchmesser $AC$ man auch ausgehen mag; die Asymptoten müssen also [Satz 3] dieselben Eigenschaften mit

Beziehung auf ein beliebiges Paar konjugierter Durchmesser haben, welche sie mit Beziehung auf diejenigen hatten, mit deren Hülfe sie zuerst bestimmt wurden [in 1].

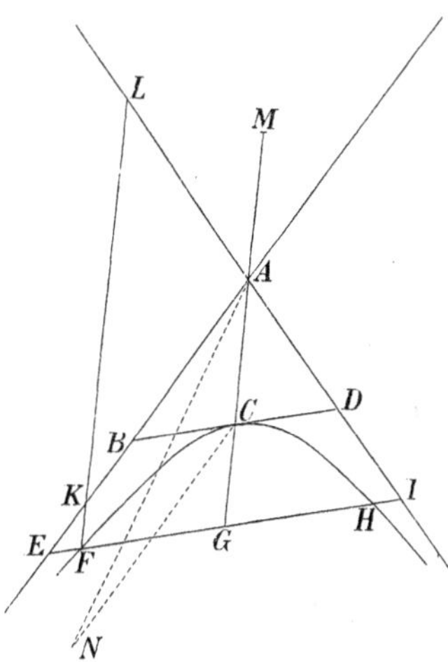


Fig. 22.

Die Beweise für die beiden Sätze [1 und 2] stimmen trotz ihrer geometrischen Form genau mit den analytisch-geometrischen Beweisen überein, die sich dadurch führen lassen, daſs man die Hyperbel auf $AC$ als Abscissenaxe durch Ordinaten bezieht, welche der Tangente in $C$ parallel sind. Für die Wiedergabe des ersten Beweises läſst sich die Mittelpunktsgleichung benutzen, der man die Form

$$y^2 = \frac{b^2}{a^2}x^2 - \left(\frac{b}{2}\right)^2 \qquad (1)$$

geben kann; diese widerspricht der Gleichung, welche man durch die Annahme erhalten würde, daſs ein Punkt einer der Asymptoten

$$y^2 = \frac{b^2}{a^2}x^2 \qquad (2)$$

dieselben Koordinaten haben solle wie ein Punkt der Kurve [1]). In dem Beweise [in 2] dafür, daſs keine Linie durch $A$ näher an die Kurve ohne sie zu schneiden herankommen kann als die Asymptoten, wird angenommen, daſs es eine solche Linie $AN$ gebe, welche in denselben Winkel zwischen den Asymptoten

---

[1]) Der Beweis ist allerdings etwas künstlicher als in dieser algebraischen Form, da die angewandte Gleichung eigentlich

$$y^2 = \frac{p}{a}x'x''\left(= \frac{b^2}{a^2}x'x''\right)$$

ist, worin $x'$ und $x''$ die Abscissen, von den beiden Endpunkten des Durchmessers an gerechnet, bedeuten. $x$ ist dann $\frac{x'+x''}{2}$, und man kann nicht $x^2 = x'x''$ haben, da $x'' \gtrless x'$.

fällt wie die Kurve. Diese Linie mufs (Fig. 22) auf einer durch den Endpunkt $C$ des Durchmessers zu der einen Asymptote gezogenen Parallelen ein Stück $CN$ abschneiden, welches auf dieselbe Seite der Tangente in $C$ fällt wie die Kurve. Nun kann $CN$ die Kurve in keinen anderen Punkten als in $C$ schneiden, was daraus folgt, dafs die Gleichungen $y^2 = px + \frac{p}{a} x^2$ für die Kurve und $y^2 = \frac{p}{a} x^2$ für Parallelen zu den Asymptoten nicht gleichzeitig bestehen können für $x > 0$. Dann aber mufs die Linie $AN$ die Kurve schneiden.

Nun hat man unmittelbar die Bestimmung einer Hyperbel durch ihre Asymptoten und einen Punkt [4], und den Satz, dafs die Stücke $EF$ und $HI$, welche zwischen den Asymptoten und der Kurve abgeschnitten werden, gleich grofs sind [8]. Durch Subtraktion der Gleichung (1) für die Kurve von der Gleichung (2) für die Asymptoten erhält man ferner, dafs $(y' - y)(y' + y) = \left(\frac{b}{2}\right)^2$, worin $y$ und $y'$ die zu derselben Abscisse gehörigen Ordinaten sind, oder dafs (Fig. 22) das Rechteck $EF.FI$ aus den Stücken, welche zwischen den Asymptoten und einem Kurvenpunkt auf geraden Linien abgeschnitten werden, welche derselben Tangente parallel sind, konstant ist [10]. Hieraus wird wiederum [in 11] mittels ähnlicher Dreiecke abgeleitet, dafs dasselbe mit dem Rechteck $FK.FL$ aus solchen Stücken der Fall ist, welche auf dieselbe Weise auf einer Reihe von Parallelen abgeschnitten werden, die nicht einer Tangente parallel sind. Aus Fig. 22 ergiebt sich nämlich:

$$\frac{FK.FL}{EF.FI} = \frac{CA^2}{BC^2} = \frac{a^2}{b^2}.$$

Ebenso entsteht [in 12] der mit unserer gewöhnlichen Form der Asymptotengleichung genauer übereinstimmende Satz, dafs ein Parallelogramm, welches von den Asymptoten und zwei durch einen beweglichen Kurvenpunkt zu denselben gezogenen Parallelen begrenzt wird, konstanten Inhalt hat, als eine einfache Umformung von Satz 10[1]), und aus den auf solche Weise

[1]) Der Beweis hätte sich auch auf Satz 8 stützen lassen. Die Asymp-

gewonnenen Mitteln ergiebt sich leicht, sowohl daſs Parallelen zu einer Asymptote nur einen Schnittpunkt mit der Kurve haben [13], als auch die unbegrenzte Annäherung der Asymptoten an die Kurve [14]. Ebenso geringe Schwierigkeit verursacht es zu beweisen, daſs die beiden Äste einer Hyperbel dieselben Asymptoten haben [15], und zu finden, welche geraden Linien beide Äste schneiden.

Konjugierte Hyperbeln sind, wie schon bemerkt, bereits im letzten Satze [54] des ersten Buchs definiert, und zwar als zwei solche vollständige Hyperbeln, welche ein Paar sowohl der Lage als der Gröſse nach bestimmter konjugierter Durchmesser gemeinsam haben, so daſs der erste (d. h. schneidende) Durchmesser der einen der zweite Durchmesser der anderen ist und umgekehrt. Diese Definition, welche sich an ein einzelnes Paar konjugierter Durchmesser anschlieſst, erhält indessen erst wirklichen Wert dadurch, daſs die beiden Hyperbeln dieselben Eigenschaften mit Beziehung auf ein beliebiges Paar konjugierter Durchmesser haben. Das wird im 2ten Buch Satz 20 durch Anwendung der im ersten Buch gegebenen Bestimmung von Tangenten gezeigt, über welche wir am Schlusse des dritten Abschnittes berichtet haben.

In diesem Satz wird nämlich zuerst gezeigt, daſs, wenn (Fig. 23) zwei konjugierte Hyperbeln durch die konjugierten Halbmesser $OA$ $(=\frac{1}{2}a)$ und $OB$ $(=\frac{1}{2}b)$ bestimmt sind, der Durchmesser $OQ$, welcher einer an die eine Hyperbel gezogenen Tangente $PM$ parallel ist, die andere in einem Punkte $Q$ treffen muſs, dessen Tangente $QN$ dem Durchmesser $OP$ parallel ist. Man hat nämlich, wenn $RP$ und $SQ$ die Ordinaten von $P$ und $Q$ sind, welche je zu einem der gegebenen Durchmesser gehören (nach Gleichung III im dritten Abschnitt):

$$\frac{PR^2}{OR \,.\, MR} = \frac{b^2}{a^2} = \frac{OS \,.\, NS}{SQ^2}.$$

Da nun $PM$ parallel $QO$, so ist

totengleichung ist übrigens in Wirklichkeit nur ein specieller Fall des im vorigen Abschnitt erwähnten Flächensatzes.

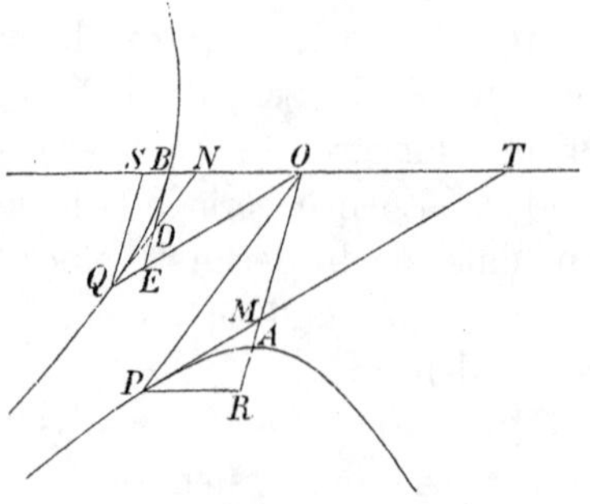


Fig. 23.

$$\frac{PR}{MR} = \frac{OS}{QS},$$

woraus

$$\frac{PR}{OR} = \frac{NS}{QS},$$

und hieraus ergiebt sich, dafs $OP$ parallel $QN$.

Daraus folgt, dafs jedes Paar konjugierter Durchmesser der einen Hyperbel der Lage nach mit einem Paar konjugierter Durchmesser der anderen Hyperbel zusammenfällt.

Was demnächst die Länge der Durchmesser betrifft, so ist zu beweisen, dafs der Halbmesser $\frac{c}{2}$ der Kurve $BQ$, welcher dem Halbmesser $OQ$ $\left(= \frac{d}{2}\right)$ konjugiert ist, gleich $OP$ ist. Nennt man den zum Durchmesser $d$ gehörenden Parameter $p$, so ist $c^2 = p \, . \, d$; aber nach Satz 50 des ersten Buchs (vergl. unseren dritten Abschnitt, Fig. 14) wird $p$ bestimmt durch $2 \, . \, \frac{QD}{QE} \, . \, QN$. Man erhält also:

$$c^2 = p \, . \, d = \frac{4 \, . \, QD \, . \, QN \, . \, QO}{QE}.$$

Dafs diese Gröfse gleich $4\,OP^2$ ist, erhält man auf folgende Weise. Aus dem 1sten Buch (vergl. unseren dritten Abschnitt, I b) folgt:

$$OB^2 = \left(\frac{b}{2}\right)^2 = OT \, . \, PR,$$

folglich
$$\frac{OB^2}{OT^2} = \frac{PR}{OT},$$
woraus folgt, dafs
$$\frac{\triangle OBE}{\triangle TOM} = \frac{\triangle OPM}{\triangle TOM},$$
oder dafs $\triangle OBE = \triangle OPM$. Da nun zugleich im ersten Buch (specieller Fall des Flächensatzes) gezeigt ist, dafs $\triangle ONQ = \triangle OBE$, so ist $\triangle ONQ = \triangle OPM$, und da in diesen $\angle NQO = \angle OPM$, so erhält man
$$QN.QO = PO.PM.$$
Durch Einsetzen in den Ausdruck für $c^2$ und durch Betrachtung der Figur ergiebt sich
$$c^2 = \frac{4QD.PO.PM}{QE} = 4PO^2.$$
Mithin ist der Satz bewiesen.

Hierdurch und durch die im ersten Buch gegebene Grundlage ist Apollonius so weit gelangt, dafs das Übrige aus der Lehre von den Durchmessern und Asymptoten eines Kegelschnittes oder zweier konjugierter Hyperbeln keine Schwierigkeit mehr darbieten kann. Es liegt deshalb kein Grund vor in den genaueren Zusammenhang zwischen den übrigen Beweisen oder Lösungen von Aufgaben weiter einzugehen, welche den Rest des zweiten Buchs ausmachen, und welche zum grofsen Teil nur eine weitläufigere Darstellung desjenigen geben, was sich hierüber in modernen Lehrbüchern findet. Nur einzelne Züge, welche etwas gröfseres Interesse darbieten, wollen wir anführen.

In Satz 23 wird gezeigt, dafs das Produkt der Stücke, welche auf einer Reihe von Parallelen zwischen ihren beiden Schnittpunkten mit einer Hyperbel und ihrem einen Schnittpunkt mit der konjugierten Hyperbel abgeschnitten werden, konstant und doppelt so grofs wie dasjenige ist, das man durch Vertauschung der ersten Hyperbel mit den Asymptoten [vergl. 10 und 11], welche beiden Hyperbeln gemeinsam sind, erhalten würde [17]. In 29 wird gezeigt, dafs die Tangenten in den Endpunkten einer Sehne sich auf deren Durchmesser schneiden.

Von Satz 44 an löst Apollonius Aufgaben, welche vollständig gezeichnete Kegelschnitte betreffen, und diese werden, wenigstens teilweise, bei den Konstruktionen selbst benutzt. Im Gegensatz zu dem, was er bei den schwierigeren Aufgaben that, die er am Schlusse des ersten Buchs zu lösen hatte, hält er es hier nicht für überflüssig vor der synthetischen Darstellung der Lösung die Analysis mitzuteilen, welche zu derselben führt, indem er damit beginnt sich die Aufgabe gelöst zu denken. Da dann der Beweis für die Lösung kurz wird und sich im wesentlichen an die im voraus gegebene Analysis anschliefst, so dient er nur dazu dasselbe darzuthun, was schon die Analysis gegeben hatte, nämlich, dafs die Aufgabe auf diese oder jene Weise gelöst werden mufs, wenn sie sich überhaupt lösen läfst. An dieser Stelle ist es auch vollkommen berechtigt, sich hiermit zu begnügen, da schon im voraus gezeigt ist, dafs die gestellten Aufgaben Auflösungen haben. Wenn z. B. Apollonius, nachdem er [in 44 und 45] Durchmesser und Mittelpunkt bestimmt hat, [in 47] die Axen einer Ellipse oder Hyperbel durch einen koncentrischen Kreis bestimmt, der durch einen Punkt der Kurve geht, so beruht seine Begründung der Thatsache, dafs dieser Kreis mehrere Schnittpunkte mit der Kurve hat, darauf, dafs, wie er in seiner Analysis als bekannt vorausgesetzt hat, Axen existieren. Der Beweis für die Existenz der Axen kommt eben, wie wir früher gesehen haben, als Glied in den Beweisen für die Auflösungen [53 und 54 des ersten Buchs] der Aufgabe vor, einen Kegelschnitt mit gegebenem Durchmesser und gegebenem zugehörigen Sehnensystem und Parameter auf einen Umdrehungskegel zu legen; denn hier fing er damit an, die eine Axe und den zugehörigen Parameter solcher Kurven zu bestimmen. Es würde also in Apollonius' Entwicklung eine Lücke sein[1]), wenn man die Auffassung des Gedankenganges im ersten Buche, die wir vertreten haben, verwerfen und be-

---

[1]) Darauf hat auch Housel aufmerksam gemacht; aber nach seiner Auffassung (Liouville, 2. Reihe, III, S. 163) wird diese Lücke erst im 7ten Buche ausgefüllt; dadurch würden aber alle vorhergehenden Bücher auf einer loseren Grundlage ruhen, als wir sonst bei Apollonius gewohnt sind.

behaupten wollte, dafs er erst hier im zweiten Buche zu den Axen der Kegelschnitte käme.

Dagegen jedoch läfst sich nichts einwenden, dafs Apollonius erst hier im zweiten Buche [in 48] beweist, dafs eine Ellipse oder Hyperbel nicht mehr als éin Paar Axen haben könne, selbst wenn sich ein solcher Beweis auch recht wohl an die Bestimmung der Axen im ersten Buch hätte anschliefsen lassen. Sein Beweis stützt sich darauf, dafs der Hülfskreis die Kurve nicht in mehr Punkten schneiden kann als in dem gegebenen und in den zu diesem mit Beziehung auf das schon bestimmte Axenpaar symmetrisch liegenden, und das leitet er ab aus den — geometrisch dargestellten — Gleichungen der Kurve und des Kreises, die auf dieses Axenpaar bezogen sind. Für die Parabel schliefst Apollonius einen Beweis dafür, dafs sie nur éine Axe habe, unmittelbar an die Bestimmung dieser [in 46] an. In diesen Beweisen hat man ein Beispiel für die Unrichtigkeit der im ersten Abschnitt erwähnten, gegen die griechischen Mathematiker erhobenen Beschuldigung, dafs sie garnicht darauf bedacht waren die Lösungen einer Aufgabe alle zu erhalten.

Dafs Apollonius indessen nicht überall Veranlassung nimmt die Anzahl der Lösungen zu untersuchen, zeigt sich gleich durch die dann folgende Bestimmung [in 49—53] einer solchen Tangente an einen vollständig gegebenen Kegelschnitt, die durch einen gegebenen Punkt geht, oder mit der Axe oder dem an den Berührungspunkt gezogenen Durchmesser einen gegebenen Winkel bildet. Der Grund für diese Unterlassung kann sehr wohl der sein, dafs die Bestimmung dieser Anzahl durch die Analysis, welche zur Lösung der Aufgabe führt, so unmittelbar in die Augen fällt, dafs es nicht nötig ist dieselbe zu nennen. Hierauf dürfte wohl eine einzelne Ausnahme deuten: Apollonius nennt und zeichnet beide Tangenten an eine Hyperbel, d. h. einen Hyperbelast, von einem Punkte, der in demselben Winkel zwischen den Asymptoten liegt wie die Kurve. Dafs es zwei solche giebt, ist nämlich weniger in die Augen fallend, als dafs sich z. B. zwei Tangenten an eine Ellipse oder Parabel von einem aufserhalb liegenden Punkte ziehen lassen, was er nicht anführt.

Die Bedingung für die Möglichkeit der Lösung wird an der einzigen Stelle angegeben, wo eine solche nicht unmittelbar in die Augen springt, nämlich für die Bestimmung einer Tangente an eine Ellipse, welche mit dem Durchmesser durch den Berührungspunkt einen gegebenen Winkel bildet. Apollonius schliefst diese Bedingung nicht, wie wohl in der Regel moderne Schriftsteller thun würden, an eine Diskussion der Lösung der Aufgabe an, sondern er giebt dieselbe — ebenso wie z. B. Euklid die früher erwähnte Bedingung für die Möglichkeit der Auflösung quadratischer Gleichungen — in Satz 52 vor der in 53 gegebenen Lösung der Aufgabe. Sein Beweis für die Bedingung der Möglichkeit hängt indessen so eng mit der Lösung zusammen, dafs diese Abweichung von moderner Darstellungsweise ohne jede sachliche Bedeutung ist.

Da wir schon im Vorhergehenden die Sätze über Durchmesser und deren Sehnen, die bei der Lösung der hier angeführten Aufgaben benutzt werden, erwähnt haben, so liegt kein Grund vor bei anderen von diesen Lösungen zu verweilen als bei der letzten, etwas schwierigeren Aufgabe, eine Tangente zu konstruieren, welche einen gegebenen Winkel mit dem Durchmesser durch den Berührungspunkt bildet; dieselbe wird im wesentlichen ohne Benutzung der gezeichneten Kurve gelöst. Hierbei wird die Methode benutzt eine Figur zu konstruieren, welche der gesuchten ähnlich ist. Aus dem gegebenen Winkel $OPN$ (Fig. 24 a, wo die Linie $ON$ eine Axe ist) und dem durch die Gleichung der Kurve gegebenen Verhältnis $\frac{MP^2}{OM \,.\, MN} = \frac{p}{a}$

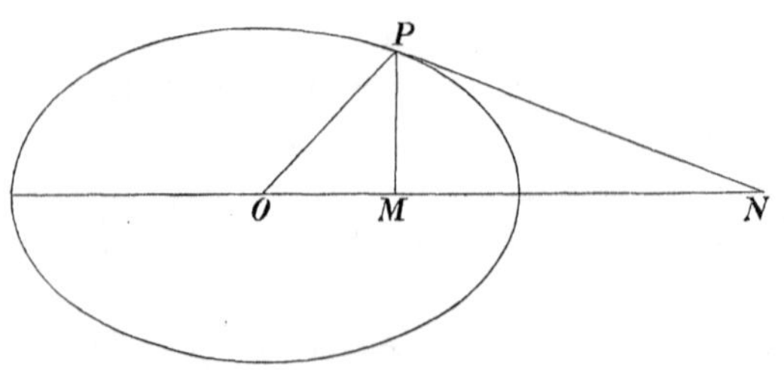

Fig. 24 a.

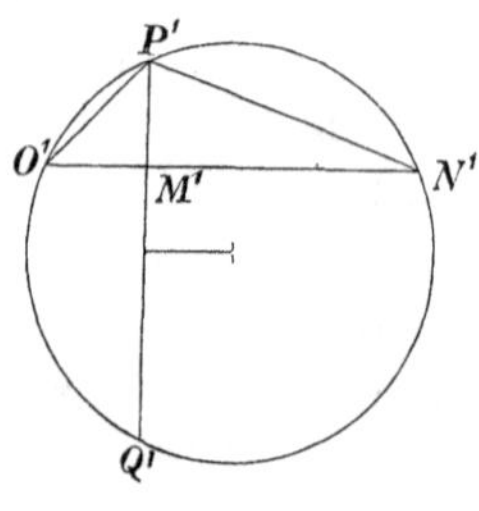

Fig. 24 b.

erhält man nämlich auf folgende Weise (Fig. 24 b) eine Figur $O'P'M'N'$, welche $OPMN$ ähnlich ist. In einen beliebigen Kreis wird die Sehne $O'N'$ so eingetragen, dafs die Peripheriewinkel über dieser (in dem einen Segment) die gegebene Gröfse besitzen, welche $\angle OPN$ haben soll. Es kommt dann nur darauf an, senkrecht zur Sehne $O'N'$ die Sehne $P'Q'$ so zu ziehen, dafs

$$\frac{p}{a} = \frac{P'M'^2}{O'M'.M'N'} = \frac{P'M'}{M'Q'}.$$

Das letzte Verhältnis erhält also einen gegebenen Wert, und da der Abstand des Punktes $M'$ von der Mitte der Sehne $P'Q'$ bekannt ist, so wird $P'M'$ auch bekannt, und $P'$ läfst sich durch eine Parallele zur $O'N'$ bestimmen.

---

## Sechster Abschnitt.

### Apollonius' drittes Buch, 1—40, 44 und 53—56.

In seiner allgemeinen Vorrede vor dem ersten Buch[1]) sagt Apollonius über das dritte Buch, dafs es manche merkwürdige Theoreme enthalte, welche nützlich seien für „die Bestimmung und den Diorismus körperlicher Örter“ (τόποι στερεοί), und unter diesen körperlichen Örtern, d. h. geometrischen Örtern, welche Kegelschnitte sind, nennt er besonders „den Ort zu 3 oder 4 Geraden“, der, wie er sagt, bis dahin keine vollständige Behandlung gefunden habe und auch nicht ohne das, was in diesem Buch gegeben werde, vollständig behandelt werden könne.

Da uns durch die angedeuteten Anwendungen, mit denen wir uns in den folgenden Abschnitten beschäftigen werden, ein weiterer Ausblick über den Inhalt des dritten Buches hinaus eröffnet wird, so erhält dieses eine erhöhte Bedeutung als Hauptquelle für die Kenntnis der weitergehenden und nicht

[1]) Vergl. Anhang 1.

unmittelbar überlieferten Untersuchungen der Griechen. Aber auch die Sätze selbst, welche wir in dem Buche ausdrücklich aufgestellt finden, verdienen unser Interesse im höchsten Grade durch die Allgemeinheit, zu der sie sich erheben; denn zum gröfsten Teile schliefsen sie sich nicht mehr, wie die im ersten und zweiten Abschnitt, an solche besonderen Linien wie Durchmesser und Asymptoten an, sondern sie nehmen im Gegenteil dieselbe Natur an, wie die, welche sich in der analytischen Geometrie an die Darstellung durch die allgemeine Gleichung zweiten Grades anschliefsen, oder wie die, welche der planimetrischen Behandlung der Kegelschnitte in der modernen projektivischen Geometrie zu Grunde liegen. Das gilt besonders von den Satzgruppen des Buches, auf die wir in diesem Abschnitt genauer eingehen wollen, und an die sich die von Apollonius hervorgehobenen Anwendungen geknüpft haben müssen.

Die in unserem vierten Abschnitt besprochenen Umformungen und Erweiterungen des Flächensatzes finden sich in Satz 1—15 des 3ten Buchs. Dafs hierfür so viele Sätze notwendig sind, wird dadurch begreiflich, dafs nicht nur der Hauptsatz, sondern auch seine schon genannten Umformungen zu der Form erweitert werden müssen, welche sie annehmen, wenn die verschiedenen darin vorkommenden Punkte auf verschiedenen Hyperbelästen liegen, oder wenn die in ihnen benutzten Richtungen von Geraden nicht den Tangenten an die Kurve selbst, sondern nur den Tangenten an die konjugierte Hyperbel parallel sind. Eine eigentliche Vollständigkeit auch der Form nach wird übrigens nur hinsichtlich des Flächensatzes selbst erreicht; aber seine Umformungen geschehen, wie wir gesehen haben, so unmittelbar, dafs sie auch in solchen Fällen zur Verfügung stehen, wo ihre Richtigkeit nicht besonders nachgewiesen wird, ja Apollonius benutzt sogar selbst in einem späteren Beweise [für 23] eine zum ersten Male in 3 dargestellte Umformung in einem Falle, wo er die Richtigkeit derselben nicht ausdrücklich nachgewiesen hat. Das einzige, was ein moderner Leser in Betreff des Hauptsatzes selbst vermifst, ist ein derartig zusammenfassendes Aussprechen des einzelnen allgemeinen Satzes, wie wir es im vierten Abschnitt gegeben haben, wenn der Beweis desselben auch immerhin in den verschiedenen Fällen etwas verschieden lauten müfste. Dafs Apollonius indessen trotz der Zerstückelung die Einheit im Auge gehabt habe, geht teils daraus hervor, dafs er Sätze und Beweise so gleichartig ausdrückt, wie die Umstände es zulassen, teils daraus, dafs er hinsichtlich des Hauptsatzes alle Fälle berücksichtigt. Dasselbe gilt — bis auf eine unwesentliche Ausnahme — von den folgenden, gleichfalls zerstückelten, allgemeinen Hauptsätzen, welche nunmehr aus dem Flächensatze abgeleitet werden.

Der erste von diesen ist das sogenannte Newtonsche Theorem, oder, wie wir es im zweiten Abschnitt (S. 53) genannt haben, der Potenzsatz. Wir sahen, dafs schon Archimedes diesen in dem Umfange als bekannt voraussetzen konnte, den derselbe annehmen kann, wenn man nicht mehr als éinen Hyperbelast betrachtet. Apollonius beweist denselben, dehnt seine Gültigkeit auch auf zwei zusammengehörige Hyperbeläste aus, und behandelt specielle Fälle. Der Satz sagt aus, dafs, wenn man (Fig. 25) durch einen beliebigen Punkt $Z$ der Ebene Geraden in gegebenen Richtungen zieht, von denen ein Kegelschnitt die Sehnen $EK$ und $DT$ abschneidet, das Verhältnis $\frac{ZD \cdot ZT}{ZE \cdot ZK}$ konstant ist. Derselbe wird in 16—23 entwickelt.

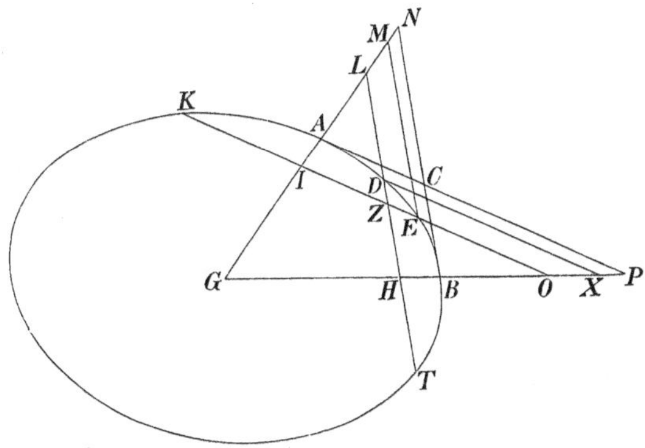


Fig. 25.

Indem wir zuerst, wie es von Apollonius in 17 und bei unserer Figur, welche die gebrauchten Bezeichnungen erläutert, geschieht, voraussetzen, dafs sich Tangenten an die Kurve in den gegebenen Richtungen ziehen lassen, welches zutrifft, wenn die Sehnen nicht beide Hyperbeläste schneiden, so läfst sich der Beweis mit unseren Bezeichnungen folgendermafsen schreiben:

$$\frac{KZ.ZE}{CA^2} = \frac{IE^2 - IZ^2}{CA^2} = \frac{\triangle IEM - \triangle IZL}{\triangle ACN} = \frac{ZEML}{\triangle ACN},$$

und ebenso ist

$$\frac{TZ.ZD}{CB^2} = \frac{ZDXO}{\triangle BCP}.$$

Nun erhält man, wenn man den Flächensatz[1]) auf die Punkte $E$ und $D$ anwendet,

$$ZEML \; (= GOEM - GOZL = GXDL - GOZL) \\ = ZOXD,$$

und wenn man denselben auf $A$ und $B$ anwendet,

$$\triangle ACN \; (= \triangle GBN - GBCA = \triangle GPA - GBCA) \\ = \triangle BPC.$$

Der Satz ist also für diesen Fall bewiesen, da das in demselben erwähnte Verhältnis dem Verhältnis zwischen den Quadraten der den Sekanten parallelen Tangenten, diese von ihrem Schnittpunkt bis an die Berührungspunkte gerechnet, gleich wird. Ist weder die eine noch die andere Sekantenrichtung einer Tangente parallel, so sieht man ganz auf dieselbe Weise [in 23], dafs das Verhältnis dem zwischen den Quadraten der an die konjugierte Hyperbel gezogenen Tangenten gleich ist. Ist endlich die eine Sekante einer Tangente parallel, die andere nicht, so wird das Verhältnis ausgedrückt durch dasjenige zwischen dem Quadrate dieser Tangente, dieselbe vom Berührungspunkte

---

[1]) Apollonius wendet denselben nicht unmittelbar an, sondern zuerst die im 3ten Buch [3] und dann die im 3ten Buch [1] (vergl. d. Anm. S. 94) enthaltene Umformung. Um indessen nicht voraussetzen zu müssen, dafs der Leser diese Umformungen seinem Gedächtnisse eingeprägt habe, führe ich die Anwendungen (durch die in Klammern angegebenen Operationen) auf den Hauptsatz zurück.

bis zum Schnittpunkte mit dem Durchmesser gerechnet, der die auf der anderen Sekantenreihe abgeschnittenen Sehnen halbiert, und dem Quadrate der Hälfte von der Sehne in dieser Reihe, welche diesen Punkt zur Mitte hat. Der Beweis bleibt der Hauptsache nach unverändert [21].

Vor den allgemeinen Sätzen behandelt Apollonius [16, 18—20] einige der einfacheren Fälle, in denen die eine Sekante mit einer Tangente vertauscht wird. Dagegen findet er es für die Ellipse überflüssig den Fall besonders zu behandeln, wo die Sekanten einem Paar konjugierter Durchmesser parallel sind, obwohl sein allgemeiner Beweis hier nicht anwendbar ist; aber der Satz ist dann eine unmittelbare Folge der auf diese Durchmesser bezogenen Gleichung der Kurve. Wenn er trotzdem diesen Fall für die Hyperbel [in 22] behandelt, so beruht das vermutlich darauf, dafs die minder gewohnte Behandlung der beiden Hyperbeläste hier gröfsere Forderungen an seine Aufmerksamkeit stellte oder als etwas neues hervorgehoben werden sollte.

An die Anwendungen des Potenzsatzes auf die Fälle, wo die Sehnen konjugierten Durchmessern parallel sind, schliefsen sich noch einige Sätze [24—29][1]). Es mag wohl Interesse darbieten, in den meisten von diesen den Zusammenhang zwi-

---

[1]) Vielleicht ist es die Hinzufügung dieser Sätze, welche in Housel (Liouville, 2 Reihe III, S. 168) die wunderliche Vorstellung hervorgerufen hat, dafs Apollonius Newtons Theorem nur in dem Fall beweist, wo die Koordinatenrichtungen konjugiert sind. Wäre das der Fall gewesen, so würde die Entstehung des erwähnten Theorems, welches jetzt gerade durch seine grofse Allgemeinheit interessiert, keinen Anspruch auf sonderliche Beachtung haben. Eine spätere Äufserung zeigt, dafs Housel die Sätze, in denen Apollonius die umfassenderen Formen des Theorems aufstellt und beweist, als Hülfssätze für dessen Beweis der engeren Form auffafst, in der er das Resultat der Untersuchung erblickt. Wie unrichtig diese Auffassung ist, ergiebt sich unter anderem daraus, dafs eben diese engere Form sich als Grenzfall dem allgemeinen Beweise entzieht. Dafs die Alten dem allgemeinen Satz Gewicht beilegten, sieht man auch daraus, dafs derselbe von Archimedes in dem vollen Umfange benutzt ist, den derselbe annehmen konnte, so lange man nur einen Hyperbelast betrachtete.

schen konjugierten Hyperbeln ausführlicher behandelt zu sehen, als man jetzt zu thun pflegt, aber dieselben haben doch geringere Bedeutung und sind weniger vollständig als die übrigen Sätze und Satzgruppen des dritten Buchs. Daher liegt es nahe dieselben als Hülfssätze zu betrachten, welche bei der Bestimmung geometrischer Örter, wozu das Buch im ganzen nützlich sein soll, benutzt werden sollen. In dieser Vermutung bin ich bestärkt worden, während ich den Versuch machte, diesen Bestimmungen von Örtern nachspüren. Darüber werde ich im nächsten Abschnitt berichten, und da ich dort Gelegenheit finden werde die Sätze anzuführen, so übergehe ich dieselben an dieser Stelle.

Von viel gröfserer Bedeutung als diese letzteren sind diejenigen Sätze, welche in 30—40 wieder aus dem Flächensatze abgeleitet worden, und die sich in den beiden Hauptsätzen zusammenfassen lassen, welche in der modernen Theorie der Polaren Punkte der Polare eines äufseren oder inneren Punktes bestimmen. Die erste dieser beiden Bestimmungen ist in dem Satze enthalten, dafs, wenn man von einem Punkte eine Sekante und zwei Tangenten an einen Kegelschnitt zieht, die von der Sekante abgeschnittene Sehne durch den Punkt und den Durchschnittspunkt mit der Berührungssehne harmonisch geteilt wird.

Der allgemeine Beweis für diesen Satz, der bereits im ersten Buch für den Fall bewiesen ist, wo die Sekante ein Durchmesser ist, wird [in 37] auf folgende Weise geführt.

Es werden — wie in Fig. 26, wo der Umstand, dafs $CI$ eine Axe ist, unwesentlich ist — die durch den gegebenen Punkt $C$ und den einen Berührungspunkt $A$ gehenden Durchmesser $CI$ und $AI$ gezogen, und um den Flächensatz benutzen zu können werden durch die Endpunkte $D$ und Z der abgeschnittenen Sehne Linien in den diesen beiden Durchmessern konjugierten Richtungen gezogen, und diese Linien werden verlängert bis sie denjenigen der beiden Durchmesser schneiden, dem ihre Richtungen nicht konjugiert sind (die Linien $DN$ und $DP$, sowie $ZK$ und $ZR$). Aus der Figur ergiebt sich dann, dafs

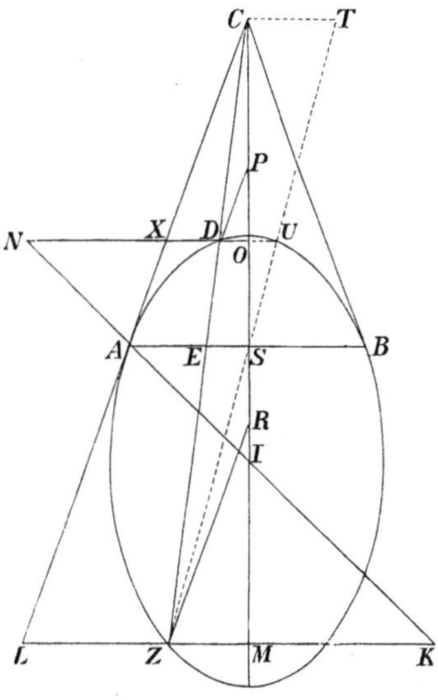


Fig. 26.

$$\frac{CZ^2}{CD^2} = \frac{\triangle CLM}{\triangle CXO} = \frac{\triangle RZM}{\triangle PDO} = \frac{CLZR}{CXDP}.$$

Wendet man nun den Flächensatz[1]) auf die Punkte $Z$ und $A$ an, so ist

$CLZR$ ($= CLKI - ZKIR = CLKI - AIC$) $= \triangle LKA$,

und auf dieselbe Weise erhält man

$$CXDP = \triangle XNA.$$

Folglich wird

$$\frac{CZ^2}{CD^2} = \frac{\triangle LKA}{\triangle XNA} = \frac{AL^2}{AX^2} = \frac{EZ^2}{ED^2}.$$

Der Satz ist also bewiesen.

Den zweiten Hauptsatz können wir leicht an dieselbe Fig. 26 anschliefsen, in der $S$ die Mitte der Sehne $AB$ bezeichnet und $CT$ parallel der $AB$ ist. Man erhält dann nämlich mittels des

[1]) Apollonius wendet diesen nicht unmittelbar an, sondern die im dritten Buch [2] enthaltene Umformung. An dieser Stelle sind die Citate in Halleys Ausgabe wider Gewohnheit nicht ganz genau.

bewiesenen Satzes, dafs $ZS$ durch den anderen Endpunkt $U$ der Sehne $DO$ geht, und dafs $S$ und $T$ die Sehne $ZU$ harmonisch teilen. Da $Z$ ein beliebiger Punkt der Kurve sein kann, so wird die Polare $CT$ des inneren Punktes $S$ durch dieselbe harmonische Eigenschaft charakterisiert wie die Polare des äufseren Punktes. Apollonius, der keinen der Ausdrücke „harmonisch“ oder „Polare“ benutzt, beweist diesen zweiten allgemeinen Hauptsatz in 38, wo man indessen statt der hier angedeuteten Anwendung des vorhergehenden Satzes 37 eine — auch nur angedeutete — Wiederholung des Beweises für diesen Satz findet.

Die übrigen Sätze derselben Gruppe [30—40] rühren teils davon her, dafs wie gewöhnlich besondere Rücksicht auf solche Fälle genommen wird, wo die Punkte auf verschiedenen Ästen derselben Hyperbel liegen, teils auch rühren sie von der besonderen Behandlung solcher Grenzfälle her, wo der eine der vier harmonischen Punkte sich bis ins Unendliche entfernt, und der ihm zugeordnete die Mitte zwischen den beiden letzten wird, oder wo der gegebene Punkt auf einer Asymptote liegt. Diese Grenzfälle liefsen sich nach griechischer Darstellungsweise der Form nach nicht in den allgemeinen Sätzen miteinbegreifen. Dafs Apollonius dennoch ihre Bedeutung als Grenzfälle von diesen vollkommen richtig aufgefafst hat, sieht man aus der Art und Weise, wie dieselben in dieser Satzgruppe angebracht werden.

Zur Theorie der Polaren gehört noch der Satz 44, welcher aussagt, dafs die Polare eines äufseren Punktes mit Beziehung auf eine Hyperbel zwei von den Linien parallel ist, welche die Schnittpunkte zwischen den vom Punkt aus gezogenen Tangenten und den Asymptoten mit einander verbinden. Dieser Satz ist von den übrigen Sätzen über Polaren getrennt, weil für seinen Beweis der erst in 43 bewiesene Satz benutzt wird, dafs eine bewegliche Tangente einer Hyperbel auf den Asymptoten Stücke abschneidet, welche, vom Mittelpunkt aus gerechnet, ein Rechteck von konstantem Inhalt bilden.

Der letzgenannte Satz gehört zu einer kleinen Satzgruppe 41—43, welche in keiner anderen als der hier angeführten Verbindung mit dem früheren Inhalt des Buches steht, die aber eine besondere Aufmerksamkeit verdient, da sie das giebt, was wir mit einem modernen Namen die Erzeugung der verschiedenen Kegelschnitte durch eine bewegte Gerade nennen können.

Da sich auf anderem Wege nachweisen läfst, dafs die Alten wirklich eine mit diesem Namen stimmende Anwendung von diesen Sätzen gemacht haben, während die übrigen Sätze des dritten Buchs es vorzugsweise mit den Kegelschnitten als Erzeugnissen von Punkten oder als Örtern für Punkte zu thun haben, so wollen wir die genauere Besprechung dieser kleinen Satzgruppe bis zu einem späteren (dem 15ten) Abschnitt verschieben, wo wir dieselbe mit ihren Anwendungen in Verbindung setzen können.

Ebenso wollen wir die nächste Satzgruppe 45—52, welche die einfachsten Eigenschaften der Brennpunkte der Ellipse und Hyperbel enthält, und die in keiner anderen Verbindung mit dem übrigen Inhalt des Buchs steht, als dafs sie auf dem von allen übrigen Sätzen des Buchs unabhängigen Satze 42 aufgebaut ist, in einem besonderen Abschnitt (dem 16ten) über die Brennpunkte der Kegelschnitte besprechen.

Ich habe den Eindruck empfangen, als ob diese beiden Satzgruppen zunächst nur deshalb ihren Platz im dritten Buch gefunden haben, weil sich kein anderer und passenderer Platz für sie darbot, indem dann die hier erwähnte Verbindung zwischen einem einzelnen Satze [43] und dem übrigen Inhalt des Buchs als Veranlassung benutzt ist auch die übrigen mitzunehmen. Zugleich scheint mir der Umstand, dafs, wie wir sehen werden, in diesen Gruppen in wenigen Sätzen ohne Umschweife die einfachsten und deshalb wichtigsten Eigenschaften mitgeteilt werden, darauf hinzudeuten, dafs hier nicht die Absicht ist etwas Neues geltend zu machen, sondern einige bekannte aber wichtige Eigenschaften der Kegelschnitte zusammenzustellen.

Dagegen mufs ich vorläufig den Versuch aufschieben zu erklären, weshalb die Satzgruppe 53—56 bis an den Schlufs des Buchs geschoben ist. Ihrem Inhalt nach schliefst dieselbe sich nämlich ganz an die ersten Satzgruppen des Buchs, den

Flächensatz, den Potenzsatz und die Sätze über Polaren an, indem sie die Kegelschnitte als geometrische Örter für die Durchschnittspunkte zwischen den sich entsprechenden Strahlen von zwei projektivischen Büscheln behandelt. Diese Grundlage für die Bestimmung der Kegelschnitte als geometrischer Örter in der modernen projektivischen Geometrie wird in der That in voller Allgemeinheit bewiesen, doch so, dafs die Projektivität der Büschel auf eine bestimmte Weise ausgedrückt wird, nämlich durch die einfache Relation, welche zwischen den Punktreihen stattfindet, die sie auf Linien bestimmen, welche durch jeden Scheitelpunkt der Büschel parallel zu der Tangente im anderen gezogen sind; aber diese bestimmte Art die Projektivität auszudrücken kann es allerdings mit sich gebracht haben, dafs die Anwendbarkeit viel geringer wurde als jetzt, wo man in den Worten: die Büschel sind projektivisch, alle die projektivischen Eigenschaften ausdrückt, welche die moderne Geometrie als bekannt voraussetzt.

Es seien $A$ und $C$ (Fig. 27) die festen Punkte, $AB$ und $CB$ die Tangenten in denselben und $CP$ und $AQ$ Parallelen zu diesen; ferner sei $M$ ein beweglicher Punkt des Kegelschnittes, welcher durch $AMP$ und $CMQ$ mit den festen Punkten verbunden wird. Dafs die von diesen Linien gebildeten Büschel, in denen die Tangenten der Linie $AC$ so entsprechen, dafs $P$ auf $C$ fällt, wenn $Q$ sich bis ins Unendliche entfernt, und $Q$ auf $A$ fällt, wenn $P$ sich bis ins Unendliche entfernt, projektivisch sind, läfst sich dann ausdrücken durch

$$CP \,.\, AQ = \text{constans}.$$

Diese Relation beweist Apollonius in 54 für den Fall, wo die Kurve eine Ellipse, eine Parabel oder ein einzelner Hyperbelast ist, in 55 für den, wo $A$ und $C$ jeder auf einen von zwei zusammengehörigen Hyperbelästen fallen, während $M$ sich auf einem derselben bewegt, und in 56 für den Fall, wo $A$ und $C$ auf dem einen Hyperbelast liegen, während $M$ sich auf dem anderen bewegt.

Der Hauptsache nach ist der Beweis folgender. Wenn man durch $M$ die Sehne $MN$ parallel $AC$ zieht und diese die

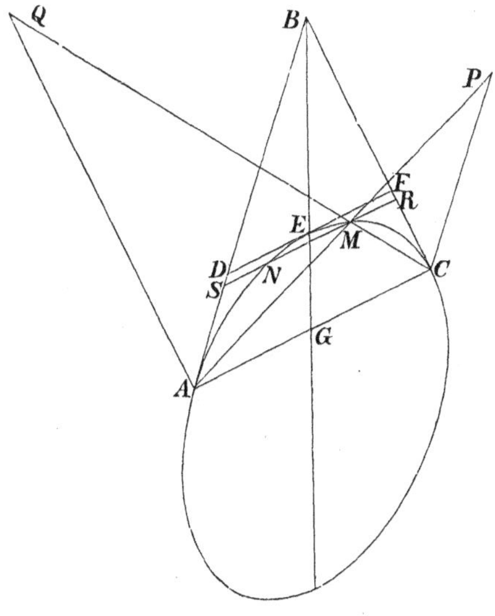


Fig. 27.

Tangenten in $S$ und $R$ schneidet, so wird $RN = MS$, weil der Schnittpunkt mit dem Durchmesser der parallelen Sehnen die gemeinsame Mitte für $SR$ und $MN$ ist. Das nach dem Potenzsatz konstante Verhältnis $\frac{RC^2}{RN \,.\, RM}$ läſst sich also, indem man zugleich die ähnlichen Dreiecke der Figur benutzt, folgendermaſsen umformen:

$$\frac{RC^2}{RN \,.\, RM} = \frac{RC^2}{MS \,.\, RM} = \frac{BC}{BA} \cdot \frac{SA}{MS} \cdot \frac{RC}{RM}$$
$$= \frac{BC}{BA} \cdot \frac{CP \,.\, AQ}{AC^2}.$$

Bezeichnet man den konstanten Wert dieses Ausdrucks mit $\varkappa$, so erhält man

$$CP \,.\, AQ = \frac{BA}{BC} \,.\, \varkappa \,.\, AC^2,$$

und der Satz ist dann bewiesen.

Der konstante Wert erhält einen mehr symmetrischen Ausdruck, wenn man den Wert einführt, der nach dem Potenzsatz $\varkappa$ zukommt. Dieser ist, wenn wie in Fig. 27 der Durchmesser $BG$ der Sehne $AC$ die Kurve in $E$ schneidet,

$$\varkappa = \frac{FC^2}{FE^2} = \frac{EG^2}{BE^2} \cdot \frac{BC^2}{GC^2} = \frac{EG^2}{BE^2} \cdot \frac{BC^2}{\frac{1}{4}AC^2},$$

wodurch man erhält:

$$CP.AQ = 4\frac{EG^2}{BE^2}.BA.BC.$$

Diesen Ausdruck — oder richtiger den darin einbegriffenen für $\frac{CP.AQ}{AC^2}$ — findet Apollonius in 54 und 56.

In 55 dagegen, wo $BG$ die Kurve nicht schneidet, zieht man durch $B$ eine Parallele zur Sehne $AC$, welche in diesem Falle die Kurve schneiden mufs, da $AC$ beide Äste schneidet. Ist $H$ der Schnittpunkt der Parallelen mit einem der Äste, so wird der Ausdruck für $\varkappa$, wie wir beim Potenzsatze bemerkt haben,

$$\varkappa = \frac{BC^2}{BH^2},$$

und dann erhält man

$$CP.AQ = \frac{AB.BC}{BH^2}.AC^2.$$

Apollonius' Entwicklung weicht aufser in der Form der Darstellung von der hier gegebenen eigentlich nur dadurch ab, dafs die hier benutzten Ausdrücke für $\varkappa$ gleich eingeführt werden.

In dem den allgemeinen Sätzen vorangehenden Satz 53 wird der einfache Fall besonders behandelt, wo die Sehne $AC$ ein Durchmesser, die Kurve eine Ellipse oder Hyperbel ist. In diesem Falle läfst sich der Beweis ohne Benutzung des Potenzsatzes allein mit Hülfe der Gleichungen für die Kurve durchführen.

Dieser Satz 53 ist, ebenso wie 42, einer von den wenigen, in denen gleich auf die aus zwei zusammengehörigen Hyperbelästen zusammengesetzte Kurve Rücksicht genommen wird, eine Rücksicht, die im übrigen so einfach ist, dafs sie nicht im Beweise erwähnt zu werden braucht, wo der bewegliche Punkt doch nur als einem Hyperbelast zur Zeit angehörig betrachtet wird. Für moderne Leser ist es viel eher auffallend, dafs gesagt wird, der Satz gelte aufser für zusammengehörige Hyperbeläste auch für eine einfache Hyperbel (d. h. einen Hyperbelast); aber man mufs bedenken, dafs man auch für einen solchen den Punkt eines Durchmessers, der in Wirklichkeit auf dem anderen Hyperbelast liegt, als einen Endpunkt bezeichnet, und was die Tangenten in den Endpunkten betrifft, so werden diese in diesem Satz und in 42 nur als in der Richtung der zum Durchmesser gehörenden Ordinaten gezogen bezeichnet. Die Sätze beginnen nämlich folgendermafsen: Wenn man in einer Hyperbel, einer Ellipse, einem Kreise oder in entgegengesetzten Schnitten (d. h. zusammengehörigen Hyperbelästen) von den Endpunkten eines Durchmessers Parallelen zu dessen Ordinaten zieht . . . .

---

## Siebenter Abschnitt.

### „Der Ort zu drei oder vier Geraden".

Wie wir gesehen haben, soll Apollonius' drittes Buch den Schlüssel zu der antiken Bestimmung[1]) „der Örter zu drei oder vier Geraden" enthalten, und man darf nicht unterlassen das Mittel, welches diese Mitteilung über die Absicht und Bedeutung der aufgestellten Sätze giebt, zu benutzen um ein tieferes Verständnis der Arbeit und der Betrachtungsarten, welche der griechischen Lehre von den Kegelschnitten ihre Entwicklung verliehen haben, und der Bedeutung der Resultate, welche dieselbe erreicht hat, zu gewinnen.

„Der Ort zu vier Geraden", von dem der Ort zu drei Geraden ein specieller Fall ist, ist[2]) der geometrische Ort

---

[1]) In der Vorrede wird eigentlich die Synthesis der Örter genannt, d. h. die synthetische Darstellung der Beschaffenheit der geometrischen Örter und ihrer genaueren Bestimmung durch die gegebenen Stücke; aber die Voraussetzung für diese Darstellung ist die Kenntnis der Bestimmung selbst — und diese ist es, welche uns interessiert.

[2]) Pappus, Ausgabe von Hultsch, S. 678; mitgeteilt in unserem Anhang 2.

für die Punkte, deren Abstände $x$, $y$, $z$, $u$ von vier geraden Linien der Gleichung

$$\frac{xz}{yu} = \text{constans}$$

genügen. (Von diesen Linien wollen wir $x = 0$ und $z = 0$ gegenüberliegende nennen, ebenso $y = 0$, $u = 0$).

Die Abstände werden nicht nur auf den auf die Geraden gefällten Senkrechten gemessen, sondern auch allgemeiner auf Schiefen, die in gegebenen Richtungen gezogen sind, was übrigens, wenn gleichzeitig die Konstante sich entsprechend verändert, keine andere Bestimmung des Ortes liefert.

Wir werden bald zeigen, welche Lösung dieser Aufgabe Apollonius wahrscheinlich kannte und — wie er sagt — durch die Verbesserungen der Theorie, welche er in seinem dritten Buche einführte, vervollständigte; aber zuerst wollen wir einigen falschen Auffassungen entgegentreten, die ebenso wie ein früher erwähntes Mifsverständnis ihren stärksten Ausdruck bei Descartes gefunden und sicherlich das Ihrige dazu beigetragen haben, dafs man sich auch später so wenig bemühte den Mitteln der Alten zur Bestimmung von Örtern nachzuspüren.

Aus Äufserungen in der Vorrede geht unzweifelhaft hervor, **dafs** Apollonius eine vollständige Lösung besafs. Da Apollonius, so weit mir bekannt, sich nirgendwo auf mathematischem Gebiete als unzuverlässig erweist, so verdient er volles Vertrauen, und zu seinen Worten stimmen auch die — dem Apollonius nicht freundlich gesinnten — Äufserungen des Pappus in der Einleitung zum 7ten Buch[1]). Er sagt nämlich in vollkommenster Übereinstimmung mit Apollonius' eigenen Äufserungen, dafs dieser selbst die Aufgaben allein durch die Sätze, die zu Euklids Zeit bekannt waren, nicht vollständig hätte lösen können. Descartes, der diese Worte so verstanden hat, als

[1]) Vergl. Anhang 2. Dasselbe, was wir hier geltend machen, wird auch von Heiberg hervorgehoben (Litterargeschichtliche Studien über Euklid, S. 84—85).

ob Apollonius die Lösung der erwähnten Aufgabe überhaupt nicht vollendet habe, bemerkt ferner[1]), dafs Pappus sage, der geometrische Ort werde ein Kegelschnitt. Aber, fährt er fort, Pappus läfst sich nicht darauf ein diesen Kegelschnitt zu bestimmen oder zu beschreiben. Wunderlich genug gelangt Descartes durch diese Worte, welche augenscheinlich dazu bestimmt sind die Vorzüge der neuen Methode, der analytischen Geometrie, zu zeigen, gerade dahin der alten Geometrie einen der wichtigsten dieserVorzüge beizulegen um ihr dagegen solche abzusprechen, welche sie jedenfalls vor seiner eigenen Behandlung derselben Aufgabe vorausgehabt haben mufs. Einer der grofsen Vorteile der analytisch-geometrischen Bestimmung eines geometrischen Ortes ist nämlich die Leichtigkeit, mit der sie zeigt, dafs dieser Ort eine Gerade, ein Kegelschnitt u. s. w. ist, während die genauere Bestimmung der gefundenen Linie mit mehr Schwierigkeit verbunden ist. Bei der Benutzung von Methoden, die einen geringeren Grad von Allgemeinheit besitzen, wird dagegen der Nachweis, dafs eine Kurve ein Kegelschnitt ist, direkter darauf ausgehen zu zeigen, dafs dieselbe mit einem vollkommen bestimmten Kegelschnitt zusammenfällt. Was nun Descartes' eigene fernere Bestimmung desselben gometrischen Ortes betrifft, so begnügt er sich damit ein Paar konjugierter Durchmesser und die Form zu finden, welche die Gleichung durch Beziehung auf diese annimmt. Dadurch ist die Kurve allerdings bestimmt, aber nur weil man dann auch weifs, dafs die Gleichung der Kurve dieselbe Form durch Beziehung auf ein Paar rechtwinkliger Axen, die sich dann auch bestimmen lassen, behält. Für diese letztere Bestimmung, welche, wie aus der elementaren analytischen Geometrie bekannt ist, den schwierigsten Teil der Bestimmung eines durch die allgemeine Gleichung zweiten Grades gegebenen Kegelschnittes ausmacht, giebt Descartes in seiner Geometrie keine Anleitung, sondern er bezieht sich ganz einfach auf Apollonius. Dazu ist er selbstverständlich vollkommen berechtigt, aber seine herab-

[2]) Geometria, Ausgabe von van Schooten, S. 10.

setzenden Bemerkungen über die Geometrie der Alten werden dadurch noch unbilliger.

Wie Descartes die Beweise dafür, dafs Apollonius wirklich die erwähnte Aufgabe gelöst hat, übersehen haben kann, wird übrigens dadurch erklärlich, dafs Apollonius seine Lösung nicht ausdrücklich mitteilt, und dieser Umstand mag auch auffallend erscheinen. Ich vermag denselben nicht anders als dadurch zu erklären, dafs er angenommen hat, die Bestimmung eines geometrischen Ortes, selbst wenn derselbe ein Kegelschnitt wird, gehöre nicht in ein systematisch und synthetisch dargestelltes Werk über die Eigenschaften der Kegelschnitte. Der Beweggrund hierfür kann wiederum der gewesen sein, dafs die Lehre von der Bestimmung der Örter weitläufig genug war um ein ganzes selbständiges Werk zu füllen. Für die Richtigkeit dieser Erklärung spricht der Umstand, dafs kein Theorem bei Apollonius direkt aussagt, dafs ein gewisser geometrischer Ort ein Kegelschnitt sei, wenn dieselben auch oft Ortstheoreme sind, insofern sie zeigen, dafs umgekehrt alle Punkte eines Kegelschnittes eine gewisse Eigenschaft haben. Hierzu stimmen ferner die ältesten bekannten Titel für Werke über Kegelschnitte, nämlich Euklids vier Bücher über „Kegelschnitte“ im Gegensatz zu Aristäus fünf Büchern über „körperliche Örter“. Das erste von diesen ist nach Pappus' Bemerkung (vergl. Anhang 2) durch Apollonius' vollständigeres Werk ersetzt. Das zweite hat, nach seinem Platze in Pappus' wohlgeordnetem Verzeichnisse von Werken, die zu der antiken analytischen Geometrie[1]) gehörten, um eine Stufe höher gestanden — wenn es auch vor den hier erwähnten Lehrbüchern der Kegelschnitte geschrieben worden ist —, und auf Grund der Übereinstimmung seines Titels mit dem von Apollonius' ebenen Örtern mufs man annehmen, dafs es geometrische Örter behandelt habe, welche Kegelschnitte werden.

[1]) Ausgabe von Hultsch, S. 636. Viviani ist bei seinem Versuche die verlorene Schrift des Aristäus wiederherzustellen von derselben allgemeinen Auffassung ihres Inhaltes ausgegangen, die hier geltend gemacht wird.

Das stimmt auch zu Pappus' Äufserungen über die angeführten Bücher. Wenn nämlich Pappus, zu dessen Zeit Aristäus' Werk noch existierte, sagt[1]), dafs Euklid weder (dem noch lebenden) Aristäus zuvorkommen (nämlich mit Beziehung auf mögliche weitere Entdeckungen) noch einen neuen Grund für dieselbe Lehre legen wolle, so folgt hieraus, dafs Euklid in seinem Werke ein anderes Ziel verfolgte als Aristäus; denn bezweckte sein Werk dasselbe wie das des Aristäus, so mufste er ja eben die Absicht haben auf diesem Gebiete etwas besseres hervorzubringen als das, was bereits vorlag. Pappus mufs also meinen, dafs Euklid, der ebenso wie Apollonius die allgemeine Lehre von den Kegelschnitten behandelte, dieselbe mit Beziehung auf den Punkt, auf den es hier ankommt, nicht weiter führte als notwendig war um Aristäus' unvollständige Bestimmung „des Orts zu drei oder vier Geraden" zu begründen oder synthetisch darzustellen; dessen Werk ist also nicht eine allgemeine Lehre von den Kegelschnitten gewesen, sondern hat in Übereinstimmung mit seinem Namen nur die zu dieser Lehre gehörenden Bestimmungen geometrischer Örter behandelt[2]).

---

[1]) Ausgabe von Hultsch, S. 676 (unser Anhang 2). Meine Auffassung der Worte stimmt mit der überein, welche Heiberg, Litterargeschichtliche Studien über Euklid, S. 84—86, geltend gemacht hat und woraus er sicherlich mit Recht schliefst, dafs, wie Apollonius sagt, die älteren Lösungen der Aufgaben über „Örter zu drei und vier Geraden" nicht vollständig waren.

[2]) Mit Rücksicht darauf, dafs nicht nur Apollonius seinen Tadel allein gegen Euklid richtet, sondern auch Pappus bei „dem, der zuerst darüber schrieb", an Euklid zu denken scheint, kann man vielleicht an meiner Berechtigung zweifeln, die teilweise Bestimmung des Orts zu vier Geraden auf Aristäus zurückzuführen. Dieser Zweifel würde indessen die Hauptsache, nämlich die Begrenzung der älteren Bestimmung und die Art, wie die Bestimmung ausgeführt wird, gar nicht treffen. Unsere im Folgenden gegebenen Erklärungen werden auch dann ihre Gültigkeit behalten, wenn Pappus nur meint, dafs Euklids Bestimmung unvollständig sein mufste, weil er dieselbe allgemeine Auffassung der Kegelschnitte benutzte, die Aristäus bei anderen ähnlichen Bestimmungen von Örtern anwandte. Das oben aufgestellte Verhältnis zwischen Euklid und Aristäus lafst sich doch gewifs noch festhalten, wenn man beachtet, dafs das, wovon bei Euklid die Rede ist, die Synthesis des Orts oder die synthetische Darstellung von

Indessen bleibt es doch auffallend, dafs Apollonius auch nicht die der Bestimmung des Orts zu vier Geraden entsprechende theoretische Umkehrung des Satzes mit aufgenommen hat, dafs jeder vorgelegte Kegelschnitt — und zwar in Beziehung auf jedes einbeschriebene Viereck — die Eigenschaften besitzt, welche den Ort zu vier Geraden charakterisieren. Der Grund mag wohl der sein, dafs man, in Anspruch genommen von der gröfseren Beschwerlichkeit, welche die Bestimmung des Orts verursacht hat, den theoretischen Satz nur als Appendix zu dieser betrachtet hat. Aus der Natur der Sache und allen vorliegenden Angaben geht hervor, dafs derselbe aller Wahrscheinlichkeit nach ein Durchgangsglied war und jedenfalls denen nicht unbekannt gewesen ist, welche sich auf eingehende Weise mit dem Ort zu vier Geraden beschäftigt haben. Ist derselbe also bekannt gewesen, und zwar teilweise dem Aristäus und Euklid und vollständig dem Apollonius, so ist der Name Theorem des Pappus, den Chasles demselben gegeben hat, nicht zutreffend — um so weniger, als auch Pappus nur die Bestimmung des Orts und nicht das umgekehrte Theorem erwähnt. Wir werden dasselbe deshalb in der Folge den Satz vom einbeschriebenen Viereck nennen.

Wenn man nun nach allen vorliegenden Erläuterungen, namentlich nach den von Pappus bestätigten Worten des Apollonius in der Vorrede, eine Wiederherstellung der antiken Bestimmung des Orts zu vier Geraden unternimmt, so mufs

dessen Bestimmung ist. Aristäus hat dann vielleicht die Bestimmung des Orts analytisch bis zu einem Satze zurückgeführt, den er von der allgemeinen Lehre von den Kegelschnitten her als bekannt voraussetzte; nach der Auffassung, die im Folgenden geltend gemacht wird, müfste dies der Potenzsatz sein. Waren dieser und die zugehörigen Bestimmungen damals vollständig, so wie sie es bei Apollonius sind, so würde Aristäus' Analysis auch vollständig sein und die Mittel zur synthetischen Bestimmung des Orts würden vorliegen. Deshalb hält sich Apollonius an Euklid als denjenigen, bei dem man das vermifst, was an der vollständigen Bestimmung fehlt. Dafs Euklid etwas jünger ist als Aristäus, ist im übrigen Grund genug dafür, dafs Apollonius als Vertreter des Standpunktes, über den er selbst zunächst sich erhebt, den ersteren nennt.

dieselbe einer doppelten Forderung genügen: sie mufs sich vor Apollonius' Zeit teilweise haben ausführen lassen, und sie mufs durch Apollonius' Sätze im dritten Buch vervollständigt werden können. Damit Apollonius' Äufserungen für Mathematiker seiner Zeit verständlich sein konnten, mufs überdies angenommen werden, dafs diese Anwendung seines dritten Buchs so nahe gelegen habe, dafs seine Sätze unmittelbar von denen benutzt werden konnten, die — vielleicht durch Aristäus — die frühere Bestimmung kannten.

Da der Satz vom einbeschriebenen Viereck in der modernen Geometrie im wesentlichen nur ein anderer Ausdruck für die Erzeugung der Kegelschnitte durch projektivische Büschel ist, so liegt es nahe die Hülfsmittel für die Bestimmung des Orts zu vier Geraden in der letzten Satzgruppe des dritten Buchs [53—56] zu suchen. Die Art, wie die Projektivität der Büschel hier bestimmt wird, ist indessen — wie wir Gelegenheit nehmen werden im nächsten Abschnitt ausführlicher zu zeigen — nicht wohl geeignet als Übergang zu der allgemeinen Bestimmung des Orts zu vier Geraden zu dienen. Aber es giebt eine andere Art, wie sich die zwischen dem Inhalt der angeführten Satzgruppe und dem Ort zu vier Geraden existierende Verwandtschaft benutzen läfst, nämlich durch einen Versuch, ob nicht eine etwas veränderte Anwendung derselben Beweisführung, welche sich in der Satzgruppe findet, zur Bestimmung des Orts führen könne.

Betrachten wir nun diese Beweisführung, die wir am Schlusse des vorigen Abschnitts mitgeteilt haben, so ergiebt sich sofort, dafs die darin durch eine einfache Anwendung des Potenzsatzes gefundene und darauf weiter umgeformte Relation (Fig. 27)

$$\frac{RM \cdot MS}{RC^2} = \text{constans}$$

die specielle Form ist, welche der Satz vom einbeschriebenen Viereck annimmt, wenn zwei gegenüberliegende Seiten desselben in Tangenten übergehen, wodurch die beiden anderen in der Berührungssehne zusammenfallen. Mit Ausnahme konstanter Faktoren sind nämlich $RM$ und $MS$ die Abstände des

Kurvenpunktes $M$ von den Tangenten $BA$ und $BC$, und $RC$ der Abstand von der Berührungssehne $AC$, oder diese Strecken sind eben die Abstände, in bestimmten schiefen Richtungen gemessen. Der so gefundene specielle Fall des Satzes vom einbeschriebenen Viereck erhält ein besonderes Interesse dadurch, dafs der geometrische Ort eines Punktes $M$, der umgekehrt durch die hier gefundene Relation bestimmt wird, derjenige ist, den Apollonius unter dem Namen Ort zu drei Geraden besonders erwähnt. Dadurch gewährt die Satzgruppe auch Aufklärung über die Bestimmung dieses Orts, und dieselbe ist vielleicht gerade am Schlusse des Buchs als Beispiel für den in der Vorrede erwähnten Gebrauch angeführt, der sich vom Inhalte des Buchs zur Vervollständigung der Bestimmungen solcher geometrischen Örter machen läfst, die früher nur teilweise bekannt waren.

Wir wollen uns nicht besonders mit dem Ort zu drei Geraden beschäftigen, sondern uns damit begnügen, denselben als einen Specialfall des Orts zu vier Geraden zu betrachten, aber wir wollen versuchen, ob uns nicht auch ein Wink mit Beziehung auf die Bestimmung dieses letzteren gegeben sein sollte. Es zeigt sich dann sofort, dafs die gemachte Anwendung des Potenzsatzes sich weiter ausdehnen und zu einem Beweise für den Satz von einbeschriebenen Vierecken in allen den Fällen machen läfst, wo diese Paralleltrapeze sind.

Wenn $AB$ (Fig. 28) eine feste Sehne eines Kegelschnittes ist und $MN$ eine Sehne von gegebener Richtung, welche $AB$ in $R$ schneidet, so wird nach dem Potenzsatze

$$\frac{MR \cdot RN}{AR \cdot RB} = \text{constans}.$$

Trägt man nun auf der beweglichen Sehne $MS = RN$ ab, so ist nach den Sätzen über Durchmesser der geometrische Ort für den Punkt $S$ eine Sehne

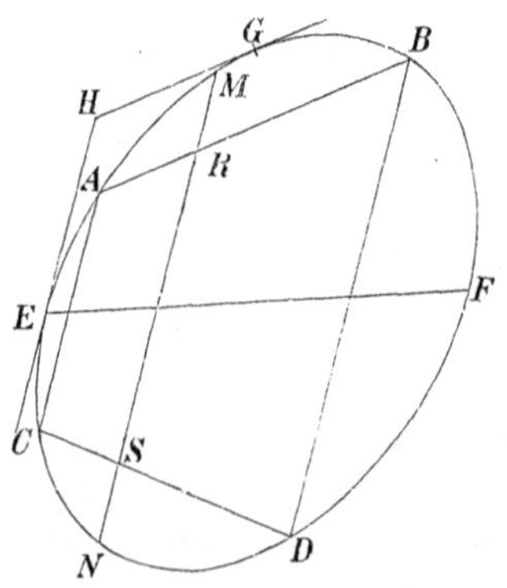

Fig. 28.

$CD$, welche den Durchmesser der Sehnen $MN$ in demselben Punkte schneidet wie $AB$, und deren Endpunkte $C$ und $D$ auf den der $MN$ parallelen Linien $AC$ und $BD$ liegen. Die Abstände $x$, $y$, $z$, $u$ des beweglichen Kurvenpunktes $M$ von den Seiten des Trapezes $ABDC$ werden also der Bedingung

$$\frac{xz}{yu} = \text{constans}$$

genügen.

Da $ABDC$ ein beliebiges einbeschriebenes Paralleltrapez sein kann, so ist der Satz vom einbeschriebenen Viereck nun für ein solches bewiesen.

Soll man umgekehrt den geometrischen Ort für einen Punkt $M$ bestimmen, dessen Abstände $x$, $y$, $z$, $u$ von den Seiten eines Trapezes dieser Bedingung genügen, so kann man durch eine passende Veränderung der gegebenen Konstante die Abstände in denselben Richtungen wie in Fig. 28 rechnen, so daſs man erhält

$$\lambda = \frac{MR\,.\,MS}{AR\,.\,RB} = \frac{MR\,.\,RN}{AR\,.\,RB},$$

wo $\lambda$ eine gegebene Konstante ist. Darauf muſs man versuchen einen Kegelschnitt in Übereinstimmung mit dem bewiesenen Satze zu bestimmen, und zwar muſs man die Bestimmung so vornehmen, daſs man mittels derselben synthetisch den Beweis dafür durchführen kann, daſs die Punkte des gefundenen Kegelschnitts wirklich für den gegebenen Wert von $\lambda$ die gegebene Bedingung erfüllen; denn von vornherein weiſs man nicht, daſs der geometrische Ort immer ein Kegelschnitt wird.

Bevor wir dies nun genauer durchführen, wollen wir doch versuchen uns darüber zu vergewissern, daſs wir wirklich auf der richtigen Spur nach der antiken Bestimmung des Orts zu vier Geraden sind[1]).

[1]) Nachdem ich in möglichst genauem Anschluſs an die eigenen Schriften der Alten die hier und im folgenden Abschnitt dargestelle Restitution der antiken Bestimmung des Orts zu vier Geraden durchgeführt hatte, habe ich diese durch eine Zusammenstellung mit der Bestimmung dieses Orts geprüft, welche sich zu Anfang der Sectio V von Newtons

Erst haben wir uns dadurch, dafs wir die Beweise für die Sätze 54—56 in Apollonius' drittem Buche zum Ausgangspunkt genommen haben, überzeugt, dafs der *Gebrauch*, den wir

---

*Principia* findet; wohl beabsichtigt Newton keine solche Restitution, aber da er mit seiner gründlichen Kenntniss und seiner wohlbekannten Wertschätzung der Schriften der Alten die Grundlage für seine Bestimmung ausdrücklich Apollonius zuschreibt, so ist es einigermafsen wahrscheinlich, dafs er vielfach dieselben Wege eingeschlagen hat, die Apollonius hat bahnen wollen.

Bei dieser Prüfung ergab sich, dafs Newton eben dieselben Beweise für den Satz vom einbeschriebenen Viereck, sowohl wenn dasselbe ein Trapez ist, als wenn es eine beliebige Form hat, geführt hat, die wir hier und in dem folgenden Abschnitt den Alten beilegen. Dagegen verfährt Newton etwas anders bei dem Beweise dafür, dafs der Ort zu vier Geraden immer ein Kegelschnitt ist, und bei der hieran geknüpften Bestimmung des Kegelschnittes. Den ersteren erhält er, indem er sich darauf stützt, dafs ein Kegelschnitt durch 5 Punkte vollkommen bestimmt ist, wonach reichliche Mittel zur genaueren Bestimmung des Orts zur Verfügung stehen. Da Apollonius *im vierten Buche* selbst beweist, dafs zwei Kegelschnitte sich höchstens in 4 Punkten schneiden, so benutzt Newton hierbei in Wirklichkeit keinen Satz, der Apollonius unbekannt war. Da indessen besonders *das dritte Buch* bei der Bestimmung des erwähnten geometrischen Orts benutzt werden soll, und man die genaueren Untersuchungen dieses Buches nicht nötig hat, wenn man zuerst davon ausgeht, dafs die Kurve durch 5 Punkte vollkommen bestimmt ist, so glaube ich nicht, dafs Newtons Bestimmung mit der der Alten vollkommen übereinstimmt. Das Verfahren, welches wir im folgenden den Alten zuschreiben, ist ein umgekehrtes, und stützt sich in grofsem Umfange auf Apollonius' drittes Buch. Wir nehmen an, dafs die Alten den Beweis dafür, dafs der Ort ein Kegelschnitt wird, an die wirkliche Bestimmung dieses Kegelschnittes angeschlossen haben. Die Durchführung desselben zeigt nun allerdings, *dafs* ein solcher Kegelschnitt durch 5 Punkte bestimmt ist, aber nur indem sie zeigt, *wie* er bestimmt wird.

Ähnliche Gründe in Verbindung mit mehreren, über die wir später berichten werden, hindern uns unsere Restitution der antiken Bestimmung des Orts zu vier Geraden auf eine Konstruktion einer Ellipse durch 5 Punkte aufzubauen, die sich bei *Pappus* findet. Auch mit dieser Konstruktion stimmt dieselbe indessen teils darin überein, dafs sie auf Anwendung des Potenzsatzes beruht, teils darin, dafs der Fall, wo zwei von den Geraden — bei Pappus zwei von den Verbindungslinien zwischen den fünf Punkten — parallel sind, erst für sich behandelt wird, wonach die allgemeine Aufgabe hierauf zurück geführt wird.

vom Potenzsatze gemacht haben und ferner von den daran geknüpften Bestimmungen vom Werte des konstanten Verhältnisses machen werden, derartig ist, dafs auch Apollonius mit ihm vertraut sein konnte.

Dagegen könnte es bedenklich erscheinen, dafs man auf dem eingeschlagenen Wege nur zur Bestimmung des Orts zu vier Geraden gelangt, wenn diese ein Trapez bilden. Hierin liegt eine Aufforderung zu versuchen, ob man nicht durch andere Anwendungen der Sätze in Apollonius' drittem Buche weiter gelangen könnte. Das läfst sich indessen kaum durchführen, wenigstens nicht auf eine hinreichend einfache Art. Dagegen ist es — wie wir im folgenden Abschnitt sehen werden — nicht schwierig, die Bestimmung, wodurch eine Kurve als Ort zu vier beliebigen Geraden definiert wird, in eine solche umzuwandeln, wodurch sie auf dieselbe Weise auf die Seiten eines Trapezes bezogen wird. Da diese Umwandelung durch Mittel vollzogen wird, welche vor der Zeit des Apollonius vollständig bekannt waren, so hat Apollonius in dieser Beziehung nichts zu vervollständigen gehabt. Aber da die Voraussetzung dafür, dafs diese Umformung vollen Nutzen gewähren soll, darin besteht, dafs man die Aufgabe vollständig behandeln kann, wenn die Linien ein Trapez bilden, so gelangen wir zu voller Übereinstimmung mit den Äufserungen in Apollonius' Vorrede, wenn sich nur nachweisen läfst, dafs die Bestimmung des Orts zu vier Geraden, welche ein Trapez bilden, teilweise mit Hülfe dessen durchgeführt werden kann, was vor Apollonius' Zeit bekannt war, aber erst vollständig durch das, welches sich in Apollonius' drittem Buche findet.

Was das war, das man vor Apollonius' Zeit vermifste, wird deutlich durch die Verbindung zwischen dem Ort zu vier Geraden und dem Theorem vom einbeschriebenen Viereck. In Übereinstimmung mit diesem Satze sollte der gesuchte Ort ein Kegelschnitt sein, der um das aus den vier Geraden gebildete Viereck beschrieben war — sei es nun, dafs dieses ein Trapez war oder nicht —. Das ist auch nach moderner Auffassung immer der Fall. Indem die Griechen dagegen einen einzelnen

Hyperbelast als einen vollständigen Kegelschnitt betrachteten, so hat in dem Falle, wo der geometrische Ort nach unserer Auffassung eine vollständige Hyperbel sein würde, der eine oder andere von deren Ästen einen solchen selbständigen Teil derselben gebildet, dafs sie sich — wenigstens vorläufig — mit dessen Betrachtung begnügt haben. Welcher von den Ästen es dann sein sollte, ist von einer genaueren Bestimmung abhängig gewesen, die auch dann schon notwendig war, wenn der Ort nicht aus den beiden vollständigen Kegelschnitten zusammengesetzt sein sollte, die man jetzt als den Werten $\pm \lambda$ der Konstanten entsprechend erhalten würde. Diese genauere Bestimmung kann möglicherweise darin bestanden haben, dafs der konstante Wert des Verhältnisses durch einen Punkt des gesuchten Orts bestimmt wurde, durch den dann auch der Kegelschnitt oder blofs der Hyperbelast, den man eben als den Ort zu vier Geraden auffassen wollte, gehen sollte.

Um nun zu beweisen, dafs ein solcher Hyperbelast, der nicht durch alle Eckpunkte des Vierecks geht, der Ort zu den vier Geraden sein kann, und um also auch den Ort zu bestimmen, welcher dem Werte von $\lambda$, der zu einer solchen Hyperbel führt, entspricht, ist es notwendig, dafs man die Verbindung des Hyperbelastes mit dem anderen Aste derselben vollständigen Kurve kennt, und namentlich, dafs man die hierauf bezüglichen Erweiterungen aller der Sätze und Bestimmungen kennt, welche beim Beweise des Satzes vom einbeschriebenen Viereck und bei der umgekehrten Bestimmung solcher Örter benutzt werden.

Aus der Vorrede zu Apollonius' viertem Buche[1]) sieht man nun allerdings, dafs andere vor ihm zusammengehörige Hyperbeläste betrachtet und Verständnis für deren Bedeutung bei Untersuchungen gehabt haben, welche, wie wir im neunten Abschnitt zeigen werden, der Bestimmung des Orts zu vier Geraden mindestens nahe gestanden haben; aber die vollständige Durchführung der hierher gehörigen Untersuchungen und Beweise ist sicher das Werk des Apollonius. Die Gründe,

[1]) Vergl. Anhang 1.

welche uns dahin bringen dies zu behaupten, wollen wir hier, wo wir ausdrücklich Gebrauch davon machen, zusammenstellen.

Dafs Apollonius über zusammengehörige Hyperbeläste etwas neues und vollständigeres, als bis dahin bekannt war, bringt, wird ausdrücklich in der ersten Vorrede gesagt[1]). Die Worte derselben über die vollständigere und allgemeinere Bearbeitung im ersten Buch beziehen sich wohl zugleich auf die Eigenschaften eines einzelnen Kegelschnitts, aber wenigstens in Betreff der planimetrischen Eigenschaften führt ein Vergleich mit dem, was sich bei Archimedes findet, dahin, die Verallgemeinerung vorzugsweise auf dem Gebiete der zusammengehörigen Hyperbeläste zu suchen, vielleicht auch in der bereits in diesem Buche mitgeteilten ersten Erweiterung des Flächensatzes, welche, in Verbindung mit den ferneren Erweiterungen im dritten Buch, eben dazu benutzt wird den Potenzsatz und den Satz über die Polaren auf die aus zwei Hyperbelästen zusammengesetzte Kurve auszudehnen. Auf diese verschiedenen Erweiterungen, welche als besondere Sätze auftreten, deuten gewifs die Worte der Vorrede über neue und bemerkenswerte Theoreme, welche sich im dritten Buche finden.

Dafs das Studium zusammengehöriger Hyperbeläste etwas neues bei Apollonius war, darauf deutet auch der Umstand, dafs er trotz der Vollständigkeit, mit der die Übereinstimmung zwischen der aus solchen zusammengesetzten Kurve und einem einfachen Kegelschnitt nachgewiesen wird, stets fortfährt dieselben als zwei von einander unabhängige Kurven zu behandeln. Damit fährt er fort trotz der Weitläufigkeit, die dadurch notwendig wird um jene Erweiterungen, welche immer den Sätzen über die einfachen Kegelschnitte folgen, alle zu erhalten, und die vermieden worden wäre, wenn man von vornherein die Sätze über die beiden Hyperbeläste mit denen über einen einfachen Kegelschnitt zusammengezogen und darauf in der weiteren Entwicklung auf den so verallgemeinerten Sätzen weiter gebaut hätte. Diese Weitläufigkeit steht in starkem

[1]) Vergl. Anhang 1.

Gegensatze zu der Geschicklichkeit, mit der er Sätze und Beweise über eine Ellipse, eine Parabel und einen einzelnen Hyperbelast zusammenzufassen versteht. Dies letztere konnte er thun, weil der gemeinsame Begriff Kegelschnitt und die daran geknüpften Untersuchungen und Bearbeitungen ihm überliefert waren. War dagegen, wie wir annehmen, etwas neues in Betreff der Eigenschaften der beiden verbundenen Hyperbeläste beizubringen, so ist leicht zu begreifen, daſs dies seine natürliche Stelle in hinzugefügten Erweiterungen der im voraus bekannten Sätze über einfache Kegelschnitte fand.

Die hier verfochtene Auffassung, die, wie wir sehen werden, noch weiter durch die Angaben bestätigt wird, welche die oben citierte Vorrede zum vierten Buch enthält, giebt nun eine Erklärung dafür, weshalb Apollonius den Ort zu vier Geraden vollständiger behandeln konnte als seine Vorgänger. Diese Erklärung ist so einfach und stimmt so gut zu allen übrigen bekannten Umständen, daſs man sogar umgekehrt durch dieselbe ein neues und wichtiges Argument dafür erhält, daſs die Ausdehnung der Sätze über Kegelschnitte auf die aus zwei zusammengehörigen Hyperbelästen zusammengesetzte Kurve wirklich dem Apollonius angehört.

Der angeführte Beweis für den Satz über das in einen Kegelschnitt beschriebene Trapez besaſs auch vor Apollonius volle Gültigkeit, wenn das Wort Kegelschnitt in antikem Sinne als eine Ellipse, Parabel oder ein einzelner Hyperbelast genommen wird. Derselbe war nämlich auf dem Potenzsatze aufgebaut, der, wie wir gesehen haben, zu Archimedes' Zeit vollkommen bekannt war, sofern er nicht auf zwei Hyperbeläste angewandt werden sollte. In dieser begrenzten Ausdehnung gewährt der Potenzsatz auch genügende Mittel um umgekehrt den Ort zu vier Geraden, von denen zwei gegenüberliegende parallel sind, in allen den Fällen zu bestimmen, wo dieser Ort wirklich die hier geforderte Beschaffenheit erhält. Die Vorgänger von Apollonius hätten z. B. recht wohl die Bestimmung der Endpunkte des Durchmessers $EF$, der (Fig. 28) die Sehnen $AC$ und $BD$ halbiert, auf die Konstruktion solcher Punkte dieser Linie zurückführen können, für welche das Quadrat ihres Abstandes von einem bekannten Punkt derselben Linie in einem gegebenen Verhältnis zu dem Rechteck aus den Abständen von den beiden anderen steht, worauf der Kegelschnitt leicht näher zu bestimmen ist. Statt dessen konnten sie auch das folgende Verfahren benutzen, welches wir sowohl ihnen wie Apollonius lieber beilegen möchten, weil dasselbe durch die Erweiterung des Potenzsatzes auf zwei zusammengehörige Hyperbeläste, die sich in Apollonius' drittem Buche findet, anwendbar wird, um den Ort zu vier Geraden in allen Fällen zu bestimmen. Vor Apollonius ist dann nur die Behandlung des ersten der nachfolgenden Hauptfälle durchgeführt gewesen.

Wenn die verschiedenen Ausdrücke in Apollonius' drittem Buche für das konstante Verhältnis im Potenzsatz auf die Konstruktion des (vollständigen) um ein gegebenes Trapez beschriebenen Kegelschnittes angewandt werden sollen, der für einen gegebenen Wert des Verhältnisses $\lambda$ Ort zu den vier Seiten des Trapezes ist, so kann dies am besten auf eine Weise geschehen, die alle Fälle umfafst, wenn man vorläufig einen Kegelschnitt zu bestimmen sucht, der dem gesuchten ähnlich ist. Doch denken wir hierbei nicht an Ähnlichkeit der Kurven selbst, welche erst eine vollständige Behandlung in Apollonius' sechstem Buche erhalten hat, sondern wir wollen diesen Ausdruck nur der Übersichtlichkeit wegen benutzen um zu bezeichnen, dafs wir die Gestalt gewisser zum Kegelschnitt gehörigen geradlinigen Figuren suchen. Dafs eine solche Bestimmung einer Figur durch vorhergehende Bestimmung ihrer Gestalt wirklich eine antike Methode ist, dafür haben wir teils ein Beispiel am Schlusse von Apollonius' zweitem Buche (vergl. S. 113) gesehen, teils geht es daraus hervor, dafs Euklid in den Data ausdrücklich Sätze aufstellt, welche aussagen, dafs eine Figur, welche gewissen gegebenen Bedingungen unterworfen ist, der Gestalt nach gegeben ist.

Bei der vorliegenden Aufgabe kennt man nun zur Bestimmung des Kegelschnittes, welcher dem um das Trapez $ABDC$ beschriebenen (Fig. 28) ähnlich sein soll, den Wert $\lambda$ des Verhältnisses $\frac{MR \,.\, RN}{AR \,.\, RB}$ [1]) zwischen Produkten von Strecken in zwei gegebenen Richtungen, sowie die Richtung des Durchmessers $EF$, der die Sehnen in der einen der gegebenen Richtungen halbiert. Dies wird in Übereinstimmung mit Apollonius' verschiedener Bestimmung der Konstanten des Potenzsatzes auf verschiedene Weise in den folgenden verschiedenen Hauptfällen benutzt:

1) Der Kegelschnitt hat (was immer der Fall sein mufs, wenn ein einfacher Kegelschnitt im antiken Sinne wirklich um $ABDC$ beschrieben werden soll) Tangenten in beiden gegebenen Richtungen. Dann kennt man das Verhältnis

$$\frac{HE}{HG} = \sqrt{\lambda}$$

zwischen diesen Tangenten. Wenn man dann in der ähnlichen Hülfsfigur — deren entsprechende Punkte wir durch gestrichelte Buchstaben bezeichnen wollen — $E'H'$ beliebig wählt, so kennt man: die Lage eines Durchmessers, seinen einen Endpunkt $E'$, die zugehörige Sehnenrichtung, sowie einen Punkt $G'$ mit zugehöriger Tangente. Der Punkt, welcher $E'$ harmonisch zugeordnet ist mit Beziehung auf die Durchschnittspunkte des Durchmessers mit der Ordinate von $G'$ und der Tangente in $G'$ wird nach dem ersten Buch der andere Endpunkt $F'$ des Durchmessers sein, und der Kegelschnitt ist also bestimmt.

2) Der Kegelschnitt (welches Wort wir der Einfachheit wegen im modernen Sinne nehmen wollen, so dafs die aus zwei Hyperbeln zusammengesetzte Kurve mit einbegriffen ist) hat in keiner der beiden gegebenen Richtungen Tangenten. In diesem Falle kennt man das Verhältnis zwischen

[1]) Da wir nur hoffen dürfen das Wesentliche von der Behandlung der Alten zu geben, so können wir keine Rücksicht auf die Möglichkeit nehmen, dafs dieselben die Operationen dadurch erschwert haben, dafs sie diese Bedingung in einer Form ausdrückten, durch welche in gleicher Weise Rücksicht auf die Sehnen $AB$ und $CD$ genommen wurde, ebenso wie Apollonius in III, 54—56 die beiden Tangenten $BA$ und $BC$ (Fig. 27) in gleicher Weise berücksichtigt.

den in den gegebenen Richtungen an die konjugierte Hyperbel des gesuchten ähnlichen Kegelschnittes gezogenen Tangenten, und kann diese dann auf die hier gezeigte Weise bestimmen.

3) Der Kegelschnitt hat Tangenten, welche den parallelen Seiten $AC$ und $BD$ des Trapezes (Fig. 29), aber nicht solche, welche der zweiten gegebenen Richtung (der von $AB$) parallel sind. In diesem Falle hat Apollonius das konstante Verhältnis $\lambda$ als das Verhältnis zwischen den Quadraten der Tangente $EI$ und der Hälfte $IK$ der zu $AB$ parallelen Sehne $LK$ bestimmt, welche in $I$ von der Tangente $EI$ halbiert wird. Man kennt also

$$\frac{EI}{IK} = \frac{EI}{LI} = \sqrt{\lambda}.$$

Wählt man $E'I'$ beliebig, so hat man also zur Bestimmung des ähnlichen Kegelschnittes einen Durchmesser nebst Sehnen-

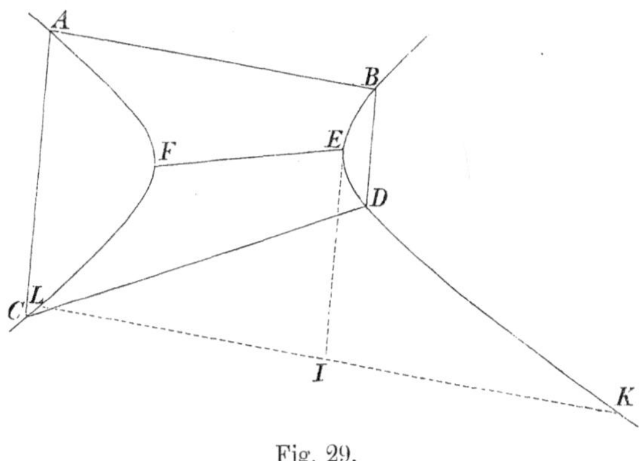


Fig. 29.

richtung, sowie den einen Endpunkt $E'$ und noch zwei Kurvenpunkte $K'$ und $L'$. Nennt man die Ordinaten dieser Punkte, bezogen auf den Durchmesser, $y_1$ und $y_2$, die Abscissen von $E'$ aus $x_1$ und $x_2$, und die vom anderen Endpunkt $F'$ des Durchmessers aus $x'_1$ und $x'_2$, so hat man

$$\frac{y_1^2}{x_1 x'_1} = \frac{y_2^2}{x_2 x'_2},$$

woraus $\frac{x'_1}{x'_2}$ bestimmt wird. Der Punkt $F'$ wird also bestimmt durch das Verhältnis zwischen seinen Abständen von zwei gegebenen Punkten der geraden Linie, auf der er liegen soll.

4) Der Kegelschnitt hat keine Tangenten, welche den parallelen Seiten des Trapezes parallel sind, dagegen solche, welche der zweiten gegebenen Richtung parallel sind. Die Konstruktion liefse sich hier auf dieselbe Bestimmung der konjugierten Hyperbel zurückführen, welche im vorhergehenden Falle auf die gesuchte angewandt wurde, aber dazu giebt Apollonius' drittes Buch keine Anleitung. Man ist deshalb eher auf eine neue unmittelbare Anwendung derselben Bestimmung des konstanten Verhältnisses

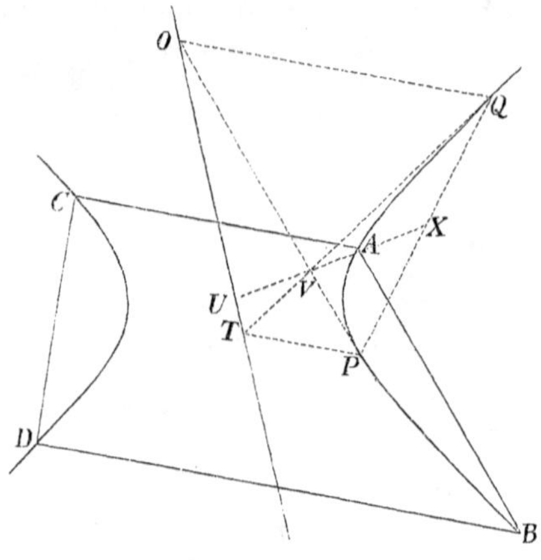


Fig. 30.

angewiesen. Nimmt man nun an (Fig. 30), dafs die der $AB$ parallele Tangente $PO$ den bekannten Durchmesser zu $AC$ und $BD$ in $O$ schneidet, und ist $OQ$ die zu diesem Durchmesser gehörige Ordinate in $O$, so ist

$$\frac{OQ}{OP} = \sqrt{\lambda} = \frac{O'Q'}{O'P'}.$$

Wird eine von diesen letzten Strecken beliebig gewählt, so hat man den Durchmesser $O'T'$, die Kurvenpunkte $P'$ und $Q'$

(deren Ordinaten den Durchmesser in $O'$ und $T'$ treffen) und die Tangente $O'P'$ in dem ersten von diesen. Da diese Tangente zugleich den Schnittpunkt $O'$ des Durchmessers mit der Ordinate von $Q'$ trifft, so wird, wenn $U'$ der Mittelpunkt und $a'$ „die Länge" des Durchmessers $O'T'$ ist, während $b'$ die Länge des konjugierten Durchmessers bedeutet, $O'U'.U'T' = \left(\frac{a'}{2}\right)^2$ (wie im ersten Buch gezeigt). Hieraus folgt wiederum, dafs $T'Q'$ Tangente in $Q'$ ist. Nach den Sätzen des zweiten Buchs wird ferner die Verbindungslinie zwischen dem Schnittpunkt $V'$ der beiden Tangenten und der Mitte $X'$ der Sehne $P'Q'$ ein Durchmesser sein und den Mittelpunkt $U'$ bestimmen. Der ähnliche Kegelschnitt wird darauf leicht zu bestimmen sein. Im besonderen ergiebt sich das Verhältnis zwischen den konjugierten Durchmessern als

$$\frac{O'Q'^2}{O'U'.O'T'} = \frac{b'^2}{a'^2} = \frac{b^2}{a^2};$$

dies ist nämlich einer von den Sätzen über Tangenten im ersten Buch (III b unseres dritten Abschnittes).

Wir haben also in allen 4 Fällen gesehen, wie man eine Figur bestimmen kann, die der gesuchten ähnlich ist. Man kann sich dann den Übergang zu der gesuchten Figur auf viele Arten vollzogen denken, z. B. dadurch, dafs die ähnliche Figur sofort die Richtung des zur gegebenen Sehne $AB$ gehörigen Durchmessers ergiebt, wodurch der Mittelpunkt $U$ bestimmt wird. Das Verhältnis zwischen $UA$ und dem ihr parallelen Halbmesser $U'A'$ der ähnlichen Figur wird dann Mittel zum Übergange darbieten.

Die hierzu gehörende Bestimmung der Länge des Halbmessers $U'A'$, welche die Griechen unzweifelhaft ausführen konnten[1]), verlangt indessen eine gewisse Arbeit, und es liefse sich erwarten, dafs Apollonius, wenn er diesen Weg eingeschlagen hätte, auch im dritten Buche die hierzu dienenden Hülfssätze aufgeführt haben würde. Das hat er nicht, aber wie

[1]) Vergl. den S. 106 angeführten Beweis für Satz 1 des 2ten Buchs.

bereits bemerkt enthält das genannte Buch [in 24—29] einige andere Sätze, die an und für sich nicht so interessant und vollständig sind, dafs es wahrscheinlich wäre, dafs sie ihrer selbst wegen entwickelt worden seien, und von denen man also annehmen kann, dafs sie eben als Hülfsmittel für die noch fehlende Bestimmung entwickelt sind. Dafs sie in der That ein sogar in hohem Grade natürliches Hülfsmittel hierfür enthalten, wird sich am besten zeigen, wenn wir annehmen, dafs die ähnlichen Figuren nur benutzt sind um das Verhältnis zwischen den Längen des den parallelen Sehnen parallelen Durchmessers $b$ und ihres konjugierten Durchmessers $a$ zu finden, und wenn wir dann durch analytische Geometrie die noch fehlende Bestimmung suchen. Auf diesem Wege wird man nämlich direkt dazu geführt, Apollonius' Satz 27 über die Ellipse anzuwenden, und dann wird der Zusammenhang mit den übrigen Sätzen über die Hyperbel — wie später gezeigt werden soll — verständlich.

Die Aufgabe, welche gelöst werden soll, ist also folgende: Durch zwei Punkte $A$ und $B$ einen Kegelschnitt zu legen, dessen einer Durchmesser auf einer gegebenen Geraden liegen soll, wenn zugleich die zu diesem Durchmesser gehörige Sehnenrichtung, sowie das Verhältnis zwischen seiner Länge $a$ und der Länge des konjugierten Durchmessers $b$ gegeben sind.

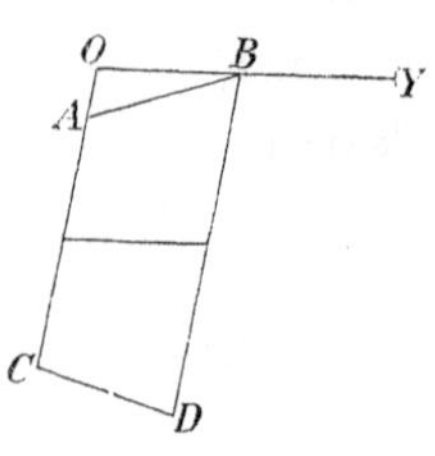

Fig. 31.

Wenn wir den Kegelschnitt, den wir vorläufig eine Ellipse sein lassen wollen, auf diese beiden Durchmesser beziehen, und die Koordinaten von $B$ und $A$ mit $x_1$, $y_1$ und $x_2$, $y_2$ bezeichnen, so erhalten wir

$$\left.\begin{aligned} \frac{x_1^2}{\left(\frac{a}{2}\right)^2} + \frac{y_1^2}{\left(\frac{b}{2}\right)^2} = 1, \\ \frac{x_2^2}{\left(\frac{a}{2}\right)^2} + \frac{y_2^2}{\left(\frac{b}{2}\right)^2} = 1, \end{aligned}\right\} \quad (1)$$

worin $y_1$, $y_2$, $\frac{a}{b}$ und $x_2 - x_1$ gegeben sind, während die Lage des Mittelpunkts und die absoluten Werte von $a$ und $b$ gesucht werden.

Die Subtraktion der Gleichungen ergiebt

$$\frac{(x_2 - x_1)(x_2 + x_1)}{(y_1 - y_2)(y_1 + y_2)} = \frac{a^2}{b^2}. \tag{2}$$

Zieht man nun parallel dem Durchmesser die Linie $BO$, welche die Ordinate von $A$ in $O$, und die Ellipse zum zweiten Male in $Y$ schneidet, so kann man der gefundenen Gleichung die Form

$$\frac{OB \, . \, OY}{OA \, . \, OC} = \frac{a^2}{b^2} \tag{3}$$

geben; dies ist nur der Potenzsatz, angewandt auf Parallelen zu konjugierten Durchmessern. Diese Gleichung giebt den Punkt $Y$, worauf man — wenn man will — leicht den Mittelpunkt finden kann, also $x_1$ und $x_2$, und dadurch die absoluten Werte von $a$ und $b$. Man kann indessen die gegebenen Gleichungen auf eine Weise benutzen, welche direkter zu dieser letzten Bestimmung führt. Multipliciert man dieselben mit $\left(\frac{a}{2}\right)^2$ und addiert, so folgt

$$x_1^2 + x_2^2 + \frac{a^2}{b^2}(y_1^2 + y_2^2) = \frac{a^2}{2} \tag{4}$$

oder

$$(x_2 - x_1)^2 + (x_2 + x_1)^2 + \frac{a^2}{b^2}[(y_1 - y_2)^2 + (y_1 + y_2)^2] = a^2, \tag{5}$$

und das ist nach der Figur

$$OB^2 + OY^2 + \frac{a^2}{b^2}(OA^2 + OC^2) = a^2. \tag{6}$$

Dadurch ist der eine Durchmesser bestimmt, und den anderen bestimmt man auf dieselbe Weise. Die letzte Gleichung drückt eben Satz 27 des 3ten Buchs aus, dessen Bestimmung also vollkommen verständlich wird. Dafs derselbe gerade da vorkommt, wo wir Verwendung für ihn haben, bestätigt ferner die Richtigkeit der Erklärung, die wir im ganzen von der Anwendung des 3ten Buchs zur Bestimmung des Orts zu vier Geraden und zu ähnlichen Bestimmungen geben.

Die Ableitung von Satz 27 mittels der Sätze in Euklids zweitem Buche steht der analytisch-geometrischen Ableitung zu nahe um einer genaueren Auseinandersetzung zu bedürfen. Apollonius' Beweis ist eine synthetische Umformung dieser Ableitung.

Ganz dasselbe Verfahren, welches hier auf die Ellipse angewandt wurde, liefse sich auch auf die Hyperbel anwenden. Dafs Apollonius daran nicht gedacht hat, geht daraus hervor, dafs er den dem Satz 27 entsprechenden Satz für die Hyperbel nicht angeführt hat. Dieser Umstand läfst sich indessen vollkommen erklären, wenn Apollonius für die Hyperbel eine andere, bequemere oder ebenso bequeme Konstruktion der Längen der Durchmesser gekannt hat. Da man erwarten darf, dafs eine solche sich auf das stützen wird, was die Hyperbel vor der Ellipse voraus hat, nämlich die Asymptoten, so braucht man nicht lange danach zu suchen. Der Mittelpunkt der Kurve kann zuerst bestimmt worden sein, indem man, wie wir es für die Ellipse angenommen haben, den zweiten Schnittpunkt $Y$ einer durch $B$ zum Durchmesser gezogenen Parallelen — wenn wir dieselben Bezeichnungen wie in Fig. 31 gebrauchen — konstruiert hat, oder indem man, wie früher angedeutet, die ähnliche Figur bereits hierfür benutzt hat. Die Asymptoten sind dann durch das Verhältnis $\frac{a}{b}$ der Durchmesser bestimmt. Schneiden diese die Sehne $AC$ in den Punkten $S$ und $T$, so wird darauf nach einigen der ersten und wichtigsten Sätze über Asymptoten, welche im zweiten Buch entwickelt sind, der zu $AC$ parallele Halbmesser $b$ als mittlere Proportionale zwischen $AS$ und $AT$ bestimmt sein, oder — wodurch man die Konstruktion der einen Asymptote spart — zwischen $AS$ und $SC$.

Wenn die gesuchte Kurve eine Parabel wird, so mufs sich dies schon bei der Bestimmung der ähnlichen Figur — die in diesem Falle auf die erste von den vier Arten vorgenommen werden kann — dadurch zeigen, dafs in dieser Figur der eine

10*

Schnittpunkt $E'$ des Durchmessers die Mitte des zwischen einer Tangente und der zugehörigen Ordinate abgeschnittenen Stücks wird. Die Bestimmung der gesuchten Kurve selbst geht in diesem Falle so leicht aus der Gleichung der Parabel hervor, dafs für Apollonius kein Grund für einen hierher gehörigen Hülfssatz gewesen sein kann, um so weniger, als die Bestimmung in diesem Falle — nach unserer Annahme — vor seiner Zeit bekannt gewesen ist.

Wie einfach und natürlich die dem Apollonius von uns zugeschriebene Bestimmung des Orts zu vier Geraden ist, von denen zwei gegenüberliegende parallel sind, wird vielleicht etwas verdeckt worden sein durch alles das, was wir haben anführen müssen um zu begründen, dafs dieselbe wirklich nahe mit derjenigen übereinstimmt, welche er bei der Abfassung des dritten Buches vor Augen gehabt hat. Wir wollen dieselbe deshalb kurz rekapitulieren:

Durch die Wahl der konstanten Richtungen läfst sich die Eigenschaft, welche den Ort definiert, folgendermafsen ausdrücken (Fig. 28):

$$\lambda = \frac{MR \,.\, MS}{AR \,.\, RB} = \frac{MR \,.\, RN}{AR \,.\, RB}.$$

Durch die in Apollonius' 3tem Buche gegebenen Formen des Potenzsatzes läfst sich dann das Verhältnis $\frac{a}{b}$ zwischen dem Durchmesser, der die parallelen Sehnen halbiert, und seinem konjugierten Durchmesser bestimmen. Die Bestimmung nimmt eine der vier Formen an, welche wir beschrieben haben. Der Mittelpunkt der Kurve kann entweder schon in Verbindung mit dem Verhältnisse $\frac{a}{b}$ durch die ähnliche Figur bestimmt sein, oder er kann hinterher indirekt durch Konstruktion des Punktes $Y$ (Fig. 31) bestimmt werden, in dem eine Parallele zu dem unmittelbar gegebenen Durchmesser durch eine der Ecken des Trapezes die Kurve zum zweiten Male schneidet; diese letzte Bestimmung wird durch Gleichung (3) vorgenommen, welche unter den Potenzsatz gehört. Die wirkliche Länge des Durchmessers erhält man dann für die Ellipse aus dem in

Gleichung (6) ausgedrückten Satz 27, und für die Hyperbel auf die soeben beschriebene einfachere Weise.

Dadurch dafs ich so sehr ins Einzelne gegangen bin, wie es hier geschehen ist, habe ich mich wahrscheinlich der Gefahr ausgesetzt, dafs meine Angaben auch in Einzelheiten fehlgehen können. Eine Hauptprobe dafür, ob meine Bestimmung des geometrischen Orts im ganzen mit der der Alten übereinstimmen könne, mufste sich indessen durch den Versuch ergeben, ob dieselbe sich im einzelnen durch Mittel durchführen liefs, die den Alten zu Gebote standen. Diese Probe ist besonders gut ausgefallen, da manche Einzelheiten sich sogar unmittelbar gerade an Apollonius' drittes Buch, aus dem die Hauptzüge entnommen waren, anschliefsen liefsen.

Bei der Art, wie das hier geschehen ist, habe ich doch nur éinen Satz der Gruppe [24—29] benutzt, die, wie ich angenommen habe, nur zu solchen Bestimmungen wie der des Orts zu vier Geraden dienen sollte. Ich habe den Satz 27 angewandt, der von der Ellipse handelte. Die übrigen, welche sich auf Hyperbeln beziehen, namentlich — wie wir bald sehen werden — auf die Verbindung zwischen konjugierten Hyperbeln, können vielleicht hin und wieder Anwendung bei der synthetischen Darstellung und Begründung einiger von eben den Operationen gefunden haben, durch welche wir die Aufgabe gelöst haben. Wenn man in der Benutzung der konjugierten Hyperbel, die wir nur im 2ten Falle benutzten, aber auch im 4ten Fall benutzen konnten, etwas weiter gehen wollte als wir, so konnten namentlich die Sätze 24—26 sich nützlich erweisen, um die aus der Konstruktion hervorgehenden Eigenschaften der konjugierten Hyperbel auf die gesuchte Kurve selbst zu übertragen. Im übrigen ist es, da Apollonius in der Vorrede die Anwendung zur Bestimmung körperlicher Örter im allgemeinen erwähnt, nicht einmal wahrscheinlich, dafs alle diese Sätze zur Anwendung auf den besonders hervorgehobenen Ort zu vier Geraden bestimmt gewesen sein sollten.

Wie dem aber auch sein möge, so wird der Gebrauch, den ich von Satz 27 gemacht habe, die Art der Anwendungen zeigen, die sich auch von den übrigen Sätzen der

Gruppe, deren Inhalt wir nun in Kürze mitteilen wollen, machen läfst.

Die Sätze 24—26 drücken aus, dafs, wenn man durch einen beliebigen Punkt $P$ Linien zieht, die einem Paar konjugierter Durchmesser von der Länge $a$ und $b$ von zwei konjugierten Hyperbeln parallel sind, und diese die Kurven beziehungsweise in $M$ und $N$ und in $Q$ und $R$ schneiden, dann folgende Relation stattfindet:

$$MP \, . \, NP + \frac{a^2}{b^2} \, . \, QP \, . \, RP = \tfrac{1}{2} a^2.$$

24 sagt nämlich aus, dafs dieser Satz richtig ist, wenn $P$ auf der konvexen Seite beider Kurven liegt, und 25 und 26 drücken die Sätze aus, welche anderen Lagen entsprechen und welche für uns in derselben Gleichung einbegriffen sind, wenn wir die Strecken mit Vorzeichen nehmen. 28 sagt aus, dafs für dieselbe Bedeutung der Bezeichnungen sich

$$\frac{MP^2 + NP^2}{QP^2 + RP^2} = \frac{a^2}{b^2}$$

ergiebt, und 29, dafs, wenn die erste der beiden geraden Linien die gemeinschaftlichen Asymptoten in $S$ und $T$ schneidet, sich ergiebt, dafs

$$\frac{SP^2 + TP^2 - \tfrac{1}{2} a^2}{QP^2 + RP^2} = \frac{a^2}{b^2} \, .$$

---

# Achter Abschnitt.

## Der Ort zu vier Geraden (Fortsetzung); Zusammenhang mit Euklids Porismen.

Da die Sätze in Apollonius' 3tem Buche uns als nicht recht anwendbar auf die direkte Bestimmung des allgemeinsten Orts zu vier Geraden erschienen, so haben wir uns in dem vorhergehenden Abschnitt damit begnügt dieselben auf den Fall anzuwenden, wo die vier Geraden ein Trapez bilden. Eine solche

Erklärung von Apollonius' Vervollständigung der vor seiner Zeit bekannten Lösung dieser Ausgabe ist doch nur haltbar unter der Voraussetzung, dafs wir annehmen dürfen, dafs damals ein — vielleicht aus Aristäus' Büchern über körperliche Örter — vollkommen bekannter Übergang von der allgemeinen Aufgabe zu der existierte, wo die vier Geraden ein Trapez bilden. Da man in Apollonius' drittem Buche keine Hülfssätze findet, die sich bei diesem Übergange gut benutzen lassen, so mufs man zugleich annehmen, dafs derselbe von Apollonius' Vervollständigung unberührt geblieben ist.

Wenn wir nun auch nicht mehr ganz direkte Mittel haben um solchen Wegen nachzuspüren, wie sie die Alten wirklich bei diesem Übergange gegangen sind, so wollen wir hier doch auch nicht ganz im Finstern tappen. Wir können nämlich Winke benutzen, die in der Behandlung ähnlicher Aufgaben, welche uns bei den Alten aufbewahrt sind, und in den Berichten über verwandte Untersuchungen, welche wir bei den späteren Schriftstellern des Altertums finden, enthalten sind.

Wir wollen damit beginnen auf die beiden Arten hinzuweisen, wie die Parabel als Ort zu vier Geraden in Archimedes' Buch über die Quadratur der Parabel auftritt, so wie wir es am Schlusse des zweiten Abschnittes nachgewiesen haben (S. 61). Von den Vierecken, auf welche die Parabel hierbei bezogen wird, ist das eine aus dem anderen dadurch entstanden, dafs zwei aneinander stofsende Seiten sich um ihre auf der Parabel liegenden Schnittpunkte mit den beiden anderen gedreht haben. Es liegt dann nahe zu versuchen, ob dieselben Mittel, welche benutzt sind um den Übergang in diesem sehr speciellen Fall zu bewerkstelligen, wo der Punkt, um den die eine Seite sich drehen sollte, unendlich fern war, sich nicht auch benutzen lassen um im allgemeinen die hier angegebene Umformung einer gegebenen Bestimmung eines Orts zu vier Geraden vorzunehmen.

Man wird hierdurch auf ein Verfahren hingewiesen, das sich, wenn man dasselbe von einem modernen Gesichtspunkt betrachtet, dadurch charakterisieren läfst, dafs die projektivischen Büschel, welche einen Kegelschnitt erzeugen, als solche bestimmt werden, welche zwei gerade Linien in proportionale Teile teilen. Um klar zu machen, dafs die Griechen ein solches Verfahren benutzt haben können, werden wir dasselbe indessen unabhängig von der berührten modernen Betrachtungsweise darstellen. Wenn dasselbe dadurch auch einen specielleren Charakter annimmt, so wird es doch auch ziemlich verschiedene Formen haben annehmen können, deren Abweichungen von einander übrigens nicht sehr wesentlich sind. Da wir nicht wissen, welche von diesen die Griechen benutzt oder vorgezogen haben, so können wir uns das einzige von Euklids Porismen zum Vorbild nehmen, welches uns in seiner ursprünglichen Gestalt aufbewahrt ist[1]). Hinterher werden wir zeigen, dafs es kaum ganz zufällig ist, dafs das erwähnte verloren gegangene Werk gerade das darbietet, was hier benutzt werden soll.

Das überlieferte Porisma sagt aus, dafs wenn man von zwei gegebenen Punkten gerade Linien zieht, welche sich auf einer der Lage nach gegebenen Geraden schneiden, und die eine auf einer der Lage nach gegebenen Geraden ein gewisses Stück von einem gegebenen Punkte an abschneidet, die andere auf einer anderen Geraden ein Stück abschneiden mufs, welches [zu dem ersten] in einem gegebenen Verhältnis steht.

Derselbe Satz ist, wie wir sehen werden, auch richtig, wenn die erste gegebene Gerade mit einem Ort zu vier Geraden vertauscht wird, und wenn die beiden festen Punkte beliebige Punkte von diesem sind. Um indessen zuerst nur die Umformung dieses Orts zu bewerkstellen, welche wir hier vor Augen haben, wollen wir (Fig. 32) als die beiden festen Punkte die gegenüberliegenden Ecken $A$ und $C$ des Vierecks $ABCD$, auf welches der Ort bezogen wird, annehmen, und wollen die Geraden, auf denen die Stücke abgeschnitten werden, parallel zu den von diesen Ecken ausgehenden Seiten $AB$ und $CB$ ziehen. Es seien dies die durch $C$ und $A$ gezogenen Geraden $CE$ und $AE$. Wir wollen annehmen, dafs $AD$ und die von $A$ bis an einen Kurvenpunkt $M$ gezogene Gerade die $CE$ in $D'$

---

[1]) Pappus, Ausgabe von Hultsch, S. 656.

und $M'$ schneiden, während $CD$ und $CM$ die $AE$ in $D''$ und $M''$ schneiden.

Rechnen wir nun bei der Bestimmung des geometrischen Orts die Abstände des Punktes $M$ von $AB$ und $CD$ parallel

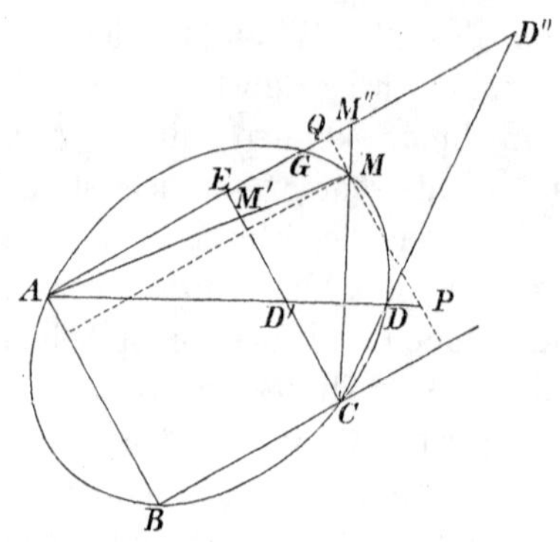


Fig. 32.

der $BC$ und seine Abstände von $BC$ und $AD$ parallel der $BA$, so wird das Verhältnis zwischen den Abständen von $CD$ und $BC$ gleich $\frac{D''M''}{CE}$, und das Verhältnis zwischen den Abständen von $AB$ und $DA$ gleich $\frac{AE}{D'M'}$. Dafs das Verhältnis zwischen den Rechtecken aus den Abständen von den gegenüberliegenden Seiten von $ABCD$ gleich $\lambda$ wird, läfst sich also ausdrücken durch

$$\frac{D''M''}{D'M'} = \lambda \cdot \frac{CE}{AE} = \mu, \tag{1}$$

wo $\mu$ eine neue von der Lage des Punktes $M$ auf der Kurve unabhängige Konstante ist.

Ist, wie es nach unserer Annahme der Fall war, die Konstante $\lambda$ durch einen Punkt $F$ des geometrischen Orts bestimmt, so erhält man unmittelbar anstatt (1)

$$\frac{D''M''}{D'M'} = \frac{D''F''}{D'F'} = \frac{F''M''}{F'M'}, \tag{2}$$

worin $F'$ und $F''$ die Schnittpunkte von $AF$ und $CF$ mit $CE$ und $AE$ bedeuten.

Dafs auch das letzte Verhältnis in (2), welches aus den beiden anderen abgeleitet ist, konstant bleibt, wenn $M$ sich auf dem betrachteten Ort bewegt, zeigt, dafs dieser auch Ort zu den vier Seiten des einbeschriebenen Vierecks $ABCF$ ist.

Da wir hierbei nur die Definition des Orts zu vier Geraden benutzt und sonst keinerlei Rücksicht auf dessen Beschaffenheit genommen haben — abgesehen davon, dafs wir die Vierecke einbeschrieben genannt haben — so ist bei dieser Umformung kein Bedarf für irgendwelche Ausdehnung von einem einfachen Kegelschnitt (in antikem Sinne) auf zwei zusammengehörige Hyperbeläste gewesen.

Um den Satz von dem in einen Kegelschnitt beschriebenen Viereck von einem Trapez auf ein beliebiges Viereck ausdehnen zu können, und um umgekehrt die Bestimmung eines beliebigen Orts zu vier Geraden auf ein solches zurückzuführen, in dem zwei gegenüberliegende Seiten parallel sind, braucht man nur den Fall betrachtet zu haben, wo eine von den Linien $AD$ oder $AF$ mit $AE$ zusammenfällt.

Haben die Alten nun wirklich, wie wir annehmen, diese Umformung benutzt, so ist kein grofser Sprung nötig gewesen um auch folgende Erweiterung des citierten Euklidischen Porismas auf Kegelschnitte zu finden:

Wenn man von zwei festen Punkten eines Kegelschnittes gerade Linien an einen (beweglichen) Punkt desselben zieht, so werden diese auf zwei Geraden, von denen die eine willkürlich gewählt werden kann, proportionale Stücke abschneiden.

Die beiden Geraden brauchen nämlich, wenn $A$ und $C$ die Punkte sind, nur parallel $BA$ und $BC$ zu sein. Nun lassen sich ebenso gut wie $D$ auch $A$, $B$ und $C$ mit neuen Punkten der Kurve vertauschen. Folglich können die gegebenen Punkte $A$ und $C$ beliebige Punkte der Kurve werden, und $AE$ kann eine beliebige Richtung erhalten.

Es sprechen in der That Gründe dafür, dafs die Alten dieses Porisma gekannt haben oder das daran geknüpfte Theorem, welches sich dadurch vom Porisma unterscheiden würde, dafs es ausdrücklich die Bestimmung der Linien ausspricht, auf denen die Stücke abgeschnitten werden.

Zu dieser Annahme wird man zunächst dadurch geführt, daſs man erwarten darf, daſs die Alten, indem sie sich mit dem citierten elementaren Porisma bei Euklid beschäftigten, sich auch gefragt haben, ob umgekehrt der geometrische Ort für die Durchschnittspunkte zwischen geraden Linien, welche, durch feste Punkte gezogen, proportionale Stücke auf festen Geraden abschneiden, immer eine gerade Linie ist.

Die Antwort muſste verneinend ausfallen; aber die Griechen haben, da sie den Ort zu vier Geraden kannten, nicht unterlassen können zu bemerken, daſs hier ein solcher vorlag. Dadurch ist die Erweiterung des Porismas zu einem Ort zu vier Geraden gegeben, und damit der bereits dargestellte einfache Weg zur Umformung dieses Orts, der ein notwendiges Glied in der vollständigen Bestimmung desselben war.

Doch glaube ich eher, daſs die Verbindung umgekehrt gewesen ist. Man hat beim Studium des Orts zu vier Geraden oder bei Untersuchungen über Kegelschnitte die Umformung des Vierecks auf dem angegebenen Wege gefunden, und man hat dann die Beobachtung gemacht, daſs die in dem so entstehenden Porisma gegebene Bestimmung der Punkte eines Kegelschnittes sich zugleich auf die Punkte einer Geraden anwenden lieſs. Diese Auffassung wird bestätigt, wenn wir untersuchen, auf welchen anderen Wegen als den hier beschriebenen es überhaupt möglich gewesen sein kann die Umformung vorzunehmen, welche uns beschäftigt.

Die Bestimmung eines Punktes $M$ als auf dem Ort zu den Seiten des Vierecks $ABCD$ belegen, der durch einen Punkt $F$ gehen soll, ist an sich ein Ausdruck für die Gleichheit dessen, was man jetzt anharmonische Verhältnisse nennt:

$$A(BDFM) = C(BDFM). \tag{3}$$

Daſs diese Gleichung ein einfacher und ziemlich unmittelbarer Ausdruck hierfür ist, sieht man daraus, daſs umgekehrt der Satz vom einbeschriebenen Viereck sich ohne weiteres aus derselben herauslesen läſst, wenn man auf die gewöhnliche Weise die anharmonischen Verhältnisse durch die *sinus* der Winkel ausdrückt, und diese wieder mit Verhältnissen zwischen Strecken vertauscht.

Der Übergang vom einem Viereck zu einem anderen mufs dann unter der einen oder anderen Form zusammengefallen sein mit einer Umformung der aufgestellten Gleichheit anharmonischer Verhältnisse in die Gleichheit der anharmonischen Verhältnisse

$$A(BFDM) = C(BFDM) \tag{4}$$

zwischen denselben Linien in anderer Reihenfolge genommen. Diese Umwandelung mufs vorgenommen sein, indem man zuerst der Gleichheit einen vom Satz vom einbeschriebenen Viereck verschiedenen Ausdruck gab, welcher die Umwandelung unmittelbarer gestattete.

Am einfachsten wird dies ebenso wie in dem von uns aufgestellten Beweise dadurch erreicht, dafs man die Geraden der beiden Büschel von solchen festen Geraden durchschneiden läfst, welche von denselben in proportionale Teile geteilt werden. Da man indessen nicht immer zuerst auf das verfällt, was am einfachsten ist, so können die Alten möglicherweise auch den Durchschnitt mit anderen Hülfslinien benutzt haben, wonach die Gleichheit der anharmonischen Verhältnisse durch die Proportion zwischen Rechtecken:

$$\frac{B'F' . D'M'}{B'M' . D'F'} = \frac{B''F'' . D''M''}{B''M'' . D''F''}, \tag{5}$$

oder durch eine Proportion ausgedrückt werden würde, welche im modernen Sinne in dieser einbegriffen sein würde und dadurch einfacher geworden wäre, dafs einer oder zwei Punkte sich bis ins Unendliche entfernt hätten. In dem vorher geführten Beweise war dies der Fall mit $B'$ und $B''$. Auf die in ihrer allgemeinen Gestalt aus vier Rechtecken gebildete Proportion kann man sehr leicht dadurch getroffen sein, dafs man z. B. die beiden Hülfslinien mit $FM$ hat zusammenfallen lassen, wodurch $F'$ und $F''$ mit $F$, $M'$ und $M''$ mit $M$ zusammenfallen. Die dadurch erhaltene Proportion:

$$\frac{B''M . D'M}{B'M . D''M} = \frac{B''F . D'F}{B'F . D''F},$$

welche das sogenannte Theorem von Desargues ausdrückt, ist nämlich geradezu durch den Satz vom einbeschriebenen

Viereck ausgedrückt, wenn man die Abstände von den Seiten in der Richtung $FM$ rechnet, und wir werden im nächsten Abschnitt weiter begründen, dafs die Alten diese Umformung wirklich gekannt haben.

Wenn nun die Beziehung auf das gegebene Viereck auf irgend eine Weise, d. h. durch irgend eine Wahl der Hülfslinien, auf die Form (5) gebracht war, so hat diese Proportion sich folgendermafsen weiter umformen lassen:

$$\frac{B'F'.D'M' - B'M'.D'F'}{B'M'.D'F'} = \frac{B''F''.D''M'' - B''M''.D''F''}{B''M''.D''F''},$$

oder

$$\frac{B'D'.F'M'}{B'M'.F'D'} = \frac{B''D''.F''M''}{B''M''.F''D''}; \qquad (6)$$

dies ist ein Ausdruck für (4), und es mufs sich nachweisen lassen, dafs derselbe die Beziehung auf das Viereck $ABCF$ in ähnlicher Weise ausdrückt, wie die Proportion (5) die Beziehung auf $ABCD$. Die Zusammenziehung der Zähler mag allerdings nach dem verschiedenen Vorzeichen in verschiedene Fälle zerlegt sein, aber dieselbe ist nicht so schwierig[1]) wie viele von denen, welche die Alten, wie man bei Pappus sehen kann, haben ausführen können, ja von denen man, wenn Pappus überhaupt Veranlassung gehabt hat dieselben als Hülfssätze für

---

[1]) Die dabei angewandte Relation

$$AC.BD = AB.CD + AD.BC$$

ist in der geometrischen Algebra durch die nebenstehende Figur dargestellt, worin $A$, $B'$, $C'$. $D'$ dieselben Abstände haben wie $A$, $B$, $C$, $D$, und deren Anwendung man leicht verstehen wird, wenn wir die Relation folgendermafsen schreiben:

$$\begin{aligned} AC.B'D' &= AC.B'C' + AC.C'D' \\ &= AC.B'C' + CD.AC' \\ &= AD.B'C' + CD.AB', \end{aligned}$$

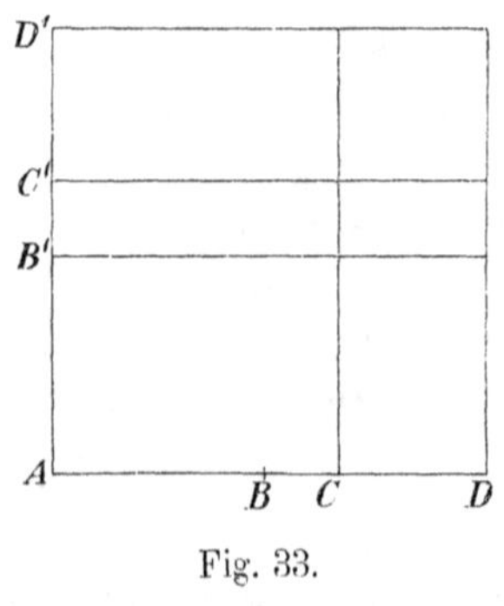

Fig. 33.

und wenn man, wohlgemerkt, dieser Anleitung zur Umlegung der Flächen in der Figur selbst folgt.

das Verständnis der älteren Schriftsteller aufzustellen, vermuten mufs, dafs die Alten es sogar für unnötig gehalten haben, sie zu beweisen.

Ich glaube kaum, dafs es denkbar ist, dafs die Alten, um den Übergang von der Beziehung eines Orts auf ein Viereck zu dessen Beziehung auf ein anderes Viereck vorzunehmen, sich anderer Mittel haben bedienen können als derjenigen, welche (im modernen Sinne) in den hier angeführten einbegriffen sind, welche also keinenfalls gröfsere Schwierigkeiten haben darbieten können.

Bei der Möglichkeit, auf mannigfaltige und besondere Arten Hülfslinien zu wählen, kann dieser Beweis indessen eine Menge verschiedener Formen angenommen haben. Es bleibt also zu untersuchen, ob man sich an einzelne von diesen Formen gehalten oder ob man auch andere gekannt und angewandt hat, wenn auch nicht gerade bei der Bestimmung des Orts zu vier Geraden, so doch um eine gröfsere Menge von Darstellungen der Kegelschnitte und dadurch Mittel zu verschiedenen Untersuchungen zu erhalten, namentlich um zu beweisen, dafs vorgelegte geometrische Örter Kegelschnitte sind.

Diese Frage ist, anders ausgedrückt, die, ob die Griechen andere Darstellungen von der Erzeugung eines Kegelschnittes durch projektivische Büschel kannten und anwendeten, als diejenigen sind, welche man im Satze vom einbeschriebenen Viereck hat. Sie mufs also mit einem Hinweise auf die Erzeugung von dieser Art beantwortet werden, auf die wir bereits am Schlusse von Apollonius' drittem Buche [53—56] gestofsen sind. Die Relation, durch welche in dieser die Projektivität der Büschel ausgedrückt wird, würde in (5) einbegriffen sein, wenn man den Punkt $B$ mit $A$ und $D$ mit $C$ hätte zusammenfallen lassen, sowie die Richtung der festen Geraden so gewählt hätte, dafs $B'$ und $D''$ ins Unendliche fortrückten, d. h. parallel den Tangenten in $A$ und $C$.

Da nun der hier erwähnte Satz sich ausdrücklich bei Apollonius findet, so könnte es scheinen, als ob einige Veranlassung gegeben sei, sich denselben der Bestimmung des Orts zu vier Geraden zu Grunde gelegt zu denken. Derselbe giebt in der

That — wie wir schon im vorigen Abschnitt bemerkt haben — unmittelbar den Ort zu drei Geraden. Wenn ich nur wenig geneigt bin denselben auch bei der Restitution des Orts zu vier Geraden zu benutzen, so liegt das daran, weil auf Grund der besonderen Form des hierzu gehörigen Vierecks zwei Übergänge nötig sein würden um zu einem beliebigen Viereck zu gelangen, und weil man, wenn man umgekehrt bei der Bestimmung eines gegebenen Orts von einem beliebigen Viereck ausgehen würde, Bestimmungen von Tangenten vornehmen müfste, um denselben auf den in dem erwähnten Satze bestimmten Ort zu drei Geraden zurückzuführen. Der, welcher die hiermit verbundenen Schwierigkeiten überwinden konnte, würde nicht unterlassen haben zu bemerken, dafs man das Ziel rascher erreichen könnte, wenn man — wie wir es gethan haben — das von Apollonius in der erwähnten Satzgruppe benutzte Verfahren auf ein einbeschriebenes Trapez anwendete, worauf nur éine weitere Umformung des Vierecks notwendig ist.

Doch kann es immer noch wunderlich erscheinen, dafs Apollonius, wenn er den Ort zu vier Geraden im grofsen und ganzen auf die Weise bestimmt hat, welche wir als die nächstliegende bezeichnet haben, nicht lieber in seinem dritten Buch die hierzu dienende Erweiterung des aufbewahrten Porismas von Euklid (umgewandelt in ein Theorem) aufgeführt hat als die in den Sätzen 53—56 enthaltene Erzeugung von Kegelschnitten. Doch lassen sich hierfür verschiedene Gründe denken. Ich bin am meisten geneigt den Grund darin zu suchen, dafs er nur die Erweiterung einer einzelnen der im voraus bekannten Erzeugungen von Kegelschnitten durch projektivische Büschel auf den aus zwei Hyperbelästen zusammengesetzten Kegelschnitt hat zeigen wollen, und dann die gewählt hat, bei der diese Erweiterung am leichtesten vorzunehmen war. Da nämlich bei der in der Satzgruppe 53—56 behandelten Erzeugung nur zwei feste und ein beweglicher Punkt vorkommen, so bedarf man hier zur Erweiterung des wahrscheinlich im voraus bekannten Satzes über éinen Kegelschnitt [54] nur zweier Sätze [55 und 56]. In dem oben über Kegelschnitte ausgesprochenen Porisma (umgewandelt in ein Theorem) kommen dagegen — abgesehen von dem zur Bestimmung von Konstanten dienenden Punkte $F$ — im ganzen 5 Punkte des Kegelschnittes ($A$, $B$, $C$, $D$, $M$) vor, wodurch die Erweiterung auf die beiden Hyperbeläste[1]) bedeutend weitläufiger wird.

Wenn ich soeben von „den im voraus bekannten Erzeugungen von Kegelschnitten durch projektivische Büschel" gesprochen habe, so habe ich dabei bereits vorausgesetzt, einmal, dafs es mehrere derselben gab, und zweitens, dafs man auch, ohne dieselben wie wir unter den Begriff Projektivität zusammenfassen zu können, eine klare Vorstellung von ihrem gegenseitigen Zusammenhange hatte. Die Berechtigung zu diesen Voraussetzungen entnehme ich demselben Werke, welches mir den Weg zur Umformung des einbeschriebenen Vierecks zeigte, den ich zuerst als den annehmbarsten hingestellt habe, nämlich aus Euklids Porismen.

Diese Schrift ist allerdings verloren, und Pappus' Angaben[2]) über ihren Inhalt sind lange Zeit rätselhaft gewesen; aber jetzt sind diese Rätsel der Hauptsache nach vollständig gelöst, wenn sich auch immer noch über die Form der Porismen streiten läfst, und die Untersuchungen über Einzelheiten des Inhalts und den wahrscheinlichen Anlafs und Zweck der Schrift nicht in allen Punkten abgeschlossen sind. Bereits Robert Simson deutete an, wie Pappus' Angaben zu erklären seien; aber diese Erklärung liefs sich erst durchführen, als die Wissenschaft im Begriff stand das Gebiet wiederzuerobern, zu dem die Porismen gehörten, und das geschah dann durch einen der Männer, welche bei der Arbeit auf diesem Gebiete zu den ersten gehörten, nämlich durch Michel Chasles. Dieser hat wie bekannt sogar eine Restitution von Euklids

---

[1]) Die Veranlassung zu einer solchen Erweiterung ergiebt sich erst, wenn das Porisma über Kegelschnitte ausgesprochen wird. Um dasselbe zur Umformung des noch nicht näher bestimmten Orts zu vier Geraden anwenden zu können, war es also für Apollonius nicht nötig eine solche Erweiterung vorzunehmen.

[2]) Ausgabe von Hultsch, S. 648 ff.

verlorenem Werk[1]) ausgearbeitet, die allerdings keinen Anspruch auf volle Übereinstimmung in den Einzelheiten macht — das geht unter anderem daraus hervor, dafs Chasles 220 Porismen aufstellt, während das Werk nur 171 gehabt hat —, die aber zur Genüge die Durchführbarkeit der aufgestellten Erklärungen und deren Übereinstimmung mit allen vorliegenden Angaben zeigt.

Es darf also, ohne dafs wir nötig hätten die Begründung dafür zu wiederholen, zweierlei als feststehend betrachtet werden: zunächst, dafs Euklids Porismen ausgesprochen haben, dafs Punkte auf einer Geraden liegen, dafs Gerade durch denselben Punkt gehen und dafs Punktreihen auf geraden Linien in solchen Verbindungen stehen, welche mit gröfserem oder geringerem Grade von Allgemeinheit das ausdrücken, was wir projektivisch nennen; und demnächst auch, dafs die Voraussetzungen, unter denen dieses der Behauptung nach stattfindet, in den beiden ersten Büchern über die Porismen aus Bedingungen derselben Art zusammengesetzt sind.

Pappus' Worte, dafs die Voraussetzungen „ganz speciell" sind, könnten vielleicht die Befürchtung erwecken, dafs in den Porismen nur einzelne eng begrenzte Sätze dieser Art aufgestellt worden seien. Wenn wir indessen den weiteren Zusammenhang dieser Worte berücksichtigen, dafs sie nämlich „verschieden sind, weil sie ganz speciell sind", und ferner beachten, dafs Pappus 10 Porismen in éins[2]) von sehr allgemeinem Charakter zusammenzieht, so müssen wir annehmen, dafs diese Specialität entweder nur in der Verschiedenheit liegt oder in der bei den Griechen gewöhnlichen Zerstückelung besteht, so dafs jedesmal mehrere Porismen zusammengenommen die Voraussetzungen über die Lage der darin vorkommenden Punkte und Geraden vollkommen allgemein machen.

---

[1]) M. Chasles, Les trois livres de porismes d'Euclide, rétablis pour la première fois d'après la notice et les lemmes de Pappus, et conformément au sentiment de R. Simson sur la forme des énoncés de ces propositions. Paris 1860.

[2]) Ausgabe von Hultsch, S. 652.

Unter diesen Umständen sind zwei Folgerungen möglich: entweder es hat direkt unter den Porismen solche gegeben, welche ausdrückten, dafs wenn zwei Strahlenbüschel zwei feste gerade Linien in Punktreihen schneiden, welche einer gewissen Relation der erwähnten Art (z. B. der, dafs das Rechteck aus den Abständen von zwei festen Punkten der Geraden konstant ist) genügen, andere feste Geraden existieren müssen, welche sie in Punktreihen schneiden, die einer anderen dieser Relationen genügen (z. B. ähnlich sind); oder man mufs, wenn die Porismen verwickelter gewesen sind, bei ihrer Bildung mit dieser Art von Übergängen vertraut gewesen oder geworden sein. Wenn also, wie wir gesehen haben, wenigstens Apollonius eine Form [3tes Buch, 53—56] für die Bestimmung projektivischer Büschel, die einen Kegelschnitt hervorbringen, kennt, so darf man schliefsen, dafs er auch Euklids Porismen benutzen konnte um dies durch andere Formen für die Relation zwischen den Punktreihen auszudrücken, welche die Büschel entweder auf denselben Hülfslinien, die er benutzt, oder auf anderen bestimmen. Berücksichtigt man nun die vielen Ausdrücke für die Projektivität, die nach Pappus in Euklids Porismen aufgestellt sein müssen, so erhält man dadurch ebenso viele Bestimmungen von Kegelschnitten, hervorgebracht durch solche Strahlenbüschel, deren Verbindung wir nun in die eine zusammenfassen können, dafs diese Büschel projektivisch sind.

Hierdurch erhalten wir zunächst eine Erklärung von Apollonius' Äufserung in der Vorrede, dafs sein drittes Buch, während es gleichzeitig zur vollständigen Bestimmung des Orts zu drei oder vier Geraden dient, überhaupt ausreichendere Mittel zur Bestimmung und Diskussion körperlicher Örter gebe; denn jede Form für die hier erwähnte Erzeugung ist ein Ortstheorem. Wenn Apollonius sagt, dafs diese Mittel zum Teil neu sind, so hat man gewifs wie gewöhnlich vorzugsweise an die für die Diskussion der Örter so wichtige Betrachtung zusammengehöriger Hyperbeläste zu denken. Abgesehen von diesen können dem Verfasser der Porismen, der die Bestimmung des Orts zu vier Geraden teilweise kannte, solche Erzeugungen der Kegelschnitte, wie wir hier erwähnt haben, nicht fremd gewesen sein, und Aristäus' Buch über körperliche Örter kann möglicherweise verschiedene Beispiele hierfür enthalten haben.

Ferner bestätigt die allgemeine Betrachtung des Zusammenhangs zwischen der Lehre von körperlichen Örtern und Euklids Porismen die Richtigkeit der Anwendung, welche wir von dem vollständig aufbewahrten Porisma gemacht haben. Betrachtet man nämlich die verschiedenen Formen, unter denen die Erzeugung durch projektivische Büschel sich überhaupt in Übereinstimmung mit den Porismen ausdrücken läfst, so zeigt das erwähnte Porisma deutlich, dafs die Bestimmung der Büschel durch Teilung gewisser Geraden in proportionale Teile nicht vergessen sein kann. Es kann also die Vermutung nicht ganz unrichtig sein, welche wir zu Anfang dieses Abschnitts darüber aufgestellt haben, wie die Alten den Übergang von einem einbeschriebenen Viereck zu einem anderen, der ein notwendiges Glied in ihrer vollständigen Bestimmung des Orts zu vier Geraden gewesen ist, bewerkstelligt haben.

Das, worauf wir hier gebaut haben, ist teils die Gewifsheit, dafs Apollonius den Ort zu vier Geraden vollständig, seine Vorgänger denselben teilweise bestimmt haben, teils ist es die letzte Satzgruppe in Apollonius' drittem Buche, teils sind es endlich die vorliegenden zuverlässigen Angaben über den Inhalt von Euklids Porismen. Unsere Schlüsse gehen von dem geometrischen Faktum aus, dafs alle diese Untersuchungen ihrem Inhalte nach genau zusammenhängen, und führen dann, indem nur dieser Zusammenhang auf die nächstliegende Weise benutzt wird, dahin, dafs die Alten die Erzeugung von Kegelschnitten durch projektivische Büschel, abgesehen von deren Zusammenfassung durch den Gattungsbegriff Projektivität, vollständig gekannt haben.

Durch Aufstellung dieses Resultats gehen wir freilich bedeutend weiter, als Chasles nach seinen Aussprüchen über Nutzen und Anwendung der Porismen zu urteilen thut. In der Art der Anwendung selbst ergiebt sich indessen keine grofse Abweichung von dem, was er in dieser Angelegenheit sagt. Er hebt eben auch[1]) den Nutzen hervor, den die Porismen namentlich bei der Bestimmung von Örtern gewähren können, da die durch dieselben gegebenen verschiedenen Darstellungen der bekannten Örter es möglich machen, jeden neuen Ort, der bestimmt werden soll, auf mannigfaltige Weise an jene anzuschliefsen. In dieser Beziehung vergleicht er äufserst treffend die Porismen, in denen angegeben wird, dafs man durch Bestimmung von irgend etwas Unbekanntem zu einer gewissen Darstellung gelangen kann, mit den bekannten Formen der Gleichungen in der analytischen Geometrie, welche man durch Bestimmung der noch unbekannten Koefficienten dahin bringen kann neue geometrische Örter von einer gewissen Art darzustellen. Diesem Vergleiche können wir um so mehr zustimmen, als wir überall in der höheren Geometrie der Alten fast eben soviel Übereinstimmung mit der Behandlungsmethode der analytischen Geometrie wie mit der der modernen reinen Geometrie finden, was wir Gelegenheit finden werden des weiteren auseinanderzusetzen, wenn wir im zehnten Abschnitt die Bestimmungen der Örter bei den Alten untersuchen. Im besonderen werden dann die beiden ersten Bücher über Porismen den Untersuchungen der modernen analytischen Geometrie entsprechen, bei denen namentlich die lineare Form für die Gleichung der geraden Linie benutzt ist. Wie wir angeführt haben, behandeln dieselben nämlich teils die Bedingungen dafür, dafs Punkte auf einer Geraden liegen oder gerade Linien durch einen Punkt gehen, teils die Relationen zwischen geradlinigen Punktreihen, welche in einer ebenen Figur durch Projektion und durch Schneidung von geraden Linien verbunden sind.

Es ist übrigens unwesentlich, ob man die Porismen mit den modernen rein geometrischen oder mit den analytisch-geometrischen Hülfsmitteln vergleicht, welche beide nur unter verschiedener Form ganz dieselben Ziele verfolgen. Sie ihrerseits gewähren dasselbe unter einer dritten Form.

Chasles hat ferner darin Recht, dafs diese reichen Hülfsquellen in den beiden ersten Büchern der Porismen

[1]) M. Chasles, Les trois livres de porismes d'Euclide, S. 60.

unmittelbar nur auf geradlinige Figuren angewandt werden, also auch unmittelbar nur gerade Linien als geometrische Örter ergeben, und dafs dieselben im 3ten Buche nur zugleich auf den Kreis Anwendung finden. Er fügt hinzu[1]), dafs der gröfste Teil der Porismen mit derselben Leichtigkeit sich auf die Lehre von den Kegelschnitten ausdehnen lasse, und weist in einer Anmerkung auf seine eigene Darstellung der Erzeugung durch projektivische Büschel in seinem *Aperçu historique* besonders hin.

In seiner Wiederherstellung der Porismen ist es auch an manchen Stellen leicht die allgemeinen Sätze über Kegelschnitte zu erkennen, welche er selbst vor Augen hat, und welche er nur entweder so specialisiert, dafs eine Gerade oder ein Kreis an Stelle eines allgemeinen Kegelschnittes tritt, oder so umformt, dafs der Kegelschnitt, mit dem das Porisma zusammenhängt, nicht genannt wird, sondern nur die dadurch erreichte Verbindung zwischen geraden Linien oder zwischen diesen und Kreisen zurückbleibt.

Das, was wir nun hinzuzufügen haben, ist die Annahme, erstens, dafs eben diese Verbindung mit der Lehre von den Kegelschnitten auch Euklid während der Ausarbeitung der Porismen vor Augen geschwebt hat, und dafs gerade diese Übereinstimmung im Gedankengange Chasles dazu verholfen hat den Porismen ihren richtigen Charakter und Inhalt zu geben; zweitens, dafs Apollonius während seiner weiteren Behandlung des Orts zu vier Geraden und körperlicher Örter überhaupt vielfach Veranlassung gehabt hat diese Verbindung zu benutzen. Ich hege um so weniger Bedenken bei dieser Abweichung von dem kenntnisreichen Wiederhersteller der Porismen, als derselbe nirgendwo in den von ihm veröffentlichten Voruntersuchungen irgendwelche Rücksicht auf die Bedeutung des Umstandes genommen hat, dafs die Alten eine so allgemeine Aufgabe, wie die Bestimmung des Orts zu vier Geraden — für welche er ja sogar dem Pappus einen grofsen Teil der Ehre überläfst — gelöst

[1]) a. a. O. S. 73.

haben, und als er überhaupt den Inhalt von Apollonius' Kegelschnitten unbenutzt läfst.

So wie er von uns aufgefafst wird, giebt der Zusammenhang zwischen der Lehre von den Kegelschnitten und Euklids Porismen eine befriedigende Erklärung dafür, wie die Porismen entstanden sein können. In theoretischer Beziehung kann dieses Werk allerdings seine selbständige Bedeutung innerhalb seines eigenen Gebietes behaupten. Die darin enthaltenen Resultate sind interessant genug, um ihrer selbst wegen hervorgehoben zu werden, und wenn sie nach Pappus ein Werkzeug sind, bestimmt zu weiterer Anwendung in der Analysis, so gestatten sie in der That unbegrenzte Anwendungen schon auf solche Figuren, die aus Geraden und Kreisen gebildet sind. Aber sollte man im Altertum so weit in den hierhergehörigen Aufgaben gegangen sein, dafs man nicht nur zu den Sätzen selbst gelangte, welche in den Porismen enthalten waren, sondern in denselben auch Werkzeuge zur Behandlung noch komplicierterer Aufgaben auf diesem selben Gebiete erblickte?

Nicht mit der Absicht geradlinige Figuren oder Kreise zu behandeln hat man in unseren Tagen die Lehre von der Projektivität oder Homographie oder, algebraisch ausgedrückt, von den linearen Transformationen entwickelt, sondern nachdem man gesehen hatte, wie nützlich diese Hülfsmittel für die Lehre von den Kegelschnitten und darüber hinaus waren und sein würden, hat man dieselben durch Anwendung auf jenes einfachere Material geprüft und entwickelt, wo man von vornherein geglaubt haben würde, sie leicht entbehren zu können, wo dieselben sich aber doch als nützlich zur Gewinnung neuer Resultate erwiesen. Teils wegen dieser Resultate, teils als eine Vorbereitung für weitere Anwendungen auf die Kegelschnitte hat man es für nützlich gehalten die neuen Methoden in ihrer Anwendung auf geradlinige Figuren und Kreise besonders darzustellen, wie Chasles in seiner *Géométrie supérieure*, aber dafs sie sich hinterher eben für die Kegelschnitte so gut eignen, dafs die Anwendungen hier nicht schwieriger sind als auf dem elementaren Gebiete, rührt daher, dafs das Werkzeug für die Lehre von den Kegelschnitten geschaffen ist, und dafs seine Entwickelung der Anwendung auf diese Lehre Schritt für Schritt gefolgt ist.

So mufs es auch im Altertum zugegangen sein. Während des Studiums körperlicher Örter, während der Behandlung und Umformung des Orts zu vier Geraden hat man die Bedeutung der Verbindungen zwischen Punktreihen erkannt, welche wir unter dem Namen Projektivität zusammenfassen, und hat man sich veranlafst gesehen auf eine Gerade oder einen Kreis solche Bestimmungen von Punkten anzuwenden, welche im allgemeinen den Kegelschnitten angehören. Man ist nämlich sonst niemals in der glücklichen Lage, dafs ein mathematisches Werkzeug, welches mit Rücksicht auf andere Zwecke oder höchstens mit der blofsen Möglichkeit vor Augen, dafs es weitergehende Anwendungen erfahren könnte, entwickelt wird, zufälligerweise in allem und jedem sich so vortrefflich wie die Porismen für das Studium der allgemeinen Eigenschaften eines Kegelschnittes eignet, das heifst, der Eigenschaften, welche sich an dessen Punkte, unabhängig von besonderen Linien oder Punkten (Axen, Mittelpunkt u. s. w.) knüpfen.

Da nun diese Art von Untersuchungen doch kaum von anderen, welche sich an die Kegelschnitte anschliefsen, haben ferngehalten werden können, so darf man erwarten, dafs verschiedenes vom Inhalt der Porismen auch an die Anwendung auf andere Abschnitte aus der Lehre von den Kegelschnitten angeschlossen und dadurch entwickelt worden ist. In Übereinstimmung hiermit haben wir denn auch (S. 82) bei der Bestimmung der Lage einer beliebigen Tangente mit Beziehung auf einen Durchmesser und die zugehörigen Sehnen eine Anwendung derselben Abhängigkeit zwischen Punktreihen, die Projektionen von einander sind, gefunden wie die, welche eine Hauptrolle in den Porismen spielt. Einer von Pappus' Hülfssätzen[1]) zu Euklids

[1]) Der 31ste, Ausg. v. Hultsch, S. 906. Der Hülfssatz wird im 16ten Abschnitt angeführt werden.

Porismen stimmt, obgleich er sich ausschliefslich auf einen Halbkreis und Punkte und gerade Linien bezieht, augenscheinlich überein mit einer der einfachsten Brennpunktseigenschaften eines Kegelschnittes, der den Durchmesser des Halbkreises zur Hauptaxe hat. Dann ist anzunehmen, dafs — ebenso wie die Porismen 174 und 194—196 in Chasles' Wiederherstellung — auch eins oder mehrere von Euklids echten Porismen auf ähnliche Weise Brennpunktseigenschaften unabhängig von dem Kegelschnitt ausgedrückt haben, zu dem sie gehören. In Übereinstimmung mit der von uns vertretenen Auffassung wird dann anzunehmen sein, dafs das Studium der Kegelschnitte und ihrer Brennpunkte die Veranlassung gewesen ist, die in den Porismen aufgestellten Eigenschaften beim Halbkreise zu bemerken. Der Satz wird nämlich — hier wie an manchen anderen Stellen — leichter zu erfassen und natürlicher zu entdecken, wenn die Anschauung durch Hinzunahme eines Kegelschnittes unterstützt wird. Wir werden deshalb beim Studium der Kenntnisse, welche die Alten von den Brennpunkten besassen, den erwähnten Hülfssatz und die wahrscheinlicherweise daran geknüpften Porismen nicht unbeachtet lassen.

Wenn meine Auffassung von Euklids Porismen und ihrer Entstehung richtig ist, dafs dieselben nämlich teils eine Art von Nebenprodukten bei Untersuchungen über Kegelschnitte sind, teils auch ein Hülfsmittel für weitere Untersuchungen über dieselben Kurven, so wird man dadurch aufgefordert zu versuchen aus den vorliegenden Angaben über Euklids Porismen eine möglichst vollständige Ausbeute für die Kenntnis der griechischen Lehre von den Kegelschnitten zu ziehen. An vollständigen Angaben über Einzelheiten in dieser Schrift haben wir aufser dem aufbewahrten Porisma, das uns bereits so grofsen Nutzen geleistet hat, Pappus' Vereinigung von 10 anderen Porismen in folgendes[1]): „Wenn von dem Systeme von Durch-

[1]) Ausg. v. Hultsch, S. 652. Wir haben hier einige unbedeutende Änderungen vorgenommen um den dunklen Text, der in der neueren Zeit zuerst von Robert Simson verstanden wurde, klarer zu machen ohne etwas in der Auffassung der Figur selbst zu verändern.

schnittspunkten zwischen vier geraden Linien die drei, welche auf einer von den Geraden liegen, gegeben sind, und zwei andere sich auf gegebenen geraden Linien bewegen, so wird dasselbe mit dem dritten der Fall sein.“ Wir dürfen also nicht versäumen zu untersuchen, in welcher Beziehung dieser Satz zur Lehre von den Kegelschnitten steht.

Wenigstens wenn man diesen Satz als eine Bestimmung des dritten Eckpunkts eines Dreiecks auffaſst, dessen beide andere Eckpunkte auf gegebenen Linien gleiten, während alle Seiten sich um feste Punkte einer geraden Linie drehen, hat es sehr nahe gelegen weiter zu fragen, was denn aus dem geometrischen Ort wird, wenn man die letzte Einschränkung, daſs die festen Punkte auf einer Geraden liegen sollen, auſser Acht läſst. Der Beweis dafür, daſs der Ort, zu dem man dann gelangt, im allgemeinen ein Kegelschnitt wird, ist, wenn die Konsequenzen, die wir bereits aus dem früher citierten Porisma gezogen haben, richtig sind, nicht schwieriger mit Hülfe jenes Porismas und seiner Konsequenzen zu führen als der Beweis dafür, daſs der Ort in dem erstgenannten speciellen Falle eine Gerade wird. Es seien nämlich (Fig. 34) $A$, $B$ und $C$ die Eckpunkte des Dreiecks, $a$, $b$ und $c$ die gegenüberliegenden Seiten, $a$, $b$ und $c$ mögen sich um die gegebenen Punkte $A_1$, $B_1$ und $C_1$ drehen und $A$ und $B$ auf den gegebenen Geraden $a_1$ und $b_1$ gleiten. Man kann dann nach dem bekannten Porisma zwei gerade Linien $b_2$ und $c_2$ bestimmen, auf denen die Seiten $b$ und $c$ proportionale Stücke abschneiden; man kann ferner — und hierzu wird das bekannte Porisma gerade in der Form benutzt, in der es vorliegt — eine Linie $a_2$ bestimmen, auf der $a$ Stücke abschneidet, welche denen, die $c$ auf $c_2$ abschneidet, also auch denen, die $b$ auf $b_2$ abschneidet, proportional sind. Der geometrische Ort für die Schnittpunkte zwischen den einander entsprechenden Strahlen der Büschel $a$ und $b$ mit den Scheiteln

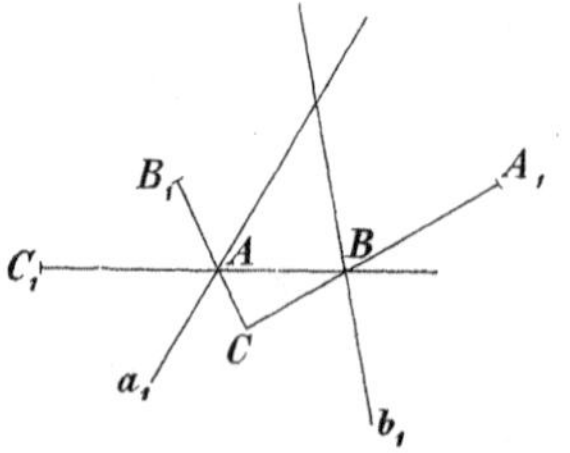

Fig. 34.

$A_1$ und $B_1$, welche zwei gegebene Linien in proportionale Teile teilen, ist indessen, wie wir im Anfang dieses Abschnitts gesehen haben, nur eine andere Form für einen Ort zu vier Geraden, also für einen Kegelschnitt, wenn derselbe nicht eine Gerade oder ein Kreis wird.

In etwas komplicierterer Form haben die Griechen einen Beweis mit ganz denselben Gedanken durchführen können. Aber sie konnten hinterher nicht aussprechen, dafs der Ort „im allgemeinen“ ein Kegelschnitt werde; vielmehr mufsten sie die Bedingungen dafür, dafs er eine Gerade werde, besonders hervorheben. Die 10 Porismen — und möglicherweise andere, welche in Beziehung zu einem anderen Ausnahmefall stehen, wo die Linie $A_1 B_1$ durch den Durchschnittspunkt von $a_1$ und $b_1$ geht — können dann eben in Verbindung mit der hier beschriebenen weitergehenden Untersuchung entstanden sein.

Hierbei wird vorausgesetzt, dafs die zusammengezogenen 10 Porismen auf dieselbe Weise bewiesen sind, wie wir hier die Erweiterung bewiesen haben, also mit Hülfe des vollständig bekannten Porismas. Indessen nimmt Chasles das nicht an, indem er in seiner Wiederherstellung im Gegensatz zu Robert Simson und den meisten anderen, welche sich mit den Porismen beschäftigt haben, die 10 Porismen voranstellt. Mit Rücksicht darauf sucht er zu zeigen[1]), teils, dafs seine Auffassung den Angaben in Pappus' etwas unsicherem Text über den Platz der betreffenden Porismen nicht widerstreitet, teils, dafs der Hülfssatz, welchen Pappus ausdrücklich auf Euklids „erstes Porisma“ bezieht, in einem von den 10 zusammengezogenen Porismen benutzt sein mufs. Die erste Annahme wird von philologischer Seite durch Heiberg[2]) bekämpft, welcher zugleich meint, dafs Chasles an dieser Stelle auch die Hülfssätze nicht ganz richtig benutzt. Da ich indessen die Reihenfolge der Sätze bei Euklid in bestimmter Weise benutzt habe, so will ich mich nicht mit diesen Einwänden begnügen, sondern ausdrücklich nachweisen, dafs Pappus' „Hülfssatz zum ersten Po-

[1]) Les trois livres de porismes, S. 66.

[2]) Litterargeschichtliche Studien über Euklid, S. 78.

risma“ durchaus zu dem Porisma paſst, das man gewöhnlich voranstellt, nämlich zu dem, dessen Form uns auch aufbewahrt ist, und das zu Anfang dieses Abschnittes benutzt wurde.

Dieses Porisma sagt wie bereits erwähnt aus, daſs zwei Strahlenbüschel in perspektivischer Lage zwei feste gerade Linien $a$ und $b$, von denen die eine, $a$, beliebig gewählt werden kann, in proportionale Teile teilen. Die im Porisma verlangte Bestimmung der anderen, $b$, läſst sich dadurch ausführen, daſs die beiden Linien $a$ und $b$ einem Paar einander entsprechender Strahlen der Büschel parallel sein müssen. Ist nun im besonderen die Linie $a$ der Linie $c$, welche die Scheitel der perspektivischen Büschel verbindet, parallel, so muſs die Linie $b$ es auch sein, und umgekehrt, wenn die festen Linien $a$ und $b$ parallel sind oder zusammenfallen, so müssen sie entweder der Verbindungslinie $c$ parallel sein oder der Linie $d$, auf der die einander entsprechenden Strahlen des Büschels sich schneiden. Wenn also eine und dieselbe Gerade, welche die Linie $d$ schneidet, von beiden Büscheln in proportionale Teile geteilt wird, so muſs sie der $c$ parallel sein. Diese letzte Behauptung ist es, die von Pappus aufgestellt und als Hülfssatz zu Euklids erstem Porisma bewiesen wird. Eine naheliegende Veranlassung hierzu war vorhanden, wenn Euklid, der nach griechischer Weise die besonderen Lagen, welche die bekannte Linie $a$ einnehmen kann, besonders erwähnt haben muſs, es für überflüssig gehalten hat seine Behauptung für die Lage zu beweisen, welche $b$ erhält, wenn $a$ parallel der $c$ ist.

Die Ausbeute hinsichtlich der Lehre von den Kegelschnitten, welche wir aus den ihrem Inhalt nach bekannten Porismen erhalten haben, erweckt die Lust mehr kennen zu lernen; denn hier, wo dieselben weiter zu Schlüssen über etwas anderes als ihren eigentlichen Inhalt benutzt werden sollen, würde es viel zu gewagt sein im einzelnen auf Chasles' Wiederherstellungen aufzubauen, die selber auf ähnlichem Wege wieder auf Pappus' Hülfssätzen aufgebaut sind. Um zu entscheiden, wie weit die Wiederherstellung sich benutzen läſst, müssen wir uns fragen, ob man sich nicht nur — wie wir bereits unbedingt gethan haben — an Chasles' Wiedergabe der Beschaffenheit des Inhalts der Bücher über Porismen halten kann, sondern auch im ganzen darauf vertrauen darf, dafs dieser Inhalt in einem richtigen Umfang angegeben ist, und dafs also Euklid im grofsen und ganzen so weit auf diesem Gebiete gelangt ist wie Chasles' Wiederherstellung. Gegen eine solche Annahme spricht der Umstand, dafs Chasles, wie bereits bemerkt, zu viele Porismen gebildet hat. Es läfst sich überdies annehmen, dafs verschiedene von Chasles' einzelnen Porismen bei Euklid in mehrere zerlegt gewesen sind, selbst wenn Pappus nur bei den 10, welche wir erwähnt haben und auf deren Zerlegung Chasles selbstverständlich Rücksicht nimmt, vermocht hat eine Gruppe von Euklids Porismen in ein einziges zusammenzuziehen. Gleichzeitig übt indessen ein anderer Umstand eine entgegengesetzte Wirkung aus, dafs nämlich Chasles' Porismen sich vielleicht allzu nahe an Pappus' Hülfssätze anschliefsen. In Übereinstimmung mit dem, was mit Pappus' Hülfssätzen zu solchen Schriften, die uns erhalten sind, der Fall ist, haben diese sich wahrscheinlich nur an solche vereinzelte Behauptungen angeschlossen, welche Euklid benutzt, deren Beweis er aber für überflüssig gehalten hat. Hat der Beweis nun auch oft nur auf Grund des Zusammenhangs entbehrt werden können, und darf man auch annehmen, dafs für die im Verhältnis zu ihrem Inhalt kurzgefafste Schrift über Porismen ein wirkliches und gröfseres Bedürfnis für Hülfssätze als anderswo gewesen ist, so darf man doch überzeugt sein, dafs die Porismen selbst erheblich weiter gegangen sind als Pappus' Hülfssätze. Da Chasles zugleich von diesen aus den richtigen, durch Pappus' Klassifikationen bezeichneten Richtungen nachgegangen ist, und da der Umstand, dafs er sich in jedem Porisma zu wenig von dem Hülfssatz entfernt hat, den anderen reichlich aufgewogen haben mufs, dafs er zu viele Porismen gebildet hat, so darf man annehmen, dafs Chasles' Wiederherstellung keineswegs einen zu hohen Begriff davon giebt, wie weit Euklid in der beschriebenen Art von Untersuchungen gelangt ist.

So lange wir keine zuverlässigen Mitteilungen über die einzelnen Porismen besitzen, dürfen wir die Porismen kaum in einem wesentlich weiteren Umfange auf die Lehre von den

Kegelschnitten anwenden, als wir bereits gethan haben. Man könnte freilich wohl aus den verschiedenen Formen für die Bestimmung der Projektivität, welche in Pappus' Einteilung der Porismen angeführt sind, verschiedene bestimmte, den Alten bekannte Formen für die Bestimmung der Kegelschnitte als geometrischer Örter für die Durchschnittspunkte zwischen Strahlen von Büscheln ableiten; aber diesen nachzuspüren hat weniger Interesse, eben weil man jetzt alle diese Formen für die Bestimmung der Verbindungen von Büscheln dadurch zusammenfassen kann, dafs man sagt, die Büschel seien projektivisch, und weil wir wissen, wie leicht der Übergang zwischen diesen Formen ist, wenn man erst die einzelnen unter ihnen hat, die wir bereits betrachtet haben. Vielleicht würde eine vollständige Kenntnis eines grofsen Teils der einzelnen Porismen uns nicht weiter führen.

Für den Augenblick können wir also nichts mehr von den Porismen lernen, aber ich kann an dieser Stelle eine Vermutung über den viel umstrittenen Begriff Porismen nicht unterdrücken. Dieselbe ist durch das Resultat hervorgerufen, zu dem ich mit Rücksicht auf die Entstehung und Bedeutung von Euklids Schrift dieses Namens gelangt bin, aber sie kann fallen, ohne dafs dadurch die Zuverlässigkeit dieses Resultats verringert würde. Die genannte Schrift würde nach der von uns begründeten Meinung teils Folgesätze enthalten haben, teils Hülfssätze zur Lehre von den Kegelschnitten oder vielleicht im besonderen zur Lehre von den körperlichen Örtern. Die Hülfssätze machen indessen keinen Apparat aus, der vor der Entwicklung dieser Lehre gebildet ist, sondern sie sind gleichzeitig mit dieser entstanden, und sie sind an und für sich nur Glieder in den vollständigen Beweisen für die in ihr enthaltenen Sätze. Hat man nun einen solchen Beweis ganz durchgeführt und erst hinterher den Hülfssatz herausgezogen und aufgestellt, so wird dieser selbst ein Folgesatz, ein Nebenresultat, nämlich nicht zu dem bewiesenen Satz über Kegelschnitte, sondern zu dem Beweise desselben. Mit Beziehung auf die Lehre von den

Kegelschnitten treten diese Porismen also alle als Folgesätze oder Zusätze auf.

Diese Bedeutung hat das Wort πόρισμα, welches dann also lateinisch durch *corollarium* wiederzugeben ist, überall, wo es in den erhaltenen Schriften von Euklid, Archimedes und Apollonius vorkommt. Da es mir nun nicht wahrscheinlich vorkommt, dafs Euklid ein Wort wie das, welches wir hier vor uns haben, und das häufig als Überschrift gebraucht wird, in zwei ganz verschiedenen Bedeutungen gebraucht haben sollte, so gelange ich zu der Annahme, dafs Euklid durch den Titel, den er seiner Schrift über Porismen gegeben hat, eben hat bezeichnen wollen, dafs die in dieser Schrift enthaltenen Sätze als Porismen in der Bedeutung entstanden sind, in der er sonst dieses Wort gebraucht, nämlich als Porismen zur Lehre von den Kegelschnitten oder vielleicht im besonderen zur Lehre von den körperlichen Örtern.

Dieser Erklärung begegnen wir indessen nicht bei den späteren Schriftstellern des Altertums, welche im Gegenteil Euklid das Wort Porismen in dem Titel der genannten Schrift von einer bestimmten, von den Korollaren verschiedenen Art von Sätzen gebrauchen lassen.

Pappus sagt von ihnen[1]), dafs sie „weder zu den Theoremen noch zu den Problemen, sondern zu einer Zwischenform gehören, so dafs die Sätze entweder als Theoreme oder als Probleme gestaltet werden können, weshalb es so gekommen ist, dafs von den gewöhnlichen Geometern die einen sie als zur Gattung Theorem gehörend auffafsten, die anderen zu den Problemen, indem sie nur die Gestalt der Sätze berücksichtigten". Im Gegensatz zu diesen etwas dehnbaren Bestimmungen führt er dagegen die ausdrücklichen Definitionen „der Alten" an: „Ein Theorem ist das, was so vorgelegt wird, dafs es bewiesen werden soll", „ein Problem das, was so gestellt wird, dafs das vorgelegte konstruiert werden soll", und endlich „ein Porisma das, was so vorgelegt wird, dafs das vorgelegte

[1]) Ausg. v. Hultsch, S. 650—652.

herbeigeschafft werden soll“ (εἰς πορισμὸν αὐτοῦ τοῦ προτεινομένου). Dagegen wirft er den Neueren, „welche nicht alles herbeischaffen konnten“ (πορίζειν), vor, dafs sie sich damit begnügen die Möglichkeit hiervon zu beweisen, sowie dafs sie „auf Grund eines zufälligen Nebenumstandes“ sich folgendermafsen ausdrücken: „ein Porisma ist ein Ortstheorem mit unvollständiger Hypothesis“.

Auch Proklus hat in seinem Kommentar zum ersten Buche von Euklids Elementen aufser der Erklärung des Wortes Porisma als Korollar, in welcher Bedeutung es in eben diesem Buche vorkommt, eine Erklärung desselben Worts in der Bedeutung mitgeteilt, in der es im Titel von Euklids Buche über die Porismen[1]) genommen sein soll. Diese sagt aus, dafs „ein Porisma ein Satz ist, worin gefordert wird, dafs man durch eine Operation etwas bereits Existierendes und notwendig Daseiendes zur Erkenntnis bringen solle“, sowie „dafs dasselbe in der Mitte zwischen einem Theorem und einem Problem stehe“.

Aus den Citaten aus Pappus sehen wir nun allerdings, dafs nicht nur er selbst, sondern bereits „die Alten“ dem Worte Porisma, so wie es in Euklids Porismen gebraucht wird, eine bestimmte, von der gewöhnlichen verschiedene Bedeutung beilegen, und Proklus hat vermutlich eben so alte Quellen für seine Erklärungen. Der Zeitraum zwischen Euklid und Pappus oder Proklus ist indessen so grofs, dafs die „alten“ Quellen dieser beiden einige Jahrhunderte jünger sein können als Euklid. Dafs sie dies wirklich sind, wird sogar höchst wahrscheinlich dadurch, dafs keine von ihnen Autorität genug besessen hat um die Mathematiker des späteren Altertums in einer gemeinsamen Auffassung und einer gemeinsamen Ausdrucksweise der Porismen zu vereinigen. In den verschiedenen Auffassungen, welche Pappus zur Darstellung bringt, und in den Abweichungen zwischen ihm und Proklus, sowie in den Bestrebungen des ersteren, die Übereinstimmung der Erklärung mit der Etymologie des Worts festzuhalten, erkennt man weitmehr die Versuche einer jüngeren Zeit eine Erklärung des

---

[1]) Ausgabe von Friedlein, S. 301—302.

Wortes Porisma zu geben, welche auf die einmal vorliegende Form von Euklids Sätzen pafst, als eine überlieferte Auseinandersetzung über eine Art von Sätzen, die zu Euklids Zeiten bekannt waren, und von denen Euklid sich ausdrücklich vorgenommen hatte eine Sammlung zu veranstalten.

Ist dies aber richtig, so wird die Bedeutung, welche alle diese Erklärungen des Begriffs Porisma haben, darin bestehen, dafs sie verschiedene Auffassungen und Beleuchtungen von etwas charakteristischem an sämtlichen Sätzen in Euklids drei Büchern von den Porismen ausdrücken, Auffassungen, die von Personen angesprochen sind, welche selbst diese jetzt verlorenen Bücher kannten. Für uns wird es also von Wichtigkeit sein nachzuweisen, dafs die von uns beschriebenen Folgesätze zur Lehre von den Kegelschnitten auf natürliche Weise in Formen, auf welche diese Erklärungen passen, hervorgetreten sein können.

Wenn man diesen Formen nachspüren will, so ist unter den jetzigen Voraussetzungen kein Grund verhanden den Erklärungen, welche Pappus unter ganz anderen Voraussetzungen vorzieht, irgendwelchen Vorzug zu geben, und namentlich werden alle die Erklärungen, welche sich an das Wort Porisma knüpfen, bedeutungslos, wenn Euklid selbst dies Wort nur in der alten anerkannten Bedeutung als Korollar hat brauchen wollen. Man kann vielmehr die verständlichste Erklärung, nämlich die, welche den „Neueren“ beigelegt wird, „dafs ein Porisma ein Ortstheorem mit unvollständiger Hypothesis ist“, zum Ausgangspunkt nehmen; denn wenn Pappus meint, dafs es einem zufälligen Nebenumstande zu verdanken sei, dafs Euklids Porismen diese Beschaffenheit haben, so erhalten wir eben dadurch eine Bestätigung dafür, dafs dies letzte wirklich der Fall ist. Daraus, dafs er das entgegengesetzte nicht sagt, könnte man vielleicht sogar schliefsen, dafs alle Porismen Euklids diese Beschaffenheit haben; doch wollen wir nicht mit Bestimmtheit darauf bestehen.

Was mit der hier gegebenen Erklärung gemeint ist wird deutlich durch das erhaltene erste Porisma, welches aussagt, dafs man eine gerade Linie, welche wir S. 171 *b* nannten, so bestimmen kann, dafs sie und eine gegebene Linie $a$ in proportionale Teile von den Strahlen zweier Büschel geteilt werden, welche sich auf einer dritten Linie $d$ schneiden. Wenn dann die Linie $b$ und die Punkte derselben, welche zwei gegebenen Punkten von $a$ entsprechen, bestimmt sind, so hat man dadurch die Hypothesis des Ortstheorems vervollständigt, welches aussagt, dafs der geometrische Ort für die Durchschnittspunkte zwischen den Strahlen der Büschel, welche auf die so bestimmte Weise die Linien $a$ und $b$ in proportionale Teile teilen, die gerade Linie $d$ ist.

Das hier erwähnte Porisma sollte nun, nach unserer Auffassung, ein Korollar sein zu der allgemeineren Bestimmung des Ortes für die Durchschnittspunkte zwischen den sich entsprechenden Strahlen zweier Büschel, welche auf beliebige Weise zwei beliebige gerade Linien in proportionale Teile teilen. Dasselbe ist entstanden, weil man besonders untersuchen mufste, wann der Ort, der im allgemeinen körperlich ist, eine gerade Linie wird, und weil die Untersuchung dann ganz natürlich mitbrachte, dafs derselbe bei passender Wahl der festen Linie $b$ irgend eine beliebige gegebene Gerade $d$ werden kann.

Nun haben wir bereits aus dem, was über den Inhalt von Euklids Schrift mitgeteilt wird, geschlossen, dafs eine grofse Menge von seinen übrigen Porismen in einer ganz entsprechenden Verbindung mit anderen Erzeugungen körperlicher Örter durch projektivische Büschel steht. Auch bei diesen hat man die Fälle besonders untersuchen müssen, wo der Ort eine gerade Linie oder ein Kreis wird, und diese Untersuchung kann ganz natürlich Veranlassung zu Korollaren gegeben haben, welche genau dieselbe Form wie das erste haben, welche also, wenn die Hypothesis durch Lösung einer gewissen Aufgabe vervollständigt wird, Ortstheoreme werden.

Als eine Unterabteilung der hier besprochenen Porismen, welche so reichhaltig ist, dafs man sie in eigenen Werken suchen mufs, welche aber doch auch nach einer später folgenden Äufserung von Pappus in Euklids Porismen vertreten gewesen sein mufs, erwähnt Pappus eine Art von Sätzen, welche kurz

„Örter“ (τόποι) genannt werden und Sätze zu sein scheinen, die nur aussagen, daſs gewisse geometrische Örter gerade Linien, Kreise u. s. w. sind, aber ohne Angaben über die nähere Bestimmung dieser Linien zu machen. Diese Erklärung[1]) stimmt zu Pappus' Behauptung, daſs die 10 zusammengezogenen Porismen τόποι sein sollen; doch ist dies weniger beweisend, da Pappus dieselben während des Zusammenziehens umgearbeitet haben kann. Bedeutungsvoller ist es, daſs ein von Eutokius wörtlich citierter Satz[2]) aus Apollonius' Ebenen Örtern, die wohl gerade eins von den Werken sind, welche Pappus als eine Sammlung der hier besprochenen besonderen Art von Porismen betrachtet, folgende Form hat: „Wenn zwei Punkte in der Ebene gegeben sind und ein Verhältnis zwischen ungleich groſsen Strecken, so läſst sich in der Ebene ein Kreis so beschreiben, daſs gerade Linien von den Punkten an den Kreis gezogen dieses gegebene Verhältnis haben“. Bei solchen Sätzen mag es vielleicht wunderlich erscheinen, daſs es die Hypothesis sein soll, die durch die Lösung einer Aufgabe (hier die Bestimmung des Kreises) vervollständigt wird, aber das wird verständlich, wenn man beachtet, daſs das Ortstheorem heiſsen müſste: Das Verhältnis zwischen den Abständen von dem Kreise, der durch u. s. w. bestimmt wird, hat den und den bestimmten Wert, oder: Der Kreis, welcher durch u. s. w. bestimmt wird, ist geometrischer Ort ....

Wenn nun Euklids Porismen auf die von uns angenommene Weise entstanden sind, so wird es durchaus natürlich, daſs sie diese τόποι enthalten haben. Diese weisen nämlich ausdrücklich und ausschlieſslich auf den Umstand hin, der für die Lehre von den Kegelschnitten von Bedeutung gewesen ist, **daſs** nämlich gewisse geometrische Örter gerade Linien und Kreise sind, also nicht — wie es sonst in einem gewissen allgemeineren Fall geschieht — Kegelschnitte. Die nähere

[1]) Gegeben von Chasles in: Les trois livres de porismes d'Euclide, S. 33.

[2]) Apollonii Conica, ed. Halley, S. 11. Heiberg, Litterargeschichtliche Studien über Euklid S. 70, benutzt dasselbe Citat, aber auf eine nach meiner Meinung wenig natürliche Weise.

Bestimmung der geraden Linie oder des Kreises hat dagegen nicht in die Lehre von den Kegelschnitten gehört.

Die Begriffe Ortstheoreme und Örter können mit Rücksicht auf eine Angabe bei Pappus[1]) vielleicht auch in der Auseinandersetzung über die Porismen in einer etwas allgemeineren Bedeutung genommen sein als wir sie zu nehmen pflegen, wenn wir von geometrischen Örtern sprechen. Für uns können diese außer Linien, die geometrische Örter für eine einfach unendliche Punktreihe sind, auch Flächen sein als Örter für eine zweifach unendliche Punktreihe oder eine einfach unendliche Linienreihe. Außer diesen führt Pappus nicht nur nach der einen Seite Körper an als Örter für eine zweifach unendliche Linienreihe oder eine einfach unendliche Flächenreihe, sondern er fügt auch abwärts zu den Örtern für eine einfache oder zweifache Unendlichkeit von Elementen (*τόποι διεξοδικοί* und *ἀναστροφικοί*) Punkt, Linie, Fläche und Körper als Ort für Punkt, Linie, Fläche und Körper hinzu, also Örter mit Null Dimensionen (*τόποι ἐφεκτικοί*). Möglicherweise handelt es sich hierbei nur um eine logische Vervollständigung des Ortsbegriffs, aber es wäre auch denkbar, daß die beiden ersten Arten dieser letzten Örter, wo Punkte oder Linien eine gegebene Lage erhalten, mit unter diejenigen gerechnet sind, welche in den Porismen behandelt sein sollen. Ein *τόπος* dieser Art müßte dann den Zweck haben anzugeben, daß eine Linie oder ein Punkt einer beweglichen Figur fest sei. Pappus hat in solchem Falle gewiß die Klassen von Porismen[2]), welche aussagen, daß eine gerade Linie eine gewisse Lage erhält, oder daß Geraden durch einen gegebenen Punkt gehen, als *τόποι ἐφεκτικοί* für Linien oder Punkte betrachtet. Welche Rolle diese letzte Klasse von Porismen, in welchen auch die ganze Ebene um den Punkt herum als *τόπος διεξοδικός* für die Geraden betrachtet sein kann, gegenüber der Lehre von den Kegelschnitten hat spielen können, werden wir in dem Abschnitte über die Erzeugung von Kegelschnitten durch eine bewegte Gerade sehen.

---

[1]) Ausg. v. Hultsch, S. 660—662.

[2]) Die 5te und 6te bei Hultsch.

Auf die soeben beschriebene allgemeine Klasse von Sätzen: Ortstheoreme mit unvollständiger Hypothesis, von denen die *τόποι* eine Unterabteilung bilden, und unter welche sich also auch Punkt und Gerade als Ort für Punkt und Gerade rechnen lassen, passen auch die übrigen Schilderungen von der Natur der Porismen, namentlich das, was über ihre Mittelstellung zwischen Theoremen und Problemen gesagt wird. Da nun der Umstand, auf den die „Neueren" Rücksicht nehmen, den aber Pappus als einen Nebenumstand betrachtet, das Verhältnis zu den geometrischen Örtern sein mufs, so gelangen wir zu der allgemeineren Art von Sätzen, welche „die Alten" bei Pappus, dieser selbst und Proklus haben schildern wollen, wenn wir nur Theorem an Stelle von Ortstheorem setzen. Die Porismen müssen dann[1]), wie auch R. Simson und Chasles annehmen, ausgesagt haben, dafs man durch Lösung eines

---

[1]) Es ist mir nicht ganz klar, ob Dr. Heiberg (Litterargeschichtliche Studien über Euklid, S. 58 ff.) eine gewisse Abweichung von dieser Auffassung auf Proklus' Besprechung der Porismen stützen will. An und für sich existiert kein principieller Unterschied zwischen einem Problem und Proklus' Bestimmung eines Porisma (S. 175). Dafs im Porisma die Herbeischaffung von etwas Existierendem, wie dem Mittelpunkte eines Kreises, verlangt wird, soll nämlich nur heifsen, dafs die Aufgabe, welche gelöst werden soll, möglich ist und ausdrücklich als möglich angegeben wird; dafs dies aber der Fall ist, wird direkt oder indirekt bei jedem gestellten Problem angegeben, da die Griechen sogar, wo die Möglichkeit begrenzt ist, es für nötig halten, gleichzeitig mit der Stellung des Problems Erläuterungen über die Bedingungen für die Möglichkeit der Lösung [*διορισμός*) zu geben. Ob ein derartig gestelltes Problem das werden wird, was Proklus unter einem Porisma verstehen würde, scheint nur von einem Gradunterschiede abzuhängen, nämlich davon, ob die Behauptung, dafs es wirklich möglich ist die Aufgabe zu lösen, eine so grofse selbständige Bedeutung hat, dafs sie, wenn man das Resultat der Lösung als Hypothesis einführt, bedeutend genug ist um als Theorem aufgestellt zu werden. In solchem Falle hat man indessen gerade einen Satz von der von Simson und Chasles aufgestellten Art.

Das stimmt damit überein, dafs Proklus z. B. die Bestimmung des Mittelpunktes eines Kreises als ein Porisma betrachtet. Wenn man das Problem diesen Punkt zu bestimmen löst, so findet man mit Hülfe dieser Bestimmung das Theorem, dafs die Mitte des Stücks, welches ein Kreis von der Senkrechten auf der Mitte einer Sehne abschneidet

Problems zur Bestimmung der Hypothesis eines Theorems gelangen kann; das Theorem geht also aus dem Porisma durch Lösung des Problems hervor. Nur ist nach unserer Auffassung dieser Begriff nicht von Euklid bei Ausarbeitung seiner Porismen zu Grunde gelegt, sondern derselbe hat sich umgekehrt aus diesem Werk entwickelt.

Das hätte recht wohl der Fall sein können, selbst wenn alle die Thoreme, an welche Euklids Porismen auf die ange-

---

(Elemente III, 1), gleich weit von allen Punkten des Kreises entfernt ist. Es läfst sich übrigens kaum behaupten, dafs Proklus mit diesem oder seinem anderen Versuche, in Euklids Elementen Porismen zu finden, Glück gehabt habe. Denn dafs ein Kreis einen Mittelpunkt habe, ist ja in den Definitionen (Elemente I, Def. 15 u. 16) eines Kreises und seines Mittelpunktes gesagt, und dafs kommensurable Strecken ein gemeinschaftliches Mafs haben, ist eben die Definition für solche Strecken. Die Behauptungen über die Möglichkeit der Lösung, welche durch seine Porismen ausgedrückt werden sollten, sind also Identitäten und nicht Theoreme. Die genannten Beispiele sind wahrscheinlich Proklus selbst zuzuschreiben, während die Erklärung der Bedeutung des Porismas, welches er erläutern will, vermutlich älter ist.

So weit ich sehe, ist es wohl kaum Heibergs Absicht, den von Chasles festgestellten Porismenbegriff in einem irgendwie wesentlichen Grade aufzugeben, aber wenigstens in einer der von ihm behaupteten Einzelheiten dürfte er, trotzdem er in diesem Punkte mit R. Simson übereinstimmt, in der Benutzung von Proklus' Definition zu weit gehen. Mit Rücksicht auf diese will er nämlich solche Aufgaben, welche den Zweck haben den geometrischen Ort für Punkte von einer gewissen gegebenen Beschaffenheit zu finden, zu Porismen machen, weil der Ort, ohne Rücksicht darauf, ob er bestimmt wird oder nicht, existiert. Will man sich mit einer so geringfügigen, im Porisma enthaltenen Behauptung begnügen, ohne dafs, wie in einem τόπος, etwas über die Beschaffenheit des Orts gesagt wird, so wird sich jede Aufgabe mit ebensoviel Grund als ein Porisma betrachten lassen.

Selbst wenn das Wort Ortsproblem, welches Chasles hier gebraucht, auch keinen Anspruch auf antiken Ursprung hat, so weifs ich doch nicht, wie man diese Art von Untersuchungen, denen die Alten — wie wir in einem späteren Abschnitt sehen werden — sogar eine besondere Aufmerksamkeit gewidmet haben müssen, anders bezeichnen soll. Dieselben Porismen zu nennen halte ich jedenfalls für einen mangelhaften Ausweg, namentlich aber, wenn ich darin Recht habe, dafs dieser Begriff in der Bedeutung, von der hier die Rede ist, zu Euklids und Apollonius' Zeiten noch nicht existierte.

gebene Weise geknüpft waren, Ortstheoreme gewesen wären. Da wir indessen bei Pappus keine genaue Aufklärung hierüber erhalten, so wollen wir gleichwohl annehmen, dafs unter Euklids Porismen auch andere Sätze von der beschriebenen allgemeineren Form gewesen sind, und zeigen, dafs gewisse andere Korollare zu der Lehre von den Kegelschnitten, als die Sätze über Örter (im weiteren Sinne), sehr leicht gerade diese Form haben annehmen können. Das wird namentlich für die Sätze über einen Kegelschnitt gelten, welche so umgeformt sind, dafs diese Kurve nicht mehr genannt wird, sondern die durch ihre Hülfe hervorgebrachten Verbindungen zwischen anderen Teilen der Figur direkt benutzt werden. Als Beispiel hierfür will ich ein Korollar bilden, welches auf diese Weise aus dem Satze über Erzeugung von Kegelschnitten durch projektivische Büschel, der sich am Schlusse von Apollonius' drittem Buche [54—56, vergl. oben S. 123] findet, entstehen könnte:

Wenn drei gerade Linien $a_1$, $a_2$ und $a_3$, die durch einen Punkt $A$, und drei gerade Linien $c_1$, $c_2$ und $c_3$, die durch einen Punkt $C$ gehen, gegeben sind, so lassen sich durch $A$ und $C$ Linien so ziehen, dafs das Rechteck aus den Stücken, welche $c_1$ auf der ersten, von $A$ an gerechnet und $a_1$ auf der zweiten, von $C$ an gerechnet, abschneiden, dem Rechteck aus den Stücken gleich wird, welche auf dieselbe Weise durch $c_2$ und $a_2$ und durch $c_3$ und $a_3$ abgeschnitten werden.

Die Richtigkeit der Behauptung folgt nämlich aus dem in den drei citierten Sätzen enthaltenen vollständigen Satz über Kegelschnitte, wenn man nur die unbekannte Linie, die durch $A$ gehen soll, parallel der Tangente zieht, welche in $C$ an den Kegelschnitt gezogen ist, der durch $A$, $C$ und die Durchschnittspunkte $a_1 c_1$, $a_2 c_2$ und $a_3 c_3$ bestimmt ist, und wenn man die unbekannte Linie, die durch $C$ gehen zoll, parallel der Tangente zieht, welche in $A$ an denselben Kegelschnitt gezogen ist. Diese Linien lassen sich[1]) ohne Benutzung des Kegelschnittes konstruieren; eine Aufgabe, die sich lösen lassen mufs, und zu der der Satz über den Kegelschnitt eine naheliegende Veranlassung

[1]) Man vergl. unseren folgenden Abschnitt.

giebt, würde also die sein, die Konstruktion auch unabhängig vom Kegelschnitt zu finden. Diese Aufgabe wird eben in dem von uns gebildeten Porisma gestellt, das wenigstens in einer etwas specielleren Gestalt recht wohl in Euklids Schrift hätte Platz finden können.

Wenn das aufgestellte Porisma in voller Allgemeinheit unter Euklids Korollaren zur Lehre von den Kegelschnitten enthalten gewesen wäre, so würde wunderbarerweise das Korollar eine gröfsere Ausdehnung erhalten haben als der entsprechende, dem Euklid bekannte, Satz über Kegelschnitte selbst. Zu seiner Zeit verstand man nämlich nicht denselben auf die Fälle auszudehnen, wo zwei Hyperbeläste zur Verwendung kommen. Indessen gehört es nicht zu den Unmöglichkeiten, dafs Euklid in manchen Fällen gerade mit Absicht den Kegelschnitt aus solchen Sätzen ausgeschlossen hat, welche von ihm ursprünglich als Sätze über Kegelschnitte gefunden waren, denen er aber in dieser Gestalt aus Mangel an Mitteln nicht die volle Ausdehnung geben konnte, deren sie fähig waren.

Es läfst sich auch denken, dafs der Mangel an Mitteln zur vollständigen Bestimmung solcher körperlichen Örter, deren gegebene Punkte sich auf die beiden Hyperbeläste verteilen sollen, eine andere Bedeutung für die Schrift über die Porismen gehabt habe. Die eigentümliche Form der Sätze in dieser könnte nämlich ein Erbteil von den Sätzen über Kegelschnitte sein, zu denen sie ursprünglich Korollare sind, indem man bereits in Betreff der Sätze über Kegelschnitte unvollständige Hypothesen (Voraussetzungen) hat benutzen können um die Schwierigkeiten zu umgehen, welche dadurch entstanden, dafs die Sätze in ihrer vollständigen Gestalt sich hinsichtlich der Hyperbel an beide Äste derselben knüpfen mufsten.

Es liefsen sich also Gründe genug dafür finden, dafs die Sätze in der Schrift über die Porismen, wenn sie eben als eine Sammlung von Korollaren zur Lehre von den Kegelschnitten entstanden sind, die Formen gehabt haben, welche man beschrieben findet. Möglicherweise würde man doch diesen verschiedenen und — wenn man nicht annimmt, dafs die Porismen ausschliefslich an Ortstheoreme geknüpft gewesen sind —

ungleichartigen Gründen eine einheitliche Erklärung der wesentlich gleichartigen Form, welche alle Porismen gehabt haben sollen, vorziehen. Eine solche läſst sich indessen noch zu den genannten Gründen hinzufügen. Nachdem diese bewirkt hatten, daſs einige der Sätze die erwähnte Form annahmen, kann Euklid selbst auf die Zweckmässigkeit und den Nutzen derselben (für die wir (S. 169) in dem Beweise für die Ausdehnung der 10 zusammengezogenen Porismen auf Kegelschnitte Gelegenheit gehabt haben ein Beispiel anzuführen) Rücksicht genommen und versucht haben, auch die übrigen Sätze auf dieselbe Form zu bringen. Insofern also hierbei angenommen wird, daſs bereits Euklid selbst auf diese Form Gewicht gelegt habe, nähern wir uns in etwas der Anschauung, welche seit der Zeit der Mathematiker, welche Pappus die alten nennt, geherrscht hat; aber wir glauben nicht mit diesen, daſs Euklid und seine Zeitgenossen als allgemeine Bezeichnung für Sätze dieser Form denselben Namen wie für Korollare gebrauchten, und daſs seine Schrift auf diese Weise den Namen „Porismen" bekommen habe. Vielmehr ist umgekehrt dieser Titel die Veranlassung geworden, daſs man später Sätze von der angeführten Form Porismen genannt hat.

---

## Neunter Abschnitt.

### Bestimmung von Kegelschnitten durch fünf Punkte; Apollonius' viertes Buch über die Kegelschnitte; seine „sectio determinata".

Die Bestimmung des Orts zu vier Geraden ist eng mit dem Umstande verknüpft gewesen, daſs dieser Ort um das aus den vier Geraden gebildete Viereck beschrieben ist. Man kann sich nämlich teils nur schwierig vorstellen, wie ein hiervon unabhängiger Nachweis, daſs der Ort ein Kegelschnitt wird, möglich gewesen ist, teils stimmt diese Annahme wie wir gesehen haben, wenigstens so lange das Viereck ein Trapez ist, vollständig mit allen vorhandenen Angaben; und daſs der Ort zu vier Geraden auch durch die neue Ecke geht, welche durch die Erweiterung auf ein allgemeines Viereck eingeführt wird, ist — wie wir in unserer Wiederherstellung vorausgesetzt haben — unzweifelhaft auch bemerkt worden. Die Bestimmung des Orts zu vier Geraden ist also an sich eine Bestimmung eines Kegelschnittes durch vier Punkte, und eine Bestimmung, die sich auf alle solche Kegelschnitte anwenden läſst.

Die genauere Bestimmung eines solchen, welche durch den gegebenen Wert des Verhältnisses zwischen den Rechtecken aus den Abständen von den Seiten gegeben ist, hätte für die Griechen, welche diesem Verhältnis kein Vorzeichen beilegen konnten, zu zwei Kegelschnitten führen müssen. Es finden sich nirgends Anzeichen dafür, daſs dies wirklich geschehen ist, und es kann, wie bereits bemerkt, deswegen unterblieben sein, weil man sich, nachdem man einen Punkt des Ortes bestimmt hatte, damit begnügte den Kegelschnitt zu betrachten, der durch diesen Punkt ging. Vielleicht kann man auch — wie in Archimedes' Form für die Gleichung eines Kegelschnitts, die auf einen Durchmesser bezogen ist — geradezu einen beliebig gegebenen Kurvenpunkt an Stelle der Konstanten gesetzt haben. Jedenfalls müssen die Griechen die genaue Verbindung bemerkt haben, in der die Bestimmung durch den Wert des Verhältnisses mit der Bestimmung durch einen fünften Punkt steht. Faktisch hat also Apollonius durch seine Vervollständigung des Orts zu vier Geraden die Aufgabe gelöst, einen Kegelschnitt durch fünf gegebene Punkte zu konstruiren. Hierbei muſs das Wort Kegelschnitt in der modernen Bedeutung genommen werden, so daſs die beiden Äste einer Hyperbel als ein einziger Kegelschnitt aufgefaſst werden.

Der Umstand, daſs wir genötigt gewesen sind diese Auffassung festzuhalten, damit die Aufgabe sich im allgemeinen lösen lasse, trägt dazu bei zu erklären, daſs dieselbe sich in Apollonius' Werk nicht behandelt findet. Dies läſst sich nämlich nicht, wie damals, wo die Rede von der Bestimmung geometrischer Örter war, dadurch erklären, daſs man die Vermutung aufstellt, eine direkte Behandlung dieser Aufgabe würde nicht mit dem Zwecke dieser Schrift vereinbar gewesen sein. Ebenso wie die Aufgabe, einen Kreis um ein Dreieck zu beschreiben, ihren Platz in Euklids Elementen gefunden hat, ebenso natürlich würde es gewesen sein in den Elementen der Lehre von den Kegelschnitten die Aufgabe anzuführen, einen Kegelschnitt um ein Fünfeck zu beschreiben oder einen Kegelschnitt durch fünf Punkte zu legen, wenn man überhaupt so weit gelangt war der Behandlung dieser Aufgabe eine solche Gestalt zu geben und sie den strengen hergebrachten Formen so anzupassen, daſs sie an dieser Stelle behandelt werden konnte. Die Herstellung einer solchen Form hat indessen ihre Schwierigkeiten gehabt, und diese sind keineswegs dadurch überwunden gewesen, daſs man wie gesagt die Aufgabe faktisch gelöst hat, aber in einer anderen Form als diejenige ist, welche sie zu den Definitionen, auf welchen, und zu dem Plane, nach welchem Apollonius' Lehrgebäude aufgeführt ist, passen lassen würde.

Würde man nämlich ohne weiteres die Aufgabe stellen einen Kegelschnitt durch fünf Punkte zu legen, so nehme ich an, daſs ein griechischer Mathematiker, selbst wenn ihm die Bestimmung des Orts zu vier Geraden vollständig bekannt wäre, diese Forderung zunächst so auffassen würde, als ob drei Aufgaben über die Ellipse, Parabel und Hyperbel[1]) nur dem Wortlaut nach vereinigt wären. Er würde dann bald finden, daſs diejenige von diesen, welche die Parabel beträfe, überbestimmt wäre, da von einer Parabel höchstens vier Punkte gegeben sein dürfen. Die Bestimmung durch diese würde überdies eine ganz andere Aufgabe werden, welche nicht mit der Bestimmung des Orts zu vier Geraden gelöst ist. Was die Bestimmung einer Ellipse oder Hyperbel durch fünf Punkte betrifft, so

---

[1]) Halley scheint derselben Meinung zu sein, insofern er in seiner Restitution von Apollonius' 8tem Buche die Fragen nach der Bestimmung jeder einzelnen der drei Kurven besonders stellt. Wie ersichtlich bin ich ferner mit Halley darin einig, nicht anzunehmen, daſs die Bestimmung eines Kegelschnittes durch fünf Punkte zu denen gehört habe, welche das 8te Buch enthielt. Durch diese würde der Inhalt des 7ten Buches nämlich nicht eine solche Rolle spielen, wie die Vorrede angiebt.

würde ein Diorismus nötig sein, welcher die Bedingungen ausdrückte, denen die gegebenen Punkte genügen müfsten, damit man wirklich durch dieselben eben diejenige von den Kurven, welche verlangt wäre, legen könne. In Betreff der Ellipse würde es vielleicht sogar für nötig gehalten werden sich dagegen zu sichern, dafs dieselbe in einen Kreis überginge; Apollonius nennt diesen in seinen Sätzen beständig neben den Kegelschnitten, rechnet ihn also nicht mit unter diese, wenn er auch dadurch die Kenntnis der Thatsache verrät, dafs die allgemeinen Sätze über Kegelschnitte auf den Kreis anwendbar sind, ebenso wie er auch im ersten Buche zwei Reihen von Kreisschnitten an schiefen Kegeln nachgewiesen hat. Selbst wenn endlich die Forderung der Konstruktion eines Kegelschnittes richtig in der Weise verstanden wurde, dafs die Kurve je nach Umständen Hyperbel, Parabel, Ellipse oder Kreis werden konnte, war ein Diorismus immer noch notwendig um sich dagegen zu sichern, dafs die fünf Punkte auf die beiden Äste der Hyperbel verteilt wurden, denn in diesem Falle würde man das nicht erhalten haben, was die Griechen unter einem Kegelschitt durch fünf Punkte verstanden.

Daraus, dafs Apollonius die Bestimmung eines Kegelschnitts durch fünf Punkte nicht aufgeführt hat, geht hervor, dafs er eine hinreichend kurze Lösung der hier angedeuteten formalen Schwierigkeiten nicht gefunden hat. Die dazu erforderlichen Diorismen sind allerdings nicht schwierig, aber wie wir heutigen Tags kein sonderlich grofses Gewicht legen auf eine ausdrückliche Aufstellung der Bedingungen, unter welchen der Kegelschnitt durch fünf Punkte eine Ellipse, Parabel oder Hyperbel wird, und im letzteren Falle auf eine Untersuchung, wie sich die Punkte auf die Äste derselben verteilen, so hat die hier berührte formale Bearbeitung auch kein Interesse für Apollonius gehabt, eben weil er die faktischen Resultate an einer anderen Stellen hatte, nämlich in der Bestimmung des Orts zu vier Geraden.

Wenn ich sage, dafs durch diese Bestimmung die Aufgabe einen Kegelschnitt durch fünf Punkte zu legen faktisch gelöst war, so meine ich damit, dafs man wirklich dasselbe erreicht hatte, was wir durch die Lösung dieser allgemeinen Aufgabe erreichen, und dafs man wirklich imstande war diese Bestimmung in denselben Fällen anzuwenden, in denen wir die allgemeine Konstruktion eines Kegelschnittes durch fünf Punkte anwenden. Vor allem ist hierin einbegriffen, dafs man die Konstruktion in allen einzelnen Fällen ausführen konnte, dafs man also wirklich eine Ellipse oder einen Hyperbelast durch solche fünf Punkte, durch welche ein solcher gehen kann, legen konnte. Ferner war man imstande derartige Anwendungen davon zu machen wie die, dafs man schlofs, zwei Kegelschnitte könnten sich höchstens in vier Punkten schneiden. Endlich waren Mittel für weiter gehende Untersuchungen vorhanden, welche sich an die Bestimmung eines Kegelschnittes durch fünf Punkte knüpfen, z. B. die Bedingung dafür zu finden, dafs dieser Kegelschnitt in einem dieser Punkte eine gegebene Tangente habe. Es läfst sich in der That nachweisen, dafs die Griechen in diesen Richtungen so weit gelangt waren wie hier angegeben, wenn auch die Verbindung mit der Bestimmung des Orts zu vier Geraden nicht unmittelbar hervortritt.

Wir wollen mit dem beginnen, was sich in Apollonius' Kegelschnitten selbst findet. Im vierten Buche dieses Werks wird bewiesen, dafs zwei Kegelschnitte sich höchstens in vier Punkten schneiden, und dies Resultat wird auf die Fälle ausgedehnt, wo der eine der beiden Kegelschnitte oder beide mit zwei zusammengehörenden Hyperbelästen vertauscht werden. Dadurch erhält der ursprüngliche Satz dieselbe Ausdehnung, die er nach modernem Sprachgebrauch haben würde. Aus der Vorrede zum vierten Buch[1]) sieht man nun, dafs dieser Satz, beschränkt auf zwei Kegelschnitte in der griechischen Bedeutung, von Konon von Samos, vermutlich dem hoch geschätzten Freunde Archimedes' in Alexandria, aufgestellt worden ist, und dafs seine Beweisführung mit Recht von Nikoteles von Kyrene angegriffen wurde, welcher ihm zugleich vorwarf, dafs er die Erweiterung auf die Fälle, wo der eine Kegelschnitt mit zwei zusammengehörenden Hyperbelästen vertauscht wird, nicht berücksichtigt habe. Apollonius fügt hinzu, dafs weder Niko-

[1]) Vergl. Anhang 1, darin auch die Besprechung des vierten Buchs in der allgemeinen Vorrede.

teles noch sonst jemand diese Erweiterung bewiesen habe, und dafs die Erweiterung auf den Fall, wo beide Kegelschnitte mit zwei zusammengehörenden Hyperbelästen vertauscht werden, überhaupt niemandem eingefallen sei.

Diese Angaben stimmen sehr gut mit den Anschauungen überein, welche wir im ganzen vertreten haben.

Konons Beweis kann sich an den Ort zu vier Geraden angeschlossen haben, vielleicht an die dadurch erhaltene Bestimmung eines Kegelschnittes durch 5 Punkte. In solchem Falle ist derselbe in seinem Grundgedanken vollkommen korrekt gewesen, da es, um auf diesem Wege zu schliefsen, dafs zwei Kegelschnitte sich höchstens in vier Punkten schneiden können, unwesentlich ist, ob es Fälle giebt, in denen man überhaupt keinen einfachen Kegelschnitt (nach der Auffassung der Alten) durch fünf Punkte legen kann. Die Existenz solcher Fälle kann indessen leicht eine wirkliche oder scheinbare Unrichtigkeit des Beweises veranlafst haben. Eine solche hat dann Gegenbemerkungen von Nikoteles' Seite hervorgerufen, indem er darauf aufmerksam machte, dafs es Fälle giebt, in denen sich ein einfacher Kegelschnitt nicht durch fünf Punkte legen läfst. Es ergiebt sich dann, dafs er zugleich darüber unterrichtet gewesen ist, dafs in solchem Falle zwei zusammengehörige Hyperbeläste existieren, welche zusammengenommen durch alle fünf Punkte gehen. Mit Rücksicht hierauf kann er es dann für überflüssig gehalten haben seine Erweiterung von Konons Satz auf den Fall, wo einer von den Kegelschnitten mit zwei zusammengehörenden Hyperbelästen[1]) vertauscht wird, wirklich zu beweisen. Jedenfalls geht es ausdrücklich aus Apollonius' Bemerkungen hervor, dafs zu dem, was Nikoteles bei Konon vermifst hat, die gehörige Rücksichtnahme auf zusammengehörende Hyperbeläste gehört haben mufs.

Da erst Apollonius die Beweise für die Erweiterung

---

[1]) Eine mögliche Erklärung des Umstandes, dafs er dann nicht auch den ebenso einfachen Fall berücksichtigte, wo beide Kegelschnitte mit zusammengehörenden Hyperbelästen vertauscht werden, werde ich Gelegenheit finden am Schlusse des vierzehnten Abschnittes aufzustellen.

der Sätze über Kegelschnitte auf die Verbindung der beiden Hyperbeläste durchgeführt hat, so ruhte Nikoteles' richtige Behauptung allerdings auf unsicherem Grunde, und konnte zugleich mit der letzteren Erweiterung erst von Apollonius bewiesen werden. Da wir den genauen Zusammenhang dieser Erweiterungen mit der Absicht, die Bestimmung des Orts zu vier Geraden und die darin enthaltene Konstruktion eines Kegelschnitts durch fünf Punkte zu vervollständigen, gesehen haben, so sind wir der Meinung, dafs wenigstens eine indirekte Verbindung zwischen dieser Konstruktion und Apollonius' Sätzen über die Anzahl von Durchschnittspunkten vorhanden ist. Selbst wenn diese, wie wir vermuten, direkter gewesen ist, so kann dies doch nicht in seinem Werke zum Vorschein kommen, wo er sich nur auf die Resultate stützen kann, welche in den früheren Büchern desselben Werks entwickelt sind, also nicht auf Sätze über den Ort zu vier Geraden.

Apollonius' Beweisen für die Sätze über die Anzahl von Durchschnittspunkten liegt der Satz über Polaren zu Grunde. Hält man sich vorläufig an den Fall, wo nur die Rede von Kegelschnitten im antiken Sinne ist, so kann man auf folgende Weise (4tes Buch 25) die Unmöglichkeit nachweisen, dafs zwei Kegelschnitte sich in fünf Punkte $A$, $B$, $C$, $D$, $E$ (Fig. 35) schneiden können, von denen man annehmen darf, dafs sie so aufeinander (auf einem der Kegelschnitte) folgen, dafs sich zwischen zwei auf einander folgenden kein anderer Durchschnittspunkt findet.

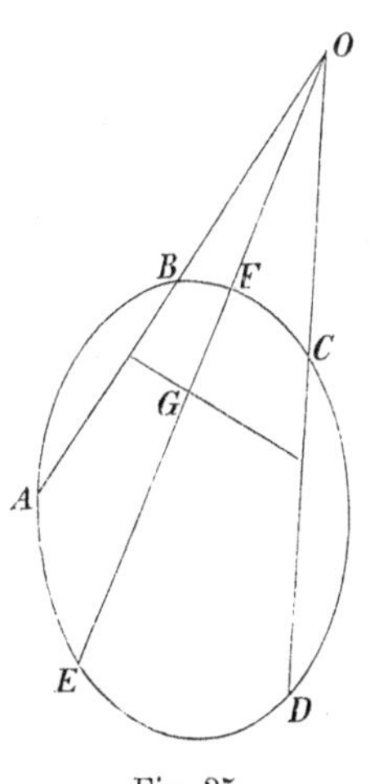

Fig. 35.

Die Polare des Durchschnittspunktes $O$ von $AB$ und $CD$ mufs für beide Kegelschnitte dieselbe sein, denn sie wird durch die Punkte bestimmt, welche harmonisch mit $O$ mit Bezug auf $A$ und $B$ und mit Bezug auf $C$ und $D$ verbunden sind. Würde nun $OE$ diese gemeinsame Polare in $G$ schneiden, so müfsten beide Kegelschnitte durch den Punkt $F$ gehen, der harmonisch mit $E$ mit Bezug auf $O$ und $G$ verbunden ist; aber dieser Punkt $F$ würde, entgegen der aufgestellten Annahme, zwischen $B$ und $C$ liegen.

In 36 beweist Apollonius ferner, daſs ein Kegelschnitt (im antiken Sinne) zwei zusammengehörende Hyperbeläste höchstens in vier Punkten schneidet, und in 53, daſs gleichfalls zwei zusammengehörende Hyperbeläste zwei andere höchstens in vier Punkten schneiden. Zu diesen Resultaten gelangt er dadurch, daſs er in den vorhergehenden Sätzen die verschiedenen möglichen Verteilungen der Durchschnittspunkte auf die beiden zusammengehörigen Hyperbeläste einzeln untersucht. Hierfür benutzt er teils dieselbe Anwendung der Polare wie in 25, teils Betrachtungen über die Richtung der Konkavität der Äste.

Von speciellen Fällen wird nur der behandelt, wo zwei Kurven einen Berührungspunkt haben, in welchem Falle gezeigt wird, daſs das Maximum der Anzahl der Durchschnittspunkte um zwei vermindert wird. Dagegen findet sich keine Untersuchung über den Einfluſs des Parallelismus zwischen den Asymptoten zweier Hyperbeln, oder des Parallelismus zwischen einer Asymptote einer Hyperbel und der Axe einer Parabel. Da indessen, wie oben berührt, Betrachtungen der Figur eine wesentliche Rolle bei der Untersuchung spielen, und man sogar unter Apollonius' eigenen Figuren, nämlich im Beweise für Satz 53, eine findet, bei der gerade der erwähnte Parallelismus eintritt, so darf man nicht annehmen, daſs dieser Fall von den Alten ganz unbeachtet geblieben ist. Apollonius zeigt auch im 5ten Buche, wie wir im Folgenden genauer ausführen werden, daſs er in solchen Fällen über die Anzahl der Durchschnittspunkte richtig unterrichtet ist.

Das vierte Buch enthält im übrigen nur Anpassungen des Satzes über Polaren an die hier erwähnten Anwendungen, sowie einen Beweis dafür, daſs zwei Kegelschnitte keinen endlichen Bogen gemeinsam haben können.

Der Hauptbeweis war, wie wir sahen, an eine Anwendung des Satzes über Polaren geknüpft, um aus fünf Punkten eines Kegelschnittes einen sechsten zu bestimmen. Auf demselben Wege könnte man nach und nach so viele Punkte erhalten, wie man wollte. Dasselbe liefse sich auch durch Anwendung des Potenzsatzes erreichen, der überdies gestattet mit gröfserer Selbständigkeit zu entscheiden, welche neuen Punkte man bestimmen will. Auf diesem Wege kann man dann dahin gelangen konjugierte Durchmesser und dadurch die Axen zu bestimmen. Eben dieses Verfahren wendet Pappus im 8ten Buche[1]) auf die Bestimmung einer Ellipse durch fünf gegebene Punkte an — von denen man im voraus weifs, dafs sich eine Ellipse durch sie legen läfst.

Zunächst kann man leicht, wenn die Punkte $A$, $B$, $C$, $D$, $E$ so gegeben sind, dafs nicht zwei von den Verbindungslinien parallel laufen, durch den Potenzsatz den Punkt $F$ bestimmen, in dem eine durch $E$ parallel der $AB$ gezogene Linie die Kurve schneidet; es kommt also nur darauf an — und Pappus beginnt damit — den Kegelschnitt durch solche 5 Punkte $A$, $B$, $D$, $E$, $F$ (Fig. 36) zu bestimmen, bei denen $AB \parallel EF$. Von diesem Kegelschnitt kennt man den Durchmesser der parallelen Sehnen $AB$ und $EF$, und parallel zu diesem wird durch $D$ eine Sehne gezogen, deren anderer Endpunkt sich dadurch bestimmen läfst, dafs

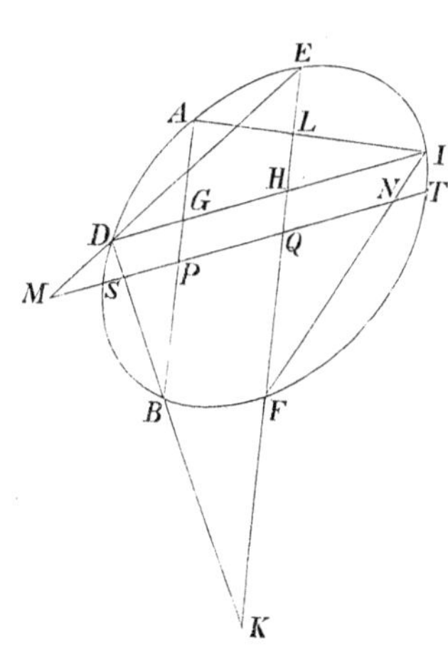

Fig. 36.

$$\frac{IG \, . \, GD}{BG \, . \, GA} = \frac{IH \, . \, HD}{FH \, . \, HE}. \quad (1)$$

Um mit Hülfe hiervon $I$ zu konstruiren zieht man $DB$ und denkt sich $IA$ gezogen. Sind die Durchschnittspunkte dieser beiden mit $EF$ die Punkte $K$ und $L$, so wird das erste der in (1) aufgestellten Verhältnisse gleich

$$\frac{IH}{HL} \cdot \frac{HD}{KH},$$

[1]) Ausg. v. Hultsch, S. 1076—1085.

und man erhält $FH.HE = KH.HL$, wodurch sich Punkt $L$, der wiederum $I$ bestimmt, konstruieren läfst. Um nun die Durchschnittspunkte $S$ und $T$ des Durchmessers und der Ellipse zu bestimmen wird aufs neue der Potenzsatz angewendet, der in Verbindung mit den ähnlichen Dreiecken, die man durch Ziehen von $ED$ und $IF$ erhält, ergiebt:

$$\frac{FH.HE}{IH.HD} = \frac{FQ.QE}{NQ.QM} = \frac{FQ.QE}{TQ\,QS},$$

also $TQ.QS = NQ.QM$, wo der letzte Ausdruck bekannt ist. Auf ähnliche Weise findet man den Wert von $TP.PS$.

Die Art, wie Pappus demnächst $S$ und $T$ bestimmt, ist gleichbedeutend mit einer Elimination des einen der beiden Punkte, der eine Bestimmung des anderen durch eine Gleichung zweiten Grades folgt. Die erste dieser Operationen wird durch die Form vereinfacht, unter der die gegebenen Werte von $TQ.QS$ und $TP.PS$ vorgelegt werden. Man bestimmt nämlich die Punkte $U$ und $V$ auf der Linie $PQ$ derartig, dafs

$$TQ.QS = PQ.QU \quad \text{und} \quad TP.PS = PQ.VP,$$

wo die Punkte $P$, $Q$, $U$, $V$ bekannt sind, während $S$ und $T$ gesucht werden. Hieraus ergiebt sich leicht

$$\frac{US}{UQ} = \frac{TP}{TQ} = \frac{VP}{VS},$$

woraus

$$US.VS = UQ.VP.$$

Um die historischen Ergebnisse, die für uns aus den hier angeführten Konstruktionen bei Pappus hervorgehen, richtig zu würdigen, hat man zu beachten, dafs diese Konstruktionen nicht ihrer selbst wegen vorgeführt werden, sondern als Glieder in der Behandlung der anderen Aufgabe: den Radius der Grundfläche eines gegebenen geraden Cylinders zu bestimmen, der nicht von ebenen Schnitten begrenzt ist. Es wird also nicht beabsichtigt, neue Beiträge zur Lehre von den Kegelschnitten zu geben: Pappus erhebt keinen anderen Anspruch als den, eine ihm gerade passende Anwendung von dem zu machen, was sich bei Apollonius findet. Da Pappus auf diese Anwendung eine andere Aufgabe zurückführt, so darf man annehmen, dafs diese Anwendung selbst ihm ziemlich nahe gelegen hat. Das

Gleiche mufs dann auch in ebenso hohem Grade zur Zeit des Apollonius der Fall gewesen sein, wo die Hülfsmittel, welche Pappus ausschliefslich benutzt, und welche in der langen Zwischenzeit keine weitere Entwicklung erfahren haben, entstanden und sicherlich eben deshalb so weit gebracht waren, weil man Verwendung für sie hatte.

Was wir bei Pappus finden, stimmt also vollkommen mit unserer Annahme überein, dafs nämlich zu den Zielen, welche die Alten in der That durch die Sätze in Apollonius' drittem Buche erreichten, auch die Konstruktion einer Ellipse durch fünf solche Punkte gehörte, von denen man wufste, dafs sich eine Ellipse durch dieselben legen lasse. Das letztere ist bei Pappus eine Folge davon, dafs von den Punkten angegeben ist, sie sollten in einem ebenen Schnitte eines Umdrehungscylinders liegen.

Dagegen ist Pappus' Konstruktion nicht in der Weise auf die Bestimmung des Orts zu vier Geraden gestützt, wie es nach unserer Meinung die Konstruktion, welche zu Apollonius' Zeit die nächstliegende gewesen wäre, hätte sein müssen.

Indessen findet das seine natürliche Erklärung dadurch, dafs Pappus, der so sorgfältig in der Zurückführung elementarer Sätze auf Euklid ist, in derselben Weise Apollonius' acht Bücher über die Kegelschnitte als ein Hauptwerk betrachtet, auf welches alles, was diese Kurven betrifft, zurückgeführt werden müsse. Er stützt sich nicht auf den Satz über den Ort zu vier Geraden, sondern er giebt eine auf Apollonius' drittes Buch gestützte Bestimmung der Ellipse, auf welche in Wirklichkeit eine Bestimmung derselben als Ort zu den vier Seiten des Trapezes $ABFE$ zurückgeführt werden konnte. Diese Bestimmung würde doch zu wenig unmittelbar sein, als dafs man annehmen könnte, dafs es diejenige gewesen sei, welche Pappus bei Aristäus oder Euklid vorgefunden hat. Ich sehe auch keinen Grund, weshalb nicht Pappus oder der Mathematiker, dessen Untersuchungen er mitteilt, selbst eine so leichte Anwendung von Apollonius' Lehre von den Kegelschnitten wie die vorliegende hätte machen sollen. Hätte Pappus von Apollonius etwas genaueres über dessen Bestimmung des Orts zu vier Geraden gehabt, so würde er sich vielleicht verpflichtet gefühlt haben dieser Bestimmung auch in der sich daran schliefsenden Konstruktion zu folgen; aber aus der Einleitung zum 7ten Buche geht hervor[1]), dafs er derartiges nicht besafs. Überdies ist das von Pappus beschriebene Verfahren nur anwendbar, wenn der Durchmesser $PQ$ die Kurve schneidet. Wir haben uns deshalb, als wir im siebenten und achten Abschnitt versuchten, die vollständige Bestimmung des Orts zu vier Geraden wiederherzustellen, welche sich auf die Erweiterung der Lehre von den Kegelschnitten durch Apollonius gründet, in nichts anderem auf Pappus stützen können als in einigen Hauptzügen, wie in der Anwendung des Potenzsatzes und einer vorläufige Behandlung des Falles, wo die vier Geraden ein Trapez bilden.

Es ist beachtenswert, dafs Pappus' Bestimmung der Endpunkte des Durchmessers $PQ$, die in seiner Konstruktion die Hauptsache ist, sich anwenden läfst zur direkten Konstruktion der Durchschnittspunkte zwischen einem durch fünf Punkte bestimmten Kegelschnitt und einer beliebigen geraden Linie. Die Annahme, dafs Apollonius dasselbe habe ausführen können, liegt dann auch nicht fern. Indes läfst sich in solchem Falle ein einfacheres Hülfsmittel nachweisen, mit dem er sich an anderer Stelle vertraut zeigt, das sich, wenn es erst bekannt ist, dafs der Ort zu vier Geraden ein Kegelschnitt ist, für dieselbe Konstruktion benutzen läfst. Dasselbe läfst sich mit so reichem Erfolge auf hierher gehörige Untersuchungen anwenden, dafs sich uns die Annahme aufdrängt, es sei eben wegen dieser entwickelt worden.

Hierbei denken wir daran, dafs Apollonius ein ganzes Werk, nämlich die beiden Bücher über den bestimmten Schnitt, über folgende Aufgabe geschrieben hat: wenn $A$, $B$, $C$, $D$ gegebene Punkte einer geraden Linie $l$ sind, einen neuen Punkt $P$ auf derselben Linie so zu bestimmen, dafs das Verhältnis $\frac{AP.CP}{BP.DP}$ einen gegebenen Wert erhält. Die Bestimmung der Durchschnittspunkte zwischen $l$ und einem Ort zu

[1]) Ausg. v. Hultsch, S. 636.

vier Geraden läfst sich nämlich unmittelbar in diese Aufgabe verwandeln, und zwar sind dann $A$, $B$, $C$, $D$ die Durchschnittspunkte zwischen $l$ und den vier Geraden. Es wird deshalb von Wichtigkeit sein hier alle vorhandenen Angaben über diese Schrift, die leider verloren gegangen ist, ans Licht zu ziehen. Diese Angaben müssen sämtlich bei Pappus gesucht werden. Zunächst giebt er am Anfange des 7ten Buchs[1]) einen kurzen Bericht über den Inhalt. Aus diesem ersieht man einmal, dafs die Behandlung der erwähnten Aufgabe den Inhalt dieser Bücher ausgemacht hat, zweitens, dafs diese in einem solchen Umfang ausgeführt war, dafs man annehmen darf, dieselbe sei wegen anderer wichtiger Aufgaben vorgenommen. Ihrer eigenen Schwierigkeit wegen hat die blofse Auflösung der angeführten Aufgabe bei Apollonius durchaus kein Interesse erregen können. Den Punkt $P$ aus der Gleichung $AP.CP = \lambda.BP.DP$ zu bestimmen, wo das Verhältnis $\lambda$ und die Punkte $A$, $B$, $C$, $D$ gegeben sind, ist heutigen Tages für jeden leicht, der in der elementaren Mathematik bewandert ist; denn die gegebene Relation wird, wenn man die Abstände der verschiedenen Punkte von einem festen Punkte an rechnet, zu einer Gleichung zweiten Grades, und auf entsprechendem Wege konnten die griechischen Mathematiker ebenfalls mit geringer Mühe die Aufgabe in eine Flächenanlegung verwandeln. Wird dagegen eine so sorgfältige Diskussion verlangt, wie erforderlich ist, wenn die Aufgabe weitergehender Untersuchungen wegen behandelt wird, und soll bei dieser Diskussion, welche zunächst den Zweck haben mufs anzugeben, wann man zu einer, zwei oder keiner Auflösung gelangt, Rücksicht auf die verschiedenen Lagen genommen werden, welche die gegebenen Punktpaare $A$, $C$ und $B$, $D$ haben können (ob dieselben sich gegenseitig trennen oder nicht, ob die Punkte desselben Paares zusammenfallen, oder ob der eine sich bis ins Unendliche entfernt), so wird die Aufgabe sofort ziemlich weitläufig; ihre Behandlung führt, wenn man auch nicht ausdrücklich die Reihe von Punktpaaren hervorzieht,

[1]) Ausg. v. Hultsch, S. 642.

welche die Gleichung bestimmt, indem man $\lambda$ verschiedene Werte beilegt, und deren Verbindung jetzt Involution genannt wird, doch faktisch zu einer vollständigen Theorie der Involution. Die Punkte, welche man erhält, wenn $\lambda$ die Grenzwerte für die Auflösbarkeit annimmt, werden demnach die Doppelpunkte der Involution.

Nun sehen wir bei Pappus, dafs Apollonius wirklich eine solche Untersuchung durchgeführt hat, die zu jener Zeit, wo man die Abschnitte nicht mit Vorzeichen nahm, wo also ein gegebenes $\lambda$, das dem $\pm\lambda$ der Gegenwart entsprechen würde, bis zu 4 Punkten würde geben können, bedeutend weitläufiger war. Apollonius hat Rücksicht genommen auf den Fall, wo eins von den beiden Rechtecken mit einem Quadrat vertauscht ist, also wo z. B. $A$ und $C$ zusammenfallen, ferner auf den, wo ein unbekannter Abschnitt der Geraden, z. B. $CP$, mit einem gegebenen vertauscht wird, was dem entsprechen würde, dafs $C$ sich bis ins Unendliche entfernt, und besonders hat er sich mit der Bestimmung der Maxima und Minima beschäftigt, also mit der Bestimmung der Doppelpunkte der Involution.

Noch ein Interesse knüpft sich an die gestellte Aufgabe selbst, nämlich das, nicht nur eine solche algebraische Lösung zu finden, welche unmittelbar aus bekannten Operationen hervorgeht, sondern auch zu einer eleganteren geometrischen Lösung zu gelangen. Eine solche ergiebt sich aus der Betrachtung der Durchschnittspunkte zwischen einem Kreisbüschel und einer Geraden, im besonderen der Centrale des Büschels. Wenn man einen kleinen Abschnitt von Pappus' Bericht, der von Hultsch in Klammern mitgeteilt ist, für echt halten darf, so hat auch Apollonius aufser der algebraischen Lösung, welche in ihrer geometrischen Form auch zu seiner Zeit am leichtesten ausfindig zu machen war, eine besonders sinnreiche Lösung durch Halbkreise gegeben, welche sich wahrscheinlich eben an die Eigenschaften eines Kreisbüschels angeschlossen hat.

Diese zuverlässigen und vollständigen Angaben über den Gesamtinhalt von Apollonius' verlorener Schrift werden im allgemeinen durch die Hülfssätze bestätigt, welche Pappus weiterhin im 7ten Buche[1]) mitteilt. Dagegen ist es hier wie überall nur zufällig, wenn sich aus den Hülfssätzen das eine oder andere über Apollonius' Behandlung der Einzelheiten ableiten läfst.

Aus dem ersten Hülfssatz[2]) kann man schliefsen, dafs Apollonius in dem Falle, wo $\lambda = 1$, wo man also $P$ (der dann das Centrum der Involution wird) aus $AP.PC = BP.PD$ bestimmen soll, die Relation

$$\frac{BP}{DP} = \frac{AB.BC}{AD.DC}$$

benutzt habe.

Für diese Relation führt Pappus nämlich mehrere Beweise. Es ist also wahrscheinlich, dafs Apollonius dieselbe entweder ohne besonderen Beweis benutzt hat, da sie sich, nachdem sie ausgesprochen ist, leicht durch geometrische Algebra oder durch die Proportionslehre verificieren läfst, oder dafs er nicht die systematische Rücksicht auf Euklids Elemente genommen hat, die zu Pappus' Zeit verlangt wurde. Im übrigen darf es als sicher betrachtet werden, dafs Apollonius auch die naheliegende geometrische Lösung dieser Aufgabe mittels der Potenzlinie der Kreise, welche durch $A$ und $C$ und durch $B$ und $D$ gehen, gekannt habe.

Man kann ferner aus mehreren von den Hülfssätzen, z. B. aus Satz 40[3]), schliefsen, dafs Apollonius wahrscheinlich in seiner Grenzbestimmung für die Lösbarkeit der Aufgabe einen Doppelpunkt $E$ der durch die Punktpaare $A$, $C$ og $B$, $D$ gegebenen Involution durch die Relation

$$AB.BC : AD.DC = BE^2 : DE^2$$

bestimmt habe.

Möglicherweise lassen sich mehrere ähnliche Einzelheiten betreffs der Form der Resultate in Apollonius' verlorener Schrift und deren Begründung ans Licht ziehen. Da wir aber bereits aus der Inhaltsangabe wissen, wie weit er gelangt

---

[1]) Ausg. v. Hultsch, S. 704 ff.

[2]) a. a. O. S. 704.

[3]) a. a. O. S. 732.

war, und da wir den Reichtum an Mitteln kennen, der bei dieser elementaren Untersuchung hat benutzt werden können um so weit zu gelangen, so bietet ein weiteres Nachspüren nach diesen Einzelheiten kein sonderliches Interesse, wenigstens nicht, so lange dasselbe nicht direkte Aufklärungen über eine Verbindung zwischen dem Studium der Involution und der Bestimmung projektivischer Büschel in den Porismen herbeiführen kann.

Dagegen würden positive Angaben darüber, wozu die entwickelte Lehre von der Involution benutzt worden ist, von grofser Bedeutung sein. Da wir indessen auch ohne solche annehmen dürfen, dafs ein so bedeutendes und, wie wir aus der modernen Geometrie wissen, so vortreffliches Werkzeug nur in der Hand desjenigen entstanden sein kann, der es zu gebrauchen verstand, und da die Griechen zu Apollonius' Zeit durch ihre Bekanntschaft mit dem Satze, dafs der Ort zu vier Geraden ein Kegelschnitt ist, vollständig im Besitze der Bedingungen waren, um dasselbe auf dem Gebiete anzuwenden, wo es jetzt mit dem gröfsten Erfolge benutzt wird, so liegt alle denkbare Veranlassung zu dem Glauben vor, dafs man es wirklich auf diesem Gebiete angewandt habe. In dieser Auffassung von der Bedeutung der erwähnten Schrift wird man bestärkt werden, wenn man im Folgenden sehen wird, dafs auch die übrigen kleinen Schriften des Apollonius Aufgaben lösen, zu welchen Sätze aus der Lehre von den Kegelschnitten die natürlichste Veranlassung gegeben haben, und welche ihrerseits diese Sätze fruchtbar machen.

Am unmittelbarsten dürfte demnach „der bestimmte Schnitt" angewandt sein um die Durchschnittspunkte einer Geraden mit einem Kegelschnitt, der als Ort zu vier Geraden oder durch fünf Punkte gegeben ist, zu bestimmen. Ist das aber der Fall gewesen, so haben die Diorismen in der angeführten Schrift unmittelbar zu eben so vielen Sätzen über die Kegelschnitte geführt. Die Bestimmung der Grenzfälle für die Möglichkeit der Konstruktion oder die Bestimmung der Doppelpunkte der Involution enthielt die Bestimmung eines solchen Orts zu vier gegebenen Geraden — oder eines Kegelschnittes durch vier

Punkte —, der eine gegebene gerade Linie berührt; die soeben angeführte Bedingung dafür, dafs ein Punkt $E$ Doppelpunkt einer Involution ist, liefs sich benutzen um an einen Ort zu vier Geraden oder an einen Kegelschnitt durch 5 Punkte in einem ihren Punkte eine Tangente zu ziehen u. s. w.

Die Anwendungen, die man heute von dem Satz von Desargues macht, können uns als Führer dienen um zu erkennen, wie weit man auf diesem Wege gelangt sein kann; denn in der Anwendung der Eigenschaft eines Kegelschnittes, einen Ort zu vier Geraden darzustellen, auf dessen Durchschnittspunkte mit einer geraden Linie ist an sich der angeführte Satz erhalten. Doch mufs bemerkt werden, dafs die Griechen nicht auf diesem Wege die Hauptsätze über Pol und Polare gefunden zu haben scheinen, welche jetzt zu den wichtigsten Anwendungen von Desargues' Satz zu gehören pflegen.

Mehr kann man dadurch erreicht haben, dafs man die Lehre von der Involution mit den projektivischen Punktreihen der Porismen, welche beide vielleicht sogar von Anfang an in Verbindung mit einander aufgetreten sind, kombinierte; aber um den griechischen Geometern nicht solche Einzelheiten zuzuschreiben, welche sich doch durchaus nicht kontrolieren lassen, wollen wir diese Versuche einstellen. Wenn wir hierin weiter gingen, so würden wir wahrscheinlich nur unsere Leser zu der Frage veranlassen, einmal, wo nach unserer Meinung die Griechen alle die Anwendungen der Lehre von den projektivischen Punktreihen und von der Involution haben niederlegen können, die wir ihnen beigelegt haben und die über das hinausgehen, was sich in der überlieferten Literatur findet, und zweitens, wo wir die Grenzen für das annehmen wollen, was sie überhaupt haben erreichen können.

Die erste Frage wird im vierzehnten Abschnitt in weiterem Zusammenhange beantwortet werden. Da wir überhaupt in diesem Abschnitt darzuthun glauben, dafs viele weitergehende Specialuntersuchungen, welche die Griechen ausgeführt haben, vollständig verloren gegangen sein können, so wird es namentlich betreffs der Einzelheiten unmöglich sein Grenzen zu ziehen, bis zu denen Apollonius und seine nächsten Schüler in der Anwendung der soeben erwähnten Hülfsmittel, welche Euklid und Apollonius entwickelt haben, gegangen sein können; denn hier macht es sich geltend, dafs man, je weiter man kommt, um so mehr neuen Fragen begegnet, und um so mehr Mittel hat dieselben zu beantworten. Doch läfst sich eine Grenze von allgemeinerer Natur ziehen. Mit Beziehung auf projektivische Büschel und Punktreihen haben wir dieselbe bereits angeführt, wenn wir gesagt haben, dafs die Alten die verschiedenen Formen für diese Verbindungen kannten und sicherlich auch anwendeten, aber ohne dieselben unter den gemeinsamen Begriff Projektivität zusammenzufassen. Auch die Involution sehen wir nicht aufgestellt als eine gemeinsame Verbindung für eine unendliche Reihe von Punktpaaren, die sich wiederum in zwei projektivische Punktreihen teilen.

Hiermit ist nicht gesagt, dafs den Führern, denen die grofsen Fortschritte zu verdanken waren, solche allgemeine Formen der Betrachtung gefehlt haben wie die sind, welche wir jetzt in den allgemeinen Begriffen Projektivität und Involution ausdrücken; vielmehr kann thatsächlich nur eine solche Betrachtung sie in den Stand gesetzt haben die zweckmäfsigsten einzelnen Formen für diese Verbindungen zu wählen, und der gegenseitige Zusammenhang zwischen diesen kann ihnen so klar vor Augen gestanden haben, dafs sie sich nicht einmal versucht fühlten demselben einen allgemeinen Ausdruck zu geben. Ein solcher war auch keineswegs erforderlich um die weniger bedeutenden Schüler und Nachfolger dahin zu bringen, die einzelnen ihnen mitgeteilten Methoden auf die bestimmten Aufgaben, die ihnen gestellt wurden, anzuwenden, ja selbständig in den Einzelheiten weiter zu arbeiten. Dagegen ist das ausdrückliche Aufstellen der allgemeinen Principien notwendig, wenn auch die späteren Nachfolger die Hülfsmittel, welche einem innerhalb eines gewissen Gebietes zu Gebote stehen, sollen übersehen, und dadurch die über das Gebiet gewonnene Herrschaft sollen bewahren können.

Selbst sehr eingehende Einzeluntersuchungen können vergessen werden; fafst man aber dieselben zusammen und macht sie durch einfache allgemeine Betrachtungsarten zugänglich, so wird man darin eine Bedingung für die Bewahrung sowohl dieser Principien wie ihrer Anwendungen haben. Dafs diese nicht aufbewahrt sind, bezeugt uns also, dafs auf dem Gebiete, mit dem wir uns beschäftigen, die Aufstellung allgemeiner Principien unterblieben ist.

---

# Zehnter Abschnitt.

## Über die Bestimmung körperlicher Örter.

Wir haben im Vorhergehenden gesehen und es wird uns auch von anderer Seite her bestätigt werden, dafs die Alten eine grofse Menge geometrischer Örter für Punkte von einer gegebenen Eigenschaft kannten. Apollonius hat zwei Bücher, die allerdings verloren gegangen sind, über die uns aber Pappus[1]) berichtet, über ebene Örter geschrieben, d. h. über solche, die ausschliefslich gerade Linien oder Kreise werden. Von einer umfangreichen Bekanntschaft mit solchen zeugt ferner der Umstand, dafs eine grofse Menge von Euklids Porismen durch Lösung der darin enthaltenen Aufgaben in Ortstheoreme umgewandelt werden würden. Was körperliche Örter oder solche, die Kegelschnitte werden, betrifft, so enthalten die Sätze aus der Lehre von den Kegelschnitten viele derselben, wenn sie auch bei Apollonius als Eigenschaften an den Kegelschnitten ausgesprochen werden und nicht umgekehrt nachgewiesen wird, dafs Punkte von einer gegebenen Eigenschaften notwendig auf einem Kegelschnitt liegen, und auf welche Weise dieser sich dadurch bestimmen läfst. So werden alle die Sätze, welche wir als Darstellungen des Kegelschnittes durch eine gewisse Gleichung oder als Er-

---

[1]) Ausg. v. Hultsch, S. 660 ff.

zeugungsarten des Kegelschnittes bezeichnet haben, in Wirklichkeit mit Sätzen über Örter zusammenfallen. Auf direktere Art scheinen dagegen die Sätze über Örter in einer solchen Schrift, wie Aristäus' Bücher über körperliche Örter, entstanden zu sein, und wenn Apollonius in der Vorrede zu seinen Kegelschnitten unter den körperlichen Örtern, zu deren Bestimmung und Diskussion die Sätze des dritten Buchs nützlich sein sollen, den Ort zu vier Geraden hervorhebt, so darf man auch für die übrigen als gültig annehmen, was jedenfalls für diesen gilt, dafs sie keineswegs blofse Umformungen oder Umkehrungen der in diesem Buch ausdrücklich vorkommenden Sätze sind. Mit Beziehung auf Euklids Porismen haben wir die Annahme gemacht, dafs ein grofser Teil der Örter, welche Apollonius im Auge hat, die Örter seien, welche unter verschiedenen Formen durch projektivische Büschel hervorgebracht werden.

Indessen deuten Apollonius' Angaben über die Anwendung des dritten Buchs zur Bestimmung körperlicher Örter kaum ausschliefslich auf Örter hin, welche im voraus in der Einschränkung bekannt waren, die durch Apollonius' Erweiterung bekannter Sätze auf zusammengehörende Hyperbeläste aufgehoben wurde. Er will sicherlich zugleich den Nutzen hervorheben, den sie gewähren konnten, wenn entweder die Aufgabe, die Beschaffenheit des geometrischen Orts für Punkte zu finden, die einer gegebenen Bedingung genügen, gestellt wurde, oder im Verlauf einer Untersuchung von selbst sich darbot.

Dafs dies durchaus zu dem Gebrauche stimmt, den die Alten von geometrischen Örtern machten, sehen wir aus dem Anfang von Pappus' 7tem Buch[1]). Die älteren Schriften, welche in diesem Buche besprochen und kommentiert werden, und zu denen aufser einigen mehr elementaren Werken z. B. auch Apollonius' Kegelschnitte und Euklids Porismen gehören, sollen nämlich nützlich sein „für diejenigen, welche sich, nachdem sie über die ersten Elemente hinausgelangt sind, durch Konstruktion von Linien Fertigkeit in der Lösung gestellter Aufgaben erwerben wollen“, d. h. Fertigkeit in der Lösung von

---

[1]) Ausg. v. Hultsch, S. 634.

Aufgaben durch Benutzung geometrischer Örter. Man mufste also um Aufgaben zu lösen die Beschaffenheit geometrischer, durch eine geometrische Eigenschaft bestimmter Örter finden, und zwar auch solcher Örter, die Kegelschnitte waren. Es wurden also Aufgaben gestellt, welche die Bestimmung neuer körperlicher Örter erforderten.

Ein Zeugnis dafür, dafs man sich bewufst war, es lasse sich eine unbegrenzte Anzahl Aufgaben über die Bestimmung geometrischer Örter stellen, haben wir auch in einer späteren Äufserung von Pappus, die allerdings unmittelbar nur „ebene Örter“ betrifft. Er wirft nämlich[1]) einigen neueren Schriftstellern vor, dafs sie neue Bestimmungen ebener Örter zu denen hinzugefügt hätten, deren ausdrückliche Aufstellung die Alten für richtig gehalten haben, und bemerkt dazu, dafs es unendlich viele Örter geben würde, wenn man alles hierher gehörige sammeln wollte. Pappus mufs dann auch gemeint haben, dafs in den Werken, welche er kommentiert, nicht nur Sätze vorgelegt werden, welche zu Beweisen für die Richtigkeit der einmal bekannten Sätze über Örter benutzt werden können, sondern auch Hülfsmittel zur Bestimmung neuer Örter. Wir haben hier also — wenn es dessen noch bedürfte, nachdem wir gezeigt haben, dafs die Alten faktisch so viele geometrische Örter kannten — ein Zeugnis dafür, dafs man im Altertum sich nicht nur mit den Sätzen über Örter beschäftigte, welche die theoretischen Untersuchungen an sich mit sich brachten, sondern dafs man sich ausdrücklich mit den Untersuchungen beschäftigte, welche Chasles in seiner Schrift über Euklids Porismen Ortsprobleme[2]) nennt. Für unsere Kenntnis der alten Geometrie hat es grofse Bedeutung zu prüfen, welche Hülfsquellen und Wege den Alten bei solchen Untersuchungen zu Gebote standen. Um diese richtig zu würdigen, wird es zweckmäfsig sein, dieselben mit der Behandlung zu vergleichen, welche die analytische Geometrie denselben Aufgaben zu Teil werden läfst, und das kann überdies geschehen

[1]) Ausg. v. Hultsch, S. 662.
[2]) Vergl. die Anmerkung S. 181.

ohne dafs man nötig hat übermäfsig weit von den der alten analytischen Methode eigentümlichen Formen abzuweichen.

Zunächst ist es selbstverständlich, dafs jeder Fortschritt in der Lehre von der Geraden, dem Kreise oder dem Kegelschnitt neue Mittel zur Bestimmung ebener oder körperlicher Örter für Punkte, welche gegebenen Bedingungen genügen, an die Hand giebt. Ganz besonders wird das für jeden neuen Satz über Örter gelten, selbst wenn derselbe in wenig vollständiger Form als ein *τόπος* vorgelegt wird, dessen Vervollständigung durch genauere Bestimmung der Geraden, des Kreises oder des Kegelschnittes keine besondere Erfindungsgabe beansprucht. Ein neuer Satz über Örter liefert nämlich eine Form mehr, von der man erwarten darf, dafs sie zur Umformung und dadurch zur Bestimmung der gesuchten Örter dienen könne. Er spielt in dieser Hinsicht dieselbe Rolle wie in der analytischen Geometrie eine neue Form, welche die Gleichung der entsprechenden Kurve durch Beziehung auf ein anderes Koordinatensystem oder durch neue Konstantenbestimmungen erhält.

Es ist nicht zu bezweifeln, dafs die vielen bekannten Sätze wirklich diese Rolle gespielt haben, indem sie den, der sie kannte, mit einer Fülle von Anknüpfungspunkten versahen, die man sicherlich überall, wo es möglich war, für die Behandlung von Ortsproblemen benutzt hat. Dieser Weg, der allerdings der beste ist, wenn man selbst neue Sätze über Örter finden will um anderen Ortsprobleme zur Lösung aufzugeben, kann auch oft zu der schnellsten Lösung von diesen führen, aber er gewährt nicht die Gewifsheit immer und sicher an dieses letzte Ziel zu gelangen. Dies erreicht man in der analytischen Geometrie nicht durch die Kenntnis der vielen Formen der Gleichung, sondern gerade durch das Festhalten an den wenigen Grundtypen derselben, der Gleichung ersten Grades für die Gerade, und der zweiten Grades für die Kegelschnitte, in Verbindung mit den Vereinfachungen, welche sich ergeben, wenn der Kegelschnitt ein Kreis oder eine Parabel wird, oder wenn derselbe eine besonders einfache Lage mit Beziehung auf das Koordinatensystem hat.

Wir wenden uns nun zur Untersuchung der hiermit verwandten Hülfsquellen zur Lösung von Ortsproblemen, die den Griechen zu Gebote standen, und daran wollen wir, soweit Mittel vorhanden sind, eine Untersuchung darüber anschliefsen, wie weit sie wirklich diese Hülfsmittel benutzt haben.

Wenn eine Aufgabe über die Bestimmung eines Orts vorgelegt war, so konnten die Alten, wie ich bereits im dritten Abschnitt berührt habe, ganz ebenso wie wir eine Analysis dadurch vornehmen, dafs sie einen beliebigen Punkt des Orts auf ein Koordinatensystem bezogen, und dann die verlangte Eigenschaft durch eine Gleichung zwischen den Koordinaten ausdrückten. Die Systeme, welche sie zu benutzen verstanden, waren, wie wir gesehen haben, teils Parallelkoordinaten, teils solche, die man sich leicht mit Parallelkoordinaten vertauscht denken konnte. Die in diesen anderen Systemen ferner enthaltenen Punkte und Linien gewährten noch reichere Mittel, als uns in den nackten Parallelkoordinatensystemen zu Gebote stehen, um eine solche Wahl zu treffen, bei der man schon im voraus erkennen konnte, dafs sie der Gleichung eine einfachere Form geben würde. Gleichungen, die in den gegebenen konstanten und in den variablen Gröfsen von höherem als dem ersten Grade waren, mufsten auf die in unserem ersten Abschnitt beschriebenen Arten aufgestellt werden, nämlich teils durch Vertauschung unserer Streckenprodukte mit Flächen, teils durch Vertauschung mit Rauminhalten, teils endlich durch Anwendung von Verhältnissen zur Einführung fernerer Faktoren. Doch war die räumliche Darstellung und Einführung variabler Faktoren durch Verhältnisse zu beschwerlich, als dafs die Methode eine über die Bestimmung von Kurven zweiter Ordnung oder von körperlichen Örtern hinausgehende Anwendung finden konnte.

Insofern die gefundene Gleichung unter eine schon bekannte Form gehörte oder sich unmittelbar in eine solche umwandeln liefs, mufste man durch Anwendung der für diese bekannten Bestimmung den gesuchten geometrischen Ort vollständig bestimmt erhalten. Es kommt hier also darauf an einen Überblick über die einfachsten bekannten Formen zu gewinnen, welche den griechischen Mathematikern, so weit wir direkt wissen oder mit Sicherheit schliefsen können, zur unmittelbaren Verfügung standen. In Verbindung hiermit wollen wir die Anwendungen zur Bestimmung von Örtern aufsuchen, welche von jeder einzelnen gemacht sind.

1. Dafs den Griechen bekannt war, dafs der Ort eine Gerade werden mufste, wenn die Gleichung entweder unter die Formen

$$ax + by + C = 0, \quad y = ax + c$$

gehörte, wo wir wie früher durch griechische Buchstaben Verhältnisse (unbenannte Zahlen), durch die kleinen lateinischen Strecken und durch die grofsen lateinischen Flächen bezeichnen, oder wenn dieselbe durch Vertauschung des benutzten komplicierteren Koordinatensystems mit einem Parallelkoordinatensystem diese Form annahm, ist klar. Eine solche Gleichung mufste nämlich durch eine Verlegung des Koordinatensystems, die ihnen keine Schwierigkeiten verursachte — z. B. an den Durchschnittspunkt der Geraden mit einer der Koordinatenaxen — die Form $y = ax$ annehmen.

Wir haben auch gesehen, dafs Apollonius bei der geometrischen Darstellung der Gleichung für einen Kegelschnitt, nämlich $y^2 = px + ax^2$, $p + ax$ als Ordinate einer geraden Hülfslinie darstellte. Die angegebenen Formen sind im übrigen speciell in solchen miteinbegriffen, welche in Euklids Porismen, namentlich in dem bekannten ersten Porisma, geometrisch ausgedrückt sind.

Ein direkteres Zeugnis für den Gebrauch dieser Darstellung finden wir in Pappus' Inhaltsangabe von Apollonius' verlorenem Werk über ebene Örter[1]). Unter den zum ersten Buch gehörigen Sätzen findet sich der folgende — von dem wir nur die besonderen Aufstellungen specieller Fälle fortlassen — als VI aufgeführt:

Wenn man von einem Punkte an zwei der Lage nach gegebene Geraden unter gegebenen Winkeln gerade Linien zieht,

[1]) Pappus, Ausg. v. Hultsch, S. 660—671.

und die Summe der einen von diesen und einer solchen, welche in einem gegebenen Verhältnis zu der anderen steht, gegeben ist, so wird der Punkt auf einer der Lage nach gegebenen Geraden liegen.

Hierin ist die ausdrückliche Angabe enthalten, dafs die Gleichung

$$x + ay = b,$$

worin aber $a$ und $b$ positiv sind, eine gerade Linie darstellt.

Dafs man zu Appollonius' Zeit verstand, solchen Darstellungen eine weitere Anwendung zu geben, wird ferner durch einen so allgemeinen Satz wie den folgenden (VII) bezeugt, der ausdrückt, dafs der geometrische Ort für einen Punkt, der so bestimmt ist, dafs seine Abstände von einer beliebigen Anzahl der Lage nach gegebener Geraden eine Gleichung ersten Grades befriedigen, eine gerade Linie wird. Doch ist derselbe in dieser Aufstellung der Begrenzung unterworfen, dafs die Gleichung als homogen in den variablen Abständen von den Linien vorausgesetzt wird, und dafs das Vorzeichen von einem der Glieder dem aller übrigen entgegengesetzt ist.

2. Dafs die Gleichung in rechtwinkligen Koordinaten

$$x^2 + y^2 + ax + by + C = 0$$

einen Kreis darstellt, sieht man durch eine Verlegung des Koordinatensystems und Anwendung des pythagoreischen Lehrsatzes; um das aber auf diesem Wege zu erfahren mufs man die Bestimmung des Punktes kennen, nach dem der Anfangspunkt verlegt werden soll, nämlich des Kreismittelpunktes. Der Kunstgriff, welcher bei dieser Bestimmung angewandt wird, besteht wie bekannt nur in einer zweimaligen Anwendung desselben Kunstgriffes, der bei der Lösung von Gleichungen zweiten Grades benutzt wird (nämlich der Addition von $\frac{a^2}{4}$ und $\frac{b^2}{4}$, um $ax$ und $by$ in die quadratischen Glieder hineinzuziehen), und damit waren die Griechen, wie wir gesehen haben, schon vor Euklids Zeit bekannt.

Mit Bestimmtheit läfst sich freilich keine wirkliche Benutzung dieser zweimaligen Anwendung eines bekannten Verfahrens nachweisen. Indessen ist aus Apollonius' ebenen Örtern ersichtlich, dafs die Griechen jedenfalls dem Resultat nach dasselbe erreicht haben, wenn auch auf einem anderen Wege, der ihnen von vornherein näher gelegen haben mag. Wir haben nämlich (besonders im vierten Abschnitt) hervorgehoben, dafs die Gleichungen, welche die Alten entwickelten, von unserer algebraischen Darstellung derselben nicht nur dadurch abwichen, dafs sie Flächen enthielten statt unserer Streckenprodukte, sondern auch dadurch, dafs sie das in einzelnen Gliedern gaben, was wir in mehreren ausdrücken. Wo dies nicht der Fall war, suchte man es so bald wie möglich durch Zusammenziehen zu erreichen. In der obenstehenden Gleichung des Kreises wird man dann sofort für $x^2 + y^2$ das Quadrat des Abstandes vom Anfangspunkt oder $r^2$ gesetzt haben, und $ax + by + C$ wird zusammengezogen sein, z. B. in das Rechteck aus der Strecke $a$ und dem Stück, welches auf einer Parallelen zur Abscissenaxe zwischen dem Punkte $(x, y)$ und der geraden Linie $ax + by + C = 0$ abgeschnitten wird. Dies letzte Rechteck ist demjenigen gleich, welches aus dem senkrechten Abstande des Punktes $(x, y)$ von dieser geraden Linie und einer neuen konstanten Strecke $a'$ gebildet wird. In dem rechtwinkligen Koordinatensystem mit demselben Anfangspunkt, dessen Ordinatenaxe der Geraden $ax + by + C = 0$ parallel ist, wird der Kreis also durch eine Gleichung von der Form

$$r^2 + a'(x - c) = 0$$

dargestellt werden, wo $x = c$ die neue Gleichung für die Linie $ax + by + C = 0$ ist, $x - c$ also das Stück, welches auf der neuen Abscissenaxe zwischen einem festen Punkt und dem Fufspunkt der Ordinate des Kurvenpunktes $(x, y)$ abgeschnitten wird. Dafs diese neue Gleichung einen Kreis darstellt, wird ausdrücklich von Apollonius in dem 3ten der ebenen Örter des zweiten Buches ausgesprochen, die Pappus anführt[1]). Um die Richtigkeit dieses Satzes einzusehen ist nur eine einmalige Anwendung des früher erwähnten, von der Auflösung der

---

[1]) Ausg. v. Hultsch. S. 666.

Gleichungen zweiten Grades her bekannten Kunstgriffs erforderlich.

Durch eine weitergehende Benutzung des zweiten Buches von Apollonius' ebenen Örtern wird man, ebenso wie oben bei der geraden Linie, bestätigt finden, daſs die Alten in der That die angeführten Hülfsmittel benutzt haben. Der Satz V in Pappus' Bericht ist nämlich von einer solchen Allgemeinheit, daſs sich von vornherein kein Koordinatensystem darbietet, in welchem die Gleichung des beschriebenen Orts eine einfachere Form annimmt als die Gleichung eines vollkommen beliebigen Kreises. Es muſs also eine Reduktion der soeben beschriebenen Art, die allerdings den speciellen Satz IV als Zwischenglied enthalten haben kann, vorgenommen sein um darzuthun, daſs der Ort wirklich ein Kreis ist.

Der Satz V sagt nämlich aus, daſs der geometrische Ort für einen Punkt, der so bestimmt wird, daſs die Summe der Flächeninhalte von Figuren, die gegebenen Figuren ähnlich sind und auf den Verbindungslinien des Punktes mit einer beliebigen Anzahl gegebener Punkte konstruirt werden, eine gegebene Gröſse hat — oder, wie man jetzt sagen würde, in der Weise, daſs die Quadrate der Verbindungslinien einer Gleichung ersten Grades (mit positiven Koefficienten) genügen — ein Kreis ist. In Satz IV werden nur zwei Punkte betrachtet.

Daſs der Ort auch ein Kreis wird, wenn in dieser Gleichung Glieder von der Form $ax$ hinzugefügt werden, wo $x$ die Projektion vom Abstande des laufenden Punktes von einem festen Punkte auf eine feste Gerade bedeutet, wird in etwas weniger allgemeiner Form in VI ausgedrückt.

3. Die Gleichung

$$y^2 = ax^2 + bx + C$$

läſst sich, wenn die dadurch dargestellte Kurve die Linie $y = 0$ schneidet, auf die wohlbekannte Form $y^2 = px + ax^2$ bringen. Jedenfalls aber kann man durch eine einmalige Anwendung des für die Auflösung quadratischer Gleichungen benutzten Kunstgriffs zu der Form

$$y^2 = ax^2 + D$$

gelangen. Auf eine geometrische Einkleidung dieser Form trafen wir in Apollonius' erstem Buche [41]; dieselbe war also auch bekannt.

Für die Anwendung der Gleichungsform 3 teilt Pappus einige Beispiele mit, deren gegenseitiger Zusammenhang Aufklärungen giebt, die auch in anderen Beziehungen von Wichtigkeit sind.

In dem ersten Beispiel[1]) wird der geometrische Ort für den Eckpunkt $B$ eines Dreiecks $ABC$, dessen Eckpunkte $A$

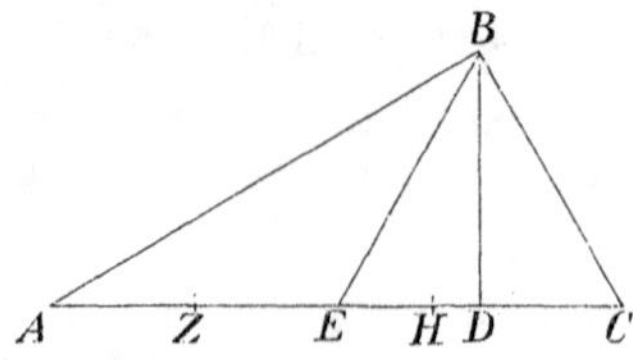


Fig. 37.

und $C$ festliegen, bestimmt (Fig. 37), wenn $\angle C = 2 \angle A$. Fällt man die Senkrechte $BD$ und macht $DE = CD$, so wird offenbar $AE = BE$. Nun ergiebt sich die Gleichung

$$BD^2 = AE^2 - DE^2,$$

die, wenn $BD$ als die Ordinate $y$ betrachtet und die Abscisse $x$ des Punktes $D$ von einem beliebigen Punkt der Linie $AC$ an gerechnet wird, offenbar die verlangte Form hat. Doch werden in Folge der Behandlungsart der Alten die beiden Glieder der rechten Seite nicht zu einer dreigliedrigen Gröfse entwickelt, sondern im Gegenteil nach der bekannten Regel für die Verwandlung der Differenz von Quadraten in ein Glied zusammengezogen. Ist $EZ = DE$, so erhält man

$$BD^2 = AD \cdot AZ.$$

Nun ist $CD = \frac{1}{3} CZ$. Bestimmt man dann $H$ so, dafs $CH = \frac{1}{3} CA$, so wird die Differenz $CH - CD = DH = \frac{1}{3} ZA$. Dadurch wird die Gleichung aber

$$BD^2 = 3 AD \cdot HD,$$

[1]) Ausg. v. Hultsch, S. 280—285.

und diese drückt aus, dafs $B$ auf einer Hyperbel mit den Scheitelpunkten $A$ und $H$ liegt. Der zu dieser Axe gehörende Parameter ist $3AH$. Ist umgekehrt eine Hyperbel, deren Parameter dreimal so grofs wie die Hauptaxe ist, mit der Axe $AH$ gegeben, so läfst sich der Punkt $C$ dadurch bestimmen, dafs man $HC = \frac{1}{2}AH$ abträgt.

Man sieht, dafs die genauere Bestimmung des geometrischen Orts hier aus der gegebenen Eigenschaft mit derselben Sicherheit und — wenn man nur stets seine Afmerksamkeit auf die Figur richtet — etwa mit derselben Leichtigkeit abgeleitet wird wie durch die analytische Geometrie.

Pappus fügt eine andere Bestimmung desselben Orts hinzu, welche „einige“ benutzt haben. Beschreibt man einen

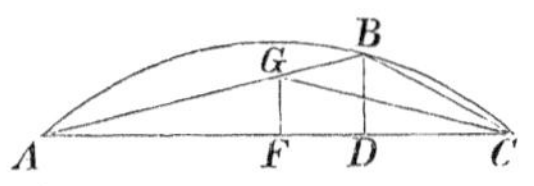


Fig. 38.

Kreis um das Dreieck $ABC$ (Fig. 38, wo die Buchstaben dieselbe Bedeutung haben wie in Fig. 37), und steht $FG$ senkrecht auf der Mitte von $AC$, so ist $\angle FCG = \angle A = \frac{1}{2}\angle C$. Folglich ist

$$\frac{AF}{FD} = \frac{AG}{GB} = \frac{AC}{CB},$$

woraus, da $AF = \frac{1}{2}AC$, folgt, dafs

$$CB = 2FD \quad \text{oder} \quad \frac{BD^2 + CD^2}{FD^2} = 4. \qquad \text{(a)}$$

Aus der letzten Gleichung, welche offenbar die hier behandelte Form hat, schliefst Pappus unmittelbar, dafs der Ort eine Hyperbel ist[1]).

Dafs bereits Euklid in einem anderen Falle denselben

[1]) Wenn Pappus sagt, dafs die Kurve eine Hyperbel wird, sobald das letzgenannte Verhältnis konstant ist, so hat er offenbar nur vergessen anzuführen, dafs dieser konstante Wert dann gröfser als 1 sein mufs.

Schlufs gemacht hat, geht hervor aus Pappus' zweitem Hülfssatz zu Euklids Oberflächenörtern (τόποι πρὸς ἐπιφανείᾳ)[1]. Wenn Pappus dort nämlich einen vollständigen Beweis dafür aufstellt und durchführt, dafs der geometrische Ort für die Punkte, deren Abstände von einem gegebenen Punkt und einer gegebenen Geraden in einem gegebenen Verhältnis stehen (wie in Fig. 38 die Abstände des Punktes $B$ von $C$ und der Geraden $FG$), eine Ellipse, Parabel oder Hyperbel ist, je nachdem das Verhältnis $\lesseqgtr 1$, so mufs Euklid diesen Satz in der angeführten Schrift benutzt haben, und das Bedürfnis nach einem Hülfssatze mufs dadurch entstanden sein, dafs er ihn nicht bewiesen hat. Er mufs ihn also entweder als einleuchtend oder als bekannt betrachtet haben. That er das erstere, so mufs es deswegen geschehen sein, weil die Gleichung die Form erhielt, mit der wir uns hier beschäftigen, und man dann leicht die Bedingungen dafür, dafs die Kurve eine Ellipse, Parabel oder Hyperbel wurde, verificieren konnte; der Umstand indessen, dafs Pappus diese Bedingungen mit anführt, macht die Annahme wahrscheinlicher, dafs Euklid einen Satz benutzt hat, der schon im voraus bekannt war, und diese Annahme stimmt auch damit überein, dafs derselbe Satz, ohne selbst bewiesen zu werden, Anwendung an den beiden verschiedenen Stellen gefunden hat, welche wir hier angeführt haben.

Ist diese Annahme, dafs die Beziehung eines Kegelschnittes auf Brennpunkt und Leitlinie wohl bekannt war, richtig, so darf man Pappus' unmittelbare Anwendung der Gleichung (a) nicht als Beispiel für eine allgemeine Kenntnis der Gleichungsform $y^2 = ax^2 + bx + C$ benutzen. Dafür haben wir dann aber eine neue speciellere Form erhalten, und es kann sich als vorteilhaft erwiesen haben auf diese auch andere von den Gleichungen zu reducieren, welche unter dieselbe allgemeine Form gehören. Ferner wird Pappus' Beweis der vorausgesetzten Sätze neue und sehr lehrreiche Beispiele für die Kunstgriffe liefern, welche bei der wirklichen Behandlung von Gleichungen der hier besprochenen Form angewandt wurden. Wir werden

[1]) Ausg. v. Hultsch, S. 1004 ff. Vergl. unseren neunzehnten Abschnitt.

darum diesen Beweis hier kurz wiedergeben, wobei wir wie gewönlich die — nach unserer Auffassung — leitenden Gedanken besonders hervorheben.

Ist (Fig. 39, in der wir die Buchstaben der Gleichung (a) beibehalten haben)

$$\frac{BD^2 + CD^2}{FD^2} = \lambda \qquad (1)$$

gegeben, so wird es, um auch hier die Glieder zusammenziehen zu können, bequem sein auf der Linie $FC$ den Punkt $I$ so zu bestimmen, dafs

$$\lambda = \frac{CD^2}{DI^2}. \qquad (2)$$

Wenn dann zugleich ein Punkt $I'$ dadurch bestimmt wird, dafs $DI' = ID$, so erhält man

$$\lambda = \frac{BD^2 + CD^2}{FD^2} = \frac{CD^2}{DI^2} = \frac{BD^2}{FD^2 - DI^2} = \frac{BD^2}{FI \,.\, FI'}. \qquad (3)$$

Nun zeigt die Bestimmung der Punkte $I$ und $I'$, dafs die beweglichen Punkte $D$, $I$ und $I'$ ähnliche Punktreihen bilden,

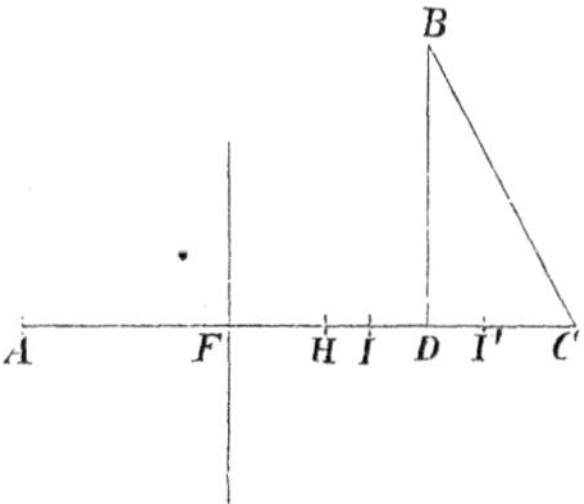


Fig. 39.

deren Ähnlichkeitspunkt der feste Punkt $C$ ist. Ist nun $H$ der Punkt, auf den $D$ fällt, wenn $I$ auf den gegebenen Punkt $F$ fällt, so wird einmal $H$ bestimmt $\left(\text{durch } \frac{CH}{HF} = \sqrt{\lambda}\right)$ und zweitens das Verhältnis $\frac{FI}{HD}$ bekannt $\left(= \frac{FC}{HC}\right)$. Ist $A$ der Punkt, auf den $D$ fällt, wenn $I'$ auf $F$ fällt, so wird $A$ bestimmt $\left(\text{durch } \frac{CA}{AF} = \sqrt{\lambda}\right)$ und das Verhältnis $\frac{FI'}{AD}$ bekannt $\left(= \frac{FC}{AC}\right)$. Aus (3) folgt nun, dafs $\frac{BD^2}{HD.AD}$ einen bekannten Wert erhält. $B$ wird also auf einem Kegelschnitt mit den Scheitelpunkten $H$ und $A$ liegen. Ob dieser eine Ellipse oder eine Hyperbel (wie in Fig. 39) wird, hängt davon ab, ob $D$ auf $AH$ oder auf die Verlängerung von $AH$ fällt, und dies beruht wieder darauf, ob $C$ auf $II'$ oder auf die Verlängerung von $II'$ fällt, also davon, ob $\lambda \lesseqgtr 1$.

Der Fall, wo $\lambda = 1$ ist und die Kurve eine Parabel wird, wird ganz auf dieselbe Weise behandelt, ist aber einfacher.

Die Übereinstimmung zwischen dieser Behandlungsart und derjenigen, welche Pappus bei der von den Brennpunktseigenschaften unabhängigen Bestimmung des ersten geometrischen Orts anwandte, zeigt, dafs man nicht nur die algebraischen Schwierigkeiten bei der näheren Bestimmung eines durch die Gleichung $y^2 = ax^2 + bx + C$ gegebenen Orts zu überwinden verstand, sondern dafs man sogar eine elegante Durchführung dieser Bestimmung entwickelt hatte. Doch läfst sich diese Methode nur dann unmittelbar anwenden, wenn die $x$-Axe die Kurve schneidet. Ebenso wie die unter einander verschiedenen Bestimmungen von Örtern, auf welche wir dieselbe bei Pappus angewandt sehen, stammt sie selbst gewifs auch aus den besten Tagen der griechischen Mathematik. Ja es steht dem nichts im Wege, dafs sie bereits in Aristäus' körperlichen Örtern benutzt worden sein kann, und dafs der Beweis des Hülfssatzes zu Euklids Oberflächenörtern eine mehr oder weniger freie Wiedergabe von Beweisen für dieselben Sätze in jener Schrift ist.

4. Wenn man für einen geometrischen Ort eine Gleichung von der Form

$$py = x^2 + ax + B$$

gefunden hat, so wird die Umformung in

$$p\left(y - \frac{B - \frac{a^2}{4}}{p}\right) = \left(x + \frac{a}{2}\right)^2$$

nur eine einmalige Anwendung des bei der Auflösung der quadratischen Gleichung benutzten Kunstgriffs erfordern. Dadurch findet man sofort, dafs die dargestellte Kurve eine Parabel ist. Dafs die Gleichung, welche durch die bei den Alten übliche Zusammenziehung von Flächen eher noch die Form

$$p\left(y - \frac{B}{p}\right) = x(x + a)$$

annehmen würde, eine Parabel darstellt, welche sich leicht bestimmen läfst, das wird im übrigen jedem klar gewesen sein, der sich der Umformungen der Gleichung der Parabel erinnert, welche Archimedes in der Schrift über die Quadratur der Parabel vornimmt, und die wir im zweiten Abschnitt erwähnt haben. Die diesen entsprechende umgekehrte Umformung in die gewöhnliche Form der Gleichung der Parabel würde sich als ein Beispiel für die hier angegebene Bestimmung einer Parabel durch die aufgestellte Gleichungsform auffassen lassen. Eine Anwendung derselben zur wirklichen Bestimmung eines vorher unbekannten geometrischen Orts wird man schwieriger finden, da der Durchmesser, welcher die der Abscissenaxe parallelen Sehnen halbiert, in der Regel so leicht zu bestimmen sein wird, dafs man ihn unmittelbar zur Axe des Koordinatensystems nehmen kann; dadurch wird dann eine Reduktion der Gleichung überflüssig.

5. Die Vereinigung von Gliedern in der Gleichung

$$xy + ax + by + C = 0,$$

welche zeigt, dafs das Produkt der Abstände des Punktes $(x, y)$ von zwei geraden Linien konstant ist, fällt unmittelbar in die Augen. Wenn eine solche Gleichung vorgekommen ist, wird man also gleich gewufst haben, dafs dieselbe eine Hyperbel mit diesen Linien als Asymptoten darstellt.

Obgleich eine Hyperbel, bezogen auf ihre Asymptoten, allerdings der am häufigsten vorkommende Ort in den uns aufbewahrten Lösungen „körperlicher Aufgaben" ist, so wird es dennoch einige Schwierigkeiten haben direkte Beispiele für die hier erwähnte Vereinigung von Gliedern zu finden, eben weil die Asymptoten so leicht in die Augen fallen, dafs man die Untersuchung damit begonnen haben wird, den Ort auf diese zu beziehen. Doch kann es vielleicht erlaubt sein ein Beispiel hierfür in Diokles' Darstellung einer Hyperbel zu sehen, die er bei einer Kugelteilung benutzt, welche wir später, im 11ten Abschnitt, als Beispiel für die Lösung einer körperlichen Aufgabe mitteilen werden. Die Hyperbel ist nämlich dadurch bestimmt, dafs man in einem beweglichen Punkte einer Strecke $2r$, welcher diese Strecke in die Abschnitte $h$ und $h'$ teilt, eine Ordinate $y$ errichtet, die durch die Proportion

$$\frac{h}{h'} = \frac{a}{y}$$

bestimmt wird; betrachtet man $h$ als Abscisse $x$, so giebt die Proportion die Gleichung

$$xy = a(2r - x).$$

6. Im vierten Abschnitt haben wir gesehen, sowohl dafs die Gleichung

$$\alpha x^2 + \beta xy + \gamma y^2 = D$$

ein ziemlich unmittelbarer Ausdruck für den Flächensatz ist, als auch wie der durch eine solche Gleichung dargestellte Kegelschnitt sich näher bestimmen läfst.

Diese Form erhält z. B. die Gleichung für den Ort eines Punktes, der unveränderlich auf einer unveränderlichen Strecke, deren Endpunkte auf geraden Linien gleiten, belegen ist, sofern man diese Linien zu Koordinatenaxen nimmt. Im Altertum hat man wenigstens einige Veranlassung gehabt diesen Ort zu untersuchen, da man, wie aus einigen von Proklus mitgeteilten[1]) Betrachtungen des Geminus hervorgeht, den Ort in dem speciellen Falle kannte, wo die beiden festen Geraden einen rechten Winkel bilden. Dieser Specialfall läfst sich jedoch hier nicht als Beispiel benutzen, da bei demselben die Ellipse sofort durch ihre Axengleichung bestimmt wird.

Der Flächensatz ist ein Hülfsmittel gewesen, das sich immer zur Bestimmung körperlicher Örter benutzen liefs, deren Mittelpunkt ein im voraus bekannter oder ein im voraus be-

---

[1]) Ausg. von Friedlein, S. 106.

stimmbarer Punkt war. In solchen Fällen hat der Flächensatz sich auch anwenden lassen, bevor derselbe durch Benutzung des zweiten Hyperbelastes und der konjugierten Hyperbel seine volle Ausdehnung erhielt, da man immer solche Koordinatenaxen wählen konnte, welche selbst den geometrischen Ort schnitten. Deshalb ist er besonders wertvoll vor Apollonius' Zeit gewesen, wo man das noch umfassendere Hülfsmittel, die Bestimmung des Orts zu vier Geraden, nicht in seiner vollen Ausdehnung besafs.

In Verbindung hiermit wollen wir an die Rolle erinnern, welche der Flächensatz bei der Bestimmung des letztgenannten Ortes selbst gespielt hat, wenn wir auch annehmen, dafs diese Anwendung den Potenzsatz als Zwischenglied enthalten habe.

7. Wir wollen nun zu der allgemeinen Bestimmung solcher körperlicher Örter übergehen, welche nicht mit gegebenen Linien und Punkten in solcher Verbindung stehen, dafs durch Beziehung auf diese ihre Darstellung eine der vorher erwähnten einfacheren Formen erhält. Nimmt man dann einige von den Linien der Figur zu Koordinatenaxen, so wird die Gleichung nur vom zweiten Grade werden.

Eine kleine Vereinfachung dieser Gleichung wird man indessen immer dadurch erreichen können, dafs man einen Punkt des gesuchten Ortes selbst zum Anfangspunkt nimmt. Dadurch wird die Gleichung:

$$\alpha x^2 + \beta xy + \gamma y^2 + dx + ey = 0.$$

Naheliegende Vereinigungen von Gliedern führen dann sofort zu

$$x(\alpha x + \beta y + d) = -y(\gamma y + e),$$

oder zur Darstellung als Ort zu vier Geraden, von denen zwei parallel sind. Dies ist der Ort, dessen nähere Bestimmung wir im siebenten Abschnitt kennen gelernt haben.

Die Beziehung auf eine allgemeine Gleichung zweiten Grades in Parallelkoordinaten, in der dann Zusammenziehungen vorgenommen wurden, stellt hier einen Weg dar, den wir wegen der Vergleichung mit der analytischen Geometrie angeführt haben, und auf dem kein Schritt vorgenommen wird, welcher den Griechen unbekannt war; aber ihre Behandlung der Sache hat sicherlich von der unsrigen dadurch sich unterschieden, daſs sie, während sie die Aufgabe auf eine Gleichung brachten, gleichzeitig mit dem Zusammenziehen begannen, und daſs sie dadurch rascher zu dem erwähnten Ort zu vier Geraden gelangten. Daſs sie nicht bloſs gelegentlich die Zurückführung auf diese Form benutzt haben, sondern daſs sie sich auch bewuſst waren, daſs dieselbe sich in allen Fällen ausführen läſst, in denen es möglich ist eine Gleichung ersten Grades zwischen Rechtecken aufzustellen, die aus den Abständen des beweglichen Punktes von geraden Linien, zu je zweien genommen, gebildet werden, sowie aus diesen in Verbindung mit gegebenen Strecken: das wird wahrscheinlich, wenn man beachtet, daſs einige der ebenen Örter, welche Apollonius sogar ausdrücklich aufgestellt hat, einen entsprechenden Grad von Allgemeinheit besitzen.

Die Darstellung als Ort zu vier Geraden, von denen zwei gegenüberliegende parallel sind, war also eine Darstellungsform für Kegelschnitte, welche im Altertum denselben Nutzen gewährte wie die Darstellung durch die allgemeine Gleichung zweiten Grades in der Gegenwart. Die genauere Bestimmung des erwähnten Orts erhielt dadurch für die Griechen eine ähnliche Bedeutung wie sie die Bestimmung eines Kegelschnittes durch eine Gleichung zweiten Grades für uns hat.

Dadurch erklärt sich das Gewicht, welches Apollonius gerade auf die Anwendbarkeit seines dritten Buches zur Bestimmung des Orts zu vier Geraden legte, und dadurch versteht man besser, daſs er sich so, wie er es gethan, über die Verbesserungen der Bestimmung des Ortes zu vier Geraden aussprechen konnte, die doch unmittelbar nur Rücksicht auf den Fall nehmen, wo die gegenüberliegenden Seiten parallel sind.

Das beste Beispiel, welches wir für die Anwendung des hier beschriebenen, vollkommen allgemeinen Hülfsmittels anführen können, ist dieselbe Beziehung des allgemeinen Ortes zu vier Geraden auf ein Viereck, von dem zwei gegenüberliegende Seiten parallel sind, welche wir im achten Abschnitt, durch andere Betrachtungen geleitet, den Griechen zugeschrieben haben. Das wird sich zeigen, wenn wir uns nun durch eine in ihren Grundzügen antike Analysis, in die wir allerdings moderne Bezeichnungen, Begriffe und Erklärungen einführen, zu ebenderselben Reduktion führen lassen.

Wir kehren zurück zu Fig. 32, in welcher $M$ ein beliebiger Punkt eines auf das Viereck $ABCD$ bezogenen allgemeinen

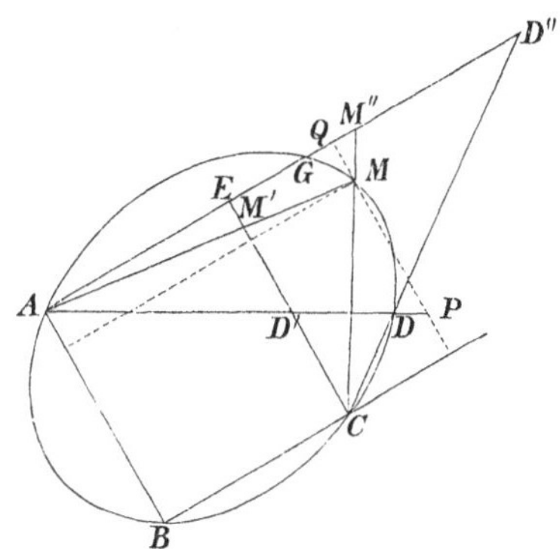


Fig. 32.

Ortes zu vier Geraden ist. Die Abstände von $BA$ und $CD$ wollen wir parallel der $BC$ rechnen und $x$ und $z$ nennen, und die von $BC$ und $AD$ wollen wir parallel der $BA$ rechnen und $y$ und $u$ nennen. Der Ort ist dann bestimmt durch die Gleichung

$$xz = \lambda . yu, \tag{1}$$

worin $\lambda$ eine Konstante bedeutet. $x$ und $y$ sind die Koordinaten des Punktes $M$ in einem Parallelkoordinatensystem mit den Axen $BC$ und $BA$.

Nennt man nun die Punkte, in denen die Ordinate von $M$ die Linien $AD$ und $AE$ trifft, $P$ und $Q$, so wird

$$u = PM = PQ - MQ. \tag{2}$$

Da $-MQ$ der Abstand des Punktes $M$ von $AE$, parallel der $BA$ und mit Vorzeichen genommen, ist, so wollen wir denselben der besseren Übersicht wegen $u_1$ nennen; aus der Figur folgt:

$$PQ = \frac{D'E}{AE} \cdot x. \qquad (3)$$

Durch Einführung dieser Ausdrücke in (1) erhält man:

$$x\left(z - \lambda \frac{D'E}{AE} y\right) = \lambda \cdot y u_1. \qquad (4)$$

Wünscht man nun den zweigliedrigen Faktor zusammenzuziehen, so kann man zunächst aus der Figur für $z$ den Wert $\frac{D''M''}{CE} \cdot y$ ableiten und darauf dem zweiten Gliede den gleichen Nenner dadurch verschaffen, dafs man auf der Linie $AE$ einen Punkt $G$ durch die Gleichung

$$\lambda \frac{D'E}{AE} = \frac{D''G}{CE} \qquad (5)$$

bestimmt. Dieser Punkt ist, was indessen nicht unmittelbar benutzt wird, ein Punkt des geometrischen Ortes. Man findet dann

$$z - \lambda \frac{D'E}{AE} y = \frac{D''M''}{CE} y - \frac{D''G}{CE} y = \frac{GM''}{CE} \cdot y = z_1, \qquad (6)$$

worin $z_1$ den Abstand des Punktes $M$ von der Linie $CG$, parallel der $BC$ gerechnet, bedeutet. Dadurch ist die Gleichung des Ortes umgeformt in

$$x z_1 = \lambda \cdot y u_1,$$

und dadurch ist derselbe als Ort zu vier Geraden auf das Trapez $ABCG$ bezogen.

Diese Analysis, welche wie man sieht genau der im achten Abschnitt vorgenommenen Umformung, der wir nur von vornherein eine etwas allgemeinere Form gaben, entspricht, benutzt, abgesehen von den Bezeichnungen, neben solchen Mitteln, welche die Alten beherrschten, nur noch die Verallgemeinerung durch Vorzeichen. Diese letztere hat uns den Vorteil gebracht, dafs wir das vereinigt haben darstellen können, was die Alten haben zerstückeln müssen, bringt aber im übrigen keine Veränderungen hervor. Gehen wir etwas weiter in der Benutzung moderner Bezeichnungen, bringen (2) und (3) auf die Form

$$u = ax + y - b,$$

und stellen $z$ auf dieselbe Weise dar, so ist ersichtlich, dafs die vorgenommene Umformung, analytisch-geometrisch aufgefafst, die Umformung der Gleichung

$$x(x + \gamma y - a) = \lambda \,.\, y(\alpha x + y - b)$$

in

$$x[x + (\gamma - \lambda\alpha)y - a] = \lambda \,.\, y(y - b)$$

darstellt, also genau in dieselbe Gleichung, durch welche wir ausgedrückt haben, dafs die Zurückführung eines körperlichen Ortes auf einen Ort zu den Seiten eines Trapezes sich im allgemeinen bewerkstelligen läfst.

Der im achten Abschnitt vorgenommene allgemeinere Übergang von einem einbeschriebenen Viereck $ABCD$ zu einem anderen $ABCF$, das nicht notwendig ein Trapez zu sein braucht, stimmt in ähnlicher Weise genau überein mit der allgemeinen analytisch-geometrischen Umformung der Gleichung

$$xz = \lambda \,.\, yu$$

in

$$x(z - \lambda\alpha y) = \lambda \,.\, y(u - \alpha x), \tag{8}$$

wo $x$, $y$, $z$, $u$ gewöhnliche abgekürzte Ausdrücke für die linken Seiten der Gleichungen von geraden Linien sind, und wo sich ähnliche Ausdrücke für $z - \lambda\alpha y$ und $u - \alpha x$ einführen lassen.

Die hier gegebene Zusammenstellung von antiken Methoden zur Bestimmung von Örtern mit den wohlbekannten Gleichungsformen der analytischen Geometrie darf nur nicht in der Weise mifsverstanden werden, als ob die Mathematiker jener Zeit mit Konsequenz und immer gerade die bestimmten Wege verfolgt haben sollten, welche wir hier im engen Anschlufs an die analytische Geometrie zusammengestellt haben. Die verschiedenen Arten des Verfahrens laufen einander nicht derartig parallel, dafs die Darstellung des einen sich in ein Schema hineinpassen liefse, welches dem anderen angehört. Das, was wir durch die Zusammenstellung beabsichtigten, ist ein Überblick von einem jetzt bekannten Gesichtspunkte aus über dasjenige, was man im ganzen mit Bezug auf die Bestimmung von Örtern durch die Mittel erreichen konnte, welche den Griechen zu Gebote standen, und wir haben gesehen, dafs dies solchen Örtern gegenüber, deren Ordnung 2 nicht überschreitet, dieselbe Vollständigkeit war, welche die analytische Geometrie gewährt. Dafs die Griechen wirklich auch diese Mittel gebrauchten, ist teils durch Beispiele gezeigt, teils folgt es daraus, dafs Mittel dieser Art nur in der Hand desjenigen entstehen, der sie benutzt.

Was nun die Leichtigkeit betrifft, mit der diese Hülfsmittel sich benutzen liefsen, so darf man annehmen, dafs man die hier betrachteten bestimmten Darstellungsformen für Kegelschnitte nicht in dem Grade zur augenblicklichen Verfügung hatte, wie es bei demjenigen, der sich der analytischen Geometrie bedient, mit den entsprechenden Formeln der Fall sein mufs; aber dafür leistete der gröfsere Reichtum an Hülfsmitteln, die man benutzte, Ersatz. Es erforderte gröfsere Übung sich Fertigkeit im Gebrauche dieser Hülfsmittel zu erwerben, und man hatte deshalb keinen so bestimmten, auch dem Anfänger offenstehenden Königsweg — um einen Ausdruck zu gebrauchen, der Euklid in den Mund gelegt wird —, wie ihn die analytische Geometrie gerade für die Lösung bestimmt formulierter Ortsprobleme gebahnt hat; aber für den geübten Geometer waren wesentliche Schwierigkeiten nicht vorhanden, und gerade der Mangel einer Heerstrafse hat ihm mehr Gelegenheit geboten sich auf dem Wege umzusehen, die einzelnen Verbindungen des untersuchten Ortes mit der vorgelegten Figur zu bemerken, zu sehen, durch welche Punkte der Figur derselbe geht u. s. w. Man betrachtete es nicht als feststehende Regel, die Figur, welche untersucht werden sollte, jedesmal und gleich auf ein reines System von Parallelkoordinaten zurückzuführen, sondern man gebrauchte verwandte Darstellungsformen mit einer gewissen Freiheit. Deshalb wurde man zwar weniger vertraut mit den bestimmten Kennzeichen, welche mit Parallelkoordinaten verbunden sind; aber indem man sich gleichwohl praktische Fertigkeit in der Benutzung der Vorteile erwarb, welche Parallelkoordinaten darbieten, verband man damit gleichzeitig Übung und Fertigkeit in der Benutzung der komplicierteren Formen, unter denen die Koordinatensysteme auftreten, um jede einzelne Frage, welche behandelt wurde, zu vereinfachen.

In dieser Beziehung glichen die Methoden der Alten vielleicht mehr der erweiterten analytischen Geometrie unseres Jahrhunderts als der analytischen Geometrie von Descartes. Namentlich dürfte bei der Zusammenziehung mehrerer Glieder in ein einziges, welche die Untersuchungen der Alten auf diesem Gebiete besonders charakterisiert, die Vertauschung eines Ausdrucks, der linear aus den in gegebenen Richtungen gerechneten Abständen eines Punktes von gegebenen Linien zusammengesetzt wird, mit dem Abstande von einer neu eingeführten festen Linie in ihren analytischen Anwendungen genau dasselbe sein wie die Einführung abgekürzter Ausdrücke in der modernen analytischen Geometrie.

Das wichtigste Beispiel hierfür ist die Reduktion eines beliebigen körperlichen Ortes auf einen Ort zu vier Geraden, wenn anders die Bedeutung, welche ich oben diesem Ort als allgemeinem Hülfsmittel beigelegt habe, richtig ist. Neben diesem verdient auch der von den Alten benutzte Ort zu drei Geraden besonders hervorgehoben zu werden, wenn derselbe auch nur ein specieller Fall des vorhergehenden ist. Die Darstellung eines Kegelschnittes als Ortes zu drei Geraden fällt nämlich ganz zusammen mit der Darstellung desselben durch die moderne analytische Geometrie in Dreieckskoordinaten mittels der Gleichung

$$x_1 x_2 = \lambda x_3^2,$$

deren Brauchbarkeit bei der Untersuchung mannigfacher Eigenschaften der Kegelschnitte bekannt genug ist. Die Darstellung eines vorgelegten Ortes unter dieser Form wird auch da, wo sie sich bewerkstelligen läfst, ein rascheres Mittel zur Bestimmung desselben sein, als wenn man ihn als Ort zu vier Geraden darstellen wollte. Auf diesem Wege würde man z. B. zur Bestimmung des am Schlusse von Apollonius' drittem Buche aufgestellten Ortes gelangen, wenn das Ortsproblem vorgelegt wäre, den Ort für den Schnittpunkt $M$ (Fig. 27) der Geraden $AM$ und $CM$ zu finden, welche durch zwei feste Punkte $A$ und $C$ gehen und auf festen, durch $C$ und $A$ gehenden Geraden die Stücke $CP$ und $AQ$ abschneiden, welche ein Rechteck von gegebenem Inhalt bilden. Die zu einer solchen

Bestimmung des Ortes dienende Analysis erhält man, wenn man Apollonius' synthetischen Beweis für das aufgestellte Ortstheorem umkehrt.

Noch ein Beispiel will ich dafür anführen, wie man die Freiheit benutzte, die man sich dadurch bewahrte, dafs man nicht sofort eine ganze Untersuchung an ein bestimmtes System von Parallelkoordinaten anknüpfte: man konnte jeden einzelnen der Kegelschnitte, welche bei einer und derselben Aufgabe angewandt werden sollten, auf ein besonderes Koordinatensystem beziehen. Auf diese Weise gelangt Diokles, wie wir im 11ten Abschnitt genauer sehen werden, bei seiner bereits erwähnten Kugelteilung zu einfacheren Darstellungen einer Ellipse sowohl wie einer Hyperbel als diejenigen sind, die er durch Beziehung auf ein einziges Koordinatensystem erlangt haben würde.

Im Verhältnis zu dem Gewicht, welches die Alten auf die Bestimmung körperlicher Örter legten, und zu dem Umfange der Mittel, welche sie, wie wir nachgewiesen zu haben glauben, für die Bestimmung dieser Örter besafsen, bietet uns die überlieferte Literatur nicht viele Angaben über bestimmte körperliche Örter, welche die Alten untersucht haben. Diesem Mangel würde sicherlich in nicht unwesentlichem Grade begegnet sein, wenn uns Pappus nur ebensolche Mitteilungen über Aristäus' körperliche Örter wie über Apollonius' ebene Örter gemacht hätte.

Wahrscheinlich würde man in diesen solche verschiedenen Formen für die Erzeugung eines Kegelschnittes durch projektivische Büschel finden, wie die im achten Abschnitt erwähnten sind. Es würde dann von Interesse sein zu sehen, teils in wie weit man auf solche specielle Fälle aufmerksam war, die einen besonderen Grad von Einfachheit darboten, teils wie weit man umgekehrt in der ausdrücklichen Aufstellung allgemeiner Formen für die Bedingungen, dafs ein Ort körperlich wird, gelangt war.

Eine Schrift, die uns vielleicht, wenn sie uns erhalten wäre, einige Beispiele für antike Bestimmungen von Örtern geliefert haben würde, ist die von Pappus erwähnte[1]) Schrift

[1]) Ausg. v. Hultsch, S. 636.

des Eratosthenes über Mittelgröfsen. Es werden nämlich, als darin behandelt, gewisse „zu Mittelgröfsen gehörige Kurven“ erwähnt[1]), unter denen wenigstens einige körperlich gewesen zu sein scheinen. Ich werde später im 14ten Abschnitt einen Versuch anstellen aus den vorliegenden Angaben herauszubringen, was dies für Kurven gewesen sein können, und was die erwähnte Schrift im ganzen enthalten haben kann. Dabei werde ich Gelegenheit haben durch einige Beispiele die Beschaffenheit der Mittel zur Bestimmung von Örtern, welche ich hier den Alten beigelegt habe, genauer ans Licht zu stellen.

---

# Elfter Abschnitt.

## „Körperliche Aufgaben“.

Nach einem Citat aus Pappus' 7tem Buch, das wir zu Beginn des vorhergehenden Abschnittes (S. 203) benutzten, erhielten geometrische Örter ihre Bedeutung dadurch, dafs sie sich bei der Lösung von Aufgaben anwenden liefsen. Das geschah ebenso wie jetzt dadurch, dafs Punkte, auf deren Bestimmung die Lösung einer Aufgabe beruht, als Durchschnittspunkte zwischen zwei geometrischen Örtern gefunden werden. Bestehen diese nur aus „ebenen Örtern“ (*τόποι ἐπίπεδοι*), d. h. aus Geraden oder Kreisen, so heifst die Aufgabe, die immer, wo es überhaupt möglich ist, auf diesem Wege gelöst werden mufs, selbst eine „ebene Aufgabe“ (*πρόβλημα ἐπίπεδον*). Mufs man dagegen seine Zuflucht zu „körperlichen Örtern“ (*τόποι στερεοί*) nehmen und erweisen sich diese als ausreichend, so heifst die Aufgabe eine „körperliche Aufgabe“ (*πρόβλημα στερεόν*). Wenn endlich für die Lösung die Benutzung anderer Kurven verlangt wird, welche unter dem einen Namen „lineare

---

[1]) Pappus, herausgegeben v. Hultsch, S. 652 und 662.

Örter" (τόποι γραμμικοί) zusammengefaſst werden, so heiſst die Aufgabe auch linear (πρόβλημα γραμμικόν).

Diese Erklärungen, welche Pappus sowohl im 3ten wie im 4ten Buch[1]) giebt, bringen die sogenannten körperlichen Aufgaben in Verbindung mit körperlichen Örtern oder Kegelschnitten, und deswegen müssen wir uns auch hier mit den körperlichen Aufgaben beschäftigen. Dazu ist um so mehr Grund vorhanden, als gerade körperliche Aufgaben, namentlich die Verdoppelung des Würfels, ursprünglich die Lehre von den Kegelschnitten bei den Griechen hervorgerufen haben sollen, eine Annahme, welche mit Pappus' Auſserung über den Gebrauch geometrischer Örter bei der Lösung von Aufgaben vollkommen übereinstimmt.

Was den Ursprung der angeführten Benennungen betrifft, so sagt Pappus ausdrücklich an den eben angeführten Stellen, daſs die Aufgaben eben, körperlich oder linear heiſsen, **weil** für ihre Lösung die Benutzung der geometrischen Örter, welche die entsprechenden Namen haben, erforderlich ist. Hierzu scheint es auch zu stimmen, daſs ‚körperliche Örter' und ‚ebene Örter' schon in besonderen Schriften von Aristäus und Apollonius behandelt sind, daſs dagegen aber die Namen ‚ebene und körperliche Aufgaben' — so viel mir bekannt ist — nicht bei so alten Schriftstellern vorkommen. Eine Veranlassung zur Benutzung dieser letzten Benennungen hätte Apollonius allerdings in der Vorrede zum vierten Buch haben können, da die hier erwähnten Aufgaben genau dieselben sind, welche Pappus körperlich nennt. Dies deutet zwar zunächst darauf hin, daſs die Benennung der Aufgaben damals noch nicht in Gebrauch gekommen war und also jünger ist als die Namen der Örter. Doch läſst sich der Umstand, daſs Apollonius an der angeführten Stelle die Benennung ‚körperliche Aufgaben' nicht braucht, auch dann erklären, wenn diese, wie sich aus einigen Gründen als wahrscheinlich ergeben wird, zu seiner Zeit eine etwas engere Bedeutung hatte als die ist, welche Pappus angiebt, und deshalb auch nicht auf alle Aufgaben anwendbar war, welche Apollonius im Auge hatte. Dies ist aber denkbar, da der

[1]) Ausg. v. Hultsch, S. 54 und 270.

Name ‚körperliche Aufgaben‘ recht wohl zu, und namentlich vor Apollonius' Zeit gebraucht sein kann, ohne dafs derselbe sich in einer von den alten Schriften findet, welche noch Pappus kennt, oder doch ohne dafs Pappus Gelegenheit gefunden hat zu bemerken, dafs derselbe nur auf eine etwas enger begrenzte Klasse von Aufgaben angewandt wurde. Es liegt deshalb nichts unzutreffendes in der Annahme, dafs Pappus' Erklärung von dem Ursprunge der verschiedenen Benennungen nur aus einer ziemlich naheliegenden Vermutung hervorgegangen sei, welche in der Zwischenzeit entstanden ist.

Da nun diese Frage nach dem Ursprung, wie wir sehen werden, in einer gewissen Verbindung mit einer wichtigeren historischen Frage steht, so wollen wir genau prüfen, ob mehr Grund ist bei Pappus' Erklärung stehen zu bleiben, oder ob eine andere vorzuziehen ist, die darauf hinauslaufen würde, dafs ebenso wie die körperlichen Örter erst als Mittel zur Lösung der körperlichen Aufgaben entstanden sind, so auch die aufgestellte Einteilung der Aufgaben in ebene, körperliche und lineare die ursprüngliche ist.

Hält man sich an Pappus' Erklärung, dafs zuerst die Örter die erwähnten Namen erhalten haben, so würde man auch annehmen müssen, dafs unter diesen die körperlichen Örter zuerst so benannt wurden, und dafs dies darum geschah, weil die Kegelschnitte ursprünglich als Schnitte an Kegeln erzeugt sind, und weil diese Erzeugungsart definitionsmäfsig zum Ausgangspunkt für die Untersuchung ihrer Eigenschaften genommen wurde. Die angewandte Benennung würde näher liegen, wenn man annehmen dürfte, dafs man, nachdem sich gezeigt hatte, dafs ein geometrischer Ort, der für die Lösung einer Aufgabe gebraucht werden sollte, keine gerade Linie oder kein Kreis war, demnächst stereometrischer Betrachtungsarten sich bediente um zu prüfen, ob der Ort ein Kegelschnitt sein könne. Derjenige, welcher Pappus' Erklärung für den Ursprung der Benennung ‚körperliche Örter‘ festhält, könnte sich deshalb leicht verleiten lassen aus dieser zu schliefsen, dafs man wirklich bei der Bestimmung geometrischer Örter so verfahren sei. Einem solchen Schlusse fehlt indessen, wie wir im zweiten und siebenten Abschnitt gesehen haben, jede anderweitige historische Stütze, da keine Spur darauf deutet, dafs Aristäus in seiner Schrift über körperliche Örter im Gegensatz zu allem, was uns von der griechischen Lehre von den Kegelschnitten aufbewahrt ist, diese sollte stereometrisch behandelt haben, und da Apollonius' drittes Buch, welches für die Bestimmung körperlicher Örter besonders nützlich sein sollte, rein planimetrisch ist und vor allem auf planimetrische Anwendungen hinweist.

Pappus' Erklärung des Ursprunges der Benennung ‚körperliche Örter' ist also allein auf die stereometrische Definition der Kegelschnitte aufgebaut, und die Benennung ‚ebene Örter' würde sich dann nur im Gegensatz zu jener gebildet haben. Das stimmt auch dazu, dafs Pappus sagt, die ebenen Aufgaben würden mit Recht so genannt, weil die Linien, mit deren Hülfe sie gelöst würden, ihren Ursprung in der Ebene hätten. Hat nun auch dieses Unterscheidungsmerkmal den körperlichen Örtern und Aufgaben gegenüber eine formale Berechtigung, wenn man einseitig den Gedanken an den Ursprung oder die Definition der Kegelschnitte festhält, so wird dasselbe doch von dem Augenblicke an logisch unhaltbar, wo man anfängt sich auch linearer Örter zu bedienen. Auf der einen Seite ist es nämlich Pappus und seinen Vorgängern gelungen einigen von diesen, z. B. der Quadratrix, eine räumliche Erzeugung zu geben, welche den Namen ‚körperliche Örter' für die Kegelschnitte weniger bezeichnend macht; auf der anderen Seite gehören die meisten linearen Örter, wie die Konchoide, vollständig, sowohl ihrer Definition (Entstehung) als ihrer Behandlung nach, der Ebene an. Wenn man also keine natürlichere Erklärung für die Entstehung der Einteilung und Benennung der geometrischer Örter und Aufgaben finden kann als die von Pappus gegebene, so mufs man annehmen, dafs die Benennungen ‚lineare Örter und Aufgaben' erst entstanden sind, als die Namen ‚ebene und körperliche Örter' und deren Bedeutungen in dem Grade fest standen, dafs man nicht mehr an ihren Ursprung dachte.

Gegenüber dieser Erklärung, welche ihre beste Stütze in Pappus' Autorität hat und allerdings nicht unmöglich, aber doch zu künstlich ist, als daſs sie sonderliche Befriedigung gewähren könnte, wollen wir versuchen die aufzustellen, daſs die Namen ‚eben' und ‚körperlich' ursprünglich gewissen Aufgaben angehört haben, und daſs sie nach diesen erst später auf die geometrischen Örter übertragen worden sind, welche bei der Lösung dieser Aufgaben benutzt wurden[1]). Wenn also Aufgaben, welche mit Zirkel und Lineal gelöst werden, eben genannt wurden, so beruht das nicht auf irgendwelcher besonderen Eigenschaft der Geraden oder des Kreises, sondern darauf, daſs diese Aufgaben dieselben sind, welche algebraisch von Gleichungen von höchstens dem zweiten Grade abhängen würden. Wenn man nämlich bedenkt, wie die Griechen in ihren Flächenanlegungen diese Gleichungen (auch die vom ersten Grade, welche parabolische Flächenanlegungen geben) als Forderungen in Bezug auf Flächen ebener Figuren ausdrückten, und wie sie dieselben durch Umlegungen und Verwandlungen solcher Flächen lösten, so ist ersichtlich, daſs die angeführte Benennung auf diese Aufgaben gut paſst, und daſs es natürlich war dieselbe von dem Augenblick an zu benutzen, wo man auf andere Aufgaben stieſs, die im Gegensatz zu diesen als körperliche bezeichnet werden konnten.

Dies muſste geschehen, sobald man die Operationen, durch welche Aufgaben auf Flächenanlegung zurückgeführt werden, und die genau der algebraischen Operation, eine Aufgabe auf eine Gleichung zu bringen, entsprechen, auf solche Aufgaben anzuwenden versuchte, welche von Gleichungen dritten

---

[1]) Als ich einstmals mündlich diese Auffassung dem verstorbenen Professor Oppermann gegenüber berührte, antwortete er, daſs ganz dieselbe sich ihm aufgedrängt habe, als er vor vielen Jahren die griechischen Geometer studierte. Damals sprach ich nicht weiter mit ihm über diese Sache und weiſs durchaus nicht, ob er die erwähnte Anschauung so wie ich motivieren, oder weiter anwenden würde; aber während ich später dieses Thema weiter verfolgte, hat schon das Bewuſstsein, mit einem so gründlichen Kenner der antiken Geometrie übereinzustimmen, wenigstens anregend auf mich gewirkt.

Grades abhängen, und dabei den Versuch machte diese Aufgaben in eine Form umzuwandeln, die der entsprach, welche die ebenen Aufgaben als Flächenanlegungen erhalten hatten. Eine solche Form erhält man durch Anwendung von Gebilden mit drei Dimensionen, und wir haben schon berührt, dafs die Griechen dieselben benutzten, sowohl um Zahlen, die durch wirkliche Multiplikation gebildet waren, wie auch um Gröfsen darzustellen, welche in der modernen algebraischen Sprache durch Produkte von drei anderen dargestellt würden. Die kubische Gleichung $x^3 + ax^2 + Bx + \Gamma = 0$ wird nämlich, wenn man — wie wir durch die Bezeichnungen angedeutet haben — $x$ und $a$ durch Strecken, $B$ durch eine Fläche (Rechteck), $\Gamma$ durch ein Volumen (Parallelepipedon) darstellt, zu einer einfachen Relation zwischen Rauminhalten. Aufgaben, welche sich auf diese geometrische Form, unter welcher die kubische Gleichung bei den Arabern, ja noch bei Vieta auftritt, reducieren lassen, werden ganz natürlich im Gegensatz zu den vorher genannten ebenen Aufgaben als körperliche Aufgaben bezeichnet. Der Ursprung der Bezeichnungen würde dann derselbe sein, welcher jedenfalls den entsprechenden, jetzt gebräuchlichen Ausdrücken ‚quadratische und kubische Gleichungen‘ zukommt. Diese Übereinstimmung würde ganz vollständig sein, wenn man annehmen könnte, dafs eine Aufgabe erst den Namen ‚eben‘ oder ‚körperlich‘ erhalten habe, nachdem sie in Flächenanlegungen oder in die entsprechenden stereometrischen Aufgaben umgeformt worden sei.

Indem man aber dasselbe Verfahren auf mehr und mehr Aufgaben anzuwenden versuchte, mufste man auch auf solche treffen, die algebraisch von Gleichungen höherer Grade abhängen würden, die sich also nicht durch eine Relation ersten Grades zwischen Strecken, Flächen und Rauminhalten darstellen liefsen, und die man also garnicht oder jedenfalls nur auf Umwegen durch eine Gleichung darstellen konnte. Diese wurden lineare Aufgaben genannt, vielleicht weil man bei ihrer Behandlung direkt und ohne irgendwelche Gleichung als Zwischenglied auf die hierzu dienenden, neuen krummen Linien hingewiesen wurde; aber es ist auch möglich, dafs dieser Name erst in einer Zeit entstanden ist, wo die von uns vermutete ursprüngliche Veranlassung zu den Namen ‚ebene und körperliche Aufgaben' vergessen war.

Der Einteilung der Aufgaben in ebene, körperliche — und, als Ergänzung hierzu, lineare — würde also das Bestreben zu Grunde liegen dieselben dadurch zu lösen, dafs man sie in der angegebenen Weise auf eine Gleichung zu bringen versuchte. Unsere Annahme wird daher ihre beste Stütze in dem Nachweise finden, dafs dieses Verfahren so verbreitet gewesen ist, dafs eine solche Einteilung in der That einige Verwendung finden konnte.

Dafs dies nun mit Rücksicht auf die ebenen Aufgaben vollständig der Fall gewesen ist, sieht man aus der in den vorhergehenden Abschnitten nachgewiesenen häufigen Anwendung der geometrischen Algebra, bei der die Flächenanlegung eine Hauptrolle spielt. Hiervon wird man noch fester überzeugt werden, wenn man im Folgenden sieht, dafs der Hauptgegenstand der uns erhaltenen Schrift des Apollonius über den Verhältnisschnitt der war, eine gewisse geometrische Aufgabe auf Flächenanlegung zurückzuführen und diese bei Lösung und Diskussion derselben zu verwenden, und dafs die verlorene Schrift über den Flächenschnitt einen ähnlichen Gegenstand gehabt hat, was wir im Vorhergehenden auch von der Schrift über den bestimmten Schnitt angenommen haben.

Dafs man auch die naheliegende Erweiterung desselben Verfahrens auf solche Aufgaben versucht habe, welche algebraisch von Gleichungen dritten Grades abhängen würden, dafür hat man vor allem einen Beweis in der grofsen Bedeutung, welche man der Aufgabe von der Verdoppelung des Würfels oder allgemeiner von der Multiplikation des Würfels mit einem gegebenen Verhältnis beilegte. Diese Bedeutung hat die Aufgabe sicherlich nicht durch einen Orakelspruch erhalten, vielmehr ist der Orakelspruch von dem geometrischen Interesse inspiriert gewesen, welches die erwähnte Aufgabe schon vorher in Anspruch nahm; aber diese Bedeutung rührt daher, dafs die Frage nach der Multiplikation des Würfels die stereometrische Form für die reine kubische Gleichung ist, und dafs also alle geometrischen Aufgaben, welche von dem Ausziehen von Kubikwurzeln abhängig gemacht werden konnten, sich auf diese Form zurückführen liefsen. Hat man z. B. die Gleichung $x^3 = bcd$, so wird man, wenn man $a$ als mittlere Proportionale zu $c$ und $d$ bestimmt, diese umformen können in $x^3 = a^2 b = a^3 . \frac{b}{a}$, also in die Multiplikation des Würfels $a^3$ mit einem linearen Verhältnis, zu dessen Nenner man immer die Kante des Würfels machen kann. Nun findet man allerdings bei den grofsen mathematischen Schriftstellern keine Aufgaben, welche direkt auf die Forderung, einen Würfel mit einem Verhältnis zu multiplicieren, zurückgeführt sind; aber in Wirklichkeit erreicht man dasselbe durch eine Zurückführung auf die Konstruktion von zwei mittleren Proportionalen $x$ und $y$ zwischen $a$ und $b$, bestimmt durch die Gleichungen

$$a : x = x : y = y : b.$$

Dafs diese Konstruktion zusammenfällt mit der Bestimmung der Seite $x$ des multiplicierten Würfels $a^2 b$, war nämlich im Altertum eine wohlbekannte Sache. Wenn man sagte, dafs eine Aufgabe auf die Bestimmung von zwei mittleren Proportionalen zurückgeführt sei, so fiel dies ebenso genau mit einer Zurückführung auf die Multiplikation eines Würfels zusammen, wie eine Zurückführung auf die Konstruktion éiner mittleren Proportionale mit der Verwandlung eines Rechtecks in ein Quadrat.

Als Beispiele für die Reduktion von Aufgaben auf die Konstruktion von zwei mittleren Proportionalen, die dann als bekannt vorausgesetzt wird, können wir bei Archimedes die Sätze 1 und 5 des zweiten Buchs über die Kugel und den Cylinder anführen, wo diese Konstruktion zur Bestimmung einer Kugel, die einem gegebenen Kegel oder Cylinder gleich ist, und eines Kugelabschnittes, der einem gegebenen Abschnitt gleich und einem zweiten ähnlich ist, benutzt wird, und bei Apollonius' Satz 52 des 5ten Buches über die Kegelschnitte. Die zuerst erwähnte Anwendung macht es wahrscheinlich, dafs man vorher dieselbe Konstruktion zur Bestimmung eines Würfels benutzt habe, der z. B. einem gegebenen Prisma oder einer gegebenen Pyramide gleich ist. Auf solche Aufgaben, die also zu den ersten gehören, welche auf die Verdoppelung des Würfels zurückgeführt sind, würde sich der Name ‚körperlich' sogar auch anwenden lassen, ohne dafs irgendwelche Zurückführung auf eine Relation zwischen Würfeln und Parallelepipeden erforderlich wäre.

Es könnte scheinen, als ob dadurch, dafs man die Multiplikation des Würfels in die Bestimmung von zwei mittleren Proportionalen umformte, diese Multiplikation den stereometrischen Charakter verloren habe, der nach unserer Meinung den Namen „körperliche Aufgaben" verursacht hat. Durch Betrachtung der ältesten bekannten Bestimmung dieser mittleren Proportionalen, nämlich derjenigen, welche wir Archytas[1]) verdanken, wird man indessen erkennen, dafs die Sache in der ersten Zeit nicht so aufgefafst wurde. Wie künstlich die Ausführung der Konstruktion, welche Archytas giebt, auch sein mag, so ist der Gedankengang derselben doch recht natürlich, wenn er sich ausdrücklich vorgenommen hat dadurch zur Konstruktion zu gelangen, dafs er das Verfahren, welches für die planimetrische Bestimmung von éiner mittleren Proportionale benutzt wird, auf den Raum erweitert. Eine natürliche Veranlassung zu einem solchen Versuch kann die Betrachtung gegeben haben, dafs die Bestimmung von zwei mittleren Proportionalen der Multiplikation des Würfels gegenüber dieselbe Rolle spielt, wie die Bestimmung von éiner gegenüber der entsprechenden ebenen Aufgabe. Da dieser Versuch gelang, und da man bei der gefundenen Konstruktion in der That nur durch Benutzung der drei Dimensionen des Raumes Platz erhalten hatte um die beiden ebenen Figuren, welche $x$ als mittlere Proportionale zwischen $a$ und $y$, $y$ als solche zwischen $x$ und $b$ geben, in die richtige Verbindung zu bringen, so mufste man dadurch noch mehr in der Auffassung

---

[1]) Archytas' Lösung, welche in den meisten Darstellungen der Geschichte der Mathematik mitgeteilt wird, findet sich in Eutokius' Kommentar zu Archimedes (vergl. Heibergs Ausgabe von Archimedes, III, S. 98 ff.).

bestärkt werden, daſs die Stereometrie das natürliche Mittel zur Behandlung dieser Art von Aufgaben sei. Die übrigens unbekannten Kurven, welche von Eudoxus hierfür angewandt wurden, scheinen auch[1]) mit der Stereometrie in Verbindung gestanden zu haben. Da Menächmus später dieselbe Aufgabe durch Kegelschnitte löste[2]), indem er $x$ und $y$ als Koordinaten eines Durchschnittspunktes zwischen den Parabeln

$$x^2 = ay \quad \text{und} \quad y^2 = bx$$

oder zwischen einer von diesen und der Hyperbel

$$xy = ab$$

bestimmte, so kann man recht wohl eine unbestimmte Vermutung darüber gehabt haben, daſs die stereometrische Definition der Kegelschnitte in irgendwelcher Verbindung mit der Anwendbarkeit derselben auf die Lösung körperlicher Aufgaben gestanden habe. Eine solche Vermutung kann, selbst wenn meine Annahme richtig ist, daſs die Aufgaben zuerst den Namen ‚körperlich' erhalten haben und daſs der entsprechende Name der Kegelschnitte im wesentlichen ihrer Anwendbarkeit für die Lösung dieser Aufgaben zuzuschreiben sei, zur Bildung dieses letzten Namens mitgewirkt haben.

Die Verdoppelung des Würfels ist nicht das einzige Beispiel dafür, daſs man im Altertum Aufgaben, deren Lösung von kubischen Gleichungen abhängt, auf Gleichungen brachte und diese stereometrisch ausdrückte. Noch ein wichtiges Beispiel hierfür findet sich im zweiten Buche von Archimedes' Schrift über die Kugel und den Cylinder. In Satz 4[3]) daselbst behandelt er die Aufgabe, durch eine Ebene eine Kugel in zwei Segmente zu teilen, deren Inhalte in einem gegebenen Verhältnis stehen. Diese Aufgabe wird durch eine Proportion ausgedrückt, welche mit einer Gleichung vom dritten Grade identisch ist, und die Lösung dieser wird zum Schlusse versprochen. Doch fehlt dieselbe in dem uns überlieferten Text und hat schon früh gefehlt. Archimedes' Kommentator, Eu-

---

[1]) Genaueres hierüber folgt im 21sten Abschnitt.

[2]) Archimedes, Ausg. v. Heiberg, III, S. 92.

[3]) Satz 5 in Peyrards französischer Ausgabe.

tokius, meint indessen in einem alten Manuskript, das ebenso wie Archimedes' authentische Arbeiten im dorischen Dialekt geschrieben war, und in welchem die Kegelschnitte auf dieselbe altertümliche Weise wie von Archimedes benannt werden, eine allerdings fehlerhafte Kopie von Archimedes' eigener Lösung und Diskussion gefunden zu haben. Da nun die Historiker im Ganzen nicht abgeneigt sind Eutokius' Vermutung für richtig[1]) zu halten und zu glauben, dafs seine berichtigte Ausgabe des erwähnten Manuskriptes im wesentlichen das wiedergiebt, was Archimedes selbst über diese Sache gegeben hatte, so will ich hier auf diese Annahme vertrauen, indem ich mich vorläufig an die angeführten äufseren Gründe halte.

Mit Rücksicht auf die ganze Behandlung der erwähnten geometrischen Aufgabe wollen wir zunächst bemerken, dafs Archimedes, welcher den Inhalt eines Segments nicht auf dieselbe Weise wie wir ausdrückte, nicht so unmittelbar die Aufgabe durch die Gleichung

$$(3r-h)h^2 = 4\frac{m}{m+n} \cdot r^3$$

darstellen konnte, wo $h$ die Höhe des einen Segments, $r$ den Kugelradius und $\frac{m}{n}$ das gegebene Verhältnis bedeutet. Er gelangt zuerst zu einer hiermit gleichbedeutenden Proportion durch eine Reihe von Operationen, welche mit unseren Eliminationen gleichbedeutend sind, und bei denen er direkt der Bildung einer Gleichung oder Proportion mit einer einzigen Unbekannten, oder richtiger mit einem einzigen unbekannten Punkt zustrebt.

Die Bestimmung des Volumens eines Kugelsegments $ADC$ (vergl. Fig. 40, welche einen ebenen Schnitt durch die Symmetrieaxe darstellt), von der er ausgeht, ist die, dafs das Segment einem Kegel über derselben Grundfläche $AC$ gleich ist, dessen Höhe $LX$ durch die Proportion

---

[1]) So auch Heiberg, der letzte Herausgeber von Archimedes; man vergl. unter anderem seine Ausgabe I, S. 215. Die betreffende Stelle bei Eutokius findet sich in derselben Ausgabe, III, S. 152 ff.

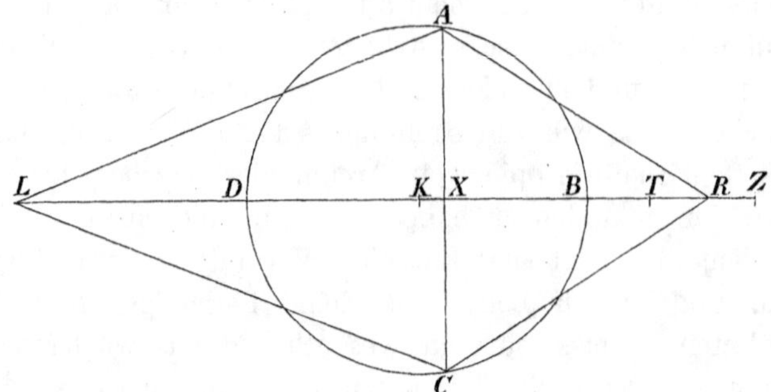


Fig. 40.

$$\frac{KB + XB}{XB} = \frac{LX}{DX}$$

bestimmt wird, wo $K$ den Mittelpunkt der Kugel bezeichnet.

Um den Plan deutlich zu machen, dem Archimedes bei seinen Umformungen folgt, wollen wir lieber in dieser Proportion die Bezeichnung $h$ für die Höhe des Segments, $r$ für den Radius der Kugel und $k$ für die Höhe des Kegels einführen; dadurch setzen wir nämlich nur die Anschauungsmittel, an die wir uns bei Operationen mit ebendenselben Sätzen über Proportionen gewöhnt haben, an Stelle derjenigen, welche die Griechen besafsen, indem sie den Punkten in der Figur folgten. Dann erhält man

$$\frac{3r - h}{2r - h} = \frac{k}{h}. \tag{1}$$

Drückt man nun auf dieselbe Weise das andere Kugelsegment $ABC$ mit der Höhe $h'$ durch einen Kegel mit der Höhe $k'$ aus, so ergiebt sich ferner

$$\frac{3r - h'}{2r - h'} = \frac{k'}{h'}, \tag{2}$$

sowie

$$2r = h + h', \tag{3}$$

und nach der Forderung der Aufgabe

$$\frac{k}{k'} = \frac{m}{n}. \tag{4}$$

Es kommt also darauf an, aus diesen Gleichungen $k$, $k'$ und $h'$ zu elimineren; Archimedes erreicht dasselbe durch Fortschaffen der unbekannten Punkte $L$ und $R$ aus den Proportionen (1), (2) und (4), die man sich auf die von ihm benutzte Art, durch welche unsere Gleichung (3) durch die Figur selbst überflüssig gemacht wird, dargestellt denken mufs. Die Elimination wird dadurch ausgeführt, dafs man zuerst mit Hülfe von (3) die Gleichungen (1) und (2) auf die Formen

$$\frac{h}{h'} = \frac{k-h}{r} = \frac{r}{k'-h'} = \frac{k-h+r}{k'+h-r} \tag{5}$$

bringt. Die Gleichheit des zweiten und vierten Verhältnisses giebt

$$\frac{k-h+r}{k-h} = \frac{k+k'}{k-h+r}$$

oder

$$(k-h+r)^2 = (k-h)(k+k'),$$

mithin

$$\frac{k+k'}{k-h} = \left(\frac{k-h+r}{k-h}\right)^2 = \left(\frac{h+h'}{h}\right)^2 = \left(\frac{2r}{h}\right)^2, \tag{6}$$

wo man die letzten Umformungen aus der Gleichheit der beiden ersten Verhältnisse in (5) erhält. Nun giebt (4)

$$\frac{m+n}{m} = \frac{k+k'}{k} = \frac{k+k'}{k-h} \cdot \frac{k-h}{k} = \left(\frac{2r}{h}\right)^2 \frac{r}{r+h'}$$

$$= \left(\frac{2r}{h}\right)^2 \cdot \frac{r}{3r-h},$$

wo wiederum die Umformung des letzten Faktors auf der Gleichheit der beiden ersten Verhältnisse in (5) beruht.

In dem letzten Ausdruck für $\frac{m+n}{m}$ haben wir also die kubische Gleichung gefunden, welche zur Bestimmung von $h$ dient. Um diese auszudrücken hat Archimedes in die Figur einen Punkt $Z$ eingeführt, der so bestimmt ist, dafs $BZ = r$, wodurch $3r - h = XZ$, und einen Punkt $T$, der so bestimmt ist, dafs $TZ = \frac{m}{m+n} \cdot r$. Dann erhält er die Proportion

$$\frac{DB^2}{DX^2} = \frac{XZ}{TZ}, \tag{7}$$

in der alle Punkte mit Ausnahme von $X$ bekannt sind. Die Aufgabe besteht dann darin, die bekannte Strecke $DZ$ durch einen Punkt $X$ so zu teilen, dafs diese Proportion stattfindet.

Die Aufgabe ist hier nicht auf eine in stereometrischer Form dargestellte kubische Gleichung zurückgeführt, sondern — entsprechend der Darstellung der Multiplikation des Würfels als einer Bestimmung von zwei mittleren Proportionalen — auf eine mit einer solchen kubischen Gleichung gleichbedeutende Proportion. In der von Eutokius mitgeteilten weiteren Behandlung und Diskussion wird dagegen die stereometrische Darstellungsform eingeführt: Teilung einer Strecke in zwei solche Abschnitte, dafs das aus dem einen Abschnitt und dem Quadrate des anderen gebildete Parallelepipedon ein gegebenes Volumen erhält, und diese wird gleichzeitig mit der Darstellung durch die Proportion (7) benutzt. Die Einführung dieses Volumens ist nicht ohne Bedeutung für die allgemeine Diskussion der Bestimmung von $X$ durch die Proportion (7). In der hierzu gehörigen Grenzbedingung sind nämlich die gegebenen Werte von $DB$ und $TZ$, jeder für sich genommen, gleichgültig; es kommt nur darauf an, dafs das aus diesen bestimmte Parallelepipedon $DB^2 . TZ$ kleiner wird als der Maximalwert, den $DX^2 . XZ$ für die verschiedenen Lagen des Punktes $X$ auf der bekannten Linie $DZ$ annehmen kann. Da nun auch Archimedes in seinem eigenen Text auf diese Diskussion hindeutet, indem er sagt, dafs die in Proportion (7) gegebene Aufgabe einen Diorismus (Abgrenzung) verlangt, wenn dieselbe allgemein gestellt wird, aber nicht in der vorliegenden speciellen Anwendung, in der die Grenzbedingungen von selbst erfüllt sind, so ist kein Grund zu der Annahme vorhanden, dafs die Einführung der stereometrischen Darstellung Eutokius' Verbesserung des vorliegenden mangelhaften Manuskripts zu verdanken sei. Jedenfalls mufste eine solche Darstellung dem Archimedes ebenso nahe liegen wie dem Eutokius.

Was nun die Form betrifft, welche unsere Gleichung dritten Grades hier erhalten hat, so ist es beachtenswert, dafs dieselbe vollkommen mit der Form übereinstimmt, in der die Anwendung der Flächenanlegungen oder der quadratischen Gleichungen am häufigsten bei den griechischen Schriftstellern auftritt. Eine Aufgabe, welche auf diesem letzteren Wege gelöst werden soll, wird nämlich im allgemeinen darauf zurückgeführt „auf einer gegebenen Strecke oder deren Verlängerung einen Punkt zu bestimmen, dessen Abstände von den Endpunkten der Strecke ein Rechteck von gegebener Fläche bilden", und diese Fläche wird, wie hier das gegebene Volumen, durch die Abstände der Endpunkte der Strecke von zwei gegebenen Punkten der Linie bestimmt[1]). Diese Übereinstimmung verdient um so mehr beachtet zu werden, als man dadurch, dafs man der Darstellung der kubischen Gleichung dieselbe Ausdehnung giebt wie derjenigen der quadratischen, dieselbe auf jede Gleichung von der Form

$$x^3 + ax^2 + \Gamma = 0 \tag{8}$$

anwendbar machen kann. Die Wurzeln dieser Gleichung, und zwar sowohl die positiven wie die negativen, die ja positive Wurzeln in einer anderen Gleichung von derselben Form sind und also auch für die Alten Lösungen anderer Aufgaben derselben Art darstellen konnten, werden sich nämlich immer dadurch bestimmen lassen, dafs man auf einer Strecke ($\pm a$) oder ihrer Verlängerung einen solchen Punkt bestimmt, dafs das Quadrat seines Abstandes ($x$) von dem einen Endpunkt und sein Abstand von dem anderen Endpunkt ein Parallelepipedon von gegebenem Volumen ($\pm \Gamma$) bilden.

Nunmehr wollen wir anführen, wie nach den Mitteilungen von Eutokius die kubische Gleichung, auf welche die Teilung der Kugel zurückgeführt ist, durch Kegelschnitte gelöst wird. Diese Lösung schliefst sich möglichst eng an die Proportion (7) an, durch welche die Aufgabe dargestellt wird. Setzt man nämlich

$$\frac{DB^2}{DX^2} = \frac{e}{y}, \tag{9}$$

---

1) Das sieht man namentlich aus Apollonius' Schrift über den Verhältnisschnitt; ein Referat über diese Schrift werden wir im 15ten Abschnitt geben.

wo $e$ eine Strecke bedeutet (die beliebig sein kann, die aber in der von Eutokius mitgeteilten Lösung gleich der Strecke $DZ$ ($= 3r$) ist, die geteilt werden soll), so zeigt die Proportion (7), dafs auch

$$\frac{XZ}{TZ} = \frac{e}{y}. \tag{10}$$

Läfst man nun $X$ die Linie $DZ$ durchlaufen, und ist $y$ eine in $X$ errichtete Ordinate, so stellt (9) eine Parabel mit dem Scheitel in $D$ und mit $DZ$ als Tangente dar, und (10) eine Hyperbel mit $DZ$ und der in $Z$ darauf errichteten Senkrechten als Asymptoten. $X$ wird dann die Projektion eines Schnittpunktes dieser Kurven auf $DZ$, oder, wie wir es algebraisch ausdrücken würden, $h$ wird die Abscisse eines solchen Schnittpunktes.

Auch hier wollen wir bemerken, dafs nicht nur jede Gleichung von der Form (8) sich unmittelbar auf dieselbe Weise lösen, sondern dafs diese Lösung sich sogar auf jede Gleichung dritten Grades anwenden läfst. Schreibt man diese:

$$x^3 + ax^2 + Bx = Cd,$$

so lassen ihre Wurzeln sich bestimmen als Abscissen der Durchschnittspunkte zwischen der Hyperbel $y = \frac{C}{x}$ und der Parabel $dy = x^2 + ax + B$.

Noch bleibt uns übrig von dem Diorismus zu sprechen, von dem Archimedes, wie schon bemerkt, in der Schrift über die Kugel und den Cylinder sagt, dafs er nötig sei bei einer Proportion von der Form (7), in der $X$ ein Punkt der gegebenen Strecke $DZ$ selbst sein soll, oder bei einer Gleichung von der Form

$$x^2(a - x) = b^2 c, \tag{11}$$

wo $a$ eine gegebene Strecke bedeutet und $b^2 c$ ein in einer für die Lösung bequemen Form dargestelltes Volumen. Da es sich um eine Teilung von $a$ handelt, so wird hier nur nach solchen Wurzeln gefragt, welche den Bedingungen $0 < x < a$ genügen, und das thun in Wirklichkeit alle positiven Wurzeln. Die Möglichkeit solcher ist davon abhängig, ob das gegebene Volumen $b^2 c$ gröfser, gleich oder kleiner ist als der Maximalwert von $x^2(a-x)$. In dem von Eutokius mitgeteilten Manuskript wird gesagt, dafs dieser Maximalwert stattfinde, wenn $x = \frac{2}{3}a$. Hat nämlich $b^2c$ den hierzu gehörenden Wert $\frac{4}{27}a^3$, so berühren sich die für die Konstruktion benutzten Kurven (9) und (10) oder

$$x^2 = \frac{b^2}{e} \cdot y \quad \text{und} \quad y(a-x) = ce.$$

Denn erstens bestimmt die Abscisse $x = \frac{2}{3}a$ einen gemeinschaftlichen Punkt $P$ (Fig. 41) der beiden Kurven; weiter wird die in $P$ an die Parabel gezogene Tangente auf der Tangente des Scheitelpunktes das Stück $\frac{x}{2}$ abschneiden, also durch die Mitte $S$ der Abscisse $DQ$ gehen. Da hierdurch $SQ = QZ$ wird, so ist ersichtlich, dafs $P$ die Mitte des Stückes wird, welches die Asymptoten der Hyperbel von der an die Parabel gezogenen Tangente abschneiden. Diese berührt also die Hyperbel in demselben Punkte.

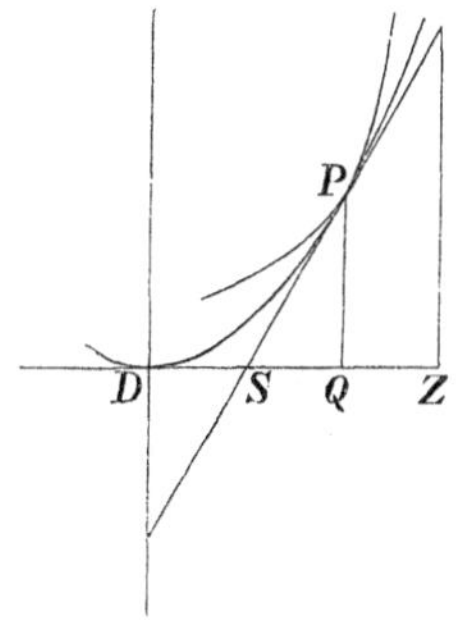

Fig. 41.

Dafs $x^2(a-x)$ nun wirklich einen Maximalwert annimmt, wenn $x = \frac{2}{3}a$ ist oder wenn $X$ auf den Punkt $Q$ der Figur fällt, wird ferner dadurch gezeigt, dafs man $X$ andere Lagen entweder auf $DQ$ oder auf $QZ$ einnehmen läfst. Läfst man gleichzeitig $c$ und $e$, und dadurch auch die Hyperbel, unveränderlich sein, so mufs die Parabel, deren Schnittpunkt mit der Hyperbel den Punkt $X$ bestimmen soll, durch einen von $P$ verschiedenen Punkt der Hyperbel gehen, also innerhalb der Parabel $PD$ fallen. Ihr Parameter $\frac{b^2}{e}$ wird mithin kleiner, folglich auch das diesem entsprechende Volumen $b^2c$.

Diese Diskussion sowohl wie die Figur lassen erkennen, dafs, wenn $b^2c < \frac{4}{27}a^3$, zwei Lösungen entstehen, von denen die eine kleiner, die andere gröfser als $\frac{2}{3}a$ ist, oder dafs durch die Proportion (7) zwei Punkte $X$ bestimmt werden, von denen der eine auf $DQ$ fällt, der andere auf $QZ$.

Soll nun die hier diskutierte Gleichung (11) oder die Proportion (7) im besonderen auf die Teilung der Kugel angewendet werden, so ist (Fig. 40) $a = DZ = 3r$, $b = DB = 2r$, $c = TZ = \frac{m}{m+n} \cdot r$, mithin

$$b^2 c = 4 \frac{m}{m+n} r^3;$$

da $4 \frac{m}{m+n} r^3$ kleiner als $4r^3$ oder als $\frac{4}{27} a^3$ ist, so ist die Teilung möglich, und da der gesuchte Punkt $X$ auf den Durchmesser $DB$ der Kugel fallen mufs, so mufs $X$ kleiner als $DB$ oder als $\frac{2}{3} a$ sein. Man kann folglich nur die eine von den beiden Lösungen der Gleichung gebrauchen. Die gestellte Aufgabe erhält also immer éine und nur éine Auflösung und giebt, wie Archimedes sagt, keine Veranlassung zu einem Diorismus.

Es ist klar, dafs jede Gleichung dritten Grades, in der das Glied vom ersten Grade fehlt, sich ganz auf dieselbe Weise diskutieren lassen mufs, wie es hier mit der specielleren Form geschehen ist. Ferner lassen sich auch wenigstens die Bedingungen dafür, dafs ein gegebener Wert von $x$ zweimal Wurzel einer allgemeinen Gleichung dritten Grades wird, leicht ableiten aus der angedeuteten Lösung mittels einer Parabel und einer Hyperbel. Es kommt nur darauf an, dafs diese Kurven sich in einem Punkte mit der gegebenen Abscisse berühren.

Fassen wir das alles zusammen, so ergiebt sich, dafs Archimedes eine gewisse Aufgabe, die nicht unmittelbar als kubische Gleichung hervortrat, auf eine solche Gleichung zurückgeführt hat; dafs er graphisch durch die Schnittpunkte zweier Kegelschnitte diese Gleichung, welche unter die Form $x^3 - ax^2 + b^2 c = 0$ gehörte, gelöst hat, und dafs er seine Lösung zur Bestimmung der positiven Wurzeln in jeder solchen Gleichung, in der $a$ und $c$ positiv sind, angewandt und die Bedingungen dafür untersucht hat, dafs zwischen 0 und $a$ sich 0, 1 oder 2 Wurzeln ergeben.

Es zeigte sich ferner, dafs Lösung und Diskussion sich unmittelbar auf alle solchen kubischen Gleichungen, in denen das Glied vom ersten Grade fehlt, anwenden und sich ziemlich leicht auf jede kubische Gleichung ausdehnen lassen.

Hierbei haben wir nun allerdings vorausgesetzt, dafs Eutokius' Vermutung, das von ihm gefundene Manuskript enthalte wirklich Archimedes' eigene weitere Behandlung der Aufgabe, richtig sei. Diese Vermutung wird in hohem Grade bestärkt durch die Übereinstimmung zwischen diesem Manuskript und Archimedes' eigener Äufserung, dafs der Diorismus erst Anwendung auf die durch die Gleichung ausgedrückte allgemeinere Aufgabe finde, und durch die unmittelbare Anknüpfung der Lösung an die Proportion, in der Archimedes die Aufgabe ausdrückt.

Hierzu kommt, dafs die mitgeteilte Lösung eine unmittelbare Erweiterung von Menächmus' Lösung der reinen kubischen Gleichung ist, so dafs sie, wenn man das Problem erst auf Archimedes' trinomische Gleichung reduciert hatte, die nächstliegende sein mufste. Aus diesen Gründen, denen wir bald noch einen hinzufügen werden, würden wir auch, selbst wenn Eutokius' Manuskript nur als eine Vermutung über Archimedes' Lösung entstanden sein sollte, diese Vermutung für die beste halten, die möglich ist. Seinerseits ist dieses Manuskript, das aus einer viel älteren Zeit als der des Eutokius stammen mufs, ein sicheres Zeugnis dafür, dafs dasjenige, was hier dem Archimedes zugeschrieben wird, jedenfalls innerhalb der alten griechischen Mathematik erreicht worden ist. Der Diorismus fällt übrigens, wie wir im 13ten Abschnitt sehen werden, in seinen Hauptzügen mit dem zusammen, den Apollonius in seinem fünften Buche auf eine andere Aufgabe anwendet.

Was nun Archimedes selbst betrifft, so würde, selbst wenn man von dem Manuskripte und den obenstehenden Folgerungen absehen und sich unmittelbar an seine authentischen Werke halten wollte, aus diesen letzteren mit Bestimmtheit hervorgehen, dafs er eine Lösung der erwähnten trinomischen Gleichung besafs; denn er kann sich unmöglich damit begnügt haben eine Aufgabe, die er nach seiner eigenen Angabe vollständig behandelt, auf eine andere zurückzuführen, die er nicht lösen konnte. Daſs er auch den Diorismus kannte, geht aus seinen Äuſserungen unmittelbar hervor, und auch dieser Umstand ist ein Zeugnis dafür, daſs er wirklich mit einer Methode diese Aufgabe zu lösen bekannt war.

Aus einer Äuſserung an einer anderen Stelle bei Archimedes kann man ferner sehen, daſs diese Auflösungsmethode, selbst wenn sie von derjenigen, die wir ihm nach Eutokius beigelegt haben, verschieden sein sollte, dennoch ebenso wie diese auf alle Gleichungen dritten Grades anwendbar war, in denen das Glied vom ersten Grade fehlte. Am Schlusse der Vorrede zu dem Werke über Konoide und Sphäroide sagt er nämlich[1]), daſs die in dieser Schrift gefundenen Resultate anwendbar seien, um viele Sätze zu finden und viele Aufgahen zu lösen, und als Beispiel für diese nennt er folgende: durch eine Ebene, welche einer gegebenen parallel ist, von einem gegebenen Sphäroid oder Konoid ein Segment abzuschneiden, welches einem gegebenen Kegel, Cylinder oder einer gegebenen Kugel gleich wird.

Für die rechtwinkligen Konoide, d. h. Umdrehungsparaboloide, wird diese Aufgabe „eben" und geht uns also hier nichts an.

Für die Sphäroide, d. h. Umdrehungsellipsoide, wird die Aufgabe nach Archimedes' Bestimmung der Volumina von Sphäroidsegmenten nicht wesentlich verschieden von derjenigen, wo das Segment ein Kugelsegment ist. Da überdies im letzteren Falle das Verhältnis zwischen dem Volumen des verlangten Segmentes und dem der Kugel, von der das Segment abgeschnitten werden soll, leicht zu bestimmen ist, so ist es wohl keinem Zweifel unterworfen, daſs Archimedes die genannte Aufgabe auf dieselbe Gleichung oder Proportion (7), zu der er in der Schrift über die Kugel und den Cylinder gelangt, zurückgeführt habe, doch mit der Verallgemeinerung, daſs die gegebene Gröſse $TZ$ nicht schon durch die Form der Fragestellung einer Begrenzung unterworfen war. Darum ist der Diorismus nun nicht mehr überflüssig, wenn auch sein Resultat nur das

[1]) Ausg. v. Heiberg, I, S. 286.

selbstverständliche wird, dafs das Segment kleiner als das Sphäroid sein mufs. Die Anwendung der Gleichung der Ellipse kann möglicherweise hier eine einfachere Reduktion auf die Proportion (7) ergeben haben, als diejenige ist, welche wir in der Schrift über die Kugel und den Cylinder fanden.

Was endlich die stumpfwinkligen Konoide, d. h. die hyperbolischen Umdrehungshyperboloide betrifft, so bestimmt Archimedes das Volumen ihrer Segmente in der Weise, dafs die Forderung der Aufgabe für ihn genau mit der Gleichung

$$y^2 x \frac{3a + x}{2a + x} = \Gamma$$

zusammenfällt, worin $2a$ die Länge desjenigen Durchmessers des Hyperboloids bedeutet, welcher durch den Mittelpunkt des begrenzenden ebenen Schnittes geht, $x$ das Stück, welches auf diesem Durchmesser zwischen der Fläche und der Ebene abgeschnitten wird, $y$ den Abstand vom Mittelpunkt des Schnittes bis zu einem von den Punkten der Schnittkurve, welche zugleich in einer festen, durch den Durchmesser gehenden Ebene liegen, und $\Gamma$ ein als ein rechtwinkliges Parallelepipedon dargestelltes Volumen. Nach der Gleichung des in der Diametralebene liegenden hyperbolischen Schnittes steht $y^2$ in einem konstanten Verhältnis zu $x(2a + x)$; die aufgestellte Gleichung verwandelt sich also in

$$x^2 (3a + x) = b^2 c$$

wo $b^2 c$ ein neues bekanntes rechtwinkliges Parallelepipedon, das auf eine für die Lösung bequeme Form gebracht ist, bedeutet, oder in die Proportion $\frac{b^2}{x^2} = \frac{3a + x}{c}$, die mit der bei der früheren Aufgabe aufgestellten Proportion (7) zusammenfällt, wenn man $x = DX$ einen Punkt auf der Verlängerung der gegebenen Strecke $DZ$ ($= 3a$) über $D$ hinaus bestimmen läfst. Die Aufgabe fällt also nach Archimedes' eigener Volumenbestimmung zusammen mit einer derjenigen Formen für die kubische Gleichung ohne das Glied vom ersten Grade, welche bei Aufgaben, die das Kugelsegment betrafen, nicht benutzt wurden. Man darf also annehmen, dafs Archimedes auch in diesem Fall die Gleichung gelöst habe, und dann liegt durchaus kein Grund vor zu glauben, dafs diese ihm irgend welche Schwierigkeit in dem Falle dargeboten haben würde, wo der gesuchte Punkt auf der Verlängerung über $Z$ hinaus liegen soll, oder wo die Gleichung die Form $x^3 - ax^2 - b^2c = 0$ hat. Wie Archimedes' Lösung einer solchen Gleichung auch beschaffen gewesen ist: wir sehen schon aus seinen eigenen Schriften, dafs er dieselbe in voller Allgemeinheit gelöst hat (doch so, dafs die Bestimmung der positiven und negativen Wurzeln einer und derselben Gleichung für ihn verschiedene Aufgaben darbot). Wir haben ihm deshalb nicht zu viel beigelegt, wenn wir annehmen, dafs die von Eutokius gefundene Lösung diejenige war, welche er benutzte. Im übrigen ist der Umstand, dafs diese Lösung eben das leistet, was Archimedes nach seinen eigenen Äufserungen vermochte, noch ein Grund mehr für die Annahme, dafs er gerade sie gebraucht hat.

Hiermit ist indessen nicht entschieden, dafs die Lösung solcher kubischen Gleichungen zuerst von Archimedes gefunden worden ist. Im Gegenteil: die Vollständigkeit der Behandlung und der Umstand, dafs ebendiese Gleichungen sich in einfachen geometrischen, mit der Darstellung quadratischer Gleichungen übereinstimmenden Formen darstellen lassen, zeigen, dafs dieselben recht wohl als selbständige Aufgaben auftreten konnten. Das von Eutokius gefundene Manuskript, von dem sich nicht entscheiden läfst, ob es die Anwendung auf die besondere Aufgabe von der Kugel enthalten hat[1]), kann dann ein Bruchstück von einer selbständigen Behandlung der erwähnten trinomischen Gleichungen sein, die glücklicherweise gerade den Fall einbegreift, wo dieselben Veranlassung geben, Bedingungen für die Möglichkeit der Lösung aufzustellen. Eine solche Behandlung kann älter sein als Archimedes, und der Grund, weshalb er sich damit begnügt die Kugelteilung auf die Gleichung zurückzuführen, mag dann der sein, dafs er die

---

[1]) Eutokius bezeichnet die Punkte der Figur nicht durch dieselben Buchstaben, welche sich in der Schrift des Archimedes finden.

Lösung derselben als bekannt betrachtet, wenigstens für seine Leser in Alexandria, wohin er die Schrift sandte. In solchem Falle wird das Versprechen, am Schlusse einen Diorismus und eine Lösung zu geben, welches Diokles nicht kennt oder nicht beachtet, wahrscheinlich ein Versuch[1]) sein, der später eingeschobenen ist, um zu erklären, weshalb für den Augenblick keine Lösung gegeben wird. Oder Archimedes kann selbst eine Lösung der vorliegenden Aufgabe gefunden, und sich dann, gerade weil er die weiter reichende Anwendbarkeit der in der Gleichung ausgedrückten allgemeineren Aufgabe kannte oder vorhersah, vorgenommen haben dieselbe hinterher besonders zu behandeln, und so wirklich selbst das Versprechen gegeben haben, das der Text enthält. Das von Eutokius gefundene Manuskript kann also entweder davon herrühren, daſs Archimedes wirklich seinen Vorsatz ausgeführt hat, oder es kann die Tradition darüber enthalten, wie er verfahren ist. Diese beiden Erklärungen sind natürlicher als die, daſs die Lösung bereits zu Diokles' und Dionysodorus' Zeiten aus allen Abschriften der Bücher über die Kugel und den Cylinder verschwunden gewesen sein sollte, nachdem sie einmal in dieser Schrift gestanden hatte.

Durch das Gesagte haben wir auch einen Beitrag erhalten für die Beantwortung der zu Anfang dieses Abschnittes erhobenen Frage, ob der Name ‚körperliche Aufgaben' sich nicht auf die Darstellung solcher Aufgaben durch kubische Gleichungen beziehen könne. Hat man diese Gleichungen wirklich selbständig behandelt, so war es ja auch ganz natürlich, daſs man ihnen selbst oder den Aufgaben, welche sich durch sie ausdrücken lieſsen, einen besonderen Namen gab. Von gröſserer Bedeutung ist indessen die umgekehrte Betrachtung, und diese ist es, welche der Frage nach dem Ursprunge der Benennung ‚körperliche Aufgaben' ihr gröſstes Interesse verleiht. Hat der Name ‚körperliche Aufgaben' wirklich ursprünglich die von uns

---

[1]) Diese Annahme ist um so mehr zulässig, als in dem überlieferten Text der Beweis dieses Satzes unzweifelhafte Einschiebsel enthält, die zum Teil bereits zu Eutokius' Zeit vorhanden waren (vergl. Archimedes, herausg. v. Heiberg, I, S. 213, Anm. 2).

vermutete, an und für sich natürlichste Bedeutung gehabt, so ist dieser Name ein Zeugnis für das Gewicht, welches man auf die Zurückführbarkeit der Aufgaben auf kubische Gleichungen legte, also auch für die grofse Bedeutung, welche man der Lösung dieser Gleichungen zuerkannte. Da Archimedes, wie wir gesehen haben, die Lösung von wenigstens einer wichtigen Klasse dieser Gleichungen, auf welche sich die übrigen sogar ziemlich leicht zurückführen lassen, gekannt hat, so mufs man jedenfalls mehr den Griechen als den Arabern das Verdienst der graphischen Behandlung kubischer Gleichungen durch Kegelschnitte zuerkennen; aber haben wir Recht mit unserer Annahme über den Namen ‚körperliche Aufgaben', so können wir hierbei nicht stehen bleiben: das Verdienst diese Gleichungen, deren algebraische Lösung später die Wiedergeburt der theoretischen Mathematik in Europa einleiten sollte, begriffsmäfsig aufgestellt zu haben würde dann auch bereits den Griechen angehören.

Indes müssen wir uns hier beeilen hinzuzufügen, dafs selbst die Kenntnis der kubischen Gleichungen und ihrer Behandlung, die wir mit voller Bestimmtheit Archimedes haben beilegen können, sich nichtsdestoweniger ziemlich rasch verloren hat. So sehen wir, dafs bereits Diokles, der nach Cantor spätestens etwa 100 v. Chr. gelebt haben mufs, mit der Bedeutung einer kubischen Gleichung nicht bekannt ist. Er sagt nämlich von Archimedes' Kugelteilung[1]), dafs diese die Frage auf „eine andere Aufgabe, welche er nicht im Buche über die Kugel und den Cylinder löst", zurückführe. Die Lösung der ursprünglichen Aufgabe, die er darauf selbst anführt und die wir am Schlusse dieses Abschnittes mitteilen werden, ist nun allerdings von der Art, dafs sie auf Grund einer Verallgemeinerung, die er einführt, einer Gleichung dritten Grades mit allen vier Gliedern entspricht, aber es ist überhaupt keine Rede davon dieselbe in einer einzelnen Gleichung oder Proportion auszudrücken. Er verfährt insofern eleganter, als er die Bestimmung der Kegelschnitte, durch welche die Aufgabe gelöst

---

[1]) Vergl. Archimedes, herausg. v. Heiberg, III, S. 190.

wird, direkt an diese anschliefst; aber gerade dadurch wird seine Behandlung nicht zu einer Lösung der kubischen Gleichung. Etwas anders verhält es sich wohl mit der Kugelteilung, die dem (nach Cantor) etwas jüngeren Dionysodorus verdankt wird, da dieser[1]) wirklich die Gleichung

$$x^2(a-x) = b^2 c,$$

ausgedrückt durch dieselbe Proportion wie bei Archimedes, löst; aber nichts deutet darauf hin, dafs er in der Zurückführung auf die genannte Gleichung oder Proportion, welche er von Archimedes entlehnt, irgendwelche umfassendere Methode erblickt. Es ist nämlich weder von einer durch die Gleichung bestimmten allgemeineren Aufgabe noch von einem Diorismus die Rede. Indessen giebt er faktisch eine neue Lösung derselben kubischen Gleichung — die sich auch als eine Verallgemeinerung von Menächmus' Lösung der reinen kubischen Gleichung betrachten läfst — nämlich durch die Schnittpunkte der beiden Kegelschnitte

$$y^2 = c(a-x) \quad \text{und} \quad xy = bc.$$

Es wird nun von Interesse sein auch die nächsten Nachfolger von Archimedes zu betrachten, und besonders zu untersuchen, ob es wahrscheinlich ist, dafs Apollonius kubische Gleichungen in ihren erwähnten antiken Formen als besondere Aufgaben gekannt habe.

Aus Apollonius' Vorreden[2]) geht unzweifelhaft hervor, sowohl dafs man vor seiner Zeit nicht nur viele Aufgaben mittels der Schnittpunkte zweier Kegelschnitte gelöst, sondern auch Mittel gekannt hat, um die Anzahl der Lösungen solcher Aufgaben zu bestimmen, als auch dafs er selbst, im dritten Buch durch die Vervollständigung der Grundlage für die Lehre von den körperlichen Örtern, und im vierten Buch durch eine vollständigere und besser begründete Bestimmung der höchsten Anzahl von Schnittpunkten zwischen zwei Kegelschnitten die Mittel für solche Auflösungen und Diskussionen wesentlich entwickelt und verbessert hat.

---

[1]) Archimedes, herausg. v. Heiberg, III, S. 180.

[2]) Vergl. Anhang 1.

Alles, was sich in diesen Büchern findet, weist indessen mehr auf eine direkt geometrische Behandlung aller Aufgaben hin, welche sich auf dem angegebenen Wege lösen lassen, als auf eine Behandlung der Gleichungen dritten Grades, auf welche ein Teil dieser Aufgaben sich zurückführen läfst. Namentlich mufs es, wenn man an die Lösung der kubischen Gleichungen denkt, die wir dem Archimedes zugeschrieben haben, auffallend erscheinen, dafs im vierten Buch nichts besonderes über die Anzahl von Schnittpunkten zwischen einer Hyperbel und einer Parabel, deren Axe einer Asymptote parallel ist, gesagt wird. Dafs man aber — wie wir schon im neunten Abschnitt berührt haben — diesem Umstande keine zu grofse Bedeutung beilegen darf, sieht man, wenn man zu Apollonius' fünftem Buche übergeht, in dem sich zeigt, dafs er bei seinen eigenen Untersuchungen in 51, 58 und 62 gerade die Schnittpunkte von zwei solchen Kurven benutzt und, ohne nähere Begründung, die richtige Anzahl von Schnittpunkten angiebt. Es sieht also vielmehr so aus, als ob Apollonius, der im vierten Buch allein das Maximum von Schnittpunkten vor Augen hat, den Einflufs des erwähnten Parallelismus als bekannt oder einleuchtend betrachtet hat — ebensowohl wie den Einflufs gleicher Asymptotenrichtung für zwei Hyperbeln. Möglicherweise können solche Fälle in Konons früherer Behandlung desselben Gegenstandes, die Apollonius erwähnt, untersucht worden sein. Ja wir können sagen, dafs dies entweder der Fall gewesen sein mufs, oder auch dafs Konon den Einflufs eines solchen Parallelismus gleichfalls als einleuchtend betrachtet haben mufs, wenn anders seine Untersuchungen die von Apollonius hervorgehobene Bedeutung für den Diorismus von Aufgaben, die durch Kegelschnitte gelöst werden, gehabt haben sollen; denn bei den einfachsten von diesen Aufgaben, die man wohl aller Wahrscheinlichkeit nach zu Konons Zeit gekannt hat, geben eine Hyperbel und eine Parabel in der angegebenen Lage zu einander die nächstliegenden Lösungen. Solche Kurven wurden dann auch — aufser bei der hier besprochenen Lösung kubischer Gleichungen — in der einen der von Menächmus gegebenen Bestimmungen der beiden mittleren Proportionalen benutzt, die im übrigen selbst keine Veranlassung zur Untersuchung der Anzahl der Auflösungen gegeben hat.

Man darf also aus dem, was sich bei Apollonius findet, keine Schlüsse gegen eine frühere selbständige Behandlung der kubischen Gleichungen ziehen wollen. Vielmehr wird die Art und Weise, wie er Konon erwähnt, in Verbindung mit dem, was wir sonst über ältere Anwendungen körperlicher Örter wissen, ein neuer Grund für die Annahme einer solchen Behandlung sein. Man sieht nämlich hieraus, dafs die Anzahl der Aufgaben, welche mittels der Schnittpunkte von Kegelschnitten behandelt worden sind, nicht gut auf die wenigen beschränkt gewesen sein kann, welche uns aufbewahrt sind, von denen mehrere sogar durchaus keine Veranlassung zu einem Diorismus geben. Man kann aus dem von Apollonius erwähnten Widerspruch von Nikoteles' Seite schliefsen, dafs bereits Konon ausdrücklich das Ziel verfolgte, Mittel anzugeben, um die Anzahl von Lösungen für die Aufgaben, welche durch Kegelschnitte gelöst werden, zu bestimmen; aber das Bedürfnis nach diesen Mitteln deutet darauf hin, dafs Klassen von diesen Aufgaben existierten, für deren Lösung man eingehendere Regeln besafs, und dann ist der Gedanke an keine andere Klasse so naheliegend, wie der an die geometrischen Formen der kubischen Gleichung.

Aus dem, was hier über Apollonius und Diokles gesagt ist, läfst sich eine Erklärung dafür entnehmen, wie es hat geschehen können, dafs die Lösung der kubischen Gleichungen durch Kegelschnitte zu den Zeiten des letztgenannten vergessen war, nachdem Archimedes dieselbe ganz oder teilweise gekannt hatte. Diese Erklärung wird sich am besten an eine zusammenfassende Darstellung der Art und Weise anschliefsen lassen, wie die in diesem Abschnitt behandelten Untersuchungen und Theorien in Übereinstimmung mit den von uns mitgeteilten Thatsachen sich entwickelt haben können. Wenn wir nun diese von uns vermutete Entwicklungsgeschichte als ein wahrscheinliches Resultat unserer Mitteilungen hervortreten lassen, so müssen wir doch zugleich bemerken, dafs sie wohl kaum die einzige mögliche Erklärung der besprochenen

Thatsachen abgeben wird, dafs man vielmehr diese Thatsachen und nicht ihren geschichtlichen Zusammenhang als sichere Ausbeute unserer Untersuchung zu betrachten hat. Unsere Vermutung läfst sich folgendermafsen darstellen:

Als man sah, mit wie grofsem Erfolge sich Operationen mit ebenen Figuren anwenden liefsen, um die Lösung geometrischer Aufgaben zu finden, und als man auf diesem Wege die Aufgaben, die wir quadratische Gleichungen nennen, gelöst und zugleich gesehen hatte, wie viele verschiedenartige andere Aufgaben sich auf diese zurückführen liefsen, so war der Versuch nahe gelegt, etwas ähnliches, aber weitergehendes dadurch zu erreichen, dafs man auf entsprechende Weise mit Würfeln und Parallelepipeden verfuhr. Besonders naheliegend war es — wie in den meisten der betrachteten Beispiele — die Aufgaben, welche andere Volumina betrafen, auf Relationen zwischen den genannten beiden Körpern zurückzuführen. Die Analogie mufste die Hoffnung erwecken, dafs zweierlei gelingen würde: erstens die reine kubische Gleichung zu lösen oder die Multiplikation des Würfels auszuführen, und zweitens auch allgemeinere kubische Gleichungen durch Umstellung und Umformung der Parallelepipeda, welche in der stereometrischen Darstellung derselben vorkamen, auf jene einfachere Gleichung oder auf die mit ihr identische Bestimmung von zwei mittleren Proportionalen zurückzuführen. Dies letztere Bestreben, dessen Verwirklichung eine Lösung der allgemeinen kubischen Gleichung in dem Sinne, wie sie erst von den Italienern zur Zeit der Renaissance erreicht wurde, gewesen sein würde, hatte keinen Erfolg und hat keine anderen Spuren hinterlassen als eben den Namen ‚körperliche Aufgaben‘.

Dagegen gelang es die beiden mittleren Proportionalen zu bestimmen oder den Würfel zu multiplicieren, und man nannte dann wegen ihrer Verwendbarkeit für diese Zwecke die von Archytas, Eudoxus und Menächmus gefundenen Kurven, von denen überdies die ersteren Raumkurven waren und die letzteren, die Kegelschnitte, auf stereometrischem Wege erzeugt wurden, ‚körperliche Örter‘. Dafs man diesen Namen, der, als man nach und nach sich auf die Benutzung von Kegelschnitten beschränkte, nur auf diese angewendet wurde, allein mit der Multiplikation des Würfels verband, war nichts widersinniges zu einer Zeit, wo man noch hoffte alle körperlichen Aufgaben auf diese Bestimmung zurückführen zu können; aber der Name ‚körperliche Örter‘ kann auch entstanden sein, nachdem Archimedes oder ein früherer Mathematiker gefunden hatte, daſs auch andere kubische Gleichungen sich mit Hülfe von Kegelschnitten lösen lieſsen.

Durch diese letzte Entdeckung muſste es den Anschein gewinnen, als ob man dasselbe erreicht hätte, was man durch stereometrische Operationen erstrebt hatte. Selbst wenn es nämlich jetzt gelingen sollte durch diese Operationen Aufgaben auf reine kubische Gleichungen zurückzuführen, so erforderte die Lösung dieser die Benutzung von Kegelschnitten, mit deren Hülfe man sie nun auch ohne diese Reduktion lösen konnte. Die stereometrischen Operationen muſsten dann forfallen. Wir finden dieselben nicht mehr bei Archimedes, wenn er — oder der Verfasser des von Eutokius gefundenen Manuskriptes — auch fortfährt die stereometrische Darstellung der Gleichung selbst zu benutzen.

Indessen behielten die kubischen Gleichungen — in ihrer stereometrischen Form oder in der Form von Proportionen — immer noch ihre Bedeutung als einfache Aufgaben, deren Lösung als bekannt vorausgesetzt werden konnte, und auf die sich mannigfache andere Aufgaben zurückführen lieſsen. Da man aber keine andere Lösung als die graphische durch Kegelschnitte kannte, so muſste auch diese Bedeutung sich verlieren, weil die Lehre von den Kegelschnitten, namentlich durch Apollonius, sich derartig entwickelte, daſs man reichere Mittel erhielt direkt die Kurven zu bestimmen, durch welche vorgelegte Aufgaben gelöst werden konnten, ja daſs man in den Stand gesetzt wurde dies ebenso leicht zu erreichen wie die Umformung in eine kubische Gleichung. Diese Umformung war nämlich durch die damals existierenden Mittel nicht immer leicht durchführbar. Man war auch schon vor Apollonius' Zeit auf Aufgaben gestoſsen, die sich durch die Kegelschnitte lösen lieſsen, die man aber nicht auf kubische Gleichungen zurückzuführen vermochte, nämlich mehrere solche, deren nächstliegende algebraische Darstellung eine Gleichung vierten Grades ist. Da nun überdies Apollonius, bei dem man bald gewohnheitsmäſsig alle Aufklärungen über Kegelschnitte suchte, nichts über deren besondere Anwendung auf kubische Gleichungen mitteilte, so wird es verständlich, daſs diese und ihre Lösungen dem Vergessen anheimfielen zu einer Zeit, wo die Auflösbarkeit durch Kegelschnitte als eine gemeinsame Eigenschaft einer umfassenderen Klasse von Aufgaben, als die alten körperlichen Aufgaben waren, hervortrat. Dann wurde es natürlich, wie bei Pappus geschehen ist, auf diese umfassendere Klasse die Benennung ‚körperliche Aufgaben' zu übertragen. Diese haben demnach ihrerseits diesen Namen von den zu ihrer Lösung dienenden körperlichen Örtern erhalten, die wiederum — nach der hier aufgestellten Vermutung — den körperlichen Aufgaben im älteren und engeren Sinne ihren Namen verdanken.

Von diesen letzteren haben wir ausschlieſslich in diesem Abschnitt gesprochen. Es bleibt uns also übrig die körperlichen Aufgaben im umfassenderen Sinne zu betrachten, nämlich alle solche Aufgaben, welche die Griechen mittels zweier sich durchschneidender Kegelschnitte gelöst haben ohne sie erst auf kubische Gleichungen zurückzuführen, sowohl diejenigen, bei welchen sie eine solche Reduktion hätten benutzen können, als auch diejenigen, welche in der zunächstliegenden algebraischen Darstellung durch eine Gleichung vierten Grades ausgedrückt werden. Daſs sie diese letzten Aufgaben auf irgend eine Weise, die unserer Lösung der Gleichungen vierten Grades entspricht, methodisch auf Gleichungen dritten Grades zurückgeführt haben sollten, davon findet sich keine Spur. Es genügte ihnen, sie alle mit Hülfe von Kegelschnitten zu behandeln.

Mit diesen körperlichen Aufgaben in dem weiteren Sinne, in dem Pappus das Wort nimmt, werden wir uns in den beiden folgenden Abschnitten beschäftigen; aber bereits hier werden wir ein Beispiel dafür erhalten, wenn wir zu den in diesem Abschnitt behandelten Kugelteilungen nun diejenige hinzufügen, welche von Diokles herrührt, die interessant ist durch die Freiheit, mit der die Kegelschnitte benutzt werden. Es ist nämlich bei dieser, wie schon erwähnt, keine Rede von der Zurückführung auf eine kubische Gleichung.

Diokles benutzt[1]) Archimedes' Analysis bis zur Bildung der ersten Gleichungen (5) [S. 238 und Fig. 40], die er aber etwas verallgemeinert, indem er sagt, daſs es darauf ankomme eine gegebene Strecke $DB$ (Fig. 42) so in einem Punkte $X$ zu teilen, daſs wenn man an den beiden Enden von $DB$ die unbekannten Strecken $LD$ und $BR$ hinzugefügt, das Verhältnis $\frac{LX}{XR}$ einen gegebenen Wert erhält und die Verhältnisse $\frac{LD}{DX}$ und $\frac{BR}{XB}$ gleich den Verhältnissen zwischen einer gegebenen Strecke und beziehungsweise $XB$ und $DX$ werden. Wenn wir nun die zuletztgenannte gegebene Strecke mit $a$ bezeichnen, die bei der Anwendung auf die Kugelteilung der Radius $r$ $(= \frac{1}{2} DB)$ der Kugel ist, und im übrigen dieselben Bezeichnungen wie früher benutzen $(LX = k,\ XR = k',\ DX = h,\ XB = h')$, so werden diese Bestimmungen der gesuchten Punkte $L$, $X$, $R$ in der modernen Zeichensprache ausgedrückt durch die Gleichungen

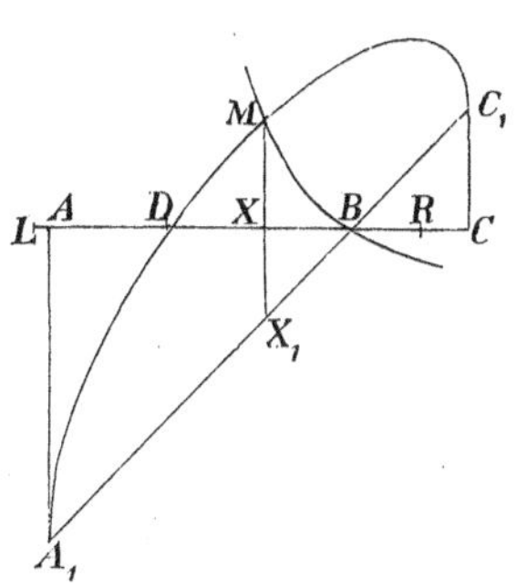

Fig. 42.

$$\frac{k}{k'} = \frac{m}{n}, \quad h + h' = 2r, \tag{1}$$

$$\frac{k-h}{h} = \frac{a}{h'}, \quad \frac{k'-h'}{h'} = \frac{a}{h}, \tag{2}$$

in denen $h$, $h'$, $k$ und $k'$ unbekannt sind. Die letzten Gleichungen ergeben

$$\frac{h}{h'} = \frac{k-h}{a} = \frac{a}{k'-h'} = \frac{k}{h'+a} = \frac{h+a}{k'}. \tag{3}$$

[1]) Archimedes, herausg. v. Heiberg, III, S. 188 ff.

Statt hieraus nun, wie Archimedes thut, durch Elimination eine Gleichung mit éiner Unbekannten zu bilden, befolgt Diokles die Regel, welche Plücker innerhalb der modernen analytischen Geometrie aufgestellt hat, nämlich die gegebenen Bedingungen (Gleichungen) so weit möglich direkt zu benutzen und denselben nicht durch eine Elimination ein verwickelteres Aussehen zu geben.

Aus den Ausdrücken (1) und (3) für $\frac{k}{k'}$ und $k \,.\, k'$ wird

$$k'^2 = \frac{n}{m}(h + a)(h' + a) \tag{4}$$

abgeleitet, und aufserdem hat man in (3)

$$(k' - h')h = a \,.\, h'. \tag{5}$$

Da $h' = 2r - h$, so drückt die letzte Gleichung aus, dafs $y = k' - h'$ die im Punkte $X$ errichtete Ordinate einer Hyperbel ist, die sich leicht näher bestimmen läfst. Da ferner $h + a$ und $h' + a$ die Entfernungen des Punktes $X$ von den Punkten $A$ und $C$ angeben, die dadurch bestimmt sind, dafs $AD = BC = a$ auf den Verlängerungen von $DB$ abgetragen wurden, so würde Gleichung (4) ausdrücken, dafs $k'$ die durch $X$ gehende Ordinate einer Ellipse mit der Axe $AC$ ist.

Die Ordinaten $y$ und $k' = y + h'$ haben indessen hier verschiedene Bedeutungen. Die Ordinate $k'$ darf deshalb nicht von der gegebenen geraden Linie selbst aus gerechnet werden, sondern von der, deren Ordinate in dem beweglichen Punkte $X$ den Wert $-h'$ hat, d. h. von der Linie $BA_1$ aus, die in $B$ mit der gegebenen einen Winkel von 45° bildet. Wird die Ordinate $k'$, welche in $X$ senkrecht auf $AC$ steht, von der Linie $A_1B$ aus als $X_1M$ gerechnet, so wird der Ort für ihren Endpunkt $M$ eine Ellipse mit dem Durchmesser $A_1C_1$, dessen Verhältnis zu dem, den Ordinaten parallelen, konjugierten Durchmesser gleich $\sqrt{2\frac{m}{n}}$ wird.

Die Ordinate des Schnittpunktes dieser Ellipse und der oben erwähnten Hyperbel trifft die gegebene gerade Linie in dem gesuchten Teilungspunkte $X$.

---

# Zwölfter Abschnitt.

## Körperliche Aufgaben (Fortsetzung); Einschiebungen (νεύσεις).

Nachdem Pappus im vierten Buche die Einteilung der Aufgaben in ebene, körperliche und lineare angeführt hat, verleiht er dieser Einteilung Nachdruck, indem er hinzufügt[1], dafs man es für einen nicht geringen Fehler ansehen müsse, eine ebene Aufgabe durch Kegelschnitte und andere Kurven, und überhaupt eine Aufgabe mit den Hülfsmitteln einer fremden Gattung zu lösen. Dafs die erste hierin ausgesprochene Forderung schon zu Euklids Zeit anerkannt war, sieht man aus seinen Elementen, in denen die Gerade und der Kreis die einzigen untersuchten Linien und die einzigen erlaubten Konstruktionsmittel sind, und wo Satz 2 des ersten Buches zeigt, dafs auch eine solche unmittelbare Verlegung einer Strecke mit Hülfe des Zirkels nicht gestattet wird, bei der beide Zirkelfüfse ihren Platz verändern. Abgesehen von den Konstruktionen in Apollonius' zweitem Buch, die namentlich zeigen, wie der

---

[1]) Ausg. v. Hultsch, S. 270. Mit Rücksicht auf weitere Anwendungen will ich diese Stelle, 270, 28—272, 4, hier vollständig anführen: „Die Geometer scheinen aber einen nicht geringen Fehler zu begehen, wenn die Lösung einer ebenen Aufgabe durch Kegelschnitte oder höhere Kurven von jemand gefunden wird, und überhaupt wenn sie mit den Hülfsmitteln einer fremden Gattung gelöst wird, wofür Beispiele sind die Aufgabe über die Parabel im fünften Buche von Apollonius Kegelschnitten und die im Buche über die Spirale von Archimedes vorgenommene körperliche νεῦσις mit Bezug auf einen Kreis; denn auch ohne einen körperlichen Ort zu Hülfe zu nehmen ist es möglich, den von ihm aufgestellten Satz zu finden . . . ." (über die Polarsubtangente einer Archimedischen Spirale; Satz 18). Ich habe mit Heiberg (Zeitschr. f. Math. u. Phys., hist. litt. Abt., XXIII, 4, S. 117) das στερεὰ und κύκλου der Handschriften dem στερεοῦ und κύκλον von Hultsch vorgezogen. Noch verständlicher würde mir die Mehrzahl αἱ λαμβανόμεναι στερεαὶ νεύσεις, die mit einigen Handschriften teilweise übereinstimmt, gewesen sein. Die gegen Archimedes und Apollonius erhobenen Beschuldigungen werde ich ihm Verlauf dieses und des folgenden Abschnittes genauer untersuchen.

gezeichnete Kegelschnitt sich bei der Bestimmung zu ihm gehöriger Linien benutzen läfst (S. 111), habe ich auch bei Archimedes und Apollonius keine andere Abweichung von dieser Regel gefunden als die von Pappus im 5ten Buche von Apollonius' Kegelschnitten angedeutete, die später erklärt werden soll. Die hinzugefügte allgemeine Forderung mufs unter anderem den Sinn haben, dafs man bei der Lösung von Aufgaben, die sich durch Kegelschnitte lösen lassen, keine anderen Kurven als diese nebst der Geraden und dem Kreise benutzen darf. Hierdurch will Pappus den Lösungen dieser Aufgaben durch mechanische Hülfsmittel die Bedeutung keineswegs absprechen — er sieht dieselben im Gegenteil für praktisch nützlich an, weil die Kegelschnitte schwierig in der Ebene zu konstruieren sind[1]), und er erdenkt selbst solche Lösungen —; aber er betrachtet eine Lösung nicht eher als theoretisch vollständig, bevor dieselbe allein durch Kegelschnitte bewerkstelligt ist.

Einige der überlieferten mechanischen Konstruktionen scheinen denn auch aus den durch die Kegelschnitte erhaltenen Lösungen abgeleitet zu sein. Das gilt namentlich von der Konstruktion zweier mittlerer Proportionalen, welche nach Eutokius[2]) von Apollonius herrührt, und die wahrscheinlich dieselbe ist, von der Pappus[3]) sagt, er habe sie durch Kegelschnitte gefunden. Dies erklärt nämlich P. Tannery[4]) mit gutem Grunde durch die Annahme, dafs Apollonius die beiden Parabeln $x^2 = ay$ und $y^2 = bx$ des Menächmus mit dem Kreise

$$x^2 + y^2 - bx - ay = 0$$

vertauscht und die mittleren Proportionalen $x$ und $y$ als die Koordinaten des Punktes bestimmt habe, in dem dieser die Hyperbel $xy = ab$ aufser in dem Punkte $(a, b)$ schneidet. Die zwischen diesen beiden Punkten abgeschnittene Sehne mufs dann dieselbe Mitte haben, wie das durch die Asymptoten der Hyperbel abgeschnittene Stück derselben geraden Linie.

---

[1]) Ausg. v. Hultsch, S. 54.

[2]) Archimedes, herausg. v. Heiberg, III, S. 76.

[3]) Ausg. v. Hultsch, S. 56.

[4]) Bulletin des Sciences mathématiques, 2me série, T. VIII, 1884, S. 323.

Die Schnittpunkte dieser Linie und der Asymptoten erhalten also denselben Abstand vom Mittelpunkt des Kreises. Auf diese Weise gelangt man zu der von Eutokius mitgeteilten Konstruktion, welche darin besteht, dafs man ein Lineal sich um den Punkt $(a, b)$ drehen läfst, bis die Durchschnittspunkte zwischen dem Lineal und den Asymptoten gleichen Abstand vom Kreismittelpunkte $\left(\frac{a}{2}, \frac{b}{2}\right)$ bekommen.

Genau dieselbe Konstruktion teilen Pappus und Eutokius unter Herons Namen mit[1]), und Eutokius führt unter dem Namen Philons eine an[2]), die von jener nur dadurch abweicht, dafs die gerade Linie so durch den Punkt $(a, b)$ gelegt wird, dafs die zwischen dem Kreise und den Asymptoten abgeschnittenen Stücke gleich grofs werden.

Wo dagegen die Lösung einer Aufgabe, die sich durch Kegelschnitte lösen läfst, von der aber keine Lösung durch Kegelschnitte vorher bekannt war, von alten Schriftstellern auf eine mechanische Operation zurückgeführt wird, da nimmt Pappus an, dafs der Hauptzweck dieser Zurückführung eine solche Anwendung von Kegelschnitten gewesen ist, welche die mechanische Operation ersetzen konnte. Ob er hierin immer Recht hat, dürfte jedoch einigem Zweifel unterworfen sein. Die Forderung, dafs körperliche Aufgaben — und diesen Namen nehmen wir hier und im Folgenden in derselben weiteren Bedeutung wie Pappus — immer durch Kegelschnitte gelöst werden sollen, setzt offenbar voraus, dafs die Lehre von den Kegelschnitten derartig entwickelt ist, dafs man imstande ist diese als die einfachsten Linien nächst der Geraden und dem Kreise aufzufassen. Sie kann deshalb nicht sofort aufgestellt worden sein, als man anfing Aufgaben mit Hülfe der Kegelschnitte zu lösen, sondern sie hat erst einen vernünftigen Grund gehabt, als die Lösung durch Kegelschnitte wirkliche Vorteile bringen konnte.

---

1) Pappus, Ausg. v. Hultsch, S. 62 ff.; Archimedes, Ausg. v. Heiberg, III, S. 70 ff.

2) Archimedes, Ausg. v. Heiberg, III, S. 72 ff.

Namentlich giebt es eine bestimmte mechanische Operation, die so einfach ist und so oft von den Mathematikern des Altertums angewandt und erwähnt wird, dafs man annehmen darf, die Zurückführung der Aufgaben auf dieselbe sei nicht ein blofses Durchgangsglied zur Konstruktion durch Kegelschnitte gewesen. Dies ist die sogenannte „νεῦσις“, welche im allgemeinen darin besteht, durch einen gegebenen Punkt eine gerade Linie so zu ziehen, dafs zwischen zwei gegebenen Linien ein Stück von gegebener Länge abgeschnitten wird. In Übereinstimmung mit dieser Bedeutung wollen wir das Wort νεῦσις durch Einschiebung wiedergeben, nämlich Einschiebung des gegebenen Stückes zwischen die gegebenen Linien, worunter dann gleichzeitig zu verstehen ist, dafs die eingeschobene Strecke oder ihre Verlängerung durch einen gegebenen Punkt gehen soll. Diese Aufgabe läfst sich, wenn die eine der beiden gegebenen Linien eine Gerade ist, dadurch lösen, dafs man die andere von einer Konchoide durchschneiden läfst, einer Kurve, die nach Pappus' und Eutokius' Zeugnis von Nikomedes gefunden ist, der nach Cantor in der Zeit zwischen 200 und 70 v. Chr. gelebt haben soll, während Tannery[1]) die Zeit seines Lebens zwischen Archimedes und Apollonius verlegt. Da man über eine mechanische Konstruktion dieser Kurve verfügt, so erhält man auch eine mechanische Ausführung solcher Einschiebungen, bei denen die eine Linie eine Gerade ist.

Indessen können diese und andere Einschiebungen auch früher auf mechanischem Wege ausgeführt worden sein, da es nicht nötig ist dabei an die Konchoide oder an den geometrischen Ort für irgendeinen beweglichen Punkt zu denken. Man braucht nämlich nur ein Lineal (oder ein zusammengefaltetes Stück Papier) mit zwei Marken, deren Abstand gleich der gegebenen Länge ist, so um den festen Punkt zu drehen, dafs die eine Marke der einen gegebenen Linie folgt, bis die andere auf die andere Linie fällt. Nikomedes kann dann gerade durch den Gebrauch dieses Konstruktionsmittels dahin geführt

[1]) Bulletin des Sciences mathématiques, 2me série, T. VII, S. 284.

worden sein den Weg der zweiten Marke zu studieren und durch genauere Behandlung dieser Kurve die Operation zu veranschaulichen und umfassende Regeln für den Diorismus der dadurch gelösten Aufgaben aufzustellen. Nikomedes' Erfindung der Konchoide ist also sehr weit davon entfernt ein Hindernis für die Annahme zu sein, dafs man in älterer Zeit Einschiebungen auf mechanischem Wege ausgeführt habe. Wir glauben im Gegenteil, dafs eine genauere Untersuchung zu dem Resultat [1]) führen wird, dafs die mechanische Ausführung von Einschiebungen in der älteren Zeit nicht nur praktisch angewandt, sondern auch theoretisch als ein Hülfsmittel anerkannt worden ist, dessen man sich bedienen durfte, wenn eine Aufgabe nicht mittels Zirkel und Lineal gelöst werden konnte, und dafs man sich erst in einer späteren Zeit verpflichlet gefühlt hat jedesmal, wo es möglich war, Kegelschnitte zur Ausführung derjenigen Einschiebungen anzuwenden, die sich nicht in Konstruktionen mittels Zirkel und Lineal umformen liefsen.

Diese Annahme stützt sich namentlich auf die Aufgaben, welche man in Einschiebungen umgeformt findet, ohne dafs hinterher weitere Regeln für ihre Behandlung gegeben werden. In dieser Beziehung dienen die Aufgaben, welche sich in Archimedes' Buch über die Spiralen finden, am besten zur Erläuterung. Die Beweise für die Sätze 5, 6 und 7 dieses

---

[1]) Hierauf hat Professor Oppermann mich aufmerksam gemacht, indem er namentlich als wahrscheinlich hervorhob, dafs Archimedes sich die im Buche über die Spiralen erwähnten Einschiebungen mechanisch ausgeführt gedacht habe. Da er zugleich berührte, dafs die zahlreichen Untersuchungen von Einschiebungen in der altgriechischen Literatur auf eine allgemeine Benutzung hindeuteten, so habe ich die Ideen, welche ich hier eingehender zu entwickeln suche, ausschliefslich dem Scharfsinn des verstorbenen Gelehrten zu verdanken. — Professor Oppermann machte mich auch darauf aufmerksam, dafs er sich in seiner Auffassung mit Newton begegnete, insofern dieser in seiner „Appendix de aequationum constructione lineari" zur Arithmetica universalis ohne weiteres voraussetzt, dafs Archimedes die Konchoide zur Dreiteilung des Winkels benutzt habe, ein Verfahren, das Newton, der im Gegensatz zu Descartes das absolute geometrische Vorrecht der Kegelschnitte bekämpft, vollkommen billigt.

Buches stützen sich darauf, dafs man durch einen Punkt einer Kreisperipherie eine gerade Linie $AED$ so ziehen kann, dafs das Stück $ED$, welches zwischen dem zweiten Schnittpunkt $E$ mit der Kreisperipherie und der Verlängerung einer gegebenen Sehne abgeschnitten wird, eine gegebene Länge erhält, und die Beweise für die Sätze 8—9 stützen sich darauf, dafs man, wenn bereits durch einen Punkt der Kreisperipherie eine Linie $AFG$ (Fig. 43) gezogen ist, die senkrecht auf der Sehne $BC$ in einem Punkte $F$, der nicht die Mitte der Sehne ist, steht und den Kreis in $G$ schneidet, durch $A$ noch eine andere Linie $ADE$ ziehen kann, auf der zwischen der Sehne selbst und der Kreisperipherie ein Stück $DE = FG$ abgeschnitten wird.

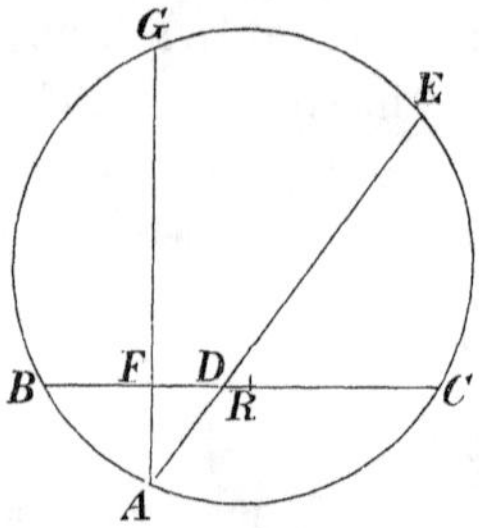

Fig. 43.

Die Richtigkeit dieser Voraussetzungen, die nicht genauer begründet werden, ist nun allerdings hier, wo gar keine wirkliche Konstruktion verlangt wird, sondern nur von der Existenz der Lösungen die Rede ist, fast unmittelbar einleuchtend, aber es sieht den Alten nicht ähnlich Behauptungen über die Existenz von Figuren aufzustellen ohne zugleich Mittel zu ihrer Konstruktion zu besitzen. Dafs auch Archimedes selbst sich eine exakte Konstruktion ausgeführt gedacht habe, darauf deutet der Umstand, dafs er an den angeführten Stellen ausdrücklich vermeidet Bogenlängen, die nicht in exakte Konstruktionen eingeführt werden durften, zu benutzen, sondern stattdessen mit geradlinigen Strecken operiert, welche das eine Mal gröfser, das andere Mal kleiner als ein gewisser Bogen sind, mit Stücken also, die man sich mit Sicherheit verschaffen kann.

Da die Konstruktionen sich nun nicht mittels Zirkel und Lineal ausführen lassen, so liegt die Vermutung nahe, dafs Archimedes Kegelschnitte dazu benutzt habe[1]). Das konnte nicht

---

[1]) So meint Dr. Heiberg, dafs man bei der Untersuchung über Archimedes' Kenntnis der Kegelschnitte auch davon ausgehen müsse, dafs

besonders schwierig sein, und namentlich mufs die Anwendung der körperlichen Örter, welche Pappus am Schlusse des 4ten Buchs[1]) anführt und gerade für die Lösung der hier erwähnten Aufgaben angewandt wissen will, sich leicht dargeboten haben. Die Konstruktion wird dann etwa folgendermafsen gefunden und ausgeführt worden sein.

Soll $DE$ (in Fig. 43, die, mit Ausnahme der Lage der einzelnen Teile und der diesen entsprechenden Diskussion, für jede beliebige der hier erwähnten Bestimmungen verwendbar ist) die Gröfse $k$ haben, so erhält man aus der Figur, dafs $BD.DC = k.AD$, oder, wenn $BC = 2c$, der Abstand $DR$ des Punktes $D$ von der Mitte $R$ der Sehne $BC$ gleich $x$ gesetzt wird, und wenn $RF = a$ und $AF = b$, dafs

$$c^2 - x^2 = k\sqrt{(a-x)^2 + b^2}.$$

Setzt man die beiden Seiten dieser Gleichung gleich $ky$, so wird $x$ bestimmt als Abscisse des Schnittpunktes zwischen der Parabel

$$y = \frac{c^2 - x^2}{k} \tag{1}$$

und der Hyperbel

$$y^2 = (a-x)^2 + b^2. \tag{2}$$

Ist nun in dem durch die Figur dargestellten besonderen Falle $k = FG$, so werden diese beiden Kurven durch $A$ gehen (wenn man die Ordinaten abwärts als positiv rechnet). $A$ wird ein Scheitelpunkt der Hyperbel und $F$ ihr Mittelpunkt. Da aber die Axe der Parabel durch $R$, und sie selbst durch $B$ und $C$ geht, so ist es klar, dafs sie die Hyperbel aufser in $A$ in noch einem Punkte schneiden mufs, dessen Projektion $D$ auf die Sehne $BC$ selbst fällt. Dieser Punkt wird mit $F$ nur unter der Voraussetzung (die Archimedes ausdrücklich ausschliefst)

---

er diese Konstruktionen durch Kegelschnitte ausgeführt habe (Zeitschr. f. Math. u. Phys., hist. lit. Abt., XXV, 2, S. 66).

[1]) Ausg. v. Hultsch, S. 298—302. Man vergleiche auch Heibergs Verbesserung des Textes und die daran geknüpfte Auseinandersetzung über die Anwendung in Zeitschr. f. Math. u. Phys., hist. lit. Abt., XXIII, 4, S. 118.

zusammenfallen, dafs $F$ selbst mit der Mitte $R$ der Sehne zusammenfällt.

Es unterliegt keinem Zweifel, dafs bereits Archimedes, wenn er gewollt hätte, diese Konstruktion von $ADE$, für die nur Hülfsmittel angewandt werden, die zu seiner Zeit vollkommen bekannt waren, etwa auf dieselbe Weise hätte ausführen können, und dafs er an diese Konstruktion die Begründung seiner Behauptungen hätte anschliefsen können; aber die Begründung ist zu weitläufig, als dafs man annehmen dürfte, dafs er mit einigem Rechte habe glauben können, seine Leser würden ohne weitere Anleitung imstande gewesen sein sich auf diese Weise von der Richtigkeit seiner Behauptungen zu überzeugen.

Dagegen wird die Richtigkeit derselben einleuchtend genug gewesen sein, um das Fortlassen jeder Begründung bei Archimedes zu erklären, wenn man sich in allen genannten Fällen die Konstruktion von $ADE$ auf dem von uns angegebenen mechanischen Wege ausgeführt denkt. So wird in Fig. 43 die Möglichkeit, noch eine von $AFG$ verschiedene Linie $ADE$ zu ziehen, wenn $AFG$ senkrecht auf $BC$ steht und wenn $F$ nicht die Mitte dieser Sehne ist, daraus hervorgehen, dafs eine Drehung der $ADE$ von $AFG$ aus gegen den Mittelpunkt des Kreises sogar, wenn $E$ sich auf einer durch $G$ zu $BC$ gezogenen Parallelen bewegen müfste, $DE$ dahin bringen würde gröfsere Werte als $FG$ anzunehmen, also um so mehr, wenn $E$ sich auf dem über einer solchen Parallelen liegenden Kreisbogen bewegt, dafs also $FG$ nicht der Maximalwert ist. Noch verständlicher wird das Fortlassen einer Begründung bei Archimedes, wenn man bedenkt, dafs die Anerkennung des erwähnten Konstruktionsmittels wahrscheinlich verbunden war mit der Aufstellung einiger Regeln für die Diskussion von Aufgaben, die sich auf diesem Wege lösen liefsen.

Eine sehr bekannte Aufgabe, die Dreiteilung des Winkels, ist sogar auf verschiedenen Wegen auf Einschiebung zurückgeführt worden. Die eine von diesen wird insofern Archimedes zugeschrieben, als sie sich in einem der Sätze angegeben findet, die uns durch die Araber unter dem Namen von „Archimedes' Wahlsätzen“ überliefert sind. Der achte von diesen [1]) sagt, dafs wenn man auf der Verlängerung einer Sehne $AB$ eines Kreises ein dem Radius gleiches Stück $BC$ abträgt, und durch $C$ den Durchmesser $CFE$ zieht (Fig. 44), der Bogen $BF$ ein Drittel des Bogens $AE$ wird. Einerlei ob dieser Satz, der sich leicht beweisen läfst, von Archimedes herrührt oder nicht, der Zweck desselben hat sicherlich in der Anwendung bestanden, welche arabische Schriftsteller von ihm machen, nämlich in der Dreiteilung des zu $AE$ gehörigen Centriwinkels. Diese ist also auf eine Einschiebung zurückgeführt, nämlich durch $A$ die Linie $AC$ so zu ziehen, dafs das zwischen ihrem zweiten Schnittpunkte $B$ mit dem Kreise und ihrem Schnittpunkte $C$ mit dem Durchmesser $EF$ abgeschnittene Stück $BC$ eine gegebene Länge erhält.

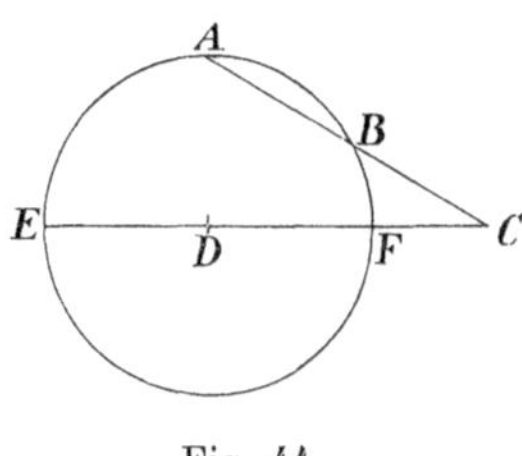

Fig. 44.

Diese Einschiebung gehört als specieller Fall unter diejenigen, welche im Buche über die Spiralen benutzt werden, und die sich mittels der oben beschriebenen körperlichen Örter lösen lassen. Pappus sagt von diesen [2]), dafs sie sich auch auf viele andere körperliche Aufgaben anwenden lassen als diejenigen, welche die Spirale betreffen; doch nennt er die Dreiteilung des Winkels nicht besonders. Dies ist etwas auffallend, da er ausführlich über die beiden anderen Dreiteilungen des Winkels berichtet, welche im Verlaufe dieses Abschnittes Erwähnung finden werden. Vielleicht könnte dies darauf hindeuten, dafs die Dreiteilung des Winkels, welche hier dem Archimedes beigelegt wird, nicht griechisch ist, sondern von den Arabern herrührt. Abgesehen von der interessanten Übereinstimmung mit den Voraussetzungen in der Schrift über die Spiralen, ist hierauf kein grofses Gewicht zu legen, da die Behandlung doch ganz auf griechischem Grunde aufgebaut ist und keinenfalls unrichtige Vorstellungen über das Verfahren

[1]) Archimedes, herausg. v. Heiberg, II, S. 437.
[2]) Ausg. v. Hultsch, S. 298.

der Griechen erwecken kann. Das sieht man am besten durch Betrachtung der einen von den Lösungen derselben Aufgabe, die nach Pappus' Mitteilungen von den alten griechischen Schriftstellern herrührt und durch welche die Aufgabe auf eine andere Einschiebung zurückgeführt wird.

Ist (Fig. 45) $ABC$ der Winkel, an dem die Dreiteilung vorgenommen werden soll, und $EBC$ ein Drittel desselben,

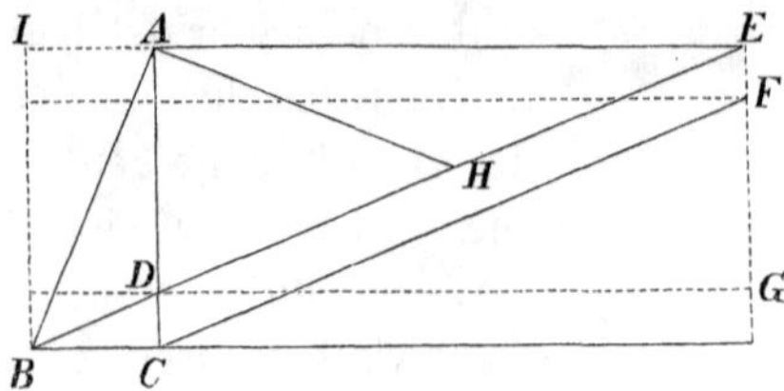


Fig. 45.

ist ferner $AC \perp BC$, $AE \perp AC$ und $H$ die Mitte von $DE$, so wird $\angle AHD = 2 \angle AED = \angle ABH$, folglich $AB = AH = DH = HE$. Es kommt also darauf an durch $B$ eine Linie $BE$ so zu ziehen, dafs die Linien $AC$ und $AE$ auf derselben ein Stück $DE = 2AB$ abschneiden, oder, wenn man die Aufgabe verallgemeinert, dafs $DE$ einen gegebenen Wert $k$ erhält.

Indem Pappus nun zeigt, wie diese Einschiebung sich durch Kegelschnitte ausführen läfst, schreibt er ausdrücklich[1]) den Alten dieselbe Lösung zu; aber es steht nichts der Annahme im Wege, dafs dieselbe Aufgabe früher, ja vielleicht noch zu derselben Zeit, wo man die Auflösung durch Kegelschnitte kannte, durch Reduktion[2]) auf eine Einschiebung als bereits gelöst be-

---

[1]) Ausg. v. Hultsch, S. 272, 12—14.

[2]) Proklus sagt (Ausg. v. Friedlein, S. 272) eigentlich, dafs dies entweder mit dieser Lösung oder mit der in Archimedes' Wahlsätzen enthaltenen der Fall gewesen ist, wenn er berichtet, dafs Nikomedes den Winkel durch die Konchoide in drei gleiche Teile geteilt habe; denn die Benutzung dieser Kurve ist ja nur eine Illustration der mechanisch ausgeführten Einschiebung. Dafs gerade dem Nikomedes die

trachtet werden konnte. Dafs man überhaupt die Lösung durch eine solche Einschiebung gesucht hat, das ist es, was wir besonders hervorheben möchten.

Die von Pappus mitgeteilte Lösung durch Kegelschnitte geht darauf aus den Punkt $F$ zu bestimmen, wenn $CF$ parallel und gleich $DE$ gezogen gedacht ist. Da $DE$ gleich $k$ gegeben ist, so ist ein geometrischer Ort für den Punkt $F$ ein Kreis mit dem Mittelpunkt $C$ und dem Radius $k$. Einen zweiten Ort erhält man dadurch, dafs, wie die Figur zeigt, Rechteck $FI$ = Rechteck $GB$ = Rechteck $AB$ ist, nämlich eine Hyperbel durch $C$ mit den Asymptoten $IE$ und $IB$.

Auch die Konstruktion von zwei mittleren Proportionalen ist, wie wir bei Pappus[1]) sehen, auf eine Einschiebung zurückgeführt worden. Die hierzu dienende Konstruktion kann aus folgender Analysis auf natürliche Weise hervorgegangen sein. Aus $x^3 = a^2 b$ erhält man

$$\frac{x^2}{a^2} = \frac{b}{x} = \frac{bx}{x^2} = \frac{b^2}{bx} = \frac{(x+2b)^2}{4(x^2+bx+\frac{1}{4}a^2)},$$

oder

$$\frac{x}{\left(\frac{a}{2}\right)} = \frac{x+2b}{\sqrt{x^2+bx+\frac{1}{4}a^2}}.$$

$\sqrt{x^2+bx+\frac{1}{4}a^2}$ läfst sich darstellen als Seite $KF$ eines Dreiecks $KFC$ (Fig. 46), dessen andere Seiten $CK = x$ und $CF = \frac{a}{2}$ sind, wenn die Projektion $CE$ der letzten auf die Ver-

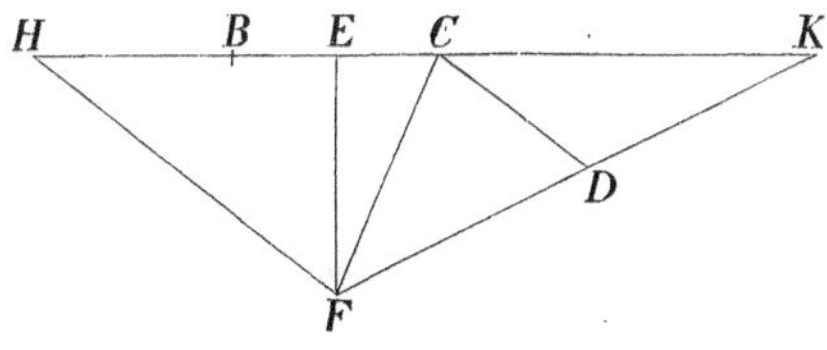


Fig. 46.

Ehre für diese Lösung zuerkannt wird, hat wohl zunächst seinen Grund darin, dafs er der Erfinder der Konchoide ist, und schliefst es nicht aus, dafs dieselbe früher rein mechanisch ausgeführt sein kann.

[1]) Ausg. v. Hultsch, S. 58—61 und 246—251.

längerung der ersten $\frac{b}{2}$ ist. Die Konstruktion des Dreiecks $CEF$ ist dann unabhängig von $x$ oder von dem unbekannten Punkte $K$. Macht man $CH = 2b$, und zieht $CD$ parallel $HF$, so zeigt die gefundene Proportion, dafs $DK = \frac{a}{2}$. Der Punkt $K$ wird dann dadurch bestimmt, dafs man von $F$ aus $\frac{a}{2}$ zwischen die der Lage nach bekannten Linien $CD$ und $BK$ einschiebt.

Da es sich hier um eine Aufgabe handelt, deren Lösung durch Kegelschnitte auf viel einfacheren Wegen bereits gewonnen war, so hat der Erfinder hier eine solche nicht beabsichtigt. Pappus bezeichnet die angeführte Konstruktion auch als Beispiel für die Anwendung von Nikomedes' Konchoide. Da er aber ausdrücklich dem Nikomedes die benutzte Reduktion zuschreibt, so haben wir hier, wenn er darin Recht hat, kein Beispiel für eine noch frühere mechanische Ausführung von Einschiebungen.

Wenn wir nun nicht nur von dieser körperlichen Einschiebung, sondern auch von denen, welche Archimedes vor Nikomedes' Zeit benutzt hat, annehmen, dafs man es für ebenso berechtigt gehalten hat dieselben mechanisch auszuführen wie durch körperliche Örter, so liegt die Frage nahe, ob es nicht noch weiter rückwärts eine Zeit gegeben habe, wo man eine solche mechanische Ausführung für gleichberechtigt mit der Konstruktion durch Zirkel und Lineal gehalten hat, wo man sich also, wenn eine Aufgabe sich nur auf eine Einschiebung zurückführen liefs, hiermit begnügte ohne zu fragen, ob dieselbe sich nicht auch mittels Zirkel und Lineal lösen lasse. Eine Andeutung darüber, dafs dies wirklich der Fall gewesen ist, finde ich in einer Stelle des ältesten uns erhaltenen geometrischen Fragments, nämlich in Eudemus' Bericht über Hippokrates' Quadratur der Möndchen. Wenn wir uns an den von Simplicius' Zusätzen befreiten Text in der Form halten, wie P. Tannery[1]) denselben giebt, so wird durch einen Punkt $B$ auf einer Kreisperipherie (Fig. 47) eine Linie gezogen,

[1]) Mémoires de l'Académie de Bordeaux, 2me série, T. V, S. 219 und 222.

auf der zwischen dem zweiten Schnittpunkt $E$ mit der Kreisperipherie und dem Schnittpunkt $Z$ mit einer gegebenen, auf dem Durchmesser durch $B$ senkrecht stehenden Sehne ein Stück $EZ$ von gegebener Länge abgeschnitten wird. Dafs an dieser Stelle nichts darüber gesagt wird, wie man diese Konstruktion auszuführen habe, hat wohl kaum etwas zu bedeuten, da in dem vorhergehenden Satze bei Eudemus eine andere Konstruktion erwähnt ist, nämlich die eines Trapezes mit gegebenen Seiten, gleichfalls ohne dafs etwas über die Ausführung der Konstruktion angegeben wird. Dagegen stütze ich mich auf die Thatsache, auf welche P. Tannery aufmerksam macht, dafs nämlich Eudemus, nachdem die Strecke $EZ$ mittels der erwähnten Einschiebung eingetragen ist, die Punkte $B$ und $Z$ verbindet. Bei der Erklärung dieses Umstandes bleibe ich nicht mit Tannery bei der Annahme stehen, dafs man bereits damals solche ebenen Einschiebungen einer selbständigen Behandlung unterworfen habe. Diese Behandlung würde hier nämlich nicht wohl in etwas anderem haben bestehen können, als — wie Tannery auch annimmt — in einer Bestimmung der Strecken $BE$ und $BZ$ mittels Flächenanlegung [1]; dann aber erscheint es mir am wahrscheinlichsten, dafs man

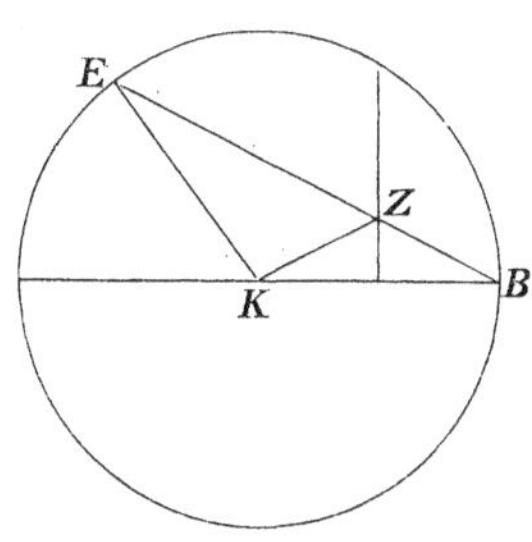

Fig. 47.

[1]) Wenn Tannery die hier angeführte Stelle als Beweis dafür benutzt, dafs man zu Hippokrates' Zeit die geometrische Auflösung quadratischer Gleichungen kannte, so wird ihre Beweiskraft hinfällig, sobald man meine Anschauung teilt; in der Annahme aber, dafs Hippokrates diese Gleichung kannte und seine Einschiebung also mittels Zirkel und Lineal ausführen konnte, stimme ich ganz mit Tannery überein. — Für den ferneren Gebrauch, den Tannery von dieser Konstruktion gemacht wissen will, halte ich dieselbe mit Allmann für ganz überflüssig; denn dafs Winkel $KZB$ stumpf ist, ergiebt sich am einfachsten daraus, dafs sein Nebenwinkel $EZK$ spitz sein mufs; derselbe liegt nämlich in einem Dreieck einer Seite gegenüber, die nicht die gröfste ist, denn im vorliegenden Falle ist $EZ = EK\sqrt{\frac{3}{2}}$.

die ganze Linie $BZE$ auf einmal in die Figur hineingezeichnet haben würde. Bei der mechanischen Ausführung einer Einschiebung, wie ich sie angegeben habe, kann ich mir dagegen leichter denken, dafs man in der Regel nur das Stück der geraden Linie gezeichnet hat, welches eine gegebene Länge haben sollte, so dafs der Zeichenstift dem Lineal nur zwischen den beiden abgesetzten Marken gefolgt ist. Mag man nun darüber auch denken wie man will, jedenfalls spricht das frühe selbständige Auftreten von Einschiebungen für die Anschauung, die ich hier aufgestellt habe.

Nun gehen allerdings die Mehrzahl der übrigen Bestrebungen, von denen uns etwas bekannt ist, stets darauf aus andere Konstruktionen an Stelle der mechanischen Einschiebungen zu setzen: so hat sich Apollonius in den beiden verlorenen Büchern über *νεύσεις* mit solchen Einschiebungen beschäftigt[1]), die sich mittels Zirkel und Lineal ausführen lassen, und für eine solche führt Pappus auch ein bemerkenswertes Beispiel von Heraklitus[2]) an. Solche Arbeiten finden aber eben ihre beste Erklärung, wenn man annimmt, dafs die unbedingte Bevorzugung des Gebrauchs von Zirkel und Lineal, die wir jedenfalls bei Euklid finden, nicht uralt ist, sondern etwa erst von der Zeit Platos herrührt. Dann mufste man die Konstruktionen, die früher mittels mechanischer Einschiebungen ausgeführt wurden, ändern, und dies konnte oft dadurch geschehen, dafs man die früher gefundene Einschiebung unmittelbar durch die bevorzugten Instrumente ausführte. Die Untersuchung und Umformung der ebenen Einschiebungen war um so nötiger, wenn, wie wir annehmen, noch einige Zeit verging, bevor man die unmittelbare mechanische Ausführung der nicht ebenen Einschiebungen planmäfsig und überall, wo es möglich war, durch die Kegelschnitte ersetzte. Die Gefahr sich einer falschen Benutzung der Mittel schuldig zu machen wurde dadurch um so gröfser.

---

1) Siehe Pappus, Ausg. v. Hultsch, S. 670—673.

2) Ausg. v. Hultsch, S. 782. Seine Einschiebung werden wir bald genauer besprechen.

Es ist jedoch wahrscheinlich, daſs man in Euklids und Apollonius' Jahrhundert, in welchem immer bessere Hülfsmittel zur Auflösung von Aufgaben durch Kegleschnitte geschaffen wurden, jede sich hierfür als brauchbar darbietende Aufgabe als Material zur Entwicklung und Einübung solcher Konstruktionen benutzte. War dies der Fall, so haben die Einschiebungen, welche man bei der Lösung bekannter Aufgaben benutzte oder welche in Archimedes' Schriften vorkamen, willkommene Beispiele abgegeben. Dadurch kann man sich aber leicht daran gewöhnt haben, die Lösungen durch Kegelschnitte, die durch ihre ausgedehntere Anwendbarkeit und ihren systematischen Charakter besonders ansprechend wirken muſsten, als das in theoretischer Beziehung allein berechtigte Mittel gegenüber solchen Aufgaben zu betrachten, die sich überhaupt auf diesem Wege und nicht mittels Zirkel und Lineal lösen lieſsen; diese Auffassung finden wir bei Pappus ausgesprochen.

Daſs man für solche Aufgaben, von denen man mechanische Auflösungen besaſs, einer Lösung durch Kegelschnitte eine theoretische Bedeutung beilegte, hatte in der That auch gewichtige Gründe. Diese Bedeutung liegt namentlich in der Forderung, die man an die vollständige Lösung einer vorgelegten Aufgabe stellte, daſs dieselbe nämlich von einem Diorismus begleitet sein sollte, der — wie wir S. 21 gezeigt haben — wenigstens die Angabe der Grenzen enthalten muſste, innerhalb deren eine Aufgabe lösbar war, und der gewiſs in der Regel auch den Zweck hatte die Fälle abzugrenzen, in denen die Aufgabe eine gröſsere oder geringere Anzahl von Lösungen haben konnte. Bei synthetischen Darstellungen wurde der Diorismus vor der eigentlichen Lösung aufgestellt; denn diese durfte man nicht mit solchen Werten der gegebenen Gröſsen in Angriff nehmen, die auf Unmöglichkeiten führten. Wie groſses Gewicht man auf Diorismen legte, geht daraus hervor, daſs Apollonius in den Vorreden zu seinen Kegelschnitten stets die Bedeutung seiner neuen Sätze für die Bildung von Diorismen hervorhebt.

Daſs wir uns nun damit haben begnügen können, dem Archimedes mechanische Einschiebungen im Buche über die

Spiralen beizulegen, beruht darauf, dafs er durch einfache Überlegungen, die an diese Einschiebungen angeknüpft waren, alles das erhalten konnte, was er in dem vorliegenden Falle benutzen mufste. Gleichfalls konnte man irgend ein beliebiges Hülfsmittel zur Dreiteilung des Winkels benutzen, da man, ganz unabhängig von dem für die Konstruktion eingeschlagenen Wege, wufste, dafs diese Aufgabe sich immer lösen lasse und — wenn dieselbe nicht in der Weise wie in der neueren Zeit erweitert wird — nur éine Auflösung habe.

Wenn man dagegen weitere Anwendungen derselben Einschiebungen machen wollte, so liefs es sich nicht vermeiden, dafs man auf Aufgaben stiefs, deren Aflösbarkeit davon abhing, ob diese Einschiebungen sich überhaupt als möglich erwiesen. Dann war eine hierauf bezügliche Untersuchung, die namentlich in einer Bestimmung der Maxima und Minima für die zwischen die beiden Linien eingeschobene Strecke bestehen mufste, notwendig, bevor man zu solchen Anwendungen überging. Diese Untersuchung ist von rein theoretischer Art und mufste in Übereinstimmung mit der geometrischen Form der Algebra der Griechen an die Untersuchung der Kurven angeschlossen werden, deren Berührung die gesuchten Grenzfälle bestimmte. Hierzu liefs sich das Studium der Konchoide und ihrer Tangenten benutzen, aber noch besser eine Lösung durch Kegelschnitte, und die Anwendung der bekannten Eigenschaften dieser liefs erkennen, wann eine Berührung eintreten mufste.

Will man nun bei der ersten der hier erwähnten Einschiebungen (Fig. 48, in der die Buchstaben dieselbe Bedeutung haben wie in Fig. 43, nur nehmen wir nicht mehr $k = FG$) den Maximalwert der zwischen die Sehne und den Kreisbogen eingeschobenen Strecke $DE = k$ bestimmen, so wird man hierfür die bereits gegebene Lösung durch die Parabel $BPC$, dargestellt durch

$$ky = c^2 - x^2 \quad (1)$$

und die gleichseitige Hyperbel $AP$, dargestellt durch

$$y^2 = (a - x)^2 + b^2 \quad (2)$$

benutzen können, und dann kommt es darauf an, wenn $a$, $b$

und $c$ als gegeben betrachtet werden, $k$ so zu bestimmen, daſs der erste von diesen Kegelschnitten zur Berührung mit dem zweiten gelangt.

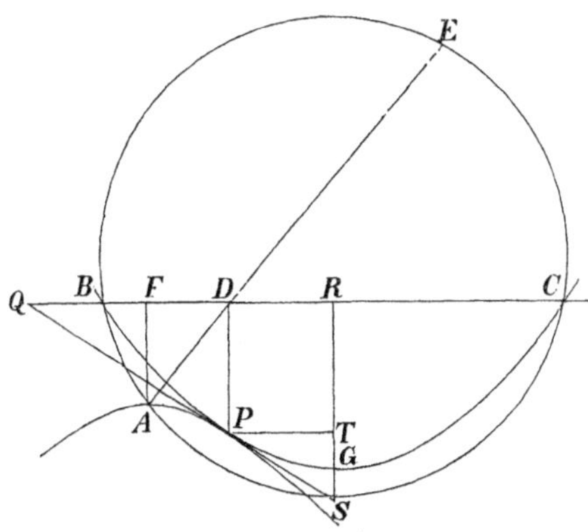


Fig. 48.

Nennen wir den Berührungspunkt $P$ und nehmen wir an, daſs die Tangente in diesem Punkte die feste Sehne $BC$ im Punkte $Q$ schneidet, während $D$ die Projektion des Punktes $P$ auf $BC$ bezeichnet, so muſs

$$DF.FQ = b^2 \tag{3}$$

sein, da beide Halbaxen der Hyperbel gleich $b$ sind. Aus der Gleichung der Parabel, aus den ähnlichen Dreiecken der Figur und aus dem Umstande, daſs der Scheitelpunkt $G$ der Parabel die Mitte zwischen dem Schnittpunkt $S$ der Tangente mit der Axe und der Projektion $T$ des Berührungspunktes $P$ auf diese ist, ergiebt sich ferner, daſs

$$\frac{BR^2}{PT^2} = \frac{RG}{TG} = \frac{\frac{1}{2}RD + DQ}{\frac{1}{2}PT}. \tag{4}$$

Führen wir nun in (3) und (4) dieselben Bezeichnungen ein, die wir in den Gleichungen (1) und (2) der Kurven benutzt haben, und setzen wir $FQ = z$, so sieht man, daſs dieselben die Formen

$$(a - x)z = b^2 \tag{3'}$$

und

$$x(2a - x + 2z) = c^2 \tag{4'}$$

annehmen. Errichtet man ferner im Punkte $D$ senkrecht auf $BC$ eine Ordinate von der Gröſse $z = FQ$, so werden die Gleichungen (3) und (4) zwei Hyperbeln darstellen. Der Punkt $D$ von $BC$, durch den die möglichst groſse Linie $DE$ gehen soll, wird dann die Projektion des Schnittpunktes dieser Hyperbeln auf $BC$ sein. Die Hyperbel (4') läſst sich auch mit der Parabel

$$2az = x^2 - 2ax + 2b^2 + c^2 \qquad (5)$$

vertauschen.

Wenn man auch zwischen die Verlängerungen der Sehne $BC$ und den Kreisbogen $BAC$ Strecken von der Länge $k$ einschieben will, die — entweder selbst oder nach ihrer Verlängerung — durch $A$ gehen, so muſs man dafür den zweiten Ast der Hyperbel (2) benutzen, der von den Alten als eine Kurve für sich betrachtet wurde. Dieser schneidet die Parabel immer in zwei Punkten, giebt also keine Veranlassung zu Grenzbestimmungen.

Vertauscht man die Linie $BC$ mit einer Geraden, die den Kreis nicht schneidet, so hat man die Gleichung (1) der Parabel mit einer Gleichung von der Form

$$x^2 + c^2 = ky$$

zu vertauschen. Der Diorismus, der in diesem Falle auf die Bestimmung von einem Minimum oder von zwei Minima und einem Maximum hinausläuft, läſst sich dann mittels derselben Sätze durchführen, die in dem Falle, den wir ausführlich behandelt haben, benutzt wurden.

Die Diorismen enthalten allerdings für beide Lagen der geraden Linie Lösungen von neuen körperlichen Aufgaben. Für die erste Lage besteht diese Aufgabe jedoch nur in der Bestimmung einer solchen Grenze, deren Existenz, ebenso wie ihre Eigenschaft als Maximum, sich erkennen läſst durch direkte Betrachtung der vorgelegten Einschiebung selbst; sie kann also keinen neuen Diorismus veranlassen. Dagegen bedarf für die zweite Lage die neue körperliche Aufgabe eines Diorismus. Hat man diesen Fall überhaupt behandelt und die Gleichunge (3) und (5) (mit $-c^2$ statt $+c^2$) benutzt, so muſs der zugehörige Diorismus nahe verwandt gewesen sein mit dem, welcher zu Archimedes Kugelteilung gehört.

Nachdem wir also gesehen haben, was eine Behandlung der von Archimedes benutzten Einschiebung durch Kegelschnitte in sich begreifen mufste, wenn sie den Forderungen an Vollständigkeit, die überall in den aus der besten Zeit herrührenden Schriften erfüllt sind, genügen sollte, so wollen wir für einen Augenblick zu der Frage zurückkehren, ob nicht Archimedes aus dem Grunde, weil eine solche Behandlung zu seiner Zeit bekannt war, sich so kurz ausdrücken durfte, wie er gethan hat, und ob er sich nicht doch, entgegen unserer Annahme, die Einschiebung durch Kegelschnitte ausgeführt dachte. Wenn der Hülfssatz, der die Dreiteilung des Winkels auf dieselbe Einschiebung zurückführt, von ihm herrühren sollte, so könnte die wiederholte Benutzung derselben Einschiebung hierauf hindeuten. Bei der Durchführung des Diorismus haben wir auch nur solche Sätze über Kegelschnitte angewandt, die vor Archimedes' Zeit bekannt waren, und wenn auch die Darstellung der verschiedenen Fälle und der Beweise dafür, dafs man wirklich ein Maximum oder Minimum erhielt, weitläufig gewesen sein mufs, so kann dieselbe trotzdem recht wohl in einem von Aristäus' fünf Büchern über körperliche Örter Platz gefunden haben.

Indessen wird unser Nachweis, dafs dasjenige, was durch eine Lösung durch Kegelschnitte erreicht werden sollte, vor allem die Bestimmung des Grenzwertes der eingeschobenen Strecke $k$ war, auch gezeigt haben, dafs Archimedes für diese gar keine Verwendung gehabt hat. Selbst in dem Falle, wo die Strecke $k$ zwischen die Sehne selbst und den Bogen eingeschoben werden soll, wo sich also denken läfst, dafs dieselbe zu grofs sein könnte, vergleicht er sie nicht mit dem Maximalwerte, wie es eine möglichst unmittelbare Anwendung einer vorhergehenden vollständigen Untersuchung erfordern würde, sondern er führt besondere Gründe an, weshalb das Maximum in dem vorliegenden Falle nicht erreicht sein kann, und die Richtigkeit dieser Gründe ist leichter einzusehen ohne eine Behandlung durch Kegelschnitte als mit einer solchen. Wir halten deshalb an unserer Ansicht fest, dafs kein Grund für die Annahme vorliege, Archimedes habe — einerlei ob die

Behandlung seiner Einschiebung durch Kegelschnitte vor oder nach seiner Zeit ausgeführt worden ist — eine Anwendung von Kegelschnitten im Sinne gehabt, da ihm diese nicht den geringsten Nutzen gewährte.

Pappus[1]) sieht die Sache anders an. Zu seiner Zeit war die Benutzung von Kegelschnitten für Aufgaben, welche sich durch diese lösen liefsen, zu einer principiellen Forderung geworden, und zwar unabhängig von den bestimmten Zielen, die man ursprünglich auf diesem Wege zu erreichen suchte. Pappus betrachtet es deshalb als etwas selbstverständliches, dafs Archimedes eine körperliche Einschiebung nicht benutzen darf ohne sie durch Kegelschnitte auszuführen; anderenfalls würde er Grund zu einer noch weiter gehenden Beschuldigung haben, als die ist, welche er nun wirklich erhebt. Da nun aber der Satz, welcher bewiesen werden soll, sich ganz ohne Benutzung der genannten Einschiebung beweisen läfst, so kann er in diesem ein Beispiel für die Anwendung von Kegelschnitten bei Konstruktionen erblicken, bei denen Kegelschnitte entbehrt werden können. Doch ist es nicht ganz korrekt, wenn Pappus so spricht, als ob er damit ein Beispiel für die Ausführung einer ebenen Konstruktion durch Kegelschnitte anführe, da die benutzte Hülfskonstruktion selbst körperlich ist und von ihm als körperlich anerkannt wird. Dafs aber diese Konstruktion entbehrt werden kann, wird dadurch ersichtlich, dafs die Behauptung über ihre Möglichkeit, worauf es allein ankommt, recht wohl, wie wir gesehen haben, ohne die Benutzung von Kegelschnitten bewiesen worden sein kann. Liefs man dann den Beweis hierfür als ein Glied in dem Beweise des Satzes über Spiralen, um dessen willen die erwähnte Einschiebung eingeführt wird, auftreten, so kann man zu Pappus' Zeit ganz vermieden haben über diese letztere zu sprechen. Gleichzeitig kann man diesen Beweis vereinfacht haben[2]).

---

[1]) Vergl. die Anmerkung zu Beginn dieses Abschnittes.

[2]) Ein Beweis für den Satz über Spiralen, bei dem die körperliche Einschiebung vermieden wird, der also derjenige sein kann, an den Pappus

Indessen sind die verschiedenen Angaben von Pappus für uns von Wichtigkeit, weil man aus denselben entnehmen kann, dafs man Archimedes' Einschiebungen später wenigstens durch Kegelschnitte behandelt hat. Wenn jemand eine Gesamtdarstellung dieser Behandlung gegeben hat, so mufs er nach Art der Griechen die Diorismen mit angeführt haben; diese würden dann etwa auf dem von uns bezeichneten Wege ausgeführt worden sein. Dafs die Diorismen mit angeführt worden sind, ist um so wahrscheinlicher, da sie die eigentliche Ausbeute der Behandlung durch Kegelschnitte sein mufsten. Sollte man denselben Weg eingeschlagen haben, der hier benutzt ist, aber zugleich unter irgend einer Form dieselbe Bedingungsgleichung in $x$ für ein Maximum, die man durch Elimination von $z$ zwischen den Gleichungen (3) und (4) erhält, gebildet haben, so würde hier ein neues Beispiel, aufser den im vorhergehenden Abschnitt angeführten, vorliegen für die Bildung einer kubischen Gleichung und die Behandlung derselben durch Kegelschnitte.

Bei der zweiten Einschiebung, deren Ausführung durch Kegelschnitte wir von Pappus gelernt haben, sind die festen Linien, zwischen welche eine gegebene Strecke eingeschoben werden soll, beide gerade. Dieselbe wurde allerdings nur (Fig. 45) in einem bestimmten Falle ausgeführt; die angegebene Konstruktion läfst sich aber immer anwenden. Nehmen wir also an (Fig. 49, in der die Buchstaben dieselbe Bedeutung haben wie in Fig. 45), dafs die Einschiebung zwischen den Geraden $AC$ und $AE$ vorgenommen werden soll, und dafs $B$ der feste Punkt ist; zunächst konstruiert man das Parallelogramm $AIBC$; die eingeschobene Linie $BDE$ mufs dann der Linie $CF$ parallel sein, die $C$ mit dem Punkte $F$ verbindet, in dem der um $C$ als Mittelpunkt mit der gegebenen Länge der eingeschobenen Strecke $DE = k$ als Radius beschriebene Kreis die durch $C$ gehende Hyperbel mit den Asymptoten $IE$ und $IB$ schneidet. Die beiden Schnittpunkte zwischen

---

gedacht hat, ist von P. Tannery aufgestellt (Mémoires de la Société de Bordeaux, 2[me] série, T. V, S. 49).

dem Kreise und dem Hyperbelast, der durch $C$ geht, geben solche eingeschobene Strecken $DE$, deren Verlängerungen durch $B$ gehen. Die beiden Einschiebungen werden für alle Werte von $k$ möglich sein.

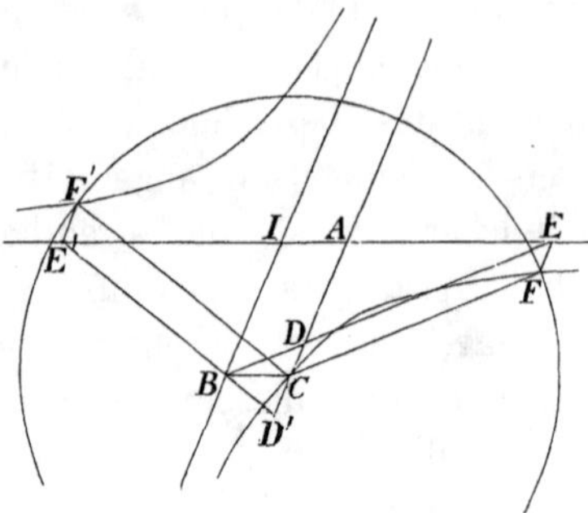


Fig. 49.

Will man dagegen eine Strecke $D'E'$ von der gegebenen Länge $k$ einschieben, welche selbst durch $B$ geht, so muſs man dafür auf dieselbe Weise einen Schnittpunkt $F'$ zwischen demselben Kreise und dem zweiten Ast derselben Hyperbel benutzen. Ob man hier 2, 1 oder 0 Auflösungen[1]) erhält, beruht darauf, ob die gegebene Strecke gröſser, gleich oder kleiner ist als die von $C$ an den zweiten Hyperbelast gezogene Normale. Wie die Konstruktion einer Normale von einem gegebenen Punkt an einen Kegelschnitt auszuführen ist, zeigt Apollonius, wie wir im folgenden Abschnitt sehen werden, im fünften Buche. Die vorliegende allgemeine Aufgabe, deren Behandlung die Griechen, wie wir annehmen dürfen, kaum auf die Fälle beschränkt haben werden, in denen dieselbe für die Dreiteilung des Winkels benutzt wird, kann also eine von denen sein, auf deren Diorismus Apollonius sein fünftes Buch angewandt wissen will. Der Diorismus dieser Aufgabe läſst sich übrigens auch auf eine kubische Gleichung zurückführen und kann vielleicht durch Anschlieſsung an eine andere Lösung früher auf anderem

[1]) Im Falle der Dreiteilung eines Winkels erhält man sehr leicht die eine dieser Auflösungen, die aber mit der Dreiteilung nichts zu thun hat.

Wege behandelt worden sein (vergl. unseren vierzehnten Abschnitt).

Aufser durch die exakte Bestimmung des Minimums der Strecke, welche in demselben Winkel, in dem der gegebene Punkt liegt, zwischen die gegebenen Geraden eingeschoben wird, zeigt die Lösung dieser Aufgabe durch Kegelschnitte ihre Bedeutung auch dadurch, dafs sie überhaupt ein deutliches Bild von den Veränderungen in der Länge giebt, denen die eingeschobene Strecke unterworfen ist. Doch ist die theoretische Bedeutung derselben hiermit nicht erschöpft. Mit dieser selben Aufgabe ist nämlich ein wichtiges Beispiel dafür verknüpft, dafs man bemüht war solche Fälle zu entdecken, in denen Aufgaben, zu deren Lösung im allgemeinen Kegelschnitte erforderlich sind, sich mittels Zirkel und Lineal lösen lassen. Da nun das Studium der allgemeinen Lösung durch Kegelschnitte das beste Mittel gewährt solche Fälle zu entdecken, so ist es ziemlich wahrscheinlich, dafs man wirklich diesen Weg eingeschlagen hat.

Die notwendige und ausreichende Bedingung dafür, dafs die Schnittpunkte zweier Kegelschnitte, die nicht so verschiedenartig sind, dafs die sie bestimmende Gleichung reducibel wird, sich mittels Zirkel und Lineal finden lassen, ist die, dafs die Bestimmungsgleichung für die drei Punkte, welche dieselben Polaren mit Beziehung auf beide Kegelschnitte haben, reducibel ist, oder dafs einer von diesen drei Punkten sich unabhängig von den beiden anderen bestimmen läfst. Dafs diese Bedingung notwendig ist, haben die Griechen gewifs nicht beweisen können. Lag dagegen ein solcher Fall vor, so konnte die Möglichkeit einer Bestimmung durch Zirkel und Lineal oder durch successive geometrische Lösung von zwei Gleichungen zweiten Grades ihrer Aufmerksamkeit nicht entgehen. Besonders auffallend mufs dies für sie in den — nach unserer Auffassung hierher gehörigen — Fällen gewesen sein, wo entweder die Kegelschnitte denselben Mittelpunkt haben, oder die Verbindungslinie der Mittelpunkte parallele Sehnen in den beiden Kegelschnitten halbiert. Dafs man auf solche Mittel, welche nützlich sein konnten um zu erkennen, dafs eine Aufgabe, die anfänglich körperlich zu sein schien, in Wirklichkeit eben war, aufmerksam war, dürfen wir mit Sicherheit aus Pappus' strengen Aussprüchen gegen die Lösung ebener Aufgaben durch Kegelschnitte schliefsen.

Der letzte der angeführten Fälle, in denen die Reduktion auf die Benutzung von Zirkel und Lineal möglich ist, tritt offenbar bei der oben ausgeführten Einschiebung zwischen zwei gerade Linien ein, wenn der feste Punkt $B$ (Fig. 49) auf einer von den Halbierungslinien der Winkel zwischen diesen Geraden liegt; denn das Parallelogramm $AIBC$ wird dann ein Rhombus, also wird auch der Mittelpunkt $C$ des bei der Konstruktion benutzten Kreises auf der Halbierungslinie eines der Winkel zwischen den Asymptoten der Hyperbel liegen müssen. Indessen besitzen wir doch nur in einem einzelnen hierher gehörigen Falle eine positive Angabe darüber, dafs die Griechen die Einschiebung mittels Zirkel und Lineal ausgeführt haben, wenn nämlich die gegebenen Geraden zugleich rechte Winkel bilden, $AIBC$ also ein Quadrat wird.

Um auf einfache Weise zu der hierzu dienenden Konstruktion zu gelangen, die Pappus einem Heraklitus beilegt, können wir (Fig. 50, in der alle Buchstaben dieselbe Bedeutung haben wie in Fig. 45 und 49) dieselben Hülfslinien benutzen, welche zu der Konstruktion durch Kegelschnitte führten, und $EF$ und $BC$ verlängern, bis sie sich in $K$ schneiden. Das rechtwinklige Dreieck $CFK$ über der eingeschobenen Strecke $CF = k$ als Hypotenuse ist ähnlich dem Dreieck $BDC$ und, wenn $CG \perp BD$, auch ähnlich dem Dreieck $BCG$ über der Hypotenuse $BC = a$. Die Summe der Dreiecke $CFK$ und $BCG$ läfst sich durch ein Dreieck von derselben Gestalt darstellen, wenn man $EL$ senkrecht auf $BE$ in $E$ zieht und $CF$ verlängert, bis sie diese Senkrechte in $M$ schneidet. Die Figur zeigt dann nämlich, dafs $\triangle ELK = \triangle BDC$ und $\triangle EFM = \triangle CDG$. Durch Subtraktion erhält man also, dafs Viereck $FMLK = \triangle BCG$. Es ergiebt sich mithin,

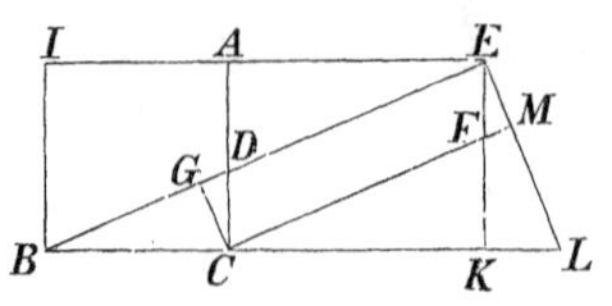

Fig. 50.

dafs $\triangle CFK + \triangle BCG = \triangle CLM$, oder, da diese ähnlich sind, dafs

$$k^2 + a^2 = CL^2.$$

Hieraus wird $CL$ bestimmt, und dann bestimmt ein Kreis mit dem Durchmesser $BL$ den Punkt $E$.

Diese elegante und einfache Relation zwischen $k$, $a$ und $CL$ gehört — wenigstens unmittelbar — nur dem Falle an, wo die gegebenen Geraden rechte Winkel mit einander bilden; aber es ist keineswegs unwahrscheinlich, dafs sie entstanden ist als ein Mittel, um eine Konstruktion, von der man im voraus wufste, dafs sie sich mittels Zirkel und Lineal ausführen lasse, noch weiter zu vereinfachen. Die Ausführbarkeit kann dann auf die zuerst angedeutete Weise gefunden sein, die den allgemeinen Fall, wo der Winkel zwischen den gegebenen Geraden beliebig ist, in sich begreift. Dies scheint mir viel wahrscheinlicher als die Annahme, dafs die Entdeckung dieser ebenen Konstruktion zufällig sein sollte; denn wenn man dieselbe Aufgabe nur mittels rein elementar-geometrischer Hülfsmittel behandelt, so liegt die Entdeckung, dafs sie eben ist, ziemlich fern. Pappus' Beweis ist offenbar rein *a posteriori* und enthält deshalb keinerlei Angaben darüber, wie Heraklitus' Satz zuerst gefunden worden ist.

Wie grofs die Übereinstimmung zwischen dem Gebrauch, den die Alten nach meiner Meinung von ihren Lösungen durch Kegelschnitte gemacht haben müssen, und der algebraischen Behandlung der neueren Zeit ist, geht daraus hervor, dafs Descartes im dritten Buche seiner Geometrie gerade im Satz von Heraklitus ein vortreffliches Beispiel findet für die Anwendung der algebraischen Auflösung der Gleichung vierten Grades auf die Entdeckung solcher Fälle, in denen solche irreducible Gleichungen sich allein durch Quadratwurzeln lösen lassen, und wo also die hiervon abhängigen Konstruktionen eben sind. Dies wird, wie sich ergiebt, dadurch erreicht, dafs die kubische Hülfsgleichung reducibel wird. Im Gegensatz hierzu nimmt Descartes im Anschlufs an Pappus' synthetischen Beweis an, dafs die Alten ganz zufällig auf diese ebene Konstruktion gestofsen seien und dann ebenso zufällig den Gedanken gefafst hätten dieselbe dadurch zu behandeln, dafs sie die Länge von $CL$ suchten, die scheinbar mit der Aufgabe nichts zu thun hat. Wir dagegen haben die von Heraklitus herrührende Relation mit der allgemeinen Aufgabe, die durch Kegelschnitte gelöst wird, verglichen, und daraus geht hervor, dafs die Alten nicht nur direkte Mittel besafsen, um zu entdecken, dafs Aufgaben, wie die von Heraklitus, eben seien, sondern auch Geduld, um die ebene Konstruktion auf eine möglichst einfache Form zu reducieren.

Der Fall, wo die von Archimedes benutzte Einschiebung sich mittels Zirkel und Lineal ausführen läfst, nämlich der, wo der feste Punkt einer von den Endpunkten des Durchmessers ist, der senkrecht auf der gegebenen Geraden steht, könnte auch durch Betrachtung der mittels Kegelschnitte bewerkstelligten Lösung der Aufgabe gefunden sein. In dem angeführten Falle erhalten nämlich die hierzu dienende Hyperbel und Parabel dieselbe Axe. Dafs die Aufgabe eben ist in diesem Falle, in welchem, wie wir sahen, schon Hippokrates die Einschiebung benutzte, ergiebt sich indessen so leicht, dafs man einen solchen Weg nicht eingeschlagen zu haben braucht, um es zu finden.

Obgleich wir uns in diesem Abschnitt sonst nur mit Einschiebungen beschäftigt haben, so wollen wir doch, da wir hierbei aufser der Dreiteilung des Winkels, die vielleicht dem Archimedes angehört, die eine der antiken Dreiteilungen durch Kegelschnitte, welche Pappus mitteilt, angeführt haben, die Gelegenheit benutzen auch die andere anzuführen[1]). Wegen dieser Dreiteilung hat man den im zehnten Abschnitt (S. 211) erwähnten Ort für die Spitze eines Dreiecks mit fester Grundlinie bestimmt, wenn der eine von den Winkeln an der Grundlinie doppelt so grofs ist wie der andere. Ist nun die Grundlinie Sehne eines Kreisbogens, der in drei gleiche Teile geteilt werden soll, so wird der Schnittpunkt dieses Bogens mit dem angeführten Ort, der eine Hyperbel ist, einer von den gesuchten Teilpunkten.

---

[1]) Ausg. v. Hultsch, S. 280 ff.

# Dreizehnter Abschnitt.

## Körperliche Aufgaben (Fortsetzung); Apollonius' fünftes Buch.

Aufser den bereits angeführten ist nur noch éin Beispiel dafür aufbewahrt, wie die Alten eine körperliche Aufgabe behandelten, nämlich Apollonius' Konstruktion einer Normale von einem gegebenen Punkt an einen gegebenen Kegelschnitt. Dieses Beispiel wird uns indessen dadurch viel bedeutender als alle übrigen, dafs wir hier — wenn auch durch eine arabische Übersetzung — eben die ursprüngliche Behandlung der Aufgabe nebst dem zugehörigen Diorismus haben, während wir uns sonst mit den Referaten viel jüngerer Schriftsteller über die Lösungen begnügen mufsten und, abgesehen von einer Ausnahme — nämlich dem von Eutokius gefundenen Manuskript —, selber die Diorismen erraten mufsten. Sehr bedeutungsvoll ist auch die Lösung der vorgelegten Aufgabe selbst und das im Diorismus enthaltene Resultat. Endlich ist es von Interesse die eigentümliche Form kennen zu lernen, in der das Normalenproblem auftritt, sowie die Untersuchungen, welche diese Form mit sich bringt; die Verbindung dieser Umstände bewirkt, dafs die Behandlung des Problems das ganze fünfte Buch anfüllt.

Vorläufig wollen wir indessen von dieser Form absehen und unabhängig von derselben, wenn auch in genauester Übereinstimmung mit Apollonius' eigenen synthetischen Beweisen, die Konstruktion und den Diorismus ableiten, welche den Hauptinhalt des Buches ausmachen.

Es sei $OM$ (Fig. 51) eine von einem Punkte $O$ an einen Kegelschnitt gezogene Normale, $N$ und $H$ die Projektionen vom Fufspunkt $M$ der Normale und vom Punkt $O$ auf die Hauptaxe des Kegelschnittes, und $G$ sei der Schnittpunkt der Axe mit der Normale. Dann ist $NG$ die Gröfse, welche später Subnormale genannt worden ist, und die für die Parabel gleich $\frac{p}{2}$ ist, wenn $p$ den Parameter bedeutet, für die Ellipse und

Hyperbel gleich $\mp\frac{b^2}{a^2}x$, wenn $a$ und $b$ die Axen sind, $x$ die Abscisse des Punktes $M$ vom Mittelpunkt der Kurve an gerechnet, und wo wir durch das Vorzeichen auf moderne Art die Lage mit Beziehung auf den Punkt $N$ angegeben haben. Die eigentümliche Weise, wie Apollonius diese Ausdrücke für die Subnormale findet, die, wie hinterher gezeigt wird, mit der im ersten Buch gegebenen Bestimmung von Tangenten übereinstimmen, werden wir später mitteilen. Diese Bestimmung der Projektion von $MG$ auf die Axe führt zu einem, von der gegebenen Kurve verschiedenen geometrischen Ort, der den Punkt $M$ enthalten mufs. Bezeichnet man die Koordinaten des Punktes $M$ mit $x$ und $y$, die des Punktes $O$ mit $x_1$ und $y_1$, so ergiebt sich aus der Figur:

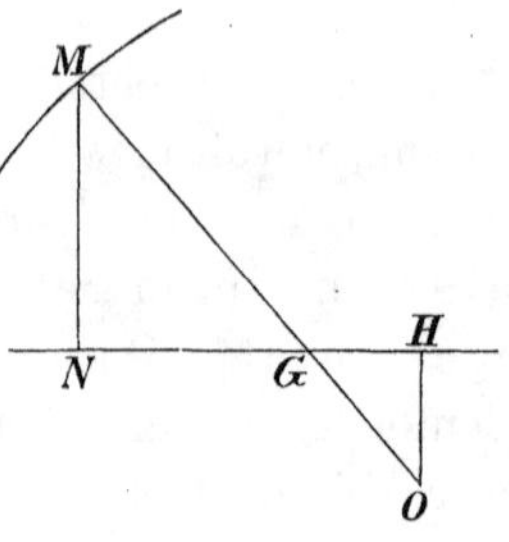

Fig. 51.

$$\frac{y}{-y_1} = \frac{NG}{x_1 - x - NG},$$

also für die Parabel, da der Anfangspunkt ein beliebiger Punkt der Axe sein kann,

$$xy - \left(x_1 - \frac{p}{2}\right)y - y_1 \cdot \frac{p}{2} = 0, \tag{1}$$

und für die Ellipse oder Hyperbel, wenn der Mittelpunkt zum Anfangspunkt genommen wird,

$$\left(1 \mp \frac{b^2}{a^2}\right)xy - x_1 y \pm \frac{b^2}{a^2} y_1 x = 0. \tag{2}$$

Der gesuchte Ort, dessen Schnittpunkte mit der gegebenen Kurve die Fufspunkte $M$ der Normale sind, ist also in beiden Fällen eine gleichseitige Hyperbel, deren Asymptoten sich leicht konstruieren lassen, und die durch $O$ und den Mittelpunkt der Kurve geht [5tes Buch, 51 und 52].

Bevor wir zu dem Diorismus übergehen, der von Apollonius hieran angeschlossen wird, wollen wir bemerken, dafs es die Anwendung dieser Konstruktion auf die Parabel sein mufs, mit der Pappus sich unzufrieden erklärt, wenn er im vierten Buch[1]) den Apollonius beschuldigt, dafs er im fünften Buch der Kegelschnitte den Fehler begehe, eine ebene Aufgabe über die Parabel durch Kegelschnitte zu behandeln. Hierin hat er auch nicht Unrecht, wenn man die gegebene Parabel als vollständig gezeichnet annehmen will, so dafs diese bei der Entscheidung, in wie weit die gestellte Aufgabe eben oder körperlich ist, gar nicht in Betracht kommt. In der That ist es nicht unnatürlich diese Auffassung dem Pappus beizulegen oder richtiger den älteren Geometern, von denen er die angeführte Kritik des Apollonius entlehnt haben mufs; denn er würde sich eingehender über dieselbe ausgesprochen haben, wenn sie zu seiner Zeit nicht bekannt gewesen wäre. Wir haben nämlich gesehen, dafs Apollonius auch an einer anderen Stelle, nämlich im zweiten Buch, sich mit Konstruktionen beschäftigt, die sich an vollständig gezeichnete Kegelschnitte anschliefsen. Nachdem er dort die Axen derselben konstruiert hat, lassen sich die Lage dieser Axen und ihre Gröfsen sowohl wie die der Parameter als bekannt betrachten, wenn ein vollständig gezeichneter Kegelschnitt vorgelegt wird. Dafs Apollonius bei seiner Konstruktion im fünften Buch die Axen benutzt, steht also dem nicht im Wege, dafs er selbst oder spätere Leser auch in diesem Buch die Kurve des Kegelschnittes selbst als das Gegebene betrachtet haben können.

Da Pappus' Kritik sich kaum auf andere Weise befriedigend erklären läfst, so müssen wir annehmen, dafs man zu Pappus' Zeit eine Konstruktion der Normalen, die sich von einem Punkte an eine gegebene Parabel ziehen lassen, mit Hülfe dieser Kurve selbst sowie mit Zirkel und Lineal gekannt hat. Diese Konstruktion kann nur in einer direkten Bestimmung des Kreises bestanden haben, der durch die Fufspunkte der drei Normalen geht. Diese werden, wie wir oben sahen, in einem Koordinatensystem, dessen Abscissenaxe die Axe und dessen

[1]) Die Stelle ist S. 258 in Übersetzung angeführt.

Ordinatenaxe die Tangente im Scheitelpunkt der Parabel ist, bestimmt durch die Gleichung (1) und die Gleichung der Parabel:

$$y^2 = px.$$

Multipliciert man die letztere Gleichung mit $x$ und setzt in diese den Ausdruck für $xy$ aus der ersten ein, so erhält man:

$$\left(x_1 - \frac{p}{2}\right) y^2 + y_1 . \frac{p}{2} . y = px^2;$$

hieraus erhält man durch Verbindung mit der Gleichung der Parabel:

$$x^2 + y^2 - \left(x_1 + \frac{p}{2}\right) x - \frac{y_1}{2} . y = 0;$$

dies ist die Gleichung eines Kreises, der die Parabel im Scheitelpunkt und in den Fufspunkten der gesuchten Normalen schneidet.

Ganz ebenso wird das Verfahren der Alten kaum gewesen sein, denn sie würden dann einer stereometrischen Darstellung des Durchgangsgliedes bedurft haben, das wir durch eine Gleichung dritten Grades in Konstanten und Variablen ausgedrückt haben; doch würde dies vermieden werden, wenn man die Gleichung der Parabel mit $\frac{x}{p}$ statt mit $x$ multiplicierte. Thut man das, so lassen alle vorgenommenen Operationen sich leicht in der geometrischen Form der Alten darstellen. Wenn Apollonius selbst diese Vereinfachung der Konstruktion nicht vorgenommen hat, so kann das möglicherweise darauf beruhen, dafs er für seine Person sich den gegebenen Kegelschnitt nicht so vorgelegt gedacht hat, dafs die Lösung eben wird, falls nur die Hülfskurve ein Kreis ist. Ist er nicht von solchen Voraussetzungen ausgegangen, so hat er vielleicht auch nicht weiter Wert darauf gelegt, dies letztere zu erreichen. Das schliefse ich daraus, dafs in den früher betrachteten körperlichen Aufgaben das Bestreben, den einen der zur Konstruktion benutzten beiden Kegelschnitte durch einen Kreis zu ersetzen, sich nur dann gezeigt hat, wenn die Einführung des Kreises, wie in Apollonius' Konstruktion der beiden mittleren Proportionalen, zu einer mechanischen Lösung führen konnte. Wenn überdies die eine von den beiden Kurven ein — im voraus nicht vollständig gezeichneter — Kegelschnitt sein mufste, so wurde auch dadurch kein wesentlicher Vorteil erreicht, dafs die andere ein Kreis wurde; denn in diesem Falle bestand das Ziel der Lösung nicht in einer genauen Konstruktion, sondern im theoretischen Studium, namentlich in der im Diorismus enthaltenen Grenzbestimmung, und für diese ist eine andere Kurve oft mindestens ebenso bequem.

Dies gilt nachweislich für die gleichseitigen Hyperbeln, die Apollonius für seine Konstruktion der Normalen benutzt, und deren Anwendung in dazu gehörigen Diorismen ich nun zeigen werde.

Haben $O$ und $H$ (Fig. 52) dieselbe Bedeutung wie in Fig. 51, so wurden nach Gleichung (1) die Fufspunkte der von

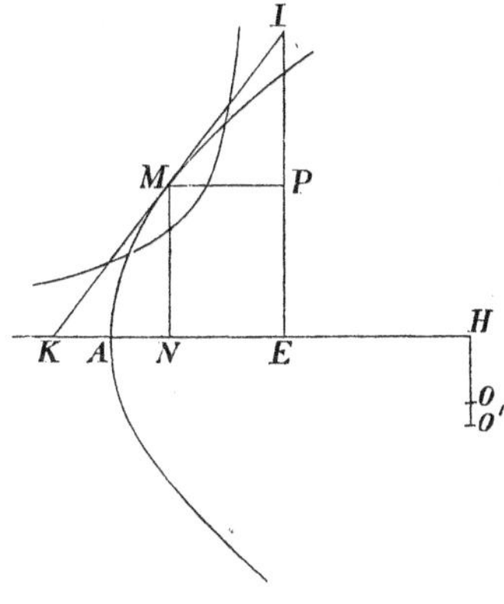


Fig. 52.

$O$ an eine Parabel gezogenen Normalen durch die Schnittpunkte dieser Kurve mit einer gleichseitigen Hyperbel bestimmt, deren Asymptoten die Axe der Parabel und die Senkrechte $EI$ auf dieser in einer Entfernung $HE = \frac{p}{2}$ von der Projektion des Punktes $O$ sind, und wo das konstante Rechteck, das aus den Asymptoten und Parallelen, die zu diesen durch einen Kurvenpunkt gezogen sind, gebildet wird, gleich $HO \cdot \frac{p}{2}$ ist. Will man nun untersuchen, von welchen Punkten $O$ einer auf der

Axe errichteten Senkrechten $HO$ man Normalen ziehen kann, deren Fuſspunkte durch den Hyperbelast bestimmt werden, auf dem $O$ selbst nicht liegt, so kommt es darauf an den Punkt $M$ der Parabel zu bestimmen, für den das erwähnte Rechteck $MN.MP$ den möglichst groſsen Wert erhält. Dies tritt ein, wenn $M$ die Mitte desjenigen Stückes $KI$ ist, welches die Asymptoten der Hyperbel auf einer Tangente abschneiden, die in $M$ an die Parabel gezogen ist; denn in diesem Falle ist das Rechteck ($ME$) gröſser als die Rechtecke, die man durch eine andere Wahl des Punktes $M$ auf der Tangente erhalten würde, und um so mehr gröſser als diejenigen, die anderen Punkten $M$ der Kurve entsprechen würden [51].

Der Punkt $N$ läſst sich nun leicht bestimmen, denn es ist $AN = \frac{1}{2}KN = \frac{1}{2}NE$, mithin $AN = \frac{1}{3}AE$. Dadurch sind der Punkt $M$ und das Rechteck $ME$ bestimmt, und durch Anlegung des letzteren an $EH = \frac{p}{2}$ erhält man den Maximalwert $HO'$ von $HO$. Von $O'$ läſst sich nur éine Normale an die entgegengesetzte Seite der Axe ziehen, und von anderen Punkten 2 oder 0, je nachdem $HO \lesseqgtr HO'$.

Die Bestimmung der Normale, deren Fuſspunkt auf dieselbe Seite der Axe fällt wie $O$, mit Hülfe des durch $O$ gehenden Hyperbelastes ist eine Bestimmung für sich, die überdies in zwei Fälle geteilt ist, je nachdem $O$ innerhalb oder auſserhalb der Parabel liegt [57 und 62], die aber keine weitere Veranlassung zu einem Diorismus giebt.

Der geometrische Ort für die Punkte $O'$ ist die Evolute der Parabel. Ohne ausdrücklich von einem solchen Ort zu sprechen giebt also Apollonius eine Konstruktion von den Punkten desselben, die einer gegebenen Abscisse entsprechen, und es würde nicht schwierig sein aus dieser Konstruktion Ausdrücke für die Ordinaten, also die Gleichung der Evolute, abzuleiten. Aus der Konstruktion folgt, daſs die Evolute die Axe in dem Punkte trifft, dessen Abstand vom Scheitelpunkte gleich $\frac{p}{2}$ ist. Dies ist übrigens bei Apollonius schon früher ausgedrückt in der Bestimmung der Normalen, die von Punkten der Axe aus gezogen werden [4 und 6].

Mit einer ähnlichen Vollständigkeit wird die Aufgabe in Betreff der Ellipse und Hyperbel gelöst. Da man sich selbstverständlich durch sorgfältige Betrachtung der Figur dagegen sichern kann irgend einen Fall zu übergehen, so ist die einzige Schwierigkeit, deren Überwindung wirkliches Interesse darbietet, die Bestimmung der einer gegebenen Abscisse entsprechenden Ordinaten der Evolute oder solcher Punkte, von denen zwei zusammenfallende Normalen ausgehen. Diese Ordinaten werden charakterisiert als Grenzwerte zwischen den Ordinaten solcher Punkte, von denen aus durch einen einzelnen Ast der Hülfshyperbel 2 oder 0 Normalen bestimmt werden können, oder von denen aus sich im ganzen 4 oder 2 Normalen an eine Ellipse, 3 oder 1 an einen Hyperbelast ziehen lassen.

Während Apollonius [52] die Ellipse und einen Hyperbelast zusammen behandelt, Fälle, die keine wesentlichen Verschiedenheiten darbieten, wollen wir uns der Einfachheit wegen an die Ellipse halten. In Formel (2) haben wir gezeigt, daſs die Fuſspunkte der von einem Punkte $O$ gezogenen Normalen auf einer vollständigen Hyperbel liegen (Fig. 53), die durch $O$ und den Mittelpunkt $C$ der Kurve geht, und deren Asymptoten durch die Gleichungen

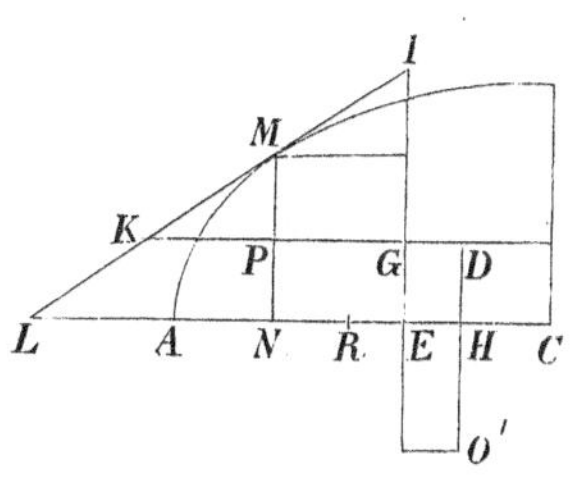

Fig. 53.

$$x = \frac{a^2}{a^2 - b^2} x_1, \qquad y = -\frac{b^2}{a^2 - b^2} y_1$$

dargestellt werden, worin $a$ und $b$ die Axen bedeuten, $x_1$ und $y_1$ die Koordinaten von $O$. Für den Diorismus kommt nun nur der Hyperbelast in Betracht, der nicht durch $C$ und $O$ geht. Es ist ferner nur die Abscisse $x_1$ gegeben, die wieder die eine Asymptote $EI$ bestimmt. Die andere Asymptote $KG$ und der Punkt $M$, den die Ellipse und der Hyperbelast gemeinsam haben, müssen so bestimmt werden, daſs die Ordinate $y_1$ den möglichst grofsen numerischen Wert erhält. Dies Maximum wird eintreten, wenn der Hyperbelast die Ellipse in $M$ berührt, oder wenn $M$ die Mitte des Stückes $IK$ ist, welches die Asymptoten auf der Tangente abschneiden, die in diesem Punkte an die Ellipse gezogen ist.

Denken wir uns nun die Aufgabe gelöst und bezeichnen wir mit $G$ den Schnittpunkt der beiden Asymptoten, mit $N$ und $P$ die Projektionen des Punktes $M$ auf die Axe der Ellipse und auf die Asymptote $KG$, so ist

$$\text{Rechteck } (CG) = \text{Rechteck } (GM),$$

also auch

$$\text{Rechteck } (CP) = \text{Rechteck } (EM),$$

woraus folgt:

$$\frac{CN}{NM} = \frac{EN}{NP} = \frac{CE}{PM}.$$

Hieraus und aus der Figur erhält man, da $PK = GP = EN$, dafs

$$\frac{CE}{CN} = \frac{PM}{NM} = \frac{PK}{NL} = \frac{EN}{NL} = \frac{CN}{CL}.$$

Da $ML$ die Ellipse berühren soll, so hat man zugleich

$$\frac{CN}{CA} = \frac{CA}{CL}.$$

Folglich erhält man das unbekannte Stück $CN$ durch Elimination von $CL$, also durch die Gleichung

$$CN^3 = CA^2 . CE;$$

oder nach der Art, wie die Alten eine solche Elimination ausführen: setzt man $\frac{CN}{CA} = \frac{CE}{CR}$, so wird

$$\frac{CE}{CN} = \frac{CN}{CL} = \frac{CN}{CA} \cdot \frac{CA}{CL} = \left(\frac{CE}{CR}\right)^2,$$

folglich

$$\frac{CE}{CR} = \frac{CR}{CN} = \frac{CN}{CA},$$

oder $CN$ wird die gröfsere von den beiden mittleren Proportionalen zwischen $CE$ und $CA$.

$CA$ ist die Halbaxe $\frac{a}{2}$; das Stück $CE$, welches gleich

$\frac{a^2}{a^2 - b^2} \cdot CH$ ist, bestimmt Apollonius, da $H$ gegeben ist, durch $\frac{HE}{CE} = \frac{p}{a}$. Die Strecke $CN$ ist dann auch bestimmt und dadurch der Punkt $M$. Der gesuchte Grenzpunkt $O'$ für die durch $H$ gehende Ordinate ergiebt sich nunmehr dadurch, dafs Rechteck $(O'G)$ = Rechteck $(CG)$ oder Rechteck $(O'E)$ = Rechteck $(CD) = \frac{CH}{CN} \cdot$ Rechteck $(CP) = \frac{CH}{CN} \cdot$ Rechteck $(EM)$, woraus man — ohne die unbekannte Asymptote $KG$ der Hülfshyperbel zu konstruieren — findet, dafs $\frac{HO'}{MN} = \frac{CH}{CN} \cdot \frac{EN}{HE}$; dadurch ist $HO'$ vollständig bestimmt. Giebt man dieser Bestimmung mit Hülfe der Gleichung der Ellipse ihren analytischen Ausdruck, so erhält man die Gleichung für die Evolute der Ellipse. $O'$ fällt auf die Axe, wenn $E$ und damit auch $M$ auf $A$ fällt. Die Evolute trifft also die Axe in einer Entfernung $\frac{p}{2}$ vom Scheitelpunkte $A$ [6]. Dieselbe Bestimmung wird auf genau entsprechende Weise für die Hyperbel ausgeführt.

Wenn wir hier, Apollonius' synthetische Darstellung umkehrend, die entsprechende Analysis gegeben haben, so müssen wir bemerken, dafs Apollonius, da die Bedingungen für die Lösbarkeit wie gewöhnlich in der synthetischen Darstellung vor der Konstruktion angegeben werden, die Hülfshyperbel nicht eher nennt als im dritten der von ihm betrachteten Fälle, wo $HO < HO'$, und wo sich 2 Lösungen (von denen, die augenblicklich gesucht werden) ergeben; er benutzt die Hülfshyperbel dann nur zur Konstruktion eben dieser Lösungen. Weil jedoch die Bedingungen für die Lösbarkeit durch dieselbe Analysis gefunden sein müssen, aus der die Konstruktion sich ergeben hat, so mufs der zu dieser dienende Hyperbelast dem Apollonius bei Untersuchung der Lösbarkeit ebenso vollständig zur Verfügung gestanden haben, wie er uns zur Verfügung steht[1]). H i n t e r h e r war es indessen nicht

[1]) Diese Auffassung, dafs sich in der Analysis einer Aufgabe der Dioris-

schwierig die Erwähnung der Hyperbel zu vermeiden und nur von den zu ihr gehörigen gleich grofsen Rechtecken (in dem synthetisch aufgestellten Beweise für die Bedingungen der Möglichkeit) zu sprechen. Statt einen Satz über Tangenten der Hyperbel anzuwenden benutzt Apollonius — dem wir bei unserer Wiedergabe der zur Parabel gehörigen Diskussion auch in dieser Beziehung gefolgt sind — Euklids Bedingungen für die Auflösbarkeit quadratischer Gleichungen. In dieser letzten Beziehung weicht der Diorismus von dem ab, der in dem von Eutokius gefundenen Manuskript an die Lösung der Gleichung angeschlossen wird, auf welche Archimedes' Kugelteilung führt; daselbst wird die Berührung einer Parabel und einer Hyperbel, deren Axen und Asymptoten dieselbe gegenseitige Lage einnehmen wie bei der hier vorgenommenen Bestimmung der Normalen an eine Parabel, direkt für den Diorismus benutzt. Indessen können wir dieser Abweichung nach dem bereits angeführten keine wesentliche Bedeutung beilegen.

Hiermit haben wir den Hauptinhalt von Apollonius' 5tem Buche angegeben. Indessen mufs zum Verständnis der Weitläufigkeit des Buches auch die Form erwähnt werden, unter der das Normalenproblem auftritt. Die gesuchten Linien werden nicht als senkrecht auf Tangenten in deren Berührungspunkten bestimmt, sondern als die möglichst kleinen oder möglichst grofsen Linien, die man von einem gegebenen Punkte an einen Kegelschnitt ziehen kann.

Liegt der gegebene Punkt auf einer Axe, und nimmt man an, dafs er die Abscisse $x_1$ habe, während der entsprechende Fufspunkt der Normale die Koordinaten $x$ und $y$ hat, so mufs $y^2 + (x - x_1)^2$ ein Minimum sein, und da $y^2$ durch einen Ausdruck zweiten Grades in $x$ bestimmt wird, so ist die Be-

mus erst findet, nachdem man die Art der Auflösung gefunden hat, dafs er also das Resultat von dem wird, was man jetzt eine Diskussion der gefundenen Lösung nennt, wird bestätigt z. B. durch Archimedes' Analysis in Satz VII des 2ten Buches über die Kugel und den Cylinder (Ausg. v. Heiberg, I, S. 232).

stimmung eines Minimums auf diejenige Bestimmung eines Maximums zurückgeführt, welche sich in Euklids Diorismus der Gleichungen zweiten Grades im 6ten Buch findet. Der Gedanke an diesen Diorismus, den Apollonius an anderen Stellen, z. B. bei der Bestimmung von Tangenten im ersten Buch, direkter benutzt, dürfte auch hier seiner Bestimmung zu Grunde liegen; aber er hat denselben dann hinterher in einen synthetischen Beweis verwandelt, der unabhängig von dem die Flächenanlegung betreffenden Satz über Maxima ist. Den Gedankengang dieses Beweises wollen wir mitteilen, um bei dem Leser die Erinnerung daran wach zu halten, dafs dasjenige, was wir durch Produkte von Strecken wiedergeben, Flächen sind, die dadurch, dafs sie wirklich in der Figur angebracht werden, den bewiesenen Sätzen eine unmittelbare Anschaulichkeit verleihen.

Wir wollen uns, um mit éiner Figur (Fig. 54) auskommen zu können, an die Ellipse halten [10]. Zu Anfang des fünften

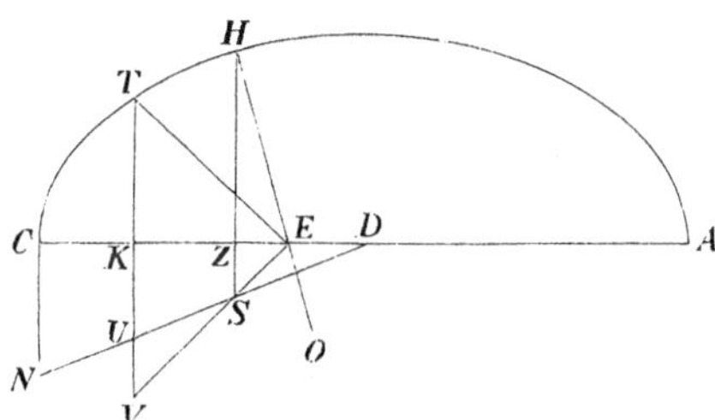


Fig. 54.

Buches [1—3] hat Apollonius der Mittelpunktsgleichung derselben folgende graphische Darstellung gegeben: in einem Endpunkte $C$ einer Axe wird eine Senkrechte $CN$, die gleich $\frac{p}{2}$ ist, errichtet und $N$ mit dem Mittelpunkte $D$ verbunden; das Quadrat einer beliebigen Ordinate $ZH$ wird dann gleich dem Doppelten des Trapezes $CZSN$, welches dieselbe abschneidet. Diese graphische Darstellung, welche als speciell in derjenigen einbegriffen aufgefafst werden kann, von der im ersten Buch bei der Transformation der Koordinaten so wichtige Anwendungen gemacht wurden (S. 91, Gleichung (2)), wird hier direkt aus der graphischen Darstellung der Scheitelpunktsgleichung abgeleitet, indem das Trapez $CZSN$ halb so grofs wird wie das Rechteck mit den Seiten $CZ$ und der zu $Z$ gehörenden Ordinate derjenigen Linie, die parallel zu $DN$ durch den Scheitelpunkt $A$ gezogen ist. Trägt man nun $ZE = ZS$ ab, so folgt aus der Figur, dafs $ZE = \frac{p}{a} . ZD$, und es wird $ZE^2 = 2 . \triangle ZES$, mithin auch

$$EH^2 = ZE^2 + ZH^2 = 2 . \text{Viereck } CESN.$$

Zieht man dagegen eine andere Linie $ET$ von $E$ an die Kurve, so wird

$$\begin{aligned} ET^2 = EK^2 + KT^2 &= 2\,[\text{Trapez } CKUN + \triangle KEV] \\ &= 2 . \text{Viereck } CESN + \triangle USV, \end{aligned}$$

folglich $$EH^2 < ET^2.$$

Hätte man in der Figur $F$ auf der entgegengesetzten Seite von $T$ angenommen, so würde das überschiefsende Dreieck $USV$ nur innerhalb des Winkels $ESD$ abgeschnitten worden sein. Es ist also bewiesen, dafs $EH^2$ und folglich auch $EH$ ein Minimum ist. Doch begnügt Apollonius sich hiermit nicht, sondern giebt zugleich einen Ausdruck für den Flächeninhalt des Dreiecks $USV$, um welches $ET^2$ „überschiefst".

Dafs die gefundene kleinste Linie $EH$ senkrecht auf der Tangente in $H$ steht, wird auf doppelte Weise gezeigt: einmal durch Benutzung der im ersten Buch gefundenen Bestimmung von Tangenten [18], und zweitens durch unmittelbare Anwendung der Eigenschaften des Minimums [19]. Mit Hülfe dieses letzten Satzes hätte die Bestimmung von Tangenten von Anfang an aus der eben entwickelten Bestimmung von Normalen abgeleitet werden können. Es ist recht auffallend, wie nahe dieselbe dann in ihren Hauptprincipien mit der Methode der Tangenten übereinstimmt, welche von Descartes, der Apollonius' fünftes Buch nicht kannte, benutzt wird. Das fünfte Buch, das wir griechisch nicht besitzen, wurde nämlich erst später aus dem Arabischen übersetzt.

Umgekehrt hätte man auch, nachdem die Tangente so wie im ersten Buch bestimmt war, daran die Bestimmung der Subnormale anschliefsen und hinterher auf eine mit Satz 19 übereinstimmende Weise die Eigenschaft des Minimums beweisen, also Apollonius' oben angeführten direkten Beweis für diese Eigenschaft entbehren können. Das ist nicht nur die Art, in der man jetzt in der Regel verfährt, sondern eine derartige Bestimmung der Subnormale scheint nach einer Bemerkung in der besonderen Vorrede zum fünften Buch[1]) vor Apollonius von dessen Vorgängern und Zeitgenossen ausgeführt worden zu sein. An etwas anderes aus dem Inhalt des fünften Buches als gerade an diese Bestimmung kann Apollonius nicht wohl gedacht haben, wenn er andeutet, dafs er das im voraus bekannte bereits im ersten Buch hätte anführen können.

In den folgenden Sätzen des fünften Buches wird eine Linie wie $EH$ (Fig. 54) nicht als durch ihre Lage gegen die Tangente charakterisiert betrachtet, sondern durch ihre Eigenschaft als Minimum. Wenn dann die gefundene Bestimmung der Subnormale $ZE$, wie wir gesehen haben, der Bestimmung von Normalen, die von anderen Punkten $O$ aus gezogen werden, zu Grunde gelegt wird, so ist die verlangte Eigenschaft der gesuchten Linien die, dafs zwischen der Kurve und der ersten Axe ein Stück abgeschnitten werden soll, welches ein Minimum der Abstände des Schnittpunktes mit der Axe von der Kurve ist. Erst hinterher wird gezeigt, dafs dasselbe auch ein Minimum oder Maximum der Abstände des gegebenen Punktes $O$ von der Kurve ist.

Dies letztere in Verbindung mit der daran angeschlossenen Entscheidung, wann man ein Maximum und wann man ein Minimum erhält, liefs sich leicht durch sorgfältige Betrachtung der Figur finden. Bei einer solchen Betrachtung mufste man wahrnehmen, dafs bei den Radienvektoren, die von $O$ an den Kegelschnitt gezogen werden, die einzigen Übergänge vom Wachsen zum Abnehmen in den von $O$ aus gezogenen Normalen stattfinden, und dafs umgekehrt solche Übergänge in

[1]) Vergl. Anhang I.

jeder von $O$ aus gezogenen Normale stattfinden, wenn $O$ kein Punkt der Evolute ist. Eine Schwierigkeit bestand allein darin, diese Betrachtungen in solche umzuwandeln, die den Forderungen, welche die Griechen an einen strengen Beweis stellten, genügten.

Hierbei kam es nur darauf an folgendes zu zeigen: ist $MN$ ein Bogen eines Kegelschnittes, an dessen sämtliche Punkte Normalen gezogen sind, und fallen die Stücke dieser Normalen, die auf derselben Seite des Bogens liegen wie der Punkt $O$, auf dieselbe Seite der von $O$ gezogenen Radienvektoren wie der Punkt $N$ (Fig. 55), so ist $ON > OM$. Auf welche Seite der Radienvektoren die Normalen fallen, läfst sich nämlich überall leicht durch dieselben Untersuchungen entscheiden, die zur Konstruktion der Normalen und zur Diskussion dieser Konstruktion geführt haben.

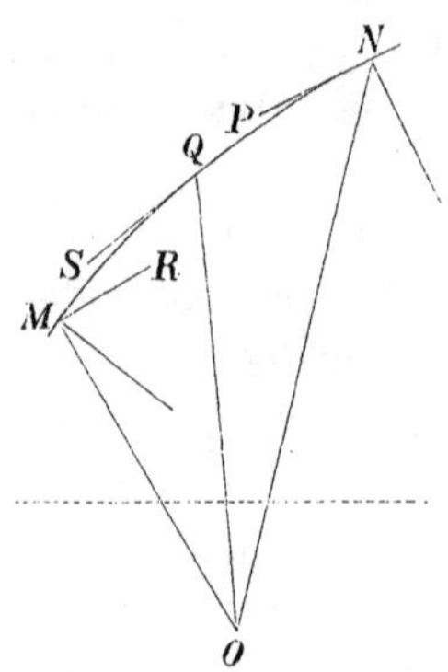

Fig. 55.

Dafs $ON > OM$, wird dadurch bewiesen, dafs, wenn $ON \leqq OM$ wäre, ein Kreis durch $N$ um den Mittelpunkt $O$ notwendigerweise den Bogen $MN$ schneiden müfste. Da nämlich $ON$ einen spitzen Winkel mit der in $N$ an die Kurve gezogenen Tangente $NP$ bildet, so mufs ein Stück dieser Tangente innerhalb des Kreises fallen, der also auf seinem Wege von $N$ bis nach $OM$ anfangs aufserhalb der Kurve liegen wird. Dagegen wird derselbe am Ende seines Weges nach $OM$ innerhalb der auf $OM$ senkrechten Linie $MR$ fallen, die nach den Voraussetzungen selbst innerhalb des Bogens $MN$ fällt. Ist nun $Q$ der Schnittpunkt dieses Kreises mit dem Bogen und $QS$ die Tangente des Bogens in $Q$, so wird nach den gegebenen Voraussetzungen der Winkel $OQS$ spitz sein, also ein Stück von $QS$ innerhalb des Kreises fallen; aber das widerstreitet der Annahme, dafs der Kreis vom Punkte $Q$ an innerhalb des Bogens $QM$ liegen soll. Die Annahme, dafs $ON \leqq OM$, ist also absurd.

Indessen sieht man, dafs Apollonius selbst nicht ganz zufrieden ist mit diesem Beweis[1]) durch Anschauung, der doch gewifs gerade den Gedankengang ausdrückt, welcher ihn zum Resultat geführt hat, und der den Vorteil hat auf Bogen $MN$ aller möglichen Kurven anwendbar zu sein. Er wendet denselben nämlich nur in den Fällen an, wo die Hauptaxe der Kurve eine Lage hat wie die punktierte Linie in Fig. 55; hat dieselbe dagegen eine Lage wie die in Fig. 56 angedeutete, so benutzt er besondere Eigenschaften der Kegelschnitte, um einen anderen Beweis an die Stelle zu setzen[2]), nämlich den folgenden.

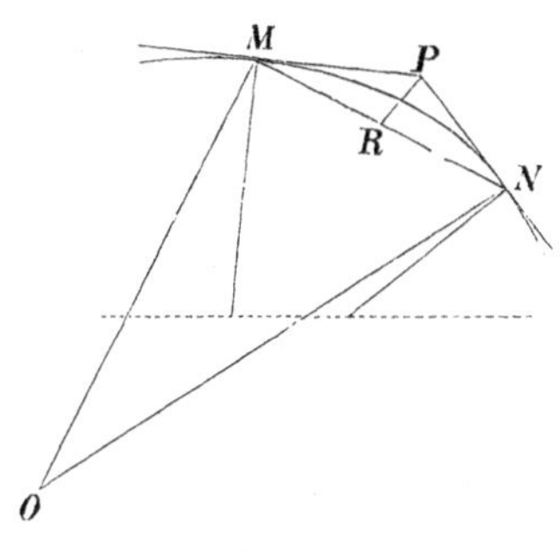

Fig. 56.

Ist $P$ der Schnittpunkt der Tangenten $PM$ und $PN$, so wird nach den Voraussetzungen der Winkel $ONP$ spitz und der Winkel $OMP$ stumpf. Hieraus folgt:

$$ON^2 + PN^2 > OP^2 > OM^2 + PM^2.$$

Zugleich ist $PN < PM$, was, wenn $PR$ der zur Sehne $MN$ gehörige Durchmesser ist, daraus folgt, dafs der Winkel $MRP$ unter den gegebenen Voraussetzungen für alle drei Kegelschnitte stumpf wird. Durch Subtraktion erhält man also, dafs $ON > OM$.

Wenn alle Schriftsteller, die über die griechische Mathematik geschrieben haben, übereinstimmend Apollonius' fünftes

[1]) Um denselben vollkommen exakt zu machen, hätte auch hervorgehoben werden müssen, dafs $Q$, wenn der Kreis den Bogen $NM$ in mehreren Punkten schneidet, der letzte Punkt sein mufs, in dem der Kreisbogen von $N$ bis $OM$ gerechnet $NM$ schneidet. Dieser Mangel kann möglicherweise von den arabischen Herausgebern herrühren, durch die wir Apollonius' 5—7tes Buch besitzen.

[2]) Da mehrere von den Sätzen des Buchs nur aufgestellt sind, weil sie in diesem zweiten Beweise gebraucht werden sollten, so hat man keinen Grund zu der Annahme, dafs dieser Beweis von den Arabern eingeschoben sei.

Buch als das schönste uns erhaltene Beispiel dafür anführen, wie weit die griechische Lehre von den Kegelschnitten gelangen konnte, so denken sie dabei nicht an solche weitläufige, aber nicht schwierige Untersuchungen wie die zuletzt angeführte, sondern gewifs in der Regel ausschliefslich an die Konstruktion der Normalen, die sich von einem gegebenen Punkte ziehen lassen, und an den hieran angeschlossenen Diorismus, der indirekt die Bestimmung der Evoluten der Kegelschnitte enthält. Dieser Bewunderung kann ich in vollem Mafse beipflichten. Nur kann ich in den hier gefundenen Resultaten nichts sehen, was auf eine überraschende Weise von dem abwiche, was ich sonst in der griechischen Lehre von den Kegelschnitten finde. Im Gegenteil habe ich hier versucht die Hauptuntersuchungen des fünften Buches in ihrem weiteren Zusammenhange darzustellen, und demgemäfs habe ich dieselben als ein Beispiel für die Lösung und Diskussion körperlicher Aufgaben (im weiteren Sinne) dargestellt, auf welche die Alten so grofses Gewicht legten, und an welche ihre Lehre von den Kegelschnitten sich so eng anschlofs. Abgesehen von den bedeutungsvollen weiteren Anwendungen der gefundenen Resultate, mit denen ich mich bald beschäftigen werde, halte ich die Lösung des Normalenproblems eben deshalb für so schön, weil die Aufgabe naheliegend aber doch schwierig ist, und weil die Schwierigkeiten durch sinnreiche Anwendung der einfachsten Sätze über Kegelschnitte im ersten und zweiten Buch überwunden werden.

Wenn man eine entgegengesetzte Ansicht aufgestellt und im fünften Buche eine höhere Geometrie hat erblicken wollen, die sich wesentlich über die in den vier ersten Büchern behandelten Elemente erheben sollte, so scheint diese Auffassung in etwas durch Apollonius' eigene Vorrede[1]) gestützt zu werden. Er sagt nämlich, dafs die letzten vier Bücher weitergehende Betrachtungen mitteilen sollen (dafs sie περιουσιαστικώτερα sind), während die vier ersten — nach Halleys lateinischer Übersetzung — die „Elemente“ dieser Lehre enthalten

[1]) Vergl. Anhang 1.

(πέπτωκε πρὸς εἰσαγωγὴν στοιχειώδη). Indessen mufs man sich bemühen diese Worte in Übereinstimmung mit dem zu verstehen, was sich in den verschiedenen Büchern wirklich findet, und nicht nach modernen Unterscheidungsmerkmalen zwischen elementarer und höherer Mathematik. Es würde durchaus irrig sein die Untersuchungen im fünften Buche als eine höhere Art von Untersuchungen aus dem Grunde zu betrachten, weil sie zu Resultaten, nämlich der Bestimmung der Evoluten, führen, zu deren Erreichung man sich jetzt der Differentialrechnung bedient; denn die hierzu dienende Bestimmung der Grenzen für die Lösbarkeit von Aufgaben sind vollständig von derselben Art wie die Diorismen, welche sich überall an die Probleme der Alten angeschlossen finden, und welche stets als Bestimmungen von Maxima und Minima aufgefafst werden können. Nur haben diese im vorliegenden Falle hinsichtlich der Ellipse und Hyperbel besonders grofse Forderungen an Aufmerksamkeit und Kombinationsvermögen gestellt, während die Diskussion bei der Parabel — auf die wir bereits in einem anderen Zusammenhange gestofsen sind — keine sonderliche Schwierigkeit verursachen konnte.

Der auffallende Unterschied zwischen dem fünften Buche und den vorhergehenden besteht vielmehr darin[1]), dafs diese eine zusammenhängende Darstellung der Grundlage der gesamten Lehre von den Kegelschnitten geben, auf der alle Specialuntersuchungen aufgebaut werden müssen, während im fünften Buche, ebenso wie in den die Lehre von den Kegelschnitten betreffenden Schriften des Archimedes, eben eine solche Specialuntersuchung vorliegt. Dasselbe gilt, wie wir sehen werden, vom sechsten und siebenten Buch; das achte ist verloren. Es wird sich zeigen, wie einige von den in diesen letzten enthaltenen Resultaten während der Untersuchungen gefunden sein können, die zur Aufführung des in den vier ersten Büchern gegebenen Lehrgebäudes gehören. In diesem war aber kein Platz für dieselben, wenn man der

[1]) Das stimmt zu der Übersetzung, welche von den oben citierten Worten aus der Vorrede in Anhang 1 gegeben ist.

Übersichtlichkeit nicht dadurch schaden wollte, dafs man mehr als das notwendige aufnahm.

Allerdings unterliegt es bis zu einem gewissen Grade der Willkür, was man zum Lehrgebäude, und was man zu Specialuntersuchungen rechnen will. Das ist vom Wissen und Können der jedesmaligen Zeit abhängig, und die einzelnen Glieder des ersteren haben in der Regel früher zu den letzteren gehört. Das Lehrgebäude mufste bei Apollonius dasjenige in sich aufnehmen, was vorher genügend bekannt und hinreichend bearbeitet war, um in einer kurzen und übersichtlichen Form dargestellt werden zu können, sowie dasjenige, was man zu seiner Zeit als die Grundlage zu betrachten pflegte sowohl für das, was wir den zweiten Teil der Lehre von den Kegelschnitten nennen können, nämlich die in besondere Schriften — wie in Aristäus' fünf Bücher — gehörende Lehre von körperlichen Örtern und körperlichen Aufgaben, als auch für die Behandlung verschiedenartiger Aufgaben, die einfach genug waren, um als Übungen betrachtet werden zu können. Ferner mufste dasselbe alle die Verbesserungen enthalten, die dazu dienen konnten der aufgeführten Grundlage für weitere Untersuchungen gröfsere Allgemeinheit zu verleihen (z. B. die — möglicherweise schon vorher bekannte — Darstellung der Kegelschnitte durch solche Schnitte an schiefen Kegeln, die nicht senkrecht auf der Symmetrieebene stehen) und derselben gröfsere Anwendbarkeit zu geben. In letzterer Beziehung war es namentlich notwendig eine vollständige Behandlung zusammengehörender Hyperbeläste, ohne welche die Bestimmung des Orts zu vier Graden und vieler anderer körperlicher Örter unvollständig bleiben mufste, mit in das Lehrgebäude aufzunehmen.

Ein solches Lehrgebäude mufs sich durch eine gewisse Kürze charakterisieren, welche durch die Arbeiten der Vorgänger möglich geworden ist. Wenn wir von der Weitläfigkeit absehen, die Apollonius bei der letztgenannten neuen Verbesserung anwenden zu müssen glaubt, so ist auch in der That die Darstellung in den vier ersten Büchern kurz im Verhältnis zu den vielen und verschiedenartigen Resultaten, die vorgeführt werden. Das gilt nicht am wenigsten von den Abschnitten des dritten Buches, die wir noch nicht genauer besprochen haben. Bei der Darstellung einer Specialuntersuchung dagegen kam es für die Alten darauf an das neue, was vorgeführt wurde, mit einer gewissen Breite auszuführen: zuerst die Grundlage für dasselbe so zu bereiten, dafs der Leser zu der Überzeugung gelangte, das Raisonnement enthalte keine Lücken; darauf so ins einzelne zu gehen, dafs der Leser sah, kein Fall werde vergessen; endlich die gewonnenen Resultate auszunützen und auf weitere Untersuchungen anwendbar zu machen. So verfährt Apollonius im fünften Buch, dessen Hauptinhalt wir allein aus Satz 51 für die Parabel und Satz 52 für die Ellipse und Hyperbel kennen lernen können, das aber doch mit seinen 77 Sätzen zu dem umfangreichsten von Apollonius' sämtlichen Büchern über die Kegelschnitte angewachsen ist.

Der Unterschied zwischen den vier ersten und den vier letzten Büchern besteht also darin, dafs die ersten ein Kompendium der Lehre von den Kegelschnitten bilden, die letzten eine Reihe ausführlicherer Monographien. Eine Unterscheidung zwischen mehr oder minder elementaren Teilen in der modernen Bedeutung des Wortes ‚elementar‘ müfste, wenn man ein solches wünscht, vielmehr innerhalb des Lehrgebäudes selbst vorgenommen werden. In der Weise haben wir auch in unserer Darstellung unterschieden, indem wir hervorgehoben haben, dafs Punkte und Tangenten der Kegelschnitte, während sie im ersten und zweiten Buch nur in ihren Verbindungen mit Durchmessern und Asymptoten betrachtet werden, im dritten und vierten Buch in Verbindung mit beliebig gelegenen Punkten und Geraden oder mit beliebig gelegenen anderen Kegelschnitten vorkommen. Von diesem Gesichtspunkt aus sind auch das sechste und siebente Buch elementar.

Auch im fünften Buch werden, wie wir gesehen haben, nur die elementaren Hülfsmittel benutzt, welche im ersten und zweiten Buch entwickelt sind, abgesehen davon, dafs das im vierten Buch gefundene Resultat, ohne direkt benutzt zu werden, einen Überblick über die verschiedenartigen Lösungen, welche möglich sind, geben konnte. Die Anwendungen dagegen, die Apollonius von den gefundenen Resultaten gemacht wissen will, wenn er am Schlusse der besonderen Vorrede[1]) des Buchs sagt, dafs sie besonders notwendig für Einteilung und Diorismus der Probleme seien, müssen sich sicherlich weiter erstreckt haben.

Ein Beispiel einer körperlichen Aufgabe, deren Diorismus sich durch Hülfe der Konstruktion der Normalen finden läfst, haben wir bereits im vorhergehenden Abschnitt getroffen, nämlich die Einschiebung zwischen zwei gerade Linien. Doch gehörte diese Aufgabe noch zu denen, welche durch Apollonius' zweites Buch gelöst wurden, und da die Existenz der Normale, welche für die Grenzbestimmung benutzt werden mufste, unmittelbar einleuchtend war, so gab es keine Verwendung für den Diorismus, der zur Konstruktion der Normale selbst gehörte.

Die Aufgaben, welche Apollonius im Auge hat, müssen im allgemeinen solche sein, die durch die Schnittpunkte zwischen einem Kegelschnitt und einem Kreise gelöst werden. Hat man nun durch Benutzung einiger der gegebenen Gröfsen den Kegelschnitt und den Mittelpunkt des Kreises vollkommen bestimmt, so kann man, wie in der oben angeführten Aufgabe, durch Konstruktion der Normalen die Grenzen finden zwischen den Werten der Radien, denen 0, 2 und 4 Auflösungen entsprechen, und dadurch die Grenzwerte für eine solche gegebene Gröfse, von der die Radien, aufser von den bereits benutzten, abhängen. Ob diese Grenzwerte Maxima oder Minima werden, ist davon abhängig, ob die entsprechenden Normalen es sind, und dadurch tragen die hierauf bezüglichen Untersuchungen des Apollonius ihre Früchte. Die Anzahl solcher Grenzwerte, und dadurch die Anzahl der verschiedenen Möglichkeiten, welche eintreten können, hängt ab von der Lage des Kreismittelpunktes mit Beziehung auf die Evolute des Kegelschnittes. Dadurch gelangt man zu der von Apollonius in der Vorrede erwähnten „Einteilung“ einer Aufgabe. Die Grenzwerte für

[1]) Vergl. Anhang 1.

eine andere von den gegebenen Gröfsen, welche diese Einteilung bedingen, lassen sich aus dem Grenzwerte für eine einer willkürlichen Abscisse entsprechende Ordinate der Evolute ableiten, dessen Bestimmung den Diorismus zu Apollonius' Konstruktion der Normale ausmacht.

Der Diorismus der vorgelegten Aufgabe läfst sich allerdings nicht immer ganz in dieser Reihenfolge ausführen, nämlich dann nicht, wenn der Radius des Kreises von keinen anderen Gröfsen als denen abhängt, die bereits bei der Bestimmung seines Mittelpunktes benutzt sind; aber es ist einleuchtend, dafs man doch immer, wenn die Aufgabe durch die Schnittpunkte zwischen einem Kegelschnitt und einem Kreise gelöst wird, die Konstruktion der Normale und deren Diorismus benutzen kann, um die Grenzrelationen zwischen den gegebenen Gröfsen aufzustellen. Da jede Aufgabe, welche sich mittels der Schnittpunkte zweier Kegelschnitte lösen läfst, auch durch einen Kegelschnitt und einen Kreis gelöst werden kann, so könnte man sogar auf diesem Wege zu einem allgemeingültigen Mittel für den Diorismus solcher Aufgaben gelangen. Indessen scheint es, als ob man auch nicht nach Apollonius' Zeit die Konstruktion der Normale als ein solches Mittel benutzt hat; denn in solchem Falle würden die Bestrebungen, Konstruktionen durch zwei Kegelschnitte auf solche durch einen Kegelschnitt und einen Kreis zu reducieren, solche Förderung gefunden haben, dafs man sie auch bei Pappus müfste spüren können. Das trifft aber wie schon bemerkt nur für solche Fälle zu, in denen man es dadurch möglich machen konnte, die vorgelegte Aufgabe als eben zu betrachten. Man wird sich dann damit begnügt haben Apollonius' fünftes Buch für die Diskussion solcher Aufgaben zu verwenden, deren Konstruktion durch einen Kegelschnitt und einen Kreis die einfachste war.

Der Grund dafür, dafs man in dieser Anwendung nicht weiter gegangen ist, mufs darin gelegen haben, dafs man einerseits nicht imstande war die Benutzung der angedeuteten allgemeinen Methode überall vollständig durchzuführen, und dafs man andererseits in vielen Fällen, wo dieselbe sich wirklich durchführen liefs, leichter dadurch zum Ziele gelangte, dafs man den Diorismus an die nächstliegende Konstruktion statt an diejenige anschlofs, die sich durch Vertauschung des einen der beiden Kegelschnitte mit einem Kreise gewinnen liefs.

Dafs es körperliche Aufgaben — im weiteren Sinne — gab, deren Diorismus unüberwindliche Schwierigkeiten darbieten mufsten, einerlei ob man die beschriebene Reduktion anwandte oder die vielen verschiedenen bekannten Sätze über Tangenten der beiden Kegelschnitte, welche die Aufgabe am unmittelbarsten lösen, schliefse ich daraus, dafs die Bedingung für die Berührung der Kegelschnitte (die Taktinvariante) in den Koefficienten jeder der Gleichungen der beiden Kegelschnitte vom sechsten Grade ist; eine solche Bedingung auszudrücken würde den Griechen wenigstens aufserordentlich schwer geworden sein. Dafs es andererseits vorher und unabhängig von den in Apollonius' fünftem Buche gefundenen Resultaten Mittel gab, die man benutzen konnte, um die Diorismen etwa vorkommender Aufgaben zu finden, geht daraus hervor, dafs die Aufstellung von Diorismen körperlicher Aufgaben in der Vorrede im wesentlichen als eine bekannte Schwierigkeit betrachtet zu werden scheint, deren Überwindung durch Hinzufügung neuer Mittel zu denen, die man bereits besafs, erleichtert werden soll.

Worin diese schon früher bekannten Mittel bestanden haben können und, wie man weifs, bestanden haben, dafür haben wir Beispiele im vorhergehenden Abschnitt und in der Ausführung des Diorismus selbst in Apollonius' fünftem Buche gesehen. Es würde jedoch von Bedeutung sein, dieses noch genauer zu untersuchen. Nach dem, was wir in unserer Untersuchung über körperliche Örter gesehen haben, lag nämlich die Bestimmung dieser und dadurch die Auffindung der L ö s u n g einer beliebigen vorgelegten körperlichen Aufgabe wahrscheinlich im ganzen innerhalb des Bereichs der Schwierigkeiten, die man überwinden konnte. Ob man dann die Behandlung so durchführen konnte, wie es bei einer für die Öffentlichkeit bestimmten Schrift erforderlich war, hing davon ab, wie weit man zugleich mit dem D i o r i s m u s fertig werden konnte.

Indessen können wir aus Mangel an Angaben zu keinem positiven Resultat gelangen: wir müssen die Frage, bei welchen körperlichen Aufgaben die Griechen imstande waren Diorismen aufzustellen, dahin beantworten, dafs sie sich wahrscheinlich auf solche beschränkt haben, bei denen der Grad der Gleichung für die Gröfse, deren Grenzen gesucht wurden, sich auf irgend eine Weise auf 4 oder darunter reducieren liefs, bei denen also die Grenzbestimmung selbst mittels sich schneidender Kegelschnitte[1]) gefunden werden konnte. Statt im allgemeinen zu untersuchen, welche Diorismen man innerhalb dieser Begrenzung wahrscheinlich behandeln konnte, wenn Veranlassung dazu gegeben war, wollen wir lieber versuchen nur eine Klasse von solchen aufzustellen, um dadurch Gelegenheit zu erhalten, von den Mitteln, über die man verfügen konnte und die wohl zum Teil mit Rücksicht auf eine solche Anwendung entwickelt waren, einige mehr anzuführen, als wir bereits in diesem Zusammenhange mitzuteilen Anlafs gehabt haben.

Wir wollen zunächst annehmen, dafs die Lösung einer Aufgabe mittels der Schnittpunkte zweier Hyperbeln $\varphi$ und $\psi$ gefunden sei, und dafs im Diorismus die eine, $\varphi$, und die Asymptoten der anderen als gegeben betrachtet werden, während die Grenzen für die zu dieser letzteren, $\psi$, gehörende konstante Fläche des Rechtecks aus den Abständen von den Asymptoten gefunden werden sollen. Ein solcher Grenzwert wird einer Hyperbel $\psi$, die $\varphi$ berührt, angehören. Der Berührungspunkt $P$ wird dann die Mitte der Stücke sein, welche die beiden Paare von Asymptoten auf der Tangente in $P$ abschneiden. $P$ läfst sich bestimmen als Schnittpunkt zwischen der Hyperbel $\varphi$ und dem geometrischen Ort für die gemeinschaftlichen Mitten der Stücke, welche die beiden Paare von Asymptoten auf derselben Geraden abschneiden.

Dieser letzte Ort läfst sich, wenn man die Mittelpunkte der Hyperbeln mit $A$ und $B$, ihre Asymptoten beziehungsweise mit $a_1$, $a_2$ und $b_1$, $b_2$ bezeichnet, auf folgende Weise bestimmen. Wenn eine Gerade sich um den Schnittpunkt $C$ von $a_1$

[1]) Da man indessen andere Kurven kannte, so sind Ausnahmen von dieser Regel nicht undenkbar. Vergl. den Schlufs des nächsten Abschnittes.

und $b_1$ dreht, so werden die Mitten $A'$ und $B'$ der auf dieser abgeschnittenen Stücke gerade Linien $a'$ und $b'$ durchlaufen, die den Geraden $a_2$ und $b_2$ parallel sind. Der Schnittpunkt $P$ von $AA'$ und $BB'$ ist ein Punkt des geometrischen Orts, da er die gemeinsame Mitte der Stücke ist, welche auf einer Parallelen zu der durch $C$ gezogenen Transversale abgeschnitten werden. $P$ ist aber Eckpunkt eines Dreiecks $PA'B'$, dessen beide anderen Eckpunkte sich auf den festen Geraden $a'$ und $b'$ bewegen, während seine Seiten sich um feste Punkte $A$, $B$, $C$ drehen. Der Ort für $P$ ist also ein Kegelschnitt, der, wie wir (S. 169) aus den 10 von Pappus zusammengezogenen Porismen geschlossen haben, den Alten bekannt war. Haben die beiden Hyperbeln eine Asymptote gemeinsam, so ist der Ort des Punktes $P$ nach eben diesen zusammengezogenen Porismen eine Gerade.

Auf den hier betrachteten Fall läſst sich ziemlich leicht der reducieren, wo der Kegelschnitt $\varphi$ eine Ellipse ist, welche beide Asymptoten von $\psi$ schneidet; man kann dann zunächst $\varphi$ als Ort zu solchen vier Geraden darstellen, von denen die Asymptoten von $\psi$ zwei gegenüberliegende sind. Ein Berührungspunkt $P$ zwischen $\varphi$ und einer Kurve $\psi$ wird dann die gemeinsame Mitte der Stücke sein, welche diese und das andere Paar gegenüberliegender Seiten auf der Tangente abschneiden. Durch eine Erweiterung desselben Verfahrens könnte man noch weiter zu solchen Fällen gehen, wo auch $\psi$ eine Ellipse ist, von der man die Lage und das Verhältnis der Axen kennt; oder man könnte, nachdem die Übereinstimmung mit dem Fall, wo zwei Hyperbeln betrachtet wurden, auf die Vermutung geführt hatte, daſs man auch hier die Berührungspunkte mittels der Schnittpunkte zwischen $\varphi$ und einem Kegelschnitt bestimmen müsse, andere Mittel zur wirklichen Bestimmung eines solchen Kegelschnittes suchen.

Einen hierunter gehörenden speciellen Fall werden wir Gelegenheit haben im folgenden Abschnitt zu besprechen. Ein anderer Fall ist derjenige, der in Apollonius' fünftem Buche behandelt wird, wo die Kurven $\psi$ Kreise mit gegebenem Mittelpunkt sind, die gesuchten Berührungspunkte also Fuſspunkte der von diesem Mittelpunkt aus gezogenen Normalen. Indessen zeigt dieser Umstand, dafs die von uns zusammengestellten Hülfsmittel, die die Alten nach unserer Meinung benutzen konnten, wenn bestimmt vorgelegte Aufgaben ihnen Gelegenheit dazu boten, nicht als eine allgemeine Methode aufgefafst werden dürfen, welche die Alten selbst ausdrücklich aufgestellt hätten. Jedenfalls können sie dies nicht gethan haben, bevor Apollonius sein fünftes Buch geschrieben hatte, da wir aus seiner Vorrede schliefsen dürfen, dafs nicht nur die schwierige Diskussion, sondern auch die Konstruktion der Normalen etwas neues war.

Dafs man vor Apollonius die hier aufgestellte Bestimmung von Diorismen nur vereinzelt benutzt haben kann, folgt auch aus der dazu gehörigen Benutzung eines körperlichen Orts, der von den Alten in einen Ort zu vier Geraden umgewandelt worden sein mufs; denn die allgemeine Bestimmung eines solchen Orts wurde ja erst durch Apollonius' Kegelschnitte ermöglicht. Ein anderes Hindernis für eine solche allgemeine Ableitung von Diorismen wie die hier von uns gegebene bestand darin, dafs dieselben auf die Lösung einer körperlichen Aufgabe zurückgeführt wurden, bei der also ein neuer Diorismus erforderlich sein konnte, der wenigstens einer allgemeinen Aufstellung Schwierigkeiten entgegengesetzt haben würde. Im einzelnen Falle kann man dagegen in der Lage gewesen sein, diesen Diorismus zu entbehren oder ihn durch die Begrenzung in der gegenseitigen Lage der angewandten Kegelschnitte, welche die ursprüngliche Aufgabe etwa mit sich brachte, durchzuführen. Im Gegensatz hierzu ist es ein Hauptverdienst von Apollonius' fünftem Buche, dafs es, wie oben gezeigt, die Möglichkeit gewährte, auf alle gegenseitigen Lagen eines Kegelschnittes und eines Kreises Rücksicht zu nehmen.

Diese Betrachtungen können uns eine Andeutung darüber geben, was das für körperliche Aufgaben gewesen sein mögen, mit deren Lösung und Diskussion die Griechen sich beschäftigt haben. Es ist nicht überflüssig solche Winke neben der Mitteilung der aufbewahrten Aufgaben und Lösungen zu geben. Von diesen darf man nämlich mit Bestimmtheit behaupten, daſs sie nicht hinreichend umfassende Proben für die Arten von Aufgaben geben, die man behandelt hat. Ich schlieſse das daraus, daſs nach Apollonius' allgemeiner Vorrede sein drittes Buch namentlich zur Bestimmung körperlicher Örter dienen soll, und daſs der Zweck einer solchen Bestimmung die Lösung körperlicher Aufgaben war, daſs aber dennoch bei keiner einzigen der aufbewahrten körperlichen Aufgaben der Inhalt von Apollonius' drittem Buche für die Lösung zur Verwendung kommt.

---

## Vierzehnter Abschnitt.

### Über verlorene Untersuchungen; eine Vermutung über Eratosthenes' Schrift über Mittelgröſsen.

Nachdem wir in Betreff der körperlichen Aufgaben — wie früher in anderen Beziehungen — nachgewiesen zu haben glauben, daſs die Griechen weiter gelangt sein müssen als bis zu den Resultaten und den Konstruktionen, über welche in den aufbewahrten Schriften oder in solchen Schriften berichtet wird, über deren Inhalt Angaben vorliegen, kehren wir nunmehr zu der früher aufgestellten Frage zurück, wo denn die Ergebnisse solcher weitergehenden Untersuchungen niedergelegt sind.

Für die körperlichen Aufgaben können wir vielleicht zum Teil auf dasselbe Werk verweisen wie für die körperlichen Örter, nämlich auf Aristäus' ‚Körperliche Örter'. Aus Pappus' allerdings etwas dunklen Angaben[1]) über das Verhältnis zwischen Euklids Elementen der Kegelschnitte und der angeführten Schrift, sowie daraus, daſs diese Schrift in

[1]) Anhang 2 und S. 129, 130.

Pappus' wohl geordnetem Verzeichnisse zu Anfang des 7ten Buches[1]) hinter Apollonius' Kegelschnitte gestellt ist, und daraus, dafs Pappus dieselbe ein Supplement zu der Lehre von den Kegelschnitten[2]) nennt, darf man schliefsen, dafs sie selbst die Elemente dieser Lehre nicht enthalten, vielmehr dieselben in einem Umfange als bekannt vorausgesetzt hat, der wenigstens etwas von dem Inhalte von Apollonius' drittem Buche in sich begreifen mufste. In Aristäus' fünf Büchern ist also Raum für verschiedene Dinge gewesen.

Da der Zweck der ‚körperlichen Örter' ihre Anwendung auf die Lösung von Aufgaben ist, so ist es nicht unwahrscheinlich, dafs etwas von diesem Raum für solche Anwendungen bestimmt gewesen ist. Ist auch möglicherweise ein Teil von diesen auf Aufgaben beschränkt gewesen, die sich durch kubische Gleichungen (die man damals, nach unserer Annahme, allein als körperlich bezeichnete) ausdrücken liefsen — so spricht doch der Umstand, dafs, wie es scheint, etwas über den Ort zu vier Geraden angeführt wurde, dafür, dafs auch einige der weiter gehenden Anwendungen, die das Studium dieses Orts veranlafst hatten, berücksichtigt sein konnten. In Folge eben dieses Studiums kann Aristäus auch einige sich hieran anschliefsende Sätze über Involution, die sich auf die Kegelschnitte bezogen, aufgestellt haben, die dann später Apollonius veranlafsten, die Lehre von der Involution in der Schrift über den bestimmten Schnitt einem umfassenderen Studium zu unterwerfen.

Indessen darf man nicht allzu viele von den Untersuchungen, mit denen die Griechen sich, soweit man aus den vorliegenden Angaben schliefsen kann, beschäftigt haben, dem Aristäus zuweisen, unter anderem aus dem Grunde, weil seine Schrift vor den meisten Arbeiten Euklids und vor allen Schriften des Archimedes und Apollonius geschrieben ist. Wenn also Apollonius in den Büchern über den bestimmten Schnitt die Lehre von der Involution mit der vollen Überzeugung von

[1]) Ausg. v. Hultsch, S. 636.
[2]) Ausg. v. Hultsch, S. 672, 21.

ihrer Anwendbarkeit auf die Kegelschnitte, diese als Örter zu vier Geraden dargestellt, untersucht hat, wo sind dann die Anwendungen der in dieser Schrift gefundenen Resultate dargestellt worden? Wo haben wir die Behandlung solcher neuen körperlichen Probleme (im weiteren Sinne) zu suchen, deren Lösung und Diskussion durch die in seinen Kegelschnitten gefundenen neuen Resultate möglich wurde? Wir besitzen nicht einmal eine Angabe über eine Schrift, in der eine neue Darstellung der vollständigen Bestimmung des Orts zu vier Geraden gegeben worden wäre, die doch nach seinen und Pappus' ausdrücklichen Angaben erst von ihm möglich gemacht worden war.

Hierauf mufs man zunächst antworten, dafs kein Grund vorliegt zu glauben, Pappus mache in seiner Aufzählung alle Schriften aus den besten Tagen der griechischen Geometrie namhaft, in denen die analytische Geometrie der Griechen und ihre Anwendung auf die Lehre von den Kegelschnitten und auf körperliche Aufgaben behandelt waren. Er weist auf die Bücher hin, nach denen die Grundlage für alle diese Untersuchungen zu studieren sein würde[1]), hat also keine Veranlassung auch über die verschiedenen Arbeiten zu berichten, in denen hierher gehörige, ausführlichere Specialuntersuchungen niedergelegt sein konnten. Als solche Untersuchungen sind der bestimmte Schnitt, der Verhältnisschnitt und der Flächenschnitt nicht zu betrachten, da — wie wir hinsichtlich des ersten gesehen haben und hinsichtlich der beiden anderen im folgenden Abschnitt sehen werden — die Kenntnis der Diskussion dieser Aufgaben einen wesentlichen Teil der Voraussetzungen für die Anwendung der Lehre von den Kegelschnitten ausmacht. Die vier letzten Bücher von Apollonius' Kegelschnitten geben allerdings, wie er selbst sagt, weitergehende Specialuntersuchungen, aber sie sind wohl auch vorwiegend wegen ihrer Verbindung mit den vier ersten Büchern, sowie wegen des berühmten

[1]) Dafs es sich hier eben um eine Grundlage und nicht um eine Mitteilung alles dessen, was man wufste, handelt, ersieht man aus den ersten Worten des 7ten Buches, welche denen es zu lesen empfehlen, die selbst befähigt werden wollen vorgelegte Probleme zu lösen.

Namens ihres Verfassers in Pappus' Liste mit aufgenommen. Aus demselben Grunde kann Eratosthenes' Schrift über Mittelgröfsen, deren Titel auch auf Specialuntersuchungen hinweist, mit aufgenommen worden sein. Dafs andererseits derselbe Grund Pappus nicht bewogen hat diejenigen von Archimedes' Schriften aufzuführen, welche die Lehre von den Kegelschnitten betreffen, mufs darauf beruhen, dafs diese Lehre in Schriften, welche Quadratur sowie Kubatur der dadurch hervorgebrachten Flächen und Körper behandeln, in einer anderen Form und mit anderen Zielen auftritt als im *τόπος ἀναλυόμενος*.

Pappus hat also nicht beabsichtigt Angaben über solche Schriften zu machen, deren Inhalt über den des Lehrgebäudes hinausging. Auch sind gewifs diejenigen Schriften, welche gröfsere Forderungen an die Vorkenntnisse der Leser stellten, in der Zeit des Rückschrittes unbeachtet geblieben und deshalb in der Regel wohl nur in einzelnen Exemplaren in der alexandrinischen Bibliothek aufbewahrt worden, und viele können dann bei den Unglücksfällen, die diese betroffen haben, ganz verloren gegangen sein. Was die betrifft, die noch zu Pappus' Zeit erhalten gewesen sein müssen, so begehen wir ihm gegenüber keine Unbilligkeit, wenn wir annehmen, dafs er nicht einmal imstande gewesen sein würde, uns sonderliche Angaben über die darin enthaltenen weitergehenden Untersuchungen zu machen. Die Tradition durch mündlichen Unterricht, die sich durch die vielen Jahrhunderte erhalten haben kann, die ihn von Apollonius trennen und aus denen kein selbständiger Fortschritt auf diesem Gebiete zu unserer Kenntnis gelangt ist, mufs nämlich äufserst gering gewesen sein. Pappus' Zeit, in der man sich in der That Kenntnisse von dem und Einblicke in das verschaffte, was die grofsen Mathematiker hervorgebracht hatten, mufs also eine Renaissancezeit gewesen sein, in der diese Einsicht aus den Büchern der Alten geschöpft wurde. Wie viel Geduld eine solche Arbeit erfordert hat, wird man leicht verstehen, wenn man bedenkt, wie viel Schwierigkeit das Studium der Schriftsteller des Altertums wenigstens anfänglich den Mathematikern der Gegenwart verursacht, welche die

Resultate doch zum Teil kennen und die Beweise in eine mathematische Sprache übersetzen können, mit der sie selbst vertraut sind. Nun hat Pappus gewifs während seiner Lehrzeit von Lehrern Anleitung empfangen, die vor ihm das Studium der alten Schriftsteller begonnen haben, so dafs sein Eindringen in diese nicht die Arbeit eines Einzelnen ist; aber da die Alten gewöhnlich nur die strengen synthetischen Beweise geben, höchstens zugleich Analysen in streng systematischen Formen, aber keinen freieren Wink für das Verständnis und keine Angaben darüber, wie man beim Unterrichte den geometrischen Ideen Eingang bei den Schülern verschaffen könne, so ist es immerhin aller Ehren wert, wenn Pappus und seine Zeitgenossen es erreichten, in die notwendigsten Glieder des Lehrgebäudes einzudringen und einige wenige weitergehende Untersuchungen zu verstehen. Dagegen hat man sicherlich vieles von dem, was sich aus der alten, schöpferischen Zeit vorfand, als zu schwierig liegen lassen müssen. Dies ist vielleicht der Hauptgrund, warum einige von Archimedes' bedeutendsten Arbeiten, wie seine Schrift über Konoide und Sphäroide, an keiner Stelle von Pappus erwähnt werden.

Wir besitzen auch direkte Zeugnisse dafür, dafs andere Schriftsteller als die in Pappus' Liste angeführten an der Lehre von den Kegelschnitten gearbeitet haben, und diese Zeugnisse sind alle auf eine so zufällige Weise hervorgetreten, dafs es wahrscheinlich noch viel mehr gegeben hat, als ausdrücklich erwähnt werden. Wenn wir also in Apollonius' Vorreden die Namen von Euklid, Konon und Nikoteles angeführt finden, so ist dies nur durch eine Kritik der von ihnen eingenommenen Standpunkte veranlafst, während er sonst die Arbeiten der Vorgänger ganz im allgemeinen erwähnt ohne eine einzelne namhaft zu machen. Hinsichtlich der ersten Bücher kann er dabei an die Werke von Euklid und Aristäus gedacht haben, welche Pappus anführt; aber auch in den Vorreden zu den späteren Büchern wird auf ungenannte Vorgänger hingewiesen. Die Angaben über Auflösungen körperlicher Aufgaben, die wir im Vorhergehenden aus Pappus und Eutokius entnommen haben, sind alle entweder bei der Zusammenstellung der verschiedenen Behandlungen der einfachsten hierher gehörenden Aufgaben, nämlich der Dreiteilung des Winkels und der Verdoppelung des Würfels, entstanden, oder sie haben sich im besonderen an Aufgaben von Archimedes angeschlossen. Nur aus diesem Grunde sind wir mit den angeführten Konstruktionen von Dionysodorus und Diokles bekannt geworden. Eutokius hat ferner, wie wir gesehen haben, ein merkwürdiges altes Bruchstück hervorgezogen, weil es Archimedes' Kugelteilung ergänzt; aber wie viele andere Schriften, die ganz andere, ebenso wertvolle Angaben über die Art, wie die Alten körperliche Aufgaben behandelten, enthielten, kann er nicht unbeachtet gelassen haben?

Es kann also sehr wohl eine Litteratur gegeben haben, die umfangreich genug war, um die weitergehenden Untersuchungen zu umfassen, welche ein so vollständiges Lehrgebäude, wie das in Apollonius vier ersten Büchern enthaltene, als Grundlage nötig hatten und dasselbe deshalb selbst nach und nach entwickelten, welche ferner solche Werkzeuge brauchten und deshalb selbst ausbildeten wie die sind, welche wir in Euklids Porismen und Apollonius' bestimmtem Schnitt fanden, und welche endlich Verwendung für solche körperlichen Örter, wie den Ort zu vier Geraden, hatten. Nach Apollonius' Zeit kann es eine Litteratur gegeben haben, die selbst ziemlich weitgehende Anwendungen der verbesserten Hülfsmittel, die man ihm zu verdanken hatte, enthielt.

Und doch glaube ich nicht, dafs die Litteratur jener Zeit einen auch nur annähernd so grofsen Teil der damals ausgeführten Forscherarbeit enthalten haben wird, wie die Litteratur unserer viel publicierenden Zeit von der Forscherarbeit der Gegenwart enthält. Man hat sich sicherlich damit begnügt, vieles von dem, was man damals fand, seinen Schülern und Freunden mündlich mitzuteilen oder den Aufgaben zu Grunde zu legen, die man ihnen stellte. Nur wer wie Archimedes aufserhalb Alexandrias lebte, war zu einer schriftlichen Mitteilung aller seiner Entdeckungen gezwungen. Er ist deshalb nicht nur rascher bei der Hand gewesen dieselben zum Gegenstand einer ausführlicheren Behandlung zu machen, sondern er hat auch vor dieser Behandlung solche vorläufigen Mitteilungen über seine Resultate schriftlich gegeben, welche ein alexandrinischer Mathematiker seinen Freunden mündlich gegeben haben würde.

Dafs man thatsächlich in der Regel nicht rasch dazu hat übergehen können seinen Untersuchungen schriftlichen Ausdruck zu verleihen, schliefse ich aus den Schwierigkeiten, welche die Redaktion damals verursachen mufste. Von diesen erhält man eine Vorstellung durch diejenigen, welche das Lesen der Beweise der Alten uns verursacht. Diese Schwierigkeiten beruhen nicht allein darauf, dafs es uns an Übung hierin fehlt; denn wie grofse Übung man sich auch erwerben mag, so wird man dennoch immer viel leichter z. B. die Ableitung von Proportionen aus einander übersehen, wenn man dieselben so schreibt wie wir, als wenn man sie in Worten ausdrückt und in Worten ihren, bei unserer Schreibweise in die Augen fallenden, gegenseitigen Zusammenhang ausdrückt. Noch weniger rühren sie davon her, dafs der Zusammenhang im Gedankengange der Alten in Wirklichkeit weniger einfach ist; denn wenn man erst deutlich das erfafst hat, was das wesentliche in ihren Beweisen ist, so sind diese gewöhnlich so einfach und natürlich, wie man nur wünschen kann und wie man sie in unseren Tagen nur machen kann.

Die Schwierigkeiten beim Lesen rühren von den weniger guten Mitteln her, die man damals für schriftliche Darstellung besafs, und von den steifen Formen, die man sich verpflichtet fühlte seinen Beweisen zu geben, und diese Umstände müssen dem Verfasser eine einigermafsen entsprechende Beschwerde verursacht haben, wenn er auch bei der synthetischen Darstellung vor dem Leser den wesentlichen Vorteil voraus hatte, dafs er im voraus wufste, worauf er hinaus wollte, was der Leser erst gegen das Ende der Beweise erfährt. Die formalen Forderungen an die Darstellung konnten sowohl, wie wir gesehen haben und im Folgenden an mehr Beispielen[1]) sehen

---

[1]) Das am stärksten ausgeprägte Beispiel hierfür ist Apollonius' Schrift über den Verhältnisschnitt, die wir im folgenden Abschnitt besprechen werden.

werden, eine grofse Weitläufigkeit hervorrufen, als auch sehr bedeutende faktische Schwierigkeiten bereiten. Das erstere ist nach unserer Annahme ein Hindernis gewesen für die direkte Behandlung eines Kegelschnittes, der durch fünf Punkte gehen soll, das letztere trat bei jedem Problem ein, dessen Diorismus nicht unmittelbar einleuchtete; denn der Diorismus mufste in der Regel eine schwierigere Aufgabe werden als die ursprüngliche war, und diese durfte man überhaupt nicht stellen und lösen ohne einen vollständigen Diorismus.

Hat nun auch die Überwindung dieser Schwierigkeit zu wichtigen Resultaten — wie in Apollonius' fünftem Buche — geführt, so kann doch in vielen anderen Fällen das Fehlen eines Diorismus, der zu kompliciert gewesen wäre um an sich selbst Interesse darbieten zu können, ein Hindernis für die schriftliche Darstellung einer an und für sich bedeutungsvollen Konstruktion gewesen sein.

Hätte man nun ebenso strenge formale Forderungen an die Form der mündlichen Darstellung gestellt, ja, hätte man — was übrigens undenkbar ist — seine eigene Gedankenarbeit auf dieselbe Weise in Fesseln gelegt, so würde nirgendwo Raum für die Vorbereitung gewesen sein, ohne welche das überlieferte reiche Material niemals zustande gebracht und die, mit Rücksicht auf den zu Grunde liegenden Gedankengang, einfache Behandlungsweise niemals erreicht worden wäre.

Allerdings nehme ich an, dafs die strengen logischen Formen, durch welche man sich dagegen sicherte falsch zu überlegen und in seiner Darstellung den Behauptungen eine andere Ausdehnung zu geben als beabsichtigt war, einen wichtigen Teil auch des mündlichen mathematischen Unterrichts ausgemacht haben. In der Zeit des Verfalls sind sie vielleicht sogar die Hauptsache gewesen, aber in den guten Zeiten der griechischen Mathematik, wo man die grofsen Fortschritte machte, hat diese formale Seite den Nutzen gewährt, zu dem sie bestimmt ist: den Gedanken die Klarheit zu verschaffen, die notwendig ist um rasch und sicher zu überlegen, ohne jeden Augenblick ausdrücklich an die Formen zu denken, welche vor Irrtümern bewahren.

Der Mangel eines vollständigen Diorismus, der ausdrücklich die Grenzfälle bestimmt, welche über Lösbarkeit und Unlösbarkeit oder über die verschiedene Anzahl von Lösungen entscheiden, kann kein Hindernis für die mündliche Mitteilung einer an und für sich interessanten Konstruktion gewesen sein. Die Mitteilung wird im Gegenteil eine Aufforderung an andere gewesen sein, auch das ihrige zur Auffindung der Grenzbedingungen beizutragen. Selbst wo es als unzulässig betrachtet wurde Aufgaben zu stellen, deren Lösung unmöglich werden konnte, hätte man recht wohl ohne die genauen Grenzen für die Lösbarkeit zu kennen der Aufgabe mündlich eine etwas engere und deshalb ausreichende Begrenzung geben können, vielleicht auch dadurch, dafs man sie an eine vorgelegte Figur anschlofs. Dafs man sich indessen hiermit nicht begnügte, wird durch Apollonius' viertes Buch bezeugt, das für körperliche Aufgaben ganz dasselbe Mittel zur Herstellung der Übersichtlichkeit giebt, mit dem man sich jetzt statt detaillierter Grenzbestimmungen zu begnügen pflegt, nämlich die Bestimmung des Maximums für die Anzahl der Lösungen.

Endlich will ich hier aufs neue daran erinnern, dafs die Schwierigkeiten für Verfasser und Leser, welche davon herrühren, dafs der erstere die Figur, an die sich der ganze Beweis knüpfte, beschreiben, und der letztere diese Beschreibung an der fertigen Figur verfolgen mufste, ganz fortfielen bei der mündlichen Mitteilung, bei der man die Figur vor den Augen der Zuhörer entstehen liefs und beständig auf die Punkte, Strecken und Flächen zeigen konnte, mit denen man zu operieren hatte.

Noch freier war der Forscher bei seinen eigenen persönlichen Untersuchungen; doch kommt das für uns an dieser Stelle weniger in Betracht, wo gezeigt werden sollte, dafs die Wahrheiten und Methoden, welche nicht blofs Einzelne, sondern, wie wir sagen müssen, die damalige Geometrie sich aneigneten, und welche die Nebenuntersuchungen ausmachten, ohne welche das eigentliche Lehrgebäude nicht zu so grofser Vollkommenheit hätte gelangen können, sich nicht auf das beschränkt haben können, was in Schriften, seien diese nun erhalten oder nicht, niedergelegt war.

Die mündliche Mitteilung kann zum Teil darin bestanden haben, dafs man die Resultate und Aufgaben Schülern oder Freunden vorlegte, die sie dann selbst beweisen oder lösen sollten. Man konnte dann zugleich durch diese Beispiele mittels leitender Winke seine Schüler in die Methoden einführen, von denen eine allgemeine Darstellung sich schwer hätte geben lassen, und die wir nun gewissermafsen hinter den überlieferten Resultaten und hinter den geordneten Beweisen suchen müssen. Andererseits ist gewifs vieles beim direkten mündlichen Unterricht mitgeteilt worden. So liegt die Annahme nahe, dafs Apollonius bei der Durchnahme von Aristäus' körperlichen Örtern Gelegenheit gehabt habe seinen Schülern zu zeigen: einmal die Vervollständigung der Bestimmung des Orts zu vier Geraden und die Behandlung der mit diesem verwandten Örter, ferner die an den Satz vom einbeschriebenen Viereck angeschlossenen Anwendungen der in der Schrift über den bestimmten Schnitt gegebenen Lehre von der Involution, sowie endlich die Anwendung körperlicher Örter auf die Lösung einzelner wichtiger Probleme.

Es wird also teils in verlorenen Schriften, in solchen, die wir dem Namen nach kennen, und in solchen, die ganz in Vergessenheit geraten sind, teils in zusammenhängenden mündlichen Mitteilungen Raum und Gelegenheit genug für die umfassenden Untersuchungen gewesen sein, deren Existenz wir sowohl aus bestimmten Winken wie aus der grofsen Vollkommenheit der überlieferten griechischen Lehre von den Kegelschnitten geschlossen haben. Ihrem Einflufs auf diese Lehre ist es zu danken, dafs diese Untersuchungen für uns nicht verloren gegangen sind. und man darf wohl annehmen, dafs unsere moderne mathematische Kultur, welche auf den Überlieferungen aus der antiken aufgebaut ist, abgesehen davon, dafs sie in manchen Richtungen so viel weiter fortgeschritten ist, nun allmählich auch das wiedererobert hat, was sie aus den verlorenen griechischen Arbeiten würde haben gewinnen können. Für das volle Verständnis des eigentümlichen Wesens der griechischen Geometrie, zu dem gegenwärtige Schrift einen Beitrag zu liefern bestimmt ist, würden sie dagegen von der höchsten Bedeutung sein. Man fühlt sich deshalb angeregt einigen Ersatz in Vermutungen zu suchen.

Indessen würden solche Vermutungen äufserst gefährlich sein, wenn sie hinsichtlich der wesentlichen Beschaffenheit der Gegenstände und der Mittel der Untersuchung über das Gebiet hinausgreifen wollten, welches durch die überlieferten oder von späteren Schriftstellern, die sie kannten, ausdrücklich erwähnten Schriften angegeben wird. Allerdings ist es nicht unwahrscheinlich, dafs man manchesmal auch über dies Gebiet hinausgegangen ist; aber teils würden hierauf bezügliche Vermutungen willkürlich und deshalb leicht irreführend sein, teils haben solche Untersuchungen, die gar keine Frucht gereift haben, durch die man sie entdecken könnte, kaum sonderliche Bedeutung gehabt. Anders verhält es sich, wenn die Vermutungen, mögen sie sich auch mit Rücksicht auf Einzelheiten höher erheben als die überlieferten Untersuchungen selbst, sich doch nur innerhalb des durch diese bezeichneten Gebietes bewegen. Gerade weil dieses von viel geringerer Ausdehnung war als das der heutigen Mathematik, darf man annehmen, dafs diejenigen, welche damals ihre Zeit der Mathematik widmeten und durch ihre Leistungen im Dienste der Civilisation dieses Gebiet erobert und gründlich befestigt haben, sich eine grofse Vertrautheit mit demselben erwerben mufsten. Es spricht deshalb eine nicht geringe Wahrscheinlichkeit dafür, dafs man, wenn man Vermutungen über Untersuchungen aufstellt, die ganz innerhalb dieses Gebietes liegen und sich durchweg unmittelbar auf Sätze stützen, die damals bekannt waren, auf Fragen treffen wird, die auch damals offene Fragen waren. Irreführend werden solche Vermutungen jedenfalls nicht werden, solange man sich an solche Aufgaben hält, von denen man, wenn sie auch möglicherweise niemals wirklich gestellt worden sind, dennoch gewissermafsen eine Lösung von einem griechischen Mathematiker, dem sie gestellt wurden, erwarten konnte, da sie auf Wegen gelöst werden, die ganz und gar den Alten zur Verfügung standen. Solche Vermutungen werden im Gegenteil eine deutlichere Vorstellung von der Brauchbarkeit dieser Wege geben, eine Vorstellung, deren Verbreitung allerdings ihre Bedeutung haben dürfte, wenn man bedenkt, dafs ein Mann von den gröfsten Verdiensten um die Litteraturgeschichte der griechischen Mathematik den vier ersten Büchern von Apollonius' Kegelschnitten den äufserst bescheidenen und zu ihrem Inhalt so wenig stimmenden Zweck hat beilegen können, von der damaligen höheren Mathematik gerade das zu bringen, was nötig war um bis zur Lösung der delischen Aufgabe, diese mit einbegriffen, zu gelangen [1]).

Da ich aufserdem dafür Sorge tragen mufs, dafs weder zu viel noch zu wenig hineingelegt wird in meine Behauptungen über die weitergehenden Untersuchungen, welche innerhalb des bezeichneten Gebietes ausgeführt sein sollen, so liegt mir daran, wo ich es vermag, Beispiele für die Beschaffenheit zu geben, welche diese meiner Meinung nach gehabt haben **können**. Das habe ich am Schlusse des vorhergehenden Abschnittes gethan, und am Schlusse des folgenden werde ich umfassendere Angaben machen. Für den Augenblick werde ich mich bemühen etwas ähnliches zu erreichen, indem ich den Versuch mache anzugeben, was der Inhalt von Eratosthenes' verlorener Schrift über Mittelgröfsen gewesen sein kann.

Die Angaben, welche hierüber vorliegen, sind so wenig zahlreich und zugleich nach der Meinung der Textkritiker so wenig zuverlässig, dafs ich, wenn ich mich auch so genau wie möglich an dieselben anschliefse, vielleicht dennoch keine sonderliche Aussicht habe das richtige zu treffen; aber jedenfalls glaube ich, dafs die Bestimmungen geometrischer Örter, die ich vornehme, und die Aufgabe, die ich löse (die als körperliche Aufgabe vorgelegt wird, aber sich schliefslich als eben ergiebt), ganz und gar unter das gehört, was die Alten bewältigen konnten und auf ähnliche Weise behandelt haben würden.

Zuerst will ich eine Annahme von P. Tannery [2]) berühren, die darin besteht, dafs Eratosthenes' Örter für Mittel-

---

1) Cantor, Vorlesungen, S. 294.

2) Mémoires de l'Académie de Bordeaux, 2me série, T. III.

größsen die Kurven sein sollten, die in einem trilinearen Koordinatensystem durch Relationen zwischen zwei beliebigen Größsen und einer von deren Mittelgrößsen dargestellt werden, also durch die Gleichungen:

$$2y = x + z, \quad y^2 = xz, \quad y(x+z) = 2xz,$$

wo $y$ die arithmetische, geometrische und harmonische Mittelgröfse zwischen $x$ und $z$ ist, und durch

$$x(x-y) = z(y-z), \quad x(x-y) = y(y-z),$$

wo $y$ die subkonträre Mittelgröfse zu der harmonischen oder geometrischen ist[1]).

Da sich sofort erkennen läfst, dafs diese Relationen mit Ausnahme der ersten, die eine gerade Linie darstellt Örter zu drei oder vier Geraden ergeben, so ist es zu Eratosthenes' Zeit nicht schwierig gewesen die Behandlung der in diesen Relationen dargestellten Kurven ebenso weit zu führen, wie man vor Apollonius die Bestimmung des Orts zu vier Geraden führen konnte. Der Umstand, dafs eigentlich nur das, was unter diese letzte allgemeine Aufgabe gehörte, überhaupt Schwierigkeiten bereiten konnte, ist vielmehr ein Grund dagegen, dafs Eratosthenes Veranlassung gehabt haben sollte diesen Kurven besondere Aufmerksamkeit zu schenken; jedenfalls erscheint mir die Wahl derselben etwas willkürlich.

Die Stellen bei Pappus[2]), an denen Eratosthenes' Örter für Mittelgröfsen erwähnt werden, gehören allerdings zu denen, über deren Echtheit Hultsch einige Zweifel hegt; aber jedenfalls sind dieselben doch wohl einem Manne zu verdanken, der etwas über Eratosthenes' Schrift gewufst hat, und das wenige, was man zu wissen bekommt, dürfte deshalb etwas Anspruch auf Zuverlässigkeit machen können; im entgegengesetzten Falle müfste man es auch als zweifelhaft betrachten, ob die angeführte Schrift überhaupt etwas über Örter enthalten hat, da darüber bei Pappus' erster und zuverlässiger Erwähnung dieser Schrift (S. 636) nichts angegeben ist.

---

[1]) Pappus, Ausg. v. Hultsch, S. 84.

[2]) Ausg. v. Hultsch, S. 662, 16 und 652, 8. Die im Folgenden im Text angegebenen Seiten beziehen sich auf diese Ausgabe.

S. 662, 17 wird nach einer Auseinandersetzung über die Einteilung der Örter in ebene, körperliche und lineare gesagt, dafs die erwähnten geometrischen Örter ihrer Art nach unter die vorher genannten (προειρημένα) gehören. Es läfst sich nicht erkennen, ob dabei an eine einzelne von diesen Arten gedacht wird; da aber keine solche genannt wird, so ist es am wahrscheinlichsten, dafs sie zu allen dreien gehört haben. Dafs einige der Örter Kegelschnitte gewesen sind, wird namentlich dadurch wahrscheinlich, dafs Eratosthenes' Schrift nach der bei Pappus mitgeteilten Reihenfolge (S. 636) zuletzt gelesen werden sollte, also nachdem man durch Apollonius' Kegelschnitte und Aristäus' körperliche Örter sowohl mit der Lehre von den Kegelschnitten im allgemeinen als auch mit dem Auftreten der Kegelschnitte als körperlicher Örter bekannt geworden war. Neben diesen kann es ebene Örter für Mittelgröfsen und vielleicht lineare Örter gegeben haben; doch werden diese letzteren kaum sonderlich untersucht worden sein, da keine von den übrigen Schriften, welche Pappus der antiken analytischen Geometrie zurechnet, über Formen des zweiten Grades hinausgegangen zu sein scheint.

Der Grund dafür, dafs die Örter für Mittelgröfsen doch hier sowohl wie S. 652 für sich genannt werden, scheint in der folgenden Zeile 662, 18 angegeben zu werden und der gewesen zu sein, dafs die Voraussetzungen für diese Örter von einer besonderen Beschaffenheit gewesen sind[1]. Diese kann darin bestanden haben, dafs diese Örter nicht, wie der Ort zu vier Geraden, an eine geradlinige Figur angeschlosen wurden, sondern an einen im voraus gegebenen Kegelschnitt[2].

---

[1]) Eine Lücke in dieser Zeile liefse sich vielleicht in der Weise ergänzen, dafs nur angeführt würde, die Örter könnten nach den verschiedenen Voraussetzungen eben, körperlich oder linear werden. Doch ist die Ergänzung von Hultsch, der wir uns angeschlossen haben, insofern wahrscheinlicher, als allerdings ein Grund für die besondere Aufstellung dieser Örter vorhanden gewesen sein mufs.

[2]) Der Unterschied von anderen ebenen, körperlichen und linearen Örtern kann möglicherweise auch darin bestanden haben, dafs Eratosthenes' Örter ebene Kurven in verschiedenen Ebenen des

Eine zu dieser Auffassung der angeführten Stelle stimmende Erklärung davon, was für Kurven die Örter für Mittelgröfsen waren, erhält man, wenn man beachtet, dafs die Alten, wie wir aus Apollonius' drittem Buche wissen, einen an einen gegebenen Kegelschnitt angeschlossenen geometrischen Ort, auf den der Name besonders gut passen würde, kannten, nämlich die Polare eines Punktes mit Bezug auf den Kegelschnitt. Nennen wir den Punkt $C$ (Fig. 57), so wird eine durch ihn gezogene Linie, welche den Kegelschnitt in $X$ und $X'$ schneidet, eine gewisse Gerade, nämlich die Polare von $C$, in einem solchen Punkte $H$ schneiden, dafs $CH$ die mittlere harmonische Proportionale zwischen $CX$ und $CX'$ wird. Es lag also nahe, die Polare den Ort für die harmonische Mittelgröfse zu nennen, und dann zugleich die Örter für die Endpunkte $A$ und $G$ der arithmetischen und geometrischen Mittelgröfse zu suchen und denselben die entsprechenden Namen zu geben.

Ist die Kurve eine Ellipse, so sieht man leicht, wenn man sie als Parallelprojektion eines Kreises betrachtet, dafs diese beiden Kurven Ellipsen werden, welche der gegebenen ähnlich sind. Diese Methode war, wie man vielleicht aus Archimedes' Schrift über Konoide und Sphäroide [4 und 5] schliefsen darf, den Alten nicht ganz unbekannt; wahrscheinlich hat aber Eratosthenes die Untersuchung planimetrisch durchgeführt, um zugleich die Parabel und Hyperbel berücksichtigen zu können; und bei der Hyperbel darf man, da Eratosthenes vor Apollonius lebte, nur an einen solchen Hyperbelast denken, der

---

Raumes gewesen sind, so dafs die Voraussetzungen hier räumlicher Natur waren. Dadurch würde man auch eine Erklärung für die Bemerkung haben, dafs Eratosthenes' Schrift erst nach Euklids Oberflächenörtern gelesen werden solle. Wenn man dann zugleich das festhielte, was ich als die Hauptsache bei meiner Vermutung betrachte, nämlich den Zusammenhang zwischen dem Namen der Schrift und der Theorie der Polaren, so könnte die Berührungskurve zwischen einer Kugelfläche oder einer Fläche zweiter Ordnung und einer umbeschriebenen Kegelfläche ein Ort für eine Mittelgröfse sein. Diese Vermutung ist indessen aus verschiedenen Gründen weniger wahrscheinlich als diejenige, welche hier vorgetragen werden soll.

von Linien, die durch $C$ gezogen werden, in zwei Punkten geschnitten wird.

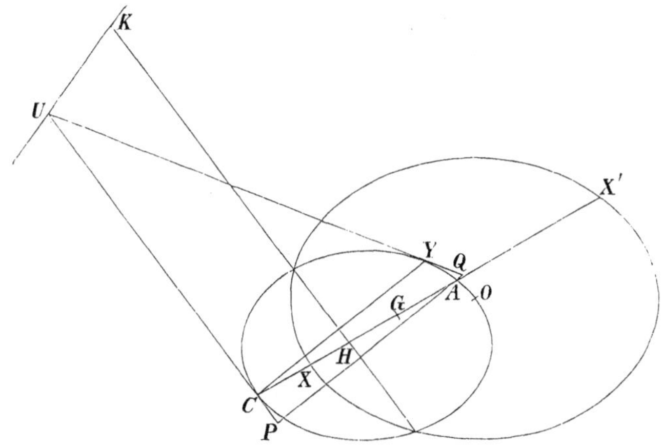


Fig. 57.

Dafs der geometrische Ort für den „arithmetischen Mittelpunkt“ $A$ ein Kegelschnitt wird, der dem gegebenen perspektivisch ähnlich ist und diametral entgegengesetzte Punkte in $C$ und dem Mittelpunkt $O$ des gegebenen Kegelschnittes hat, wenn die Kurve eine Ellipse oder Hyperbel ist, mufste sich leicht aus dem Umstande ergeben, dafs $CA$ und $OA$ konjugierten Durchmessern oder Supplementarsehnen des gegebenen Kegelschnittes parallel werden. Vielleicht kann der Beweis eine Form, die der analytisch-geometrischen näher steht, angenommen haben, indem man direkt Ausdrücke für das Quadrat der dem Durchmesser $CO$ ensprechenden Ordinate von $A$ suchte. Auf solchem Wege kann man dann auch den Fall behandelt haben, wo die gegebene Kurve eine Parabel ist.

Der Ort für den „geometrischen Mittelpunkt“ $G$ kann dann durch Benutzung des für $A$ gefundenen Ortes ermittelt sein, da die mittlere Proportionale $CG$ zwischen $CX$ und $CX'$ zugleich die mittlere Proportionale zwischen $CA$ und $CH$ ist. Wir wollen nun in einem Koordinatensystem, in dem $CO$ Abscissenaxe und die an den Ort für $A$ in $C$ gezogene Tangente

Ordinatenaxe ist, die Ordinaten von $A$ mit $x_1$ und $y_1$, und die von $G$ mit $x$ und $y$ bezeichnen. Man hat dann zuerst die Gleichung des für $A$ gefundenen Orts

$$y_1^2 = x_1 (p + a x_1),$$

ferner

$$\frac{x}{x_1} = \frac{y}{y_1}$$

und

$$x^2 = k x_1,$$

worin $k$ die Abscisse der Polare von $C$ bedeutet. Aus den beiden ersten von diesen Gleichungen leitet man zunächst ab:

$$\frac{x}{y} = \frac{x_1}{y_1} = \frac{y_1}{p + a x_1} = \frac{k y_1}{pk + a k x_1};$$

die beiden letzten ergeben aber:

$$\frac{k}{x} = \frac{x}{x_1} = \frac{y}{y_1},$$

mithin

$$k y_1 = x y.$$

Durch Einsetzen erhält man

$$\frac{x}{y} = \frac{x y}{pk + a x^2}$$

oder

$$y^2 = pk + a x^2.$$

Diese Gleichung stellt einen neuen Kegelschnitt dar, der den beiden ersten perspektivisch ähnlich ist und seinen Mittelpunkt in $C$ hat (zwei parallele Geraden, wenn die gegebene Kurve eine Parabel ist).

Da $a$ nur ein konstantes Verhältnis ist, so kommt in dieser Ableitung, wie wir sie hier geschrieben haben, nirgends ein Ausdruck von höherem als dem zweiten Grade vor. Ganz derselbe Beweis hat sich also in der geometrisch-algebraischen Form der Griechen führen lassen. Dafs wir in einem Beweise, den Eratosthenes geführt haben soll, die Form der Gleichung benutzen, die man Apollonius verdankt, ist unwesentlich, da wir durch Archimedes wissen, dafs diese Gleichung der Hauptsache nach vorher bekannt war, und wir nicht beabsichtigt haben im einzelnen Eratosthenes' Darstellungsform zu treffen.

Wir nehmen also an, dafs die hier gefundenen beiden Kegelschnitte entweder allein oder in Verbindung mit der Polare von $C$ und den höheren Kurven, welche die Örter für die Endpunkte der subkonträren Mittelgröfsen werden, Eratosthenes' Örter für Mittelgröfsen gewesen sind. Indessen liegt, wie bereits erwähnt, kein Grund vor zu glauben, dafs Eratosthenes genauer auf das Studium der letzten linearen Örter eingegangen sei.

Seine beiden Bücher über Mittelgröfsen werden noch an einer anderen Stelle bei Pappus[1]) erwähnt, nämlich in dem Bericht über Apollonius' Schrift über Einschiebungen. Die Bedeutung hiervon wird aber dadurch geschwächt, dafs diese Stelle von den Textkritikern, so namentlich auch von Hultsch, für unecht gehalten wird. Heiberg nimmt an[2]), dafs die betreffenden Zeilen von einer erklärenden Randbemerkung herrühren, die zuerst von einem Herausgeber hinter dem Bericht über die Schrift von den Einschiebungen angebracht wurde, später aber von einem Abschreiber aus Versehen über die beiden letzten Zeilen dieses Berichtes hinauf- und in den Text bineingeschoben worden ist. Das kann auch wohl zu dem Hauptinhalt dieser Zeilen stimmen, der eine Erklärung der vorher gegebenen Reihenfolge der Bücher, welche zu der antiken analytischen Geometrie gehören, giebt und aussagt, dafs die bereits erwähnten Schriften die ebenen Aufgaben, die sich mittels Zirkel und Lineal lösen lassen, behandelt haben, und

[1]) Ausgabe von Hultsch, S. 672. Wegen der Anwendung, die wir davon machen werden, soll diese Stelle hier in Übersetzung mitgeteilt werden: Diese ebenen (Aufgaben) also finden sich im *τόπος ἀναλυόμενος*, welche auch zuerst bewiesen (gelöst) sind, mit Ausnahme von Eratosthenes' Mittelgröfsen, die zuletzt kommen. Aber nach den ebenen verlangt die Ordnung die Lehre von den körperlichen. Körperliche Aufgaben nennt man aber nicht solche, welche an körperlichen Figuren vorgelegt werden, sondern solche, welche, da sie nicht durch ebene (Örter?) gelöst werden können, durch die drei konischen Linien gelöst werden, so dafs es notwendig ist zuerst über diese zu schreiben. Über die Elemente der Kegelschnitte waren aber zuerst die fünf Bücher Aristäus' des älteren herausgegeben, in gedrängter Darstellung zum Gebrauch für diejenigen, welche bereits imstande waren solche (Probleme? oder Elemente?) aufzufassen.

[2]) Litterargeschichtliche Studien über Euklid, S. 85.

dafs man nach diesen die körperlichen Aufgaben, deren Lösung die Anwendung der Kegelschnitte verlangt, behandeln soll, dafs man aber doch, ehe man zu diesen übergehe, die Lehre von den Kegelschnitten selbst kennen lernen müsse.

Selbst wenn diese Zeilen nun wirklich eingeschoben sein sollten, so können wir doch die darin enthaltene Bemerkung, wonach die Behandlung von Eratosthenes' Mittelgröfsen, obgleich sie bis zuletzt aufgeschoben ist, unter die ebenen Aufgaben gehören sollte, nicht ganz unbeachtet lassen. Da etwas derartiges sich nämlich aus dem, was sich sonst bei Pappus findet, nicht schliefsen läfst, so mufs die betreffende Bemerkung zum mindesten von einem Manne herrühren, der auf anderem Wege etwas über Eratosthenes' Schrift wufste.

Indessen ist die hier gemachte Voraussetzung kaum die einzig mögliche Erklärung des Umstandes, dafs Angaben über den Unterschied zwischen den bis dahin betrachteten ebenen Aufgaben und körperlichen Aufgaben, für welche die folgenden Schriften im *τόπος ἀναλυόμενος* als Grundlage dienen sollen, in die besondere Besprechung von Apollonius' Schrift über ebene Einschiebungen hineingeraten ist. Zur Aufstellung einer anderen Erklärung wird man geführt, wenn man beachtet, dafs die erwähnten Zeilen allerdings, einerlei ob sie von Pappus oder von einem seiner Herausgeber herrühren, später, wenigstens an einer Stelle, etwas modificiert sein müssen. Wenn dort nämlich auf „Aristäus' Elemente der Kegelchnitte" hingewiesen wird, so mufs das auf einer Verwechslung mit desselben Verfassers körperlichen Örtern beruhen. Nun glaube ich nicht, dafs diese Verwechslung von dem ursprünglichen Verfasser herrührt, der in der That Veranlassung hatte eine Schrift über körperliche Örter zu citieren; denn gerade eine solche ist für die Vorbereitung auf das Lösen körperlicher Aufgaben erforderlich. Da die vorhergehenden Worte indessen unmittelbar nur sagen, dafs zuerst über Kegelschnitte geschrieben werden mufs, so kann ein späterer Herausgeber dadurch leicht veranlafst worden sein zu übersehen, dafs das citierte Werk eigentlich nicht die Elemente der Kegelschnitte behandelt.

Ist nun diese Stelle bei Pappus der Gegenstand einer späteren erläuternden Bearbeitung gewesen, so ist es möglich, dafs diese Bearbeitung, weil der Herausgeber Pappus' Text nicht verstand, derselben die an und für sich recht verständliche Gestalt gegeben hat, in der sie so schlecht an ihren Platz in dem Bericht über Apollonius' Einschiebungen pafst, während sie in ihrer ursprünglichen Gestalt sehr wohl hierher gepafst haben kann.

Ist das aber der Fall, oder kann man überhaupt diese Zeilen an dem Platze lassen, für den der überlieferte Text denselben wenigstens das Recht des faktischen Besitzes giebt, so erfahren wir schon dadurch etwas mehr, nämlich dafs die ebene Aufgabe, welche in Eratosthenes' Schrift über Mittelgröfsen behandelt war, eine Einschiebung gewesen ist.

Viel mehr zu erfahren ist, wenn die hier aufgestellte Ansicht das richtige trifft, deshalb schwierig, weil der ursprüngliche Gedanke durch die Änderungen dann so verwischt ist, dafs der Text nur noch die allerbekanntesten Dinge enthält. Ursprünglich dürfte er die Angabe enthalten haben, dafs die in Eratosthenes' Schrift gegebene ebene Einschiebung, nach der angenommenen Ordnung des analytisch-geometrischen Lehrgebäudes, erst nach den Schriften über körperliche Örter behandelt wird; vielleicht ist dies zugleich begründet worden. Die Reste einer solchen Begründung würden dann in der negativen Bemerkung zu suchen sein, die Pappus sonst nicht zu seiner Erklärung körperlicher Örter hinzufügt, dafs diese „nicht solche sind, welche an körperlichen Figuren vorgelegt werden“. Da man unter Aufgaben, welche körperliche Figuren betreffen, gewifs auch solche rechnen würde, welche die „Oberflächen körperlicher Figuren“ (eine Bezeichnung für die Kegelschnitte, die sich an mehreren Stellen bei Pappus findet) betreffen, so wird hierdurch unter anderem gesagt, dafs eine Aufgabe nicht deshalb körperlich ist, weil sie vorgelegte Kegelschnitte betrifft.

In voller Übereinstimmung hiermit würde man die Behandlung einer ebenen Einschiebung, welche sich auf Kegelschnitte bezieht, in Eratosthenes' Schrift über

Mittelgröfsen verweisen können. Verwirft man die eben aufgestellte Erklärung der Stelle bei Pappus teilweise oder ganz, so gerät man dadurch doch nicht in Streit mit dieser Annahme, sondern raubt ihr nur einige von ihren Stützen. Wenn man der Stelle nur nicht jede Bedeutung absprechen will, so bleibt die Angabe bestehen, dafs in Eratosthenes' Schrift eine ebene Aufgabe gelöst worden ist. Diese kann dann um so mehr eine Einschiebung gewesen sein, als die Griechen sich viel mit diesen beschäftigten; und dafs sie sich auf Kegelschnitte bezogen hat, wird annehmbar durch das, was wir sonst über eben diese Schrift gesagt haben, und womit die Aufgabe in Zusammenklang gebracht werden sollte. In der Art, wie dies letztere geschieht, mufs unsere Hypothese die ihr noch fehlende Stütze suchen.

Die Aufgabe, deren Behandlung ich nach allem gesagten in Eratosthenes' Schrift hineinlegen möchte, ist folgende: Durch einen Punkt eine gerade Linie zu ziehen, auf der ein gegebener Kegelschnitt eine Sehne von gegebener Länge abschneidet. Für die Griechen, die sich — nachdem sie wahrscheinlich früher Einschiebungen mechanisch ausgeführt hatten — so viel damit beschäftigten dieselben auf andere Konstruktionsmittel zurückzuführen, und die zugleich die Kegelschnitte so eingehend untersuchten, mufs diese Aufgabe sehr nahe gelegen haben. Die Lösung wird auf eine Konstruktion zurückgeführt, bei der, aufser dem gegebenen Kegelschnitt, nur Zirkel und Lineal Verwendung finden, und eine solche Konstruktion würde, wie wir früher (S. 286) nachgewiesen haben, die Aufgabe für Pappus als eben[1]) charakterisieren. In welche Verbindung dieselbe dessenungeachtet mit den körperlichen Kurven gerät, die wir oben als Örter für Mittelgröfsen auf-

---

[1]) Ich lasse es dahingestellt, ob man vielleicht einen Ausspruch in dieser Richtung in den oben erwähnten Worten erblicken darf, dafs „die körperlichen Probleme nicht solche sind, welche an körperlichen Figuren vorgelegt werden“ (ὅσα ἐν στερεοῖς σχήμασι προτείνεται). Wenn eine Aufgabe an solchen Figuren vorgelegt wird, so müssen nämlich diese Figuren selbst auch vorgelegt werden; es wird also ausgesagt, dafs die Benutzung dieser die Aufgabe noch nicht körperlich macht.

gestellt haben, wird aus der folgenden Auseinandersetzung hervorgehen.

Wir wollen annehmen, dafs $XX'$ in Fig. 57 eine gegebene Länge $2l$ haben soll. Die Hälfte derselben, $AX = l$, ist mittlere Proportionale zwischen $AH$ und $AC$. Durch Benutzung der geometrischen Örter für $A$ und $H$ ist die Aufgabe also vorläufig darauf reduciert, durch einen Punkt $C$ eines Kegelschnittes eine gerade Linie $CHA$ zu ziehen, welche den Kegelschnitt zum zweiten Male in $A$, und eine Parallele zu der Tangente in $C$ in einem solchen Punkte $H$ schneidet, dafs die mitt-

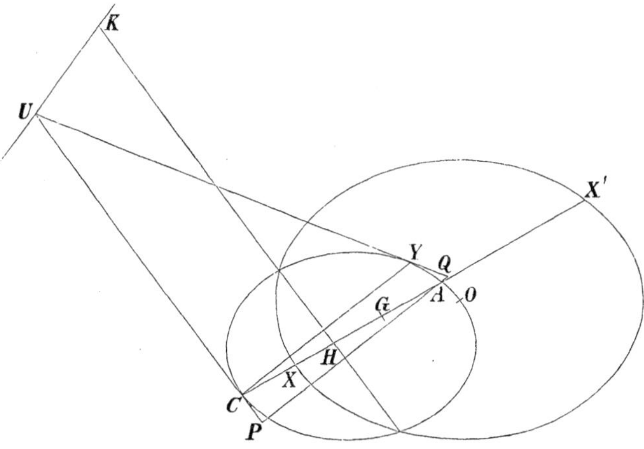


Fig. 57.

lere Proportionale zwisen $AC$ und $AH$ die gegebene Länge $l$ erhält.

Nennen wir die Koordinaten des Punktes $A$, bezogen auf ein rechtwinkliges Koordinatensystem mit $C$ als Anfangspunkt und der Tangente in $C$ als Ordinatenaxe, $x$ und $y$, bezeichnen wir ferner die bekannte Abscisse des Punktes $H$ mit $c$, und setzen wir $CA = r$, so ergiebt sich

$$\frac{AC^2}{AC \cdot AH} = \frac{r^2}{l^2} = \frac{x}{x - c}. \tag{1}$$

Wird nun der Kegelschnitt $(A)$ als Ort zu drei Geraden auf

die Abscissenaxe $CY$ und auf die Tangenten $CU$ und $YU$, die an die Schnittpunkte der Abscissenaxe und des Kegelschnittes gelegt sind, bezogen, so wird derselbe durch

$$y^2 = \lambda x x' \tag{2}$$

bestimmt, worin $x'$ den Abstand $AQ$ des Punktes $A$ von der Tangente $UY$, parallel der Abscissenaxe gerechnet, bedeutet, während $\lambda$ ein auf gewöhnliche Weise gegebenes Verhältnis ist. Wird nun in (1)

$$r^2 = x^2 + y^2 = x(x + \lambda x')$$

eingeführt, so ergiebt sich, daſs die Hyperbel

$$(x - c)(x + \lambda x') = l^2 \tag{3}$$

durch den gesuchten Punkt $A$ gehen muſs. Von dieser Hyperbel ist die eine Asymptote, $x - c = 0$, gegeben (die Linie $KH$ in der Figur); die andere, $x + \lambda x' = 0$, welche durch den Pol $U$ von $CY$ geht, läſst sich leicht konstruieren (die Linie $KU$), und die Fläche $l^2$ des konstanten Rechtecks ist gegeben.

Die Hyperbel ist also bestimmt. Bei der Ausführung dieser Bestimmung hat es den griechischen Mathematikern, die so sorgfältig in ihren Untersuchungen waren, kaum entgehen können, daſs die beiden Asymptoten gleiche Winkel mit jeder der Axen des gegebenen Kegelschnittes (2) bilden. Das hat man beweisen können durch Betrachtung der Schnittpunkte zwischen dem Kegelschnitt und einer Parallelen zu der Geraden $x + \lambda x' = 0$, die offenbar selbst den Kegelschnitt nicht schneidet. Aus der Gleichung (2) dieses Kegelschnittes und aus der Gleichung der Parallelen

$$x + \lambda x' = k$$

hat man ableiten können, daſs der Kreis

$$y^2 = kx - x^2,$$

welcher die Ordinate in $C$ berührt, durch die beiden Schnittpunkte geht. Hieraus folgt wieder, daſs der Schnittpunkt der Ordinatenaxe mit der erwähnten Parallelen dieselbe Potenz in diesen beiden Richtungen mit Beziehung auf den Kegelschnitt erhält. Nach dem Potenzsatze muſs dann dasselbe für jeden

Punkt der Ebene stattfinden, und die beiden Richtungen müssen dann gleiche Winkel mit den Axen bilden.

Zu einer anderen Konstruktion der Schnittpunkte zwischen dem Kegelschnitt (2) und der Hyperbel (3) gelangt man durch Addition ihrer Gleichungen. Man erhält dann

$$r^2 = l^2 + c(x + \lambda x'); \qquad (4)$$

diese Gleichung stimmt überein mit der analytisch-geometrischen Bestimmung eines Kreises, welche die Alten, wie wir aus Apollonius' ebenen Örtern gesehen haben, kannten. (Vergl. S. 209).

Durch seine Schnittpunkte mit dem Ort (2) für die arithmetischen Mittelgröfsen bestimmt dieser Kreis die Mitten $A$ der gesuchten Sehnen, die sich dann durch diese Punkte und $C$ ziehen lassen. Indessen wird bei dieser Konstruktion noch der Kegelschnitt (2) benutzt, der nicht vorgelegt ist, sondern erst konstruiert werden mufs. Derselbe ist aber dem ursprünglich gegebenen perspektivisch ähnlich, sogar auf zwei Arten. Benutzt man eine von diesen, so erhält man die Punkte des ursprünglichen, vollständig gegebenen Kegelschnittes, welche den gesuchten Punkten $A$ entsprechen, als die Durchschnittspunkte zwischen diesem und einem neuen Kreise, und nun wiederum lassen sich die entsprechenden Punkte $A$ leicht mittels Zirkel und Lineal konstruieren.

Damit indessen die hier beschriebene Konstruktion nicht nur ausgeführt werden, sondern auch Aufnahme in eine durchgeführte antike Schrift finden konnte, war es notwendig, dafs man zugleich den zugehörigen Diorismus aufgestellt hatte. Da der Mittelpunkt des Kreises (4) unabhängig von der gegebenen Länge $l$, die nur Einflufs auf den Radius hat, bestimmt wird, so kann man, nachdem man den Mittelpunkt gefunden hat, mit Hülfe von Apollonius' fünftem Buche die Grenzwerte für den Radius bestimmen, wenn der Kreis (4) den Ort (2) für die arithmetische Mittelgröfse schneiden soll, und dadurch die Grenzwerte für $l$. Indessen stand dies Hülfsmittel dem Eratosthenes, der älter war als Apollonius, nicht zur Verfügung.

Der Diorismus, der in der synthetischen Darstellung vor der Konstruktion angegeben werden mufste, braucht übrigens nicht an den Kreis angeschlossen worden zu sein, durch den nach unserer Annahme die Konstruktion durchgeführt wurde, sondern kann sich eben so gut auf die Anwendung der Hyperbel (3) gestützt haben, deren Schnittpunkte mit dem Kegelschnitt (2) sich als das nächstliegende Konstruktionsmittel darboten. Da die Asymptoten $KH$ und $KU$ der Hyperbel unabhängig von der Strecke $l$ sind, deren Grenzen bestimmt werden sollen, so hat der Diorismus in einer Bestimmung von Hyperbeln mit diesen Asymptoten, welche den Kegelschnitt (2) berühren, bestanden, und diese Bestimmung, welche unter die am Schlusse des vorhergehenden Abschnittes berührten gehört, ist dadurch etwas vereinfacht worden, dafs die Asymptoten, wie bereits angeführt, gleiche Winkel mit jeder der Axen des Kegelschnittes bilden. Es ist deshalb natürlich, diese Axen als Koordinatenaxen zu betrachten.

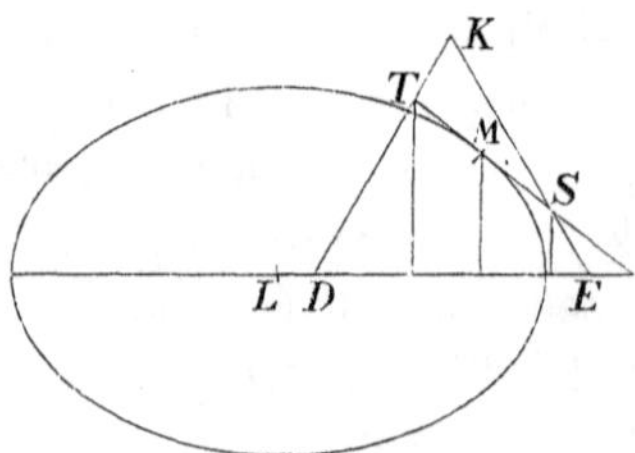


Fig. 58.

Wir können annehmen (Fig. 58), dafs die beiden Asymptoten $KD$ und $KE$, auf dieses Koordinatensystem bezogen, die Gleichungen

$$x = ay + d \quad \text{und} \quad x = -ay + e$$

erhalten. Der Berührungspunkt $M$ mit der Hyperbel mufs die Mitte des Stückes $ST$ der Tangente sein, welches zwischen den Asymptoten abgeschnitten wird. Bezeichnen wir die Koordinaten von $M$ mit $x$ und $y$, und die Abscisse des Schnittpunktes zwischen der Tangente und der Abscissenaxe mit $x'$, so haben wir ferner in der Besprechung von Apollonius' erstem Buche (S. 84) gesehen, dafs

$$y^2 = \pm \frac{p}{a} x (x' - x).$$

Wir erhalten also, wenn wir die Koordinaten von $S$ und $T$ mit $x_1$, $y_1$ und $x_2$, $y_2$ bezeichnen, folgende Reihe von Proportionen:

$$\pm \frac{px}{ay} = \frac{y}{x' - x} = \frac{y_1}{x' - e + a y_1} = \frac{y_2}{x' - d - a y_2}$$

$$= \frac{y_1 + y_2}{2x' - e - d - a(y_2 - y_1)} = \frac{y_2 - y_1}{e - d - a(y_1 + y_2)}.$$

Da nun $y_1 + y_2 = 2y$, so ergiebt sich aus der Gleichheit des zweiten und vorletzten Verhältnisses, dafs

$$y_2 - y_1 = \frac{1}{a}(2x - e - d);$$

setzt man diesen Wert von $y_2 - y_1$ in das letzte Verhältnis ein, so folgt aus der Gleichheit des ersten und letzten Verhältnisses, dafs

$$\pm \frac{px}{ay} = \frac{2x - e - d}{a(e - d - 2ay)} = \frac{x - \frac{e + d}{2}}{a^2\left(\frac{e - d}{2a} - y\right)}.$$

Diese Gleichung zeigt, dafs der Punkt $M$ oder $(x, y)$ auf einer gleichseitigen Hyperbel liegen mufs, deren Asymptoten sowohl den Axen des hier vorgelegten Kegelschnittes, den wir früher durch die Gleichung (2) darstellten, als denjenigen der Hyperbelreihe (3) parallel sind.

Da die hier entwickelten Operationen mit Proportionen sich in allen Stücken an der Figur verfolgen lassen, so haben sie auch den Alten keine Schwierigkeiten bereiten können. Da die Alten zugleich die Glieder überall so viel wie möglich zusammenzogen, so werden sie bemerkt haben, dafs in dem letzten Verhältnis — wie unsere Umformung zeigt — Zähler und Nenner, abgesehen von dem Faktor $a^2$, die Koordinaten von $M$, bezogen auf parallele Axen durch den Mittelpunkt $K$ der Hyperbelreihe, darstellen, dafs also die gefundene gleichseitige Hyperbel durch diesen Punkt geht. Dafs dieselbe durch den Mittelpunkt $L$ des Kegelschnittes (2) geht, ist unmittelbar ersichtlich.

In der geometrischen Form, welche die Alten den Beweisen für diese Resultate geben mufsten, wird es deutlich hervorgetreten sein, dafs $K$ und $L$ jeder auf einem besonderen Hyperbelaste liegen, wenn die Kurve (2) eine Ellipse ist, aber auf demselben Aste, wenn sie eine Hyperbel ist. Das kann um so weniger unbeachtet geblieben sein, als die beiden Hyperbeläste von den Alten als zwei verschiedene Kurven betrachtet wurden, die aber beide bei dem vorliegenden Diorismus von Bedeutung werden konnten.

Die so gefundene gleichseitige Hyperbel wird durch ihre Schnittpunkte mit dem Kegelschnitt (2) (dem Ort für die arithmetischen Mittelgröfsen) dessen Berührungspunkte mit Hyperbeln der Reihe (3) bestimmen. Diese Punkte werden die Mitten $A$ derjenigen Sehnen des ursprünglich gegebenen Kegelschnittes sein, welche die Maxima oder Minima unter denen sind, die sich durch den gegebenen Punkt $C$ ziehen lassen. Hier stellt es sich aber als notwendig heraus, die Beschaffenheit der Schnittpunkte zwischen dem Kegelschnitt (2) und der gefundenen gleichseitigen Hyperbel zu untersuchen und zu entscheiden, welche Schnittpunkte den Maximis, welche den Minimis von $2l$ entsprechen, sowie welche von diesen absolut, welche relativ sind.

Eratosthenes kann sich hier mit einer Beantwortung begnügt haben, die zwar nicht vollständig war, dafür aber auch keine unüberwindlichen Schwierigkeiten verursachte.

Die erste Einteilung der Aufgabe beruht darauf, ob der gegebene Punkt $C$ innerhalb oder aufserhalb des gegebenen Kegelschnittes liegt, und davon hängt es wieder ab, ob die Polare von $C$, $x = c$, welche die eine Asymptote der Hyperbeln (3) ist, aufserhalb des Orts (2) für die arithmetischen Mittelgröfsen liegt oder ob sie diesen Ort schneidet; er selbst schneidet keinenfalls die andere Asymptote $x + \lambda x' = 0$. Wir werden den besten Überblick erhalten, wenn wir sogleich (Fig. 59, in der die aus Fig. 57 und 58 herübergenommenen Buchstaben ihre Bedeutung behalten) den schwierigsten Fall betrachten, nämlich den, wo Punkt $C$ innerhalb des gegebenen Kegelschnittes liegt und dieser eine Ellipse ist, wo also der Kegelschnitt (2) gleichfalls eine Ellipse ist ($CA_1 OA_3 A_2 A_4$ in

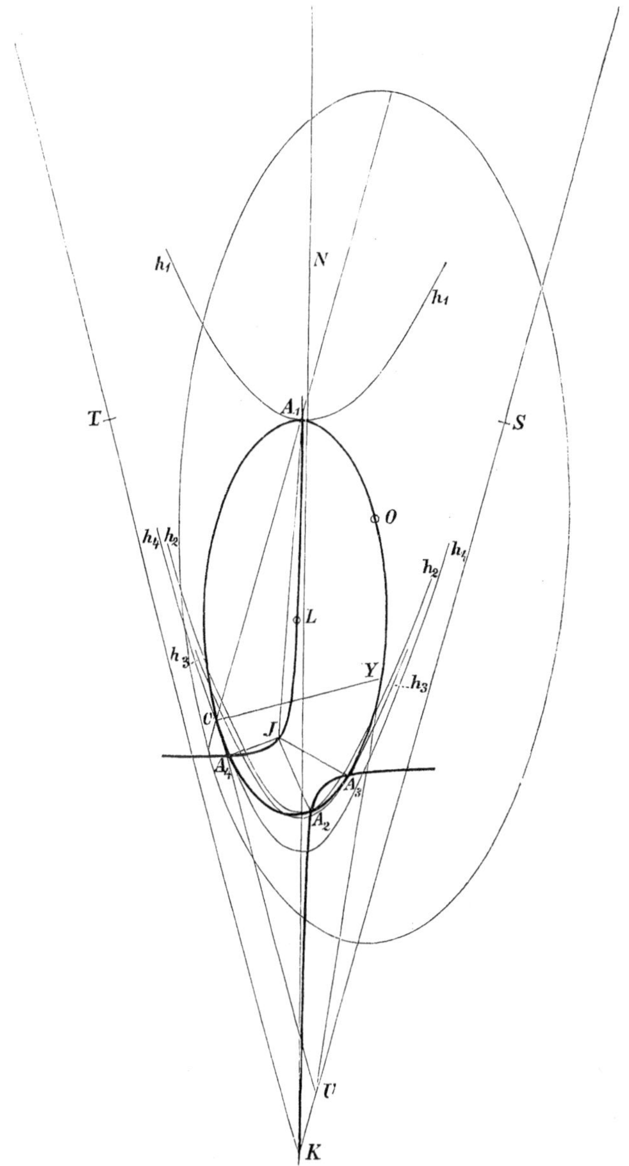


Fig. 59.

der Figur), die keine von den Asymptoten $KS$ und $KT$ der Hyperbeln (3) schneidet. Diese Hyperbeln wollen wir $h$, und die letztgenannte Ellipse ($A$) nennen.

Da die Axen der Hyperbeln $h$ den Asymptoten der gleichseitigen Hyperbel parallel sind, so ist klar, dafs keine von diesen die gleichseitige Hyberbel aufser in $K$ schneidet. Die Halbierungslinie $KN$ des Winkels $SKT$, in dem die Ellipse ($A$) und die Äste der Hyperbeln $h$, auf die es ausschliefslich ankommt, liegen, wird also die innerhalb dieses Winkels liegenden Teile der Äste der gleichseitigen Hyperbel trennen. Wenn nun derjenige von diesen, der durch $K$ geht, die Ellipse ($A$) schneidet, so werden die Hyperbeln ($h_2$ und $h_3$ in Fig. 59), welche die Ellipse in den Schnittpunkten $A_2$ und $A_3$ berühren, dieselbe notwendigerweise zugleich in zwei Punkten schneiden; denn die Punkte dieser Hyperbeln, die symmetrisch zu $A_2$ und $A_3$ mit Beziehung auf die Hauptaxe $KN$ der Hyperbeln liegen, fallen innerhalb der Ellipse ($A$), da deren Axe der $KN$ parallel ist und den zweiten Ast der gleichseitigen Hyperbel schneidet (nämlich im Mittelpunkt $L$ der Ellipse). Die Werte $2l_2$ und $2l_3$ der eingeschobenen Sehne $2l$, welche den Hyperbeln $h_2$ und $h_3$ entsprechen (vergl. Gleichung (3)), gehören also jede noch zwei anderen, durch $C$ gezogenen Sehnen an und können folglich nur ein relatives Maximum und ein relatives Minimum darstellen. Auf ähnliche Weise ergiebt sich, dafs die Schnittpunkte $A_1$ und $A_4$ mit dem Ast der gleichseitigen Hyperbel, der durch $L$ geht, ein absolutes Maximum und ein absolutes Minimum bestimmen.

Da es bestimmt ein absolutes Maximum und ein absolutes Minimum geben mufs, so schneidet der letztgenannte Zweig die Ellipse in zwei und nur in zwei Punkten, woraus wir schliefsen können, dafs der durch $K$ gehende Ast sie entweder in zwei Punkten schneidet, oder berührt, oder ganz aufserhalb ihr liegt. Dafs nur diese Fälle eintreten können, hat sich auch zu Eratosthenes' Zeit leicht nachweisen lassen; da aber das genaue Kennzeichen des Übergangsfalles durch eine Gleichung sechsten Grades ausgedrückt wird, so dürfen wir nicht annehmen, dafs Eratosthenes dasselbe hat bestimmen können.

Er kann sich dann entweder damit begnügt haben durch ausschliefsliche Anwendung des durch $L$ gehenden Hyperbelastes das zu bestimmen, was sicherlich für die Griechen das unentbehrlichste war, nämlich die Grenzen, innerhalb deren die Lösung der Aufgabe im ganzen möglich ist, oder er kann zugleich hieran eine fernere Einteilung in Fälle mit 2, 3, 4 Auflösungen einfach dadurch angeschlossen haben, dafs er die entsprechenden Lagen des durch $K$ gehenden Hyperbelastes mit Beziehung auf den Kegelschnitt angab.

Ist die gegebene Kurve eine Parabel oder ein Hyperbelast, so fällt das absolute Maximum fort, während das absolute Minimum auch dann noch durch den Ast der gleichseitigen Hyperbel bestimmt wird, der nicht durch $K$ geht. Liegt der Punkt $C$ aufserhalb des gegebenen Kegelschnittes, schneidet also die Linie $x = c$ den Kegelschnitt $(A)$, so fällt das absolute Minimum fort. Im übrigen läfst sich das, was über den ausführlicher behandelten Fall gesagt ist, direkt auf diese Fälle übertragen.

Dafür, dafs Eratosthenes, wie ich soeben bemerkte, die Bedingung für die Berührung zwischen dem Kegelschnitt $(A)$ und der gleichseitigen Hyperbel nicht aufgestellt haben kann, würde sich noch ein anderer Grund ergeben, nämlich der, dafs er dann, wenn auch auf einem anderen Wege, dem Hauptinhalt von Apollonius' fünftem Buche vorgegriffen haben würde. Wir haben nämlich gesehen, dafs die Mitten $A$ der durch einen Punkt $C$ gezogenen Sehnen von gegebener Länge statt durch eine Hyperbel $h$ auch durch einen Kreis (Gleichung (4)) gefunden werden können, bei dem die Lage des Mittelpunktes unabhängig von der Länge $2l$ ist. Die Punkte $A_1$, $A_2$, $A_3$, $A_4$ müssen also auch Berührungspunkte zwischen dem Kegelschnitt $(A)$ und Kreisen mit einem gemeinsamen Mittelpunkt $I$ sein, das heifst Fufspunkte der von $I$ aus gezogenen Normalen. Die durch diese Punkte gehende gleichseitige Hyperbel wird also dieselbe wie die, welche die Fufspunkte der von $I$ aus gezogenen Normalen bestimmt. Die Bedingung für die Berührung dieser Hyperbel mit dem Kegelschnitt $(A)$ ist also dieselbe wie die Bedingung dafür, dafs $I$ auf die Evolute des Kegelschnittes ($A$) fällt.

Indessen enthielt dieser selbe Umstand, nachdem Apollonius den Diorismus zur Bestimmung der Normalen durchgeführt hatte, eine Aufforderung diesen Diorismus zu benutzen, um den Übergangsfall zu finden zwischen solchen Lagen des festen Punktes $C$ in der hier behandelten Aufgabe, für welche ein relatives Maximum und ein relatives Minimum der Sehnenlängen existiert, und solchen, wo dies nicht der Fall ist. Sucht man namentlich die Punkte $C$ auf einem Durchmesser des gegebenen Kegelschnittes auf, welche diese Übergangslage einnehmen, so läfst dieses Problem sich leicht zurückführen auf die Bestimmung entsprechender Werte der Gröfse $c$, welche dem auf diesem Durchmesser gerechneten Abstand von $C$ bis zu seiner Polare mit Beziehung auf den gegebenen Kegelschnitt zukommen. Da nun der Kreis, der durch seine Schnittpunkte mit dem Kegelschnitt ($A$) die Mitte $A$ der gesuchten, durch $C$ gehenden Sehne bestimmen sollte, die Gleichung (4)

$$x^2 + y^2 = l^2 + c(x + \lambda x')$$

hat, wo $x + \lambda x' = 0$ die Gleichung einer geraden Linie $KS$ ist, so sieht man, dafs der Kreismittelpunkt $I$, wenn $c$ unbekannt ist, auf einer Geraden liegt, die senkrecht auf der eben genannten steht. Die Lagen des Punktes $I$, welche den gesuchten Grenzwerten von $c$ entsprechen, sind also die Schnittpunkte dieser Linie mit der Evolute.

Hat man nun, während die Evolute in Apollonius' eigener Arbeit nur indirekt vorkommt, dieselbe nach seiner Zeit als eine selbständige und zusammenhängende Kurve gezeichnet und ausgezogen, so kann man auf diesem Wege zu einer graphischen Bestimmung der Grenzen gelangt sein. Ohne Einführung der Evolute hat man dagegen auch auf diesem Wege nicht weiter gelangen können als bis zu der Gleichung vom 6ten Grade, die sich natürlicherweise auch hier nicht vermeiden liefs, und deren blofse Darstellung zu grofse Schwierigkeiten darbot, als dafs wir ohne positive Gründe den Griechen die Bildung derselben zuschreiben dürften.

Diese Schwierigkeiten konnen sich indessen erst dann darbieten, wenn man die hier beabsichtigte Bestimmung wirklich vorzunehmen versuchte. Dafs bereits Apollonius versucht hat das Normalenproblem in einer Form zu behandeln, in der die Durchführung seines Diorismus eine Aufstellung der Gleichung enthalten würde, welche die Schnittpunkte der Evolute mit einer beliebigen Geraden bestimmt, können wir aus seiner Vorrede zum fünften Buche[1]) ersehen, in der er sagt, dafs er beabsichtigt habe dieses Problem auf einen beliebigen Durchmesser zu beziehen. In der Grenzbestimmung nämlich würde die Evolute dadurch wahrscheinlich auf diesen und seinen konjugierten Durchmesser bezogen worden sein. Da Apollonius gerade die Anwendung auf Einteilung und Diorismus der Aufgaben vor Augen hatte, so ist es nicht undenkbar, dafs ein solches Bestreben gerade auf die hier behandelte Aufgabe Rücksicht genommen hat, einerlei ob diese etwas mit Eratosthenes' Mittelgröfsen zu thun hatte oder nicht.

Vielleicht wird man aus dem Umstande, dafs die Griechen den Teil des Diorismus, der die Möglichkeit relativer Maxima und Minima betraf, nicht in einer Form, wie sie sie sonst zu erreichen strebten, durchführen konnten, schliefsen, dafs das hier beschriebene Problem nicht zum Gegenstand einer veröffentlichten Schrift habe gemacht werden können, die Jahrhunderte hindurch bewahrt worden ist. Sollte ich aus diesem oder aus anderen Gründen in meiner allerdings etwas gewagten Hypothese über den Inhalt von Eratosthenes' Schrift Unrecht haben, so würden dennoch die angeführten Untersuchungen über die Behandlungsart, welche der erwähnten Aufgabe durch die Griechen zu Teil werden konnte, nicht verloren sein. Sie würden immer noch zur Erläuterung einer meiner Behauptungen dienen, indem sie ein Beispiel für eine Arbeit geben, welche die griechischen Mathematiker auszuführen imstande waren und wahrscheinlich auf Wegen, die von den von mir eingeschlagenen nicht sehr verschieden waren, ausgeführt haben, welche aber nicht aufbewahrt worden ist, weil der Diorismus

[1]) Vergl. Anhang 1.

sich nicht so vollständig, wie verlangt wurde, durchführen liefs.

Für diejenigen nämlich, welche sich so viel wie die griechischen Mathematiker mit Einschiebungen und Kegelschnitten beschäftigten, lag die behandelte Aufgabe — wie bereits bemerkt — zu nahe, als dafs sie sie hätten unbeachtet lassen können, und die benutzten Hülfsmittel gehören zu sehr zu denen, welche jene mit Sorgfalt entwickelt haben und welche wir sie an anderen Stellen mit Sicherheit gebrauchen sehen, als dafs sie nicht etwa so weit in der Behandlung der Aufgaben hätten gelangt sein sollen, als wir Eratosthenes haben gelangen lassen.

Für die erfolgreiche Beschäftigung mit dieser Aufgabe kann auch leicht der Umstand bestimmend gewesen sein, dafs dieselbe sich als eine Erweiterung der Aufgabe über die Einschiebung einer Strecke zwischen zwei gerade Linien auffassen läfst. Wenn nun auch die Griechen diese Auffassung, nach der zwei gerade Linien eine Grenzform für einen Kegelschnitt bilden, nicht geteilt haben, so giebt der faktische Zusammenhang dennoch Veranlassung zu einer entsprechenden Behandlung. Namentlich lassen sich die Konstruktionen und Diorismen, welche sich hier an einen Kegelschnitt angeschlossen haben, unmittelbar auf Einschiebungen zwischen zwei gerade Linien übertragen, allerdings mit einer einzigen Ausnahme. Die Behauptung, dafs die Einschiebung sich als eine ebene Aufgabe lösen läfst, wenn der Kegelschnitt gezeichnet vorgelegt wird, gilt nicht für den Fall, wo der Kegelschnitt aus zwei Geraden zusammengesetzt ist. Will man nämlich in diesem Falle den Ort ($A$) für die Mitten der eingeschobenen Sehnen, der eine Hyperbel ist, als dem aus zwei Geraden gebildeten Kegelschnitt ähnlich auffassen, so entspricht der Schnittpunkt dieser Geraden allen Punkten der Ebene; dadurch schrumpft der Kreis, durch dessen Schnittpunkte mit dem gegebenen Kegelschnitt die Aufgabe gelöst werden sollte, in eben diesen Punkt zusammen; die den Schnittpunkten ensprechenden Punkte des Kegelschnittes ($A$) werden also nicht bestimmt. Die Rücksicht auf solche möglichen Ausnahmen ist vielleicht die Ursache, welche überall die Alten zurückgeschreckt hat, die Behandlung der Grenzfälle als in den allgemeinen Untersuchungen mit einbegriffen zu betrachten.

Dadurch, dafs ich die hier behandelte Aufgabe in die Zeit vor Apollonius verlegt habe, ist es mir möglich geworden dieselbe als Beispiel für die Aufgaben aufzustellen, an die Apollonius in der Vorrede zum fünften Buche gedacht haben kann; dieselbe kann aber zugleich als Erläuterung für die Vorrede zum vierten Buche[1]) dienen. Da jedenfalls nicht zwei Hyperbeläste gegeben waren und bei der Lösung selbst nur ein einzelner Hyperbelast oder ein Kreis benutzt wurde, so hat Konons Satz über die Anzahl von Schnittpunkten zwischen zwei Kegelschnitten, wobei schon ein einzelner Hyperbelast als Kegelschnitt betrachtet wurde, Anwendung finden können. Nikoteles' Einwand gegen die Anwendung dieses Satzes bei Diorismen ist entweder dadurch hervorgerufen, dafs für die vollständige Auflösung einer Aufgabe die gleichzeitige Benutzung von zusammengehörenden Hyperbelästen erforderlich sein konnte, oder vielleicht dadurch, dafs er auf Grund dessen, dafs auch zwei zusammengehörende Hyperbeläste höchstens vier Schnittpunkte liefern können, es für unzulässig hielt ein Maximum für die durch einen einzelnen Ast bestimmten Lösungen aufzustellen, das doch in vielen Fällen gar nicht eintreten konnte. Die gleichseitige Hyperbel in dem Diorismus der oben behandelten Aufgabe hat als Beispiel für das eine oder andere dienen können. Dafs Nikoteles sich damit begnügt hat die Möglichkeit zu betrachten, dafs der eine der beiden schneidenden Kegelschnitte mit zusammengehörenden Hyperbelästen vertauscht wird, kann davon herrühren, dafs er den anderen als vorgelegt betrachtet; zusammengehörende Hyperbeläste werden nämlich nur da berücksichtigt, wo sie sich von selbst darbieten. Erst Apollonius nimmt volle Rücksicht darauf, dafs zu der vollständigen Lösung einer vorgelegten körperlichen Aufgabe zwei Paare von zusammengehörenden Hyperbelästen benutzt werden können, und er hebt hervor, dafs die möglichst

[1]) Vergl. Anhang 1 und S. 188—189.

grofse Anzahl der Schnittpunkte in allen drei Fällen ihren Nutzen gewähren könne um zu bestimmen, wie viele Lösungen eine Aufgabe in den verschiedenen Fällen, in die sie sich teilt, erhalten kann.

---

## Fünfzehnter Abschnitt.

### Erzeugung der Kegelschnitte durch eine bewegte Gerade (durch Tangenten); Apollonius' Kegelschnitte, 3tes Buch, 41—43; die Bücher über den Verhältnisschnitt und den Flächenschnitt.

---

Das dritte Buch von Apollonius' Kegelschnitten enthält, wie wir in unserem sechsten Abschnitt bemerkten, aufser den Theorien, deren Inhalt und weitere Bedeutung wir bereits studiert haben, noch in zwei kleineren aber selbständigen Satzgruppen [41—43 und 45—52] die erste Grundlage für einige Theorien, welche in der modernen Lehre von den Kegelschnitten grofse Bedeutung erlangt haben, nämlich die Lehre von der Erzeugung der Kegelschnitte durch Tangenten und die Lehre von deren Brennpunkten. Wir wollen in diesem und dem folgenden Abschnitte untersuchen, wie weit die Griechen in diesen Richtungen gelangt waren.

Ein Satz bezieht sich auf die Erzeugung eines Kegelschnittes durch Tangenten, wenn er eine Bestimmung von dessen Tangenten unabhängig von ihren Berührungspunkten giebt. Doch würde es unnatürlich sein diesen modernen Namen innerhalb der griechischen Lehre von den Kegelschnitten zu benutzen, wenn man in derselben nur einen einzelnen hierher gehörigen Satz fände, oder wenn die Griechen keinen Blick für die Vorteile der Betrachtungsweise gezeigt hätten, welche in solchen Sätzen ihren Ausdruck findet. Die folgende Übersicht über das Material, welches uns hier zu Gebote steht, wird indessen zeigen, dafs die Griechen in der That auf dem hier bezeichneten Gebiete hinreichend und in dem Grade heimisch waren, daſs es zweckmäſsig sein kann ihre hierher gehörigen Arbeiten, deren Gegenstand wir dann mit dem angeführten Namen bezeichnen dürfen, zusammen zu betrachten.

Zur Lehre von dieser Erzeugung durch Tangenten gehören zunächst die drei Sätze 41—43 im dritten Buche von Apollonius' Kegelschnitten, welche die Verbindung zwischen den Punktreihen angeben, in denen eine bewegliche Tangente zwei beliebige Tangenten der Parabel [41], zwei parallele Tangenten der Ellipse oder Hyperbel [42] und die Asymptoten der Hyperbel [43] schneidet. Der letzte von diesen Sätzen ist allerdings so einfach, daſs man es so zu sagen nicht vermeiden kann denselben zu finden, wenn man sich mit den Asymptoten der Hyperbel beschäftigt. Satz 42, der im Folgenden zur Entwicklung der Lehre von den Brennpunkten weiter angewendet wird, könnte nur aus diesem Grunde mit angeführt sein, ohne daſs dabei an seine eigentümliche Bedeutung genauer gedacht worden wäre. Doch hätte man in solchem Falle erwarten dürfen, daſs er von seinen Anwendungen nicht durch Satz 43 und 44 getrennt worden wäre. Was aber namentlich gegen die Auffassung spricht, daſs die drei Sätze mehr zufällig entstanden sein sollten und ohne dazu bestimmt zu sein, wirklich als Mittel für die Erzeugung eines Kegelschnittes durch Tangenten angewendet zu werden, das ist das vereinigte Auftreten dieser 3 Sätze, von denen der erste die allgemeine Form für die Erzeugung einer Parabel durch Tangenten in der projektivischen Geometrie darstellt, während der zweite für die Ellipse und der zweite und dritte für die Hyperbel die einfachsten Formen enthalten, welche die Erzeugung durch Tangenten in der projektivischen Geometrie durch specielle Wahl der hierfür benutzten festen Tangenten annehmen kann. Zusammengenommen enthalten sie die Erzeugung aller möglichen Kegelschnitte durch Tangenten.

Diese Vollständigkeit deutet darauf hin, daſs man auch über das unterrichtet gewesen ist, wozu diese Sätze sich anwenden lassen, und eine Bestätigung hierfür findet man in zwei kleinen Schriften des Apollonius. Die einfachste Anwendung von der Erzeugung einer Kurve durch Tangenten ist nämlich die zur Bestimmung von Tangenten, die von gegebenen Punkten gezogen werden sollen. Nun wird durch 41 die Bestimmung einer Tangente, die durch einen gegebenen Punkt an eine Parabel gezogen werden soll, gerade auf die Konstruktion zurückgeführt, welche mit grofser Sorgfalt in Apollonius' zwei Büchern über den Verhältnisschnitt behandelt ist, und durch 42 und 43 wird die Bestimmung von Tangenten, die von einem gegebenen Punkte an eine Ellipse oder Hyperbel gezogen werden sollen, auf wichtige Fälle der allgemeinen Aufgabe zurückgeführt, die in seinen zwei Büchern über den Flächenschnitt behandelt ist. Die Ausführlichkeit, mit der diese Aufgaben behandelt werden, deutet auf eine bestimmte und wichtige Anwendung, und wenn die Kegelschnitte auch nicht genannt werden, so kann diese Anwendung doch kaum eine andere als die von uns erwähnte sein[1]).

Hierdurch schreiben wir den Schriften über den Verhältnisschnitt und über den Flächenschnitt eine Anwendung zu, die durchaus derjenigen entspricht, welche wir im neunten Abschnitt der Schrift über den bestimmten Schnitt zugeschrieben haben. Diese Übereinstimmung in den sich von selbst darbietenden Anwendungen spricht in hohem Grade für die Richtigkeit dessen, was wir von jeder einzelnen Schrift behaupten.

Satz 41 sagt aus, dafs, wenn (Fig. 60) die Linien $DE$, $DZ$ und $EZ$ die Parabel beziehungsweise in $A$, $B$ und $C$ berühren,

$$\frac{CZ}{ZE} = \frac{ED}{DA} = \frac{ZB}{BD}$$

ist.

Für den Beweis benutzt man die der Sehne $AC$ parallele Tangente $KL$ mit dem Berührungspunkte $T$, den durch $T$ gezogenen Durchmesser $EY$ und den durch $B$ gezogenen $MQ$,

---

[1]) Auch Halley, der die Schrift über den Verhältnisschnitt herausgegeben und derselben eine Wiederherstellung der Schrift über den Flächenschnitt hinzugefügt hat, bringt die Zwecke dieser Schriften in Verbindung mit der erwähnten Anwendung auf Kegelschnitte. Man vergleiche z. B. S. 168 seiner Ausgabe.

sowie die zu dem letzteren gehörenden Ordinaten $AO$ und $CQ$. Nach den Sätzen des ersten Buches ist $YT = \frac{1}{2} YE$, also

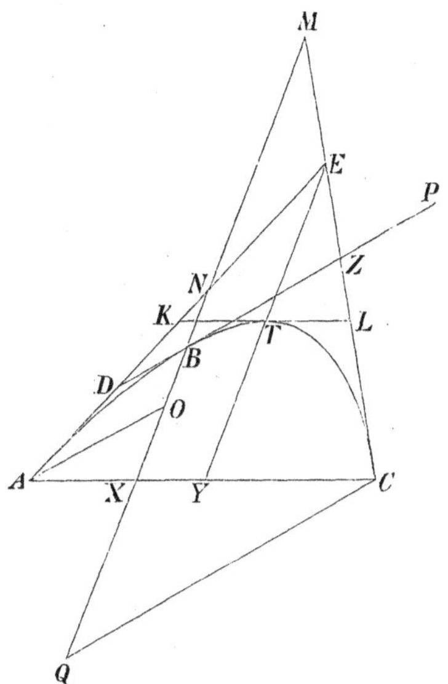


Fig. 60.

$CL = \frac{1}{2} CE$, und $QB = \frac{1}{2} QM$, mithin $CZ = \frac{1}{2} CM$. Hieraus und aus der Figur folgt, dafs

$$\frac{CZ}{CL} = \frac{CM}{CE} = \frac{CX}{CY}$$

oder, da auch $CY = \frac{1}{2} CA$, dafs

$$\frac{CZ}{CE} = \frac{CX}{CA},$$

und daraus, dafs

$$\frac{CZ}{ZE} = \frac{CX}{XA}.$$

Auf ganz dieselbe Weise wird bewiesen, dafs

$$\frac{AD}{DE} = \frac{AX}{XC} \quad \text{oder} \quad \frac{ED}{DA} = \frac{CX}{XA}.$$

Dafs auch das Verhältnis $\frac{ZB}{BD}$ denselben Wert hat, folgt daraus, dafs $ZB = \frac{1}{2} CQ$ und $BD = \frac{1}{2} OA$.

Mit Bezug auf die hier benutzte Figur wollen wir daran erinnern, dafs Archimedes im Buche über die Quadratur der Parabel bewiesen hat, dafs auch das Verhältnis $\frac{XB}{BN}$ denselben Wert $\frac{CX}{XA}$ hat (vergl. S. 61); hieraus geht hervor, dafs man auch vor Apollonius sich mit dieser Figur beschäftigt hat.

In 42 wird bewiesen, dafs, wenn eine beliebige Tangente einer Ellipse oder Hyperbel die Tangenten in den Endpunkten $A$ und $B$ eines Durchmessers (Fig. 61) in $C$ und $D$ schneidet,

$$AC \,.\, BD = \left(\frac{b}{2}\right)^2$$

ist, worin $b$ die Länge des dem Durchmesser $AB$ konjugierten Durchmessers bedeutet.

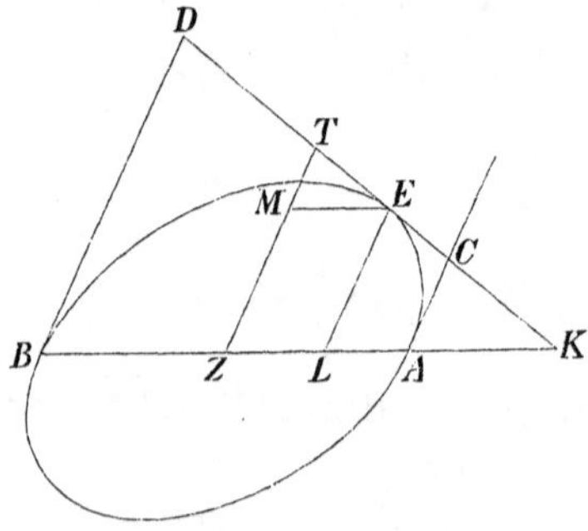


Fig. 61.

Vom ersten Buche her ist nämlich bekannt, dafs die Tangente in einem Punkte $E$ und die von demselben Punkte an den betrachteten Durchmesser gezogene Ordinate diesen Durchmesser in Punkten $K$ und $L$ schneiden, die einander harmonisch zugeordnet sind mit Beziehung auf $A$ und $B$. Ist $Z$ der Mittelpunkt der Kurve, so hat man sicher längst gewufst, dafs aus den im ersten Buch gefundenen Ausdrücken für diese Verbindung sich ableiten läfst, dafs

$$\frac{KB}{KZ} = \frac{KL}{KA},$$

das heifst, da $KZ$ das arithmetische Mittel zwischen $KA$ und $KB$

darstellt, dafs $KL$ das ist, was auch die Griechen die mittlere harmonische Proportionale zwischen denselben beiden Gröfsen nannten. Doch hält Apollonius es nicht für überflüssig diese Umformung der Proportionen durchzuführen. Dadurch erhält man weiter:

$$\frac{BD}{ZT} = \frac{LE}{AC},$$

oder
$$BD \, . \, AC = ZT \, . \, LE;$$

aber
$$ZT \, . \, LE = ZT \, . \, ZM = \left(\frac{b}{2}\right)^2$$

liefert diejenige Bestimmung der Tangente mit Bezug auf den konjugierten Durchmesser $ZT$, deren Richtigkeit Apollonius im ersten Buche nicht nur für die Ellipse sondern auch für die Hyperbel nachgewiesen hat.

Der dritte Satz [43] der Gruppe, dafs das Rechteck aus den beiden Stücken, welche eine Tangente einer Hyperbel auf den Asymptoten, vom Mittelpunkt an gerechnet, abschneidet, konstant ist, folgt so unmittelbar aus dem zweiten Buche, dafs kein Grund vorliegt bei dem Beweise zu verweilen.

Wenn man nun im Anschlufs an 41 eine Tangente $ZD$ (Fig. 60) von einem gegebenen Punkte $P$ an eine Parabel ziehen will, von der man bereits zwei Tangenten $EC$ und $EA$ sowie deren Berührungspunkte $C$ und $A$ kennt, so kommt es darauf an diese so zu bestimmen, dafs sie auf der ersten vom Schnittpunkte ($E$), auf der zweiten vom Berührungspunkte ($A$) an gerechnet Stücke ($EZ$ und $AD$) abschneidet, welche in einem gegebenen Verhältnis $\left(\frac{EC}{AE}\right)$ stehen. Diese Aufgabe wird im ersten Buche von Apollonius' Schrift über den Verhältnisschnitt [1]) äufserst detailliert gelöst, so dafs in den einzelnen Fällen die Bedingungen für die Lösbarkeit sorgfältig diskutiert werden.

Sind statt der Berührungspunkte $A$ und $C$ noch zwei Tangenten gegeben, welche $EC$ in $Z_1$ und $Z_2$, $EA$ in $D_1$ und $D_2$

---

[1]) *Apollonii Pergaei de Sectione Rationis Libri duo, ex Arabico versi,* herausgegeben von Halley (Oxford 1706).

schneiden, so mufs die Linie $PZD$ Stücke abschneiden, die, von $Z_1$ und $D_1$ an gerechnet, in einem gegebenen Verhältnis $\left(\frac{Z_1 Z}{D_1 D} = \frac{Z_1 Z_2}{D_1 D_2}\right)$ stehen. Diese Aufgabe wird ausführlich im zweiten Buch der oben erwähnten Schrift gelöst.

Wenn wir nun vorläufig, wie es in diesen beiden Büchern durchaus geschieht, von den Anwendungen auf die Parabel absehen, so besteht die allgemeine Aufgabe darin, durch einen Punkt $P$ (Fig. 62) eine Linie so zu ziehen, dafs sie auf zwei

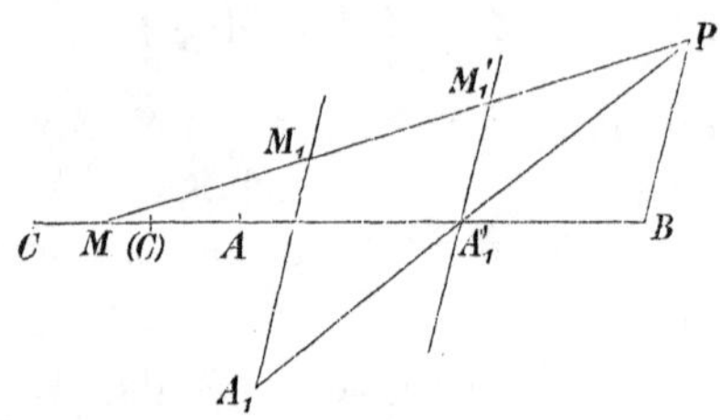


Fig. 62.

gegebenen Linien von zwei gegebenen Punkten $A$ und $A_1$ an Stücke $AM$ und $A_1 M_1$ abschneidet, welche in einem gegebenen Verhältnis stehen. Diese Aufgabe wird im zweiten Buch auf die speciellere zurückgeführt, wo der Punkt $A_1$ mit dem Schnittpunkt der beiden Linien vertauscht ist. Das geschieht dadurch, dafs man $PA_1$ zieht und durch ihren Schnittpunkt $A'_1$ mit $AM$ eine Parallele zu $A_1 M_1$. Das auf dieser Parallelen abgeschnittene Stück $A'_1 M'_1$ steht dann nämlich in einem gegebenen Verhältnis zu $A_1 M_1$, folglich auch zu $AM$. Wir brauchen uns also nur mit der Aufgabe zu beschäftigen, durch $P$ eine Linie $PMM'_1$ zu ziehen, welche die beiden Linien $A'_1 M$ und $A'_1 M'_1$ in solchen Punkten $M$ und $M'_1$ schneidet, dafs $\frac{A'_1 M'_1}{AM}$ einen gegebenen Wert $\lambda$ erhält.

Diese Aufgabe wird im ersten Buch behandelt, von dessen Konstruktionen und Diskussionen das zweite Buch mit Ausnahme der angeführten Reduktion nur Wiederholungen enthält. Das Hauptverfahren besteht in Folgendem. Durch den gegebenen Punkt $P$ wird $PB$ parallel zu $A'_1 M'_1$ gezogen, und $\lambda$ denkt man sich so durch einen Punkt $C$ der Linie $AM$ bestimmt, dafs $\frac{A'_1 M'_1}{AM} = \frac{BP}{AC} = \lambda$.

Dann folgt aus dieser Proportion und aus Fig. 62, dafs

$$\frac{AM}{AC} = \frac{A'_1 M'_1}{BP} = \frac{A'_1 M}{BM},$$

woraus $\frac{MC}{AC} = \frac{BA'_1}{BM}$, so dafs das Rechteck $BM . MC$ einen gegebenen Wert erhält. Die Aufgabe ist also auf eine Flächenanlegung zurückgeführt.

Für andere Lagen der Punkte bleibt die Lösung — abgesehen von den Modifikationen oder den Vereinfachungen, welche in speciellen Fällen eintreten können, z. B. wenn die gegebenen Linien parallel sind oder wenn $A$ mit $A'_1$ zusammenfällt — dieselbe und läfst sich sogar, wenn man die Strecken mit Vorzeichen rechnet, in éine gemeinsame Darstellung zusammenziehen. Wenn nun auch Apollonius nicht im Besitze dieses Mittels ist, so kann doch der Leser, der in seinen Kegelschnitten gesehen hat, mit wie grofser Gewandtheit er Sätze und Beweise betreffs der Ellipse, Parabel und Hyperbel zusammenzuziehen versteht, nur mit Verwunderung wahrnehmen, dafs er hier dieselben Operationen für jeden einzelnen Fall wiederholt. Die Ursache hierfür darf man darin suchen, dafs ihm darum zu thun ist gerade das hervorzuheben, was die einzelnen Fälle charakterisiert, so dafs klar hervortritt, wie viele Auflösungen sich jedesmal innerhalb der bestimmten Grenzen ergeben; dies wird auch mit einer Sorgfalt durchgeführt, die, wie man leicht sieht, nicht ohne Beschwerde gewesen sein kann[1]).

---

[1]) Halley sucht (S. 139 seiner oben citierten Ausgabe) einen keineswegs überflüssigen ferneren Grund für die grofse Breite dieser Schrift in dem Umstande, dafs sie für Anfänger bestimmt war und deshalb mit schulmäfsiger Vollständigkeit und Strenge als erstes Beispiel für diese Art von Untersuchungen ausgeführt werden mufste. Die angeführten Eigenschaften machen dieselbe für uns auch zu einem vortrefflichen Beispiele nicht nur für die Form der Alten, sondern

So findet man in dem durch Fig. 62 dargestellten Fall, dafs sich éine und nur éine Auflösung ergiebt, da für den Augenblick nur nach einer Linie $PM$ gefragt wird, die so mit Beziehung auf die gegebenen Punkte gelegen ist, wie die Figur zeigt. Dafs die Lösung der Aufgabe bei dieser Lage überhaupt möglich ist für alle Werte des gegebenen Verhältnisses, folgt daraus, dafs der bekannte Wert $BA'_1 . AC$ des Rechtecks $BM . MC$ kleiner ist als $BA . AC$, also in jedem Falle kleiner als der Maximalwert $\left(\frac{BC}{2}\right)^2$ eines Rechtecks, dessen Seiten $BC$ zur Summe haben. Da es zwei Punkte giebt, welche die Linie $BC$ auf die Weise teilen, wie $M$ hier bestimmt werden soll, so ist noch ein Beweis dafür erforderlich, dafs nur éiner von diesen Punkten auf $AC$ fällt und demnach eine solche Lösung giebt, wie sie für den Augenblick gesucht wird. Auch das folgt daraus, dafs $BM . MC$ kleiner als $BA . AC$ sein

---

auch — wie schon erwähnt — für ihre methodische Benutzung der Flächenanlegungen (oder quadratischen Gleichungen) und der sich daran anschliefsenden Diorismen. Halleys Vermutung widerstreitet durchaus nicht unserer Annahme über die Zwecke dieser Schrift; denn da in der ganzen Schrift die Parabel garnicht erwähnt wird, so kann sie recht wohl für Anfänger geschrieben sein, wenn auch der Verfasser ausdrücklich die Absicht gehabt hat, die Leser durch dieselbe gleichzeitig in methodischer Untersuchung zu üben und auf die Behandlung der wichtigen Aufgaben über die Kegelschnitte vorzubereiten, welche von vornherein diese sowohl wie die wahrscheinlich ebenso ausführlichen Schriften über den Flächenschnitt und den bestimmten Schnitt hervorgerufen haben. Doch läfst sich die übermäfsig grofse, schulmäfsige Breite auch noch auf andere Weise erklären, z. B. dadurch dafs Apollonius, veranlafst durch die Anwendungen auf die Kegelschnitte, diese Untersuchungen in jugendlichem Alter vorgenommen habe, wo er sich selbst, wenigstens wenn es sich um etwas neues handelte, an diese Darstellungsart gebunden glaubte. Für die reichhaltige Lehre von den Kegelschnitten würde diese Art der Darstellung nicht durchführbar sein, und dafs Apollonius es vermocht hat, in den Kegelschnitten die strengen Anforderungen an Vollständigkeit in der Beweisführung mit einem so starken Zusammendrängen der verschiedenen Fälle zu vereinigen, dürfte darauf beruhen, dafs er sich hier auf einem Gebiete bewegte, das von seinen Vorgängern wohl vorbereitet war.

soll; die unbekannten Punkte $M$ müssen dann nämlich auf verschiedene Seiten von $A$ fallen [1]).

Die Diskussion erhält ein gröfseres Interesse und ihre Anwendung auf die Parabel eine gröfsere Bedeutung in den Fällen, wo das gegebene Verhältnis gewissen Grenzbedingungen unterworfen werden mufs, damit die Lösung der Aufgabe möglich sein soll. Das wird z. B. stattfinden, wenn die verschiedenen Punkte eine solche Lage einnehmen wie in Fig. 63, in der allein auf die im ersten Buch behandelten specielleren

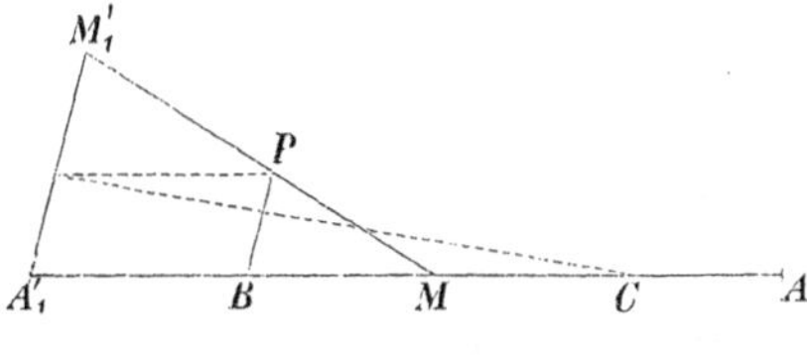


Fig. 63.

Fälle Rücksicht genommen wird, und in der die Bezeichnungen dieselbe Bedeutung haben wie in Fig. 62. Apollonius beginnt [2]) die hierzu gehörende Diskussion damit, den Grenzfall aufzustellen, indem er sagt, dafs man auf eine besondere Weise eine Lösung erhalte, wenn der Punkt $M$ (wie in Fig. 63 angenommen) in die Mitte zwischen $B$ und $C$ fällt, in welchem

[1]) Dagegen lag durchaus kein logischer Grund dafür vor, dafs Apollonius noch hinterher — wie es allerdings in dem durch die Araber überlieferten Text geschieht (Ausg. v. Halley, S. 16) — einen synthetischen Beweis dafür durchführte, dafs das Verhältnis $\frac{A'_1 N'_1}{AN}$ einen von dem gegebenen verschiedenen Wert annimmt, wenn $M$ der gesuchte Punkt ist und $N$ ein anderer Punkt der Strecke $AC$, sowie $N'_1$ der Schnittpunkt der Linien $PN$ und $A'_1 M'_1$. Das folgt nämlich unmittelbar aus der aufgestellten Analysis, in der gezeigt ist, dafs die einzigen möglichen Lösungen durch Flächenanlegung bestimmt werden. Die synthetische Begründung dafür, dafs die als möglich angegebene Lösung wirklich den gestellten Bedindungen genügt, ist dagegen vollständig an ihrem Platz, da die Analysis nicht ausdrücklich so aufgestellt wird, dafs man erkennen kann, dafs jedes einzelne von ihren Gliedern sich umkehren lasse.

[2]) Ausg. v. Halley, S. 47.

Falle das gegebene Rechteck $BM.MC = BA'_1.AC$ seinen Maximalwert annimmt. Um den zugehörigen Grenzwert des gegebenen Verhältnisses

$$\lambda = \frac{A'_1M'_1}{AM} = \frac{BP}{AC}$$

darzustellen, sucht Apollonius die diesem entsprechende Lage des Punktes $C$. Dieser wird dadurch bestimmt, daſs man

$$\frac{A'_1B}{MC} = \frac{BM}{CA} = \frac{A'_1M}{MA}$$

erhält, folglich, da $MC = BM$,

$$\frac{A'_1B}{A'_1M} = \frac{BM}{MA} = \frac{A'_1M}{A'_1A}, \tag{I}$$

oder daſs $A'_1M$ die mittlere Proportionale zwischen $A'_1B$ und $A'_1A$ ist. Hierdurch wird $M$ bestimmt, also auch $C$.

Je nachdem nun das gegebene Verhältnis $\lambda$ kleiner oder gröſser wird als der durch den hier gefundenen Punkt $C$ bestimmte Wert von $\frac{BP}{AC}$, erhält Apollonius keine oder zwei Auflösungen. Zum Schluſs [1]) wird noch folgende Bestimmung vom Grenzwert des Verhältnisses hinzugefügt. Man hat

$$\begin{aligned} CA &= A'_1A + A'_1B - (A'_1C + A'_1B) \\ &= A'_1A + A'_1B - 2A'_1M \\ &= A'_1A + A'_1B - 2\sqrt{A'_1A.A'_1B}. \end{aligned}$$

Die Bedeutung des hierdurch erhaltenen Ausdrucks läſst sich am besten übersehen, wenn wir die Punkte auf ein System von Parallelkoordinaten mit den festen Linien als Axen beziehen und die Koordinaten von $P$ mit $x$ und $y$, die Abscisse von $A$ mit $a$ bezeichnen. Das Verhältnis $\lambda = \frac{BP}{AC}$ wird dann (abgesehen von dem willkürlich gewählten Vorzeichen)

$$\lambda = \frac{y}{a + x - 2\sqrt{ax}}. \tag{II}$$

Nehmen wir nun an, daſs Apollonius wirklich diese Resultate auf die Parabel angewandt habe, so kann er nicht unter-

[1]) a. a. O. S. 52.

lassen haben zu bemerken, dafs der Grenzfall der ist, wo die Parabel durch den gegebenen Punkt $P$ geht, und dafs $PM$ dann mit der Tangente in diesem Punkte zusammenfällt. Die Parabel berührt die beiden gegebenen Linien, und zwar $A'_1A$ im Punkte $A$, und der Punkt $C$ ist bestimmt als der Schnittpunkt von $A'_1A$ mit der Tangente, welche auf $A'_1M'_1$ ein Stück gleich $BP$ abschneidet. Man hat dann zunächst, dafs die Tangente $PM$ die Mitte $M$ zwischen diesem Punkte $C$ und der schiefen Projektion $B$ des Punktes $P$ trifft, sowie dafs die Relation (I) zwischen den hier genannten Punkten stattfindet. Von gröfserer Bedeutung indessen ist die Relation (II), die sich auffassen läfst als die Gleichung einer Parabel, die auf ein Paar Tangenten als Koordinatenaxen bezogen ist. Diese Gleichung, in der man sich $\lambda$ dargestellt denken kann als das Verhältnis $\frac{b}{a}$ zwischen den Stücken, welche zwischen dem Anfangspunkt und den Berührungspunkten der Parabel mit den Axen abgeschnitten werden, giebt unmittelbar $y$, ausgedrückt durch $x$, während man heutigen Tages die symmetrische Form

$$\left(\frac{x}{a}\right)^{\frac{1}{2}} + \left(\frac{y}{b}\right)^{\frac{1}{2}} = 1$$

vorzieht, auf die jene sich leicht reducieren läfst. Dies Resultat liefs sich auch aus einer Betrachtung der Parabel als Ort zu drei Geraden ableiten.

Mit der Lösung werden, wie schon gesagt, auch die hier gefundenen Diorismen auf die im zweiten Buch behandelte allgemeine Aufgabe über den Verhältnisschnitt übertragen. Daraus würden sich mit Rücksicht auf das, was über die Anwendung der allgemeinen Aufgabe auf die Parabel gesagt ist, weitere Sätze über diese Kurve ergeben. Da wir aber nirgendwo einen bestimmten von diesen benutzt finden und es auch keine Sätze sind, denen man jetzt Bedeutung beilegt, so wollen wir uns damit begnügen als Beispiel einen derselben anzuführen, der eine unmittelbare Umformung des in der Diskussion gewonnenen Resultates (I) ist; die Bezeichnungen (aber nur diese) wählen wir ebenso wie in Fig. 62.

Wenn eine Tangente $AM$ einer Parabel von zwei anderen Tangenten $AA_1$ und $MP$ in $A$ und $M$ geschnitten wird, wo $P$ der Berührungspunkt von $MP$ ist, während $A_1$ einen beliebigen Punkt von $AA_1$ bedeutet, und wenn die erstgenannte Tangente $AM$ ferner noch von $A_1P$ in $A'_1$, und von einer Parallelen, die durch $P$ zu der Tangente gezogen ist, welche aufser der $A_1A$ von $A_1$ ausgeht, in $B$ geschnitten wird, so ist

$$A'_1M^2 = A'_1A \cdot A'_1B.$$

Dieser Satz giebt, wenn man z. B. $A'_1$ und $M$ fest sein läfst, eine Relation zwischen den Bestimmungen der Tangenten, welche von einem beweglichen Punkte ($A_1$) der festen Geraden $A'_1P$ ausgehen.

Die Aufgaben, von einem Punkte $P$ eine Tangente an eine Ellipse oder Hyperbel zu ziehen, die auf ein Paar konjugierter Durchmesser bezogen sind, oder an eine Hyperbel, die auf ihre Asymptoten bezogen ist, sind nach den darüber bewiesenen Sätzen [42 und 43] speciell einbegriffen in der Aufgabe, von einem Punkte $P$ eine Gerade zu ziehen, welche auf zwei gegebenen Geraden Stücke abschneidet, die, von gegebenen Punkten aus gerechnet, ein Rechteck von konstantem Inhalt bilden. Im ersten Falle werden die beiden gegebenen Geraden parallel, im zweiten fallen die festen Punkte mit dem Schnittpunkte der Geraden zusammen. Die Behandlung der angeführten allgemeinen Aufgabe hat nach Pappus' Bericht[1]) den Gegenstand von Apollonius' verlorenem Werk über den Flächenschnitt ausgemacht. Da Pappus zugleich angiebt, dafs die Sätze dieses Werkes einzeln den Sätzen in der Schrift über den Verhältnisschnitt entsprochen haben, so wissen wir, dafs die beiden Fälle, auf die es hier ankommt, besonders behandelt worden sind.

Dieselbe Angabe giebt uns zugleich eine ziemlich sichere Vorstellung davon, wie die allgemeine Aufgabe des Werkes behandelt worden ist[2]); das ergiebt sich leicht durch Betrach-

[1]) Ausg. v. Hultsch, S. 640—643.

[2]) Deshalb hat Halley seiner Ausgabe der Schrift über den Verhältnisschnitt in einem Anhange die höchst wahrscheinlichen Grundzüge zu

tung des in Fig. 62 dargestellten Falles. Die Reduktion auf den Fall, wo einer der gegebenen Punkte mit dem Schnittpunkte der gegebenen Geraden zusammenfällt, läfst sich zunächst auf ganz dieselbe Weise wie beim Verhältnisschnitt ausführen.

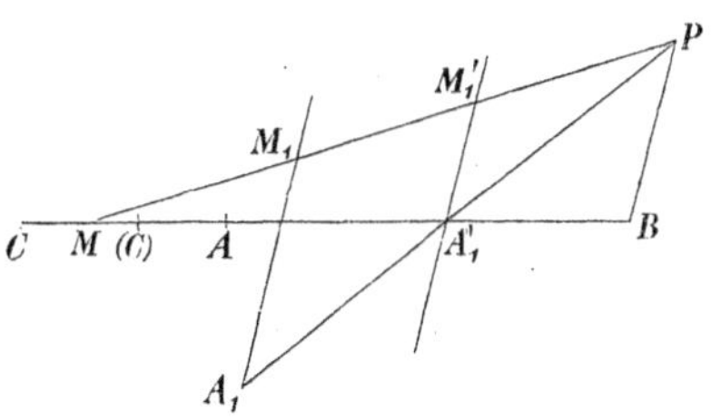


Fig. 62.

Darauf kann man sich den gegebenen Wert des Rechtecks $A'_1 M'_1 . AM$ als ein Rechteck $PB . AC$ bestimmt denken, wo $C$ (in Fig. 62 als ($C$) bezeichnet) ein Punkt der Linie $AM$ ist. Man erhält dann, da

$$\frac{A'_1 M'_1}{BP} = \frac{A'_1 M}{BM},$$

dafs:
$$\frac{AM}{BM} = \frac{AC}{A'_1 M} = \frac{CM}{BA'_1},$$

wonach das Rechteck $A'_1 M . CM$ einen bekannten Inhalt erhält. Die Aufgabe ist also auf eine Flächenanlegung zurückgeführt.

Da der bekannte Inhalt hier auf dieselbe Weise wie im Buche über den Verhältnisschnitt bestimmt ist, wenn auch durch andere Punkte, so werden die einzelnen Diskussionen, die vorzunehmen sind, sich auf dieselbe Weise ausführen lassen, doch so, dafs die Resultate sich anders auf die verschiedenen Fälle verteilen. Die Übereinstimmung in dieser Beziehung zeigt sich auch darin, dafs Pappus für die beiden Bücher dieselben Hülfssätze aufstellt.

---

einer Wiederherstellung der Schrift über den Flächenschnitt hinzufügen können. Mit diesen befinden sich unsere nachfolgenden Bemerkungen in Übereinstimmung.

Die besonderen Fälle von Flächenschnitt, die Bedeutung für die Lehre von den Kegelschnitten haben, nämlich diejenigen, wo entweder die beiden gegebenen Geraden parallel sind, oder die gegebenen festen Punkte beide auf den Schnittpunkt der gegebenen Geraden fallen, müssen in Übereinstimmung mit dem, was sich in der Schrift über den Verhältnisschnitt findet, zu Anfang des ersten Buches behandelt sein. Wie die Aufgabe in diesen besonderen Fällen behandelt sein kann, geht aus dem hervor, was dort über die allgemeine Aufgabe gesagt ist. Einzelheiten aus Apollonius' Diorismen dieser Fälle zu besitzen würde hier von keiner so grofsen Bedeutung für uns sein, wo die Alten im voraus die entsprechenden Punktgleichungen für die Kegelschnitte kannten, nämlich die, durch welche sie auf ein Paar konjugierter Durchmesser oder auf die Asymptoten bezogen werden.

Wenn wir nun die Vermutung aufstellen, dafs beide hier erwähnten kleinen Schriften des Apollonius wegen ihrer Anwendung auf die Konstruktion von Tangenten an Kegelschnitte ausgearbeitet sind, so könnte man vielleicht hinsichtlich des Flächenschnittes einige Bedenken hegen, da nur ein kleiner Teil dieser letzteren Schrift die hier erwähnte Anwendung findet. Dafs die Schrift über diese Anwendungen weit hinausgeht, läfst sich indessen auf zwei verschiedene Arten erklären.

Zunächst konnte es dem Apollonius, wenn er vorher Gelegenheit hatte den Verhältnisschnitt in voller Allgemeinheit zu behandeln, nicht fernliegen hinterher zu prüfen, ob ähnliches sich nicht auch für den Flächenschnitt durchführen lasse. Hierbei stiefs er dann auf keine anderen Schwierigkeiten als diejenigen, welche bereits überwunden waren entweder durch den einen von den speciellen Flächenschnitten, welche er der Anwendungen wegen ausgeführt hatte, oder in den Büchern über den Verhältnisschnitt. Diesen konnte er überdies Schritt für Schritt folgen. Dann war Grund genug für ihn vorhanden, um in seine Schrift, die unabhängig von den Anwendungen auf die Kegelschnitte auftritt, die vollständige Behandlung aufzunehmen.

Indes gelangt man zu einer anderen möglichen Erklärung, wenn man bedenkt, dafs die Enveloppe einer Geraden, die auf zwei festen geraden Linien Stücke abschneidet, welche, von beliebigen festen Punkten an gerechnet, ein Rechteck von konstantem Inhalt bilden, im allgemeinen ein Kegelschnitt ist, der die beiden festen Geraden berührt (oder, wenn man, wie die Alten, nicht durch Vorzeichen zwischen Richtungen unterscheidet, aus zwei solchen Kegelschnitten zusammengesetzt ist). In Wirklichkeit liegt nichts unzutreffendes in der Annahme, dafs Apollonius die hierdurch angegebene Eigenschaft der Kegelschnitte gekannt und über den Flächenschnitt ausdrücklich mit dem Bewufstsein geschrieben habe, dafs er dadurch Mittel an die Hand gäbe, um Tangenten von einem Punkt an einen Kegelschnitt, der durch gegebene Tangenten bestimmt war, zu ziehen. Wir haben nämlich zunächst gesehen — und namentlich in der Bestimmung des Orts zu vier Geraden ein vollkommen zuverläfsiges Beispiel dafür gehabt —, dafs Apollonius' Bücher über die Kegelschnitte keineswegs alles enthalten, was man damals über diese Kurven wufste. Auf mich macht die in den drei Sätzen 41—43 enthaltene, kurzgefafste Darstellung der einfachsten Art, Tangenten eines Kegelschnittes unabhängig von den Berührungspunkten zu bestimmen, sogar den Eindruck, als solle sie für derartige Bestimmungen die Grundlage bilden; für diese allein war Verwendung in einem Kompendium der Theorie dieser Kurven, da man von ihr aus zu anderen Bestimmungen übergehen konnte. Aufserdem wird man sehen, dafs die nachfolgende Ableitung des Satzes, auf den es hier ankommt, den griechischen Geometern keineswegs ferngelegen haben kann.

Es sei $ABCD$ (Fig. 64) ein Parallelogramm, das um einen Kegelschnitt beschrieben ist, $E$ und $F$ die Berührungspunkte der Seiten $AB$ und $CD$. Wenn nun eine fünfte Tangente die Seiten des Parallelogramms in $M$, $P$, $N$, $Q$ schneidet, so ist nach Apollonius' Kegelschnitten III, 42

$$EA \cdot FD = EM \cdot FN,$$

also

$$\frac{EA}{FN} = \frac{EM}{FD} = \frac{AM}{ND} = \frac{AP}{PD},$$

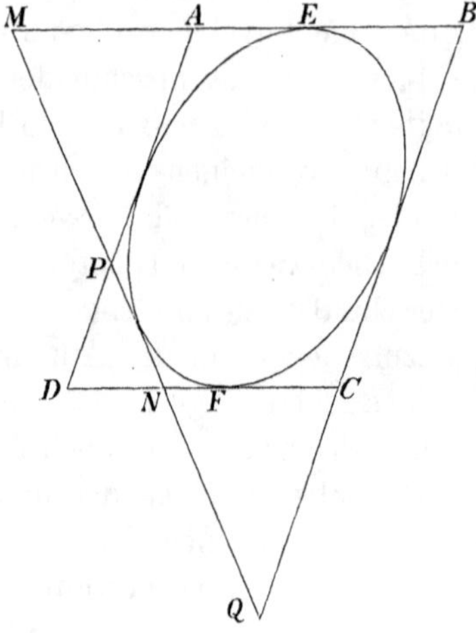


Fig. 64.

oder, da $EA = CF$,

$$\frac{CF}{AP} = \frac{FN}{PD} = \frac{CN}{AD}.$$

Das Rechteck $AP.CN$ erhält also den von der Lage der fünften Tangente unabhängigen Wert $AD.CF$.

Wären umgekehrt die festen Geraden $AD$ und $DC$ gegeben, sowie die Punkte $A$ und $C$ und der Wert des Rechtecks $AP.CN$, so würde man, wenn man dieses gleich $AD.CF$ setzt, den Berührungspunkt $F$, und demnächst den Berührungspunkt $E$ bestimmen können. Da man nun zugleich die Richtung der zum Durchmesser $EF$ gehörenden Sehnen und der Tangente $AD$ kennt, so läſst sich die an den Berührungspunkt dieser Tangente gezogene Sehne leicht bestimmen; dadurch erhält man die Gleichung des Kegelschnittes in dem durch den Durchmesser $EF$ und die zugehörigen Sehnen bestimmten Koordinatensystem. Nimmt man Strecken und dadurch Rechtecke nicht mit Vorzeichen, so erhält man, wie bereits angeführt, zwei Kegelschnitte.

Daſs die Griechen auf dem hier angeführten Wege die geschilderte Darstellung der Erzeugung eines Kegelschnittes als Enveloppe von geraden Linien, welche einander entsprechende Punkte zweier beliebiger projektivischer Punktreihen verbinden, gefunden haben können, wird um so wahrscheinlicher, wenn man bedenkt, dafs Satz und Beweis aufgestellt wurden lange bevor von projektivischer Geometrie überhaupt die Rede war, nämlich von Newton in seinen Principia[1]). Nun weifs ich zwar wohl, dafs viele zu der Annahme geneigt sind, es geschehe aus einer gewissen Liebhaberei, wenn Newton seine Sätze nach Art der Alten aufstelle und beweise; in Wirklichkeit habe er bei seinen persönlichen Untersuchungen moderne Hülfsmittel vorzugsweise benutzt. Selbstverständlich hat er das nicht versäumt, wo es ihm zum Nutzen gereichen konnte; aber in diesem wie in manchem anderen Falle konnte die damals existierende analytische Geometrie ihm keine sonderliche Hülfe gewähren, es sei denn bei einem Beweise *a posteriori*; jedenfalls konnte dieselbe ihn nicht so leicht und einfach zum Ziele führen, wie es durch seinen Anschlufs an die Alten geschehen ist.

In der That mufs man zugeben, dafs der geführte Beweis so einfach ist und so sehr mit dem Verfahren der Alten übereinstimmt, dafs diese aller Wahrscheinlichkeit nach den Satz finden mufsten, wenn sich für sie eine Veranlassung bot, denselben zu suchen. War derselbe nun nicht bekannt, bevor Apollonius über den Flächenschnitt schrieb und einzelne der in diesem vorkommenden Konstruktionen auf die Bestimmung der Tangenten von Kegelschnitten anwandte, so mufste die Veranlassung, ihn zu suchen, durch eben diese Schrift gegeben worden sein. Apollonius mufste ebenso wie Halley veranlafst werden zu versuchen, ob nicht auch die allgemeinen Konstruktionen dieser selben Schrift sich auf ähnliche Weise anwenden liefsen, und würde dann sicher, ebenso wie im wesentlichen Halley[2]), das Ziel erreicht haben.

---

[1]) 25stes Lemma zum ersten Buche. C. Taylor hat die Aufmerksamkeit darauf gelenkt, dafs hier wirklich einer der Hauptsätze der projektivischen Geometrie aufgestellt werde (*Ancient and modern Geometry*, S. LXXXIV).

[2]) S. 163 seiner oben citierten Ausgabe und Wiederherstellung von Apol-

Man könnte vielleicht in dem, was über Euklids Porismen berichtet ist, eine fernere Stütze dafür finden, dafs die Alten wirklich, sogar vor Apollonius, solche Erzeugungen von Kegelschnitten durch Tangenten gekannt haben wie die ist, mit der wir uns beschäftigen. Ebenso nämlich wie wir angenommen haben, dafs die Porismen, welche ausdrücken, dafs Punkte auf einer geraden Linie liegen, im wesentlichen nur Ausnahmefälle sind, in denen ein geometrischer Ort, hervorgebracht durch projektivische Büschel, nicht ein Kegelschnitt wird, ebenso wohl könnten wir annehmen, dafs die Porismen, welche ausdrücken, „dafs gerade Linien durch einen Punkt gehen"[1]), im wesentlichen nur entstanden sind als Ausnahmefälle, in denen die Enveloppe der Verbindungslinien zwischen zwei projektivischen Punktreihen nicht ein Kegelschnitt wird.

Wenn die Griechen wirklich, was wir recht wahrscheinlich gemacht zu haben glauben, die erwähnte Erzeugung eines Kegelschnittes kannten, so mufsten sie auch einen noch wichtigeren Gebrauch von den Porismen machen können. Der nämlich, der mit den Porismen vertraut war, mufs leicht imstande gewesen sein, die Verbindung zwischen den projektivischen Punktreihen auch auf andere Arten auszudrücken als dadurch, dafs das Rechteck aus den Abständen von festen Punkten konstant sein solle; wir können also dasselbe, was wir über die Erzeugung durch projektivische Büschel gesagt haben, auch hier sagen, dafs nämlich einige Wahrscheinlichkeit dafür spricht, dafs die Griechen die Erzeugung eines Kegelschnittes durch Tangenten mittels projektivischer Punktreihen unter verschiedenen Formen

---

lonius beiden kleineren Schriften. Es scheint nämlich, als ob Halley, dessen Schrift 1706 erschien, während die erste Ausgabe der Principia von 1686 datiert, übersehen habe, dafs die Beantwortung der Frage, welche er sich stellt, sich bei Newton findet. Denn erstens citiert er diesen nicht, und zweitens würde er, wenn er die Principia benutzt hätte, nicht übersehen haben, dafs die eine von den beiden Enveloppen, die man erhält, wenn man die Vorzeichen nicht berücksichtigt, eine Ellipse sein kann.

[1]) Pappus, Ausg. v. Hultsch, S. 656.

kannten, doch ohne dieselben in dem Gattungsbegriff Projektivität zusammenzufassen. Wie aber unsere historischen Beweise hier weniger vollständig sind, so müssen wir auch annehmen, dafs die Kenntnisse der Griechen auf diesem Gebiete weniger umfassend waren als mit Bezug auf die Erzeugung eines Kegelschnittes durch Punkte.

In jemehr Formen die Erzeugung der Kegelschnitte als Enveloppen der Verbindungslinien zwischen projektivischen Punktreihen bei den Griechen aufgetreten ist, um so verständlicher wird es, dafs Apollonius dieselben in seine kompendiöse Darstellung nicht hat aufnehmen können, sondern sich damit hat begnügen müssen, die Grundlage dafür kurz darzustellen und die weitere Entwicklung, hiervon sowohl wie von der Lehre von körperlichen Örtern für Punkte, anderen Werke zuzuweisen. Eine Stelle bei Pappus scheint sogar darauf hinzudeuten, dafs man diese an dieselbe Stelle verwiesen hatte wie die Lehre von den körperlichen Örtern, und dafs man die Sätze über die Erzeugung eines Kegelschnittes durch Tangenten als eine besondere Art von Sätzen über körperliche Örter betrachtete. In seiner Klassifikation der Örter[1]) wird nämlich aufser von Örtern für Punkte auch von Örtern für Linien und Flächen gesprochen, und im besonderen wird gesagt, dafs die Örter für eine einfach unendliche Menge von Linien (*τόποι διεξοδικοί*) Oberflächen sind. Hierbei mufs man wohl zunächst an die Erzeugung von Flächen durch Linien im Raume denken. Da nun aber die Griechen — wenigstens in den drei Sätzen in Apollonius' drittem Buche — Systeme von einer einfach unendlichen Anzahl von Linien derselben Ebene untersucht haben, so liegt die Annahme nicht fern (was der Wortlaut bei Pappus auch vollkommen gestattet), dafs der Teil einer Ebene, welcher alle diese geraden Linien enthält, auch als ein *τόπος διεξοδικός* für diese aufgefafst worden sein kann. Der Ort für die Tangenten einer Ellipse oder Parabel wird dann der Teil

[1]) Ausg. v. Hultsch, S. 660—662. Pappus' Bemerkungen an dieser Stelle enthalten einen Auszug aus der Einleitung zu Apollonius' Schrift über ebene Örter.

der Ebene, welcher auf den konvexen Seiten der beiden Kurven liegt. Der Ort für die Tangenten einer Hyperbel, d. h. eines Hyperbelastes, wird der Teil der Ebene, der auf der konvexen Seite derselben, doch aufserhalb desjenigen Winkels zwischen den Asymptoten liegt, welcher den zweiten Ast enthält.

Da nun diese Örter durch die Kurve, welche die Linien berühren sollen, wesentlich charakterisiert werden, so war es nicht unnatürlich, wenn diese Kurve ein Kegelschnitt war, auch diese Örter als eine Art von körperlichen Örtern zu betrachten.

In den Fällen, wo alle Geraden durch einen Punkt gehen, wie in den oben angeführten Porismen, würde die ganze Ebene Ort der Geraden werden, doch so, dafs dieser durch den Punkt besonders charakterisiert wird. Auf diese Weise würden diese Porismen nicht, wie wir im achten Abschnitt als möglich angenommen haben, solche unvollständige Sätze sein, in denen von einem Punkt als Ort (*τόπος ἐφεκτικός*) für einen Punkt die Rede ist, sondern solche, in denen von einem *τόπος διεξοδικός* für eine Gerade die Rede ist.

Sollte nun auch diese Erklärung von Apollonius' Einteilung der Örter, welche ich nur als möglich aufstelle, unrichtig sein, so ist damit doch nicht ausgeschlossen, dafs die Sätze über Erzeugung der Kegelschnitte durch Tangenten in die Lehre der Alten über körperliche Örter mit aufgenommen sein konnten. Für die Möglichkeit dieser Annahme liefert die Art, wie Halley sich ausdrückt, ein indirektes Zeugnis, indem er in seinen Zusätzen über die Anwendungen des Verhältnisschnittes und Flächenschnittes die Enveloppen beständig Örter nennt, Örter nämlich für die unbekannten Berührungspunkte der Tangenten. Dasselbe hätten die Alten thun können.

Wenn die Griechen nun wirklich eine ausgedehntere Kenntnis der Erzeugung von Kegelschnitten durch Tangenten besessen haben als die ist, welche in den Sätzen in Apollonius' drittem Buche ihren Ausdruck findet, so geht es geradezu aus unserer Beweisführung hervor, dafs sie dieselbe in Übereinstimmung mit der Schrift vom Flächenschnitt angewandt haben müssen, um Tangenten von einem gegebenen Punkt an einen Kegelschnitt zu ziehen, der durch fünf Tangenten, unter denen zwei

Paare parallel sind, bestimmt ist. Die bekannten Umformungen der Ausdrücke, welche die Verbindung zwischen den projektivischen Punktreihen bestimmen, würden sie auch befähigt haben, die Bestimmung von Tangenten eines Kegelschnittes, von dem fünf beliebige Tangenten gegeben sind, auf irgend einem Wege hierauf zurückzuführen. Der Diorismus zum Flächenschnitt mufs an und für sich eine Bestimmung der Punkte eines Kegelschnittes, bezogen auf ein System von Parallelkoordinaten mit zwei Tangenten als Axen, geliefert haben. Ferner ist die Bestimmung von Tangenten eines Kegelschnittes von der Art, dafs sie unmittelbar zur Lösung der Aufgabe führt: die fehlenden gemeinschaftlichen Tangenten von Kegelschnitten zu finden, die bereits zwei gegebene Tangenten gemeinschaftlich haben.

Ob nun in der That irgend ein alter griechischer Mathematiker Gebrauch z. B. von der zuletzt angeführten Bestimmung gemacht hat, darüber läfst sich keine sichere Ansicht aufstellen. Jene Bestimmung soll hier auch nur hervorgehoben werden als Beitrag zu einer Schilderung des Gebietes, innerhalb dessen die Griechen sich mit vollkommener Freiheit zu bewegen vermochten, so dafs sie Sätze finden und auf der Grundlage dieser sich gegenseitig Aufgaben zum Lösen stellen konnten. Wollte ich den Versuch machen, durch mehr einzelne Beispiele dieses Gebiet, das nach den Auseinandersetzungen in diesem und dem vorhergehenden Abschnitt zu Apollonius' Zeit im Besitze der griechischen Mathematiker war, genauer zu schildern, so würde ich gezwungen sein zu willkürlichen Annahmen zu greifen. Ich ziehe es deshalb vor auf etwas bestimmtes hinzuweisen, das allerdings in der neueren Zeit, aber mit den Hülfsmitteln der alten Geometrie ausgeführt ist, nämlich auf den ganzen fünften Abschnitt des ersten Buches von Newtons Principia, aus dem bereits zweimal (im siebenten Abschnitt und kürzlich in diesem) Einzelheiten citiert worden sind. Dadurch wird in Wirklichkeit keine zu hohe Vorstellung von dem erweckt, was die alte Geometrie leisten konnte, wenn die Griechen selbst auch möglicherweise die Bestätigung dafür durch Behandlung anderer Fragen geliefert haben.

Denn die Hülfe, die Newton bei diesen Untersuchungen aus der damaligen modernen Mathematik entnehmen konnte, stand hinter der zurück, welche Euklids Porismen und die ganze Entwicklung, aus der diese hervorgegangen sind, den Alten gewährten. Allerdings war Newton durch sein hervorragendes und alleinstehendes Genie unterstützt; aber das Jahrhundert, in dem Euklid, Archimedes und Apollonius wirkten, besafs auch seine grofsen Mathematiker, und diese hatten hier, wo es darauf ankam antike Methoden anzuwenden, zu deren Benutzung sie mündlich und durch jetzt verlorene Bücher erzogen worden waren, viel vor Newton voraus, der in dieser Beziehung auf die wenigen hinterlassenen Schriften angewiesen war, deren Abfassungsart überdies mehr darauf berechnet ist volle Sicherheit für die Gültigkeit der gewonnenen Resultate zu geben als den Weg hervortreten zu lassen, auf dem diese Resultate erreicht worden sind.

---

## Sechzehnter Abschnitt.

Brennpunktseigenschaften; Apollonius' drittes Buch 45—52; Apollonius' zwei Bücher über Berührungen.

---

Apollonius benutzt einen der Sätze über die Erzeugung eines Kegelschnittes durch Tangenten, nämlich Satz 42 des 3ten Buches, um die einfachsten Sätze über die Brennpunkte der Ellipse und Hyperbel zu entwickeln. Ein solcher Anschlufs der Lehre von den Brennpunkten an die Erzeugung durch Tangenten ist an und für sich der einfachste Weg, wenn man die analytisch-geometrische oder projektivisch-geometrische Bestimmung der Kegelschnitte zum Ausgangspunkt nehmen will. In der nachfolgenden Auseinandersetzung wollen wir uns der Kürze wegen an die Ellipse halten, während Apollonius Ellipse und Hyperbel zusammen behandelt.

In Satz 45 werden die Brennpunkte, welche keinen besonderen Namen erhalten, als zwei solche Punkte (Fig. 65) $F$ und $F_1$ der Hauptaxe $AA_1$ (mit den Endpunkten $A$ und $A_1$) bestimmt, dafs

$$AF.FA_1 = AF_1.F_1A_1 = \tfrac{1}{4} \text{ der Figur, d. h. } = \tfrac{1}{4}ap,$$

wo $a$ und $p$ die Längen der Axe und des Parameters bedeuten. Demnächst sagt der Satz über diese Punkte aus, dafs das

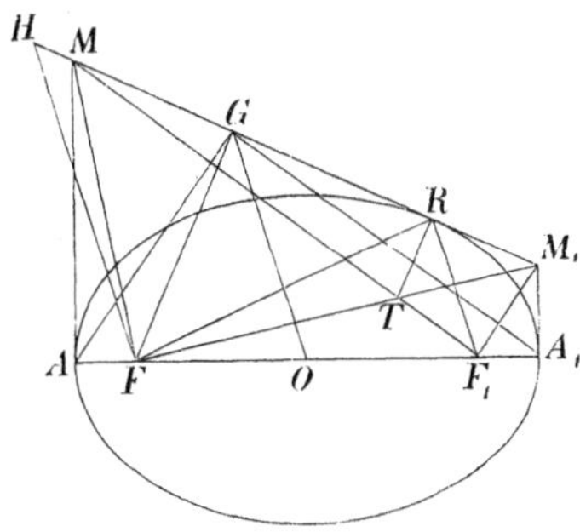


Fig. 65.

Stück $MM_1$, welches die Tangenten in $A$ und $A_1$ von einer beliebigen Tangente abschneiden, von $F$ und $F_1$ aus unter rechten Winkeln gesehen wird.

Zieht man nämlich $FM$ und $FM_1$, so wird $AM.A_1M_1 = AF.FA_1$, und deshalb sind die rechtwinkligen Dreiecke $MAF$ und $FA_1M_1$ ähnlich. Die Winkel, welche in diesen Dreiecken bei $F$ liegen, sind also Komplemente, mithin ist Winkel $MFM_1$ ein Rechter. Auf dieselbe Weise wird der Beweis für den Punkt $F_1$ geführt.

Aus diesem Satze folgt wiederum, dafs die vier Punkte $M$, $F$, $F_1$, $M_1$ auf einer Kreisperipherie liegen, woraus sich [in 46] ergiebt, dafs $\angle MM_1F = \angle MF_1F = \angle F_1M_1A_1$, und dafs $\angle M_1MF_1 = \angle FMA$.

Darauf wird [in 47] bewiesen, dafs man den Berührungspunkt der Tangente $MM_1$ erhält, wenn man den Schnittpunkt $T$ zwischen $FM_1$ und $F_1M$ auf diese Tangente projiciert. Aus 46 und 45 folgt nämlich, wenn wir diese Projektion $R$ nennen, dafs

$$\frac{MA}{MR} = \frac{MF}{MT} = \frac{M_1F_1}{M_1T} = \frac{M_1A_1}{M_1R},$$

also dafs

$$\frac{MR}{RM_1} = \frac{MA}{M_1A_1} = \frac{MP}{M_1P},$$

wo $P$ den Schnittpunkt der Tangente mit der Axe bedeutet. Dafs $R$ dann Berührungspunkt wird, folgt aus der im ersten Buch (vergl. S. 83) gegebenen Bestimmung von Tangenten.

Dafs die Tangente gleiche Winkel mit den an ihren Berührungspunkt gezogenen Brennstrahlen bildet, ergiebt sich nun [48] mit Hülfe von Kreisen, die durch die Punkte $M$, $F$, $T$, $R$ und $M_1$, $F_1$, $T$, $R$ gelegt werden, woraus hervorgeht, dafs $\angle MRF = \angle MTF = \angle F_1TM_1 = F_1RM_1$.

Um ferner zu dem Hauptsatze von der Summe der Brennstrahlen zu gelangen, wird die Projektion $G$ des Brennpunktes $F$ auf die Tangente benutzt. $A$, $M$, $G$, $F$ liegen auf einem Kreise, und $A_1$, $M_1$, $G$, $F$ auf einem zweiten; daraus folgt, dafs $\angle AGF = \angle AMF = \angle A_1FM_1 = \angle A_1GM_1$. Hieraus wird wiederum geschlossen, dafs die Axe $AA_1$ vom Punkte $G$ aus unter einem rechten Winkel gesehen wird [49].

Zieht man nun parallel dem Brennstrahle $F_1R$ Linien von $F$ und dem Mittelpunkt $O$ bis an die Tangente, so wird die erstere, $FH$, gleich $FR$, woraus folgt, dafs $G$ die Mitte zwischen $H$ und $R$ ist, die von $O$ gezogene Linie also durch diesen Punkt geht. Die Parallele $OG$ ist dann nach 49 halb so grofs wie die Axe $AA_1$ [Satz 50]. Zugleich ist sie das arithmetische Mittel zwischen $F_1R$ und $FH$ oder zwischen den Brennstrahlen $F_1R$ und $FR$. Die Summe dieser wird also gleich der Axe [51]. Dafs für die Hyperbel die Differenz der Brennstrahlen gleich der Axe ist, wird in 52 bewiesen.

Dies stellt das dar, was Apollonius über die Brennpunkte mitteilt. Er macht also keinen Satz über den Brennpunkt der Parabel namhaft, und daraus haben moderne Schriftsteller, die über diese Sache geschrieben haben, geschlossen, dafs man damals garnichts über diesen Punkt gewufst habe. Das dies indessen unrichtig ist, haben wir schon S. 213 Gelegenheit gehabt zu sehen, da Pappus' zweiter Hülfssatz zu Euklids

Oberflächenörtern[1]) zeigt, dafs Euklid den Satz benutzt und demnach auch gekannt hat, dafs der geometrische Ort für einen Punkt, dessen Abstände von einem gegebenen Punkte und einer gegebenen Geraden in einem gegebenen Verhältnis stehen, eine Ellipse, Parabel oder Hyperbel ist, je nachdem das Verhältnis $\lesseqgtr$ 1. Ich zeigte im zehnten Abschnitt (vergl. S. 212) durch eine Anwendung, die nicht aus der erwähnten verlorenen Schrift herrührt, dafs dieser Satz wahrscheinlich sogar wohl bekannt war. Dafs man dann während der Beschäftigung mit Euklids Schrift gesehen hat, dafs jede Parabel sich als ein solcher Ort bestimmen lasse, ist anzunehmen.

Um nun zu verstehen, dafs Apollonius dennoch weder Brennpunkt und Leitlinie der Parabel noch die dem entsprechenden allgemeineren Sätze über Ellipse und Hyperbel mit aufgeführt hat, mufs man zunächst auch hier beachten, dafs es aus Apollonius' eigenen Vorreden hervorgeht, dafs er nicht imstande ist alles zu geben, was er über die Kegelschnitte weifs. Ferner mufs man, wenn man Forderungen mit Bezug auf das stellen will, was jedenfalls hätte mit aufgenommen werden müssen, sich hüten von den modernen Anschauungen über die Bedeutung der Brennpunkte für die Astronomie oder von ihrer Brauchbarkeit als Ausgangspunkt für die gesamte Lehre von den Kegelschnitten auszugehen.

Eine besondere Erklärung des Umstandes, dafs Apollonius neben den übrigen Sätzen über Brennpunkte nicht auch die die Parabel umfassenden Sätze über Brennpunkt und Leitlinie aufgenommen hat, läfst sich vielleicht aus der oft benutzten Angabe in seiner Vorrede entnehmen, dafs das dritte Buch namentlich die Grundlage für die Bestimmung von Örtern geben solle — also nicht die Bestimmung der Örter selbst. Ob man nun zu Apollonius' Zeit die Bestimmung des Ortes für einen Punkt, dessen Abstände von einem gegebenen Punkte und einer gegebenen Geraden in einem gegebenen Verhältnis

[1]) Pappus, Ausg. v. Hultsch. S. 1004 ff.

stehen, auf dieselbe Weise bestimmte, wie es von Pappus geschehen ist, oder ob man dafür eine andere Behandlung der Gleichung von der Form $y^2 = ax^2 + bx + C$, auf welche der Ort sich unmittelbar beziehen läfst, benutzte: für diese Bestimmung bedurfte man keiner anderen Grundlage als derjenigen, welche in Apollonius' erstem Buche gegeben war. Anders dagegen verhielt es sich mit der Bestimmung des Ortes für einen Punkt, dessen Abstände von zwei gegebenen Punkten eine gegebene Summe oder Differenz haben. In der unmittelbaren Aufstellung der Gleichung für einen solchen Ort kommen nämlich zwei Wurzelzeichen vor. Eine Arbeit, die der entspricht, welche uns das Fortschaffen dieser Wurzelzeichen verursacht, war auch bei der geometrischen Form, welche die Griechen solchen Fragen gaben, erforderlich. Diese wird vermieden, indem Apollonius direkt beweist, dafs jede Ellipse oder Hyperbel ein solcher Ort ist.

Dafs nun in der That dies das Ziel ist, dem Apollonius zustrebt, sieht man aus der Flüchtigkeit, mit der er die übrigen Brennpunktseigenschaften behandelt, welche Glieder in der Satzreihe bilden, die ihn an dieses Ziel führt. Ungeachtet dessen, dafs sein Satz 49 in Wirklichkeit eine Bestimmung des Ortes für die Projektion $G$ eines Brennpunktes auf eine Tangente ist, und dafs im Folgenden geradezu von der Thatsache Gebrauch gemacht wird, dafs der Abstand des Punktes $G$ vom Mittelpunkte des Kegelschnittes gleich der halben Hauptaxe ist, begnügt Apollonius sich doch in der Darstellung des genannten Satzes damit zu sagen, dafs die Hauptaxe von $G$ aus unter einem rechten Winkel gesehen wird.

Der Umstand, dafs Apollonius die einzelnen Sätze über Brennpunkte, durch welche er zu seinem Endresultate gelangt, so wenig hervorhebt, könnte leicht die Meinung erwecken, dafs man überhaupt sich nur wenig mit diesen Sätzen beschäftigt habe und deshalb nicht auf ihre Bedeutung aufmerksam geworden sei. Es ist von nicht geringer Wichtigkeit zu erfahren, ob diese Ansicht richtig ist oder nicht. Ist sie nämlich richtig, so ist es möglich, dafs das bereits Angeführte zu Apollonius' Zeit wirklich die Grenze für das war, was man über die Brennpunkte wufste, dafs man also nicht bemerkt hatte, dafs der feste Punkt in den dem Euklid bekannten Örtern einen der beiden Brennpunkte für die Ellipse und Hyperbel darstellte, und dafs man nicht versuchte die Sätze über die Parabel zu finden, welche den anderen bekannten Brennpunktseigenschaften der Ellipse und Hyperbel entsprechen. Hat man dagegen, wie ich nachzuweisen versuchen werde, sich eingehender mit diesen letzteren beschäftigt, so kann die Frage nach den entsprechenden Eigenschaften der Parabel nicht unterdrückt worden und noch weniger, nachdem sie erst einmal aufgestellt war, unbeantwortet geblieben sein. Dazu waren die Alten zu sehr daran gewöhnt die Sätze über die Parabel neben denen über die anderen beiden Kurven aufzustellen; sie geben hierdurch zu erkennen, dafs sie recht wohl die Übereinstimmung in Sätzen und Beweisen sahen, wenn auch diese letzteren oft formell von einander unabhängig waren. Namentlich müssen die Sätze über die Lage einer Parabeltangente mit Beziehung auf den an den Berührungspunkt gezogenen Brennstrahl und über den Ort für die Projektion des Brennpunktes einer Parabel auf eine Tangente[1]) sehr bald hervorgetreten und äufserst leicht zu beweisen gewesen sein.

Dafs man sich nicht so ganz wenig mit den Sätzen über die Brennpunkte der Ellipse und Hyperbel beschäftigte, welche die einzelnen Glieder in der Reihe von Beweisen bilden, die Apollonius zuletzt zu den Sätzen über Summe und Differenz der Brennstrahlen führen, schliefse ich zunächst aus der eigentümlichen Beschaffenheit dieser Beweisreihe. Die äufserst einfachen Hülfsmittel, welche in derselben benutzt werden, machen sie nahezu so elegant wie möglich; aber es sieht nicht ganz danach aus, als ob sie den Weg darstellte, auf dem man zuerst zum Endresultate gelangt ist. Dieses Resultat ist vielmehr

---

[1]) Der entsprechende Satz über die Ellipse und Hyperbel [49 bei Apollonius] ist ein Beispiel dafür, dafs es nicht ganz richtig ist, wenn man zur Erklärung von Apollonius' vermeintlicher Blindheit gegenüber den Brennpunktseigenschaften der Parabel behauptet hat, dafs er sich nur mit den symmetrischen Brennpunktseigenschaften beschäftigte. Vergl. eine Anmerkung von Dr. Heiberg, Zeitschr. f. Math. u. Phys., hist. Abth. XXVIII, S. 129.

vorher gefunden worden als Antwort auf die Frage, welches der geometrische Ort sei für Punkte, deren Abstände von zwei gegebenen Punkten eine gegebene Summe oder Differenz haben. Diese Frage kann leicht durch Konstruktionsaufgaben veranlafst sein, namentlich durch die Aufgabe einen Kreis zu konstruieren, der drei gegebene Kreise berührt. Wenn auch Apollonius in seiner Schrift über die Berührungen[1]) diese Aufgabe, mit der die Griechen sich, wie man annehmen darf, auch früher beschäftigten, mittels Zirkel und Lineal gelöst hat, so lag der Gedanke, dieselbe durch geometrische Örter für den Mittelpunkt zu lösen, doch zu nahe, als dafs man dies nicht zuerst versucht haben sollte.

Die Analysis nun, welche darauf geführt hatte, dafs dieser Ort eine Ellipse oder Hyperbel sei, war wahrscheinlich zu wenig übersichtlich und zu weitläufig, um in eine Synthesis umgeformt zu werden. Dagegen wird man bei genauerer Untersuchung der betreffenden Punkte andere mit ihnen verbundene Eigenschaften der Kurven gefunden haben, aus denen man dann nach und nach die Beweisreihe hat konstruieren können, die sich bei Apollonius findet. Dafs nun — wie ich behaupte — diese Untersuchung gründlich und ziemlich umfassend gewesen ist, das schliefse ich aus der aufserordentlichen Einfachheit eben dieser Beweisreihe; denn sie aus so einfachen Gliedern zusammenzusetzen hat nur dem gelingen können, der aus einer gröfseren Zahl von Eigenschaften die einfachsten und für den vorliegenden Zweck bequemsten auswählen konnte.

Einen anderen Beweis finde ich darin, dafs sich nachweisen läfst, Apollonius sei nicht der erste und einzige gewesen, der sich mit den Sätzen, von denen die Rede ist, beschäftigt hat.

Der 31ste von Pappus' Hülfssätzen zu Euklids Porismen[2])

---

[1]) Pappus, Ausg. v. Hultsch, S. 644 ff. Da Apollonius in der genannten Schrift auch die Fälle behandelt, wo einer oder mehrere der Kreise mit geraden Linien vertauscht werden, so dürfte auch diese Aufgabe eine natürliche Veranlassung dargeboten haben, die Untersuchung des Brennpunktes der Parabel vorzunehmen und die Übereinstimmung zwischen diesem und denjenigen der Ellipse und Hyperbel zu bemerken.

[2]) Ausg. v. Hultsch, S. 906.

lautet, wenn wir nur die Buchstaben etwas verändern und im übrigen dieselbe Figur (Fig. 66) zeichnen, folgendermafsen:

Gegeben ist ein Halbkreis über $A_1 A$ als Durchmesser; in den Endpunkten $A$ und $A_1$ dieser Strecke werden die Senkrechten $AM$ und $A_1 M_1$ erreichtet, und eine beliebige Gerade $MM_1$ wird gezogen; in dem Punkte $G$ (in dem diese Gerade den Halbkreis schneidet) wird die $GF$ senkrecht zu $M_1 M$ gezogen; trifft diese Senkrechte die $A_1 A$ in $F$, so ist

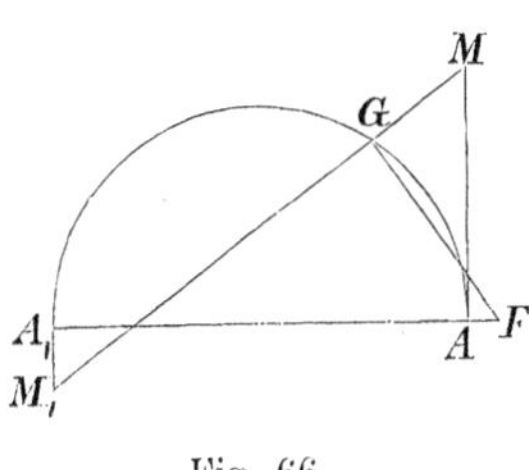


Fig. 66.

$$AM \,.\, A_1 M_1 = A_1 F \,.\, FA.$$

Merkwürdigerweise beweist nun Pappus nicht diesen Satz selbst, sondern die Umkehrung desselben, oder man kann sagen, da die Einzelheiten des Beweises sich umkehren lassen, dafs er die Analysis giebt, aus der sich der synthetische Beweis eben des Satzes, den er ausspricht, würde ableiten lassen. Der wirklich bewiesene Satz fällt — ohne dafs ein Kegelschnitt genannt wird — genau mit dem zusammen, dafs der geometrische Ort für die Projektion eines Brennpunktes einer Ellipse oder Hyperbel (die Figur entspricht der letzteren) auf eine Tangente der Kreis über der Hauptaxe als Durchmesser ist, also genau mit demjenigen, den Apollonius in 49 beweist und darauf in 50 anwendet, ohne dafs er sich, bei seinem Eifer das Endresultat zu erreichen, Zeit läfst, denselben auszusprechen. Die Bestimmung der Tangente $M_1 M$ durch das Rechteck aus den Stücken, welche sie auf den Tangenten der Scheitelpunkte abschneidet, und des Brennpunktes $F$ durch das dem ersteren gleiche Rechteck $A_1 F \,.\, FA$ ist genau dieselbe wie die, welche Apollonius anwendet. Dasselbe gilt für Pappus' ganzen Beweis.

Nun darf man annehmen, dafs der hier vorliegende Hülfssatz, ebenso wie Pappus' Hülfssätze zu bekannten Werken, nichts anderes enthalten habe als einen ausführlicheren Nachweis von etwas, das dem Verfasser des Hauptwerkes bekannt war, das dieser aber entweder als etwas auch seinen Lesern bekanntes betrachtete oder indirekt aus dem Zusammenhange so hervortreten liefs, dafs ein besonderer Beweis überflüssig wurde. Euklid kannte also einen Satz, der nach seinem Inhalt und nach dem Beweise, den Pappus für den nächstliegenden ansieht, genau mit einem wichtigen Satze aus Apollonius' Lehre von den Brennpunkten zusammenfällt, einen Satz überdies, der erst dann eine einfache Form annimmt, wenn man ihn als einen Satz über Brennpunkte auffafst.

Der Umstand also, dafs der Hülfssatz, abgesehen von der Form, ganz der Lehre von den Brennpunkten angehört, macht es wahrscheinlich, dafs dasselbe mit dem oder den von Euklids Porismen der Fall gewesen ist, zu deren Beweisen er gehört. Sogar Chasles, der keine bewufste Verbindung zwischen Euklids Porismen und der Lehre von den Kegelschnitten annimmt, stützt auf den angeführten Hülfssatz sein Porisma 174, das — selbstverständlich ohne einen Kegelschnitt besonders zu nennen — aussagt, dafs die Senkrechten, welche in den Schnittpunkten einer Tangente eines Kegelschnittes mit dem über der Hauptaxe als Durchmesser beschriebenen Kreise errichtet werden, durch feste Punkte gehen; ferner seine Porismen 194 und 195, welche ausdrücken, dafs die Enveloppe des einen Schenkels eines rechten Winkels, dessen anderer Schenkel durch einen festen Punkt geht, während der Scheitelpunkt auf einer Kreisperipherie gleitet, ein Kegelschnitt ist (mit dem festen Punkte als Brennpunkt); endlich sein Porisma 196, welches aussagt, dafs die Enveloppe der Sehnen eines Kreises, welche die Endpunkte paralleler Sehnen verbinden, die durch feste, auf einem Durchmesser gleich weit vom Mittelpunkte gelegene Punkte gezogen sind, ein Kegelschnitt ist (mit den festen Punkten als Brennpunkten).

Dafs Euklids Bücher über die Porismen unter Formen, bei denen die Kegelschnitte nicht genannt werden, die hier erwähnten oder andere Sätze über Brennpunkte[1]) enthalten

[1]) Da die Bücher über die Porismen, wenigstens vorzugsweise, (unvollständige) Sätze über Örter enthalten haben, und da ich geneigt bin, einen etwas gröfseren Abstand zwischen Euklids Porismen und Pappus' Hülfssätzen anzunehmen als Chasles thut, so würde ich mir eher den

haben, würde, wie schon bemerkt (S. 168), vollkommen zu der Vermutung über den Ursprung der Porismen stimmen, die ich im achten Abschnitt aufgestellt habe, und dafs Euklid die dazu nötigen Kenntnisse besafs, bezeugt Pappus' Hülfssatz. Untersuchungen über Brennpunkte sind also schon vor Apollonius bekannt gewesen. Man hatte also Zeit genug gehabt auch an die Parabel denken.

Sind diese meine Behauptungen richtig, so hat man allerdings aufs neue einigen Grund sich darüber zu wundern, dafs in Apollonius' Werk, das doch in die gesamte Lehre von den Kegelschnitten einführen sollte, einige der wichtigsten Brennpunktseigenschaften der Ellipse und Hyperbel nur als Glieder in einer Beweisreihe angeführt und die entsprechenden Sätze über die Parabel garnicht genannt werden[1]. Der Grund hierfür kann, da es sich vor allem um die Sätze über die Lage der Tangente mit Beziehung auf die an den Berührungspunkt gezogenen Brennstrahlen handelt, nicht der sein, dafs dieselben in Werke über geometrische Örter aufgenommen worden waren. Indessen kann es auch nicht wohl ein anderer sein als der, dafs man sich in anderen Schriften hinreichend mit diesen Sätzen beschäftigt hatte.

Hierbei mufs man an eine bestimmte Klasse von Schriften

---

citierten Hülfssatz in einem Porisma angewandt denken können, welches den Ort behandelt für die Schnittpunkte zwischen einer Tangente eines Kegelschnittes und einer Geraden, welche, vom Brennpunkt aus gezogen, die Tangente unter einem gegebenen Winkel schneidet.

[1]) Als eine mögliche Veranlassung dieses Umstandes liefse sich anführen, dafs die Beweise für die Brennpunktseigenschaften der Parabel am leichtesten sich durch den erst im fünften Buch bewiesenen Satz führen lassen, dafs die Subnormale gleich $\frac{p}{2}$ ist ($SN$ in Fig. 67 im Folgenden), da in Folge dessen $F$ die Mitte von $PN$ wird, mithin $FR = FP$. Wir haben nämlich aus der Vorrede zu Apollonius' fünftem Buch gesehen, dafs der Wert der Subnormale vor Apollonius bekannt war, und dafs er dieselbe im ersten Buch hätte berücksichtigen können, dies aber des Zusammenhangs wegen bis zum fünften Buche verschoben hat. Doch würde Apollonius sich aus diesem Grunde nicht haben hindern lassen, die Brennpunktseigenschaften der Parabel im dritten Buche mit zu behandeln, wenn es für ihn von Wichtigkeit gewesen wäre.

denken, nämlich die Schriften über Katoptrik oder über die Zurückwerfung des Lichtes von spiegelnden Flächen. In einem kürzlich entdeckten Bruchstücke einer solchen Schrift, nämlich in dem Teil des sogenannten „Fragmentum Bobiense“, der von Dr. Heiberg[1]) interpretiert ist, findet man auch wirklich einen vollständigen Beweis für den Satz, dafs eine Parabeltangente gleiche Winkel mit der Axe und dem an den Berührungspunkt gezogenen Brennstrahl bildet. Wenn auch anzunehmen ist, dafs dieser Beweis in einer viel späteren Zeit ausgearbeitet wurde als die ist, mit der wir uns hier beschäftigen, so wollen wir denselben hier doch mitteilen, da er den ältesten darstellt, welcher uns erhalten ist, und da er sich ganz genau an die in Apollonius' Kegelschnitten enthaltenen Sätze anschliefst.

Ist (Fig. 67) $F$ der Brennpunkt einer Parabel, auf der Axe bestimmt durch den Abstand $AF = \frac{1}{4}p$ vom Scheitelpunkt,

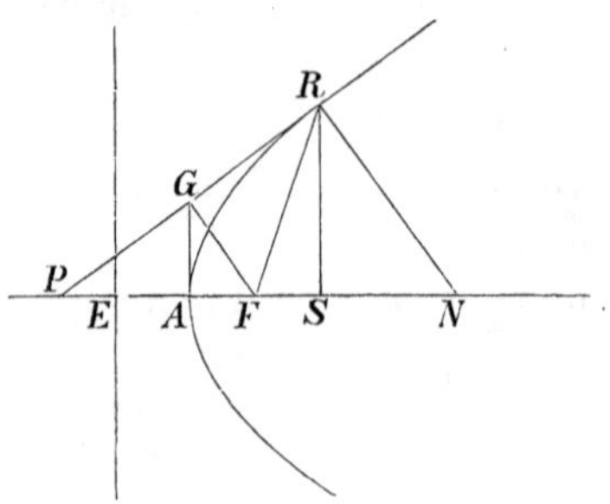


Fig. 67.

und sind $RS$ und $RP$ Ordinate und Tangente eines beliebigen Kurvenpunktes $R$, so wird nach der Gleichung der Parabel, und weil $A$ die Mitte zwischen $P$ und $S$ ist, das Stück $AG$ der Scheitelpunktstangente bestimmt durch

$$AG^2 = \tfrac{1}{4}SR^2 = \tfrac{1}{4}p \,.\, AS = AF \,.\, AS = AF \,.\, PA.$$

Hieraus folgt, dafs $FG \perp PR$, und, da $PG = GR$, dafs $PF = FR$, sowie dafs $\angle RPF = \angle FRP$. [Trägt man

[1]) Zeitschr. f. Math. u. Phys., hist. Abth. XXVIII, S. 121 ff.

auf der Verlängerung der Axe das Stück $AE = FA$ ab, so folgt auch aus $PF = FR$, dafs $FR = ES$, also die früher erwähnte Haupteigenschaft des Brennpunktes der Parabel; aber die Katoptrik gab dem Verfasser keine Veranlassung hierauf einzugehen].

Über das Bruchstück, dessen Inhalt hier wiedergegeben ist, stellt Heiberg in Übereinstimmung mit Belger, der früher die Fortsetzung desselben Manuskriptes herausgegeben hatte, die Vermutung auf, dafs es aus dem 6ten Jahrhundert n. Chr. von Anthemius stamme und sich an ein anderes erhaltenes Fragment desselben Verfassers angeschlossen habe, das in Dr. Heibergs Übersetzung[1]) folgendermafsen lautet: „Da aber die Alten auch die gewöhnlichen Brennspiegel erwähnt haben, wie man die Einfallsflächen konstruieren solle, nur rein mechanisch, ohne geometrische Beweise hierfür vorzubringen, alle aber solche (d. h. die Meridiankurven der Flächen) als Kegelschnitte bezeichnend, ohne aber anzugeben, welche, und wie sie entstehen, so werden wir hier versuchen, die Konstruktionen einiger solcher Einfallsflächen zu geben, und zwar nicht ohne Beweis, sondern durch die geometrischen Methoden begründet".

Der Umstand, dafs Anthemius, wie ersichtlich, keinen älteren Beweis kennt, ist nach Heiberg ein Grund für die Annahme[2]), dafs das soeben nach dem Fragmentum Bobiense mitgeteilte nicht älter als Anthemius ist, und da darin gerade das Versprechen erfüllt wird, welches er giebt, so ist es natürlich, ihm dasselbe zuzuschreiben. Anthemius' Unkenntnis eines älteren Beweises ist dagegen kein zuverlässiges Zeugnis dafür, dafs niemand früher einen solchen geführt habe. Im Gegenteil, wenn Anthemius uns mitteilt, dafs man vor seiner Zeit Brennspiegel gekannt habe, die aus Kegelschnitten gebildet waren (und das können nur solche gewesen sein, die durch Umdre-

[1]) a. a. O. S. 128—129.

[2]) Entscheidend ist dieses Argument indessen keineswegs, da es nicht nötig ist, dafs Anthemius das Manuskript gekannt hat. Dieser Grund spricht also nicht gegen Cantors Annahme (Hermes XVI, S. 637 ff.), dafs das Manuskript viel älter sein und z. B. von Diokles herrühren könne.

hung von Kegelschnitten um die Hauptaxe gebildet waren), so erfahren wir mit genau derselben Sicherheit, dafs man die Haupteigenschaft dieser Brennspiegel bewiesen habe. Solche Spiegel sind nämlich zu schwierig zu konstruieren, als dafs jemand auf ihre Konstruktion verfallen konnte ohne vorher auf theoretischem Wege ihre Eigenschaften gefunden und bewiesen zu haben. Wenn also die „Alten", welche Anthemius kennt, so wenig von der alten griechischen Mathematik gewufst haben sollten, dafs sie die Anwendbarkeit parabolischer Hohlspiegel erwähnten ohne dieselbe beweisen zu können, so müssen sie das, was sie hiervon wufsten, noch älteren Schriftstellern verdankt haben, welche die Beweise geführt hatten.

Da indessen die Alten, nach Anthemius, nur von der Benutzung der Kegelschnitte gesprochen haben ohne anzugeben, welchen Kegelschnitt sie meinen, so wäre es immer noch möglich, dafs sie nur an ellipsoidische Hohlspiegel gedacht und dann auch aus Apollonius' drittem Buche gewufst hätten, dafs Strahlen, welche von dem einen Brennpunkt ausgehen, nach dem anderen zurückgeworfen werden. Diese Möglichkeit ist wirklich vorhanden, sobald man annehmen darf, dafs man in der alten Zeit sich nicht mit dem Studium der Zurückwerfung paralleler Lichtstrahlen beschäftigt hat.

Hierauf könnte das Werk deuten, das uns unter dem Namen von Euklids Katoptrik aufbewahrt ist. In diesem Werke findet sich nichts über parallele Lichtstrahlen, und in dem letzten Satze desselben, der von sphärischen Hohlspiegeln handelt, werden ausdrücklich Strahlen betrachtet, welche von einem Punkt der Sonne ausgehen, und nicht parallele Strahlen. Da überdies nichts über die Grenzen für die Entfernung dieses leuchtenden Punktes gesagt, sondern derselbe nur stillschweigend als weiter vom Spiegel entfernt als der Kugelmittelpunkt betrachtet wird, so erhält man keine andere Grenze für die Schnittpunkte der zurückgeworfenen Strahlen mit dem durch den leuchtenden Punkt gezogenen Durchmesser als eben den Kugelmittelpunkt.

Dieser Umstand dürfte den Verfasser des Stückes vom Fragmentum Bobiense, welches auf den Beweis des Satzes über die Parabel[1]) folgt, zu dem Ausspruch veranlafst haben, dafs einige den Brennpunkt eines cirkularen Spiegels im Mittelpunkte annehmen; aber — fügt er hinzu — diese fehlerhafte Meinung hat Apollonius in seinem Buche über Brennspiegel (oder „gegen die Katoptriker") hinlänglich widerlegt, und er hat deutlich gemacht, wo der Brennpunkt liegt. Von welchem Brennpunkt nun die Rede ist, erfährt man dadurch, dafs der Verfasser des Fragmentes, trotz dieser Anerkennung von Apollonius' Resultat, nicht ganz mit seiner Darstellung zufrieden ist und deshalb eine andere an die Stelle setzt. Aus dieser[2]) ergiebt sich, dafs von parallelen Strahlen die Rede ist, die von einem sphärischen Spiegel zurückgeworfen werden, der von jeder durch die Axe $DB$ (Fig. 68) gelegten Diametralebene in einem Kreisbogen $ABC$ von 90° geschnitten wird. Es wird bewiesen, dafs die zurückgeworfenen Strahlen die Axe in Punkten treffen, die zwischen der Mitte $E$ des Radius $BD$ und dessen Schnittpunkt $F$ mit der Ebene des den Spiegel begrenzenden Kugelkreises $AC$ liegen.

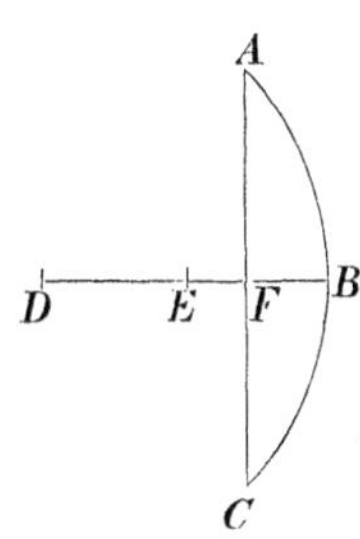

Fig. 68.

Dasselbe hat also Apollonius gewufst und ausgesprochen. Da nun die Anwendbarkeit des Hohlspiegels als Brennspiegels auf der Nähe der Punkte $E$ und $F$ beruht, so enthielt diese Untersuchung eine Aufforderung zu der Frage, ob es nicht Hohlspiegel geben könne, welche alle parallelen Strahlen auf denselben Punkt zurückwerfen. Diese Aufforderung mufste um so stärker auf Apollonius einwirken, als er durch seine Kenntnis der Brennpunkte der Ellipse imstande war Spiegel zu konstruieren, die Strahlen, welche von einem festen Punkte ausgingen, auf einen anderen zurückwarfen, und dadurch mufste er zugleich darauf geführt werden zu versuchen, ob nicht parabolische Spiegel

[1]) Was sich hiervon nicht bei Heiberg findet, mufs man in Belgers Artikel, Hermes XVI, S. 261 ff. suchen.

[2]) Vergl. Cantors Wiederherstellung am Schlusse seines und Wachsmuths Artikels, Hermes XVI, S. 640 ff.

gerade die verlangte Eigenschaft haben sollten. Dafs er, wenn die Frage einmal so gestellt war, mit grofser Leichtigkeit die Antwort finden mufste, ist einleuchtend.

Wir sehen also, dafs die Frage betreffs der Brennspiegel Apollonius auf die Betrachtung des Parabelbrennpunktes führen mufste, wenn er denselben nicht schon früher kannte. Übrigens bin ich am meisten zu der Annahme geneigt, dafs er denselben kannte, und dafs man nicht vom Studium der sphärischen Brennspiegel zu dem der parabolischen und möglicherweise elliptischen übergegangen ist, sondern dafs man umgekehrt, nachdem man durch Entdeckung der Sätze über Brennpunkte die Anwendbarkeit paraboloidischer Hohlspiegel erkannt hatte, untersuchte, in wie weit sphärische Hohlspiegel, die man konstruieren konnte und die vielleicht auch früher eine so flüchtige Behandlung erfahren hatten wie in der Euklid zugeschriebenen Katoptrik, an die Stelle dieser treten konnten.

Mit dieser Untersuchung also hat Apollonius sich in seiner katoptrischen Arbeit beschäftigt, und wenn er nach der Erwähnung im Fragmentum Bobiense nicht ausführlich auf die Behandlung paraboloidischer Spiegel eingegangen ist[1]), so ist der natürliche Grund dafür der gewesen, dafs diese Eigenschaften bekannt waren. Vielleicht darf man dann die Vermutung aufstellen, dafs die Erfindung dieser dem Archimedes zu verdanken sei, der sich so viel mit der Parabel und dem Umdrehungsparaboloid beschäftigt und auch in einer verlorenen Schrift die Katoptrik[2]) behandelt hat. Ob nicht die hervorragende Schönheit gerade dieser Erfindung die Quelle für die Sage gewesen ist, dafs er die römische Flotte durch Brennspiegel in Brand gesteckt habe?

Dafs die Erfindung der verschiedenen Brennspiegel in dieser natürlichen Ordnung vor sich gegangen ist, stimmt recht

---

[1]) Es wäre nicht undenkbar, dafs Anthemius bei ihm die aus Kegelschnitten gebildeten Brennspiegel erwähnt gefunden hat, ohne dafs die Eigenschaften derselben genauer beschrieben oder bewiesen waren.

[2]) Heiberg, Quaestiones Archimedeae, S. 33, oder Archimedes, Ausg. v. Heiberg, II, S. 466—467.

gut zu dem Umstande, dafs Anthemius in der citierten Stelle die durch Kegelschnitte hervorgebrachten Brennspiegel die gewöhnlichen (συνήϑη) nennt. Wegen der Schwierigkeit ihrer Konstruktion können sie allerdings zu einer Zeit, wo man auch die sphärischen Spiegel kannte, im praktischen Sinne nicht gewöhnlich gewesen sein. Dagegen wird diese Benennung verständlich, wenn sie ursprünglich aus einer Schrift herrührt, in der die Lehre von den sphärischen Spiegeln zum ersten Mal entwickelt wurde, also vielleicht aus Apollonius' katoptrischer Arbeit.

In Verbindung mit den Brennpunktseigenschaften der Kegelschnitte habe ich im Vorhergehenden auch die Konstruktion eines Kreises, der drei gegebene Kreise berührt, und Apollonius' Schrift über diese Aufgabe erwähnt. Der Zusammenhang besteht darin, dafs der geometrische Ort für den Mittelpunkt eines Kreises, der zwei gegebene Kreise berührt, aus zwei Kegelschnitten besteht, deren Brennpunkte die Mittelpunkte der Kreise sind (aus zwei Parabeln, wenn der eine Kreis mit einer Geraden vertauscht wird). Die genannte Aufgabe läfst sich mittels Zirkel und Lineal lösen, und deshalb hat Apollonius diese Kegelschnitte nicht benutzt; aber dadurch ist umgekehrt die ebene Lösung derselben von Bedeutung gegenüber diesen Kegelschnitten. Die Konstruktion eines Kreises, der durch zwei gegebene Punkte geht und einen gegebenen Kreis berührt, ist in Wirklichkeit gleichbedeutend mit der Konstruktion der Schnittpunkte zwischen einer Geraden und einem Kegelschnitt, von dem die Brennpunkte und die Länge der Hauptaxe gegeben sind[1]), und die Konstruktion eines Kreises, der durch einen gegebenen Punkt geht und zwei gegebene Kreise berührt, ist eine mittels Zirkel und Lineal ausführbare Konstruktion der

[1]) Deshalb kann man diese Aufgabe und ihre Diskussion einer elementargeometrischen Lehre von den Kegelschnitten zu Grunde legen, wie ich es gethan habe in einer Arbeit, Tidsskrift for Mathematik 1878, die später besonders herausgegeben ist unter dem Titel: *Grundriss einer elementar-geometrischen Kegelschnittslehre* (Leipzig 1882).

Schnittpunkte zwischen zwei Kegelschnitten mit einem gemeinschaftlichen Brennpunkt.

Es liegt nichts vor, was darauf deuten könnte, dafs die Griechen von diesen Umständen Gebrauch gemacht hätten, und der geringere Grad von Interesse für die Brennpunkte, für den der Mangel einer Untersuchung des Parabelbrennpunktes in Apollonius' Hauptwerk Zeugnis ablegte, macht es vielleicht sogar unwahrscheinlich, dafs sie es gethan haben; aber wenn über die Mittel berichtet werden soll, die den Griechen da, wo sich Verwendung dafür finden konnte, zu Gebote standen, so verdienen die Konstruktion des Berührungskreises von 3 Kreisen und die Lösungen der hierin einbegriffenen specielleren Aufgaben, die Apollonius nach Pappus auch aufgenommen hat, angeführt zu werden.

Es wird aus diesem Grunde nicht unpassend sein hier einige Worte über die Art hinzuzufügen, wie Apollonius wahrscheinlicherweise diese Konstruktionsaufgaben gelöst hat, um so mehr als man aus Pappus' Hülfssätzen zu Apollonius' verlorener Schrift mehr hierüber schliefsen kann, als aus den meisten übrigen Kommentaren desselben. Wenn nämlich als Hülfssatz zum zweiten Buch die Konstruktion eines Dreiecks angeführt wird[1]), das in einen Kreis beschrieben ist, während die Seiten durch drei feste Punkte einer Geraden gehen, so liegt nichts unzutreffendes in der Annahme, dafs Apollonius in seinem zweiten Buch, in dem sich die Lösung der allgemeinsten von den Berührungsaufgaben befand, von der folgenden sehr naheliegenden Reduktion auf die von Pappus behandelte Aufgabe Gebrauch gemacht habe.

$A$, $B$ und $C$ (Fig. 69) seien die Mittelpunkte der drei gegebenen Kreise, deren Radien wir $a$, $b$ und $c$ nennen wollen, und einer der gesuchten Berührungskreise sei gezeichnet. Dann werden, was auch die Alten wufsten (wie wir unter anderem aus Pappus' 4tem Buche[2]) ersehen können), die Verbindungslinien der

[1]) Ausg. v. Hultsch, S. 848.
[2]) Ausg. v. Hultsch, S. 210.

Berührungspunkte $P$, $Q$ und $R$ durch drei solche Ähnlichkeitspunkte $D$, $E$ und $F$ gehen, welche auf einer Geraden liegen. Verlängert man nun $PQ$ und $PR$, bis sie den Kreis um $A$ zum zweiten Male in $S$ und $T$ schneiden, so wird die Linie $ST$

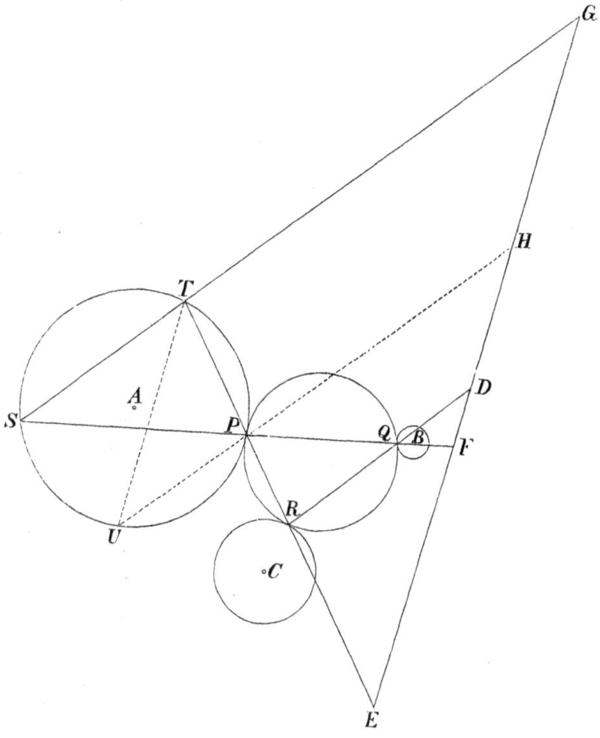


Fig. 69.

parallel der $QR$; sie schneidet also die Linie $DEF$ in einem Punkte $G$, der durch $\frac{DF}{GF} = \frac{b}{a}$ bestimmt ist. Dann kommt es darauf an, in den Kreis um $A$ ein Dreieck $PST$ zu beschreiben, dessen Seiten durch die bekannten Punkte $G$, $E$ und $F$ gehen.

Die von Pappus angeführte Lösung dieser Aufgabe findet man, wenn man die Sehne $TU$ parallel der $EF$ zieht, sowie die Sehne $UP$, welche $EF$ in $H$ schneiden möge. Das Viereck $SPHG$ ist dann ein Sehnenviereck, da die Winkel $S$ und $H$ Supplemente sind; Punkt $H$ läfst sich also dadurch bestimmen, dafs $FG . FH$ gleich der Potenz des Punktes $F$ mit Bezug auf den Kreis $A$ sein mufs.

Dann ist die Aufgabe wiederum darauf reduciert, von $E$ und $H$ an einen unbekannten Punkt $P$ des Kreises $A$ zwei gerade Linien zu ziehen, welche den Kreis $A$ zum zweiten Male in den Punkten $U$ und $T$ so schneiden, dafs die Sehne $UT$ der Geraden $EH$ parallel wird. Diese Aufgabe — welche übrigens identisch ist mit der folgenden: den Berührungspunkt $P$ des Kreises $A$ mit einem Kreise zu bestimmen, der durch $E$ und $H$ geht — löst Pappus in einem Hülfssatze zum ersten Buche über die Berührungen[1]) dadurch, dafs er den Schnittpunkt $I$ zwischen $EH$ und der im Punkte $U$ an den Kreis $A$ gezogenen Tangente bestimmt. Da das Viereck $UPEI$ ein Sehnenviereck wird, so geschieht diese Bestimmung dadurch, dafs $HE . HI$ gleich der Potenz des Punktes $H$ mit Bezug auf den Kreis $A$ wird.

Wie man sieht, ist bei der hier abgeleiteten Konstruktion eines Kreises, der drei andere Kreise berührt, eine so unmittelbare Anwendung von Pappus' Hülfssätzen gemacht, dafs man kaum bezweifeln kann, dafs die Lösung nahe mit der zusammenfällt, an welche Pappus denkt. Sie mufs dann auch im wesentlichen mit Apollonius' eigener Lösung zusammenfallen, selbst wenn Pappus bei seinen Hülfskonstruktionen, die zu schwierig sind, als dafs Apollonius dieselben ohne weiteres als bekannt vorausgesetzt haben kann, einzelne Änderungen an Apollonius' Konstruktionen oder Beweisen beabsichtigt haben sollte.

---

[1]) Ausg. v. Hultsch, S. 834 ff.

## Siebzehnter Abschnitt.

### Ähnliche Kegelschnitte; Apollonius' 6tes Buch.

---

Für die Aufgabe, die ich mir gestellt habe, nämlich ans Licht zu ziehen, was die Griechen überhaupt von den Kegelschnitten wufsten, sowie zu untersuchen, wie sie dieses Wissen erwarben, befestigten und anwandten, hat Apollonius' 6tes Buch keine grofse Bedeutung. Denn die Sätze über Kongruenz und Ähnlichkeit, welche dasselbe enthält, sind meistenteils solche, welche man in der Regel als unmittelbar einleuchtend ansieht, die man deshalb ohne Bedenken vor Apollonius' Zeit benutzt haben würde, und für die Beweise enthält das erste Buch eine so gute Grundlage, dafs derjenige, der mit diesem vertraut ist, nicht in Zweifel darüber sein kann, wie man sie zu führen habe. Aufser diesen Sätzen enthält das 6te Buch ein Paar hübscher Konstruktionen im Raume, von denen die eine allerdings nur eine weitere Ausführung einer Konstruktion ist, die in einer bestimmten Absicht im ersten Buche vorgenommen wurde, während die zweite eine Behandlung einer verwandten Aufgabe darstellt.

Aus diesen Gründen werden wir im 6ten Buche keine Gelegenheit haben zu sehen, dafs Apollonius irgendwie neue, eigentlich geometrische Schwierigkeiten überwindet. Dagegen sind die Verdienste des Buches von mehr ordnender und systematisierender Natur, indem dasselbe durch Hinführung auf bestimmte Definitionen und Beweise, welche sich an das im ersten Buche aufgestellte System anschliefsen, zur Beherrschung des scheinbar unmittelbaren Wissens verhilft, so dafs der weniger sichere Forscher vor Irrtümern behütet und der vorsichtige der Unbequemlichkeit enthoben wird, für jeden einzelnen von den Fällen, die unter das in diesem Buche behandelte allgemeinere Gebiet gehören, Beweise aufzustellen.

Das sechste Buch dient also nicht dazu, der Lehre von den Kegelschnitten einen gröfseren Inhalt, sondern ausschliefslich dazu, derselben gröfsere Festigkeit zu geben. Wenn indessen

Apollonius selbst dasselbe unter die für besondere Untersuchungen bestimmten letzten Büchern gestellt hat, so mufs das darin seinen Grund gehabt haben, dafs die ausdrückliche Aufstellung der in demselben enthaltenen Sätze wenigstens teilweise neu war. Wir dürfen also in diesem Buche ein Beispiel für solche systematisierende Specialuntersuchungen erblicken, die gewifs auch zu ihrer Zeit der Aufführung anderer Teile des griechischen geometrischen Lehrgebäudes vorangegangen sein müssen, und die dazu gedient haben diesem Gebäude seine bewunderungswürdige Festigkeit und Zuverlässigkeit zu geben.

Der Umstand, dafs die geometrischen Schwierigkeiten, welche im 6ten Buche zu überwinden waren, an und für sich so gering sind und dafs der Inhalt dieses Buches sich so genau an den des ersten anschliefst, liefert eine Bestätigung für unsere im dreizehnten Abschnitt aufgestellte Behauptung, dafs nicht der Gegenstand der Untersuchung den Unterschied zwischen den vier letzten und den vier ersten Büchern von Apollonius' Kegelschnitten ausmacht.

Dafs man sich auch vor Apollonius mit kongruenten und ähnlichen Kegelschnitten und Bogen von solchen beschäftigt habe, wird — wie es scheint — durch die letzten Worte der Vorrede zum 6ten Buche zu erkennen gegeben; diese drücken aus, dafs die in diesem Buche enthaltenen Dinge vollständiger und klarer behandelt werden als von denen geschehen ist, die früher darüber geschrieben haben. Zwar wäre es möglich, dafs diese Bemerkung sich nur auf die im selben Buche behandelten Konstruktionen bezöge; aber es giebt jedenfalls eine erhaltene ältere Schrift, in der ein sehr umfassender Gebrauch von ähnlichen Kegelschnitten gemacht und der Begriff Ähnlichkeit sogar auf Umdrehungsflächen zweiter Ordnung angewandt wird, nämlich Archimedes' Buch über Konoide und Sphäroide.

Wie man aus diesem Buche ersieht, mufs es bekannt gewesen sein, dafs alle Parabeln ähnlich sind, da Archimedes den hiermit verwandten Satz, dafs alle Umdrehungsparaboloide ähnlich sind, als unmittelbar einleuchtend betrachtet[1]. Das

[1] Ausg. v. Heiberg, I, S. 278.

von ihm benutzte Kennzeichen für die Ähnlichkeit von Ellipsen und Hyperbeln erfahren wir ausdrücklich, indem gesagt wird, dafs parallele Schnitte derjenigen Umdrehungsflächen zweiter Ordnung, mit denen Archimedes sich beschäftigt, ähnlich sind, weil die Quadrate der unter rechten Winkeln errichteten Ordinaten bei allen diesen Schnitten in demselben Verhältnis zu den Rechtecken aus den Abständen der Ordinaten von den Scheitelpunkten stehen [1]). Bestimmt man die Länge der zweiten Hyperbelaxe auf dieselbe Weise, wie es von Apollonius (und den Mathematikern der Gegenwart) geschieht, so ist dieses Kennzeichen gleichbedeutend mit dem, dafs die Axen proportional sind. In Übereinstimmung hiermit werden Umdrehungsellipsoide, deren Axen proportional sind, ähnlich genannt [2]), und unter den von Archimedes betrachteten Umdrehungshyperboloiden diejenigen, deren Asymptotenkegel ähnlich sind. Hierzu werden noch Definitionen für die Ähnlichkeit von Segmenten hinzugefügt.

Mit Rücksicht auf diese verschiedenen Aussprüche ist man — wie schon bei Euklids speciell für geradlinige Figuren oder Umdrehungskegel geltenden Definitionen der Ähnlichkeit — in einiger Verlegenheit, ob man sie vom rein logischen Gesichtspunkte aus Definitionen oder Behauptungen nennen soll. In Wirklichkeit nämlich haben alle diese Fälle etwas gemeinsam, was man nicht aussprach, für dessen Erkennung man aber einen sicheren praktischen Blick deutlich zeigte, indem man jedesmal gerade den Figuren, die dieses gemeinsam hatten, und keinen anderen den Namen ‚ähnlich‘ beilegte. Dem Mangel einer Definition dieses ‚gemeinsamen‘ half man dadurch ab, dafs man in den einzelnen Fällen das als Definitionen betrachtete, was unter der Voraussetzung einer allgemeinen Definition der Ähnlichkeit Sätze darstellen würde; hierbei spielen jedoch die Parabel und das Paraboloid eine besondere Rolle, da der undefinierte, aber deutlich erfafste allgemeine Begriff

[1]) a. a. O. I, S. 356.
[2]) a. a. O. I, S. 283.

'Ähnlichkeit' auf sie alle pafst, also kein Raum blieb für Aufstellung einer ausscheidenden Definition.

Einen solchen Weg schlägt Archimedes ein, jedenfalls mit Bezug auf Flächen. Was dagegen die Kurven betrifft, so ist es möglich, dafs er sich auf frühere Arbeiten stützt, welche die Ähnlichkeit direkt behandelten, und dafs Apollonius' angeführte Worte in der Vorrede auf solche hindeuten. In einer solchen Schrift war vielleicht eine Definition für die Ähnlichkeit von Kegelschnitten gegeben, die ebenso beschaffen war wie diejenige, welche sich bei Apollonius findet, nämlich [Def. 2]: Solche Kegelschnitte heifsen ähnlich, bei denen die Ordinaten, die senkrecht auf den Axen errichtet werden, den entsprechenden Abscissen, die von einem Scheitelpunkt an gerechnet werden, proportional sind, wenn zugleich diese Abscissen den Axen proportional sind.

Diese Definition ist von allgemeiner Natur, wenn sie auch unmittelbar nur an Kegelschnitte angeschlossen ist, die auf eine Axe und eine Scheitelpunktstangente als Koordinatenaxen bezogen sind. Sie ist nämlich nur eine specielle, für den Augenblick verwendbare Form von folgender Definition — welche die Alten allerdings nicht ausgesprochen haben —: Kurven heifsen ähnlich, wenn sie auf ein rechtwinkliges Koordinatensystem sich so beziehen lassen, dafs die beiden Koordinaten entsprechender Punkte in einem und demselben konstanten Verhältnis stehen. Dadurch wird es ein Satz, dafs alle Parabeln ähnlich sind [11], und gleichfalls ein Satz, dafs Ellipsen oder Hyperbeln ähnlich sind, wenn, nach Apollonius' Ausdrucksweise, ihre „Figuren" über einer Axe ähnlich sind, d. h. wenn ihre eine Axe und der zugehörige Parameter in demselben Verhältnis stehen [12]. Die von Archimedes benutzten Kennzeichen gehen aus diesen ohne weiteres hervor.

Wenn ich es nicht für unmöglich halte, dafs man auch vor Apollonius für die Kegelschnitte diese Definition aufgestellt hat, so geschieht das deshalb, weil noch ein anderer bestimmter Fortschritt Apollonius veranlafst haben kann die Lehre von der Ähnlichkeit zu behandeln. Durch die gegebene Definition sowohl wie durch die früher bei Archimedes vorgefundenen

Kennzeichen war nämlich nur Rücksicht genommen auf Kegelschnitte, die auf die Axen bezogen waren. Apollonius, der — wie er selbst in der Vorrede zum fünften Buch hervorhebt — bestrebt war seinen Sätzen eine so allgemeine Form zu geben, dafs sie alle beliebigen konjugierten Durchmesser mit gleicher Vollständigkeit umfafsten, mufste ein Kennzeichen wünschen, das auch an diese sich anschlofs. In Satz 13 beweist er, dafs Kegelschnitte ähnlich sind, wenn die „Figuren" über solchen Durchmessern, welche gleiche Winkel mit den zugehörigen Ordinaten bilden, ähnlich sind (d. h. wenn diese Durchmesser den zugehörigen Parametern proportional sind). Der Beweis, welcher sich auf die zu den Axen gehörende Definition stützen mufs, läfst sich leicht führen durch den im ersten Buch gezeigten Übergang von einem Koordinatensystem mit einem beliebigen Durchmesser zu einem solchen mit einer Axe. In Wirklichkeit beruht er nur darauf, dafs die geradlinigen Figuren, mittels deren dieser Übergang vollführt wird, ähnlich sind.

Ich will hier bemerken, dafs es in allen einzelnen Fällen, in denen das zuletzt erwähnte Kennzeichen für Ähnlichkeit zur Verwendung kommen mufste, an und für sich ebenso nahe gelegen hat die Kegelschnitte als ähnlich zu betrachten, wie wenn die Koordinaten rechtwinklig waren, und dafs namentlich die Ähnlichkeit der auf gleichartige Weise mit den Kegelschnitten verbundenen geradlinigen Figuren ebenso leicht erkennbar gewesen sein mufs. Deshalb steht dem nichts im Wege, dafs solche Fälle früher behandelt worden sein können, und namentlich dem nichts, dafs man die Bestimmung von einem Paare konjugierter Durchmesser eines Ortes zu vier Geraden so durchgeführt haben kann, wie ich im siebenten Abschnitt angenommen habe. Man mufs im Gegenteil geradezu annehmen, dafs die Beschäftigung mit solchen Fällen dazu beigetragen hat Apollonius' sechstes Buch hervorzurufen, indem sie zeigte, wie wünschenswert es sei, die Ähnlichkeit der Kegelschnitte selbst nicht zu trennen von der Ähnlichkeit der zugehörigen geradlinigen Figuren, die man benutzte. Ebenso mufs man, wenn Eratosthenes' Örter für Mittelgröfsen die Kegelschnitte gewesen sind, die wir im vierzehnten Abschnitt angeführt haben, jedenfalls die Ähnlichkeit derselben bemerkt und gewiſs auch — wie wir vermutungsweise aussprachen — zu benutzen verstanden haben. Man konnte dieselbe dann entweder als einleuchtend betrachten, oder man konnte besondere Beweise für sie führen. In beiden Fällen lag hierin eine Aufforderung zu einer so allgemeinen Behandlung, wie die ist, welche Apollonius im 6ten Buche giebt.

Es liegt kein Grund vor bei den Sätzen des Buches zu verweilen, die über Kongruenz oder über solche Fälle handeln, in denen Kegelschnitte nicht kongruent oder ähnlich sein können, ebenso wenig wie bei den entsprechenden Sätzen über Bogen von Kegelschnitten oder über die Segmente, welche von Sehnen abgeschnitten werden (z. B. daſs Bogen von Kegelschnitten, die selbst nicht ähnlich sind, nicht ähnlich sein können, oder daſs ein Bogen einer Ellipse nur drei anderen Bogen derselben Ellipse kongruent ist, daſs kein Teil eines Kegelschnittes ein Kreisbogen ist u. s. w.).

Dagegen wollen wir die Konstruktionen am Schlusse des Buches berühren. Die letzte von diesen stellt nur von einer Konstruktion, die bereits im ersten Buch ausgeführt worden ist, eine Wiedergabe in neuer Form dar. Damals kam es — wie wir im dritten Abschnitt sahen — im Grunde nur darauf an zu zeigen, daſs eine Gleichung von der Form $y^2 = px + ax^2$ immer einen Schnitt eines Umdrehungskegels darstellt. Da eine solche Darstellung einer Kurve in schiefwinkligen Koordinaten auf eine Darstellung derselben Form in rechtwinkligen Koordinaten zurückgeführt wird, so war es hierbei nur nötig, irgendeinen Umdrehungskegel durch eine auf die angegebene Weise dargestellte Kurve zu legen, wobei eine Axe und der zugehörige Parameter gegeben waren. Um das zu erreichen, wählte Apollonius von vornherein — wenn auch nur indirekt durch Einführung eines Kreises, auf dem der Scheitelpunkt liegen sollte — den Winkel an der Spitze beliebig, für die Hyperbel allerdings mit einer gewissen Grenzbedingung.

Der Unterschied besteht nun bloſs darin, daſs die Aufgabe, einen Umdrehungskegel zu konstruieren, der einem gegebenen ähnlich ist und eine gegebene Hyperbel [32] oder Ellipse [33] enthält, im sechsten Buche selbständig gestellt und gelöst und in der für Konstruktionsaufgaben hergebrachten synthetischen Form behandelt wird. Diese Form verlangt hinsichtlich der Hyperbel im voraus eine Aufstellung des erforderlichen Diorismus und eine besondere Untersuchung für den Grenzfall. Sowohl für die Ellipse wie für die Hyperbel werden zugleich Beweise dafür geführt, dafs man alle Lösungen erhält, etwas, das sich aus der der synthetischen Darstellung entsprechenden Analysis unmittelbar ergeben haben würde. Da nicht gesagt wird, wie man sich den gegebenen Kegelschnitt gegeben zu denken hat, so ist es allerdings auch möglich, dafs man sich denselben gezeichnet gedacht hat, und dafs die Axe mit zugehörigem Parameter, die — ebenso wie im ersten Buch — bei der Konstruktion benutzt wird, erst mit Hülfe des zweiten Buches hat konstruiert werden müssen. Der Sache nach aber findet gar kein Unterschied von dem statt, was im ersten Buche steht.

Auch für die Parabel wählte Apollonius im ersten Buch indirekt den Winkel an der Spitze des geraden Kegels, den er durch die Kurve legte. Daher hat auch die im sechsten Buche [31] gegebene Lösung der Aufgabe, einen geraden Kegel, der einem gegebenen ähnlich ist, durch eine gegebene Parabel zu legen, kein weiteres Interesse.

Vor den genannten Aufgaben behandelt Apollonius die folgende: an einem gegebenen geraden Kegel ebene Schnitte herzustellen, die einer gegebenen Parabel [28], Hyperbel [29] oder Ellipse [30] kongruent sind. Die Lösung dieser Aufgaben hätte sich leicht aus den Lösungen der umgekehrten Aufgaben ableiten lassen, auf die wir nun zweimal gestofsen sind; aber Apollonius leitet neue Lösungen ab aus den im ersten Buche gegebenen Bestimmungen eines beliebigen, durch einen beliebigen Kreiskegel gelegten Schnittes.

Ist — indem wir von dem einfachen Falle absehen, wo die Kurve eine Parabel ist — $A$ (Fig. 13) die Spitze des Kegels und $ABC$ das durch die Axe desselben gelegte Dreieck, dessen Ebene die Grundfläche des Kegels in einem Durchmesser $BC$ schneidet, der senkrecht auf der Spur des vorgelegten Schnittes in der Grundfläche steht; ist ferner $TZ$ die Schnittlinie der Schnittebene mit der Ebene der Figur, und $AD \parallel TZ$, so

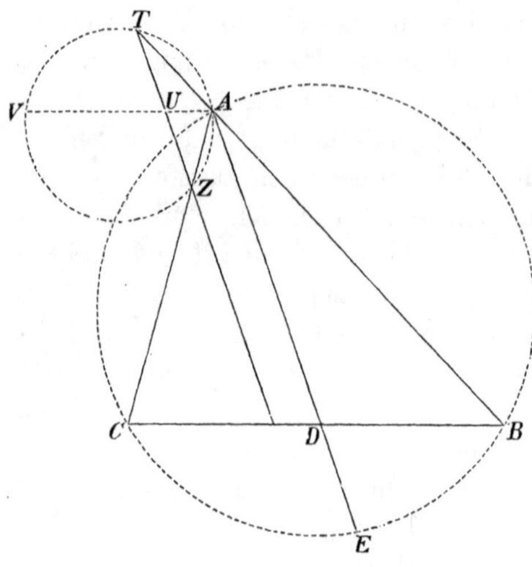


Fig. 13.

wurde das Verhältnis zwischen dem Durchmesser $a$ des Schnittes und dem entsprechenden Parameter $p$ im ersten Buche bestimmt durch $\frac{p}{a} = \frac{CD \cdot DB}{AD^2}$. Beschreibt man einen Kreis um $ABC$, und schneidet dieser $AD$ in $E$, so ergiebt sich hieraus, dafs

$$\frac{p}{a} = \frac{AD \cdot DE}{AD^2} = \frac{DE}{AD};$$

dadurch läfst sich, wenn $\frac{p}{a}$ gegeben ist, die Linie $AD$ leicht konstruieren. Ist die Kurve wie in Fig. 13 eine Hyperbel, so erhält man eine Bedingung für die Lösbarkeit. Innerhalb der Möglichkeitsgrenze erhält die Aufgabe für die Hyperbel zwei Lösungen, für die Ellipse immer.

Die Richtung des Durchmessers des gesuchten Schnittes ist also bestimmt. Ist die Länge $a$ desselben zugleich bekannt, so hat man nur zwischen die Linien $AB$ und $AC$ eine Strecke

$TZ$ von der gegebenen Länge parallel der gefundenen Linie $AD$ einzuschieben.

Apollonius indessen behandelt nur die Aufgabe, einen gegebenen Kegelschnitt auf einem gegebenen geraden Kegel anzubringen. Die Ebene der Figur kann dann ein beliebiger Axenschnitt dieses Kegels sein, und es ist $AB = AC$.

Da diese letzte Specialisierung durchaus keine Vereinfachung der Konstruktion herbeiführt, so kann es von Interesse sein zu erfahren, welche allgemeinere Aufgabe denn sich eben so leicht lösen läfst, wie die von Apollonius behandelte. Das ist die folgende: wenn ein schiefer Kegel und ein beliebiger Axenschnitt desselben gegeben sind, einen Schnitt so anzubringen, dafs derselbe in der Ebene des Axenschnittes einen Durchmesser von gegebener Länge erhält, dafs der zugehörige Parameter gleichfalls von gegebener Länge wird und dafs endlich die Spuren der beiden Schnitte in der Ebene der Grundfläche auf einander senkrecht stehen. Mag nun die Lösung auch eben so einfach sein, so wird die Aufgabe dennoch künstlicher, da der Kegelschnitt nicht mehr einem gegebenen Kegelschnitte kongruent wird; deshalb ist es verständlich, dafs Apollonius sich um diese allgemeinere Aufgabe nicht bekümmert hat.

Anders stellt sich die Sache, wenn man zwar den Kegel schief sein läfst, aber annimmt, dafs die Ebene der Figur die Symmetrieebene des Kegels ist. Dann würde die gelöste Aufgabe darin bestehen: einen gegebenen Kegelschnitt auf einem gegebenen Kreiskegel senkrecht zu dessen Symmetrieebene anzubringen. Es leuchtet ein, dafs Apollonius ebenso wohl die Lösung dieser Aufgabe hätte finden können als die derjenigen, wo der Kegel gerade war, wenn ihm daran gelegen gewesen wäre.

Dasselbe gilt für die oben erwähnte, sowohl im sechsten wie im ersten Buche dargestellte Lösung der Umkehrung derselben Aufgabe — die im Grunde nur eine andere Lösung der Aufgabe selbst ist. Deshalb war es uns am bequemsten [1]) auch diese an dieselbe Figur anzuschliefsen, da weder der Umstand,

[1]) Vergl. S. 74.

dafs $AB = AC$, noch der, dafs der Kegel gerade wurde, irgendwelche Erleichterung herbeiführte. Indes hatte es im ersten Buche, wie wir gezeigt haben, seine guten Gründe, wenn Apollonius eben einen geraden Kegel wünschte. Dagegen ist es auffallend, dafs er seiner in zwei Formen auftretenden Aufgabe im sechsten Buche nicht die erweiterte Form giebt, welche seine beiden Lösungen unmittelbar erhalten können, wenn man die Voraussetzungen nur nicht willkürlich beschränkt.

---

## Achtzehnter Abschnitt.

### Apollonius' siebentes und achtes Buch; die Längen konjugierter Durchmesser.

---

Von gröfserem Interesse als das sechste ist Apollonius' siebentes Buch, in welchem er weiter gehende Untersuchungen über die Längen konjugierter Durchmesser und der zugehörigen Parameter führt, wozu ihm vermutlich die Beschäftigung mit konjugierten Durchmessern im ersten und zweiten Buch Veranlassung gegeben hat. Die wichtigsten Resultate, zu denen er gelangt, sind die Sätze, dafs für die Ellipse die Summe und für die Hyperbel die Differenz der Quadrate von einem Paare konjugierter Durchmesser konstant ist, und dafs für beide Kurven das aus einem Paare konjugierter Durchmesser und dem zwischenliegenden Winkel gebildete Parallelogram einen konstanten Inhalt hat.

Der letzte Satz läfst sich für die Ellipse leicht durch Projektion ableiten oder dadurch, dafs man sie als Schnitt an einem Cylinder betrachtet, oder, wenn man in éiner Ebene bleiben will, durch Vergleichung mit einem Kreise, der über einer der Axen als Durchmesser beschrieben ist. Da Archimedes im Buche über Konoide und Sphäroide [Satz 4] dieses letztere Verfahren in anderer Weise benutzt, so ist es nicht unmöglich, dafs Apollonius den Satz auf diesem Wege gefunden hat; dann hat er aber jedenfalls in seinem Buche den Beweis mit einem anderen vertauscht, der auch auf die Hyperbel anwendbar ist.

Dafs dies, ebenso wohl wie das Finden und Beweisen der Sätze über Summe und Differenz der Quadrate, nicht so leicht gewesen sein kann, wie man nach der Einfachheit der Resultate vermuten möchte, ist bekannt genug. Daher hat die Frage, wie Apollonius zu diesen Sätzen gelangt ist, für uns so viel Interesse, dafs wir es für richtig halten, vorläufig von der Einordnung derselben in den ganzen Zusammenhang, in dem ihnen keine Hauptrolle zuerteilt ist, abzusehen und nur dasjenige anzuführen, was mit zu ihrer Begründung gehört. Der Einfachheit wegen will ich mich zunächst an die Ellipse halten, indem ich hinsichtlich der Hyperbel bemerke, dafs Apollonius die Längen beider konjugierten Durchmesser deutlich durch die gleichzeitige Behandlung von zwei konjugierten Hyperbeln hervortreten läfst, wodurch die für die Ellipse geltenden Beweise auch auf die Hyperbel anwendbar werden.

Wir wollen mit dem Satze über die aus zwei konjugierten Durchmessern und dem zwischenliegenden Winkel gebildete Fläche beginnen, für dessen Beweis nur éin Hülfssatz gefordert und von Apollonius angewandt wird.

Es sei $AC$ (Fig. 70) die Axe der Ellipse, $BK$ und $ZH$ ein Paar konjugierter Durchmesser. Es wurde nun im ersten

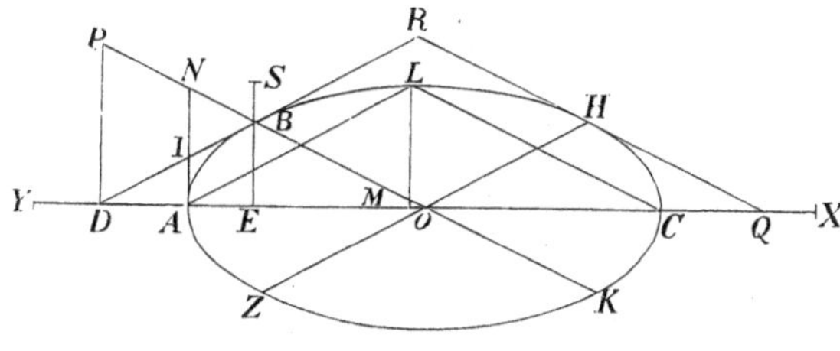


Fig. 70.

Buche (vergl. S. 95) bewiesen, dafs der zu dem letzgenannten Durchmesser gehörige Parameter $p'$ bestimmt wird durch

$$p' = 2\frac{BI}{BN} \cdot BD,$$

wenn $I$ und $N$ die Punkte sind, in denen die Tangente in $A$ die Tangente $BD$ und den Durchmesser $BK$ schneidet, und $D$ der Schnittpunkt der Tangente $BD$ mit der Axe. Setzen wir die Längen der beiden konjugierten Durchmesser $BK = a'$ und $ZH = b'$, und stehen $BE$ und $DP$ senkrecht auf der Axe, so erhält man hieraus ferner:

$$\frac{b'^2}{a'} = p' = 2\frac{BD^2}{BP}$$

oder

$$\frac{OH^2}{BD^2} = \frac{a'}{2 . BP} = \frac{OE}{ED}.$$

[4 bei Apollonius].

Zieht man nun auch die Tangente $QR$ in $H$, so zeigt dieser Hülfssatz, dafs

$$\frac{\triangle QHO}{\triangle OBD} = \frac{OH^2}{BD^2} = \frac{OE}{ED} = \frac{OE^2}{OE . ED} = \frac{OE^2}{ES^2},$$

wo $ES$ die mittlere Proportionale zwischen $OE$ und $ED$ bedeutet, die nach einem oft angewandten Resultate des ersten Buches gleich $\frac{a}{b} . EB$ ist, wenn $a$ und $b$ die Längen der Axen sind.

Nun zeigt die Figur, dafs das Parallelogramm $RBOH$ die mittlere Proportionale zwischen den doppelten Werten der Dreiecke $QHO$ und $OBD$ ist. Man findet also, da $\triangle OBD = \frac{1}{2} EB . OD$ ist, dafs

$$RBOH = \frac{OE}{ES} . EB . OD = \frac{EB}{ES} . OE . OD$$
$$= \frac{b}{a} \cdot \left(\frac{a}{2}\right)^2 = \frac{ab}{4},$$

weil $OE . OD = \left(\frac{a}{2}\right)^2$. Das aus zwei beliebigen konjugierten Halbmessern und dem zwischenliegenden Winkel gebildete Parallelogramm ist also gleich dem Rechteck aus den Halbaxen. Durch Multiplikation mit 4 erhält man dann den verlangten Satz [31].

Der einzige unter Apollonius' verschiedenen Hülfssätzen oder weniger wichtigen Sätzen, der wirklich für den Beweis des zweiten von den Sätzen, mit denen wir uns hier beschäftigen, nötig ist, giebt eine Bestimmung von dem Abstande eines Kurvenpunktes $L$ (Fig. 70) von einem Scheitelpunkt $C$, welche ganz mit der algebraischen Umformung

$$CL^2 = y^2 + x^2 = px + (a+1)x^2 = (a+1)x\left(\frac{p}{a+1} + x\right)$$

zusammenfällt, wenn $CA$ zur Abscissenaxe und $C$ zum Anfangspunkt genommen wird. $x$ ist also das Stück $CM$; $x + \frac{p}{a+1}$ ist, da $a = \mp \frac{p}{a}$ (beziehungsweise für Ellipse und Hyperbel), der Abstand $XM$ des Punktes $M$ von einem Punkt $X$ der Axe, der bestimmt ist durch

$$XC = \frac{p}{1 \mp \frac{p}{a}} = \frac{p \,.\, a}{a \mp p}$$

oder, da $$XA = \frac{p \,.\, a}{a \mp p} \pm a = \pm \frac{a^2}{a \mp p},$$

durch $$\frac{XA}{XC} = \pm \frac{a}{p}.$$

Man erhält also

$$\frac{CL^2}{CM \,.\, XM} = 1 + a,$$

worin die Punkte $C$ und $X$ fest sind, während die Konstante $1 + a$ genauer bestimmt ist durch $\frac{CA}{XA}$.

Während wir hier zwischen Ellipse und Hyperbel durch Vorzeichen unterschieden haben, und eine consequente Benutzung dieses Vorzeichens auch gestattet eine Ellipse, deren kleine Axe $AC$ ist, in die gegebene Darstellung mit einzubegreifen, stellt Apollonius diese drei Fälle an besonderen Figuren dar [Satz 2 für die Hyperbel, 3 für die Ellipse].

Trägt man $AY = XC$ ab, so wird auf dieselbe Weise

$$\frac{AL^2}{AM \,.\, YM} = 1 + a = \frac{AC}{YC} = \frac{CA}{XA}.$$

Soll nun das gefundene Resultat angewendet werden, um den Satz von der Summe oder Differenz $a'^2 \pm b'^2$ der Quadrate zweier konjugierter Durchmesser abzuleiten, so ziehe man $CL$ (Fig. 70) parallel dem einen Durchmesser $KB$; die zugehörige Supplementarsehne $AL$ wird dann parallel dem anderen Durchmesser $ZH$. Hieraus folgt, dafs $\triangle ALC \sim \triangle DBO$ und dafs

$$\frac{OB^2}{CL^2} = \frac{OE.OD}{CM.CA},$$

worin $OE.OD = \left(\frac{a}{2}\right)^2 = \frac{CA^2}{4}$ und, wie soeben bewiesen, $CL^2 = (1+\alpha)CM.XM$. Hieraus folgt wiederum, dafs $OB^2 = \frac{1+\alpha}{4}XM.CA$, oder, da $2\,OB = a'$ und $1+\alpha = \frac{CA}{XA}$, dafs

$$\frac{a^2}{a'^2} = \frac{XA}{XM} = \frac{YC}{MX}, \qquad (1)$$

wo nur der Punkt $M$ sich bewegt, wenn $a'$ sich ändert.

Auf dieselbe Weise liefse sich nicht nur für die Ellipse, bei der kein wesentlicher Unterschied zwischen den konjugierten Durchmessern $a'$ und $b'$ existiert, sondern auch für die Hyperbel, bei der der Durchmesser $b'$ die konjugierte Hyperbel schneidet, ableiten, dafs

$$\frac{a^2}{b'^2} = \frac{YC}{YM}, \qquad (2)$$

(wenn wir die Strecken nicht mehr mit Vorzeichen nehmen). Darauf erhält man, dafs

$$\frac{a^2}{a'^2 \pm b'^2} = \frac{YC}{YX},$$

also konstant ist. Drückt man diese Konstante durch $a$ und $b$ aus, so erhält $a'^2 \pm b'^2 = a^2 \pm b^2$ [Satz 12 für die Ellipse, 13 f. d. Hyperbel].

Apollonius beweist Geichung (1) im Verlaufe des Beweises für den augenblicklich gleichgültigen Satz 8 auf dieselbe Weise, wie hier geschehen ist, und weist später auf diesen Beweis zurück; aber Gleichung (2) — die wir nur aufgestellt haben, um rascher ans Ziel zu gelangen — hat er nicht nötig, da er vorher auf anderem Wege bewiesen hat, dafs

$$\frac{a'^2}{b'^2} = \frac{MX}{YM}.$$

[Satz 6 f. d. Hyperbel, 7 f. d. Ellipse]. Sein Beweis ist folgender. Er hatte, wie wir gesehen haben, vorher bewiesen [4], dafs (Fig. 70)

$$\frac{OH^2}{BD^2} = \frac{OE}{ED}.$$

Hieraus folgt durch Benutzung ähnlicher Dreiecke, dafs

$$\frac{b'^2}{a'^2} = \frac{OH^2}{OB^2} = \frac{OE}{ED} \cdot \frac{BD^2}{OB^2} = \frac{CM}{MA} \cdot \frac{AL^2}{CL^2} = \frac{YM}{MX},$$

wo die letzte Umformung ausgeführt ist durch Anwendung der oben benutzten Bestimmung der Abstände der Kurvenpunkte von den Scheitelpunkten [2 und 3].

Zwischen diesen Satz, der den Wert $\frac{b'}{a'}$ angiebt, und die Sätze über $a'^2 \pm b'^2$ sind folgende Bestimmungen von $a' + b'$, $a' - b'$ und $a'b'$ eingeschoben, die aus unserer Gleichung 1 und dem soeben für $\frac{b'}{a'}$ gefundenen Ausdruck abgeleitet werden und sowohl für die Ellipse wie für die Hyperbel gelten:

$$\frac{a^2}{(a' + b')^2} = \frac{YC \, . \, MX}{(MX + \sqrt{YM \, . \, MX})^2}; \qquad [8]$$

$$\frac{a^2}{(a' - b')^2} = \frac{YC \, . \, MX}{(MX - \sqrt{YM \, . \, MX})^2}; \qquad [9]$$

$$\frac{a^2}{a'b'} = \frac{YC}{\sqrt{YM \, . \, MX}}. \qquad [10]$$

Diese Gleichungen sind einfache Umformungen von Apollonius' eigener Darstellung der Sätze, in denen $\sqrt{YM \, . \, MX}$ als die Linie bezeichnet wird, welche das Rechteck $YM \, . \, MX$ „mifst" (*potest* bei Halley, welches das griechische „δύναται" wiedergiebt) d. h. Seite eines Quadrates von gleicher Gröfse ist. Neben $a'^2 + b'^2$ für die Ellipse und $a'^2 - b'^2$ für die Hyperbel bestimmt er auch $a'^2 + b'^2$ für die Hyperbel [11] und $a'^2 - b'^2$ für die Ellipse [14].

Es hat also den Anschein, als ob die Ausdrücke für $a'^2 \pm b'^2$ beziehungsweise für die Ellipse und die Hyperbel nur bei einer zusammenfassenden Aufstellung einer Reihe einfacher Funktionen von $a'$ und $b'$ gefunden seien, deren Zweck wir bald kennen lernen werden. Indessen ist es ebenso wahrscheinlich, dafs die einfachen Ausdrücke für $a'^2 \pm b'^2$ die Frage hervorgerufen haben, ob nicht auch einige von den Werten anderer Funktionen von $a'$ und $b'$ ebenso einfach werden. Die gefundenen Werte sind dann nach der Beschaffenheit der Funktionen geordnet worden. Dagegen ist, wie schon erwähnt, die zu Grunde liegende einfache Bestimmung von $a'$, welche in unserer Gleichung (1) enthalten ist, in keinem Satze aufgestellt, sondern kommt nur im Beweise für Satz 8 vor und wird darauf in den folgenden Beweisen benutzt.

In den folgenden Sätzen werden Bestimmungen derselben einfachen Funktionen eines Durchmessers $a'$ und des gehörigen Parameters $p'$ gesucht. Bereits in 6 und 7, in denen $\frac{b'^2}{a'^2}$ gefunden wurde, wird bemerkt, dafs derselbe Ausdruck für $\frac{p'}{a'}$ gilt. Dieser Umstand ermöglicht es, mit Leichtigkeit Ausdrücke zu finden für $p'$ selbst [15], für $a' - p'$ [16], für $a' + p'$ [17], für $a'p'$ [18] — ein Resultat, das, da $b'^2 = a'p'$ ist, mit der von uns aufgestellten Formel (2) zusammenfällt — für $a'^2 + p'^2$ [19] und für $a'^2 - p'^2$ [20]. Alle diese Gröfsen werden wie die vorhergehenden bestimmt durch die Lage der Projektion $M$ des Punktes $L$, in dem die Kurve zum zweiten Male eine durch einen der Endpunkte der Axe gezogene Linie $CL$ schneidet.

Darauf geht Apollonius dazu über, Maximal- und Minimalwerte der verschiedenen Gröfsen, für die er nunmehr Ausdrücke gefunden hat, zu bestimmen, oder richtiger, da die Darstellung synthetisch ist, zu beweisen, dafs Maxima und Minima in den Fällen eintreten, welche in den Sätzen angegeben werden. Hieran wird beständig der Nachweis angeschlossen, dafs — innerhalb der für die verschiedenen Maxima und Minima gegebenen Grenzen — gröfsere Abweichungen in der Lage von einem Maximum oder Minimum auch mit stärkeren Abweichungen in der Gröfse verbunden sind.

Doch kommen auch Sätze von anderer Natur vor, z. B. dafs $a'^2 + p'a'$ für die Ellipse [30] und $a'^2 - p'a'$ für die Hyperbel [29] konstant sind; da $p'a' = b'^2$, so sind dies nur Umformungen der früher angeführten Hauptsätze. Indessen erwähnen wir dieselben, um anführen zu können, dafs hier ausdrücklich gesagt wird, die Gröfsen seien konstant, und dafs kein besonderer Ausdruck für sie aufgestellt wird. Der Satz über das aus zwei konjugierten Durchmessern und dem zwischenliegenden Winkel gebildete Parallelogramm, dessen Beweis [31] wir früher mitgeteilt haben, wird auch hier angeführt, zunächst wohl als Illustration des unabhängig hiervon bewiesenen Satzes [28], dafs $a'b'$ ein Minimum wird, wenn $a'$ und $b'$ die Axen sind.

Von den gefundenen Maximis und Minimis würde nur das folgende Resultat hervorzuheben sein, dafs wenn für die Hyperbel $b$ und $b'$ die Axe und den Durchmesser bedeuten, welche die Kurve nicht schneiden, die Bedingung $a \gtreqless b$ die andere mit sich bringt, dafs $a' \gtreqless b'$ [21—23]. Hierin ist der Satz über die gleichseitige Hyperbel mit einbegriffen, dafs je zwei konjugierte Durchmesser einer solchen gleich grofs sind [23].

Was die Art und Weise, wie die Resultate gefunden sein können, betrifft, so hat deren Auffindung, wenn das Maximum oder Minimum den Axen selbst angehört, ebenso wenig Schwierigkeiten bereiten können wie die Aufstellung der zugehörigen Beweise. Ich will deshalb nur einige Fälle anführen, deren synthetischer Behandlung die Operation, das betreffende Maximum oder Minimum zu bestimmen, vorangegangen sein mufs. Diese Operation konnte überall in einer einfachen Anwendung der Bedingung für die Anwendbarkeit von Flächenanlegungen bestehen, welche sich bereits in Euklids 6tem Buche findet.

Die Gleichung, durch welche Apollonius [in 15] den Parameter $p'$ bestimmt, der zu einem beliebigen Durchmesser $BK$ (Fig. 70) gehört, ist

$$\frac{a^2}{p'^2} = \frac{YC.MX}{YM^2},$$

wo die Punkte $Y$, $C$ und $X$ fest liegen. Setzen wir $YM = x$ und das Verhältnis $\frac{p'^2}{a^2} = \mu$, so erhalten wir die Gleichung

$$x^2 - \mu . CY . x + \mu . CY . YX = 0,$$

die allerdings allgemeingültig ist, wenn wir die Strecken mit Vorzeichen nehmen, der wir aber eine solche Form gegeben haben, dafs die Strecken positiv werden in den Fällen, in denen wirklich von Grenzbedingungen die Rede ist, nämlich bei einer Hyperbel (Fig. 71), von der wir vorläufig nur bemerken, dafs der Hauptparameter $p > a$, mithin $\frac{CY}{YA}$ und $\frac{XA}{CX}$, welche $\frac{a}{p}$ darstellen, $< 1$.

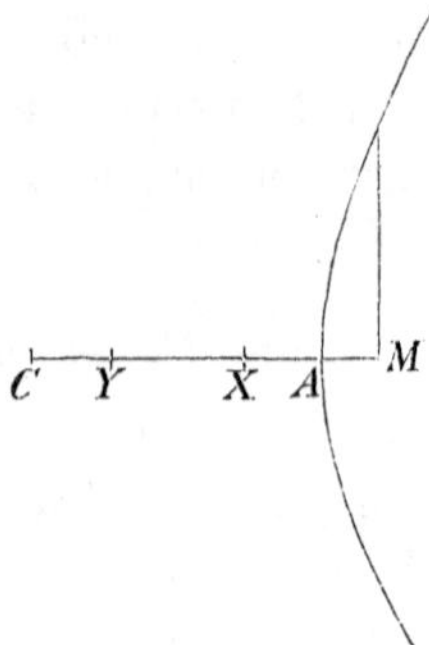


Fig. 71.

Die Bedingung für die Lösbarkeit der Gleichung ist

$$\mu . CY(\mu . CY - 4YX) \geqq 0,$$

oder, da in der Figur $CY > 0$,

$$\mu \geqq \frac{4YX}{CY}$$

oder $$\mu \geqq \frac{4(p-a)}{a}.$$

Der unteren Grenze entspricht

$$x = \frac{\mu . CY}{2} = 2YX,$$

mithin, da $x = YM$, $XM = YX$. Die Bedingung dafür, dafs dies Minimum für $\frac{p'}{a}$ überhaupt soll eintreten können, ist die, dafs das gefundene $x \geqq YA$, oder dafs $p \geqq 2a$. Der Minimalwert für $\mu$ ergiebt nach Gleichung (1), dafs das Minimum von $p'$ bestimmt wird durch

$$\frac{p'^2}{a^2} = 4\frac{YX}{CY} = 4\frac{XM}{CY} = 4\frac{a'^2}{a^2}.$$

Der gefundene Wert von $p'$ ist also doppelt so grofs wie der entsprechende von $a'$.

In Übereinstimmung hiermit zeigt Apollonius in seiner synthetischen Darstellung zuerst, dafs, wenn für eine Hyperbel $a \geqq \frac{p}{2}$, $p$ der kleinste Parameter ist, welcher zu verschiedenen Durchmessern gehört [33 für $a \geqq p$, 34 für $p > a$ und $a \geqq \frac{p}{2}$]. Demnächst spricht er aus [35], dafs sich, wenn $a < \frac{p}{2}$, auf jeder Seite der Axe ein Durchmesser bestimmen läfst, der halb so grofs ist wie der zugehörige Parameter $p'$, und dafs dieser Parameter kleiner ist als diejenigen, welche zu anderen Durchmessern gehören, sowie dafs diese Durchmesser um so gröfser werden, je mehr sie sich nach der einen oder anderen Seite von den erwähnten beiden Durchmessern entfernen. In dem synthetischen Beweise trägt er zunächst $XM = YX$ ab (Fig. 71) und zieht Durchmesser parallel den Sehnen, welche von $C$ an die Punkte gezogen sind, deren Projektion auf die Axe $M$ ist. Dafs diese Durchmessr die angeführten Eigenschaften haben, beweist er durch die Operationen, welche Euklid auf die Behandlung von Gleichungen zweiten Grades anwendet.

Auf dieselbe Weise bestimmt Apollonius [40] für eine Hyperbel, bei der $a < \frac{1}{3}p$, das Minimum von $a' + p'$, indem er (Fig. 71) $XM = \frac{1}{2}YX$ macht, wodurch sich zugleich $a' = \frac{1}{3}p'$ ergiebt; ferner [48] für eine Ellipse, bei der $a^2 > \frac{1}{2}(p + a)^2$ (Fig. 70) und [46] für eine Hyperbel, bei der $a^2 < \frac{1}{2}(p - a)^2$ (Fig. 71), das Minimum von $a'^2 + p'^2$, indem er $2XM^2 = YX^2$ macht, wodurch sich zugleich $a'^2 = \frac{1}{2}(p' \pm a')^2$ ergiebt.

Die Reihe von Grenzbestimmungen schliefst sich an die einzelnen Ausdrücke für die Gröfsen $\frac{a'}{b'}$, $a'+b'$, $\ldots p'$, $p'+a'$ u. s. w. im ersten Teil des Buches an. Dadurch erfahren wir, welche Absicht Apollonius eigentlich mit diesen Ausdrücken verfolgt; denn diese kann nicht darin bestanden haben, die genannten Gröfsen $\frac{a'}{b'}$ u. s. w. selbst zu berechnen. Teils würde dies nämlich leicht ohne diese Ausdrücke geschehen können, wenn man nur erst $a'$, $b'$, $p'$ einzeln berechnet hat, und dann würde keine Veranlassung mehr sein, besondere Ausdrücke für ihre Kombinationen zu suchen; teils würde es unnatürlich sein, sich die konjugierten Durchmesser, für die man die erwähnten Werte berechnen will, durch den Schnittpunkt zwischen den ihnen parallelen Supplementarsehnen gegeben zu denken. Die Bildung aller dieser Gleichungen wird dagegen vollkommen verständlich, wenn man die Gleichungen als Mittel auffafst, um in einem gegebenen Kegelschnitt solche konjugierte Durchmesser zu finden, für welche die erwähnten Gröfsen gegebene Werte erhalten. Gerade diese Aufgabe wird auf eine Gleichung gebracht, indem die Abscisse des erwähnten Schnittpunktes als die unbekannte Gröfse betrachtet wird, oder richtiger, indem die Projektion $M$ dieses Punktes auf die Axe der unbekannte Punkt ist, durch dessen Bestimmung die Aufgaben gelöst werden.

Eine solche Gleichung verlangt aber nicht blofs eine Lösung, sondern zu ihrer vollständigen Behandlung gehört auch noch eine Diskussion, welche Bedingungen für die Auflösbarkeit angiebt. So war es auch im Altertum, nur pflegte man das Resultat der Diskussion oder den Diorismus vor die Lösung zu stellen. Die in dem letzten Teile des 7ten Buches enthaltenen Bestimmungen von Maximis und Minimis geben den Diorismus zu eben den Aufgaben, welche im ersten Teile auf eine Gleichung gebracht worden sind.

An der vollständigen Behandlung fehlt also nur noch die Lösung der Gleichungen. Die von Halley aufgestellte Annahme, dafs das verlorene 8te Buch die Lösungen einer Reihe von Aufgaben enthalten habe, die im 7ten Buche erst auf eine Gleichung gebracht und dann einzeln zum Gegenstand eines Diorismus gemacht waren, stimmt deshalb im vollsten Maſse zu dem Inhalt des siebenten Buches.

Im übrigen stützt Halley seine Annahme auf die Vorrede zum siebenten Buche, in der Apollonius sagt, daſs „dessen Sätze alle ihren Nutzen gewähren bei vielen Arten von Aufgaben und namentlich bei deren Diorismen“, und daſs „mehrere [1]) Beispiele hierfür in den (durch Diorismen) abgegrenzten Aufgaben über Kegelschnitte sich finden, die im achten Buche gelöst und bewiesen sind“. Vielleicht könnte man einwenden, daſs das siebente Buch nach der aufgestellten Annahme nicht nur Sätze enthalten müsse, die nützlich wären für die Diorismen der im achten Buche behandelten Aufgaben, sondern eben diese Diorismen selber. Indessen versteht man unter dem Diorismus einer synthetisch behandelten Aufgabe diejenige Angabe ihrer Grenzen, welche gleichzeitig mit der Stellung der Aufgabe ausgesprochen wird. Diese Angabe der Grenzen kann recht wohl in einem vorhergehenden Satz bewiesen worden sein und ist wohl in der Regel so bewiesen worden — z. B. in Euklids sechstem Buche, wo in Satz 27 die Grenzbestimmung bewiesen wird, die in den Wortlaut der Aufgabe über die elliptische Flächenanlegung in 28 mit aufgenommen ist. Der Diorismus, der nicht nur die Bedingungen für die Lösbarkeit der Aufgabe ausdrücken, sondern auch angeben soll, wie viele Auflösungen (vergl. S. 21) dieselbe in verschiedenen Fällen erhalten könne, hat auch Dinge enthalten müssen, die über das im 7ten Buch ausgesprochene hinausgehen, zu deren Auffindung aber das 7te Buch eben die Mittel darbietet. Aus der Bestimmung des Minimalwertes für den Parameter $p'$ einer gegebenen Hyperbel, bei der $p > 2a$, ersieht man beispielsweise, daſs ein gegebener Wert von $p'$, der zwischen dem Minimalwerte und $p$

---

[1]) Wir übersetzen hier *plura* durch „mehrere“, nicht durch „mehr“, was dunkel sein würde. Denn im 7ten Buche finden sich keine Aufgaben sondern nur Sätze.

liegt, zu zwei verschiedenen Durchmessern auf jeder Seite der Axe gehört, ein gröſserer Wert von $p'$ aber nur zu einem Durchmesser auf jeder Seite. Auf ähnliche Weise können auch die übrigen Aufgaben des achten Buches durch Benutzung der im siebenten gefundenen Bestimmungen in so bestimmt abgegrenzten Formen gestellt worden sein, daſs nicht nur die Auflösbarkeit überall gesichert, sondern auch die Anzahl der Auflösungen für jeden Fall vollkommen bestimmt war.

Als einen weiteren Grund für die Richtigkeit seiner Anschauung bezeichnet Halley noch den Umstand, daſs Pappus seine Hülfssätze zum siebenten und achten Buche zusammen anführt. Diese Hülfssätze sind allerdings, wie Pappus' Hülfssätze zu allen Büchern von Apollonius' Kegelschnitten, zu unbedeutend, als daſs man aus ihnen selbst etwas über den Inhalt dieser Bücher schlieſsen könnte; aber aus der angeführten Gemeinschaft der Hülfssätze kann man ähnliche Schlüsse ziehen, wie von Halley aus der Gemeinschaft der Hülfssätze zu den Schriften über den Verhältnisschnitt und den Flächenschnitt gezogen worden sind. Die Gleichungen, durch welche die Aufgaben, deren Diorismen im siebenten Buche bewiesen sind, die selbst aber im achten gelöst werden sollen, ausgedrückt werden, sind quadratisch, wenn auch ihre Form nicht unmittelbar die Forderung einer Flächenanlegung ausdrückt. Die Lösung hat in einer Reduktion auf Flächenanlegung bestanden; aber durch dieselbe Reduktion hat man die im siebenten Buch gegebenen Grenzbedingungen gefunden. Hierin liegt also eine gute Erklärung des Umstandes, daſs dieselben Hülfssätze an beiden Stellen haben benutzt werden können.

Ich glaube, daſs es anderen gehen wird wie mir, und daſs das Studium des siebenten Buches sie mehr und mehr von der Richtigkeit von Halleys Annahme über den Inhalt des achten Buches überzeugen wird. Nach dieser Annahme kann man wenigstens einen Teil von den Aufgaben, die in diesem Buche gelöst sind, einzeln angeben.

Was die Lösungen betrifft, so haben dieselben nirgendwo andere Schwierigkeiten darbieten können, als solche, zu deren Überwindung die Alten wohl bekannte Mittel besaſsen. Man kann sogar auf Einzelheiten in der Behandlungsweise schliefsen aus der eben berührten Übereinstimmung, die zwischen den Beweisen der Diorismen im siebenten und den Lösungen im achten bestanden haben mufs. Auf der einen Seite ist deshalb das Fehlen dieses Buches weniger hoch anzuschlagen, als das anderer verlorenen Schriften; auf der anderen Seite mufsten sich die Aussichten aufserordentlich günstig für eine Wiederherstellung gestalten. Da eine solche überdies von einem Manne wie Edmund Halley versucht ist, der gewifs mit dem Gedankengange der alten Mathematiker, namentlich mit dem des Apollonius vertrauter war, als irgend jemand in der neueren Zeit, so darf man annehmen, dafs dieselbe in allem wesentlichen dem Original nahe genug gekommen ist, um den Platz zu verdienen, den ihr Verfasser ihr durch unmittelbares Anschliefsen an seine Ausgabe der 7 überlieferten Bücher gegeben hat[1]).

Die Bedeutung, welche hier den Sätzen des siebenten Buches zugeschrieben wird, gestattet eine Erklärung eines schon berührten auffallenden Umstandes: dafs nämlich die in unserer Gleichung (1) gegebene Bestimmung der Länge $a'$ eines Durchmessers, welche dieselbe Form hat wie die folgenden Bestimmungen von $a' + b'$, $a' - b'$, .... $p'$ u. s. w. und in den Beweisen für diese Sätze benutzt wird, nicht selbst als besonderer Satz aufgestellt ist. Der Grund mufs der sein, dafs Apollonius für diesen nicht dieselbe Verwendung hatte wie für die übrigen; er mufs also den Diorismus und die Lösung der Aufgabe, einen Durchmesser von gegebener Länge zu konstruieren, als im voraus bekannt betrachtet haben. Das

---

[1]) Wenn Halley, in Übereinstimmung mit der Vorrede zum siebenten Buche, auch einzelne andere Aufgaben aufser denen, die im siebenten Buche ausdrücklich auf eine Gleichung gebracht und diskutiert sind, mit aufgenommen hat, so hat er sich dadurch selbstverständlich der Gefahr ausgesetzt, Abweichungen von Apollonius' eigenem Werke zu begehen. Dafs er es nicht darauf abgesehen hat, auch die Form dieses Werkes nachzuahmen, sieht man beispielsweise daraus, dafs er den Diorismus nicht gleichzeitig mit der Aufgabe selbst ausspricht, sondern nach moderner Weise erst nachdem er die Aufgabe gelöst hat.

konnte er offenbar auch mit Bezug auf den Diorismus thun; denn dieser würde nur auszusagen haben, daſs die Durchmesser einer Ellipse um so gröſser werden, je mehr sie sich der groſsen Axe nähern, was bereits in Satz 11 des 5ten Buches bewiesen wurde, und die einer Hyperbel um so gröſser, je mehr sie sich von der Hauptaxe entfernen, was ohne weiteres einleuchtet. Um die Konstruktion eines Durchmessers von der Länge $a'$ zu finden, hatte er auch nicht nötig diese Aufgabe auf eine Gleichung zu bringen, wenn er bereits dieselbe Auffassung von einem gegebenen Kegelschnitt besaſs, die uns zur Erklärung von Pappus' Kritik der Konstruktion von Normalen, die von einem Punkt an eine Parabel gezogen werden, gedient hat. Lag der gegebene Kegelschnitt nämlich vollständig gezeichnet vor, so konnte man den gesuchten Durchmesser unmittelbar durch einen Kreis um den Mittelpunkt des Kegelschnittes mit dem Radius $\frac{a'}{2}$ bestimmen. Der Umstand also, daſs unsere Gleichung (1) sich nicht in einem besonderen Satze aufgestellt findet, deutet darauf hin, daſs auch Apollonius einen gegebenen Kegelschnitt als vollständig gezeichnet betrachtet hat, so daſs derselbe bei den Konstruktionen benutzt werden konnte[1]).

Doch würde man auf diese Weise nicht erklären können, weshalb sich gleichfalls kein Ausdruck für den konjugierten Durchmesser $b'$ findet; denn wenn die Kurve eine Hyperbel war, so muſste, damit dieselbe Konstruktion benutzt werden konnte, die konjugierte Hyperbel unmittelbar vorgelegt sein, was selbstverständlich nicht der Fall war. Indessen findet sich indirekt ein Ausdruck für $b'$, da $b'^2 = a'p'$, und diese letzte Gröſse wurde in Satz 18 bestimmt.

---

[1]) Wenn ich hierin Recht habe, so müſsten Halleys Anfangsworte in den Aufgaben des 8ten Buches „Datis Hyperbolae (Ellipseos) axe majore et latere recto" überall verändert werden in „Data Hyperbola (Ellipsi)". Die Aufgaben am Schlusse des zweiten Buches beginnen mit κώνου τομῆς δοθείσης.

# Neunzehnter Abschnitt.

## Kegelflächen und Umdrehungsflächen zweiter Ordnung; Archimedes' Buch über Konoide und Sphäroide; Euklids beide Bücher über Oberflächenörter.

Die Lehre von den Flächen zweiter Ordnung steht in so naher Verbindung mit der Lehre von den Kegelschnitten, dafs in gegenwärtiger Schrift auch über das berichtet werden mufs, was die Griechen über die erwähnten Flächen wufsten. Wir wollen mit den unter diese gehörenden Kegelflächen beginnen, über die wir allerdings im Vorhergehenden nicht ganz wenig erwähnt haben; aber dies soll hier in seinem Zusammenhang mit anderen Untersuchungen über diese und andere Flächen zweiter Ordnung betrachtet werden.

Euklid erwähnt in seinen Elementen nur Umdrehungskegel. Wenn es sich dann, wie im zweiten Abschnitt bemerkt, in seinen „Phänomenen" zeigt, dafs er wenigstens alle elliptischen Schnitte an gewissen Kegeln kennt, so ist es möglich, dafs er auch hier nur an Umdrehungskegel denkt. Indessen ist es auch möglich, dafs er sich in den Elementen absichtlich mit der Behandlung der mehr elementaren Formen begnügt, dafs er aber anderswo sich auch mit schiefen Kegeln beschäftigt hat, so möglicherweise, wie wir bald sehen werden, in der Schrift über Oberflächenörter. Indirekt enthält Euklids Optik einzelne Sätze über gewisse schiefe Kegel, z. B. in Satz 36 den, dafs alle Axenschnitte eines Kreiskegels, bei dem der Abstand der Spitze vom Mittelpunkte der Grundfläche gleich dem Radius dieser ist, rechtwinklige Dreiecke sind[1]).

Wenn Archimedes von Kegeln spricht, so meint er damit irgendwelche Kreiskegel, und dafs er selber dadurch nichts neues bringt, ergiebt sich daraus, dafs er keine besondere Definition solcher Kegel aufstellt. Einen Umdrehungskegel charakterisiert er durch das Beiwort ‚gleichschenklig'. Wir haben

---

[1]) Dieser Satz ist wiederholt bei Pappus, Ausg. v. Hultsch, S. 581.

im zweiten Abschnitt erwähnt, dafs Archimedes die Beschaffenheit von Schnitten, die senkrecht zur Symmetrieebene schiefer Kegel geführt waren, kannte, und haben gesehen, wie er die Grundeigenschaften derselben bestimmte. Hierzu wollen wir nun die Mitteilung seiner eigenen Untersuchungen fügen, die er in der Schrift über Konoide und Sphäroide an solche Kegel anschliefst, und die den Zweck haben Kreisschnitte an einer Kegelfläche zu bestimmen, deren Leitkurve eine beliebige Ellipse ist und deren Spitze in einer Ebene liegt, die senkrecht auf der Ebene der Kurve in einer der Axen errichtet ist. Dadurch erlangte er das Recht diese Fläche, welche an mehreren Stellen der erwähnten Schrift benutzt wird, als eine Kegelfläche, unter der er nur die Oberfläche eines Kreiskegels versteht, zu betrachten und den von der Kegelfläche und der Ellipse begrenzten Körper ein Kegelsegment zu nennen.

Wir kehren zu der im zweiten Abschnitt benutzten (und auf der folgenden Seite abgedruckten) Fig. 10 zurück, welche die Symmetrieebene eines Kreiskegels darstellt. $NN_1$ ist die Spur eines auf dieser Ebene senkrechten Schnittes, $MM_1$ diejenige eines beliebigen Kreisschnittes. Die in $P$ errichtete Ordinate $y$ des Schnittes $NN_1$ wird dann bestimmt durch

$$y^2 = MP.PM_1 = \varkappa.NP.PN_1,$$

wo $\varkappa$ eine Konstante bedeutet, die nur von den Richtungen von $MM_1$ und $NN_1$, nicht aber von der Lage des Punktes $P$ abhängig ist.

Ist nun umgekehrt die Kegelfläche durch die Ellipse ($NN_1$) bestimmt, so läfst sich die Richtung der Kreisschnitte, welche senkrecht auf der Ebene der Figur stehen, falls es solche giebt, dadurch bestimmen, dafs man durch einen Punkt $P$ von $NN_1$ eine gerade Linie $MM_1$ so zieht, dafs $MP.PM_1 = y^2$, wo $y$ nunmehr bekannt ist.

Diese Aufgabe läfst sich leicht dadurch lösen, dafs, wenn man $P$ fest sein und $M$ die Linie $TN$ durchlaufen läfst, der durch diese Relation bestimmte Punkt $M_1$ einen Kreis durchläuft, dessen Schnittpunkt mit $TN_1$ dann den Punkt $M_1$ liefert. Doch läfst sich diese Konstruktion nur dann ausführen, wenn der Kreis wirklich die gerade Linie schneidet.

Archimedes hat deshalb [in Satz 8 der erwähnten Schrift] die Aufgabe auf eine andere zurückgeführt, die sich immer lösen läſst. Ein Schnitt ($LL_1$) senkrecht auf der Halbierungslinie $TH$ des Winkels $NTN_1$ ist eine Ellipse; denn die Relation

$$y^2 = \varkappa . NP . PN_1 ,$$

welche der Angabe nach für jeden Punkt des Schnittes ($NN_1$) stattfindet, muſs auch für jeden Schnitt $RR_1$ gelten, der diesem

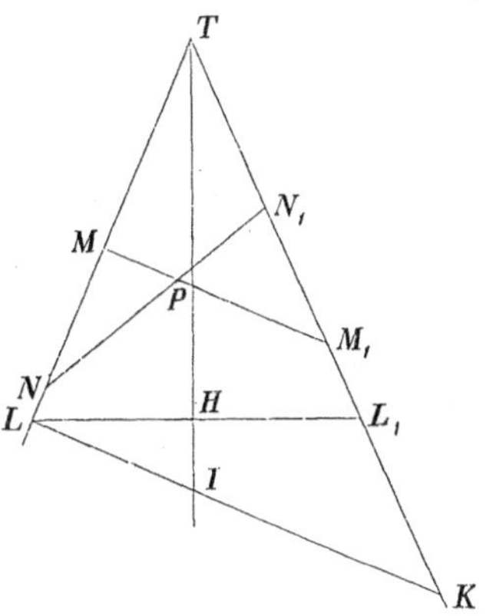


Fig. 10.

parallel ist. Wählt man nun von diesen solche, welche $LL_1$ in dem beweglichen Punkte $Q$ schneiden, so wird

$$y^2 = \varkappa . RQ . QR_1 = \varkappa . \lambda . LQ . QL_1 ,$$

wo $\lambda$ nach dem auch im vorigen Beweise benutzten Hülfssatze eine neue Konstante bedeutet.

Die Spitze $T$ der Kegelfläche liegt nun senkrecht über dem Mittelpunkt $H$ der Ellipse ($LL_1$), also in den beiden Ebenen, welche in den Axen senkrecht errichtet sind. Man kann also daran denken, auf die oben erwähnte Weise nicht nur solche Kreisschnitte zu suchen, die senkrecht auf der Ebene der Figur stehen, sondern auch solche, die auf der senkrecht zu dieser durch $TH$ gelegten Ebene senkrecht stehen. Ist ($LL_1$) nicht selbst ein Kreis, so sieht man leicht, daſs die

Kreisschnitte senkrecht auf derjenigen von den beiden Ebenen stehen, welche die kleine Axe von $(LL_1)$ enthält. Das hatte Archimedes vorher gezeigt [in 7].

Es ist deutlich, dafs Archimedes, wenn er aufser für $(LL_1)$ für andere ebene Schnitte senkrecht auf der Symmetrieebene der durch $T$ und den Kegelschnitt $(NN_1)$ bestimmten Kegelfläche Verwendung gehabt hätte, ebenso leicht gesehen haben würde, dafs dies gewöhnliche Kegelschnitte waren. Ferner sieht man, dafs Archimedes gewufst haben oder jedenfalls durch die Analysis, die seiner synthetischen Behandlung entspricht, erfahren haben mufs, dafs nicht nur Schnitte senkrecht zur Symmetrieebene eines schiefen Kreiskegels, sondern auch solche, die senkrecht stehen auf derjenigen senkrecht zur Symmetrieebene gelegten Ebene, die den Winkel zwischen den in der Symmetrieebene enthaltenen Erzeugenden halbiert, gewöhnliche Kegelschnitte sind. Dies ist der Fall mit $(NN_1)$, wenn $LL_1$ die grofse Axe des Kegelschnittes $(LL_1)$ ist.

Auch eine Betrachtung von Archimedes' eigener Bestimmung [in 7] der Kreisschnitte, die senkrecht auf der durch $T$ und die kleine Axe von $(LL_1)$ gelegten Ebene stehen, ist lehrreich in historischer Beziehung. Wir wollen, um dieselbe Figur benutzen zu können, annehmen, dafs $LL_1$ die kleine Axe ist, dafs die Kreisschnitte also senkrecht auf der Ebene der Figur stehen. Archimedes sagt dann, dafs die Spur des gesuchten Kreisschnittes bestimmt wird, indem man $LIK$ so zieht, dafs $\frac{LI.IK}{TI^2}$ einen gegebenen Wert erhält, nämlich den des Verhältnisses zwischen dem Quadrat der grofsen Halbaxe von $(LL_1)$ und $TH^2$, sowie dafs die Lösung dieser Aufgabe möglich ist, weil dieser Wert gröfser ist als $\frac{LH.HL_1}{TH^2}$. Dafs diese Konstruktion zum Ziele führt, wird darauf in vollkommener Übereinstimmung mit dem, was wir bereits angegeben haben, bewiesen. Dagegen ist es auffallend, dafs er über die Ausführung der Konstruktion nichts sagt, und die Richtigkeit der für die Lösbarkeit aufgestellten Bedingung nicht beweist.

Dies mufs daher rühren, dafs er meint, beide Teile seien leicht zu finden, oder dafs er beide für bekannt hält. Im ersteren Falle würde er indessen kaum die Aufgabe in einer besonders schwierigen Form gestellt haben. Allerdings erreicht er, indem er die Linie durch $L$ legt, dafs der Kreisschnitt unterhalb $LL_1$ zu liegen kommt, dafs also der Kegel mit der Grundfläche $(LK)$ wirklich $(LL_1)$ enthält; aber die unmittelbare Einführung dieser Forderung verbirgt es geradezu, dafs die Aufgabe am leichtesten dadurch gelöst wird, dafs man mit Hülfe einer durch $H$ oder einen anderen Punkt von $TH$ gelegten Linie zuerst die Richtung bestimmt. Die Bedingung für die Lösbarkeit wird auch als etwas bekanntes erwähnt.

Hat nun Archimedes wirklich die Lösung und die Bedingung für die Lösbarkeit als dem Leser bekannt betrachten dürfen, so mufs seine Berechtigung hierzu in einer bekannten Anwendung jener Lösung gesucht werden, und man darf mit der gröfsten Wahrscheinlichkeit erwarten diese auf demselben Gebiete zu finden wie die vorliegende, nämlich bei der Untersuchung ebener Schnitte an Kegeln. Dies deutet zunächst, ebenso wie der von Archimedes stets angewandte, sehr allgemeine Hülfssatz (S. 51), im allgemeinen auf eine häufigere Beschäftigung mit diesem Gebiet, als man sonst bei Archimedes' Vorgängern anzunehmen pflegt; aber es läfst sich sogar eine bestimmte Aufgabe namhaft machen, auf welche dieselbe Konstruktion Anwendung findet, und die so wichtig ist, dafs Archimedes annehmen konnte, die Lösung derselben werde denjenigen Lesern vollkommen bekannt sein, die ihm überhaupt auf diesem Gebiete folgen könnten.

Zu dieser Aufgabe gelangen wir, wenn wir nur unserer Fig. 10 eine neue stereometrische Bedeutung beilegen. Nehmen wir an, dafs $LL_1$ die Projektion eines Schnittes darstellt, der einer kreisförmigen Grundfläche parallel ist, so wird der Kegel ein Umdrehungskegel, und der in $LIK$ projicierte elliptische Schnitt desselben wird, wenn die Höhe des Kegels $h$, der Radius seiner Grundfläche $r$ genannt wird, bestimmt durch

$$\frac{y^2}{xx_1}\left(=\frac{p}{a}\right)=\frac{r^2}{h^2}\cdot\frac{TI^2}{LI.IK}.$$

Soll nun diese Ellipse eine im voraus gegebene Form und Gröfse haben, so wird $\frac{TI^2}{LI.IK}$ bekannt, und die Richtung des Schnittes wird dann durch die Lösung genau derselben Aufgabe bestimmt, welche Archimedes als bekannt voraussetzt. Ist die Richtung erst gefunden, so ist es leicht zwischen $TL$ und $TK$ eine der $LK$ parallele Linie einzuschieben, deren Länge gleich $a$ ist. Diese wird dann die Lage einer Ellipse von gegebenen Dimensionen auf einem gegebenen Kegel angeben. Die angeführte Bedingung für die Lösbarkeit fällt mit der zusammen, dafs $\frac{p}{a} < 1$, und drückt aus, dafs $LIK$ in diesem Falle die grofse Axe des elliptischen Schnittes sein mufs. Bei der entsprechenden Bestimmung von hyperbolischen Schnitten würde man die Grenzbedingung dadurch erhalten, dafs in diesem Falle, wo $I$ sich auf der Verlängerung von $LK$ befindet, $\frac{TI^2}{LI.KI} < 1$ sein mufs.

Genau dieselbe Aufgabe läfst sich noch einfacher durch eine andere Benutzung derselben Figur und derselben ebenen Konstruktion lösen; dabei entspricht die angeführte, von Archimedes gegebene Bedingung für die Lösbarkeit der Grenzbedingung für die hyperbolischen Schnitte. Bei dieser Auflösung mufs Winkel $LTK$ der Nebenwinkel sein zum Scheitelwinkel des gegebenen Umdrehungskegels, und $TI$ die Spur einer der Grundfläche parallelen Ebene. Wenn dann $LIK$ die Spur eines zur Ebene der Figur senkrechten hyperbolischen Schnittes ist, so folgt unmittelbar aus Archimedes' Hülfssatz, dafs für diese Hyperbel

$$\frac{p}{a} = \frac{TI^2}{LI.IK}$$

ist. Die Bedingung $\frac{TI^2}{LI.IK} \leqq \frac{TH^2}{LH.HL_1}$ drückt dann aus, dafs $\frac{p}{a}$ seinen Maximalwert erreicht, wenn die Ebene der Hyperbel senkrecht auf der Grundfläche des Kegels steht.

Wenn man also zu Archimedes' Zeit verstand einen durch seine Konstanten gegebenen Kegelschnitt auf die eine oder andere Art wie angegeben auf einen Umdrehungskegel zu legen, dann war diese Aufgabe in der Lehre von den Kegelschnitten zugleich so fundamental, dafs Archimedes mit gutem Grunde die hierzu gehörende Konstruktion sowie den Diorismus als wohl bekannt betrachten konnte. Unsere Annahme erklärt also völlig die Kürze, mit der Archimedes sich ausdrückt, und zugleich stimmt sie zu den Äufserungen in Apollonius' Vorrede zum sechsten Buche[1]), nach denen man früher die hier besprochene Aufgabe behandelt hatte, wenn auch weniger „vollständig und klar" als er selbst sie behandelt. Ob dieses Urteil richtig ist, können wir — die Richtigkeit unserer Annahme vorausgesetzt — nicht wissen, weil Archimedes über die Ausführung der Konstruktion, die er als bekannt betrachtet, nichts sagt.

Die gröfsere Vollständigkeit bei Apollonius besteht vielleicht darin, dafs er im sechsten Buche derselben Aufgabe eine doppelte Form giebt und jede von diesen für sich behandelt, nämlich einmal: durch einen gegebenen Kegelschnitt einen Umdrehungskegel mit gegebenen Winkel an der Spitze zu legen, und zweitens: auf einem gegebenen Umdrehungskegel einen Kegelschnitt mit gegebener Axe und zugehörigem Parameter anzubringen. Aufserdem haben wir bei Apollonius die allgemeingültige Bestimmung von ebenen Schnitten an Kreiskegeln gefunden.

Ohne wesentliche Bedeutung für die Theorie der Kegelflächen ist eine Arbeit von einem wahrscheinlich viel jüngeren Schriftsteller Serenus[2]) über Schnitte an Kegeln. Diese behandelt nämlich nur Schnittebenen, welche durch die Spitze gelegt sind, und enthält namentlich eine Reihe von Aufgaben über Maxima und Minima der Flächen derjenigen Dreiecke, in denen die durch die Grundfläche begrenzte Kegelfläche von

[1]) Vergl. Anhang 1.

[2]) Tannery verlegt die Zeit seines Lebens ins 4te Jahrhundert n. Chr. (Bulletin des Sciences math. 2me série, VII, S. 238).

solchen Ebenen geschnitten wird; übrigens entbehren diese Aufgaben keineswegs des Interesses.

Gröfsere Bedeutung möchte ich aber einer Konstruktion beilegen, welche von dem römischen Feldmesser Hyginus[1]) angegeben ist, und die bedeutend gröfsere stereometrische Kenntnisse verrät, als die römischen Feldmesser sonst besafsen. Ich trage deshalb kein Bedenken, dieselbe mit Cantor als eine Überlieferung aus der griechischen Astronomie anzusehen und sie als ein Beispiel für Operationen mit Kegelflächen zu betrachten, das durch seinen deskriptiv-geometrischen Charakter etwas von dem abweicht, was wir sonst bei den griechischen Geometern angetroffen haben.

Die behandelte Aufgabe besteht darin, sich zu orientieren, wenn gegeben sind: die Länge eines senkrechten Stabes $AB$ und die Länge und Lage dreier seiner Schatten, $BC$, $BD$ und $BE$, welche er an drei Augenblicken desselben Tages auf eine wagerechte Ebene geworfen hat. Dann sind $AC$, $AD$ und $AE$ Erzeugende einer Umdrehungskegelfläche, und eine Ebene senkrecht zur Axe dieses Kegels wird die wagerechte Ebene in der gesuchten Ost-Westlinie schneiden. Eine solche Ebene erhält man in $FGE$, wenn man auf den Erzeugenden $AC$ und $AD$ die der $AE$ gleichen Stücke $AF$ und $AG$ abträgt. Ein Punkt von der Spur dieser Ebene ist $E$; einen zweiten erhält man durch den Schnittpunkt der $CD$ mit der Projektion $F'G'$ von $FG$ auf die wagerechte Ebene. Die Punkte $F'$ und $G'$ liegen beziehungsweise auf $BC$ und $BD$, und ihre Abstände von $B$ findet man leicht, wenn man die rechtwinkligen Dreiecke $ABC$ und $ABD$ in ihrer wahren Gröfse konstruiert. Die verdorbenen Figuren machen es übrigensunmöglich zu erkennen, in welche konstruktive Verbindung man diese Hülfsfiguren mit der Hauptfigur gebracht hat.

Was die Cylinderflächen betrifft, so könnte man sich aus dem Umstande, dafs Apollonius dieselben nicht nennt, leicht zu dem Glauben verleiten lassen, dafs sie und ihre

---

[1]) Die Schriften der Römischen Feldmesser. herausg. v. Blume, Lachmann und Rudorff. Berlin 1848—1852, I, S. 189—191.

ebenen Schnitte zu seiner Zeit nicht beachtet wurden. Wahrscheinlich ist Serenus durch eine solche Vorstellung dahin gebracht worden, in seiner Schrift über Cylinderschnitte eine Behandlung dieser durchzuführen, die Schritt für Schritt — wenn auch nicht immer mit Glück — Apollonius' Behandlung der Kegelschnitte folgt. Wenn man indessen sieht, dafs Archimedes in der oben von uns benutzten Schrift über Konoide und Sphäroide Untersuchungen über Cylinderschnitte seinen entsprechenden Untersuchungen über Kegelschnitte folgen läfst; wenn man sich ferner erinnert, dafs Euklid in den „Phänomenen" elliptische Kegelschnitte anführt und daneben bemerkt, dafs ebene Schnitte an Cylindern Ellipsen sind, so kann Apollonius' Schweigen über Cylinderschnitte nicht daher rühren, dafs er diese Art Ellipsen zu erzeugen nicht kennt. Vielmehr darf man annehmen, dafs er die Cylinderschnitte unerwähnt gelassen hat, einmal weil sie an sich nur geringe Schwierigkeiten darbieten, und zweitens weil seine Behandlung der Kegelschnitte eine einfache Anleitung zur entsprechenden Behandlung der Cylinderschnitte giebt. Serenus ist dieser Anleitung nur gefolgt.

Im ganzen dürfen wir gewifs annehmen, dafs das Studium des Cylinders so weit fortgeschritten war, dafs man die Sätze über Cylinder kannte und die Aufgaben über Cylinder lösen konnte, welche nach moderner Auffassung als Grenzformen derjenigen Sätze und Aufgaben über Kegel dargestellt werden würden, welche die griechischen Schriftsteller, wie wir gesehen haben, kannten und behandelten.

Die Alten sind indessen nicht bei Kegel- und Cylinderflächen stehen geblieben, sondern bei Archimedes treffen wir in der Schrift über Konoide und Sphäroide auch Untersuchungen über Umdrehungsparaboloide, die er rechtwinklige Konoide nennt, über Umdrehungshyperboloide, gebildet durch Umdrehung um die erste Axe, die er stumpfwinklige Konoide nennt, und Umdrehungsellipsoide, die er Sphäroide nennt und näher als länglich oder breit bezeichnet, je nachdem die Umdrehungsaxe die grofse oder kleine Axe der Meridiankurve ist. Wenn wir im Folgenden von Paraboloiden, Hyperboloiden und Ellipsoiden sprechen, so meinen wir diese Umdrehungsflächen. Das Ziel, welches Archimedes' Untersuchungen verfolgen, ist die Berechnung der Volumina von den Segmenten, welche zwischen den Flächen und Ebenen abgeschnitten werden, und hierin kann wenigstens der Grund dafür liegen, dafs er die Flächen, welche durch Umdrehung um die zweite Axe der Hyperbel hervorgebracht werden, nicht auch behandelt hat. Über die Volumenbestimmungen werden wir im folgenden Abschnitt sprechen; hier wollen wir nur die allgemeinen Eigenschaften hervorheben, die Archimedes bei den Volumenbestimmungen benutzt und deshalb mit angeführt hat.

Archimedes untersucht alle elliptischen Schnitte der genannten Flächen vollständig und beweist, dafs dieselben ähnlich werden, wenn ihre Ebenen parallel sind. Elliptisch werden alle Schnitte an Paraboloiden, welche der Axe nicht parallel sind, und alle Schnitte an Hyperboloiden, deren Ebenen alle Erzeugenden des Asymptotenkegels schneiden. Dafs diese sowohl wie alle Schnitte am Ellipsoid wirklich Ellipsen werden, wird [in 12, 13 und 14] auf gleichartige und mit Archimedes' Bestimmung von Schnitten an Kegeln vollkommen übereinstimmende Weise mit Hülfe des Potenzsatzes bewiesen.

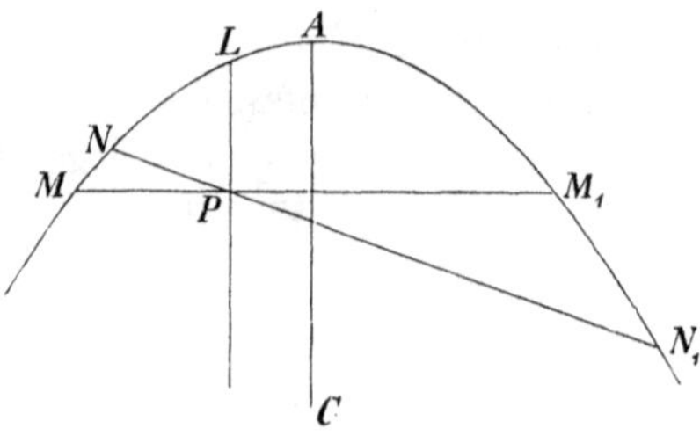


Fig. 72.

Stellt nämlich Fig. 72 den Meridian dar, der auf dem zu untersuchenden Schnitte senkrecht steht, und $NN_1$ die Projektion des Schnittes auf dessen Ebene, so wird die in $P$ errichtete Ordinate $y$ des Schnittes, wenn man durch dieselbe einen auf der Umdrehungsaxe senkrechten Schnitt legt, der in $MM_1$ projiciert ist, bestimmt durch

$$y^2 = MP \cdot PM_1 = \varkappa \cdot NP \cdot PN_1,$$

wo $\varkappa$ der konstante Wert ist, den das Verhältnis $\frac{MP \cdot PM_1}{NP \cdot PN_1}$ nach dem Potenzsatz erhält. Hieraus folgt, dafs der Schnitt eine Ellipse ist.

Da $\varkappa$ nun nicht nur, wegen der Parallelität der Linien $MM_1$, unverändert bleibt, wenn $P$ die feste Linie $NN_1$ durchläuft, sondern auch wenn $NN_1$ sich parallel mit sich selbst bewegt, so ist hiermit zugleich bewiesen, dafs die parallelen elliptischen Schnitte unter einander ähnlich sind, weil das Verhältnis $\varkappa$ zwischen den Quadraten ihrer Axen unverändert bleibt.

Mit Rücksicht auf die hier gemachte Anwendung des Potenzsatzes wollen wir bemerken, dafs dieselbe zu der Ausdehnung stimmt, in der dieser Satz aufgestellt werden konnte, bevor Apollonius die regelmäfsige Benutzung zusammengehöriger Hyperbeläste eingeführt hatte. Es müssen nämlich bei den Hyperboloiden sowohl die Spuren der elliptischen Schnitte in der auf ihnen senkrechten Meridianebene wie die Spuren der Kreisschnitte den als Meridiankurve benutzten Hyperbelast selbst schneiden.

An die Bestimmung der elliptischen Schnitte schliefst sich Archimedes' Bestimmung einer Berührungsebene dieser Flächen. Er bestimmt dieselbe als eine Ebene, welche eine Tangente einer Meridiankurve enthält und senkrecht auf der Meridianebene steht, und benutzt für den Beweis den Umstand, dafs diese Ebene, wenn sie mehr Punkte mit der Fläche gemeinsam hätte, die Fläche in einer Ellipse schneiden müfste. Seine Beweisführung weicht also nicht viel ab von der, welche sich darauf gründen läfst, dafs die genannten Ebenen die Fläche in einer Ellipse schneiden, die in einen Punkt zusammenschrumpft. Zugleich stützt er sich aber auf einige Sätze (bei denen zu verweilen hier kein Grund vorliegt), die davon handeln, welche Stücke schneidender Geraden innerhalb oder aufserhalb der Flächen fallen. Aus der Bestimmung der Berührungsebenen leitet er ab, dafs die Linie eines Ellipsoids, welche die Berührungspunkte paralleler Berührungsebenen mit einander verbindet, ein Durchmesser ist [15—17].

Aufser der allgemeinen Bestimmung elliptischer Schnitte giebt Archimedes noch die Bestimmung gewisser besonderer Schnitte. Obgleich die hierher gehörenden Sätze [in 11] den anderen vorangehen und in 15—17 benutzt sind, so erwähnen wir sie doch zuletzt, weil Archimedes sie für einfach genug hält, um ihren Beweis fortlassen zu können, während wir nur durch die Beweise für seine nachfolgenden Sätze uns eine zuverlässige Meinung darüber bilden können, wie er sie bewiesen haben will.

Diese unbewiesenen Sätze sagen aus: 1) ebene Schnitte parallel der Axe eines Paraboloids sind Parabeln, die der Meridiankurve kongruent sind; 2) ebene Schnitte parallel der Axe eines Hyperboloids sind Hyperbeln, welche der Meridiankurve ähnlich sind; 3) ebene Schnitte durch den Mittelpunkt eines Hyperboloids sind Hyperbeln; 4) ebene Schnitte parallel der Axe eines Ellipsoids sind Ellipsen, die der Meridiankurve ähnlich sind.

Wenn Archimedes keinen Beweis für diese Sätze angeführt hat, so darf man zunächst schliefsen, dafs er sie nicht durch einen Kunstgriff bewiesen haben wollte. Seine Beweisführung ist deshalb sicherlich in allem wesentlichen auf dieselben Principien gegründet gewesen, wie seine früheren Bestimmungen von Schnitten an Kegelflächen und die später folgende, von uns schon besprochene Bestimmung der elliptischen Schnitte an Umdrehungsflächen. Bei diesen letzteren wird der Potenzsatz benutzt; aber dieser ist ein Mittel, das nur dem zu Gebote stand, der etwas tiefer in die Lehre von den Kegelschnitten eingedrungen war; Archimedes hält es deshalb für notwendig an denselben zu erinnern, bevor er ihn anwendet [in 3]. Wenn nun Archimedes, bevor er die hierauf gegründeten allgemeinen Untersuchungen der elliptischen Schnitte vorgenommen hat, den hierin speciell einbegriffenen Satz über Schnitte parallel der Umdrehungsaxe des Ellipsoids als besonders leicht zu beweisen betrachtet, so mufs der Grund dafür der sein, dafs der specielle Fall des Potenzsatzes, der hier benutzt werden soll, eben nur die Axengleichung der Ellipse oder eine einfache Umformung derselben ist. Um die beiden vorhergehenden Sätze mittels des Potenzsatzes beweisen zu können, müfste er die allgemeine Form gekannt haben, die derselbe erst durch Apollonius erhalten hat; aber auch hier kommt der Potenzsatz selbst nicht zur Verwendung, sondern besondere Formen und Grenzfälle desselben, die wohl bekannt waren. Die Beweise, welche Archimedes wirklich durchgeführt hat, geben also ausreichende Erläuterungen darüber, wie seine Leser seinen Absichten gemäfs die Behauptungen zu beweisen hatten, die er ohne Beweis anführt. Dem entsprechend gelangen wir zu folgenden Beweisen.

1) Fig. 72 möge eine Meridiankurve eines Paraboloids mit der Axe $AC$ darstellen, und $LP$ sei die Projektion eines senkrecht zur Meridianebene und parallel der Axe geführten Schnittes. Ist $P$ ein beliebiger Punkt von der Spur dieses Schnittes, und steht $MPM_1$ senkrecht auf der Axe, so wird die Ordinate $y$ der in $P$ projicierten Punkte des Schnittes wie früher bestimmt durch $y^2 = MP.PM_1$. Um diesen Ausdruck weiter umformen zu können, wollen wir die Koordinaten der Parabelpunkte $M$ und $L$, bezogen auf Axe und Scheitelpunkt der Parabel, mit $z$, $x$ und $z'$, $x'$ bezeichnen. Dann erhält man $y^2 = x^2 - x'^2$. Bedeutet $p$ den Parameter der Parabel, so ist ferner:

$$1 = \frac{x^2}{pz} = \frac{x'^2}{pz'} = \frac{y^2}{p(z-z')} = \frac{y^2}{p.LP},$$

woraus die Richtigkeit der aufgestellten Behauptung hervorgeht.

2) Ist die Fläche ein Hyperboloid, so haben wir in diesem Beweise nur die Gleichung der Parabel mit der der Meridianhyperbel zu vertauschen. Bezeichnet $a$ die Länge der ersten Axe und $\varkappa$ eine Konstante $\left(\frac{p}{a}\right)$, so erhalten wir:

$$\varkappa = \frac{x^2}{z(z+a)} = \frac{x'^2}{z'(z'+a)} = \frac{y^2}{(z-z')(z+z'+a)}$$

$$= \frac{y^2}{(z-z')(z-z'+a+2z')};$$

hieraus ergiebt sich, da $z'$ konstant ist, dafs der Schnitt eine Hyperbel wird; diese ist der Meridianhyperbel ähnlich, da die

Konstante $\varkappa$ dieselbe bleibt. Der vierte Satz wird auf ganz dieselbe Weise bewiesen.

3) In dem Beweise dafür, dafs Schnitte durch den Mittelpunkt eines Hyperboloids Hyperbeln sind, wird es natürlich sein, in unserer Umformung der Gleichung, welche die Alten der Hyperbel gaben, den Mittelpunkt zum Anfangspunkt genommen zu denken. Bedienen wir uns im übrigen derselben Bezeichnungen, so haben wir für den Punkt $M$

$$x^2 = \varkappa\left(z^2 - \frac{a^2}{4}\right).$$

Lassen wir nun $x'$ die auf dasselbe Koordinatensystem bezogene Ordinate des Punktes $P$ von der Spur der Schnittebene bezeichnen, so ergiebt sich $x' = \alpha z$, wo $\alpha$ eine Konstante bedeutet. Folglich wird

$$y^2 = x^2 - x'^2 = (\varkappa - \alpha^2)z^2 - \varkappa\frac{a^2}{4}.$$

Da $z$ der Abscisse des Punktes $P$ von der Spur des Schnittes proportional ist, und da $\alpha^2 < \varkappa$, so wird hierdurch ausgedrückt, dafs der Schnitt eine Hyperbel ist.

Die hier geführten Beweise sind so dargestellt, dafs die Übertragung in die Darstellungsform der Alten an keiner Stelle schwierig sein kann. Weitere Vermutungen über Einzelheiten dieser Form anzustellen ist kein Grund vorhanden, da Archimedes, weil er selbst keine Beweise aufstellt, es unterlassen hat, einer einzelnen Form den Vorzug zu geben. Wir wollen nur bemerken, dafs diese Beweise, wenn sie im Stile der Alten durchgeführt werden sollen, zum Teil weitläufiger werden dürften als diejenigen sind, welche Archimedes für die allgemeineren Sätze über die elliptischen Schnitte führt; denn bei diesen konnte er den Potenzsatz benutzen. Dies kann vielleicht dazu beigetragen haben, dafs Archimedes diese Beweise fortgelassen hat; dabei setzen wir voraus, dafs er die Weitläufigkeit, welche der Beweis seiner Behauptungen erforderte, nicht als von sachlichen Schwierigkeiten herrührend betrachtete. Derartige Schwierigkeiten können die einfachen Formen für die Gleichungen der Kegelschnitte und die Umformungen, welche hier nötig waren, solchen Lesern nicht dargeboten haben, welche zu jener

Zeit seinen Arbeiten im ganzen gewachsen waren; merkwürdig ist dagegen der Umstand, dafs er auch die räumlichen Operationen, welche in Wirklichkeit eine analytische Geometrie mit drei Dimensionen darstellen, für so selbstverständlich hält, dafs er die hierauf gegründeten Beweise den Lesern überläfst.

Diese analytische Geometrie mit drei Dimensionen, welche Archimedes auf Untersuchungen sowohl der Schnitte an Kegeln als der Schnitte an den drei Umdrehungsflächen anwendet, stimmt vollkommen überein mit der analytischen Geometrie mit zwei Dimensionen, welche die Alten auf Untersuchungen der Kegelschnitte anwenden. Bei dieser letzteren wird die Ordinate eines Punktes in der Regel als Funktion der Lage ihres Fufspunktes auf der Abscissenaxe bestimmt, weniger als Funktion der von einem bestimmten Anfangspunkt an gerechneten Abscisse. Auf dieselbe Weise wird die Ordinate eines Punktes im Raume, die wie hier $y$ genannt haben, als Funktion der Lage ihres Fufspunktes in der Grundebene bestimmt. Die Gleichung einer Umdrehungsfläche oder einer Kreiskegelfläche wird demnach bestimmt durch

$$y^2 = MP \, . \, PM_1, \tag{1}$$

wo $P$ den Fufspunkt der Ordinate bezeichnet und $M$ und $M_1$ die Punkte sind, in denen eine Linie, welche in der Grundebene durch $P$ in einer gewissen gegebenen Richtung gezogen ist, eine Meridiankurve oder zwei feste Geraden schneidet. Von der durch eine gegebene Ellipse als Leitkurve in Satz 7 und 8 des hier erwähnten Werkes bestimmten Kegelfläche läfst sich auf ähnliche Weise sagen, dafs sie durch die Gleichung

$$\frac{y^2}{NP \, . \, PN_1} = \text{constans} \tag{2}$$

dargestellt werde, wo auch $N$ und $N_1$ auf zwei Geraden gleiten. Archimedes' Beweise für die Beschaffenheit der ebenen Schnitte bestehen in Umwandelungen einer dieser beiden Formen für die Gleichung einer Fläche in die andere, oder in der Umwandelung der Gleichung (2) in eine neue Gleichung von derselben Form.

Die Voraussetzungen sowohl, welche wir Archimedes in

Betreff der Fähigkeit seiner Leser, dieses Verfahren selbst anzuwenden, haben machen sehen, als auch die Voraussetzungen, welche er, wie wir gesehen haben, hinsichtlich der Bekanntschaft seiner Leser mit dem Apparate machte, der bei der Anwendung dieses Verfahrens auf Kegelflächen benutzt wird, zeigen uns, dafs dasselbe vor seiner Zeit nicht unbekannt gewesen sein kann, sondern dafs es wenigstens auf verschiedene Schnitte an Umdrehungskegeln angewandt worden sein mufs. Wenn man nun in den überlieferten Mitteilungen über verlorene Schriften nach einer Schrift sucht, die diese Voraussetzungen erfüllt haben kann, so wird man schon durch den Namen dahin gebracht an Euklids Oberflächenörter zu denken. Eine genauere Untersuchung der wenigen erhaltenen Angaben über diese Schrift wird es wahrscheinlich machen, dafs das soeben erwähnte Verfahren wirklich darin benutzt worden ist und nicht ausschliefslich auf Umdrehungskegel Anwendung gefunden hat.

An Quellen für die Kenntnis des Inhaltes von Euklids beiden Büchern über Oberflächenörter haben wir zunächst ihren Namen und ihren Platz in Pappus' Verzeichnis derjenigen Schriften, welche zur antiken analytischen Geometrie gehören. *τόπος πρὸς ἐπιφανείᾳ* bedeutet nach den Angaben, welche im ganzen über die *τόποι*[1]) der Alten vorliegen, einen geometrischen Ort für

---

[1]) Ich kann mich in dieser Sache im ganzen auf die betreffenden Bemerkungen von Heiberg (Litterargeschichtliche Studien über Euklid, S. 79—83) beziehen, ohne doch allen von ihm ausgeführten Einzelheiten beizupflichten. So meine ich, dafs, gerade wenn der Name eine solche Allgemeingültigkeit besitzt, dafs man von ihm auf den Inhalt der Schrift schliefsen kann, kein Grund vorliegt zu glauben, es sei jedesmal Euklids Schrift gemeint, wenn dieselbe Bezeichnung gebraucht wird. Einen besonderen Grund dies zu bezweifeln hat man da, wo von transscendenten Flächen die Rede ist; denn diese dürften kaum in einer Schrift behandelt worden sein, die Pappus zum *τόπος ἀναλυόμενος* rechnet. Es scheint indessen, als ob Heiberg sich habe verleiten lassen zu übersehen, dafs dies der Fall ist an der Stelle, die er besonders hervorhebt (Pappus, Ausg. v. Hultsch. S. 258, 24), und zwar aus dem Umstande, dafs Hultsch in seiner Ausgabe (S. 260, 13—14) eine Fläche, deren Benennung sich aus den Handschriften nicht erkennen läfst, cylindrisch genannt hat, obgleich dieselbe offenbar

einen Punkt im Raume, der éiner Bedingung unterworfen ist, -- vielleicht zugleich für eine bewegliche Gerade [1]) -- also einen Ort, der eine Oberfläche wird. Da zugleich die Schriften in Pappus' Verzeichnis, welche die Planimetrie betreffen, nur gerade Linien, Kreise und Kegelschnitte behandeln, so mufs man annehmen, dafs Euklid in den Oberflächenörtern nur solche geometrische Örter behandelt hat, welche Ebenen (?), Kugeln, Kegel und Cylinder werden, sowie andere Flächen zweiter Ordnung, falls ihm solche bekannt waren.

Wenn man nun mit diesen Voraussetzungen genauere Aufschlüsse in Pappus' Hülfssätzen [2]) zu der verlorenen Schrift sucht, so mufs man zunächst darauf achten, wie nahe die im ersten Hülfssatze gebrauchten Ausdrücke denjenigen kommen, welche man in einer Darstellung von Archimedes' analytisch-stereometrischer Methode benutzen würde.

Dieser Hülfssatz, den man bis dahin für unverständlich gehalten hat, ist vor kurzem von Tannery [3]) etwa auf folgende Weise interpretiert worden, die fast nur eine Änderung der Figur verlangt:

„Ist (Fig. 73) $AB$ eine gerade Linie und $CD$ einer gegebenen Geraden parallel, und ist das Verhältnis $\frac{AD.DB}{DC^2}$ gegeben, so liegt $C$ auf einem Kegelschnitt. Bewegt sich nun die gerade Linie $AB$, und sind $A$ und $B$ nicht mehr gegeben, sondern bewegen sie sich auf geraden Linien $AE$ und $EB$ von gegebener Lage, so befindet sich der oberhalb der Ebene liegende Punkt $C$ auf einer der Lage nach gegebenen Fläche."

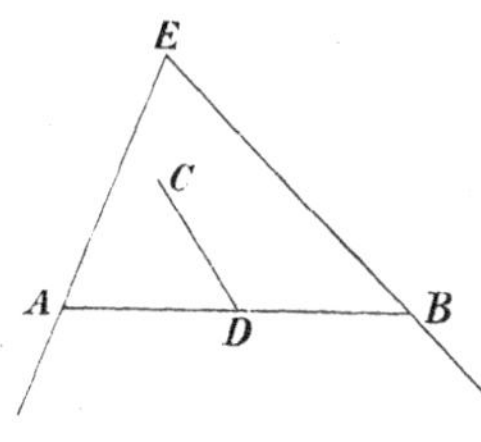

Fig. 73.

eine windschiefe Schraubenfläche ist, nämlich ganz dieselbe, die hinterher auf eine etwas weniger einfache Weise bestimmt und dann Plektoide genannt wird.

1) Pappus, Ausg. v. Hultsch, S. 362, 3.

2) Ausg. v. Hultch, S. 1004 ff.

3) Bulletin des Sciences math. 2me série, T. VI. S. 149.

Nach dieser Lesart wird hier ausgesagt, dafs ein gewisser geometrischer Ort, dargestellt auf dieselbe Weise wie bei Archimedes (mit Ausnahme des Umstandes, dafs die Linie $AB$, statt sich parallel mit sich zu bewegen, dieselbe Länge behält), eine — nicht näher bestimmte — Fläche ist. Ein solcher Satz stimmt zu denen, welche Pappus an anderen Orten aufstelt und beweist[1]), und die aussagen, dafs gewisse geometrische Örter für Punkte im Raume Kurven sind. Die Fläche, zu der man hier gelangt, ist indessen sehr kompliciert und die Untersuchung derselben war deshalb von zu geringem Nutzen, als dafs wir annehmen dürften, Euklid habe sich in seiner Schrift sonderlich lange bei derselben aufgehalten. Es ist möglich, dafs er er den erwähnten geometrischen Ort gelegentlich genannt hat, und dafs Pappus sich darum verpflichtet gefühlt hat anzugeben, dafs dieser Ort eine Fläche wird. Auch ist es möglich, dafs Pappus (oder der Verfasser des Hülfssatzes) aus irgend einem Umstande in Euklids Schrift Veranlassung genommen hat diesen Ort zu erwähnen.

In beiden Fällen würde die nächstliegende Veranlassung darin bestehen können, dafs Euklid in seiner Schrift den speciellen Fall untersucht hat, wo die Linien parallel sind, wo also die Fläche eine Cylinderfläche wird, hervorgebracht durch den mit $AB$ sich bewegenden Kegelschnitt. Wie aus der Sorgfalt hervorgeht, mit der Archimedes bemüht ist kreisförmige Grundflächen für die Kegel- und Cylinderflächen zu finden, auf die er stöfst, hat diese Fläche das, was die Alten unter der krummen Oberfläche eines Cylinders verstanden, doch nur dann sein können, wenn der Cylinder sich zwischen zwei kreisförmigen Schnitten abschneiden liefs, wenn also der bewegliche Kegelschnitt eine Ellipse war. In diesem letzten Falle konnte es auch nicht schwierig sein die Kreisschnitte zu bestimmen, wenn man nur anfänglich[2]) einen Schnitt senkrecht zur Erzeugenden des Cylinders legte. Dafs dieser Schnitt eine Ellipse

---

[1]) Ausg. v. Hultsch, S. 260, 1; 262, 16.

[2]) Archimedes löst, wie bereits erwähnt, dieselbe Aufgabe in Satz 9 des Buches über Konoide und Sphäroide, wenn auch nur in einem speci-

ist, und dafs ferner ein auf zweckmäfsige Weise durch die grofse Axe oder parallel der grofsen Axe dieser Ellipse gelegter Schnitt ein Kreis ist, liefs sich demnächst durch dasselbe Verfahren darthun, welches Archimedes sowohl auf Kegel- wie auf Cylinder- und Umdrehungsflächen anwendet. Der Umstand, dafs parabolische und hyperbolische Cylinder von den Alten nicht als Cylinderflächen aufgefafst wurden, spricht übrigens nicht absolut gegen die Möglichkeit, dafs solche Flächen in Euklids Schrift untersucht worden sind.

Wie bekannt kann das hier erwähnte Fehlen von Kreisschnitten nur eintreten bei Cylinderflächen, und nicht bei Kegelflächen. Hierin könnte eine Aufforderung liegen, die Veranlassung zum Hülfssatze etwas ferner zu suchen und anzunehmen, dafs auch in Euklids eigenen Untersuchungen die Linien, auf denen $A$ und $B$ liegen sollen, beliebig gewesen sind, dafs aber die Linie $AB$, statt eine konstante Länge zu besitzen, ein gegebene Richtung gehabt habe. Die von ihm untersuchten Flächen sind dann im allgemeinen Kegelflächen gewesen.

Vielleicht dürfte es selbst erlaubt sein eben diesen Hülfssatz dahin zu ändern und anzunehmen, dafs er von demselben Herausgeber, der die Figur mifshandelt hat, noch weiter mifshandelt worden sei; in solchem Falle braucht Tannerys Restitution, welche die nächstliegende ist, nicht die richtige zu sein. In der That würde es etwas überraschend sein, eine so komplicierte Fläche wie die ist, die man bei konstanter Länge von $AB$ erhält, unter den Hülfssätzen in Pappus' siebentem Buche zu finden, die sich sonst niemals, ebenso wenig wie die kommentierten Schriften, über Formen des zweiten Grades erheben. Eine Änderung des Inhaltes, dahin gehend, dafs $AB$ sich selbst parallel bliebe und sich von einer der beiden festen Linien bis zur anderen erstreckte, würde kaum grofse Änderungen des Textes beanspruchen. Die Veranlassung zum Hülfssatze würde dann darin bestehen können, dafs Euklid dieselben Oberflächenörter — vielleicht allerdings in beschränkter Weise — unter-

ellen Falle, der indessen allein mit Rücksicht auf das Zeichnen der Figur eine wirkliche Erleichterung mit sich bringt.

suchte und fand, dafs sie Kegelflächen seien, dafs aber Pappus der Meinung war, es müsse vor einer Untersuchung, was für Flächen diese Örter seien, hervorgehoben werden, dafs sie überhaupt Flächen seien. Wenn am Schlusse des Hülfssatzes gesagt wird, dafs dies „bewiesen sei“, so kann man dabei an die Anfangsworte denken, die in der That einen Beweis enthalten, oder daran, dafs Euklid durch den Beweis, dafs der Ort eine Kegelfläche ist, auch bewiesen hat, dafs er eine Fläche ist.

Indessen möchte ich doch nicht die Annahme wagen, dafs Euklid die Kegelflächen in so grofser Allgemeinheit behandelt hat, wie sich auf diesem Wege ergeben würde, wenn die Ordinate $CD$ eine ganz beliebige Richtung haben soll. Was mich hiervon abhält, ist nicht gerade der Umstand, dafs dann bereits Euklid alle möglichen Schnitte auch an schiefen Kegeln gekannt haben müfste. Meine Bedenken rühren vielmehr daher, dafs dann bereits Euklid die Kreisschnitte an jedem Kegel mit einem Kegelschnitt als Leitkurve hätte müssen bestimmen können. Denn um das zu können, wäre zunächst die Bestimmung der Hauptschnitte des Kegels, die von einer kubischen Gleichung abhängen, erforderlich gewesen. Allerdings war man nach meiner Meinung bereits zu Euklids Zeit in der Behandlung körperlicher Aufgaben durch körperliche Örter wohl bewandert; aber die hier berührte Aufgabe ist von zu grofser Bedeutung, als dafs sie in der gesamten Litteratur des Altertums gar keine Spuren hätte hinterlassen können, wenn schon Euklid sie gelöst hatte. Hatte Euklid sie gelöst, so würde Archimedes sich gewifs damit begnügt haben auf ihn zu verweisen statt selbst Kreisschnitte in dem speciellen Falle zu bestimmen, wo bereits ein Hauptschnitt bekannt war.

Wir gelangen also nicht zu voller Klarheit über den Hülfssatz und über den Satz bei Euklid, zu dem derselbe gehört. Was wir über seine Beschaffenheit gesagt haben, trägt indessen jedenfalls dazu bei die Vermutung zu stützen, dafs Euklids beide Bücher über Oberflächenörter neben anderen Untersuchungen auch solche über Örter enthielten, die Cylinder- oder Kegelflächen waren, dafs diese dargestellt und durch Benutzung der Darstellung auf ebensolche analytisch-stereometrische Weise untersucht waren wie bei Archimedes. Der Hülfssatz bestätigt also durchaus die Vermutung, dafs die Voraussetzungen, welche Archimedes in der Schrift über Konoide und Sphäroide mit Bezug auf methodische Auffassung und besondere Vorkenntnisse seiner Leser macht, aus Euklids Oberflächenörtern zu entnehmen waren. Eben diese Voraussetzungen, auf die wir schon hingedeutet haben, dürften deshalb vielleicht am besten auf Einzelheiten schliefsen lassen, die in der letztgenannten Schrift enthalten waren.

Wenn man nun auf diesem Wege zu dem Ergebnis gelangt ist, dafs Euklid aller Wahrscheinlichkeit nach sich in seiner Schrift mit Kegelflächen, diese als geometrische Örter aufgefafst, beschäftigt hat, so wird man dadurch auch auf eine Vermutung über das gebracht, was Pappus mit seinem zweiten Hülfssatz beabsichtigt hat. Dieser, der uns bereits manche Dienste bei unseren Untersuchungen über die Bekanntschaft der Alten mit Brennpunktseigenschaften geleistet hat, enthält die vollständige Bestimmung der Kegelschnitte als Örter für Punkte, deren Abstände von einem gegebenen Punkte (Brennpunkt) und einer gegebenen Geraden (der entsprechenden Leitlinie) in einem gegebenen Verhältnis stehen. Waren nun diese Örter zu Euklids Zeit vollständig bekannt (was gerade aus dem Grunde, weil Pappus es für notwendig gehalten hat, Beweise für dieselben hinzuzufügen, wahrscheinlich wird), so hat sich gleichsam von selbst die Aufgabe dargeboten den Ort für Punkte zu bestimmen, deren Abstände von einer gegebenen Geraden und einer gegebenen Ebene in gegebenen Verhältnissen stehen.

Wir sind imstande vollständig anzugeben, wie Euklid diese Aufgabe gelöst haben kann, wenn er wirklich auf den Gedanken kam, sich dieselbe zu stellen. Durch den Hülfssatz wird der Ort nämlich als eine Kegelfläche (nach unserem Sprachgebrauch) bestimmt, die den Schnittpunkt zwischen der gegebenen Geraden und der gegebenen Ebene zum Scheitelpunkt hat und einen Kegelschnitt enthält, der in einer senkrecht auf der gegebenen Geraden stehenden Ebene liegt und seinen Brennpunkt in der Spur der gegebenen Geraden in dieser Ebene hat. Daſs diese Kegelfläche wirklich auch dem entspricht, was die Alten unter einer solchen verstanden, hat durch Bestimmung der Kreisschnitte bewiesen werden müssen. Da die Spitze des Kegels senkrecht über dem Brennpunkt liegt, so hat diese Bestimmung sich etwa ebenso wie bei Archimedes ausführen lassen, während freilich dieser, der einen allgemeineren Fall behandelte, sich nicht mit einem Hinweis auf Euklid begnügen konnte.

Indessen ist die nächstliegende Ausdehnung der in Pappus' zweitem Hülfssatze bestimmten geometrischen Örter auf den Raum die Bestimmung des geometrischen Ortes für Punkte, deren Abstände von einem gegebenen Punkte und einer gegebenen Ebene in einem gegebenen Verhältnis stehen. Diese führt zu den Umdrehungsflächen zweiter Ordnung, welche einen Brennpunkt haben, oder zu denselben, welche Archimedes unter dem Namen ‚Konoide und Sphäroide' untersucht. Es ist bekannt, daſs diese Untersuchungsmethode zugleich ein fruchtbares Mittel zur Darstellung der Eigenschaften dieser Flächen abgiebt.

Chasles hat deshalb mit gutem Grunde die Vermutung aufgestellt, daſs Euklids Schrift über Oberflächenörter über diese drei Flächen gehandelt hat, und auch ich würde dieser Vermutung vor der im Vorhergehenden festgehaltenen gewiſs den Vorzug gegeben haben, wenn man sich allein auf Pappus' zweiten Hülfssatz hätte stützen müssen. Sollte es unrichtig sein, wenn ich mit Tannery den ersten Hülfssatz dahin gedeutet habe, daſs die Punkte $A$ und $B$ (Fig. 73) sich auf geraden Linien bewegen müssen, so würde auch der erste Hülfssatz in nicht höherem Grade auf Kegelflächen als auf irgendwelche beliebige Flächen zweiter Ordnung hinweisen. Wie jedoch von den meisten Schriftstellern, die diese Frage später behandelt haben, bemerkt worden ist, spricht ein Umstand, der von Chasles selbst zu Gunsten seiner Ansicht angeführt wird, erheblich gegen dieselbe, nämlich Archimedes' Behandlung derselben drei Flächen. Die ganze Art und Weise nämlich, wie Archimedes diese Flächen, ihre Benennung und die zugehörigen Definitionen einführt, deutet darauf hin, dafs er etwas neues darstellt. Wenn er seine Untersuchungen auf etwas specielles richtet, nämlich auf die Volumina, die von diesen Flächen und von Ebenen begrenzt werden, so könnte das allerdings darauf deuten, dafs dieselben im voraus nach anderen Richtungen untersucht worden seien; war das aber der Fall, so mufste Archimedes sich, hier wie anderswo, damit begnügen können einen Teil von dem, was doch nicht dem eigentlichen Ziel, das er erreichen wollte, angehörte, als von anderen Schriftstellern her bekannt anzuführen. Besonders hervorzuheben ist es, dafs er von den Sätzen, für die er selbst keinen Beweis giebt, nicht sagt, dafs sie bekannt, sondern dafs sie leicht zu beweisen seien.

Vielleicht reichen diese Umstände nicht hin, um vollständig zu entscheiden, ob Euklid gar nichts über Umdrehungsflächen zweiter Ordnung angeführt hat; denn es wäre ja denkbar, dafs Archimedes das Material nicht genau in der Form, in der er es gebrauchen mufste, vorgefunden habe. Immerhin machen sie Chasles' Annahme zu einer wenig wahrscheinlichen. Ist dieselbe nicht richtig, so deuten beide Hülfssätze auf eine Behandlung von Kegel- und Cylinderflächen hin, die nicht bei der primitivsten Bestimmung dieser Flächen als geometrischer Örter stehen geblieben ist. Jedoch steht der Annahme nichts im Wege, dafs auch Kugelflächen in derselben Schrift als geometrische Örter bestimmt worden sind.

Welchen Gebrauch auch Euklid von der erwähnten analytisch-stereometrischen Darstellung gemacht hat: jedenfalls hat sich ergeben, dafs Archimedes diese Darstellung mit so grofser Fertigkeit benutzte und ein solches Vertrautsein mit derselben bei seinen Lesern voraussetzte, dafs man erwarten könnte, dieselbe werde auch seinen Nachfolgern einen hervorragenden Nutzen gewährt haben. Archimedes' eigene Beweisführung für die Bestimmung elliptischer Schnitte läfst sich unmittelbar anwenden auf alle möglichen ebenen Schnitte an allen Umdrehungsflächen zweiter Ordnung, wenn man nur den durch

Apollonius vervollständigten Potenzsatz an Stelle der engeren Form desselben Satzes setzt, die Archimedes benutzte. Dasselbe Verfahren läſst sich durch eine Wiederholung benutzen für die Bestimmung aller möglichen ebenen Schnitte an jeder Fläche zweiter Ordnung, wenn man dieselbe nur durch die Gleichung

$$\frac{y^2}{MP.PM_1} = \text{constans}$$

darstellt, wo $MM_1$ eine Sehne eines Kegelschnittes bedeutet, die sich parallel mit einer gegebenen Geraden bewegt, $P$ einen Punkt dieser Sehne und $y$ die Länge einer von $P$ aus in gegebener Richtung gezogenen Ordinate. Bei einer hierauf gegründeten Untersuchung der Flächen zweiter Ordnung wird man keinen ernstlichen Schwierigkeiten begegnen, bevor man in dem Falle, wo die Ordinaten nicht senkrecht auf der Grundfläche stehen, die Hauptschnitte bestimmen will. Diese Schwierigkeiten sind indessen dieselben, welche sich bei den Kegelflächen darbieten, und zu deren Überwindung man, wenn dieselbe auch Euklid nicht vollständig gelang, später bessere Hülfsmittel erwarb.

Wenn wir dies nun angeführt haben, um den Wirkungsbereich der beschriebenen Untersuchungsmethode zu zeigen, die Archimedes mit vollständiger Beherrschung und so vielem Glück anwandte, so müssen wir uns beeilen hinzuzufügen, daſs, abgesehen von Apollonius' Untersuchungen aller möglichen Schnitte an Kegeln, in der überlieferten Litteratur sich keine Andeutung findet, daſs irgend ein späterer Schriftsteller des Altertums die von Archimedes betretene Bahn weiter verfolgt habe. Wir besitzen durchaus keine Mittel, um zu entscheiden, ob die Zeit des Verfalls eintrat, bevor ein anderer Forscher wahrgenommen hatte, daſs hier ein Boden bereitet sei, auf dem man mit Leichtigkeit neue und reiche Früchte ernten könne, oder ob solche Arbeiten vielleicht entstanden, aber verloren gingen, weil sie zu hoch lagen für diejenigen Männer des späteren Altertums, denen wir die überlieferten Schriften und Angaben über verlorene Schriften aus der alten Zeit zu verdanken haben. Im zweiten Fall wäre es vielleicht wesentlich der angesehene Name des Archimedes, der die Schrift über Konoide und Sphäroide vor dem Untergange bewahrt hat.

---

# Zwanzigster Abschnitt.

## Archimedes' Bestimmungen von Flächen, Rauminhalten und Schwerpunkten.

Wie bekannt benutzten die Alten den sogenannten Exhaustionsbeweis um Resultate sicher zu stellen, die man jetzt durch Infinitesimalrechnung findet. Zu allen Zeiten hat man die exakte Strenge dieser Beweisart bewundert, und ich brauche dieselbe deshalb hier nicht nachzuweisen. Wenn man gleichzeitig über die grofse Beschwerlichkeit derselben geklagt hat, so mufs man bedenken, dafs diejenigen, welche in unseren Tagen die Principien der Infinitesimalrechnung mit ausreichender Gründlichkeit darlegen wollen, auch nicht sonderlich leichter davon kommen, ja zum Teil genau dieselben Betrachtungsarten benutzen, welche dem Exhaustionsbeweise zu Grunde liegen [1]). Der Gebrauch jedoch, den die Alten von ihm machen, wird dadurch beschwerlicher, dafs sie den ganzen Beweis bei jeder einzelnen Anwendung wiederholen, während die entsprechenden Betrachtungen jetzt dazu dienen, ein für allemal die allgemeinen Methoden zu begründen, die sich dann hinterher ohne die in diesem Beweise liegende grofse Vorsicht anwenden lassen.

Dieser wichtige Unterschied, der zeigt, dafs Untersuchungen über Infinitesimalgröfsen nicht zu einem Hülfsmittel entwickelt waren, welches in Jedermanns Hand brauchbar war, kann indessen kein grofses Hindernis für diejenigen Mathematiker

---

[1]) Man vergleiche z. B. die ausführliche Einleitung zu Duhamel, Éléments de Calcul infinitésimal.

abgegeben haben, welche auf diesem Gebiete Sicherheit genug besafsen, um die einzelnen Anwendungen der erwähnten Beweisführung machen zu können. Diese konnten nicht zweifelhaft sein, welche Voraussetzungen erfüllt werden mufsten, damit derselbe Beweis in gegebenen Fällen durchgeführt werden konnte. Da dieser Beweis selbst einen rein demonstrativen und gar keinen deduktiven Charakter hat, so ist es weniger wesentlich, ob man denselben vor oder nach der Anwendung derjenigen Zerlegungen und Transformationen führt, mit deren Hülfe das Resultat gefunden wird: ob man, wie jetzt, diese Zerlegungen erst benutzt, nachdem man zu Anfang der Infinitesimalrechnung die Beweise für ihre Anwendbarkeit geführt hat, oder ob man, wie es im Altertum der Fall gewesen sein mufs, damit beginnt, mit ihrer Hülfe Resultate und Gründe für diese Resultate aufzusuchen, und sich dabei stets dessen bewufst bleibt, was erforderlich ist, um hinterher den vollständigen formalen Beweis aufzustellen.

Dasjenige also, wonach wir in Übereinstimmung mit dem Zweck dieser ganzen Arbeit fragen müssen, sind nicht die Formen des Exhaustionsbeweises, sondern der Umfang, in dem die Alten die eben berührten deduktiven Hülfsmittel kannten und benutzten, die der Art nach ganz mit denen übereinstimmen, welche wir in unserer Infinitesimalrechnung benutzen. Was wir davon finden, würde — wenn wir von der damit verwandten Proportionslehre im 5ten Buche Euklids absehen — unter die Bestimmung von Tangenten, unter die Anwendung konvergenter unendlicher Reihen und unter die Anwendung von Integrationen gehören, selbstverständlich jedoch ohne dafs die beiden letzten Begriffe aufgestellt worden wären.

Für die Benutzung der Infinitesimalmethode zur Bestimmung von Tangenten haben wir in dieser Arbeit keine Verwendung, da diese Bestimmung hinsichtlich der Kegelschnitte, wie wir (S. 81 ff.) gesehen haben, auf den Diorismus der quadratischen Gleichung gegründet wurde. Wir haben ferner nachgewiesen, wie andere Aufgaben über Berührung und über die Bestimmung von Maximis und Minimis bei den Alten auch an die Diorismen körperlicher Aufgaben angeschlossen wurden. Bei Archimedes findet man dagegen eine Bestimmung einer Tangente, nämlich der Tangente einer Spirale, welche sehr genau mit der Art und Weise übereinstimmt, wie die Differentialrechnung Tangenten an Kurven, die auf Polarkoordinaten bezogen sind, bestimmt. Hier ist indessen durchaus nicht von etwas allgemeinem die Rede, und der grofse Apparat, den die exakte Beweisführung verlangt, erhält nur diese eine Anwendung in der uns überlieferten griechischen Geometrie.

Gröfseres Interesse beansprucht die mit der jetzigen vollkommen gleichartige Anwendung des Hülfsmittels, welches wir konvergente unendliche Reihen nennen, auf unter einander verschiedene Untersuchungen. Hierhin gehören bei Euklid (XII, 2 und 5) die Beweise dafür, dafs die Flächen zweier Kreise sich wie die Quadrate der Radien, und zwei dreiseitige Pyramiden mit derselben Höhe sich wie die Grundflächen verhalten. Die vollkommene Übereinstimmung zwischen den Beweisen, die wahrscheinlich von Eudoxus herrühren, ebensowohl wie die unmittelbare Zusammenstellung von Anwendungen auf verschiedenen Gebieten zeigen, dafs man sich vollkommen bewufst war, dafs die beiden Beweise auf demselben Princip aufgebaut sind. Dieses Princip, das jedoch nicht ausgesprochen wird, läfst sich nach moderner Ausdrucksweise vollkommen genau folgendermafsen ausdrücken: wenn zwei Reihen von Näherungswerten, die in einem konstanten Verhältnis stehen, bestimmte Grenzwerte haben, so stehen diese in demselben Verhältnis. Diese Beweise, unter welche wir die Beweise für Satz 1 nebst 3 und 4 desselben Buches mit einbegriffen denken wollen, haben den Zweck, einmal in jedem der beiden Fälle die Richtigkeit dieses gemeinschaftlichen Princips zu zeigen, und zweitens den vollkommen exakten Nachweis zu führen, dafs alle Voraussetzungen, namentlich das Konvergieren gegen die angegebenen Grenzen, wirklich vorhanden sind.

Im ersten Falle werden die Näherungswerte der Kreise durch einbeschriebene Polygone dargestellt, deren Seitenzahl beständig verdoppelt wird. Wenn man will, so kann man dieselben als Reihen betrachten, deren Glieder die Summen der Dreiecke sind, welche bei jeder neuen Verdoppelung hinzugefügt werden müssen. Jeder Kreis wird dann in Wirklichkeit als die Summe der unendlichen Reihe betrachtet, welche man erhält, wenn man die Verdoppelung der Seitenzahl bis ins Unendliche fortsetzt.

Diese Betrachtungsweise wird direkter auf die dreiseitigen Pyramiden angewandt. Jede von diesen wird nämlich in 2 Pyramiden und 2 Prismen zerlegt, alle mit einer Grundfläche, die ein Viertel der Grundfläche oder einer Seitenfläche der gegebenen Pyramide beträgt, und mit der halben dazu gehörigen Höhe. Werden die neuen Pyramiden, die den gegebenen ähnlich sind, wieder auf dieselbe Weise zerlegt, so entstehen vier neue Prismen mit halb so grofsen Längendimensionen wie die beiden ersten. Die nächste Zerlegung giebt wieder 8 Prismen u. s. w. Da nun ausdrücklich der Beweis dafür geführt wird, dafs bei Fortsetzung des Verfahrens das an der Pyramide Fehlende kleiner gemacht werden kann als jede gegebene Grenze, so wird die Pyramide wirklich durch eine — wie wir sagen — konvergente unendliche Reihe dargestellt, deren Glieder aus den Summen der Prismen gebildet werden, welche bei jeder neuen Zerlegung des Restes entstehen. Der Beweis, dafs die Pyramiden den Grundflächen proportional sind, beruht auf der Proportionalität der einander entsprechenden Glieder der beiden Reihen, welche die Pyramiden darstellen.

Obgleich Euklid sich mit dieser Anwendung der Reihen begnügt und für die weitere Bestimmung des Inhaltes einer Pyramide die bekannte Teilung eines dreiseitigen Prismas in drei Pyramiden benutzt, so kann es doch wegen des Vergleichs mit der einen Bestimmung, welche Archimedes für die Fläche eines Parabelsegmentes giebt, von Interesse sein anzuführen, dafs die zur Darstellung einer Pyramide benutzte Reihe, wenn man nur die im voraus bekannten Sätze über Prismen benutzt, folgende geometrische Reihe wird:

$$\Pi\left(\frac{1}{4}+\frac{1}{4^2}+\frac{1}{4^3}+\cdots\cdots\right),$$

wo $\Pi$ ein Prisma mit derselben Grundfläche und Höhe wie die

28*

Pyramide bedeutet. Dieselbe unendliche Reihe benutzt und summiert Archimedes.

Das Volumen der Pyramide liefse sich auch auf eine Weise bestimmen, die mit der, durch welche Archimedes den Schwerpunkt des Parabelsegmentes findet, Ähnlichkeit hat. Dann müfste man zuerst aus der hier angewandten Auflösung geschlossen haben, dafs es zwischen den Pyramiden und Prismen mit derselben Grundfläche und Höhe, welche bei der Zerlegung entstehen, ein konstantes Verhältnis giebt. Nennt man dieses $x$, so erhält man offenbar

$$x = \tfrac{1}{4} + \tfrac{1}{4}x \quad \text{oder} \quad x = \tfrac{1}{3}.$$

Unter den die Parabelsegmente betreffenden Bestimmungen, welche ich durch diese Bemerkungen vorbereitet habe, ist diejenige, welche sich auf die Fläche des Parabelsegmentes bezieht, die zweite von denen, welche sich in Archimedes' Schrift über die Quadratur der Parabel [18—24] finden. Archimedes selbst nennt sie die geometrische im Gegensatz zu der sogenannten mechanischen, die, wie er selbst sagt, ihn zuerst zum Ziele führte, die wir aber erst hinterherher besprechen wollen.

In das Segment $ABC$ (Fig. 74) wird das Dreieck $ABC$ beschrieben, dessen Spitze $B$ auf dem zur Sehne $AC$ gehörigen

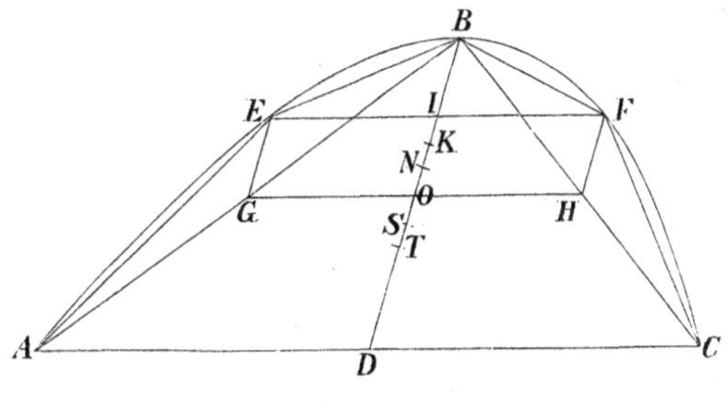


Fig. 74.

Durchmesser $BD$ liegt. In die abgeschnittenen Segmente werden Dreiecke $AEB$ und $BFC$ von gleicher Beschaffenheit beschrieben; $EG$ und $FH$ sind die entsprechenden Abschnitte der Durchmesser. Da $DA = 2IE$ ist, wo $IE$ die zum Durchmesser $BD$ gehörige Ordinate von $E$ bedeutet, so ergiebt sich, dafs $BI = \frac{1}{4} BD$, mithin $EG = ID - \frac{1}{2} BD = \frac{1}{4} BD$. Ebenso ist $FH = \frac{1}{4} BD$, woraus wiederum folgt, dafs

$$\triangle AEB + \triangle BFC = \tfrac{1}{4} \triangle ABC.$$

Beschreibt man nun wieder in jedes der vier Segmente $AE$, $EB$, $BF$ und $FC$ ein Dreieck von gleicher Beschaffenheit, so wird jedes von ihnen $\frac{1}{8}$ von jedem der eben erwähnten, ihre Summe also gleich $(\frac{1}{4})^2 . \triangle ABC$. Fährt man auf diese Weise fort, so wird jedesmal die Summe der neuen Dreiecke ein Viertel von der Summe der eben vorher benutzten werden. Es wird also

$$\text{Segment } ABC = \left(1 + \frac{1}{4} + \frac{1}{4^2} + \ldots\right) \triangle ABC = \frac{4}{3} \triangle ABC.$$

Es bedarf kaum der Erwähnung, dafs Archimedes bei Anwendung höherer Grenzen einen exakten Beweis dafür führt, dafs die Reihe gegen die beiden Werte konvergiert, deren Gleichheit auf diesem Wege gefunden wird.

Diese Bestimmung beruht der Hauptsache nach darauf, dafs die Zerlegung des Parabelsegmentes in Dreiecke vollkommen unabhängig von dessen eigener Gestalt und Gröfse ist. Diese Bemerkung gilt indessen nicht nur für die Gröfsenverhältnisse der successiven Dreiecke, sondern auch, mit Rücksicht auf die Beziehungen, welche bei Schwerpunktsbestimmungen in Betracht kommen, für ihre gegenseitige Lage. Der Schwerpunkt des Dreiecks $ABC$ teilt die Linie $BD$ nach einem ganz bestimmten Verhältnis, nämlich $2:1$; nach demselben Verhältnis teilen die Schwerpunkte der gleich grofsen Dreiecke $AEB$ und $BFC$ die Linien $EG$ und $FH$. Der Schwerpunkt für die Summe dieser Dreiecke fällt auf $BD$ und teilt diese Linie nach einem ganz bestimmten Verhältnis. Da ferner das Verhältnis zwischen den Flächen von $\triangle ABC$ und von $\triangle AEB + \triangle BFC$ ein bestimmtes ist, so teilt auch der Schwerpunkt für die Summe aller 3 Dreiecke $BD$ nach einem ganz bestimmten Verhältnis. Dasselbe ist der Fall, wenn man die vier Dreiecke hinzufügt, die in die Segmente $AE$, $EB$, $BF$, $FC$ beschrieben werden, ferner wenn man die acht folgenden hinzufügt u. s. w. Der Schwerpunkt, der sich auch dadurch bestimmen läfst, dafs man die einbeschriebene Figur in Trapeze zerlegt, deren Grundlinien $AC$ parallel sind, wird sich auf $BD$ mehr und mehr von $D$ entfernen; aber das Verhältnis, nach dem derselbe $BD$ teilt, hängt ausschliefslich davon ab, wie weit man in der Hinzufügung von Dreiecken geht, und ist unabhängig von der Beschaffenheit des Parabelsegmentes, von dem man ausgegangen ist. Da man in der Hinzufügung von Dreiecken so weit gehen kann, wie man will, so ergiebt sich, dafs der Schwerpunkt eines Parabelsegmentes auf dessen Durchmesser liegt, und dafs die Stücke, in welche die Durchmesserabschnitte zweier Parabelsegmente von den Schwerpunkten der Segmente geteilt werden, proportional sind.

Ist $S$ der Schwerpunkt des Parabelsegmentes $ABC$ und wird $BD$ von $GH$ in $O$ geschnitten, so wird nach dem eben angegebenen Hülfssatz der Schwerpunkt $N$ für die Summe der Segmente $AEB$ und $BFC$ bestimmt durch $ON = \frac{1}{4}DS$, da wie oben bewiesen $GE = HF = \frac{1}{4}DB$. Ist ferner $T$ der Schwerpunkt des Dreiecks $ABC$, so mufs

$$TS = \tfrac{1}{3}SN$$

sein, da das Dreieck $ABC$ dreimal so grofs ist wie die Summe der kleinen Segmente. Setzt man nun $DS = x$ und $DB = c$, so erhält man, da $DT = \frac{1}{3}c$ und $DO = \frac{1}{2}c$,

$$x - \tfrac{1}{3}c = \tfrac{1}{3}\left(\tfrac{1}{2}c - x + \tfrac{1}{4}x\right) = \tfrac{1}{6}c - \tfrac{1}{4}x = \tfrac{1}{12}c - \tfrac{1}{4}\left(x - \tfrac{1}{3}c\right),$$

woraus
$$x - \tfrac{1}{3}c = \tfrac{1}{15}c,$$

$$x = \tfrac{2}{5}c, \quad \text{oder} \quad \frac{BS}{SD} = \tfrac{3}{2};$$

dadurch ist $S$ bestimmt.

Diese algebraische Bestimmung ist eine möglichst treue Wiedergabe von Archimedes' eigener Bestimmung, die sich in seinem zweiten Buche über das Gleichgewicht ebener Figuren [8] findet. Nur sind bei ihm wie gewöhnlich die Abstände von verschiedenen Punkten der Linie $BD$ aus gerechnet. So führt Archimedes, statt den Ausdruck $\frac{1}{3}\left(\frac{1}{2}c - x + \frac{1}{4}x\right)$, der ja nur eine andere Form für $\frac{1}{3}SN$ ist, in $\frac{1}{6}c - \frac{1}{4}x$ umzuformen, einen Punkt $K$ auf der Linie $BD$ in die Figur ein, der dadurch bestimmt ist, dafs $BK = \frac{1}{3}BD$, also $KO = \frac{1}{6}BD$, $KN = \frac{1}{6}c - \frac{1}{4}x$ oder $SN = 3NK$.

Auch den Gedankengang, der Archimedes zu dem vorhergenannten Hülfssatz geführt hat, glaube ich genau so wiedergegeben zu haben, wie derselbe sich teils aus der Verwendung, die Archimedes von ihm macht, teils aus der vorangehenden Beweisreihe [2—7] ergiebt. Eine direkte Darstellung der Beweisreihe würde nicht dasselbe geleistet haben; denn einmal hat Archimedes wie gewöhnlich nicht die Absicht gehabt in dieser den leitenden Gedankengang darzustellen, welcher der Beweisführung vorangehen mufste, sondern er hat auf unanfechtbare Weise das dadurch gewonnene Resultat beweisen wollen, und zweitens mufs der Text hier eine grobe Entstellung erfahren haben. Derselbe nennt und beweist in Wirklichkeit nicht den von uns angeführten schönen Hülfssatz, welcher hinterher in der oben wiedergegebenen schliefslichen Bestimmung des Schwerpunktes benutzt wird, sondern nur den Satz, dafs die Schwerpunkte zweier ähnlichen Parabelsegmente ihre Durchmesserabschnitte in proportionale Teile teilen. Es liegt auf der Hand, dafs ein Schriftsteller, der den allgemeinen Satz über zwei beliebige Parabelsegmente kennt und anzuwenden versteht, nicht geglaubt haben kann sich mit dem über zwei ähnliche Parabelsegmente begnügen zu dürfen. Die Unfruchtbarkeit desselben springt in die Augen, wenn man bedenkt, dafs die Schwerpunkte von zwei beliebigen ähnlichen ebenen Figuren ebensowohl einander homolog sind. Die angeführten Beweise des ausgesprochenen Satzes passen nicht auf beliebige ähnliche Figuren, sind aber in allem wesentlichen auf zwei ganz beliebige Parabelsegmente anwendbar.

Man mufs deshalb annehmen, entweder dafs diese Beweise in Wirklichkeit von Archimedes für zwei beliebige Parabelsegmente geführt worden sind, dafs aber seine Ausdrücke, Behauptungen und Figuren von einem ängstlichen Herausgeber, der nicht die Tragweite seiner Begründung und deren spätere Anwendung verstand, so verändert wurden, dafs nur noch von ähnlichen Segmenten die Rede war, oder dafs ein wichtiger Teil des Textes ausgefallen ist[1]). Dieser kann übrigens sehr wohl ganz kurz gewesen sein und die Bemerkung enthalten haben, dafs dieselben Beweise, welche für ähnliche Parabelsegmente geführt waren, sich auch für beliebige Parabelsegmente führen liefsen. Archimedes beginnt nämlich durchgehends mit den mehr speciellen Fällen und schliefst seine allgemeine Begründung an diese an.

Wir wollen uns nicht bei Archimedes' Bestimmung des Schwerpunktes eines zwischen zwei Parallelen abgeschnittenen Parabelstreifens aufhalten. Das Interesse nämlich, welches sich hieran knüpft, ist, wenn der Schwerpunkt des Segmentes erst bestimmt ist, wesentlich statischer und algebraischer Natur.

Während die letzgenannte Untersuchung keine absolute Übereinstimmung mit der modernen Benutzung unendlicher Reihen darstellt, stimmen die bei Archimedes vorkommenden Bestimmungen von Flächen und Volumina durch Zerlegung in Teile, die alle beliebig klein werden können, vollkommen genau mit der Berechnung derselben durch Integration überein. Dafs die Anzahl der Teile so grofs gemacht werden kann, dafs die Summe ihrer Abweichungen von Gröfsen, deren Summe man berechnen kann, kleiner wird als eine beliebige gegebene Grenze, ist nämlich dieselbe Betrachtung, welche uns in der Integralrechnung erlaubt eine Gröfse als eine Summe von unendlich vielen unendlich kleinen Gröfsen zu berechnen. Archimedes wendet allerdings nur eine sehr begrenzte Anzahl hierher gehöriger allgemeinen Sätze oder — wie es bei unmittelbarer Übersetzung in die Terminologie der Gegenwart heifsen müfste — Integrationsformeln an (namentlich (4) und (5) im Folgenden); aber

---

[1]) Im überlieferten Texte, Heibergs Ausgabe, Bd. II, S. 204, 2, wird, was hier vollkommen überflüssig ist, vorausgesetzt, dafs der Satz, welcher in der ganzen Beweisreihe für ähnliche Segmente bewiesen wird, für zwei gleich grofse, aber nicht ähnliche Segmente bekannt sei. Vielleicht könnte dieser Umstand darauf hindeuten, dafs Archimedes zu dem allgemeinen Satze dadurch gelangt ist, dafs er den Satz zuerst für gleich grofse und darauf für ähnliche Segmente bewies. So wie diese Stelle hier steht, ist sie ein fernerer Beweis für die Mifshandlung, die der ursprüngliche Text erlitten haben mufs.

da er dieselben auf ganz verschiedene Aufgaben [1]) anwendet, die teilweise umgeformt werden müssen, damit dies geschehen kann, so giebt er deutlich zu erkennen, dafs er sie als allgemeines Hülfsmittel betrachtet. Archimedes, der diese Sätze einzeln und vollständig begründet, hat also einen soliden Grund für die Integralrechnung gelegt und auf diesem Grunde ist sie auch, wie wir später zeigen werden, wirklich in der neueren Zeit aufgebaut.

Übersetzen wir die Umformungen von Quadraturen und Kubaturen in Summierungen, welche sich bei Archimedes finden, in die moderne Zeichensprache, so können wir sagen, dafs er, von der formalen Aufstellung abgesehen, folgende Integrale kannte und anwandte: erstens

$$\alpha\int_a^b k\,dx \tag{1}$$

als Ausdruck für eine Fläche, bei welcher auf der der Abscisse $x$ entsprechenden Ordinate die Sehne $k$ abgeschnitten wird, während $a$ und $b$ die Grenzwerte für $x$ sind und $\alpha$ eine Konstante, welche von dem Winkel zwischen Abscissen und Ordinaten [2]) abhängt; zweitens

$$\alpha\int_a^b A\,dx \tag{2}$$

als Ausdruck für ein Volumen, bei dem auf der durch einen gewissen Wert von $x$ bestimmten Ebene die Fläche $A$ abgeschnitten wird. Des Zusammenhangs wegen wollen wir noch hinzufügen, dafs Archimedes in der Schrift über die Spiralen

---

[1]) Hermite sagt in der Einleitung zu seinem „Cours d'Analyse de l'École Polytechnique“: *C'est l'application répétée de ces mêmes propriétés qui constitue ce qu'on nomme la méthode infinitésimale.*

[2]) Man hat zu beachten, dafs die Alten in ihren geometrischen Sätzen nicht das Verhältnis von Strecken, Flächen oder Rauminhalten zu einer im voraus angenommenen Einheit angeben, sondern nur ihr Verhältnis zu einander bestimmen oder homogene Gleichungen zwischen ihnen entwickeln. In unserer Darstellung müssen wir also, wenn die Koordinaten nicht rechtwinklig sind, einen Faktor $\alpha$ hinzufügen, der nicht in den Bestimmungen der Alten vorkommt, da er den Gröfsen gemeinsam ist, deren Verhältnis bestimmt wird.

die Formel für die Bestimmung des Flächeninhalts bei Polarkoordinaten:

$$\frac{1}{2}\int_s^r r^2 \frac{d\vartheta}{dr}\,dr \tag{3}$$

auf die genannten Kurven anwendet, für die jedoch $\frac{\vartheta}{r} = \frac{d\vartheta}{dr}$ konstant ist[1]). Ferner besitzt Archimedes, da er den Satz über das statische Moment kennt, dasselbe Mittel wie die moderne Mathematik, um die Bestimmung der Entfernung des Schwerpunktes von einer Ebene oder einer Linie auf Integrationen zurückzuführen. Die wichtigste von allen seinen Integrationen, die Berechnung der Kugeloberfläche durch Umformungen, die aus unseren Elementarbüchern bekannt sind, liegt uns hier ferner.

Für die weitere Berechnung stehen Archimedes vor allem die Sätze zu Gebote, welche folgenden Integrationsformeln entsprechen:

$$\int_0^c x\,dx = \tfrac{1}{2}c^2 \tag{4}$$

und

$$\int_0^c x^2\,dx = \tfrac{1}{3}c^3 . \tag{5}$$

Dieselben werden selbständig aufgestellt, der erste in der Einleitung zu der Schrift über Konoide und Sphäroide[2]), der zweite in einem Korollar zu Satz 10 der Schrift über die Spiralen[3]), und würden in mehr unmittelbarer Übertragung folgende Formen annehmen:

$$\left.\begin{aligned} h + 2h + 3h + \ldots + nh &> \frac{n^2}{2}h \\ h + 2h + 3h + \ldots + (n-1)h &< \frac{n^2}{2}h^2 \end{aligned}\right\} \tag{4 b}$$

[1]) Bei Archimedes kommt, da er das Verhältnis der Fläche zu einem Kreise bestimmt, der Faktor $\frac{1}{2}$ ebensowenig vor wie der Faktor $a$ in (1) und (2).

[2]) Ausg. v. Heiberg, I, S. 290.

[3]) Ausg. v. Heiberg, II, S. 40 ff.

und

$$\left.\begin{aligned} h^2 + (2h)^2 + (3h)^2 + \ldots + (nh)^2 > \frac{n^3}{3} h^2 \\ h^2 + (2h)^2 + (3h)^2 + \ldots + ((n-1)h)^2 < \frac{n^3}{3} h^3. \end{aligned}\right\} \quad (5\,\mathrm{b})$$

Bei dem ersten Satze bemerkt Archimedes, dafs der Beweis leicht sei; die Richtigkeit desselben folgt auch aus den Ausdrücken für die beiden Summen, welche im Altertum unter dem Namen „Dreieckszahlen" bekannt waren. Die Richtigkeit des zweiten Satzes folgt aus der Gleichung

$$3\,[h^2 + (2h)^2 + (3h)^2 + \ldots + (nh)^2]$$
$$= (n+1)(nh)^2 + h\,(h + 2h + 3h + \ldots + nh),$$

die in demselben Satz 10 über die Spiralen aufgestellt und bewiesen wird. Um hieraus auch die letzte Ungleichheit (5 b) zu erhalten, hat man nur die letzte Ungleichheit [1]) in (4 b) zu benutzen und zu beachten, dafs

$$n\,(n-1)^2 + \frac{n^2}{2} < n^3.$$

Dafs Archimedes die Ungleichheiten (4 b) und (5 b) auf dieselbe Weise benutzen konnte, wie wir die Integrale (4) und (5) gebrauchen, ergiebt sich, wenn man $h = dx$ und

---

[1]) Der Umstand, dafs der genaue Ausdruck $\frac{n\,(n-1)}{2} h$ hier nicht benutzt wird oder nicht bereits benutzt ist, um den Ausdruck [über die Spiralen 10] für die Summe der Quadrate der Glieder zu reducieren, hat bei Cantor (Vorlesungen, S. 269) einigen Zweifel wach gerufen, ob Archimedes direkte Kenntnis von der Form besafs, unter der wir die Summe einer arithmetischen Reihe berechnen. Dieser Zweifel erscheint mir unbegründet, wenn man bedenkt, einmal dafs Archimedes hier nur Verwendung für die Ungleichheiten hat, und zweitens dafs die Einführung jenes Ausdrucks ihm das Aussprechen des Satzes 10 durchaus nicht erleichtert haben würde; nur in unserer Zeichensprache wird dasselbe durch diesen Ausdruck vereinfacht. — Zu bemerken ist noch, dafs ein Kunstgriff bei der Berechnung der Summe der Quadrate im Beweise für 10 darauf hindeutet, dafs die Alten den Ausdruck für die Summe der Glieder auf dieselbe Weise gefunden haben, wie es jetzt geschieht, nur in geometrischer Darstellung.

$nh = c$ setzt. Neben diesen benutzt er, wie sich aus den Anwendungen ergeben wird, auch einige von den Integrationsprincipien, die am unmittelbarsten der Auffassung der Integrale als Grenzen für Summen entsprechen. Auch diese werden zum Teil unabhängig von den geometrischen Anwendungen aufgestellt.

Es könnte den Anschein haben, als ob eine weniger direkte Ableitung den Alten näher gelegen habe als die selbständige Aufstellung und Anwendung der den Integrationsformeln (4) und (5) entsprechenden Relationen (4 b) und (5 b). Die in den Formeln (1) und (2) ausgedrückten Bestimmungen von Flächen und Rauminhalten lassen sich nämlich auch auf Dreieck und Pyramide anwenden. Die im voraus bekannten Ausdrücke für diese werden dann die Bestimmungen von $\int_0^c x\,dx$ und $\int_0^c x^2\,dx$ geben. Traf man dann bei anderen Untersuchungen auf diese Integrale, so konnte man sie mit der Fläche eines Dreiecks oder dem Volumen einer Pyramide vertauschen.

Diese indirekte Bestimmung liegt der direkten Aufstellung von (4 b) und (5 b) nicht so fern, wie die moderne Darstellung vermuten lassen könnte. Das ergiebt sich, wenn man beachtet, dafs die benutzten Summen von den Alten als Dreieckszahlen und Pyramidalzahlen dargestellt werden. Die angeführte Vertauschung findet ausdrückliche Anwendung in dem neuen Beweise für Archimedes' Bestimmung der Fläche des ersten Umganges einer Spirale, welcher sich in Pappus' viertem Buche[1]) findet. In diesem Beweise nämlich wird das Integral (5) dadurch vermieden, dafs durch Operationen, die den Formeln (3) und (2) entsprechen, gezeigt wird, dafs die Fläche in einem bekannten Verhältnis zu dem Volumen eines Kegels steht. Auch Archimedes weist bei einer Anwendung des Integrals (4) in Satz 21 der Schrift über Konoide und Sphäroide deutlich auf dessen Zusammenhang mit der Dreiecksfläche hin. Das geschieht durch eine bei der Darstellung benutzte Hülfslinie $AB$.

[1]) Ausg. v. Hultsch, S. 236.

Archimedes benutzt auch andere Übertragungen von derselben Art wie die hier beschriebene. So werden wir gleich sehen, dafs die Fläche der Ellipse durch die des Kreises ausgedrückt wird, und im folgenden Beispiele wendet Archimedes die im voraus bekannte Lage des Schwerpunktes eines Dreiecks bei seiner ersten Bestimmung der Fläche eines Parabelsegmentes an. Die Integration, welche er dadurch vermeidet, würde übrigens gleichbedeutend sein mit derjenigen, die er an einer anderen Stelle, nämlich bei der Berechnung des Volumens eines Ellipsoids, auf Anwendungen der Integrale (4) und (5) zurückführt; wahrscheinlich kannte er aber damals noch nicht das Integral (5). Ein bekanntes und sehr umfassendes Mittel zur Übertragung von Integrationsresultaten von einem Gebiete auf ein anderes ist der später als Guldinsche Regel bezeichnete Satz, der sich bei Pappus[1]) findet.

Nun wollen wir die Anwendungen auf die Lehre von den Kegelschnitten und auf Flächen zweiter Ordnung anführen, die Archimedes von den zusammengestellten Principien macht. Wir beginnen mit seiner Anwendung der Formel (1) zur Bestimmung der Fläche der Ellipse. Er konstruiert einen Kreis über der einen Axe $a$ als Durchmesser. Wir wollen annehmen, dafs die Abscissen auf dieser gerechnet werden, und dafs der Kreis auf der Senkrechten auf dieser Axe die Sehne $k_1$ abschneidet, während die Ellipse auf derselben Senkrechten die Sehne $k$ abschneidet. Ist nun $b$ die zweite Axe, so erhält man [Über Konoide und Sphäroide 4] für alle Werte von $x$:

$$\frac{b}{a} = \frac{k}{k_1} = \frac{k\,dx}{k_1\,dx} = \frac{\int_0^a k\,dx}{\int_0^a k_1\,dx} = \frac{\text{Ellipse}}{\text{Kreis}}.$$

In den folgenden Sätzen [5—6] werden hieraus Ausdrücke abgeleitet für das Verhältnis zwischen den Flächen einer Ellipse und eines beliebigen Kreises oder zwischen zwei Ellipsen,

[1]) Ausg. v. Hultsch, S. 682.

im besonderen der Satz, daſs ähnliche Ellipsen sich wie die Quadrate über den groſsen oder über den kleinen Axen verhalten. Es ist klar, daſs Archimedes ebenso leicht ein Segment hätte bestimmen können, das von einer auf der Axe senkrechten Sehne begrenzt wird, oder, bei Benutzung schiefwinkliger Koordinaten, ein von einer beliebigen Sehne begrenztes Segment. Der Gedanke hieran kann ihm auch nicht fern gelegen haben, da er die entsprechenden Bestimmungen am Ellipsoid vornimmt; aber die Flächenbestimmung ist nur eine Hülfsuntersuchung, und von solchen berücksichtigt er für gewöhnlich nur dasjenige, wofür er Verwendung hat.

Archimedes' zweite Anwendung derselben Formel (1) hat die Bestimmung der Fläche eines Parabelsegmentes zum Gegen-

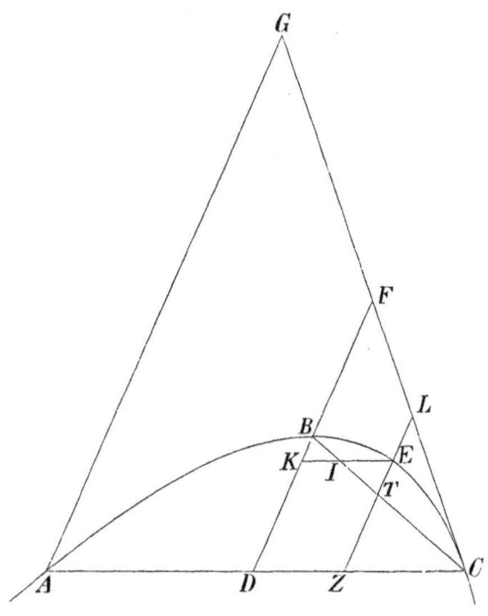


Fig. 11.

stand. Die hierauf abzielende Umformung der Gleichung der Parabel haben wir bereits im zweiten Abschnitt erwähnt. Daselbst wurde (S. 59 ff.) bewiesen, daſs, wenn (Fig. 11) eine Sehne $AC = a$ einer Parabel zur Abscissenaxe genommen wird, und zwar ihr Endpunkt $A$ zum Anfangspunkt, während die Ordinaten dem Durchmesser $BD$ der Sehne parallel sind, das Verhältnis $\frac{y}{y_1}$ zwischen den Ordinaten der Parabel und ihrer Tangente in $C$, welche derselben Abscisse $x$ entsprechen, gleich $\frac{x}{a}$ sei. Dies wird angewandt für die Transformation

$$a\int_0^a y\,dx = \int_0^a y_1\,x\,dx.$$

Diese Gleichung drückt Archimedes aus, indem er sagt, dafs die Fläche des Segments, angebracht an dem Ende eines Hebelarms, dessen Länge gleich dem senkrechten Abstande des Punktes $C$ von der Linie $AG$ ist, einem Dreieck $AGC$ das Gleichgewicht hält, welches so an dem anderen Hebelarm angebracht ist, dafs $A$ im Unterstützungspunkte liegt und die Schwere parallel $AG$ wirkt. Dann werden sich nämlich die demselben Werte von $x$ entsprechenden Elemente das Gleichgewicht halten. Da nun der Abstand des Schwerpunktes des Dreiecks von $AG$ gleich $\frac{1}{3}$ des Abstandes des Punktes $C$ von derselben Geraden ist, so ist das Parabelsegment gleich $\frac{1}{3}\triangle AGC = \frac{4}{3}\triangle ABC$.

Nun hat Archimedes, wie am Schlusse des vierten Abschnittes (S. 103) angeführt ist, bewiesen [Über Konoide und Sphäroide 3], dafs bei derselben Parabel die Flächen solcher einbeschriebenen Dreiecke wie $ABC$ gleich grofs sind, wenn die Durchmesserabschnitte $BD$ es sind. Dadurch ist dann, wie er am selben Ort bemerkt, auch bewiesen, dafs Segmente derselben Parabel gleich grofs sind, wenn die in denselben enthaltenen Abschnitte der zu den begrenzenden Sehnen gehörenden Durchmesser gleich grofs sind.

Weder in der hier mitgeteilten Bestimmung, noch in der späteren „geometrischen", die wir bereits angeführt haben, benutzt Archimedes die Zerlegung des Parabelsegmentes durch Parallelen zur Grundlinie $AC$; dadurch vermeidet er das Integral $\int\sqrt{x}\,dx$. Dagegen wird die entsprechende Zerlegung der Segmente von Umdrehungsflächen zweiter Ordnung, nämlich durch Ebenen parallel der Grundfläche, benutzt bei der Bestimmung des Volumens dieser Segmente in der Schrift über Konoide.

Wie Archimedes selbst [19—22] wollen auch wir mit dem Paraboloid beginnen; aber während er zuerst ein Segment durch einen senkrecht zur Axe geführten Schnitt abschneidet, wollen wir hier und bei den übrigen Flächen sofort zu seiner Benutzung eines beliebigen Schnittes (wie der ist, dessen Projektion auf die senkrecht auf ihm stehende Meridianebene in Fig. 75 durch $AC$ dargestellt wird) übergehen. Die Fläche der Ellipse, in der das Paraboloid geschnitten wird, bezeichnen wir mit $G$, das Stück $BG$, welches auf dem durch den Mittelpunkt dieser Ellipse gezogenen Durchmesser abgeschnitten wird, mit $c$, und auf demselben Durchmesser rechnen wir die Abscissen $x$ von seinem Schnittpunkt $B$ mit der Fläche als Anfangspunkt. Bestimmt wird das Verhältnis des Paraboloidsegments zu einem Cylinder mit der Grundfläche $G$, der zwischen dieser und der ihr parallelen Berührungsebene des Paraboloids abgeschnitten wird. Man erhält dann durch (2) und (4), wenn $y$ und $q$ ($= GC$) diejenigen Halbaxen des durch $x$ bestimmten Schnittes und der Grundfläche bedeuten, welche in die auf $G$ senkrechte Meridianebene des Paraboloids fallen,

$$\frac{\text{Segment}}{\text{Cylinder}} = \frac{\int_0^c A\,dx}{\int_0^c G\,dx} = \frac{\int_0^c \frac{y^2}{q^2} G\,dx}{\int_0^c G\,dx} = \frac{\int_0^c \frac{x}{c} G\,dx}{\int_0^c G\,dx} = \frac{1}{2}.$$

Hieraus zieht Archimedes [23] den Schlufs, dafs wenn in zwei Segmenten die zugehörigen Durchmesserabschnitte gleichgrofs sind, die Segmente es auch sind. Denn sind (Fig. 75) $(ABC)$ und $(DEF)$ zwei Segmente mit den in $AC$ und $DF$ projicierten Ellipsen als Grundflächen[1]), während $BG$ und $EH$ die zugehörigen Durchmesserabschnitte darstellen, und sind

[1]) Dafs beide Grundflächen senkrecht auf derselben Meridianebene stehen, erreicht Archimedes dadurch, dafs er die eine senkrecht zur Axe sein läfst.

ferner $y$ und $z$ die in $G$ und $H$ senkrecht auf der gezeichneten Meridianebene errichteten Ordinaten des Paraboloids, so erhält man aus dem gefundenen Resultat, daſs

$$\frac{(ABC)}{(DEF)} = \frac{\triangle ABC}{\triangle DEF} \cdot \frac{y}{z}.$$

Ist nun $BG = EH$, so ist $\triangle ABC = \triangle DEF$, wie am Schlusse des vierten Abschnittes bewiesen wurde, und $y = z$,

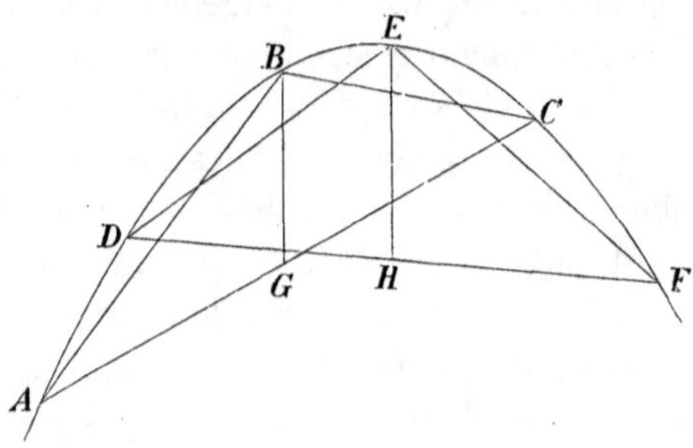


Fig. 75.

weil die auf der Meridianebene senkrechten Schnitte durch $BG$ und $EH$ kongruente Parabeln sind. Im allgemeinen verhalten sich Segmente desselben Paraboloids wie die Quadrate von $BG$ und $EH$. Bei dem Beweise dieses Satzes [24] kann Archimedes sich auf Grund des bereits gewonnenen Resultates an den Fall halten, wo die Grundflächen senkrecht auf der Axe stehen.

Ein Segment eines Hyperboloids wird auf dieselbe Weise bestimmt [25—26], nur tritt der Unterschied ein, daſs man hier wegen der Gleichung der Hyperbel erhält:

$$\frac{y^2}{q^2} = \frac{x(a+x)}{c(a+c)}.$$

Unter Hinweis auf die anderswo gefundene Bestimmung der Integrale (4) und (5) wird hier nachgewiesen [2], daſs

$$\int_0^c x(a+x)\,dx = c^2\left(\tfrac{1}{2}a + \tfrac{1}{3}c\right). \tag{6}$$

Durch eine Vertauschung von + mit — würde dieselbe Bestimmung sich auf das Ellipsoid anwenden lassen; aber merkwürdig genug benutzt Archimedes nicht die Flächenanlegung, um hier die Gleichung der Ellipse ebenso darzustellen, wie früher die Gleichung der Hyperbel. Dagegen stellt er sie in seiner Bestimmung des Volumens eines halben Ellipsoids durch einen Gnomon dar, d. h. durch die Differenz zwischen zwei Quadraten, die einen Winkel gemeinsam haben; mit anderen Worten: er bedient sich nicht der Scheitelgleichung der Ellipse, $y^2 = \varkappa x(a - x)$, wo $\varkappa$ eine Konstante hedeutet, sondern ihrer Mittelpunktsgleichung, $y^2 = \varkappa\left(\frac{a^2}{4} - x^2\right)$. Dieser Umstand giebt Archimedes Gelegenheit, das Integral $\int_0^c x^2\,dx$ in einer neuen Verbindung zu gebrauchen, nämlich:

$$\int_0^{\frac{a}{2}}\left(\frac{a^2}{4} - x^2\right)dx = \frac{a^2}{4}\cdot\frac{a}{2} - \frac{1}{3}\left(\frac{a}{2}\right)^3 = \frac{2}{3}\left(\frac{a}{2}\right)^3.$$

Da Archimedes auf diesem Wege die Stücke des Ellipsoids, die durch einen Diametralschnitt senkrecht zur Axe [27] und durch einen beliebigen Diametralschnitt [28] abgeschnitten werden, gesondert bestimmt, und da er vorher bewiesen hat [18], daſs man in beiden Fällen das halbe Ellipsoid erhält, so hat er hier indirekt den Beweis für den Satz geführt, der mit Bezug auf das Umdrehungsellipsoid dem einen von Apollonius' Sätzen über Durchmesser im 7ten Buche entspricht, und der sich unter anderem folgendermaſsen ausdrücken läſst: alle umbeschriebenen Cylinder eines Umdrehungsellipsoids sind gleich groſs.

Bei der Berechnung eines von einem halben Ellipsoid verschiedenen Segments wird das Integral (6) in einer neuen Verbindung bennutzt. Fig. 76 möge eine Meridianebene und $AC$ die Spur einer darauf senkrechten Ebene vorstellen, die das Ellipsoidsegment $(ABC)$ abschneidet. Dann werde der durch die Mitte $D$ der Sehne $AC$ gezogene Durchmesser zur Abscissenaxe und $D$ zum Anfangspunkt genommen. Setzen wir nun $OD = e$ und wie vorhin $DC = q$, so ergiebt sich:

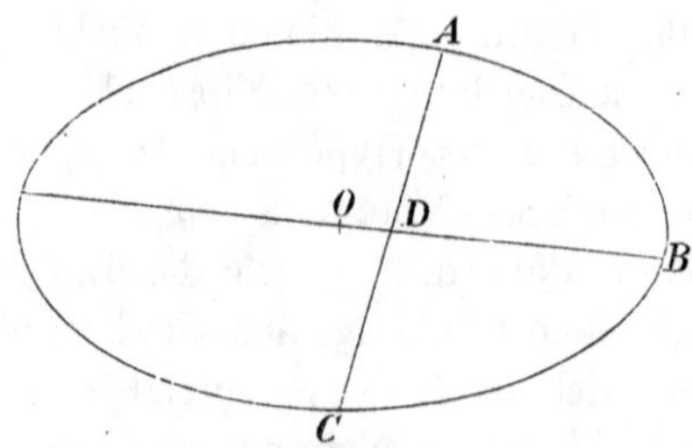


Fig. 76.

$$\frac{y^2}{q^2} = \frac{\frac{a^2}{4} - e^2 - 2ex - x^2}{\left(\frac{a}{2} - e\right)\left(\frac{a}{2} + e\right)}$$

$$= \frac{\left(\frac{a}{2} - e\right)\left(\frac{a}{2} + e\right) - x(2e + x)}{\left(\frac{a}{2} - e\right)\left(\frac{a}{2} + e\right)}.$$

Es kommt also darauf an, das Integral

$$\int_0^{\frac{a}{2}-e} \left[\left(\frac{a}{2} - e\right)\left(\frac{a}{2} + e\right) - x(2e + x)\right] dx$$

zu bestimmen, welches, da das erste Glied in der Klammer konstant ist, von selbst zerfällt in

$$\left(\frac{a}{2} - e\right)^2 \left(\frac{a}{2} + e\right) - \int_0^{\frac{a}{2}-e} x(2e + x)\, dx.$$

Hier ist das letzte Integral dasjenige, welches wir (6) genannt haben, und dessen Wert Archimedes ausdrücklich vorher bestimmt [2] und bei der Berechnung des Hyperboloidsegments benutzt hat.

Die Unbeholfenheit, die Archimedes an den Tag zu legen scheint, indem er verschiedene Behandlungsarten auf das Hyperboloid und das Ellipsoid anwendet und sich dadurch hinsichtlich des letzteren scheinbar selbst Schwierigkeiten schafft, mufs uns allerdings befremden. Aber bei einem genaueren Eingehen auf die Sache müssen wir zugeben, dafs ein grofser Teil der Unbeholfenheit seinen Grund hat in der Dürftigheit der Darstellungsmittel, die ihm zu Gebote standen, namentlich dann, wenn es sich um etwas so neues wie Integrationen handelte, und in den im Verhältnis hierzu äufserst strengen Forderungen an die Vollständigkeit der Darstellung, und dafs diese formalen Schwierigkeiten hier wie so oft in den Schriften der griechischen Mathematiker dem Verfasser Gelegenheit geben, sachliche Stärke zu zeigen.

Um gerecht urteilen zu können, müssen wir davon ausgehen, dafs die Sprache nun einmal so beschaffen war, dafs es mit formalen Schwierigkeiten verbunden gewesen sein würde, den Beweis für (6) so zu führen, dafs gleichzeitig bewiesen wurde, es sei

$$\int_0^c x\,(a-x)\,dx = c^2\left(\tfrac{1}{2}a - \tfrac{1}{3}c\right).$$

Der Satz, welcher sich in unserer mathematischen Sprache durch diese Formel ausdrücken liefse, würde also ein neuer Hülfssatz sein. Da vor ihm keine Integralrechnung existierte, so konnte Archimedes sich nicht auf einen von früher her existierenden Satz stützen wie der ist, den wir durch die Gleichung

$$\int [\varphi(x) + \psi(x)]\,dx = \int \varphi(x)\,dx + \int \psi(x)\,dx, \qquad (7)$$

ausdrücken, wie klar auch das in diesem enthaltene Princip ihm vor Augen gestanden haben mag. Ein vollständiger Beweis dieses Satzes, der sowohl auf positive wie negative $\psi$ Rücksicht nehmen mufste, liefs sich auch nicht ohne Zerlegung in mehrere Sätze führen. Um den Apparat, der vorher bewiesen werden mufste, so viel wie möglich einzuschränken, begnügt sich deshalb Archimedes, der aus der Schrift über die Spiralen die Formeln (4) und (5) zur Verfügung hat, damit aufser Satz 1, der an Stelle von $\int a\,dx = a\int dx$ tritt, in Satz 2 die Formel (6) zu beweisen. Statt die Anzahl von allgemeinen Integrationsformeln noch weiter zu vermehren, bemüht er sich vielmehr, die verlangten Kubaturen auf die wenigen zurückführen, die hier angegeben sind. Das gelingt auf die dargestellte Art und Weise, da die vorher nicht bewiesene Formel (7) in den Fällen, wo $\varphi(x)$ konstant ist, einfach genug wird, um die Beweise für ihre Anwendung in die einzelnen Beweise hineinziehen zu können.

Hierzu stimmt es, dafs Archimedes in der Schrift über die Spiralen nicht $\int_a^b = \int_0^b - \int_0^a$ als allgemeines Princip aufstellt, sondern sich damit begnügt, nachdem er $\int_0^c x^2\,dx$ gefunden hat [in 10], $\int_c^d x^2\,dx$ besonders zu berechnen [11].

Wir wollen nicht bei den Formen verweilen, in denen Archimedes die gefundenen Resultate hervortreten läfst, sondern nur bemerken, dafs er an diese einige Aufgaben anschliefst, welche er wahrscheinlich selbst gelöst hat, und aus denen wir deshalb einige Beispiele für körperliche Aufgaben, die von den Alten behandelt worden sind, haben entnehmen können.

Noch eine hierher gehörige Bestimmung hat Archimedes, wie sich ergiebt, gekannt, nämlich die des Schwerpunktes von einem Segment eines Umdrehungsparaboloids, das durch eine beliebige Ebene abgeschnitten wird[1]). Diese Bestimmung kann nicht wohl auf ähnlichem Wege vorgenommen worden sein wie die entsprechende beim Parabelsegment; aber ebenso wie die Bestimmung vom Schwerpunkte dieses letzteren sich an die von dessen Fläche anschliefst, könnte man auch den Versuch machen, ob die Bestimmung vom Schwerpunkte des Paraboloidsegments sich nicht auch an die von dessen Volumen angeschlossen haben könne. Macht man diesen Versuch, so gelangt man zu demselben Verfahren, welches die

[1]) Die Lage dieses Schwerpunktes wird direkt und indirekt im ganzen zweiten Buch der Schrift über schwimmende Körper benutzt. Als Beispiel für eine Stelle, an der die Lage für ein schief abgeschnittenes Segment bestimmt angegeben wird, will ich S. 397, 9 und 11 des 2ten Bandes von Heibergs Ausgabe anführen.

Integralrechnung jetzt anwendet, und es zeigt sich, daſs weder die Anwendung des Satzes vom statischen Moment noch die Integrationen irgendwelche Schwierigkeit dargeboten haben können, die Archimedes nicht anderswo überwunden hätte.

Eine Form, unter welcher der Satz vom statischen Moment angewandt worden sein kann, lernten wir kennen bei der Anwendung des statischen Moments eines Dreiecks auf die Berechnung des Parabelsegments. Diese wollen wir auf den gegenwärtigen Fall übertragen. $ABC$ sei die Spur des Paraboloidsegmentes in der Meridianebene, welche senkrecht auf

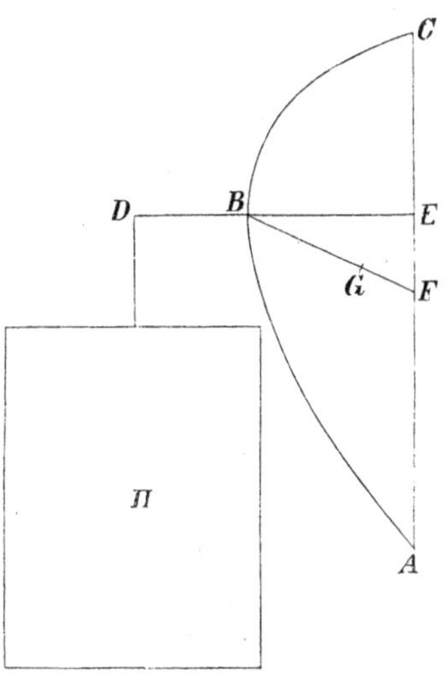


Fig. 77.

dessen Grundfläche steht, $BF$ der durch die Mitte $F$ der Sehne $AC$ gezogene Durchmesser, und das Segment sei so an einem horizontalen Hebel $BE$ mit dem Unterstützungspunkt in $B$ angebracht, daſs die Schwere parallel zu der Spur $AC$ der Grundfläche wirkt. $BD$ sei der andere Arm des Hebels, an dessen Endpunkt $D$ das ganze Gewicht $\Pi$ des homogenen Paraboloidsegments aufgehängt ist. Dann wird Gleichgewicht stattfinden, wenn $BD = z$ gleich dem Abstande des Schwerpunktes von der Berührungsebene in $B$ ist.

Zerlegt man das Segment durch Schnitte parallel der Grundfläche und setzt die Summen der Momente der einzelnen Scheiben, einmal an ihrem eigenen Platze gelassen und zweitens in $D$ (als Teile von $\Pi$) angebracht, einander gleich, so erhält man

$$z\int_0^c y^2\,dx = \int_0^c y^2\,x\,dx,$$

wo die Ordinaten der Parabel diejenigen sind, welche zum Durchmesser $BF$ des Segments gehören, während die Abscissen auf $BE$ gerechnet werden und $BE$ gleich $c$ ist. Hieraus erhält man, wenn $G$ der Schwerpunkt ist,

$$\frac{BG}{BF} = \frac{z}{c} = \frac{\int_0^c y^2\,x\,dx}{c\int_0^c y^2\,dx} = \frac{\int_0^c x^2\,dx}{c\int_0^c x\,dx} = \frac{2}{3}.$$

Versucht man andere Arten der Bestimmung, so wird man gewifs finden, dafs Archimedes' eigene Bestimmung von der hier dargestellten kaum in anderen Dingen sonderlich abweichend gewesen sein kann, als darin, dafs er vielleicht die Benutzung von Integrationsformeln vermieden hat durch Zurückführung auf die Bestimmung des Schwerpunktes eines Dreiecks; dieser läfst sich durch dieselben Formeln bestimmen, welche hier benutzt sind, ist aber von Archimedes schon früher im ersten Buch über das Gleichgewicht ebener Figuren [14] als Durchschnittspunkt der Medianen gefunden worden.

---

## Einundzwanzigster Abschnitt.

### Erster Ursprung der Lehre von den Kegelschnitten.

Im Vorhergehenden war es unser Hauptziel die griechische Lehre von den Kegelschnitten in ihrer vollendetsten Gestalt darzustellen, so wie sie uns bei Apollonius und, in Bezug auf einige Untersuchungen, zu denen Apollonius keinen neuen Beitrag geliefert hat, bei Archimedes entgegentritt. Wir bemühten uns klarzustellen, was man wufste, wie man es begründete und wozu man es zu benutzen verstand. Indem wir mit Rüchsicht auf die Begründung von solchen Darstellungsformen absahen, die nur der schriftlichen Behandlung wegen ausgearbeitet zu sein scheinen und in keinem notwendigen Zusammenhang mit dem zu Grunde liegenden fruchtbaren Gedankengang stehen, glauben wir auch oftmals das Wesentliche der Wege, welche zu so grofsen Resultaten geführt haben, dargelegt, also geometrische Beiträge zur Kenntnis der Entwicklung geliefert zu haben, welche die Lehre von den Kegelschnitten bei den Griechen genommen hat.

Dagegen habe ich zu einer eigentlich historischen Darstellung dieser Entwicklung, die auch die zeitliche Aufeinanderfolge der verschiedenen Fortschritte hätte beleuchten müssen, kaum andere Beiträge geliefert als Untersuchungen über das, was sich bei Apollonius als neu vorfand und was vor ihm entweder durch Einzeluntersuchungen oder durch solche umfassende Werke wie Euklids Kegelschnitte und Aristäus' körperliche Örter bekannt war. Diese Untersuchungen waren für mich notwendig, um das, was ich bei Apollonius vorfand, richtig zu würdigen. Sie brachten mich dahin, dem Apollonius einen wichtigen Fortschritt in der Auffassung der Kegelschnitte zuzuschreiben, nämlich die konsequente Durchführung einer gleichzeitigen Betrachtung der beiden Äste einer Hyperbel. Es mufste dahin gestellt bleiben, ob Apollonius zuerst solche Schnitte an schiefen Kegeln, deren Ebenen nicht senkrecht auf der Symmetrieebene stehen, untersuchte — oder wenigstens die Untersuchung derselben durchführte — oder ob auch Archimedes in der Einleitung zu der Schrift über Konoide und Sphäroide an diese Schnitte dachte. Ferner wurde nachgewiesen oder wahrscheinlich gemacht, dafs nicht nur solche elementare Theorien wie die Lehre von den konjugierten Durchmessern, von Tangenten, Asymptoten und Brennpunkten, sondern auch die Erzeugung der Kegelschnitte als Örter zu vier Geraden und die Umformungen dieser Erzeugungsart, ferner der Potenzsatz, der Satz über Polaren, die einfachsten Erzeugungen der Kegelschnitte durch Tangenten und vor allem eine Menge von Anwendungen zur Bestimmung körperlicher Örter und Lösung körperlicher Aufgaben vor Apollonius bekannt waren, soweit dieselben sich ohne Benutzung der beiden Hyperbeläste aufstellen und beweisen lassen. Die eigenen bedeutenden Entdeckungen des Apollonius fallen zum Teil innerhalb dieses im voraus gegebenen Rahmens, so seine Konstruktion der Normalen mit zugehörigem Diorismus, seine Bestimmung der Relationen zwischen den Längen konjugierter Durchmesser u. s. w.

Daſs man, wenn ein solcher Rahmen gegeben ist, denselben auszufüllen sich bemüht, ist verständlich genug; aber in rein historischer Beziehung würde es von gröſserem Interesse sein, das Entstehen eines solchen Rahmens zu beobachten. Deshalb ist es von Bedeutung, die Geschichte der Lehre von den Kegelschnitten weiter zurück zu verfolgen und zu untersuchen, wie diese Lehre zu der Gestalt gelangte, die sie zu Euklids Zeit teils besaſs, teils erhielt. Für eine solche Untersuchung giebt es aber auſserordentlich wenig Hülfsmittel, so wenig, daſs man sie durch Vermutungen ergänzen muſs. Diese Vermutungen jedoch finden mit Rücksicht auf das allererste Auftreten der Lehre von den Kegelschnitten so viel Anhalt, daſs sie wohl verdienen angeführt zu werden.

Die vorhandenen Angaben beschränken sich 1) auf die Tradition[1]), daſs Menächmus, der Schüler von Plato und Eudoxus, die Kegelschnitte gefunden und zur Verdoppelung des Würfels angewandt habe, indem er die beiden mittleren Pro-

[1]) Diese tritt namentlich hervor in einem Briefe des Eratosthenes über die Verdoppelung des Würfels, der in Eutokius' Kommentar zu Archimedes' Schrift über die Kugel und den Cylinder (Archimedes, Ausg. v. Heiberg, III, S. 102 ff.) mitgeteilt wird, sowie in Eutokius' besonderer Darstellung von Menächmus' Verdoppelung (a. a. O., III, S. 92—98). Eine Verdoppelung von Menächmus wird zugleich von Plutarch berührt. An einer von Proklus (Ausg. v. Friedlein, S. 111) aufbewahrten Stelle bei Geminus wird Menächmus ausdrücklich als Erfinder der Kegelschnitte bezeichnet. Indessen führt Cantor eine Stelle bei Plutarch an, nach der bereits Demokritus sich mit Kegelschnitten beschäftigt haben soll (Vorlesungen, S. 164).

portionalen mittels der Schnittpunkte zwischen zwei von den Kurven

$$x^2 = ay, \quad y^2 = bx, \quad xy = ab \qquad (1)$$

konstruierte, und 2) auf den in unserem zweiten Abschnitt erwähnten Umstand, dafs man in älteren Zeiten nur Schnitte betrachtete, die an Umdrehungskegeln durch senkrecht zu einer Erzeugenden geführte Schnitte hervorgebracht wurden, was Veranlassung zu den Namen gab, welche die Kegelschnitte vor Apollonius hatten.

Die zweite von diesen beiden Angaben ist besonders merkwürdig. Sie enthält die Aufforderung, einer solchen Bestimmung der Haupteigenschaften der erwähnten besonderen Schnitte nachzuspüren, welche sich nicht mit gleicher Leichtigkeit auf beliebige Schnitte an Umdrehungskegeln anwenden läfst. Ich habe denn auch versucht eine solche ausfindig zu machen in der Hoffnung, auf diese Weise zu der ursprünglichen Bestimmung der Kegelschnitte zu gelangen; aber wenigstens hinsichtlich der Ellipse und Hyperbel ist diese Bemühung ohne Resultat geblieben. Die Ableitungen der planimetrischen Eigenschaften der Schnitte, die ich habe finden können, waren alle von solcher Beschaffenheit, dafs ich zu keiner anderen Vorstellung habe gelangen können, als dafs man zu Menächmus' Zeit, wo Eudoxus seine Verbesserungen in die Proportionslehre eingeführt hatte und wo man solche Verallgemeinerungen vornahm wie die der Flächenanlegungen sind, die sich in Euklids sechstem Buche finden, sogleich hat bemerken müssen, dafs dieselben sich ebenso leicht anwenden liefsen, wenn keiner der Winkel zwischen der Schnittebene und den Erzeugenden in der zur Schnittebene senkrechten Diametralebene ein Rechter war. Dafs dieser Umstand, trotz der beständig zunehmenden Beschäftigung mit den Kegelschnitten, gerade bis zu Apollonius' Zeit unbeachtet geblieben sein sollte, war mir geradezu undenkbar; aber im zweiten und neunzehnten Abschnitt habe ich denn auch nachgewiesen, dafs dies nicht der Fall war.

Schon die Thatsache, dafs man sich in der allerersten Zeit damit begnügte Schnitte von Ebenen senkrecht zu einer Erzeugenden zu behandeln, verlangt nach meiner Meinung eine

Erklärung. Diese finde ich darin, dafs man es nicht als seine Aufgabe betrachtete, ebene Schnitte an Kegelflächen zu suchen, sondern dafs man umgekehrt eine Darstellung von Kurven suchte, von denen man bereits Kenntnis besafs. Ein solches Ziel erreichte man eben am besten durch eine vollkommen bestimmte und begrenzte Form der Darstellung.

Diese Erklärung stimmt gut zu dem, was über die Verbindung zwischen der Entdeckung der Kegelschnitte und der Verdoppelung oder Multiplikation des Würfels mitgeteilt wird. Wie bereits früher angeführt, wird berichtet, dafs Hippokrates von Chius die letztere auf die Konstruktion von zwei mittleren Proportionalen $x$ und $y$ zwischen den gegebenen Strecken $a$ und $b$ zurückgeführt habe. Diese mittleren Proportionalen werden bestimmt durch

$$\frac{a}{x} = \frac{x}{y} = \frac{y}{b}. \tag{2}$$

Als man dies gefunden hatte, mufsten die Bestrebungen darauf ausgehen zwei geometrische Örter zu finden, deren Schnittpunkte die Möglichkeit gewähren diese Konstruktion auszuführen. Gewifs war man von Anfang an bemüht durch Umformung der Proportionen solche Relationen zwischen $x$ und $y$ zu finden, die sich durch Kreis und Gerade darstellen liefsen, also zu der gewöhnlichen geometrischen Konstruktion führten.

Zunächst boten sich dann die Verbindungen zwischen Abscisse und Ordinate eines Punktes dar, die unmittelbar durch die Proportionen (2) oder deren Umformungen (1) ausgedrückt werden. Eine genauere Prüfung der dadurch ausgedrückten Verbindungen zwischen $x$ und $y$ zeigte indessen bald, dafs diese Örter keine Geraden oder Kreise sind. Da auch Umformungen und Kombinationen der Gleichungen nicht zu zwei solchen Örtern führten, so kehrte man zu den Proportionen (2) als den einfachsten Relationen zurück. Diese wurden dann zum Gegenstand einer immer eingehenderen Untersuchung gemacht. Das Ziel dieser mufste darin bestehen herauszubringen, ob sie nicht einen von Gerade und Kreis verschiedenen geometrischen Ort darstellten, auf den man entweder vorher schon getroffen war oder von dem man eine geometrische Definition geben konnte. Ohne eine derartige Definition würde man nicht gewagt haben, die betreffenden Kurven als solche aufzustellen, wenn auch die vorliegende Untersuchung es faktisch mit sich brachte, dieselben auf Grundlage der in der Gleichung gegebenen Definition zu studieren. Das, was man dem Menächmus zu verdanken hat, würde dann die geometrische Bestimmung der fraglichen Kurven sein, und zwar als Schnitte, die auf bestimmte Art an geraden Kegeln hervorgebracht werden. Es kam nur darauf an eine solche Bestimmung zu erlangen als eine Art Bürgschaft dafür, daſs man es mit wirklichen Kurven zu thun habe; war dies geschehen, so konnte man ruhig in der Anwendung der Gleichungen zur weiteren Untersuchung dieser Kurven fortfahren. Ob dieselben sich auch auf andere Weise als Schnitte an Kegeln hervorbringen lieſsen, war unwesentlich.

Diese stereometrische Bestimmung der Kurven, welche den Relationen zwischen den beiden mittleren Proportionalen entspricht, war, wie wir im elften Abschnitt erwähnt haben, von Archytas und Eudoxus vorbereitet. Um wissen zu können, wie weit diese Vorbereitung gelangt war, müſste man Eudoxus' Lösung kennen. Will man sich an Tannerys Hypothese hierüber[1]) anschlieſsen, so bestand dieselbe in einer Anwendung von einer Projektion einer der Raumkurven, welche bei Archytas Lösung benutzt werden. Die Eigenschaften der Projektion müſsten dann zurückgeführt worden sein auf eine planimetrische Bestimmung und auf eine Konstruktion der mittleren Proportionalen mittels der Schnittpunkte zwischen dieser Kurve und einem Kreise (der Spur von Archytas' Cylinder), und wenn die Konstruktion auch an sich in nichts anderem bestand als in einer Übertragung von Archytas' Konstruktion auf eine Ebene mit Hülfe von Projektion und Schneidung, so müſste man doch annehmen, daſs sie unabhängig von jener und auf planimetrischem Wege bewiesen worden sei. Wenn hier also auch eine Übertragung von Raumkurven und räumlichen Kon-

---

[1]) Mémoires de la Société de Bordeaux, 2me série, T. II.

struktionen auf die Ebene und auf planimetrische Bestimmungen und Konstruktionen vorliegen mag, so wird dieselbe dennoch Menächmus zum Vorbilde haben dienen können, wenn er umgekehrt eine ihn befriedigende Bestimmung gewisser Kurven, deren planimetrische Haupteigenschaften und planimetrische Anwendung im voraus gegeben war, suchte und auf diesem stereometrischen Wege fand [1]).

Diejenigen von den Kurven (1), die sich am unmittelbarsten als Kegelschnitte haben darstellen lassen und bei denen die eigentümliche Erzeugung durch Schnitte, die senkrecht auf einer Erzeugenden stehen, in der That einige Erleichterung [2]) gewährt, sind die Parabeln. Es sei (Fig. 78) $TKC$ ein Axenschnitt eines geraden und rechtwinkligen Kegels mit den Spitze $T$ und $AP$ sei die Spur einer Schnittebene, die senkrecht auf der Erzeugenden $TK$ steht. Zwei Punkte der Kurve, in der diese Ebene den Kegel schneidet, sind in $P$ auf die Ebene der Figur projiciert; den Abstand dieser Punkte von $P$ wollen wir $y$ nennen, während $AP$ gleich $x$ ist. Wenn $AI \parallel GPH \parallel KC$, so hat man

$$y^2 = GP.PH = \sqrt{2}.AP.AI = \sqrt{2}.x.\sqrt{2}.AL = 2AL.x,$$

[1]) Wenn (vergl. Cantor, Vorlesungen, S. 201) gesagt wird, dafs Plato Archytas, Eudoxus und Menächmus getadelt habe, weil sie bei der Verdoppelung des Würfels ihre Zuflucht zu mechanischen Arten des Verfahrens genommen hätten, so erscheint dieser Tadel unbillig. unter anderem auch aus dem Grunde, weil weder die Konstruktion von Archytas noch die Bestimmung von Kurven als Schnitten an Kegeln sonderlich leicht mechanisch auszuführen ist. Jedoch hatte Plato einigen Grund zu seinem Tadel, wenn derselbe aussprach, dafs die erwähnten Männer nicht gewagt hätten die Kurven, welche sie benutzten — Menächmus namentlich die Parabel und Hyperbel — als ausreichend definiert durch die planimetrischen Grundeigenschaften zu betrachten, die wir durch ihre Gleichungen und die Griechen auf entsprechende Weise darstellen, sondern es für notwendig gehalten hätten, denselben eine auf sinnlichen Vorstellungen ruhende Definition zu geben, die doch bei der weiteren Untersuchung nicht benutzt wurde.

[2]) In der Ableitung der Haupteigenschaften der verschiedenen Schnitte, die ich hier dem Menächmus zuschreibe, weiche ich nicht wesentlich ab von Bretschneider, Die Geometrie und die Geometer vor Euklid.

wo $L$ den Schnittpunkt zwischen der Axe des Kegels und der Schnittebene bezeichnet. Dann erhält der Schnitt die Gleichung

$$y^2 = px,$$

wo $p = 2AL = 2TA$ konstant ist. Umgekehrt läfst sich — und das betrachtete man gewifs als die Hauptsache —

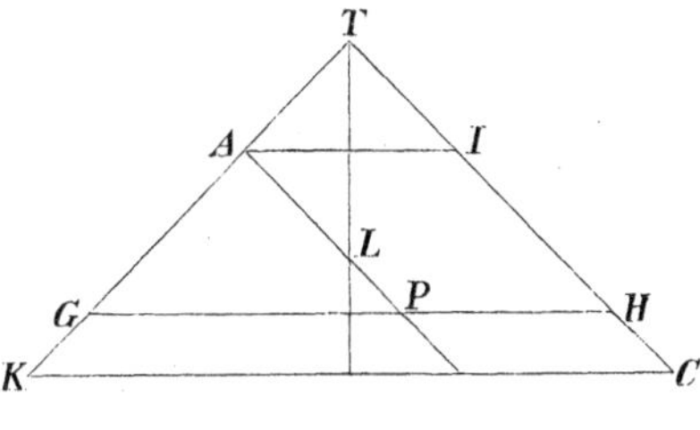


Fig. 78.

jede solche Kurve durch Abtragen von $TA = \frac{1}{2}p$ auf die hier angegebene Weise als Schnitt an einem geraden und rechtwinkligen Kegel bestimmen. Von der hier gegebenen Form der Bestimmung hat der halbe Parameter der Parabel den Namen erhalten, der sich noch bei Archimedes findet [Über Konoide und Sphäroide 3 und anderswo]: „Das Stück bis zur Axe", d. h. der Abstand $AL$ vom Scheitelpunkt $A$ des Schnittes bis zum Schnittpunkt $L$ mit der Axe des Kegels.

Dafs die dritte von den Kurven (1), nämlich die auf ihre Asymptoten bezogene Hyperbel, sich auch als ebener Schnitt an einem Kegel darstellen läfst, hat man nicht so unmittelbar erkennen können[1]). Die Gleichung „$xy$ = constans" für die auf ihre Asymptoten bezogene Hyperbel wird erst in Apollonius' zweitem Buche gewonnen, nachdem die Sätze über Durchmesser gefunden sind. Am einfachsten erhält man diese Gleichung aus dem Umstande, dafs die Sehne, welche von einer

[1]) In neu erschienenen Abhandlungen (Bulletin des Sciences Math. 1886, S. 61 und Hermathena, V, S. 422) äufsern Tannery und Allman sogar Zweifel darüber, ob Menächmus dies überhaupt erkannt hat. Doch wird man hier sehen, dafs die Tradition über seine Benutzung der Hyperbel geometrisch nicht unmöglich ist.

Hyperbel auf einer beliebigen Geraden abgeschnitten wird, dieselbe Mitte hat wie die von den Asymptoten abgeschnittene Sehne, und dieser Satz beruht wieder darauf, daſs alle Reihen von parallelen Sehnen geradlinige Durchmesser haben. Indessen ist es keineswegs leicht, diese Sätze für alle Sehnenrichtungen aus der Darstellung der Kurve als eines Schnittes am Kegel abzuleiten, und nichts deutet darauf hin, daſs man eine solche Ableitung vorgenommen habe.

Daher ist es wahrscheinlicher, daſs man die Asymptotengleichung aus der Axengleichung abgeleitet habe und umgekehrt, und daſs man dann, wie Archimedes und Apollonius thaten, die Axengleichung mit der Erzeugung der Kurve als Schnitt an einem Kegel in Verbindung gebracht habe. Die Verbindung zwischen der Asymptotengleichung und der Axengleichung ist nämlich, besonders für die gleichseitige Hyperbel, sehr leicht zu erkennen, nicht nur wenn man sich der modernen Darstellung derselben:

$$x^2 - y^2 = (x - y)(x + y) = 2 \, . \frac{x - y}{\sqrt{2}} \cdot \frac{x + y}{\sqrt{2}}$$

bedient, wo $\frac{x - y}{\sqrt{2}}$ und $\frac{x + y}{\sqrt{2}}$ die Abstände des Punktes $(x, y)$ von den Asymptoten sind, sondern auch wenn man den Gleichungen ihre antike geometrische Form giebt. In diesem Falle läſst sich derselbe Übergang mit Hülfe von Euklid II, 8 oder durch unmittelbare Benutzung einer Figur bewerkstelligen. Sind $ON$ und $OR$ (Fig. 79) die Asymptoten und $OA$ die erste Axe

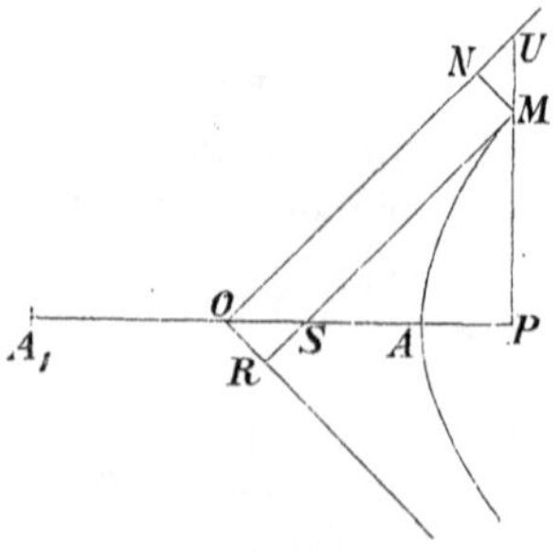


Fig. 79.

einer gleichseitigen Hyperbel, $OP = x$ und $PM = y$ die auf diese bezogenen rechtwinkligen Koordinaten eines Kurvenpunktes $M$, und sind die Linien $MN$ und $MR$ den Asymptoten parallel, so ist

$$\tfrac{1}{2}x^2 - \tfrac{1}{2}y^2 = \text{Viereck } OSMU = \text{Rechteck } ORMN,$$

da

$$\triangle NMU = \triangle RSO.$$

Es kommt also nur darauf an herauszubringen, wie Menächmus solche Schnitte an geraden Kegeln bestimmt haben kann, welche die auf ihre Axen bezogene gleichseitige Hyperbel

$$y^2 = x^2 - \tfrac{1}{4}a^2$$

ergeben oder, was mit Rücksicht auf die in Euklids zweitem Buche enthaltenen und zu Menächmus' Zeit wohl bekannten Methoden und Resultate ganz gleichbedeutend war, die Hyperbel

$$y^2 = x \,.\, x_1,$$

wenn $x$ und $x_1$ die Abstände des Fufspunktes $P$ der Ordinate von den durch $A_1O = OA = \tfrac{1}{2}a$ bestimmten Scheitelpunkten $A_1$ und $A$ bedeuten.

$TKC$ (Fig. 80) möge den Axenschnitt eines Umdrehungskegels darstellen, dessen Scheitelpunktswinkel $T$ wir vorläufig

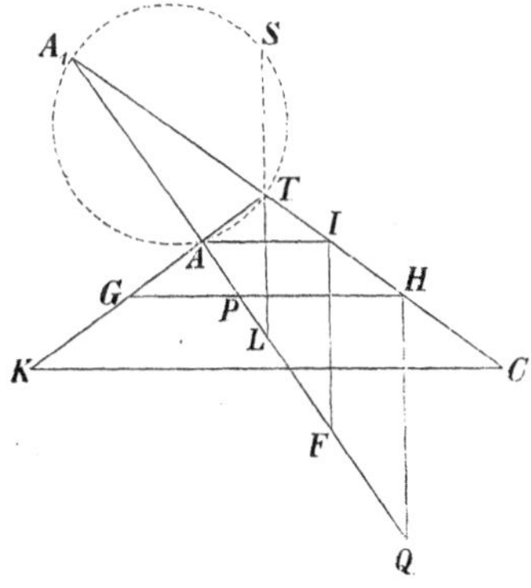


Fig. 80.

unbestimmt lassen; $AP$ sei die Spur einer senkrecht zur Erzeugenden $TA$ gelegten Schnittebene und $A_1$ der Schnittpunkt dieser Spur mit der Erzeugenden $TC$. Die in einem Punkte $P$

der Spur errichtete Ordinate $y$ des Schnittes wird dann bestimmt durch

$$y^2 = GP.PH,$$

wenn $GH \parallel KC$.

Um diesen Ausdruck weiter umzuformen, ziehe man $AI \parallel KC$, sowie die Axe des Kegels $TL$, und parallel zu der letzteren $IF$ und $HQ$. Dann findet man, da $G$, $A$, $H$, $Q$ auf einem Kreise liegen, dafs

$$y^2 = GP.PH = AP.PQ = AP.\frac{AF}{A_1 A}.A_1 P$$
$$= \frac{2AL}{A_1 A}.x.x_1,$$

wo $AP = x$ und $A_1 P = x_1$ die Abstände des Fufspunktes $P$ der Ordinate von den festen Punkten $A$ und $A_1$ bedeuten.

Soll nun die dargestellte Hyperbel gleichseitig werden, so mufs $AL = \frac{1}{2}A_1 A$ sein. Will man also eine Kegelfläche durch eine gegebene gleichseitige Hyperbel legen — und hierauf kam es namentlich an — so mufs man auf der Verlängerung der Axe $A_1 A$ über $A$ hinaus $AL = \frac{1}{2}A_1 A$ abtragen und darauf das bei $A$ rechtwinklige Dreieck $A_1 TA$ so konstruieren, dafs $TL$ den Nebenwinkel des Dreieckswinkels $T$ halbiert. Der um das Dreieck $A_1 AT$ beschriebene Kreis schneidet dann $LT$ in einem Punkte $S$, der auf der Mittelsenkrechten von $A_1 A$ liegen mufs. Da Winkel $A_1 ST$ ein Rechter ist, so mufs der Punkt $S$ ferner auf dem Kreise über $A_1 L$ als Durchmesser liegen. Somit ist $S$ und dadurch wieder $T$ bestimmt.

Diese Bestimmung einer gleichseitigen Hyperbel als Schnittes an einem geraden Kegel läfst sich ebenso leicht auf eine beliebige Hyperbel oder auf eine Ellipse anwenden; im letzten Falle erhalten die verschiedenen Punkte eine etwas andere Lage, aber alle Operationen bleiben dieselben. Das konstante Verhältnis $\frac{y^2}{xx_1}$ erhält nur statt 1 den Wert $\frac{2AL}{A_1 A}$, oder $AL$ wird der halbe Parameter. Diese Konstante wird also für die Ellipse und Hyperbel in vollkommener Übereinstimmung mit dem Namen bestimmt, den sie oben, wie wir gesehen haben, von Archimedes für die Parabel erhielt, nämlich als

„das Stück bis zur Axe“, d. h. das Stück vom Scheitelpunkt $A$ der Kurve bis zum Schnittpunkt mit der Axe der Kegelfläche. Für die Parabel ist diese Benennung eigentlich nicht sehr bezeichnend; denn dasselbe Stück kommt auch anderweitig in der Figur vor (vergl. Fig. 78), nämlich als das Stück $TA$, welches der Schnitt auf der senkrecht auf ihm stehenden Erzeugenden der Kegelfläche abschneidet, und auf diese letztere Art wird in der That die Kegelfläche am leichtesten bestimmt, die durch eine gegebene Parabel gehen soll. Für die Ellipse und Hyperbel benutzt man dagegen — wie wir hinsichtlich der gleichseitigen Hyperbel, bei der $p = a$, gesehen haben — gerade den halben Parameter, um den Punkt $L$, durch den die Axe des Kegels gehen mufs, zu bestimmen. Es ist deshalb anzunehmen, dafs Archimedes' Benennung für den halben Parameter der Parabel auch bei der Ellipse und Hyperbel, wo dieselbe bezeichnender ist als bei der Parabel, Anwendung gefunden hat.

Die Annahme, dafs bereits Menächmus alle drei Kurven auf diese Weise bestimmt habe, stimmt vollkommen zu der Angabe, dafs er die drei Kegelschnitte gefunden habe[1]). Es ist nicht unwahrscheinlich, dafs die Ellipse vorher schon bei den Griechen, in deren Baukunst der Cylinder so häufig vorkommt, als Cylinderschnitt bekannt war. Auf ein so frühzeitiges Vorkommen, das schwerlich auf einfacherem Wege als auf dem genannten möglich war, deutet vielleicht der Umstand, dafs die Ellipse ihren eigenen alten Namen (θυρεός)[2]) hatte. Menächmus könnte also erkannt haben, dafs diese im voraus bekannte Kurve sich als Schnitt an Kegeln auf dieselbe Weise bestimmen liefs, wie er Parabeln und die gleichseitige Hyperbel bestimmt hatte. Dafs er bei Ableitung der Haupteigenschaften der Schnitte im wesentlichen den hier beschriebenen Weg gegangen ist, der abgesehen von der besonderen Lage der Schnitte

---

[1]) Die Menächmische Triade; Eutokius' Kommentar zu Archimedes, Ausg. v. Heiberg, III, S. 112.

[2]) Vergl. Heiberg, Litterargeschichtliche Studien über Euklid, S. 88, wo diese Namengebung jedoch dem Menächmus zugeschrieben wird.

mit dem zusammenfällt, der später von Archimedes bei seinen Untersuchungen über verschiedene Schnitte an schiefen Kegeln und von Apollonius bei seinen allgemeineren Untersuchungen eingeschlagen wurde, scheint mir zweifellos zu sein, da ein solches Verfahren zu allen vorliegenden Angaben stimmt und keine Spuren von anderen Herleitungen aufbewahrt sind.

Ist man nun wirklich bei der Bestimmung von Schnitten senkrecht zu einer Erzeugenden eines geraden Kegels in der angegebenen Weise verfahren, so ist es einleuchtend, dafs man sofort auch die Beschaffenheit eines beliebigen Schnittes an einem geraden Kegel oder eines Schnittes senkrecht zur Symmetrieebene eines schiefen Kegels finden mufste, sobald man nur auf die Idee kam danach zu fragen. Wenn es mir auch gelungen ist dem Umstande, dafs die Winkel bei $A$ Rechte sind, eine formale Bedeutung zu geben, so gewährt die besondere Lage der Schnittebene dennoch keine wesentliche Vereinfachung bei der Bestimmung der planimetrischen Eigenschaften der Schnittkurven, sondern nur bei der Bestimmung der zugehörigen Konstanten. Sollte nun wirklich einige Zeit vergangen sein, ehe man fand, dafs allgemeinere Bestimmungen der Lage der Schnitte nicht zu neuen Kurven führten, so kann der Grund dafür nur der sein, dafs man gar keinen Wert darauf legte Eigenschaften ebener Schnitte am Kegel zu kennen, sondern dieses stereometrische Mittel nur anwandte, um gewissen Kurven, die auf Grundlage planimetrischer Eigenschaften untersucht wurden, eine Definition zu geben, die man für strenger geometrisch hielt. Eine Veranlassung, ebene Schnitte an Kreiskegeln im allgemeinen zu untersuchen, mufste die antike Optik, d. h. Lehre von der Perspektive, wie wenig entwickelt sie auch sein mochte, doch bald darbieten, und innerhalb der oben angeführten Begrenzung konnten die Resultate dann nicht ausbleiben.

Dafs man die engere stereometrische Definition und die hieran sich anschliefsenden Benennungen lange festhielt, nachdem man gesehen hatte, dafs dieselben Kurven sich stereometrisch auch auf andere Art darstellen liefsen, erklärt sich ausschliefslich durch die einfache Form, welche die

Konstantenbestimmung, wie wir gesehen haben, annimmt, wenn die Schnitte senkrecht zu einer Erzeugenden eines geraden Kegels geführt werden, da dann der halbe Parameter „das Stück bis zur Axe“ wird, und durch die damit zusammenhängende einfache Art einen Kegel durch eine gegebene Kurve zu legen.

Die alten Benennungen der Kurven finden sich, wie wir hier und im zweiten Abschnitt erwähnt haben, noch bei Archimedes. Die ihnen entsprechende definitionsmäfsige Darstellung der Kegelschnitte fand sich, wie aus Pappus' Erwähnung[1]) hervorzugehen scheint, noch in Aristäus' körperlichen Örtern, wo sie recht wohl etwa dieselbe Form gehabt haben kann, welche wir hier der Bestimmung von Menächmus gegeben haben.

Dies kann durchaus zu dem Inhalt und den Zwecken stimmen, die wir Aristäus' Büchern über körperliche Örter beigelegt haben: Behandlung solcher geometrischen Örter in der Ebene, die Kegelschnitte werden. Hätte Aristäus im besonderen eine stereometrische Untersuchung beabsichtigt, wie der Name seiner Schrift vielleicht erwarten lassen könnte, so würde er sicherlich über die eng begrenzte Weise, in der er die Örter als Schnitte an Kegeln darstellte, hinaus gelangt sein. Dagegen ist es ganz natürlich, dafs er seine Untersuchung über das Vorkommen der Kegelschnitte als geometrischer Örter in der Ebene mit dem Nachweise begonnen hat, dafs die Kurven, welche er behandelt, das Recht haben den Namen ‚Kegelschnitte‘ zu führen. Dafür war es ausreichend, dafs er, von den übrigen Darstellungsarten, die ihm möglicherweise bekannt waren, absehend, sich mit einer einzigen, bestimmten begnügte und zwar mit derjenigen, die von Anfang an der Bestimmung der Kegelschnitte zu Grunde gelegt worden war.

Pappus scheint nach seinen Aussprüchen weiter zu gehen und dem Aristäus die Einführung der Namen ‚Schnitt eines spitzwinkligen, rechtwinkligen und stumpfwinkligen Kegels‘ beizulegen. Indessen darf man auf dieses Zeugnis kein sonder-

---

[1]) Vergl. Anhang 2.

liches Gewicht legen. Wenn Pappus in der Schrift des Aristäus, die er kannte und die älter ist als die Schriften von Euklid und Archimedes, in denen dieselben Benennungen vorkommen, eine Darstellung der Erzeugungsart angetroffen hat, welche diesen Namen zu Grunde liegt, so kann dies Grund genug für ihn gewesen sein zu glauben, daſs Aristäus diese Namen eingeführt habe.

Indessen ist dieser Umstand von sehr geringer Bedeutung, wenn es sich nur um die Namen selbst handelt; denn diese haben sich jedenfalls an die vorher gebräuchlichen Erzeugungsarten angeschlossen. Daſs zugleich mit den Namen auch die entsprechenden eigentümlichen Erzeugungsarten, die überall sonst allen älteren Schriftstellern zugeschrieben werden, erst von Aristäus herrühren sollten, halte ich für unannehmbar.

---

## Zweiundzwanzigster Abschnitt.

### Verfall der griechischen Geometrie; Ausblick auf die spätere Entwickelung und Bedeutung der Lehre von den Kegelschnitten.

Aus der Zeit nach Apollonius kennen wir keinen einzigen wesentlichen Fortschritt in der griechischen Lehre von den Kegelschnitten. Jedoch darf man hieraus nicht schlieſsen, daſs kein solcher gemacht worden sei. Wir haben stets darauf hingewiesen, daſs diese Lehre nicht in einer so entwickelten Gestalt wie bei Apollonius auftreten konnte, ohne daſs man gleichzeitig vieles fand, was in seinem Werke keinen Platz erhalten konnte; aber man muſs auch sagen, daſs dieses und die daran angeschlossenen Untersuchungen so viele Keime, so viele Aufgaben enthielten, welche tüchtige Schüler der groſsen Geometer, sogar ohne neue Bahnen zu brechen, zur Entwickelung bringen oder lösen konnten, daſs auſserordentlich gewichtige äuſsere Gründe nötig waren, um die Entwickelung unmittelbar nach

Apollonius zum Stillstand zu bringen. Einen wesentlichen Grund dafür, dafs solche Arbeiten spurlos haben verloren gehen können, haben wir bereits angeführt, nämlich den, dafs sie, die auf der bei Aristäus, Euklid, Archimedes und Apollonius vorgefundenen Grundlage weiter aufgebaut wurden, zu schwierig waren, als dafs sie die Männer interessieren konnten, welche im späteren Altertum die mathematischen Studien wiederaufnahmen, und denen wir die Erhaltung einiger Schriften der genannten Schriftsteller und Angaben über andere verdanken.

Indessen ist zugleich in dieser unserer Annahme enthalten, dafs wir Apollonius' Nachfolgern keine Entdeckungen zuschreiben, die bedeutend genug gewesen wären, um bis zu der Grundlage selbst durchzudringen und diese zu vereinfachen. Das Entstehen solcher Entdeckungen, die ihrerseits wieder neue Untersuchungen hätten hervorrufen müssen, würde in noch höherem Mafse die Erklärung des Verfalls erschweren, der ganz sicher nach diesem „Zeitalter der Epigonen“ [1]) nicht ausgeblieben ist.

Ein sehr wesentlicher Teil der Gründe für diesen Verfall lag in äufseren Umständen; damit aber diese so stark wirken konnten, dafs über anderthalb Jahrtausende dahin gingen, bevor eine so kräftig entwickelte Wissenschaft wie die griechische Geometrie neue Früchte ansetzte, mufsten auch gewisse innere Bedingungen vorhanden sein. Diese wollen wir hier zusammenzustellen versuchen, wenn wir auch schon im Vorhergehenden auf dieselben hingewiesen haben.

Wir haben schon mehrfach hervorgehoben, dafs bei den Griechen, namentlich wegen der zahlreichen Verwendung von Figuren, die schriftliche Mitteilung weit hinter der mündlichen zurückstand. Dieser Umstand hat die fortgesetzte Blüte der Geometrie in hohem Grade von Zufälligkeiten abhängig gemacht, und eine Wirkung dieses Umstandes läfst sich schon darin erkennen, dafs die Mathematik in ihrer besten Zeit mit einer einzelnen Stadt, Alexandria, so eng verknüpft war, dafs sich so weit man weifs nur éiner der grofsen Mathematiker aufser-

[1]) Cantor, Vorlesungen, S. 301.

halb dieser Stadt aufhielt, mit der er jedoch in unausgesetzter Verbindung stand. Unglücksfälle, welche diese Stadt trafen, mufsten deshalb auch die Wissenschaft treffen; sie mufsten die mündliche Tradition unterbrechen, und für diese gewährte das schwierige Studium der überlieferten Schriften keinen genügenden Ersatz. Ziemlich unbedeutende Umstände konnten deshalb einen wesentlichen Rückschritt bewirken oder es doch vorläufig so schwierig machen die einmal gewonnenen Grenzen festzuhalten, dafs man nicht daran denken konnte dieselben durch Hineinziehen neuer Gesichtspunkte zu erweitern.

Welches waren nun die Grenzen, welche die griechische Mathematik nicht überschreiten konnte ohne neue Hülfsmittel zu schaffen? Oder, welcher Begrenzung unterlagen ihre Hülfsmittel an und für sich?

Die Antwort darf nicht lauten, dafs es an einer Algebra oder an einem Organ für die Behandlung allgemeiner Gröfsen gefehlt habe; denn ein solches Organ besafs man in der geometrischen Darstellung dieser Gröfsen durch Strecken, Flächen und zum Teil durch Volumina. Die Begrenzung bestand darin, dafs dieses Organ, wie vortrefflich — wenigstens beim Selbststudium und bei persönlicher Mitteilung — es auch in seiner Anwendung auf Operationen vom zweiten oder höchstens dritten Grade sein mochte, doch äufserst schwierig zu handhaben war, wenn man zu Ausdrücken höherer Grade gelangte, die durch Zusammensetzung von Verhältnissen dargestellt werden mufsten. Eine höhere Potenz mufste nämlich immer als ein bestimmtes Glied einer fortlaufenden Proportion oder, was dasselbe ist, einer geometrischen Reihe dargestellt werden. Dadurch wurde es bedingt, dafs man einerseits in der direkten Behandlung quadratischer Gleichungen sowie in der Lehre von den Kegelschnitten und der daran angeschlossenen Behandlung von Gleichungen dritten und vierten Grades oder doch von Aufgaben, die von diesen abhingen, sich so hoch erheben konnte, während andererseits alle Untersuchungen, welche hierüber hinausgingen, wie verdienstlich dieselben auch einzeln genommen sein mochten, durchaus der Allgemeinheit und Vollständigkeit entbehrten, die wir in der Lehre von den Kegelschnitten kennen gelernt haben.

Indessen dürfen wir bei der Thatsache nicht stehen bleiben, dafs diese Grenze nun einmal existierte und dafs keine sonderliche Aussicht vorhanden war dieselbe zu überschreiten, nachdem die Zeit des Verfalls einmal begonnen hatte: es sind positive Gründe erforderlich, um zu erklären, weshalb dieselbe nicht bereits während der Blütezeit entweder durch Bildung einer wenn auch rudimentären Zeichensprache oder möglicherweise auf andere Weise überschritten wurde. Denn eine Zeichensprache entsteht nicht plötzlich durch eine geniale Idee, wird also auch nicht dauernd vermifst, wenn sie nicht von selbst sich bei dem einen oder anderen einstellt: sie wird sich, mit Abkürzungen beginnend, einfinden, wenn das Bedürfnis danach vorhanden ist, und dafs sie griechischer Denkweise nicht fremd war, sehen wir bei Diophantus. Nun sollte man glauben, dafs dieses Bedürfnis leicht Gelegenheit gefunden haben müfste sich geltend zu machen zu der Zeit, wo die Geometrie sich so kräftig entwickelte. Allerdings konnten die neuen Ideen, welche in das Gebiet, das die griechische Algebra beherrschen konnte, hineingetragen wurden, die Mathematiker zur Genüge beschäftigen; aber zwischen den mathematischen Aufgaben findet auch ein solcher Zusammenhang statt, dafs Beschäftigung auf éinem Gebiete die Gedanken stets auf ein anderes hinüberleitet. Wie oft wird sich beispielsweise gezeigt haben, dafs eine Aufgabe, die ein Geometer als ebene Aufgabe zu lösen versuchte, die Benutzung einer Kurve höherer Ordnung verlangte; diese ist dann manchmal in dem einzelnen Falle bestimmt worden. Das Eintreten mehrerer solcher Fälle mufste dann die Aufforderung enthalten, solche gemeinsamen Darstellungsmittel für diese linearen Örter zu suchen wie die sind, welche man für die Kegelschnitte besafs. Auch in mannigfachen anderen Formen mufste die Aufforderung zur Erweiterung der Algebra sich darbieten.

Um zu verstehen, weshalb die Algebra dennoch keine solche Erweiterung erfuhr, mufs man sich vergegenwärtigen, was die Griechen in theoretischer Beziehung dadurch gewannen, dafs sie die Algebra an eine geometrische Darstellung und an die Lehre von den Proportionen anschlossen. Wir haben im ersten Abschnitt erwähnt, dafs man die arithmetische Bedeutung des Produktes zweier Zahlen dadurch nicht fahren liefs, dafs man dasselbe durch eine Fläche darstellte. Wenn die Seiten $a$ und $b$ eines Rechtecks in einem rationalen Verhältnis standen, so wurde das Rechteck geradezu benutzt, um das Produkt der Zahlen darzustellen, welche das Verhältnis der Seiten zu einem gemeinschaftlichen Mafs ausdrückten. Waren $a$ und $b$ dagegen inkommensurabel, so existierten nach griechischer Auffassung ebenso wenig solche Zahlen wie ein Produkt derselben. Das Rechteck war dann für die Griechen kein Produkt, aber es trat an die Stelle eines solchen und gewährte ihnen denselben Nutzen wie dasjenige, was wir das Produkt von zwei irrationalen Zahlen nennen. Durch die geometrische Darstellung waren sie also imstande die Vorteile zu geniefsen, welche diese Erweiterung des Begriffes ‚Produkt‘ den Mathematikern der neueren Zeit gewährt, ohne dafs sie nötig hatten diesen Begriff einzuführen, dessen Definition Schwierigkeiten verursacht haben würde. Dafs die Griechen mit einigem Recht die Bedeutung desselben ohne eine solche Definition nicht als einleuchtend betrachteten, wird von den Mathematikern unserer Zeit, die ja gerade auch auf diesem Gebiete eine möglichst grofse Stringenz erstreben, eingeräumt. Dafs die Alten ihrerseits sich in der That dieselben Skrupel machten und nicht blofs durch die geometrische Darstellung praktische Vorteile erstrebten, sehen wir aus ihrer Proportionslehre, wo die genannte Schwierigkeit nicht umgangen sondern überwunden wird, wo aber die allgemeine Gröfse, welche rational oder irrational sein kann, in der für praktische Operationen wenig günstigen Form eines Verhältnisses auftritt, das nicht unmittelbar den für Zahlen geltenden Rechenoperationen unterworfen, sondern durch eine Zusammenkettung von Sätzen behandelt wird.

Es mufste also die theoretische Bedeutung, welche die angeführten Mittel der Darstellung besafsen, Furcht davor erwecken dieselben mit anderen Hülfsmitteln zu vertauschen;

denn diese mufsten mit einer ähnlichen Befestigung wie die elementare Geometrie und die Proportionslehre umgürtet werden, bevor man sich für berechtigt halten durfte sie in Arbeiten, die Anspruch auf wissenschaftliche Stringenz erheben sollten, anzuwenden. Der Umstand aber, dafs auch nicht die Zwecke des praktischen Lebens die Furcht davor aufhoben mit irrationalen Gröfsen so zu operieren, als ob es Zahlengröfsen wären, findet seine Erklärung in der scharfen Trennung, welche zwischen Geometrie auf der einen und Landmessen und Logistik auf der anderen Seite bestand, und die ihren Grund in den strengen logischen Forderungen hatte, die man innerhalb der Geometrie stellte. Das Bedürfnis nach einer Rechnung mit Gröfsen, die nur mit einer gewissen Annäherung bekannt waren, mufste sich häufig einstellen. Eine exakte Behandlung solcher Aufgaben verlangte indessen jedesmal eine genaue Bestimmung der Grenzen, innerhalb deren der Fehler fiel. Dafs solche Bestimmungen, die freilich jedesmal eine ziemlich bedeutende Arbeit verlangten, den Griechen nicht fremd waren, wissen wir von Aristarch von Samus und von Archimedes. Ob dagegen eine Annäherung in einem praktisch vorkommenden Falle genau genug war, liefs sich in der Regel durch eine Schätzung entscheiden[1]. Jedoch war diese Entscheidung nicht wissenschaftlich, jedenfalls nicht geometrisch, und wurde in die Logistik verwiesen. Auf diese Weise gewöhnte man sich sicherlich daran vieles in die Logistik zu verweisen und dadurch einer gründlicheren mathematischen Prüfung zu entziehen, was umgekehrten Falls einen befruchtenden Einflufs auf die Mathematik selbst hätte ausüben können.

Was wir hier gesagt haben und was vor allem von der Rücksichtnahme auf irrationale Gröfsen gilt, läfst sich auch von anderen ähnlichen Beziehungen sagen. Die Mathematik

---

[1]) Dafs der Näherungswert $\pi = \frac{22}{7}$ bekannt war, bevor Archimedes die Richtigkeit desselben genau bewies, wird z. B. sowohl von Weissenborn (Die irrationalen Quadratwurzeln bei Archimedes und Heron, Berlin 1883) als von Heiberg in seiner Anzeige dieser Schrift in der Revue Critique von 1884 angenommen.

verschärfte ihre Forderungen an strenge Beweisführung mehr und mehr; um diese zu sichern, band sie sich immer mehr an bestimmte, erprobte Formen, und was sich in diese nicht hineinpassen liefs, schlofs sie von sich aus und entzog es dadurch einer tiefer gehenden wissenschaftlichen Behandlung. Jedoch soll hiermit nicht gesagt sein, dafs Logistik und Landmessen sich unabhängig von der Mathematik entwickelten. Was man in dieser bewiesen hatte, kam selbstverständlich jenen zu gute; aber die Probleme, zu denen diese praktischen Fächer Veranlassung geben konnten, nahm die Mathematik nicht mit besonderem Interesse für weitere Behandlung und Entwickelung auf.

Diese Verhältnisse mufsten schärfer hervortreten zur Zeit des Verfalls, wo die einzelnen Forscher mehr und mehr ihre mathematische Bildung in der Litteratur suchen mufsten und nicht mehr durch mündlichen Unterricht aufmerksam gemacht werden konnten auf die freiere Gedankenbewegung, welche innerhalb oder hinter den strengen Formen möglich war und deren Ausbeute sich später immer zur Übereinstimmung mit diesen bringen liefs.

Dafs der Rückgang der Geometrie begleitet war von einer Verschärfung der formalistischen Forderungen, kann man aus Pappus' Hülfssätzen zu den Schriften der grofsen Mathematiker erkennen. Mir fehlen die Bedingungen, um an den Untersuchungen darüber, zu welcher Zeit diese Hülfssätze entstanden sind[1]), teilnehmen zu können. Ich möchte nur darauf aufmerksam machen, ob nicht die höchst verschiedene geometrische Beschaffenheit dieser Hülfssätze erfordert, dieselben in verschiedene Zeiten zu verlegen oder verschiedenen Verfassern zuzuschreiben. Einige derselben enthalten Sätze von wirklicher Bedeutung. So fanden wir in Pappus' Hülfssäten zu Euklids Oberflächenörtern den Beweis für den Satz über Brennpunkt und Leitlinie, und in den Hülfssätzen zu den Porismen den,

---

[1]) P. Tannery hat im Bulletin des Sciences Math. 2me série, T. VII, S. 241 die Aufmerksamkeit darauf gelenkt, dafs die Hülfssätze dem Pappus kaum persönlich zu verdanken seien.

dafs der Wert eines anharmonischen Verhältnisses durch Projektion nicht verändert wird. Wurden diese Sätze in den kommentierten Werken, die verloren sind, ohne Beweise benutzt[1]), so hatte der Verfasser der Hülfssätze Grund genug solche zu geben, wenn er sich nicht damit begnügen konnte oder wollte auf die Werke hinzuweisen, die möglicherweise Euklid erlaubt hatten von einem Beweise dieser Sätze abzusehen. Der Umstand, dafs gerade zu mehreren verlorenen Werken solche Hülfssätze gegeben sind, ist uns im Vorhergehenden von grofsem Nutzen gewesen.

Während man diese Sätze reale Hülfssätze nennen könnte, sind andere — und auf diese deutete ich oben hin — von rein formaler Art. Das gilt z. B. von den Hülfssätzen zu Apollonius' Kegelschnitten, die uns allerdings keine Vorstellung von dem Inhalte dieses Werkes würden geben können, wenn es verloren wäre. Sie schliefsen sich nämlich nur an solche Fälle an, in denen der Beweis nicht bis in alle Einzelheiten ausgeführt ist aus dem einfachen Grunde, weil die Sache sofort jedem einleuchten mufste, der überhaupt die zum Lesen dieses Werkes erforderliche Reife besafs, und weil ein solcher Leser, wenn er den Wunsch hatte, leicht selbst die gegebenen Beweise vervollständigen konnte. Beim Lesen der alten Schriftsteller, die sonst so wenig für die Übersichtlichkeit thun, gewähren derartige kleine Sprünge sogar eine Erleichterung. Der Verfasser der Hülfssätze scheint aber gemeint zu haben, dafs sie Lücken in der Beweisführung darstellten, die ausgefüllt werden mufsten.

Hierbei wollen wir von den vollkommen überflüssigen Hülfssätzen zu solchen Stellen absehen, an denen Apollonius

---

[1]) Da wir nicht gut annehmen können, dafs in den kommentierten alten Werken wirklich bedeutende Lücken auszufüllen waren, so müssen solche Sätze entweder aus anderen bekannten Werken entlehnt sein oder implicite vom Beweise begleitet gewesen sein, während sie in den Hülfssätzen selbständig aufgestellt und bewiesen werden, vielleicht in einer etwas allgemeineren Form. Dies gilt, wie sich erkennen läfst, für einige der schwierigeren Hülfssätze zu der überlieferten Schrift vom Verhältnisschnitt.

unmittelbar einen bekannten Satz anwendet, wo der Beweis also, den der Hülfssatz liefert, nur darin besteht diesen Satz anzuführen, beispielsweise den Hülfssatz 3 zum dritten Buch, der nur aussagt, dafs das Dreieck, welches von einem anderen durch eine Parallele zu einer Seite abgeschnitten wird, zu diesem anderen in dem Verhältnis der Quadrate homologer Seiten steht. Ein deutlicheres Beispiel für die Hülfssätze, an die ich hier denke, ist dagegen der folgende Satz: haben ein Dreieck und ein gleichgrofses Paralleltrapez einen Winkel gemeinsam, so ist das Rechteck aus den Dreiecksseiten, welche den Winkel einschliefsen, gleich dem Rechteck, welches aus der Summe der parallelen Seiten des Trapezes und derjenigen von den anderen Seiten gebildet wird, welche dem Winkel anliegt. Dieser Satz, der ohne genauer angeführt oder bewiesen zu werden in Apollonius' Beweis für Satz 50 des ersten Buches benutzt wird, ist als Hülfssatz 8 zu diesem Buche aufgestellt. Dafs derselbe keinem Mangel abhilft, der sich während des Lesens von Apollonius' Schrift fühlbar gemacht haben könnte, wird sofort klar, wenn man beachtet, dafs auch in dem Beweise des Hülfssatzes als bekannt vorausgesetzt wird, dafs ein Trapez halb so grofs ist wie das aus der Höhe und der halben Summe der Seiten gebildete Rechteck. Die Absicht kann also nicht die sein, Kenntnisse, die in dieser Beziehung möglicherweise fehlen könnten[1]), zu ergänzen, sondern sie wird wohl im wesentlichen darin bestanden haben, Apollonius' Beweis eine möglichst grofse Vollständigkeit zu geben.

Beispiele ähnlicher Art, bei denen Apollonius auch ohne sie namhaft zu machen die Proportionalität von zwei Strecken (in dem angeführten Beispiele war es die Proportionalität der Höhe und einer Seite in jeder Figur) benutzt hat, die demjenigen unmittelbar in die Augen fallen mufste, der während des Lesens Apollonius' Figur verfolgte, liefern die Hülfssätze

---

[1]) Jedoch weicht dieses Beispiel von den meisten übrigen dadurch ab, dafs der bekannte Satz, zu dem man zurückgeführt wird, und dessen Beweis als vorher bekannt vorausgesetzt wird, sich nicht bei Euklid findet.

7—11 zum zweiten Buch, 12 zum dritten und sämtliche Hülfssätze zum sechsten Buch.

Eine andere Hauptklasse von thatsächlich wenig nützlichen Hülfssätzen besteht aus solchen, welche gewisse Relationen zwischen Punkten, die auf irgend eine Art auf einer Geraden bestimmt werden, angeben, Relationen, von deren Richtigkeit man sich, wenn dieselbe einem nicht bekannt ist oder nicht sofort einleuchtet, heutigen Tages leicht durch eine Rechnung überzeugen kann. In der Zeit, wo Apollonius die Bücher schrieb, zu denen diese Hülfssätze gehören, mufs man wohl durch ähnliche bequeme Hülfsmittel dasselbe haben erreichen können; denn wenn Apollonius die oft recht hübschen Kunstgriffe für nötig gehalten hätte, durch welche die Begründung seiner Sätze bei Pappus auf bekannte Sätze, namentlich auf Sätze in Euklids zweitem Buche zurückgeführt wird, so würde er die Begründung kaum dem Leser überlassen haben. Man mufs annehmen, dafs Apollonius sich den Beweis durch unmittelbare Anwendung der mit unserer Buchstabenrechnung gleichbedeutenden geometrischen Algebra ausgeführt gedacht habe; ja für den, der in dieser Fertigkeit besafs, ist die Richtigkeit der Behauptung vielleicht unmittelbar einleuchtend gewesen. Die Hülfssätze haben dann eine ähnliche Bedeutung gehabt, wie wenn in einem modernen Buche ein Rechnungsresultat, das sich leicht als richtig nachweisen liefse und der Übersichtlichkeit wegen ohne Durchführung der Rechnung hingeschrieben wäre, kommentiert würde, nicht durch eine einfache Ausführung der Rechnung, sondern durch eine Verwandlung derselben in eine — vielleicht elegantere — Anwendung solcher Formeln wie derjenigen für $(a+b)^2$, $(a+b)(a-b)$ u. s. w.

Ein Beispiel für einen Hülfssatz dieser Art habe ich am Schlusse des ersten Abschnittes angeführt; dort machte ich zugleich aufmerksam auf die guten Mittel zur Einübung der geometrischen Algebra, die gerade diese Art von Hülfssätzen gewähren kann, nicht durch Betrachtung der zu diesen Hülfssätzen gehörenden Beweise, sondern indem man den Mitteln nachspürt, die so unmittelbar zum Resultate führen, dafs Apollonius berechtigt war die Beweise fortzulassen.

Am nächsten würde die Annahme liegen, dafs die bei Pappus aufbewahrten Hülfssätze zu einer Zeit entstanden seien, wo man noch im wesentlichen mit dem Wissen der besten Zeit vertraut war, wo man sich jedoch mehr dafür interessierte, die Formen, in welche dasselbe eingeschlossen war, möglichst unangreifbar zu machen als es selbst zu erweitern. Sollten dagegen die Hülfssätze Pappus selbst zu verdanken sein, so stammen sie aus einer Periode des Aufblühens nach langem und tiefem Schlafe. In diesem Falle würden die hervorgehobenen Eigenschaften zeigen, dafs es die strenge, in den Einzelheiten ausgearbeitete Form der Alten war, die man später mit so grofser Begierde ergriff, dafs man absichtlich die Fälle aufsuchte, in denen sich noch etwas in dieser Hinsicht hinzufügen liefs. Auch folgende Überlegung macht es wahrscheinlich, dafs man dies gethan habe. Nur durch ein Eindringen in die Form konnte man den Inhalt kennen lernen. Je gröfsere Schwierigkeiten die Form darbot, um so gründlicher mufste dieses Eindringen sein, um so mehr mufste der Inhalt untrennbar werden von der durch die Autorität der Alten so ehrwürdigen Form, und um so mehr konnte man auch dahin gelangen, einen offenen Blick für das in Wahrheit bewunderungswürdige dieser Form zu gewinnen. Zu diesen bewunderungswürdigen Eigenschaften indessen gehört nicht die, ein bequemes Organ für die Ideenassociationen zu sein, aus denen das Gerüst für neue Anbauten aufgebaut wird; in dieser Beziehung waren also diejenigen, welche nur durch schriftliche Überlieferung Schüler der Alten sein konnten, nicht gut ausgerüstet.

Hierfür würden Pappus' Hülfssätze zu Apollonius' Kegelschnitten ein Beispiel abgeben, wenn sie von ihm herrühren sollten und nicht vielmehr — wie wir zuerst annahmen — bereits aus dem Anfange der Verfallzeit herstammen. Wegen der Wahrscheinlichkeit dieser letzteren Annahme ist Eutokius' Kommentar zu derselben Schrift ein zuverlässigeres Beispiel. Derselbe rührt aus einer noch späteren Zeit des Aufblühens her, die unsere gröfste Anerkennung verdient wegen der Beiträge, die sie für unsere Kenntnis der altgriechischen mathematischen Litteratur geliefert hat; aber der Kommentar selbst giebt uns nur formalistische Zusätze von der Art, auf welche wir am wenigsten Wert legen. Wenn wir z. B. die Fertigkeit bewundern, mit der Apollonius (ohne das Mittel zu besitzen, welches die Benutzung von Vorzeichen uns gewährt) Sätze und Beweise zusammenzufassen versteht, welche Ellipse, Parabel und Hyperbel betreffen und sich auf verschieden gestaltete dazu gehörige Figuren auféinmal beziehen, so gewährt es nur wenig Befriedigung von Eutokius zu erfahren, wieviele einzelne Fälle jeder einzelne Satz umfafst. Er scheint die Zerlegung in solche für einen wesentlichen Teil des vollen Verstehens zu halten. Als Beispiel mag angeführt werden, dafs er, wenn ein Schnitt an einem Kegel eine Ellipse wird, es für nötig hält zwischen den Fällen zu unterscheiden, in denen diese eine verschiedene Lage gegen die kreisförmige Grundfläche des Kegels einnimmt. Diese Unterscheidung ist allerdings in sofern richtig, als der Schnitt, wenn dessen Ebene die Grundfläche trifft, keine ganze Ellipse sondern nur ein Teil einer solchen wird; sie ist auch in der That nur eine weitere Fortführung der Zerstückelung, zu der die Alten selbst an vielen Stellen sich geneigt zeigen und die namentlich auch von Apollonius benutzt wird sowohl in seiner Schrift über den Verhältnisschnitt, als auch überall da, wo in seinen Kegelschnitten neue Sätze angeführt werden, die sich auf zusammengehörende Hyperbeläste beziehen.

Die alte griechische Geometrie besafs also Eigenschaften, die in dem Zeitraum des späteren griechischen Altertums, bis zu dem sie sich fortpflanzte, einen hemmenden Druck auf neue, freiere Untersuchungen ausüben mufsten.

Einen Druck ähnlicher Art übte die griechische Geometrie in ihrer Gröfse und ihrer strengen Form auch später auf die Völker aus, welche dieselbe durch die überlieferten Schriften kennen lernten und sich in gröfserem oder geringerem Grade den bedeutenden Inhalt derselben und die in ihrer Art einzige Schärfe des Gedankens, von der sie ganz durchdrungen ist, aneigneten. Durch die Schriften konnte man sich die Forschungsweise der griechischen Geometer selbst nicht aneignen, die imponierende Gröfse des Bauwerkes mufste die Hoffnung niederdrücken, dafs man die Grenzen, welche erreicht waren, überschreiten könne, und die Strenge der Formen mufste die Befürchtung erwecken, dafs die tastenden Versuche, ohne welche selten etwas neues erreicht wird, innerhalb der Mathematik unzulässig seien.

Doch gilt das gesagte selbstverständlich nur von den Völkern, welche direkt auf den Werken der griechischen Mathematiker weiter gebaut haben. Ich habe mit grofsem Interesse in Cantors *Vorlesungen* den Nachweis über den Einflufs gelesen, den die griechische Geometrie auf die indische Mathematik ausgeübt hat, und im wesentlichen bin ich dadurch überzeugt worden[1]). Dafs dieser Einflufs sich nicht nur auf eigentliche geometrische Sätze und deren Anwendung, sondern auch auf wichtige algebraische Operationen, namentlich auf die Auflösung der Gleichungen zweiten Grades erstreckt hat[2]), räume ich um so bereitwilliger ein, als ich die numerische Lösung dieser Gleichungen bei den Griechen viel weiter zurückführe, als Cantor thut. Indessen ist dieser Einflufs nicht ausgeübt worden durch Schriften oder in solchen Formen, die drückend wirken konnten, sondern vielmehr durch die griechische von der Geometrie beeinflufste Logistik, oder durch mündliche Mitteilung von Regeln ohne Hinzufügung einer Begründung, die vor Gefahren, für welche die Inder doch kein Verständnis hatten, schützen sollte; er begegnete sich mit dem Zahlensinn und der grofsen Rechenfertigkeit der Inder, konnte also nur befruchtend wirken. Die schönste wissenschaftliche Ausbeute hiervon ist, wenn wir von den mehr praktischen Ergebnissen absehen, die systematische Behandlung von unbestimmten Gleichungen zweiten

---

[1]) In einer Arbeit über Brahmaguptas Trapez (Tidsskrift for Mathematik 1876) ging ich im Anschlufs an Hankel von einer entgegengesetzten Anschauung aus. Mit einer gewissen Modifikation jedoch werde ich die Erklärungen, welche ich damals gab, festhalten können. Namentlich hege ich keinen Zweifel über den Zusammenhang zwischen dem sogenannten Trapez von Brahmagupta und den Formeln für $\sin(\alpha \pm \beta)$.

[2]) Cantor, Vorlesungen, S. 530.

Grades durch die Inder, welche die sporadische Behandlung von Diophantus bei weitem übertrifft.

Dafs die Araber dagegen den erwähnten Druck der gewaltigen griechischen Geometrie gefühlt haben, kann ich allerdings nicht aus ihren Schriften selbst nachweisen, weil ich dieselben nur aus zweiter Hand kenne, nämlich durch die Werke von Hankel, Matthiessen und Cantor; jedoch glaube ich es daraus schliefsen zu können, dafs sie einerseits den Griechen ihre ursprüngliche Kenntnis der Geometrie verdankten und fortfuhren ihren Lehrern eine Ehrerbietung zu zeigen, durch welche verschiedene Hauptwerke aufbewahrt worden sind, und dafs sie andererseits in keinem einzigen Punkte der theoretischen Geometrie und der damit verbundenen Algebra hinsichtlich des Inhalts über das hinausgelangt sind, womit die griechischen Geometer in der besten Zeit vertraut gewesen sein müssen. Wenn ich diese letzte Behauptung auf die Beschaffenheit der sogenannten Fortschritte stütze, welche man den Arabern beilegt, und auf den Umstand, dafs die wirklichen Fortschritte erst der europäischen Renaissance zugeschrieben werden, so mufs ich doch die Möglichkeit zugestehen, dafs eine Erweiterung unserer noch mangelhaften Kenntnis der arabischen Mathematiker klarlegen könnte, dafs verschiedene von diesen letzteren Fortschritten den Arabern nicht unbekannt waren. Ein späterer Forscher wird vielleicht von den Arabern gegenüber den Europäern der neueren Zeit etwas ähnliches behaupten können wie das, was ich jetzt von den alten Griechen gegenüber den Arabern behaupte.

Was zunächst die eigentliche Lehre von den Kegelschnitten betrifft, so erinnere ich mich nicht in dem, was den Arabern zugeschrieben wird, einen einzigen wirklichen Fortschritt in dieser Lehre gesehen zu haben. Man erhält vielmehr den gerade entgegengesetzten Eindruck, wenn Cantor[1]) es für der Mühe wert hält über zwei Konstruktionen von Punkten einer Parabel bei Abû'l Wafâ zu berichten, die nur unmittelbare Anwendungen der bekanntesten Konstruktionen von mittleren

[1]) Vorlesungen, S. 640.

Proportionalen auf die Bestimmung einer Ordinate als mittlerer Proportionale zwischen der Abscisse und dem Parameter enthalten, also keine genauere Kenntnis der Parabel erkennen lassen als diejenige ist, welche bereits Menächmus besafs. Dafs die Araber sich dennoch in anzuerkennender Weise die griechische Lehre von den Kegelschnitten aneigneten, das beweist am besten die Form, in der sie uns die letzten Bücher von Apollonius, die sonst verloren gegangen sein würden, überliefert haben. Die so erhaltene Ausgabe können wir allerdings nur durch ihren mathematischen Wert kontrolieren; aber dieser Wert zeigt uns, dafs der Übersetzer, einerlei ob die arabische Übersetzung mehr oder minder genau mit dem griechischen Original übereinstimmt, sich vollkommen in den Inhalt hineinversetzt hatte.

Man denkt mehr an die Behandlung der Gleichungen, wenn man den Arabern einen wesentlichen Fortschritt gegenüber den Griechen beilegt. Doch ist das hinfällig mit Bezug auf die quadratischen Gleichungen; denn die Griechen besafsen bereits vollständige Kenntnisse auf diesem Gebiete, da Euklids geometrische Behandlung die theoretische Begründung von Operationen darstellt, die man sehr wohl arithmetisch anzuwenden verstand. Nur der Unterschied (der allerdings an und für sich von grofser Bedeutung ist, aber uns hier weniger angeht) mag stattgefunden haben, dafs die Araber eine gröfsere Rechenfertigkeit besafsen, also mit gröfserer Leichtigkeit das Ausziehen von Wurzeln und andere Rechnungen bei der numerischen Anwendung der quadratischen Gleichungen durchführen konnten.

Was ferner Gleichungen dritten und vierten Grades und solche Aufgaben betrifft, welche sich nur mit Hülfe dieser lösen lassen, so kannten die Araber sowohl wie die Griechen nur die Behandlung derselben durch Kegelschnitte. Allerdings treffen wir bei ihnen Aufgaben und Lösungen an, welche wir bei griechischen Schriftstellern nicht gefunden haben, z. B. neue Dreiteilungen des Winkels, und sie haben gewifs auch viel von dem selbständig erreicht, was den Griechen vorher schon bekannt war; aber in ihrer Gesamtheit ist diese Behandlungsart eine Entlehnung von der griechischen Behandlung körperlicher Aufgaben. Dafs sie nur eine Entlehnung ist, folgt auch aus dem Umstande, dafs die Araber in der Regel unterlassen haben an diese Behandlung das anzuschliefsen, was derselben bei den Griechen wirklichen Wert verlieh. Da sie keineswegs ein bequemes Mittel für praktische Lösungen ist, so haben wir ihren eigentlichen Zweck in der Anwendung auf Diorismen und in den hieran angeschlossenen theoretischen Untersuchungen gesucht; aber hierfür scheinen die Araber kein grofses Interesse gehabt zu haben.

Dagegen darf man annehmen, dafs der Beschäftigung der Araber mit diesem Gegenstande ein Bestreben zu Grunde gelegen hat, das allerdings bei ihnen selbst nicht mit Erfolg gekrönt wurde, das aber die Formulierung einer Aufgabe enthielt, deren Lösung später von der gröfsten Bedeutung werden sollte. Wir sehen nämlich, dafs arabische Schriftsteller sich sorgfältig mit der kubischen Gleichung beschäftigen, die verschiedenen Formen betrachten, welche dieselbe annehmen kann, und an jede derselben eine Lösung durch Kegelschnitte anschliefsen. Nun haben wir freilich im elften Abschnitt angenommen, dafs bereits die Griechen sich auch eine Zeitlang mit eigentlichen kubischen Gleichungen beschäftigten, dafs sie aber gleich nach Archimedes' Zeit die besondere Beschäftigung mit diesen Gleichungen aufgaben, weil sie, nachdem sie eine geometrische Aufgabe auf diese reduciert hatten, doch nur über dieselben Hülfsmittel verfügten, welche sie direkt ohne diese Reduktion benutzen konnten. Für die Araber dagegen, welche sich gewifs, ebenso wie die Inder, mehr als die Griechen mit eigentlich numerischen Gleichungen beschäftigten, erhielt die kubische Gleichung eine erneute Bedeutung, und es ist wahrscheinlich, dafs sie eine Reduktion auf Ausziehen von Kubikwurzeln gesucht haben, also das, was wir unter einer Lösung der kubischen Gleichungen verstehen. Von diesem Bestreben zeugt die eifrige Beschäftigung mit diesen Gleichungen, ja wir besitzen sogar ein ausdrückliches Zeugnis dafür, dafs Al Mâhânî versucht hat diese Gleichungen zu lösen [1]).

[1]) Hankel, Zur Geschichte der Mathematik etc., S. 266.

War das aber der Fall, so kommt den Arabern das Verdienst zu die Aufgabe gestellt zu haben, durch deren Lösung die Europäer, diesmal die Italiener, im fünfzehnten Jahrhundert wieder auf den mathematischen Schauplatz traten, und wodurch seit den Zeiten der alten Griechen der erste bedeutungsvolle Fortschritt auf dem Gebiete der immer noch eng an die Geometrie angeschlossenen Algebra gemacht wurde.

Wenn auch auf diese thatsächliche Überschreitung der alten Grenzen der alten Mathematik bald die Lösung der Gleichung vierten Grades folgte, und wenn auch innerhalb der Mathematik im ganzen ein kräftiges Leben sich zu regen begann, so war dennoch das damit verbundene Gefühl selbständiger Kraft noch nicht stark genug, um den Druck von Seiten der antiken Geometrie, den wir hervorgehoben haben, abzuschütteln. Das tritt auf eigentümliche Weise bei Vieta hervor in seinen beiden Darstellungen von Gleichungen höherer Grade. Die erste derselben hat allerdings dem Wortlaut nach die alte geometrische Form behalten, denn die verschiedenen Potenzen der Unbekannten heifsen *latus, quadratum* und *cubus*, und die gegebenen Koefficienten haben solche Benennungen (*planum* und *solidum*), dafs eine geometrische Homogenität hervorgebracht wird; dafs aber dennoch keine anderen Gebilde gemeint sind als solche, die aus einfacher arithmetischer Multiplikation hervorgehen, ergiebt sich daraus, dafs Vieta — ebenso wie Diophantus — diese Benennungen über den wirklichen Raum hinausführt, indem er höhere Potenzen der Unbekannten mit *quadrato-quadratum, quadrato-cubus, cubo-cubus,* und gegebene Gröfsen höheren Grades mit *plano-planum, plano-solidum* und *solido-solidum* bezeichnet. Indessen kann es sich ereignen, dafs die Gröfsen, welche auf diese Weise zu multiplicieren sind, irrational werden. Gegen die Einwände, welche sich deshalb gegen die Allgemeingültigkeit der Darstellung erheben lassen, sichert sich Vieta durch eine zweite Darstellung der Gleichungen, welche er die geometrische nennt, und welche namentlich in einer Darstellung der verschiedenen Potenzen als Glieder einer fortlaufenden Proportion (geometrischen Reihe) besteht. Da der Name ‚geometrisch‘ etwas bezeichnen soll, das wissenschaftlich strenger begründet ist, so ersieht man, dafs Vieta sich auf diesem Wege in den Schutz der Proportionslehre in Euklids fünftem Buche hat stellen wollen und zwar mit dem vollen Bewufstsein von der Bedeutung der daselbst gegebenen exakten Begründung.

Erst Descartes sprach gegenüber den Fesseln der alten Geometrie das befreiende Wort und wurde dadurch der Stifter der Mathematik der neuern Zeit. Er durchschnitt nicht diese Fesseln durch eine resolute aber unkritische Anerkennung der auf Arithmetik aufgebauten Algebra und der reichen Hülfsquellen, welche diese zu schaffen im Begriff war; nein! es gelang ihm dieselben Hülfsquellen durchaus von der Euklidischen Proportionslehre abhängig zu machen und dadurch die Anwendung der neueren Formen der Algebra und namentlich der damit verbundenen Zeichensprache zu vereinigen mit der Beobachtung der strengen Forderungen, welche die alte Geometrie an die Stringenz der Beweisführung stellte. Dies erreichte er auf der ersten Seite seiner Geometrie auf eine Weise, die so einfach und scheinbar so naheliegend ist, dafs — ein Genie ersten Ranges nötig war, um dieselbe zu finden. Er nimmt nämlich nur eine willkürliche Gröfse zur Einheit und verwendet diese für erweiterte Definitionen der Multiplikation, Division und der aus diesen gebildeten Rechnungen: die vierte Proportionale zu der Einheit und zwei anderen Gröfsen suchen, nennt er die beiden letzteren multiplicieren u. s. w. Er fügt hinzu, dafs er, „um leichter verstanden zu werden, sich nicht scheut diese arithmetischen Ausdrücke in die Geometrie einzuführen“, und giebt dadurch zu erkennen, dafs er immer noch auf dem soliden Unterbau steht, den die Alten der Geometrie gegeben hatten. Das geht auch daraus klar hervor, dafs er fortfährt eine allgemeine Gröfse durch eine Strecke darzustellen, die also mit der Einheit inkommensurabel sein kann, nicht durch eine Zahl, weshalb er auch im folgenden den Zusammenhang zwischen der Bestimmung von Gröfsen durch Formeln und durch geometrische Konstruktion erklärt. Jedoch setzt der Zusammenhang mit der Geometrie der Bildung von Formeln keineswegs eine Grenze; denn er bemerkt, dafs die Forderung nach geometrischer Homogenität fortfällt, wenn die Einheit einen bestimmten Wert hat.

Die einfache arithmetische Ausdrucksweise und die zu dieser gehörende Zeichensprache hatte also vollkommene Freiheit erhalten und vollkommene Berechtigung für die Anwendung auf alle Gebiete der Mathematik. Möglicherweise sind Descartes' Nachfolger, für welche die allgemeine Gröfsenlehre sich mehr und mehr an die algebraische Darstellung anschlofs, während die Geometrie nur ein Mittel zur Veranschaulichung wurde, sich nicht immer bewufst gewesen, dafs diese Berechtigung sich auf eine Entlehnung aus Euklids Geometrie gründete — so lange man nicht eine entsprechende Grundlage schuf. Aber gleichviel! Die Hauptsache bestand vorläufig darin, dafs man die erworbene Freiheit benutzte. Die arithmetische Auffassung der Gröfsen, die bei den Indern die allein herrschende gewesen war und bei den Arabern in beständigem Kampf mit der geometrischen gelegen hatte, war deutlich genug hinter den letzten grofsen Fortschritten in der Theorie der Gleichungen erkennbar gewesen, wenn man auch glaubte eine exakte und sogenannte geometrische Begründung hinzufügen zu müssen. Die dieser Auffassung entsprechende, also der Zeit selbst eigentümliche Sprache durfte man nunmehr sprechen, statt jedesmal, wenn es sich um exakte Darstellung handelte, zu den geometrischen Darstellungsmitteln einer längst verschwundenen Zeit greifen zu müssen, zu Mitteln, mit denen man nur schwierig ganz vertraut werden konnte und die nicht einmal zu der Zeit, wo sie entstanden und wo man so gut verstand dieselben bei persönlicher Arbeit und bei mündlichen Mitteilungen zu benutzen, zu schriftlicher Darstellung wohl geeignet waren. Deshalb konnte nun selbst die höhere Mathematik auf weitere Kreise ausgedehnt und angewandt werden. Gleichzeitig konnte der Forscher die neuen Darstellungsmittel benutzen, um seine eigenen Gedanken festzuhalten, und dadurch wurde den gröfsten Fortschritten in der Mathematik der Weg gebahnt.

Descartes wandte die neuen Hülfsmittel, die dazu bestimmt waren, die geometrische Darstellung von der gesamten reinen Mathematik abzulösen, auf die Geometrie selbst an. Dadurch mufste die analytische Geometrie von selbst entstehen. Denn, wie wir gesehen haben, kannte und benutzte man Parallelkoordinaten im Altertum und bezog eine Kurve durch eine Gleichung, die in der geometrischen Algebra dargestellt war, auf dieselben. Indem er statt durch diese die bekannte Grundeigenschaft einer Kurve durch die neue Algebra ausdrückte, gelangte Descartes zu der jetzt gebräuchlichen analytisch-geometrischen Darstellung einer Kurve. Da diese Darstellungsform der Hülfslinien nicht bedarf, welche die geometrische Algebra benutzt und welche oft das zu Grunde gelegte Koordinatensystem verbergen, sondern sich mit reinen Parallelkoordinaten begnügt, so mufste sie wegen ihrer Einfachheit und Anschaulichkeit Descartes und seinen nächsten Nachfolgern als ein so vortreffliches Werkzeug erscheinen, dafs sie glaubten, dasselbe mit Beiseitesetzung der Arbeiten der Alten sofort ausschliefslich benutzen zu können.

Eine solche Auffassung wurde ohne Zweifel unterstützt durch die rasche Entwicklung der analytischen Geometrie selbst und durch die leichte und weitgehende Anwendbarkeit derselben auf die Lehre von den Kegelschnitten; aber in Wirklichkeit dürften diese Umstände eine gerade entgegengesetzte Ursache haben und geradezu der grofsen geometrischen Übereinstimmung zu verdanken sein, die zwischen der Behandlung stattfindet, welche die antike Lehre von den Kegelschnitten und die analytische Geometrie denselben Fragen zu Teil werden lassen. Wir haben hier also ein wichtiges Beispiel für den Einflufs der antiken Geometrie, dem wir nachspüren. Die erste Aufgabe, welche der analytischen Geometrie gestellt war, bestand in der Wiederentwicklung der Resultate, welche aus dem Altertum bekannt waren. Nun ist die analytische Geometrie ihrer ganzen Form nach besonders wohl geeignet zur Wiederherstellung im voraus bekannter Resultate, und diese mufste noch mehr erleichtert werden, wenn es sich um Resultate handelte, deren erste Ableitung durch solche geometrische

Untersuchungen gewonnen war, welche abgesehen von der Form dieselben Wege wie die analytische Geometrie eingeschlagen hatten. Ohne daſs man eine Ahnung davon hatte, wie eng man sich an die Methoden der Alten anschloſs, konnte man die eigentümlich einfachen Darstellungsmittel der analytischen Geometrie benutzen, um die Resultate weit gröſseren Kreisen als früher leicht zugänglich zu machen. Dagegen konnte die analytische Geometrie innerhalb des von den Alten behandelten Gebietes, also namentlich in der Lehre von den Kegelschnitten, nicht zu neuen Resultaten führen, bevor sie neue Impulse aus anderen Gebieten der Wissenschaft empfangen hatte.

Ein Hauptgrund für die eigentümliche und auſserordentlich rasche Entwickelung der analytischen Geometrie war also der, daſs sie sich in so hohem Maſse auf die griechische Lehre von den Kegelschnitten stützen konnte. Ein Hauptgrund dafür, daſs sie eine so groſse wissenschaftliche Bedeutung erhielt, lag dagegen in dem von uns erwähnten Unterschiede von der antiken Lehre von den Kegelschnitten. An Stelle der geometrischen Algebra, auf der diese ruhte, und die sehr schwerfällig arbeitete, wenn sie sich über Formen des zweiten Grades erhob, war eine Algebra getreten, die formell Ausdrücke von allen möglichen Graden ebenso leicht darstellen konnte wie solche vom zweiten Grade und nur durch faktische Schwierigkeiten daran verhindert wurde, Probleme von allen Graden mit gleicher Leichtigkeit zu behandeln.

Die nächste Folge hiervon war die, daſs man für die Behandlung irgendwelcher algebraischen Kurven eine ebenso allgemeine Form erhielt wie für die Behandlung der Kegelschnitte. Dieser Vorteil wurde deutlich von Descartes erkannt, der sich desselben namentlich gegenüber den Kurven bedient, deren geometrische Definition in Pappus' siebentem Buch[1]) als Erweiterung der Definitionen von Örtern zu drei und vier Geraden aufgestellt wird. Freilich begeht Descartes einen Irrtum, da er anzunehmen scheint, daſs der Ort zu $2n-1$ oder $2n$ Geraden

[1]) Ausg. v. Hultsch, S. 680.

der allgemeine Typus einer Kurve $n^{ter}$ Ordnung sei[1]); — wenn es so wäre, so würde auch das Altertum in Pappus' Definitionen der genannten Örter eine allgemeingültige Grundlage für das Studium der Eigenschaften einer solchen Kurve besessen haben. Aber das Princip selbst: ‚Einteilung algebraischer Kurven nach ihren Ordnungen' gehört ganz und gar Descartes' analytischer Geometrie an.

Die Früchte der neuen analytischen Geometrie hat man also nicht in der Lehre von den Kegelschnitten zu suchen; aber innerhalb der Geometrie stellen die Lehre von den Kurven dritter und vierter Ordnung und die Lehre von den allgemeinen Eigenschaften algebraischer Kurven Gebäude dar, zu denen Descartes den besonderen Grund gelegt hat. Von der Behandlung von Kurven beliebiger Ordnung ist man in der neuesten Zeit durch eine neue Abstraktion dazu übergegangen, in der sogenannten abzählenden Geometrie die Ordnungen und überhaupt die Grade beliebiger Gleichungen unter dem Namen ‚Anzahl der Auflösungen' als solche ganze Zahlen zu behandeln, welche die Unbekannten in einer Aufgabe sein können. Die abzählende Geometrie ruht also gerade auf dem Neuen in Descartes' Algebra und analytischer Geometrie, und durch Zurückführung auf diese erhält sie in der That erst die erforderliche wissenschaftliche Sicherheit und Bedeutung. Ich hebe dies hervor, weil man so oft sieht, dafs sie wegen des Umstandes, dafs die Gleichungen, mit deren Graden operiert wird, nicht hingeschrieben werden, als eine Art von „reiner" Geometrie betrachtet wird, die von der analytischen unabhängig sei.

Indessen gelangten die erwähnten Theorien erst in unserem Jahrhundert, und nachdem die Lehre von den imaginären Gröfsen und die projektivische Betrachtungsweise neue Gesichtspunkte eröffnet hatten, zu voller Entwicklung. Vorläufig hatte die analytische Geometrie eine für die gesamte Mathematik

---

[1]) Geometria, Ausg. v. van Schooten, 1659, S. 25. Dafs Descartes die Kurven von den Ordnungen $2r-1$ und $2r$ zu éiner Klasse vereinigt, kommt hier gleichfalls nicht in Betracht.

und deren Anwendungen viel bedeutendere Leistung zu vollführen. Ihre Darstellung algebraischer Kurven ist eine Darstellung einer implicite gegebenen Funktion. Behandelt man dagegen Gleichungen von der Form $y = f(x)$, so erhält man eine explicite Darstellung von Funktionen. Auf diese Art ist die analytische Geometrie die Grundlage geworden, auf der sich die Lehre von den Funktionen und mit dieser die Differential- und Integralrechnung sowie die ganze höhere Analysis entwickelt hat. Für diese Hauptrichtungen in der Mathematik der neueren Zeit hat demnach die antike analytische Geometrie, welche namentlich durch die griechische Lehre von den Kegelschnitten repräsentiert wird, eine wesentliche, wenn auch nur indirekte Bedeutung als Unterbau für Descartes' analytische Geometrie erhalten. Wir wollen hervorheben, daſs der für die neuen Theorien so wichtige Begriff der Kontinuität sich namentlich auf die griechische geometrische Darstellung der Gröſsen stützt. Daſs die Kontinuität auf arithmetischem Wege schwieriger wirklich zu erreichen ist, muſs jedenfalls gegenwärtig klar sein, wo man weiſs, daſs nicht einmal die algebraisch-irrationalen Zahlen verbunden mit den rationalen ein Kontinuum bilden.

Wie wir früher berührt haben, erhielt die antike Geometrie jedoch zugleich einen direkteren Einfluſs auf die Bildung der Integralrechnung. Denn im Anschluſs an die von Archimedes gefundenen Resultate unternahmen Keppler, Cavalieri, Fermat, Roberval, Wallis und Pascal neue Quadraturen, Kubaturen und Schwerpunktsbestimmungen, bevor es eine Differentialrechnung gab, welche zum Ausgangspunkt für Integrationen gemacht werden konnte. Die Darstellungsform war in ihren Schriften geometrisch, wie bei den Schriftstellern des Altertums. Aber auch das Verfahren selbst hatte sich herausgebildet durch weitere Entwicklung der Betrachtungsarten, welche die Alten kannten, über deren Standpunkt man sich indessen nach und nach bedeutend erhob.

So zeigt Cavalieris ursprüngliche Bestimmung[1]) von

---

[1]) Geometria indivisibilibus continuorum nova quadam ratione promota,

$\int_0^x x^2 dx$, an die sich später seine Bestimmungen von $\int_0^x x^4 dx$ und $\int_0^x x^3 dx$ anschlossen, eine weitgehende Übereinstimmung mit der von Archimedes. Jedoch besteht der Unterschied, dafs, während Archimedes zuerst die Summe $(1^2 + 2^2 + \ldots + n^2)$ aus einer endlichen Anzahl von Gliedern berechnet und erst hinterher den Übergang zur Grenze macht, Cavalieri von vornherein annimmt, dafs die Summe, welche berechnet werden soll, aus einer unendlichen Anzahl von Teilen besteht. Dadurch wurden neue Wege gezeigt, welche bald von aufserordentlicher Bedeutung für die Entwicklung der Mathematik werden sollten; aber vorläufig konnte man nicht erwarten auf diesen Wegen eine so sichere Begründung, wie die der Alten war, zu erreichen. Deshalb gab Cavalieri auch später eine neue Bestimmung[1]) von $\int_0^x x^2 dx$, nämlich die, welche man durch Benutzung des auf anderem Wege gewonnenen Ausdrucks für das Volumen der Pyramide erhält. Wir haben gesehen, dafs ein solches indirektes Verfahren den Alten nicht unbekannt war, wenn auch Archimedes es für angemessener gehalten hat, ein für allemal $\int_0^x x^2 dx$ direkt zu bestimmen (d. h. eine Regel zu geben für die Berechnung von Gröfsen, welche jetzt von diesem Integral abhängen).

Pascal erweiterte Cavalieris zuletzt angeführte stereometrische Behandlungsweise auf solche Art, dafs er dabei Integrationsmethoden fand[2]), deren Allgemeinheit die gröfste Be-

---

Buch 2, XXIV, oder Exercitationes geometricae sex, exerc. prima, XXIV.

[1]) Geometria, Buch 7 oder exercitatio secunda.

[2]) Diese findet man ausführlich dargestellt bei Maximilien Marie, Histoire des Sciences Mathématiques et Physiques, T. IV. Am selben Orte finden sich Fermats und Wallis' Bestimmungen von $\int x^m dx$ für alle rationalen und positiven Werte von $m$. Von diesen ist die Bestimmung von Fermat durchaus eigentümlich; sie beruht auf einer

wunderung erwecken mufs, wenn man sich vergegenwärtigt, dafs dieselben der Differentialrechnung vorangehen. Als diese erfunden wurde, bekam die Integralrechnung dadurch zwar eine Grundlage, deren Fruchtbarkeit die älteren Integrationen vollkommen in den Schatten stellte; aber die hier erwähnten Vorarbeiten, zu denen der Grund von Archimedes gelegt worden war, hatten die richtige Auffassung eines Integrals sowie die Anwendungen von Integrationen wenigstens vorbereitet.

Die griechische höhere Geometrie hat jedoch den gröfsten oder den am leichtesten nachweisbaren Einflufs auf die Mathematik der neueren Zeit durch ihre Umwandlung in die analytische Geometrie erhalten. Ein Hindernis für einen fortgesetzten direkten Einflufs ergab sich aus dem Umstande, dafs die analytische Geometrie, nachdem sie sich einmal gebildet und aus der antiken Geometrie das in sich aufgenommen hatte, wofür sie Verwendung zu haben glaubte, nicht mehr auf diese Quelle zurückging, aus der die Beispiele, denen sie ihre Entwickelung verdankte, entnommen waren. Wenn man später gelegentlich zu dieser zurückkehrte, so läfst sich schwer entscheiden, wieviel von dem, was dann geleistet wurde, nur als Glied in der gesamten modernen mathematischen Entwickelung zu betrachten, und wieviel dem Einflusse der Alten zuzuschreiben ist. Jedoch kann es nicht Zufall sein, dafs der Mann, welcher die grofse Bedeutung der Kegelschnitte für die Astronomie[1]) physikalisch begründete, in der Mitte des Kreises von brittischen Mathematikern stand, welche vor etwa 200 Jahren das Studium der griechischen Geometrie mit dem gröfsten Eifer wiederaufgenommen hatten. Wir sind mehrfach auf Newtons eifrige Beschäftigung mit der griechischen Lehre von den Kegelschnitten zurückgekommen, und wir haben nicht, wie man es bisweilen thut, in dieser Beschäftigung eine blofse

---

solchen Wahl der Inkremente ($dx$), dafs die Elemente der Summe eine geometrische Reihe bilden. Dagegen läfst Wallis, ebenso wie Archimedes und Cavalieri, die Inkremente gleich grofs sein.

[1]) Auch Keppler war mit der griechischen Mathematik vertraut.

Liebhaberei sehen wollen, wenn auch Newton selbst eingeräumt hat, dafs es im allgemeinen leichter ist, Beweise in moderner Form aufzustellen als in der antiken. Wir glauben nämlich, dafs jemand, der wirklich über das, was sich in der griechischen Lehre von den Kegelschnitten findet, unterrichtet ist, nicht daran zweifeln kann, dafs diese auf Newton, der selbst sie so hoch stellte, in hohem Grade anregend gewirkt und dazu beigetragen hat ihn in die Wege hineinzuführen, auf denen er seine Resultate gefunden hat. Ein eigentümliches Zeugnis dafür, dafs Newton seine Impulse nicht von der damaligen modernen Mathematik empfangen haben kann, liefert der Potenzsatz. Dieser Hauptsatz, welcher, wie wir gesehen haben, den meisten derjenigen griechischen Untersuchungen über Kegelschnitte, die sich nicht an Durchmesser oder andere besondere Linien oder an feste Punkte anschlossen, zu Grunde lag, derselbe Satz, welcher eine Hauptrolle in Newtons Principia spielt, hat später den Namen „Theorem von Newton“ bekommen. Dieser wichtige Satz, den Newton selbstverständlich den Alten beilegt, und der von Geometern wie De la Hire nicht unbeachtet geblieben war, wurde also erst durch Newton den Mathematikern allgemein zum Bewufstsein gebracht. Newtons Werke zeigen, dafs nicht nur seine Arbeiten auf dem Gebiete der physischen Astronomie von der griechischen Geometrie beeinflufst sind.

Bei der Entwickelung der projektivischen Geometrie zeigt sich dasselbe wie bei der Entstehung der analytischen Geometrie: ohne Berücksichtigung antiker Methoden und Beweise benutzte man die aus dem Altertum bekannten Resultate über die Kegelschnitte als Ausgangspunkte oder als Mittel, um die neuen Werkzeuge zu prüfen, zu entwickeln und für weitergehende Benutzung geschickt zu machen. Descartes' analytische Geometrie hat in dieser Beziehung am meisten Nutzen aus Apollonius' beiden ersten Büchern gezogen; die projektivische Geometrie dagegen beschäftigt sich namentlich mit solchen Fragen, wie sie in Apollonius' drittem Buche behandelt werden, und mit solchen Bestimmungen von Örtern, wie der antike Ort zu vier Geraden ist. Der Satz von der Polare findet sich, wie wir gesehen haben, bereits bei Apollonius und hat sich von ihm aus fortgepflanzt und durch Arbeiten von Männern wie De la Hire weiter entwickelt, bis Poncelet auf ihn die Lehre von den reciproken Polarfiguren gründete. Die Hauptsätze über die Erzeugung der Kegelschnitte durch Tangenten, welche dem Dualitätsprincip zu Grunde liegen, finden sich zum Teil bei Apollonius und sind von Newton weiter entwickelt worden.

Ein wesentlicher Unterschied jedoch existiert zwischen dem Verhältnis der analytischen Geometrie und dem der projektivischen Geometrie zu der antiken Lehre von den Kegelschnitten. Diese stellte, in geometrischer Beziehung, die vollständige Grundlage der analytischen Geometrie dar, welche deshalb, solange sie nicht selbst projektivisch-geometrische Momente aufgenommen hatte, nur auf Umwegen — z. B. durch Anwendung von Sätzen über allgemeine algebraische Kurven auf solche Kurven, welche aus Kegelschnitten zusammengesetzt sind — zu Sätzen über Kegelschnitte geführt hat, die über das hinausgingen, was man im Altertum kannte; die projektivische Geometrie dagegen ist durch Hinzunahme eines neuen geometrischen Moments, nämlich der Lehre von der Centralprojektion, gebildet worden. Diese, welche Anwendung auf die Lehre von den Kegelschnitten findet, wenn man die Kegelschnitte auf dem Kreiskegel selbst untersucht, wurde, wie wir gesehen haben, von den Alten aufserordentlich wenig benutzt: sie begnügten sich im wesentlichen damit, auf diesem Wege eine einzelne planimetrische Eigenschaft abzuleiten, die dann der weiteren Untersuchung zu Grunde gelegt wurde. Es wurde deshalb eine neue Quelle für die Entdeckung geometrischer Wahrheiten erschlossen, als Descartes' Zeitgenosse Desargues anfing Anwendungen von der Centralprojektion zu machen, und es zeigte sich bald, dafs auf diesem Wege der alten Lehre von den Kegelschnitten neue bedeutungsvolle Sätze zuströmen sollten.

Für einen neuen Satz halten wir allerdings nicht das sogenannte Theorem von Desargues, das nur eine speciellere Form für die Bestimmung von Kegelschnitten als Örtern zu vier Geraden ist und das auch die Alten, wie die Schrift über den bestimmten Schnitt uns gezeigt hat, anzuwenden verstanden. Ein Satz dagegen, der im Altertum nicht bekannt war, ist der von Pascal über das einbeschriebene Sechseck. Die Form desselben ist nämlich so schön und einfach, dafs man mit ziemlich grofser Sicherheit annehmen darf, er würde, wenn man ihn gefunden hätte, auch aufbewahrt worden sein. Das widerstreitet nicht unserer früheren Vermutung, dafs die Alten die Erzeugung eines Kegelschnittes als Ortes für eine Ecke eines Dreiecks gekannt haben, dessen beide anderen Ecken auf geraden Linien gleiten, während die Seiten sich um feste Punkte drehen; denn wie nahe diese Erzeugungsart auch Pascals Satz kommen mag, so fehlt ihr doch etwas, worauf es hier ankommt, nämlich die klare und kurze Form. Wieviel neues sich noch auf demselben Wege zu den umfassenden Resultaten der antiken Lehre von den Kegelschnitten hinzufügen liefs, ersieht man am besten später aus dem projektivisch-geometrischen Hauptwerk: *Traité des Propriétés projectives* von Poncelet.

Da Poncelet noch beständig die Projektion selbst als Hauptmethode benutzt, also auf ganz anderen Wegen arbeitet als die alten griechischen Mathematiker, so hat er von diesen keine andere Unterstützung gehabt als dadurch, dafs er einen Teil der von ihnen gewonnenen Resultate kannte. Poncelets Nachfolger dagegen, welche teils unabhängig von der analytischen Geometrie, wie Steiner und Chasles, teils im Anschlufs an diese, wie Möbius und Plücker, die projektivische Geometrie in der Weise umformten, dafs sie die allgemeineren Formen selbst, zu denen man von den specielleren durch Projektion gelangen kann, zum Ausgangsobjekt nahmen, kamen auch in den Methoden den Alten näher, namentlich weil sie die verschiedenen Eigenschaften der Kegelschnitte aus planimetrischen Grundeigenschaften ableiteten. In wie hohem Grade man hierin einen der Einflüsse der antiken Geometrie auf die Mathematik der neueren Zeit, denen wir nachspüren, erblicken darf, läfst sich schwer entscheiden. Die meisten der angeführten Forscher arbeiteten ohne daran zu denken, wie man im Altertum bei ähnlichen Untersuchungen verfuhr. Es kann sich also hauptsächlich nur um einen indirekten Einfluſs handeln, der namentlich davon herrühren kann, daſs teils die Kenntnis der Resultate des Altertums in die verwandten Methoden hineinführte, teils die analytische Geometrie auch von den antiken Methoden beeinfluſst war. Direkt unter dem Einflusse der alten Geometrie stand wohl nur Chasles. Wenn er auch erst, nachdem er auf anderem Wege die Eigenschaften und die groſse Bedeutung projektivischer Punktreihen erkannt hatte, seine Studien über deren Behandlung in Euklids Porismen begann, so darf man doch annehmen, daſs diese Studien ihm bei seinen eigenen späteren geometrischen Arbeiten von Nutzen waren, wenn auch nicht gerade durch direkte Belehrung, so doch durch die Impulse, die ihm von daher erteilt waren.

Auſser der projektivischen Geometrie, deren Hauptquelle die Betrachtung der Kegelschnitte als Centralprojektionen von Kreisen oder als Schnitte an beliebigen Kreiskegeln ist, müssen wir als einen anderweitigen Fortschritt in der Lehre von den Kegelschnitten, welcher ganz der neueren Zeit angehört, die Bestimmung von Brennpunkten und Leitlinien ebener Schnitte an Umdrehungskegeln von Dandelin nennen. Diese gewinnt, auſser durch ihre eigene groſse Einfachheit, Bedeutung durch ihre Anwendung auf die Bestimmung von Umdrehungskegeln, die durch gegebene Kegelschnitte gehen, und hieran schlieſst sich wiederum die Lehre von konfokalen Flächen zweiter Ordnung. Die Lehre von den Brennpunkten dürfte überhaupt einer von den Abschnitten aus der Lehre von den Kegelschnitten sein, in denen die neuere Zeit, abgesehen von den Beiträgen der projektivischen Geometrie, die meisten Sätze zu denen hinzugefügt hat, welche im Altertum bekannt waren. Wir denken nicht nur an solche weitreichende Betrachtungen wie die ist, welche sich an imaginäre Kreispunkte anschlieſst, sondern auch an solche elementare Sätze, welche die Griechen leicht hätten entdecken können.

Hierbei haben wir jedoch nur an die Lehre von den Kegelschnitten selbst gedacht und nicht an die damit verbundene Lehre von den Flächen zweiter Ordnung. Wenn wir auch bei

Archimedes eine klare und einfache Grundlage für die analytisch-geometrische Behandlung dieser Lehre gefunden haben, so ist dieselbe doch nur in geringem Umfange in den aus dem Altertum überlieferten Schriften entwickelt worden. Sie ist also fast ganz in der neueren Zeit ausgearbeitet, sowohl durch analytische Geometrie als durch projektivisch-geometrische und andere rein geometrische Methoden. —

Dafs die antike Geometrie aufser durch den Einflufs, den sie nach unserer Schilderung durch Inhalt und Methoden auf die verschiedenen Fortschritte der neueren Mathematik ausgeübt hat, auch durch ihre Form und Stringenz dauernd wirksam gewesen ist, dürfte allgemeiner anerkannt sein. Man sucht noch heutigen Tages das Nachdenken der Jugend durch die Benutzung von Lehrbüchern zu schärfen, welche sich eng an Euklids Elemente anschliefsen, ja dies Buch selbst wird in einigen Ländern gebraucht, und in seinen *Éléments de Calcul infinitésimal* sehen wir Duhamel bei der Revision der Principien der Infinitesimalrechnung die Archimedischen Integrationsprincipien als Vorbild benutzen.

# Anhang I.

## Apollonius' Vorreden zur Schrift über die Kegelschnitte[1]).

### 1. Vorrede zum ganzen Werk.

*Ἀπολλώνιος Εὐδήμῳ χαίρειν.*

*Εἰ τῷ τε σώματι εὖ ἐπανάγεις, καὶ τὰ ἄλλα κατὰ γνώμην ἐστί σοι, καλῶς ἂν ἔχοι· μετρίως δὲ ἔχομεν καὶ αὐτοί. καθ' ὃν δὲ καιρὸν ἤμην μετά σου ἐν Περγάμῳ, ἐθεώρουν σε σπεύδοντα μετασχεῖν τῶν πεπραγμένων ἡμῖν κωνικῶν. πέπομφα οὖν σοι τὸ πρῶτον βιβλίον διορθωσάμενος· τὰ δὲ λοιπὰ, ὅταν εὐαρεστήσωμεν, ἐξαποστελοῦμεν. οὐκ ἀμνημονεῖν γὰρ οἴομαί σε παρ' ἐμοῦ ἀκηκοότα, διότι τὴν περὶ ταῦτα ἔφοδον ἐποιησάμην, ἀξιωθεὶς ὑπὸ Ναυκράτους τοῦ γεωμέτρου, καθ' ὃν δὲ καιρὸν ἐσχόλαζε παρ' ἡμῖν παραγενηθεὶς εἰς Ἀλεξάνδρειαν· καὶ διότι πραγματεύσαντες αὐτὰ ἐν ὀκτὼ βιβλίοις, ἐξ αὐτῆς μεταδεδώκαμεν αὐτὰ, εἰς τὸ σπουδαιότερον, διὰ τὸ πρὸς ἔκπλῳ αὐτὸν εἶναι, οὐ διακαθάραντες, ἀλλὰ πάντα τὰ ὑποπίπτοντα ἡμῖν θέντες, ὡς ἔσχατον*

Apollonius grüfst den Eudemus.

Wenn Du Dich körperlich wohl befindest und es Dir sonst nach Wunsch geht, so ist es mir lieb; auch mir geht es leidlich. Als ich mit Dir in Pergamon war, bemerkte ich, dafs Du begierig warst in die von mir verfafsten Kegelschnitte einzudringen. Ich habe Dir deshalb das erste Buch in verbesserter Ausgabe geschickt; die übrigen werde ich Dir senden, wenn ich damit zufrieden bin. Denn ich glaube, Du erinnerst Dich von mir gehört zu haben, weshalb ich diese zu schreiben unternommen habe, nämlich auf die Aufforderung des Geometers Naukrates hin, damals als er nach Alexandrien gekommen war und sich bei mir aufhielt; und weshalb ich, nachdem ich dieselben in acht Büchern behandelt hatte, ihm diese sogleich mitgeteilt habe, ohne sie mit dem gehörigen

[1]) Nach Halleys Ausgabe.

ἐπελευσόμενοι. ὅθεν καιρὸν νῦν λαβόντες, ἀεὶ τὸ τυγχάνον διορθώσεως ἐκδίδομεν. καὶ ἐπεὶ συμβέβηκε καὶ ἄλλους τινὰς τῶν συμμεμιχότων ἡμῖν μετειληφέναι τὸ πρῶτον καὶ τὸ δεύτερον βιβλίον πρὶν ἢ διορθωθῆναι, μὴ θαυμάσῃς, ἐὰν περιπίπτῃς αὐτοῖς ἑτέρως ἔχουσιν.

Fleiſs durchzuarbeiten (weil er sobald als möglich sich einschiffen wollte), sondern alles zusammenschreibend, so wie es mir einfiel, in der Absicht es hinterher durchzusehen. Deshalb gebe ich sie, da ich nun Zeit bekommen habe, nach und nach heraus, so wie ich sie verbessert habe. Und da es sich ereignet hat, daſs auch einige andere von denen, welche bei mir waren, das erste und zweite Buch erhalten haben bevor es verbessert wurde, so darfst Du Dich nicht wundern, wenn Du auf sie in einer anderen Fassung triffst.

ἀπὸ δὲ τῶν ὀκτὼ βιβλίων τὰ πρῶτα τέσσαρα πέπτωκε πρὸς εἰσαγωγὴν στοιχειώδη. περιέχει δὲ τὸ μὲν πρῶτον τὰς γενέσεις τῶν τριῶν τομῶν καὶ τῶν ἀντικειμένων, καὶ τὰ ἐν αὐταῖς ἀρχικὰ συμπτώματα ἐπιπλέον καὶ καθόλου μᾶλλον ἐξειργασμένα παρὰ τὰ ὑπὸ τῶν ἄλλων γεγραμμένα. τὸ δὲ δεύτερον τὰ περὶ τὰς διαμέτρους καὶ τοὺς ἄξονας τῶν τομῶν συμβαίνοντα, καὶ τὰς ἀσυμπτώτους, καὶ ἄλλα γενικὴν καὶ ἀναγκαίαν χρείαν παρεχόμενα πρὸς τοὺς διορισμούς· τίνας δὲ διαμέτρους, ἢ τίνας ἄξονας καλῶ, εἰδήσεις ἐκ τούτου τοῦ βιβλίου. τὸ δὲ τρίτον πολλὰ καὶ παράδοξα θεωρήματα χρήσιμα πρός τε τὰς συνθέσεις τῶν στερεῶν τόπων καὶ τοὺς διορισμούς, ὧν

Von den acht Büchern nun enthalten die vier ersten die Elemente (allgemeine Grundlage) dieser Disciplin. Das erste von diesen enthält die Erzeugung der drei Kegelschnitte und der gegenüberliegenden Schnitte, sowie deren Haupteigenschaften, vollständiger und allgemeiner behandelt als es von den früheren dargestellt worden ist. Das zweite Buch behandelt dasjenige, was sich auf die Durchmesser und die Axen der Schnitte bezieht, die Asymptoten und anderes, was von allgemeiner und wesentlicher Bedeutung für die Diorismen ist: was ich aber Durchmesser, und was ich Axen nenne, das wirst Du aus diesem Buche erfahren. Das dritte Buch enthält viele und merkwürdige Theoreme,

τὰ πλεῖστα καλὰ καὶ ξένα[1]). ἃ καὶ κατανοήσαντες συνείδομεν μὴ συντιθέμενον ὑπὸ Εὐκλείδου τὸν ἐπὶ τρεῖς καὶ τέσσαρας γραμμὰς τόπον, ἀλλὰ μόριον τὸ τυχὸν αὐτοῦ, καὶ τοῦτο οὐκ εὐτυχῶς· οὐ γὰρ δυνατὸν ἄνευ τῶν προσευρημένων ἡμῖν τελειωθῆναι τὴν σύνθεσιν. τὸ δὲ τέταρτον ποσαχῶς αἱ τῶν κώνων τομαὶ ἀλλήλαις τε καὶ τῇ τοῦ κύκλου περιφερείᾳ συμβάλλουσι, καὶ ἄλλα ἐκ περισσοῦ, ὧν οὐδέτερον ὑπὸ τῶν πρὸ ἡμῶν γέγραπται· κώνου τομὴ ἢ κύκλου περιφέρεια καὶ ἔτι ἀντικείμεναι ἀντικειμέναις κατὰ πόσα σημεῖα συμβάλλουσι.

die nützlich sind für die Synthesis und den Diorismus körperlicher Örter, und von denen die meisten schön und neu sind. Nachdem ich diese gefunden hatte, nahm ich wahr, dafs von Euklid die Synthesis des Ortes zu drei und vier Geraden nicht gegeben sei, sondern nur ein Teil derselben und dieser überdies nicht glücklich; denn es war nicht möglich, dafs diese Synthesis richtig vollendet wurde ohne das, was von mir neu gefunden ist. Das vierte Buch lehrt, auf wie viele Arten sich Kegelschnitte unter sich und mit einer Kreisperipherie schneiden können, und anderes mehr, was beides nicht von meinen Vorgängern behandelt ist: in wie viel Punkten ein Kegelschnitt oder ein Kreis und gegenüberliegende Schnitte sich mit gegenüberliegenden Schnitten schneiden.

τὰ δὲ λοιπά ἐστι περιουσιαστικώτερα· ἔστι γὰρ τὸ μὲν περὶ ἐλαχίστων καὶ μεγίστων ἐπιπλέον· τὸ δὲ περὶ ἴσων καὶ ὁμοίων τομῶν κώνου· τὸ δὲ περὶ διοριστικῶν θεωρημάτων· τὸ δὲ προβλημάτων κωνικῶν διωρισμένων.

Die übrigen vier Bücher enthalten weitergehende Betrachtungen. Das fünfte handelt nämlich ausführlicher über Minima und Maxima; das sechste über kongruente und ähnliche Kegelschnitte; das siebente über Theoreme, die auf Diorismen Bezug haben; das achte behandelt (durch Diorismen) abgegrenzte Aufgaben über Kegelschnitte.

[1]) ὧν τὰ πλείονα καὶ καλὰ καὶ ξένα κατανοήσαντες εὕρομεν μὴ συντιθέμενον etc. Pappus, Ausgabe v. Hultsch, S. 676, 5-7.

οὐ μὴν ἀλλὰ καὶ πάντων ἐκδοθέντων ἔξεστι τοῖς περιτυγχάνουσι κρίνειν αὐτά, ὡς ἂν αὐτῶν ἕκαστος αἱρῆται. εὐτύχει.

Doch, wenn alles dies herausgegeben ist, können die Leser darüber nach ihrem eigenen Ermessen urteilen. Leb' wohl!

## 2. Besondere Vorrede zum zweiten Buch.

Ἀπολλώνιος Εὐδήμῳ χαίρειν.

Εἰ ὑγιαίνεις ἔχοι ἂν καλῶς, καὶ αὐτὸς δὲ μετρίως ἔχω. Ἀπολλώνιον τὸν υἱόν μου πέπομφα πρός σε κομίζοντα τὸ δεύτερον βιβλίον τῶν συντεταγμένων ἡμῖν κωνικῶν. Δίελθε οὖν αὐτὸ ἐπιμελῶς, καὶ τοῖς ἀξίοις τῶν τοιούτων κοινωνεῖν μεταδίδου, καὶ Φιλωνίδης δὲ ὁ γεωμέτρης, ὃν καὶ συνέστησά σοι ἐν Ἐφέσῳ, ἐάν ποτε ἐπιβάλλῃ εἰς τοὺς κατὰ Πέργαμον τόπους, μετάδος αὐτῷ· καὶ σεαυτοῦ ἐπιμελοῦ ἵνα ὑγιαίνῃς. εὐτύχει.

Apollonius grüſst den Eudemus.

Wenn Du gesund bist, so freut es mich; mir selbst geht es leidlich. Ich habe meinen Sohn Apollonius zu Dir geschickt, um Dir das zweite Buch der von mir verfaſsten Kegelschnitte zu überbringen. Lies dasselbe nun sorgfältig durch und teile es denen mit, die verdienen dergleichen kennen zu lernen. Und wenn der Geometer Philonides, mit dem ich Dich in Ephesus bekannt machte, in die Gegend von Pergamon kommen sollte, so teile es auch ihm mit. Habe Acht auf deine Gesundheit. Lebe wohl.

## 3. Besondere Vorrede zum vierten Buch.

Ἀπολλώνιος Ἀττάλῳ χαίρειν.

Πρότερον μὲν ἐξέθηκα, γράψας πρὸς Εὔδημον τὸν Περγαμηνόν, τῶν συντεταγμένων ἡμῖν Κωνικῶν ἐν ὀκτὼ βιβλίοις τὰ πρῶτα τρία. μετηλλαχότος δὲ ἐκείνου, τὰ λοιπὰ διεγνωκότες πρός σε γράψαι, διὰ τὸ φιλοτιμεῖσθαί σε μεταλαμβάνειν τὰ ὑφ' ἡμῶν πραγματευόμενα, πεπόμφαμεν ἐπὶ τοῦ παρόντος σοι

Apollonius grüſst den Attalus.

Bisher habe ich von den Kegelschnitten, die ich in acht Büchern verfaſst habe, die drei ersten herausgegeben, die ich an Eudemus von Pergamon gerichtet habe. Da er aber gestorben ist, und da ich beschlossen habe die übrigen an Dich zu senden, weil Du den Wunsch hast meine Schriften kennen zu lernen, so schicke ich Dir

τὸ τέταρτον. περιέχει δὲ τοῦτο κατὰ πόσα σημεῖα πλεῖστα δυνατόν ἐστι τὰς τῶν κώνων τομὰς ἀλλήλαις τε καὶ τῇ τοῦ κύκλου περιφερείᾳ συμβάλλειν, ἐάν περ μὴ ὅλαι ἐπὶ ὅλας ἐφαρμόζωσιν· ἔτι κώνου τομὴ καὶ κύκλου περιφέρεια ταῖς ἀντικειμέναις κατὰ πόσα σημεῖα πλεῖστα συμβάλλουσι καὶ ἔτι ἀντικείμεναι ἀντικειμέναις· καὶ ἐκτὸς τούτων ἄλλα οὐκ ὀλίγα ὅμοια τούτοις. τούτων δὲ τὸ μὲν προειρημένον Κόνων ὁ Σάμιος ἐξέθηκε πρὸς Θρασύδαιον, οὐκ ὀρθῶς ἐν ταῖς ἀποδείξεσιν ἀναστραφείς· διὸ καὶ μετρίως αὐτοῦ ἀνθήψατο Νικοτέλης ὁ Κυρηναῖος. περὶ δὲ τοῦ δευτέρου μνείαν μόνον πεποίηται ὁ Νικοτέλης ἐν τῇ πρὸς τὸν Κόνωνα ἀντιγραφῇ, ὡς δυναμένου δειχθῆναι· δεικνυμένῳ δὲ οὔτε ὑπ' αὐτοῦ τούτῳ, οὔθ' ὑπ' ἄλλου τινὸς ἐντετύχαμεν. τὸ μέν τοι τρίτον, καὶ τὰ ἄλλα τὰ ὁμογενῆ τούτοις, ἁπλῶς ὑπὸ οὐδενὸς νενοημένα εὕρηκα. πάντα δὲ τὰ λεχθέντα, ὅσοις οὐκ ἐντέτυχα, πολλῶν καὶ ποικίλων προσεδεῖτο ξενιζόντων θεωρημάτων· ὧν τὰ μὲν πλεῖστα τυγχάνω ἐν τοῖς πρώτοις τρισὶ βιβλίοις ἐκτεθεικώς, τὰ δὲ λοιπὰ ἐν τούτῳ. Ταῦτα δὲ θεωρηθέντα χρείαν ἱκανὴν παρέχεται πρός τε τὰς τῶν προβλημάτων συνθέσεις καὶ τοὺς διορισμούς.

jetzt das vierte. Dies Buch zeigt, in wieviel Punkten höchstens Kegelschnitte sich unter einander oder mit einer Kreisperipherie schneiden können, ohne ganz zusammenzufallen, ferner in wieviel Punkten höchstens ein Kegelschnitt und eine Kreisperipherie gegenüberliegende Schnitte schneiden, oder zwei gegenüberliegende Schnitte zwei andere, und aufserdem eine Reihe von ähnlichen Dingen. Über den ersten von diesen Gegenständen hat Konon von Samus an Thrasydäus geschrieben, ohne indessen die Beweise richtig durchzuführen, weshalb Nikoteles von Kyrene ihn mit Recht angegriffen hat. Den zweiten Gegenstand hat Nikoteles in seiner Schrift gegen Konon nur erwähnt als etwas, das sich beweisen lasse; ich habe es aber weder von ihm nach von jemand anders bewiesen gesehen. Der dritte und die übrigen damit verwandten sind, soviel ich gefunden habe, überhaupt niemandem in den Sinn gekommen. Alles das erwähnte, soweit ich es nicht von anderen bewiesen gefunden habe, verlangt viele und verschiedene neue Theoreme; die meisten von diesen habe ich in den drei ersten Büchern dargestellt, den Rest in diesem. Die Betrachtung derselben gewährt aber einen nicht geringen Nutzen für die Synthesis und den Diorismus von Aufgaben.

Νικοτέλης μὲν γάρ, ἕνεκα τῆς πρὸς τὸν Κόνωνα διαφορᾶς, οὐδεμίαν ἐκ τῶν ὑπὸ τοῦ Κόνωνος εὑρημένων εἰς τοὺς διορισμούς φησιν ἔρχεσθαι χρείαν, οὐκ ἀληθῆ λέγων. καὶ γὰρ εἰ ὅλως ἄνευ τούτων δύναται κατὰ τοὺς διορισμοὺς ἀποδίδοσθαι, ἀλλὰ τοί γε δι' αὐτῶν ἔστι κατανοεῖν προχειρότερον ἔνια· οἷον ὅτι πλεοναχῶς ἢ τοσαυταχῶς ἂν γένοιτο, καὶ πάλιν ὅτι οὐκ ἂν γένοιτο. ἡ δὲ τοιαύτη πρόγνωσις ἱκανὴν ἀφορμὴν συμβάλλεται πρὸς τὰς ζητήσεις· καὶ πρὸς τὰς ἀναλύσεις τῶν διορισμῶν εὔχρηστα τὰ θεωρήματά ἐστι ταῦτα. χωρὶς δὲ τῆς τοιαύτης εὐχρηστίας, καὶ δι' αὐτὰς τὰς ἀποδείξεις ἄξια ἔσται ἀποδοχῆς· καὶ γὰρ ἄλλα πολλὰ τῶν ἐν τοῖς μαθήμασι διὰ τοῦτο, καὶ οὐ δι' ἄλλο τι, ἀποδεχόμεθα.

Zwar erklärt Nikoteles wegen seines Streites mit Konon, dafs nichts von dem, was Konon gefunden habe, von Nutzen für den Diorismus sei; aber das ist nicht richtig; denn wenn man auch ganz ohne dieses Diorismen geben kann, so wird doch vieles leichter mit dessen Hülfe begriffen: z. B. dafs eine Aufgabe mehrere Lösungen hat und wie viele, oder dafs sie gar keine hat. Eine solche Vorherbestimmung gewährt einen recht guten Ausgangspunkt für die Untersuchungen, und für die Analysis der Diorismen sind diese Theoreme sehr nützlich. Aber auch abgesehen von diesem Nutzen sind sie der Beweise selbst wegen würdig aufgenommen zu werden. Denn wir pflegen vieles andere allein aus diesem Grunde in der Mathematik mit anzuführen.

## 4. Besondere Vorrede zum fünften Buche.[1])

Apollonius grüfst den Attalus.

In diesem fünften Buche habe ich Sätze über Maxima und Minima niedergeschrieben. Man mufs aber wissen, dafs diejenigen welche vor mir oder zu meiner Zeit lebten, sich mit der Lehre von den Minimis nur oberflächlich befafst haben; deshalb haben sie nur bewiesen, welche geraden Linien Kegelschnitte berühren, und umgekehrt, welche Eigenschaften ihnen zukommen, weil sie Tangenten der Kegelschnitte sind. Hierüber habe ich im ersten Buche gesprochen,

---

[1]) Die letzten drei Vorreden nach der von Halley gegebenen lateinischen Übersetznng des arabischen Textes.

nur habe ich bei der Entwickelung die Lehre von den Minimis ausgeschlossen. Ich hatte aber beschlossen in den Beweisen hierfür dieselbe Reihenfolge zu bewahren, die ich in den vorangeschickten Elementen der drei Kegelschnitte innegehalten habe, wo ich sie auf einen beliebigen Durchmesser bezog; da diesen aber unzählige Eigenschaften zukommen, so habe ich für jetzt nur zu zeigen versucht, wie die Sache sich verhält mit Rücksicht auf die Axen oder die Hauptdurchmesser. Aber diese Sätze über Minima habe ich sehr genau in ihre Klassen eingeteilt und unterschieden, und diesen habe ich die Sätze hinzugefügt, welche sich auf die oben erwähnte Lehre von den Maximis beziehen. Denn dies ist für diejenigen, welche diese Wissenschaft studieren, besonders notwendig sowohl für die Einteilung und den Diorismus der Aufgaben, als auch für ihre Synthesis; und aufserdem gehört diese Sache zu denen, welche an und für sich einer Betrachtung würdig scheinen. Leb' wohl.

## 5. Besondere Vorrede zum sechsten Buch.

Apollonius grüfst den Attalus.

Ich sende Dir das sechste Buch über die Kegelschnitte, welches Sätze über Kongruenz und Ähnlichkeit von Kegelschnitten und Segmenten von Kegelschnitten enthält, wie auch einiges andere, was von meinen Vorgängern nicht behandelt ist. Denn im besonderen wirst Du in diesem Buche finden, wie ein Kegelschnitt, der einem gegebenen kongruent ist, durch einen Schnitt an einem geraden Kegel hervorgebracht werden mufs, und wie ein gerader Kegel, der einem gegebenen Kegel ähnlich ist, konstruiert werden mufs, damit er einen gegebenen Kegelschnitt enthalte. Dies habe ich etwas vollständiger und klarer behandelt als diejenigen, die vor mir darüber geschrieben haben. Leb' wohl.

## 6. Besondere Vorrede zum siebenten Buch.

Apollonius grüfst den Attalus.

Hiermit sende ich Dir das siebente Buch über die Kegelschnitte. In diesem Buch sind sehr viele neue Sätze enthalten, die sich auf die Durchmesser der Kegelschnitte und die über ihnen beschriebenen

Figuren beziehen; alle diese gewähren ihren Nutzen bei vielen Arten von Aufgaben, namentlich bei den Diorismen derselben. Hierfür findet man mehrere Beispiele[1]) in den (durch Diorismen) abgegrenzten Aufgaben über Kegelschnitte, die ich im achten Buche gelöst und bewiesen habe; dies achte Buch bildet gleichsam einen Anhang, und ich werde dafür sorgen, dafs es Dir so bald wie möglich zugeht. Leb' wohl.

---

# Anhang II.

## Pappus' Mitteilungen[2]) über Apollonius 8 Bücher über die Kegelschnitte.

---

*Κωνικῶν ή.*

*Τὰ Εὐκλείδου βιβλία δ' κωνικῶν Ἀπολλώνιος ἀναπληρώσας καὶ προσθεὶς ἕτερα δ' παρέδωκεν ή κωνικῶν τεύχη. Ἀρισταῖος δέ, ὃς γέγραφε τὰ μέχρι τοῦ νῦν ἀναδιδόμενα στερεῶν τόπων τεύχη έ συνεχῆ τοῖς κωνικοῖς, ἐκάλει [καὶ οἱ πρὸ Ἀπολλωνίου] τῶν τριῶν κωνικῶν γραμμῶν τὴν μὲν ὀξυγωνίου, τὴν δὲ ὀρθογωνίου, τὴν δὲ ἀμβλυγωνίου κώνου τομήν. ἐπεὶ δ' ἐν ἑκάστῳ τῶν τριῶν τούτων κώνων διαφόρως τεμνο-*

Indem er Euklids vier Bücher über Kegelschnitte vervollständigte und vier andere hinzufügte, lieferte Apollonius acht Bücher über Kegelschnitte. Aristäus, der die noch verbreiteten fünf Bücher über körperliche Örter im Anschlufs an die Kegelschnitte geschrieben hat, hatte [wie die Vorgänger des Apollonius] von den drei konischen Linien die eine Schnitt des spitzwinkligen, die zweite Schnitt des rechtwinkligen, die dritte Schnitt

---

[1]) In Halley's Ausgabe steht *plura*. Vergl. die Anmerkung S. 404.

[2]) Im ganzen folge ich hier der Ausgabe von Hultsch, S. 672—678. Die in Eckklammern [ ] eingeschlossenen Stellen hält Hultsch für zweifelhaft, im wesentlichen wohl wegen der Schwierigkeiten, welche sie darbieten. Indessen fallen einige von diesen Schwierigkeiten fort durch die Änderungen und Erklärungen, die mir Dr. Heiberg bereitwilligst mitgeteilt hat und denen ich in meiner Übersetzung gefolgt bin.

μένων αἱ γ' γίνονται γραμμαί, διαπορήσας, ὡς φαίνεται, Ἀπολλώνιος, τί δήποτε ἀποκληρώσαντες οἱ πρὸ αὐτοῦ ἣν μὲν ἐκάλουν ὀξυγωνίου κώνου τομὴν δυναμένην καὶ ὀρθογωνίου καὶ ἀμβλυγωνίου εἶναι, ἣν δὲ ὀρθογωνίου εἶναι δυναμένην ὀξυγωνίου τε καὶ ἀμβλυγωνίου, ἣν δὲ ἀμβλυγωνίου δυναμένην εἶναι ὀξυγωνίου τε καὶ ὀρθογωνίου, μεταθεὶς τὰ ὀνόματα καλεῖ τὴν μὲν ὀξυγωνίου καλουμένην ἔλλειψιν, τὴν δὲ ὀρθογωνίου παραβολήν, τὴν δὲ ἀμβλυγωνίου ὑπερβολήν, ἑκάστην ἀπό τινος ἰδίου συμβεβηκότος. χωρίον γάρ τι παρά τινα γραμμὴν παραβαλλόμενον ἐν μὲν τῇ ὀξυγωνίου κώνου τομῇ ἐλλεῖπον γίνεται τετραγώνῳ, ἐν δὲ τῇ ἀμβλυγωνίου ὑπερβάλλον τετραγώνῳ, ἐν δὲ τῇ ὀρθογωνίου οὔτε ἐλλεῖπον οὔθ' ὑπερβάλλον.

des stumpfwinkligen Kegels genannt. Da aber an jedem von diesen drei Kegeln je nach der Art, wie sie geschnitten werden, die drei Linien vorkommen, so vermochte Apollonius, wie es scheint, nicht zu erkennen, nach welchem Einteilungsprincip seine Vorgänger die eine Schnitt des spitzwinkligen Kegels genannt hatten, während sie auch an dem rechtwinkligen und stumpfwinkligen gefunden werden konnte, die andere Schnitt des rechtwinkligen, während sie auch an dem spitzwinkligen und stumpfwinkligen gefunden werden konnte, die dritte endlich Schnitt des stumpfwinkligen Kegels, während sie auch an dem spitzwinkligen und rechtwinkligen Kegel gefunden werden konnte. Deshalb veränderte er die Namen und nannte die Linie, welche Schnitt des spitzwinkligen Kegels hiefs, Ellipse, diejenige, welche Schnitt des rechtwinkligen Kegels hiefs, Parabel, und diejenige, welche Schnitt des stumpfwinkligen Kegels hiefs, Hyperbel, jede nach einer besonderen Eigenschaft. Denn wenn ein Rechteck an eine gewisse Linie angelegt wird, so wird es beim Schnitt des spitzwinkligen Kegels um ein Quadrat zu klein sein (ἐλλείπειν), bei dem des stumpfwinkligen um ein Quadrat zu grofs sein (ὑπερβάλλειν), und bei dem des rechtwinkligen wird das angelegte (*παραβαλλόμενον*) weder zu klein nach zu grofs sein.

*[τοῦτο δ' ἔπαθεν μὴ προσεννοήσας ὅτι κατά τινα ἰδίαν πτῶσιν τοῦ τέμνοντος ἐπιπέδου τὸν κῶνον (καὶ γεννῶντος τρεῖς γραμμὰς) ἐν ἑκάστῳ τῶν κώνων ἄλλη καὶ ἄλλη τῶν γραμμῶν γίνεται, ἣν ὠνόμασαν[3]) ἀπὸ τῆς ἰδιότητος τοῦ κώνου. ἐὰν γὰρ τὸ τέμνον ἐπίπεδον ἀχθῇ παράλληλον μιᾷ τοῦ κωνοῦ πλευρᾷ, γίνεται μία μόνη τῶν τριῶν γραμμῶν, ἀεὶ ἡ αὐτή, ἣν ὠνόμασεν ὁ Ἀρισταῖος ἐκείνου τοῦ τμηθέντος κώνου τομήν.]*

[Aber dies widerfuhr ihm (Apollonius)[1]), weil er nicht bemerkte, dafs, entsprechend einem besonderen Falle der Ebene, welche den Kegel schneidet (und die drei Linien erzeugt), an jedem einzelnen[2]) der Kegel die eine oder die andere von diesen Linien entsteht, welche man[4]) nach der Eigentümlichkeit des Kegels benannt hatte. Denn wird die schneidende Ebene parallel[5]) zu einer Erzeugenden des Kegels gelegt, so entsteht nur eine von den drei Linien und immer dieselbe, welche Aristäus den Schnitt dieses Kegels nannte.]

*Ὁ δ' οὖν Ἀπολλώνιος οἷα περιέχει τὰ ὑπ' αὐτοῦ γραφέντα κωνικῶν ἢ βιβλία λέγει κεφαλαιώδη θεὶς προδήλωσιν ἐν τῷ προοιμίῳ τοῦ πρώτου ταύτην·*

Apollonius spricht über den Inhalt der acht Bücher, welche er über die Kegelschnitte geschrieben hat, indem er in der Vorrede des ersten Busches zusammenfassend folgende vorläufige Erklärung giebt:

[Hier folgt ein Auszug aus Apollonius' umstehend mitgeteilter, erster Vorrede, der einen Bericht über den Inhalt der einzelnen Bücher enthält.]

*Ἀπολλώνιος μὲν ταῦτα. ὃν δέ φησιν ἐν τῷ τρίτῳ τόπον ἐπὶ γ' καὶ δ' γραμμὰς μὴ τετελειῶσθαι ὑπὸ*

Das sagt Apollonius; wenn er aber im dritten Buch sagt, dafs der Ort zu drei und vier Geraden

[1]) Nach Hultsch Aristäus.
[2]) Hultsch übersetzt *ἑκάστῳ τῶν* durch *quovis*.
[3]) Hultsch schreibt *ὠνόμασεν*.
[4]) Nämlich die Vorgänger.
[5]) Müfste sein: senkrecht (?).

Εὐκλείδου, οὐδ' ἂν αὐτὸς ἠδυνήθη οὐδ' ἄλλος οὐδεὶς [ἀλλ' οὐδὲ μικρόν τι προσθεῖναι τοῖς ὑπὸ Εὐκλείδου γραφεῖσιν] διά γε μόνων τῶν προδεδειγμένων ἤδη κωνικῶν ἄχρι τῶν κατ' Εὐκλείδην, ὡς καὶ αὐτὸς μαρτυρεῖ λέγων ἀδύνατον εἶναι τελειωθῆναι χωρὶς ὧν αὐτὸς προγράφειν ἠναγκάσθη. [ὁ δὲ Εὐκλείδης ἀποδεχόμενος τὸν Ἀρισταῖον ἄξιον ὄντα ἐφ' οἷς ἤδη παραδεδώκει κωνικοῖς, καὶ μὴ φθάσας ἢ μὴ θελήσας ἐπικαταβάλλεσθαι τούτων τὴν αὐτὴν πραγματείαν, ἐπιεικέστατος ὢν καὶ πρὸς ἅπαντας εὐμενὴς τοὺς καὶ κατὰ ποσὸν συναύξειν δυναμένους τὰ μαθήματα, ὡς δεῖ, καὶ μηδαμῶς προσκρουστικὸς ὑπάρχων, καὶ ἀκριβὴς μὲν οὐκ ἀλαζονικὸς δὲ καθάπερ οὗτος, ὅσον δυνατὸν ἦν δεῖξαι τοῦ τόπου διὰ τῶν ἐκείνου κωνικῶν ἔγραψεν, οὐκ εἰπὼν τέλος ἔχειν τὸ δεικνύμενον· τότε γὰρ ἦν ἀναγκαῖον ἐξελέγχειν, νῦν δ' οὐδαμῶς, ἐπεί τοι καὶ αὐτὸς ἐν τοῖς κωνικοῖς ἀτελῆ τὰ πλεῖστα καταλιπὼν οὐκ εὐθύνεται. προσθεῖναι δὲ τῷ τόπῳ τὰ λειπόμενα δεδύνηται προφαντασιωθεὶς τοῖς ὑπὸ Εὐκλείδου γεγραμμένοις ἤδη περὶ τοῦ τόπου καὶ συσχολάσας τοῖς ὑπὸ Εὐκλείδου μαθηταῖς ἐν Ἀλεξανδρείᾳ πλεῖστον χρόνον, ὅθεν ἔσχε

von Euklid nicht vollständig behandelt sei, so hätte weder er noch irgend ein anderer nur das allergeringste zu dem von Euklid geschriebenen hinzufügen können, wenigstens nicht allein mit Hülfe dessen, was bis zu Euklids Zeit über die Kegelschnitte bewiesen war, wie er auch selbst bezeugt, indem er sagt, dafs es unmöglich sei (jenes) auszuführen ohne das, was er selbst genötigt gewesen sei vorher zu schreiben. [Da aber Euklid annahm, dafs Aristäus sich verdient gemacht habe durch das, was er bereits in der Lehre von den Kegelschnitten geleistet hatte, und da er ihm nicht zuvorkam und auch nicht dasselbe Lehrgebäude noch einmal aufführen wollte [1]), weil er bescheiden war und zugleich gegen alle, welche die Mathematik auch nur ein wenig fördern konnten, wohlwollend, wie es sich gehört, und in keiner Weise rücksichtslos, und wenn auch scharfsinnig, doch nicht prahlerisch wie dieser —, so schrieb er so viel, wie über diesen Ort durch die Kegelschnitte jenes (Aristäus) zu zeigen möglich war, ohne zu sagen, dafs die Entwicklung vollendet sei. Denn in diesem Falle hätte er (Euklid) Tadel verdient; so aber verdient er ihn keineswegs, wenn doch er

[1]) Diese nicht ganz klare Stelle ist S. 130 etwas freier wiedergegeben.

καὶ τὴν τοιαύτην ἕξιν οὐκ ἀμαθῆ. οὗτος δὲ ὁ ἐπὶ γ' καὶ δ' γραμμὰς τόπος, ἐφ' ᾧ μέγα φρονεῖ προσθεὶς χάριν ὀφείλων[1]) εἰδέναι τῷ πρώτῳ γράψαντι, τοιοῦτός ἐστιν.] ἐὰν γάρ, θέσει δεδομένων τριῶν εὐθειῶν, ἀπό τινος [τοῦ αὐτοῦ] σημείου καταχθῶσιν ἐπὶ τὰς τρεῖς ἐν δεδομέναις γωνίαις εὐθεῖαι, καὶ λόγος ᾖ δοθεὶς τοῦ ὑπὸ δύο κατηγμένων περιεχομένου ὀρθογωνίου πρὸς τὸ ἀπὸ τῆς λοιπῆς τετράγωνον, τὸ σημεῖον ἅψεται θέσει δεδομένου στερεοῦ τόπου, τουτέστιν μιᾶς τῶν τριῶν κωνικῶν γραμμῶν. καὶ ἐὰν ἐπὶ δ' εὐθείας θέσει δεδομένας καταχθῶσιν εὐθεῖαι ἐν δεδομέναις γωνίαις, καὶ λόγος ᾖ δοθεὶς τοῦ ὑπὸ δύο κατηγμένων πρὸς τὸ ὑπὸ τῶν λοιπῶν δύο κατηγμένων, ὁμοίως τὸ σημεῖον ἅψεται θέσει δεδομένης κώνου τομῆς. [ἐὰν μὲν γὰρ ἐπὶ δύο μόνας, ἐπίπεδος ὁ τόπος δέδεικται.] ἐὰν δὲ ἐπὶ πλείονας τεσσάρων, ἅψεται τὸ σημεῖον τόπων οὐκέτι γνωρίμων, ἀλλὰ γραμμῶν μόνον λεγομένων.

selbst (Apollonius) nicht angeklagt wird, weil er in seinen Kegelschnitten sehr viel unvollendet gelassen hat. Doch hat er (Apollonius) diesem Ort das fehlende hinzufügen können, weil er zum Verständnis vorbereitet war durch das, was bereits Euklid über diesen Ort geschrieben hatte, und weil er lange Zeit in Alexandria mit Euklids Schülern verkehrt hatte, denen er seine wissenschaftliche Richtung verdankte. Aber dieser Ort zu drei oder vier Geraden, wegen dessen Hinzufügung er sich so sehr rühmt, während er doch demjenigen, der zuerst darüber schrieb, dankbar sein müſste[2]), ist folgender]: Sind drei gerade Linien der Lage nach gegeben, und zieht man von einem [und demselben] Punkte an diese drei unter gegebenen Winkeln gerade Linien, und ist das Verhältnis zwischen dem Rechteck aus zwei der gezogenen und dem Quadrat der dritten gegeben, so wird der Punkt auf einem der Lage nach gegebenen körperlichen Ort liegen, d. h. auf einer von den drei konischen Linien. Und wenn man an vier der Lage nach gegebene Geraden unter gegebenen Winkeln gerade Linien zieht, und das Ver-

---

[1]) ὀφείλειν bei Hultsch.

[2]) Hultsch's Lesart, die von der der Handschriften abweicht, giebt einen anderen Sinn.

hältnis zwischen dem Rechteck aus zweien und dem aus den beiden anderen gegeben ist, so wird der Punkt gleichfalls auf einem der Lage nach gegebenen Kegelschnitt liegen. [Denn werden die Geraden nur an zwei Linien gezogen, so ist der Ort, wie gezeigt worden ist, eben]. Werden sie aber an mehr als vier gezogen, so wird der Punkt nicht mehr auf Örtern liegen, die bekannt sind, sondern die nur den Namen Linien haben.

(Mehr anzuführen ist kein Grund vorhanden, da Pappus in der Fortsetzung keine genaueren Angaben über das Verhältnis des Apollonius zu seinen Vorgängern macht.)